高等学校计算机科学与技术教材

ANSYS 辅助分析应用基础教程
（第3版）

窦伟元　陈　耕　朱　宇　张乐乐　编著

清华大学出版社
北京交通大学出版社
·北京·

内 容 简 介

本书包括ANSYS软件基础与高级仿真应用两部分：第1章～第8章为基础部分，详细说明ANSYS基本操作、实体模型的建立、材料模型的选取、网格的划分、结构分析的内容和方法等；第9章～第11章为高级应用部分，将作者团队的科研成果与软件使用紧密结合，提炼出适合的算例来介绍科学研究与工程应用中所涉及的高级仿真技术，包括子模型与子结构方法、热机耦合仿真、联合仿真及优化。书中每一章分为操作讲解、实例分析和检测练习三部分，从ANSYS软件最基本的使用开始，图文并茂，简单明了，配合了足够数量的、适当的实例和练习供读者学习和借鉴，且提供了全部用户界面操作和命令流文件。

本书作为教材适用于初学者，可为第一次接触ANSYS软件，希望了解、学习和使用ANSYS的读者提供良好的帮助，达到快速入门、掌握基础、具备独立深入能力的目的。此外，本书在基本操作基础上，丰富了实际应用中涉及的热点、高频使用仿真技术案例，有助于高年级本科生在毕业设计、课程设计等过程中快速掌握高级分析方法与软件操作，提升设计水平。

本书封面贴有清华大学出版社防伪标签，无标签者不得销售。
版权所有，侵权必究。侵权举报电话：010-62782989　13501256678　13801310933

图书在版编目（CIP）数据

ANSYS辅助分析应用基础教程/窦伟元等编著．—3版．—北京：北京交通大学出版社：清华大学出版社，2025.5
ISBN 978-7-5121-5073-7

Ⅰ．①A… Ⅱ．①窦… Ⅲ．①有限元分析-应用软件-教材 Ⅳ．①O241.82

中国国家版本馆CIP数据核字（2023）第162322号

ANSYS辅助分析应用基础教程
ANSYS FUZHU FENXI YINGYONG JICHU JIAOCHENG

责任编辑：	谭文芳
出版发行：	清华大学出版社　　邮编：100084　电话：010-62776969
	北京交通大学出版社　邮编：100044　电话：010-51686414
印　刷　者：	北京虎彩文化传播有限公司
经　　　销：	全国新华书店
开　　　本：	185 mm×260 mm　　印张：24.75　　字数：633千字
版 印 次：	2006年3月第1版　2025年5月第3版　2025年5月第1次印刷
定　　　价：	69.00元

本书如有质量问题，请向北京交通大学出版社质监组反映。对您的意见和批评，我们表示欢迎和感谢。
投诉电话：010-51686043，51686008；传真：010-62225406；E-mail：press@bjtu.edu.cn。

第 3 版前言

作者团队在 2014 年出版了《ANSYS 辅助分析应用基础教程》第 2 版。由于软件本身版本的不断升级，更由于在这几年当中收到诸多读者的邮件，咨询、意见和鼓励兼而有之，深感教材同步更新的必要性。本次对版本的升级做了两个方面的调整：一是根据之前上课的情况以及学生反馈的问题，将第 2 版中关于 LS-DYNA 模块的内容删除，替换为子模型与子结构方法、热机耦合仿真、联合仿真及优化等高级仿真技术内容，以辅助高年级本科生、硕士生在设计类课程和科研时提升成果水平；二是重新整合、补充和完善算例，将界面替换为软件的最新版本，使第一部分的基础学习更加由浅入深、循序渐进，适合本科生在一定前修课程基础上快速掌握软件使用，并对涉及的力学、数学、机械类课程以及结构类课程的知识点有进一步的理解和掌握。

因此，本次教材升级是有机整合、补充、修改的过程，作者团队经过几个月的努力，力求精益求精。本次编写由窦伟元担任主编，陈耕完成了书中理论方法部分的撰写，所有的实例操作和命令流文件的整理工作由朱宇（第 9、10 章）、柴依杨（第 2、3、11 章）、郭砚昭（第 4、5、7 章）和袁瑞劼（第 6、8 章）完成。张乐乐是本书前两版的主编，本次完成了稿件总体的校对和审阅。

全书的内容围绕 ANSYS 软件基础与高级仿真应用两部分：第 1 章～第 8 章为基础部分，详细说明 ANSYS 基本操作、实体模型的建立、材料模型的选取、网格的划分、结构分析的内容和方法等。第 9 章～第 11 章为高级应用部分，将作者团队的科研成果与软件使用紧密结合，提炼出适合的算例来介绍科学研究与工程应用中所涉及的高级仿真技术，包括子模型与子结构方法、热机耦合仿真、联合仿真及优化。

同时，每一章内容分为操作讲解、实例分析和检测练习三部分，从 ANSYS 软件最基本的使用开始，图文并茂，简单明了，配合足够数量的、适当的实例和练习供读者学习和借鉴，且提供了全部用户界面操作和命令流文件。

ANSYS 是一个强大的工程工具，能够适用于解决各种各样的工程问题，且实现问题的分析过程与有限元方法解决问题的实质是密不可分的。因此，不理解有限元方法的基本概念，用户很快就会发现自己陷入困境。强大的工具还需要适合的人来发掘和使用它，才能显示出无穷的作用。本书的独到之处在于作者团队从事相关科研和教学十几年，积累了丰富的经验和分析实例。在内容安排上，本书精准地针对学生在学习中共性的弱点、难点、易错点来设计算例并加以讲解，培养学生从机械地使用"傻瓜"软件到成为真正掌握力学建模与分析的专业人员转变。书中使用的实例多来源于工程实际，具有一定的代表性，可促进学生融会贯通、举一反三。从表现形式上，本书的所有操作均配有图形用户界面的路径、界面参数格式以及命令流文件，适合学生打好基础、快速入门，在掌握之后建立二次开发的能力。在高级

I

应用部分，也配合了相应基础方法和理论的解释，便于学生学习和查阅，也促使学生建立力学、数学、机械等专业之间的联系。因此，教材将有力地配合课程的建设和推进，积极地提升学生的工程素养。

本书作为教材适用于初学者。可以为那些没有接触过 ANSYS 软件，希望了解、学习和使用 ANSYS 的读者提供良好的帮助，达到快速入门、掌握基础、具备独立深入能力的目的。

作者团队仍然使用联系邮箱 zll_simulation@sina.com 与各位读者保持交流和联系。由于水平有限，书中缺点、笔误和不足在所难免，敬请读者批评指正。

编　者

2024 年 10 月

目 录

第1章 概述 1
1.1 有限元方法与ANSYS软件的发展历史 1
1.1.1 有限元法的诞生 1
1.1.2 由理论到程序的转变 2
1.1.3 国内有限元法的发展之路 5
1.2 有限元法的基本概念 6
1.2.1 平面杆单元有限元分析 6
1.2.2 平面三角形单元有限元分析 18
1.2.3 平面四边形等参单元有限元分析 29
1.3 ANSYS软件组成模块与功能 40
1.4 ANSYS求解一般步骤 42
练习题 44

第2章 ANSYS基本操作 45
2.1 启动与窗口功能 45
2.1.1 启动方式 45
2.1.2 窗口功能 47
2.1.3 APDL命令输入方法 48
2.1.4 文件系统 49
2.2 坐标系 50
2.2.1 总体坐标系 50
2.2.2 局部坐标系 50
2.2.3 显示坐标系 51
2.2.4 节点坐标系 51
2.2.5 单元坐标系 52
2.2.6 结果坐标系 52
2.3 工作平面的使用 53
2.3.1 定义工作平面 53
2.3.2 控制工作平面 53
2.3.3 还原已定义的工作平面 53
2.4 图形窗口显示控制 54
2.4.1 图形的平移、缩放和旋转 54
2.4.2 Plot菜单控制 55

		2.4.3 PlotCtrls 菜单控制 ································· 55
		2.4.4 选取菜单与显示控制 ································· 57
	2.5	主菜单简介 ··· 59
		2.5.1 前处理菜单 ··· 60
		2.5.2 求解菜单 ··· 60
		2.5.3 后处理菜单 ··· 60
	2.6	上机指导 ··· 61
	上机目的 ··· 61
	上机内容 ··· 61
		2.6.1 实例 2.1 如何开始第一步 ······························ 61
		2.6.2 实例 2.2 工作平面的一般操作 ·························· 66
		2.6.3 实例 2.3 图形窗口显示控制 ··························· 70
	2.7	检测练习 ··· 71
	练习题 ··· 72

第 3 章 ANSYS 实体建模 ·· 73

3.1	实体模型简介 ··· 73
	3.1.1 实体建模的方法 ··· 73
	3.1.2 群组命令介绍 ··· 73
3.2	基本图元对象的建立 ··· 74
	3.2.1 点的定义 ··· 74
	3.2.2 线的定义 ··· 77
	3.2.3 面的定义 ··· 81
	3.2.4 体定义 ··· 85
3.3	用体素创建 ANSYS 对象 ·· 90
	3.3.1 体素的概念 ··· 90
	3.3.2 布尔操作 ··· 90
3.4	图元对象的其他操作 ··· 94
	3.4.1 移动和旋转 ··· 94
	3.4.2 复制 ··· 95
	3.4.3 镜像 ··· 95
	3.4.4 删除 ··· 96
3.5	实体模型的输入 ·· 96
3.6	上机指导 ··· 96
上机目的 ··· 96
上机内容 ··· 96
	3.6.1 实例 3.1 轴承座的分析(几何建模) ····················· 97
	3.6.2 实例 3.2 轮的分析(几何建模) ························ 104
	3.6.3 实例 3.3 工字截面梁 ··································· 108
	3.6.4 实例 3.4 六角圆头螺杆 ································· 112

  3.6.5 实例 3.5 零件一 ··· 114
  3.6.6 实例 3.6 零件二 ··· 120
 3.7 检测练习 ··· 123
 练习题 ·· 128

第4章 ANSYS 网格划分 ··· 129

 4.1 区分实体模型和有限元模型 ··· 129
 4.2 网格化的一般步骤 ·· 129
 4.3 单元属性定义 ·· 130
  4.3.1 单元形状的选择 ·· 130
  4.3.2 单元实常数的定义 ··· 131
  4.3.3 单元截面的定义 ·· 131
  4.3.4 单元材料的定义 ·· 133
  4.3.5 单元属性的分配 ·· 133
 4.4 网格划分 ··· 134
  4.4.1 网格划分工具 ·· 134
  4.4.2 自由网格划分 ·· 136
  4.4.3 映射网格划分 ·· 137
  4.4.4 扫掠生成网格 ·· 138
 4.5 网格的局部细化 ·· 141
  4.5.1 局部细化一般过程 ··· 141
  4.5.2 高级参数的控制 ·· 143
  4.5.3 属性和载荷的转换 ··· 144
  4.5.4 局部细化的其他问题 ·· 144
 4.6 网格的直接生成 ·· 145
  4.6.1 关于节点的操作 ·· 145
  4.6.2 关于单元的操作 ·· 147
 4.7 网格的清除 ·· 148
 4.8 网格划分的其他方法 ·· 149
 4.9 上机指导 ··· 150
 上机目的 ··· 150
 上机内容 ··· 150
  4.9.1 实例 4.1 轴承座的分析（网格划分） ······································ 151
  4.9.2 实例 4.2 轮的分析（网格划分） ··· 152
  4.9.3 实例 4.3 弹簧－质量系统 ·· 154
  4.9.4 实例 4.4 零件二的网格划分 ··· 159
  4.9.5 实例 4.5 自由网格与映射网格划分练习 ··································· 160
 4.10 检测练习 ··· 163
 练习题 ·· 165

第5章 ANSYS 静载荷施加与求解 ··································· 166

5.1 载荷的定义 ··· 166
5.2 有限元模型的加载 ·· 166
5.2.1 节点自由度的约束 ··· 167
5.2.2 节点载荷的施加 ··· 168
5.2.3 单元载荷的施加 ··· 169
5.3 实体模型的加载 ·· 169
5.3.1 关键点上载荷的施加 ··· 169
5.3.2 线段上载荷的施加 ··· 170
5.3.3 面上载荷的施加 ··· 171
5.4 求解 ·· 172
5.5 上机指导 ··· 173
上机目的 ·· 173
上机内容 ·· 173
5.5.1 实例 5.1 薄板圆孔受力分析 ·· 173
5.5.2 实例 5.2 轴承座的分析（加载与求解）································ 177
5.5.3 实例 5.3 轮的分析（加载与求解）·· 178
5.5.4 实例 5.4 阶梯轴的受力分析 ·· 181
5.6 检测练习 ··· 186
练习题 ··· 188

第 6 章 ANSYS 结构动力学分析 ·· 189
6.1 动力学有限元分析基础 ·· 189
6.1.1 动力学问题构造 ··· 189
6.1.2 瞬态分析中的时间积分 ··· 190
6.1.3 系统的固有频率计算 ··· 193
6.2 模态分析 ··· 194
6.3 谐响应分析 ··· 197
6.4 瞬态动力学分析 ·· 201
6.5 谱分析 ··· 206
6.6 上机指导 ··· 210
上机目的 ·· 210
上机内容 ·· 210
6.6.1 实例 6.1 飞机机翼模态分析 ·· 211
6.6.2 实例 6.2 电机平台的模态分析与谐响应分析 ······················· 218
6.6.3 实例 6.3 板—梁结构的瞬态分析 ·· 226
6.6.4 实例 6.4 板—梁结构的单点谱分析 ······································ 234
6.7 检测练习 ··· 239
练习题 ··· 242

第 7 章 ANSYS 后处理 ··· 243
7.1 应力/应变描述与后处理 ··· 243

7.2 通用后处理器 248
 7.2.1 变形图的绘制 248
 7.2.2 等值线图的绘制 249
 7.2.3 列表显示和查询结果 254
 7.2.4 路径的定义和使用 255
 7.2.5 动画显示 257
7.3 时间历程后处理器 257
 7.3.1 定义变量 258
 7.3.2 绘制变量曲线图 259
 7.3.3 变量的数学运算 259
7.4 上机指导 262
上机目的 262
上机内容 262
 7.4.1 实例7.1 轴承座的分析（计算结果） 262
 7.4.2 实例7.2 机翼模态的计算结果分析 264
 7.4.3 实例7.3 电机平台的计算结果分析 265
7.5 检测练习 268
练习题 269

第8章 典型实例与练习 270

8.1 车轮的分析 270
 8.1.1 有限元模型 270
 8.1.2 约束、载荷与求解 276
 8.1.3 后处理查看结果 277
8.2 连杆的分析 278
 8.2.1 有限元模型 279
 8.2.2 约束、加载与求解 282
 8.2.3 查看结果 282
8.3 广告牌承受风载荷的模拟 284
 8.3.1 有限元模型的建立 284
 8.3.2 简化为静载的分析 285
 8.3.3 考虑动载荷的分析 291
8.4 动载荷频率对结构承载的影响 295
 8.4.1 求解过程 295
 8.4.2 干扰力频率、固有频率与系统阻尼之间关系的分析 296

第9章 ANSYS在焊接结构分析中的应用 298

9.1 ANSYS热分析使用的符号、单位、单元及仿真流程 298
9.2 间接法热应力分析 299
9.3 焊接温度场分析的基本理论 302
9.4 焊接应力与变形分析理论 304

9.5	焊接过程分析的几种有限元方法	305
9.6	平板堆焊温度场及应力场算例	306

第10章 子模型与子结构方法

10.1	ANSYS子模型方法	323
	10.1.1 子模型简介	323
	10.1.2 子模型分析步骤	324
	10.1.3 带孔方板算例	324
10.2	壳-实体单元的子模型应用	331
	10.2.1 基于虚拟节点的子模型边界传递	332
	10.2.2 基于径向基函数的边界插值	335
	10.2.3 算例分析与讨论	336
10.3	ANSYS子结构方法	340
	10.3.1 子结构方法的基本原理	340
	10.3.2 子结构方法的基本过程	341
	10.3.3 子结构方法算例	343
	10.3.4 组件模态综合法及算例	352

第11章 ANSYS-MATLAB联合仿真及优化初步

11.1	联合仿真软件简介	357
11.2	结构优化设计简介	357
	11.2.1 结构优化设计思想	357
	11.2.2 结构优化设计的数学模型	358
	11.2.3 优化问题解法	358
11.3	五杆桁架联合仿真及初步优化	359
	11.3.1 问题描述	360
	11.3.2 ANSYS有限元建模	360
	11.3.3 MATLAB联合仿真及优化方法	364
	11.3.4 优化结果	367
	11.3.5 命令流	368
11.4	车体侧墙型材联合仿真及多目标优化	371
	11.4.1 问题描述	372
	11.4.2 ANSYS有限元建模	372
	11.4.3 MATLAB联合仿真及优化方法	378
	11.4.4 优化结果	380
	11.4.5 命令流	382

第1章 概　　述

1.1　有限元方法与 ANSYS 软件的发展历史

工程问题一般是物理情况的数学模型。数学模型是考虑相关边界条件和初值条件的微分方程组，微分方程组是通过对系统或控制体应用自然的基本定律和原理推导出来的，这些控制微分方程往往代表了质量、力或能量的平衡。在某些情况下，通过给定条件是可以得到系统的精确行为的，但实际过程中实现的可能性较少。

因此，工程问题的解决方案是对实际问题进行数学模型的抽象和求解的过程。这个过程需要技术人员根据工程问题的特点，恰当运用专业知识建立数学模型来表征实际系统，然后考虑相关条件进行求解。建立的数学模型既要能够代表实际系统又要可解，得到的结果应该达到一定精度以满足工程问题的需要。

在许多实际工程问题中，由于问题的复杂性和影响因素众多等不确定性，一般情况下难以得到分析系统的精确解，即解析解。因此，解决这个问题的基本思路是在满足工程需要的前提下，采用数值分析方法来得到近似解，即数值解。可以说，解析解表明了系统在任何点上的精确行为，而数值解只在称为节点的离散点上近似于解析解。

有限元法是典型的数值解法之一，它将力学理论、计算数学和计算机软件进行了有机结合，是目前采用最多的一种数值方法。随着计算机技术的飞速发展，有限元法也得到了长足的进步和更加广泛的应用，如机械、电子、建筑、军工、航空航天等各领域。该方法对于解决复杂的工程问题有着良好的效果，在辅助分析、辅助设计、产品质量预报等多方面有着举足轻重的地位，有不可替代的作用。

计算机辅助工程（computer-aided engineering，CAE）作为一门新兴的学科已经逐渐成为各大企业中设计新产品过程中不可缺少的一环。传统的 CAE 技术是指工程设计中的分析计算与分析仿真，具体包括工程数值分析、结构与过程优化设计、强度与寿命评估、运动/动力学仿真，验证未来工程/产品的可用性与可靠性。

如今，随着业信息化技术的不断发展，CAE 软件与 CAD/CAM/CAPP/PDM/ERP 一起，已经成为支持工程行业和制造企业信息化的主导技术，在提高工程/产品的设计质量，降低研究开发成本，缩短开发周期方面都发挥了重要作用。

而 CAE 技术的出现则是要归功于有限元分析的诞生，在有限元法诞生的早期，几乎所有的 CAE 软件都是使用有限元法来进行计算求解。因此可以说，有限元法的发展也间接反映了 CAE 软件在这半个世纪的发展历史。

1.1.1　有限元法的诞生

20 世纪 40 年代，航空事业的快速发展，对飞机内部结构设计提出了越来越高的要求，即重量轻、强度高、刚度好，人们不得不进行精确的设计和计算。正是在这一背景下，有限元分析的方法逐渐发展起来。

早期的一些成功的实验求解方法与专题论文，完全或部分的内容对有限元技术的产生做出了贡献。首先，在应用数学界第一篇有限元论文是 1943 年 R. Courant 发表的 "Variational Methods for the Solution of Problems of Equilibrium and Vibration" 一文，文中描述了他使用三角形区域的多项式函数来求解扭转问题的近似解，由于当时计算机尚未出现，这篇论文并没有引起应有的注意。

1956 年，M. J. Turner（波音公司工程师）、R. W. Clough（土木工程教授）、H. C. Martin（航空工程教授）及 L. J. Topp（波音公司工程师）等，共同在航空科技期刊上发表了一篇采用有限元技术计算飞机机翼强度的论文 "Stiffness and Deflection Analysis of Complex Structures"，文中把这种解法称为刚性法（stiffness），一般认为这是工程学界中有限元法的开端。

1960 年，R. W. Clough 教授在美国土木工程师学会（The American Sodety of Civil Engineers，ASCE）举办的计算机会议上，发表另一篇名为 "The Finite Element in Plane Stress Analysis" 的论文，将应用范围扩展到飞机以外的土木工程上，同时有限元法（Finite Element Method）的名称也第一次被正式提出。

由此之后，有限元法的理论迅速地发展起来，并广泛地应用于各种力学问题和非线性问题，成为分析大型、复杂工程结构的强有力手段。并且随着计算机技术的迅速发展，有限元法中人工难以完成的大量计算工作能够由计算机来实现并快速地完成。因此，可以说计算机技术的发展很大程度上促进了有限元法的建立和发展。

1.1.2　由理论到程序的转变

"有限元法"概念的提出，造就了美国加州大学伯克利分校有限元技术研究小组最为辉煌的十年历程。1963 年在加州大学伯克利分校，Edward L. Wilson 教授和 R. W. Clough 教授为了教授结构静力与动力分析而开发了符号矩阵解释系统（symbolic matrix interpretive system，SMIS），目的是弥补传统手工计算方法和结构分析矩阵法之间的隔阂。1969 年，Wilson 教授在第一代程序的基础上开发的第二代线性有限元分析程序，即著名的 SAP（structural an alysis program，结构化分析程序），而非线性程序则为 NONSAP。

Wilson 教授的学生 Ashraf Habibullah 于 1978 年创建了 Computer and Structures Inc.（CSI），CSI 的大部分技术开发人员都是 Wilson 教授的学生，Wilson 教授也是 CSI 的高级技术发展顾问。而 SAP2000 则是由 CSI 在 SAP5、SAP80、SAP90 的基础上，开发研制的通用结构分析与设计软件。同样是 1963 年，Richard MacNeal 博士和 Robert Schwendler 先生联手创办了 MSC 公司，并开发第一个软件程序，名为 SADSAM（structural analysis by digital simulation of analog methods），即数字仿真模拟法结构分析。

提到 MSC 公司，就想到与其有着不解渊源的美国国家太空总署（NASA），为了满足宇航工业对结构分析的迫切需求，NASA 于 1966 年提出了发展世界上第一套泛用型的有限元分析软件 NASTRAN 计划（NASA structural analysis program），MSC 公司则参与了整个 NASTRAN 程序的开发过程。1969 年，NASA 推出了第一个 NASTRAN 版本，称为 COSMIC NASTRAN。之后 MSC 继续改良 Nastran 程序，并在 1971 年推出 MSC.NASTRAN。

另一个与 NASA 结缘的是 SDRC 公司。1967 年在 NASA 的支持下 SDRC 公司成立，并于 1968 年发布了世界上第一个动力学测试及模态分析软件包，1971 年推出商业用有限元分析软件 Supertab，后并入 I-DEAS 软件中，这也就是为什么 I-DEAS 作为一款设计软件其有限元分析如此强大的原因。

1969 年，John Swanson 博士建立了自己的公司 Swanson Analysis Systems Inc.（SASI）。其实，早在 1963 年 John Swanson 博士任职于美国宾州匹兹堡西屋公司的太空核子实验室时，就已经在为核子反应火箭作应力分析时编写了一些计算加载温度和压力的结构应力和变位的程序，此程序当时命名为 STASYS（structural analysis system）。在 Swanson 博士公司成立的次年，结合早期的 STASYS 程序发布了商用软件 ANSYS。1994 年，Swanson Analysis Systems Inc.被 TA Associates 并购，并宣布了新的公司名称改为 ANSYS。

20 世纪 70 年代后，随着有限元理论的趋于成熟，CAE 技术也逐渐进入了蓬勃发展的时期。一方面 MSC、ANSYS、SDRC 三大 CAE 公司先后组建，并且致力于大型商用 CAE 软件的研究与开发，另一方面，更多的新的 CAE 软件迅速出现，为 CAE 市场的繁荣注入了新鲜血液。

20 世纪 70 年代初，当时任教于 Brown 大学的 Pedro Marcal 创建了 MARC 公司，并推出了第一个商业非线性有限元程序 MARC。虽然 MARC 在 1999 年被 MSC 公司收购，但其对有限元软件的发展起到了决定性的推动作用，至今在 MSC 的分析体系中依然有着 MARC 程序的身影。更值得一提的是，Pedro Marcal 早年也是毕业于加州大学伯克利分校。

在早期的商用软件舞台上，还有两位主要人物，David Hibbitt 和 Klaus J. Bathe。David Hibbitt 与 Pedro Marcal 合作到 1972 年，随后 Hibbitt 与 Bengt Karlsson 和 Paul Sorenson 于 1978 年共同建立 HKS 公司，向市场推出了 ABAQUS 商业软件。因为该软件是能够引导研究人员增加用户单元和材料模型的早期有限元程序之一，所以它对软件行业带来了实质性的冲击。2002 年 HKS 公司改名为 ABAQUS，并于 2005 年被达索公司收购。

另外一位对有限元法做出重大贡献的是 Klaus J. Bathe 博士。Klaus J. Bathe 20 世纪 60 年代末在加州伯克利大学 Clough 和 Wilson 博士的指导下攻读博士学位，从事结构动力学求解算法和计算系统的研究。由于 Bathe 博士在结构计算及 SAP 软件方面所做的贡献，Bathe 博士毕业后被 MIT 聘请到机械与力学学院任教。1975 年，在 MIT 任教的 Bathe 博士在 NONSAP 的基础上发表了著名的非线性求解器 ADINA（Automatic Dynamic Incremental Nonlinear Analysis），而在 1986 年 ADINA R&D Inc.成立以前，ADINA 软件的源代码是公开的，即著名的 ADINA81 版和 ADINA84 版本的 Fortran 源程序，后期很多有限元软件都是根据这个源程序所编写的。1977 年，Mechanical Dynamics Inc.（MDI）公司成立，致力于发展机械系统仿真软件，其软件 ADAMS 应用于机械系统运动学、动力学仿真分析。后被 MSC 公司收购，成为 MSC 分析体系中一个重要的组成部分。

在 CAE 的历史中，另一个神奇的程序是显式有限元程序 DYNA，它由当时在美国 Lawrence Livermore 国家实验室的 John Hallquist 编写。之所以说 DYNA 神奇，是因为在现在大家熟知的众多软件中，都可以发现 DYNA 的踪迹，因此 LS-DYNA 系列也被公认为显式有限元程序的鼻祖。

在 20 世纪 80 年代，DYNA 程序首先被法国 ESI 公司商业化，命名为 PAM-CRASH，现已成为了 ESI 公司的明星产品。除此之外，ESI 公司还有多个被人熟知的软件，如铸造软件 ProCAST、钣金软件 PAM-STAMP、焊接软件 SYSWELD、振动噪声软件 VA One、空气动力学软件 CFD-FASTRAN、多物理场软件 CFD-ACE，等等。

1988 年，John Hallquist 创建 LSTC（Livermore Software Technology Corporation）公司，发行和扩展 DYNA 程序商业化版本 LS-DYNA。同样是 1988 年，MSC 公司在 DYNA3D 的框架下开发了 MSC.Dyna 并于 1990 年发布第一个版本，随后于 1993 年发布了著名的 MSC.Dytran。另外，ANSYS 收购了 Century Dynamics 公司，把该公司以 DYNA 程序开发的高速瞬态动力分析软件 AUTODYN 纳入到 ANSYS 的分析体系中。1996 年，ANSYS 与 LSCT 公司合作推出了 ANSYS/LS-DYNA。

1984 年，ALGOR 公司成立，总部位于宾州的匹兹堡，ALGOR 公司在购买 SAP5 源程序和 VIZICAD 图像处理软件后，同年推出 ALGOR FEAS（Finite Element Analysis System）。

随着有限元技术的日趋成熟，市场上不断有新的公司成立并推出 CAE 软件，1983 年 AAC 公司成立，推出 COMET 程序，主要用于噪声及结构噪声优化分析等领域。随后 Computer Aided Design Software Inc 推出提供线性静态、动态及热分析的 PolyFEM 软件包。1988 年 Flomerics 公司成立，提供用于空气流及热传递的分析程序。同时期还有多家专业性软件公司投入专业 CAE 程序的开发。由此，CAE 的分析已经逐渐扩展到了声学、热传导及流体等更多的领域。

在早期有限元技术刚刚提出时，其应用范围仅在航空航天领域，且研究的对象也只局限在线性问题与静力分析。而经过近年的发展研究，有限元技术的应用范围已经囊括了力学、热、流体、电磁的自然界四大基本物理场，并且已经发展到多场耦合技术。可以说有限元技术的应用范围与研究对象发生了翻天覆地的变化。

20 世纪 90 年代至今是 CAE 技术的成熟壮大时期，MSC 公司作为最早成立的 CAE 公司，先后通过开发、并购把数个 CAE 程序集成到其分析体系中。MSC 公司旗下拥有多个产品，如 NASTRAN、PATRAN、MARC、ADAMS、DYTRAN 和 EASY5 等，覆盖了线性分析、非线性分析、显式非线性分析及流体动力学问题和流场耦合问题。另外，MSC 公司还推出了多学科方案，把以上的诸多产品集成为一个单一的框架以解决多学科仿真问题。

ANSYS 公司通过一连串的并购与自身壮大后，把其产品扩展为 ANSYS Mechanical 系列，ANSYS CFD（FLUENT/CFX）系列，ANSYS ANSOFT 系列，ANSYS Workbench 和 EKM 等。由此，ANSYS 塑造了一个体系规模庞大、产品线极为丰富的仿真平台，在结构分析、电磁场分析、流体动力学分析、多物理场、协同技术等方面，都提供完善的解决方案。

SDRC 公司把其有限元程序 Supertab 并入到 I-DEAS 中，并加入耐用性、NVH、优化与灵敏度、电子系统冷却、热分析等技术，且将有限元技术与实验技术有机地结合起来，开发了实验信号处理、实验与分析相关等分析能力。在 2001 年，SDRC 公司被 EDS 公司收购，并与 UGS 合并重组，SDRC 公司的有限元分析程序也演变成了 NX 中的 I-DEAS NX Simulation，与 NX NASTRAN 一起成为 NX 产品生命周期中的仿真分析中的重要组成部分。说到 NX NASTRAN，大家都会想到另一个以 NASTRAN 为名的有限元软件 MSC. NASTRAN。MSC. NASTRAN 与 NX NASTRAN 可谓是同根同源，皆是由 NASA 推出的 NASTRAN 程序的源代码发展出来的。

1972 年 UAI 公司发布基于 COSMIC NASTRAN 的 UAI NASTRAN 软件，1985 年 CSAR 公司发布了基于 COSMIC NASTRAN 的 CSAR NASTRAN 软件。当时市场上有这 3 家公司共同经营 NASTRAN 软件。

而在 1999 年，MSC 公司收购了 UAI 公司和 CSAR 公司，成为市场上唯一提供 NASTRAN 商业代码的供应商。而后，UGS 公司根据 MSC 所提供的源代码、测试案例、开发工具和其他技术资源开发出了 NX NASTRAN。

进入 21 世纪后，早期的三大软件商 MSC、ANSYS、SDRC 的命运各不相同，SDRC 被 EDS 收购后与 UGS 进行了重组，其产品 I-DEAS 已经逐渐淡出了人们的视线；MSC 自从 NASTRAN 拆分后就一蹶不振，2009 年 7 月被 STG 收购；而 ANSYS 则是最早出现的三大巨头中最为强劲的一支，收购了 Fluent、CFX、Ansoft 等众多知名厂商后，逐渐塑造了一个体系规模庞大、产品线极为丰富的仿真平台。

1.1.3 国内有限元法的发展之路

我国的力学工作者为有限元法的初期发展做出了许多贡献，其中比较著名的有：陈伯屏（结构矩阵方法），钱令希（余能原理），钱伟长（广义变分原理），胡海昌（广义变分原理），冯康（有限单元法理论）。遗憾的是，由于当时环境所致，我国有限元法的研究工作受到阻碍，有限元理论的发展也逐渐与国外拉开了距离。

20 世纪 60 年代初期，我国的老一辈计算科学家较早地将计算机应用于土木、建筑和机械工程领域。当时黄玉珊教授就提出了"小展弦比机翼薄壁结构的直接设计法"和"力法—应力设计法"；而在 70 年代初期，钱令希教授提出了"结构力学中的最优化设计理论与方法的近代发展"。这些理论和方法都为国内的有限元技术指明了方向。

1964 年初，崔俊芝院士研制出国内第一个平面问题通用有限元程序，解决了刘家峡大坝的复杂应力分析问题。20 世纪 60 年代到 70 年代，国内的有限元法及有限元软件诞生之后，曾计算过数十个大型工程，应用于水利、电力、机械、航空、建筑等多个领域。

20 世纪 70 年代中期，大连理工大学研制出了 JEFIX 有限元软件，航空工业部研制了 HAJIF 系列程序。80 年代中期，北京大学的袁明武教授通过对国外 SAP 软件的移植和重大改造，研制出了 SAP-84；北京农业大学的李明瑞教授研发了 FEM 软件；中国建筑科学研究院在国家"六五"攻关项目支持下，研制完成了"建筑工程设计软件包——BDP"；中国科学院开发了 FEPS、SEFEM；航空工业总公司飞机结构多约束优化设计系统 YIDOYU 等一批自主程序。

发展到今天，CAE 软件不仅仅只有有限元法一种基本算法，目前已经发展出了包括有限差分法、有限元法、有限体积法等多种数学算法。而究其本质都是采用微积分的方法对离散方程进行求解，从而得出所求的结果。多种求解方法使 CAE 技术得到了长足的发展，而有限元法覆盖的领域最为广泛，并已大量应用于结构力学、结构动力学、热力学、流体力学等仿真分析，并且向着多物理场耦合分析的方向发展。

1.2 有限元法的基本概念

有限元法的基础是最小势能原理，在弹性力学中该原理可表述为，整个弹性系统在平衡状态下所具有的势能小于其他位移状态下的势能。即在所有变形可能的位移场中，真实的位移场使总势能泛函取最小值。若总势能泛函是位移场的凸泛函，则最小值在其变分为零的驻点处取得。最小势能原理实质上等价于弹性体的平衡条件。在有限元法中，结构通常被划分为若干具有一定长度、面积或体积的单元（element），单元间彼此通过节点（node）相连。因此结构的变形可以通过有限多个节点位移量所构成的场近似地刻画，而有限元分析的任务则是寻找满足最小势能原理的节点位移场。有限元求解的位移法中，位移通常被作为基本未知量，根据最小势能原理在所有节点位置形成一系列平衡方程，求解由这些平衡方程所组成的线性系统即可得到每个节点的位移量，并在位移场已知的基础上进一步计算每个单元中的应变与应力。本节将首先以平面杆单元为例介绍有限元法中的重要概念和问题构造，之后再进一步拓展到形状较为复杂的几何实体，并以三角形和四边形等参单元为例介绍有限元分析的一般方法与步骤。

1.2.1 平面杆单元有限元分析

（1）杆的平衡方程

杆作为最简单的结构单元，只能承受沿杆方向作用的力并发生伸长或压缩变形。对于如图 1-1 所示一端固定的杆，其原长为 L，截面形状保持不变且面积为 A。杆由均质材料构成，材料的弹性模量为 E。当杆受到力 F 的作用将产生变形 ΔL。若沿杆轴向建立坐标系 x，根据平衡条件可知其各个位置的内力均为 F。如果已知 F 的大小，需要计算杆的变形量 ΔL 及杆内每一处的应变 ε 与应力 σ，那么根据材料力学中应力的定义可将应力表示为

$$\sigma(x) = \frac{S(x)}{A(x)} = \frac{S(x)}{A} = \frac{F}{A} \tag{1-1}$$

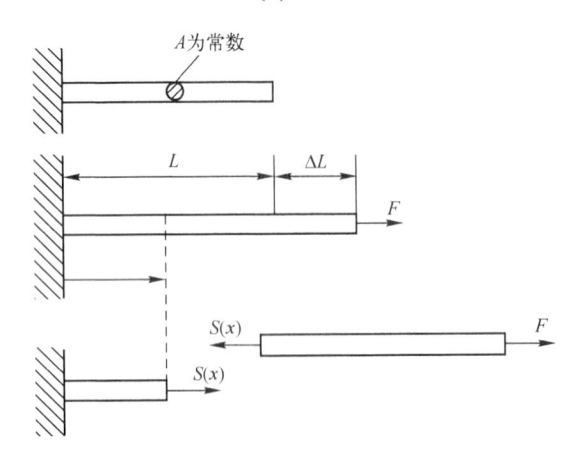

图 1-1 杆的受力与变形

如果将杆内每一点处的位移记为 $u(x)$，那么在小变形情况下应变 ε 的大小为

$$\varepsilon(x) = \frac{\mathrm{d}u(x)}{\mathrm{d}x} \tag{1-2}$$

由于杆由均匀材料制成，其截面处处保持不变，因此不难得到杆在 F 作用下的应变是常数的结论，即

$$\varepsilon(x) = \frac{\mathrm{d}u(x)}{\mathrm{d}x} = \frac{\Delta L}{L} \tag{1-3}$$

此外，由于杆的材料满足弹性关系，因此ε与σ之间满足

$$\sigma = E \cdot \varepsilon \tag{1-4}$$

将式（1-3）与式（1-4）代入式（1-1），可以得到ΔL与F之间的关系为

$$F = \frac{EA}{L} \Delta L \tag{1-5}$$

由此式根据F计算得到ΔL后，可以代入式（1-3）与式（1-4）依次得到ε与σ。

接下来考虑有体力（比如重力）作用在杆上的情况。如图 1-2 所示，假设杆单位长度上的体力大小为$q(x)$，从杆内截取一个如图中所示的微元 dx 进行分析，微元的平衡方程为

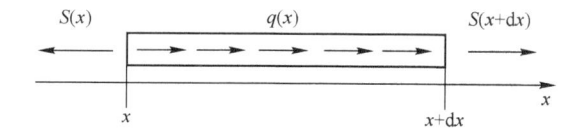

$$-S(x) + q(x)\mathrm{d}x + S(x+\mathrm{d}x) = 0 \tag{1-6}$$

图 1-2 杆的内力与变形

利用级数对$S(x+\mathrm{d}x)$进行展开，得到$S(x+\mathrm{d}x) = S(x) + \mathrm{d}S(x)$，将这一关系代入式（1-6）可以得到

$$-S(x) + q(x)\mathrm{d}x + S(x) + \mathrm{d}S(x) = 0 \tag{1-7}$$

对该式进行整理可以得到

$$\frac{\mathrm{d}S(x)}{\mathrm{d}x} = -q(x) \tag{1-8}$$

由于$S(x) = \sigma(x) \cdot A(x)$，并且$\sigma(x) = E \cdot \varepsilon(x) = E \cdot \frac{\mathrm{d}u(x)}{\mathrm{d}x}$，因此

$$\frac{\mathrm{d}S(x)}{\mathrm{d}x} = \frac{\mathrm{d}}{\mathrm{d}x}\left(EA(x) \cdot \frac{\mathrm{d}u(x)}{\mathrm{d}x}\right) = -q(x) \tag{1-9}$$

由于此例中杆为常截面，因此整理上式得到微分方程

$$EA \frac{\mathrm{d}^2 u(x)}{\mathrm{d}x^2} + q(x) = 0 \tag{1-10}$$

（2）单个杆单元的有限元列式

接下来将介绍单个杆单元（truss element）的有限元列式，并展示如何通过有限元法实现该微分方程的数值求解。

最简单的杆单元为如图 1-3 所示的 2 节点杆单元，其长度为 L，包含节点 1、2。由于杆仅能承受轴向力的作用并发生相应变形，因此 2 个节点处的力分别为 F_1 和 F_2，位移为 u_1

和 u_2。由于杆单元的力和位移满足等式（1-5），因此令 $k=\dfrac{EA}{L}$，可得到当 F_1 与 F_2 分别作用在杆单元时力与节点位移的关系

$$F_1 = k\Delta u = k(u_1 - u_2)$$
$$F_2 = -k\Delta u = k(u_2 - u_1)$$
（1-11）

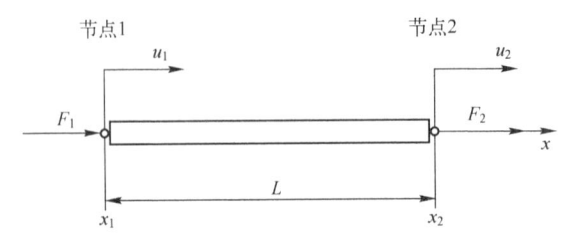

图 1-3 2 节点杆单元

用矩阵形式表示这一关系可以得到

$$\boldsymbol{F}^e = \begin{bmatrix} F_1^e \\ F_2^e \end{bmatrix} = \begin{bmatrix} k & -k \\ -k & k \end{bmatrix} \begin{bmatrix} u_1 \\ u_2 \end{bmatrix} = \boldsymbol{K}^e \boldsymbol{u}$$
（1-12）

这里上标 e 为 element 的缩写，表示该物理量与单元有关，因此 $\boldsymbol{F}^e$ 表示单元的节点力，$\boldsymbol{K}^e$ 为单元刚度矩阵（element stiffness matrix），$\boldsymbol{u}$ 表示节点位移。有限元分析中，分析对象被剖分为若干单元，在对每个单元得到式（1-12）中所示的单元刚度矩阵后，需要根据节点的连接关系进行装配以得到结构的总刚度矩阵。由于位移作为基本未知量出现，因此有限元分析的关键是求解由节点力、节点位移和总刚度矩阵所构成的线性系统。

虽然可以通过力-位移关系直接得到 2 节点杆单元的刚度矩阵 $\boldsymbol{K}^e$，但推导过程中并未涉及力与应力、应力与应变之间的关系。如果从平衡方程（1-10）入手重新建立线性系统（1-12），首先需要引入形函数（shape function）的概念。有限元法中，形函数是指仅根据单元形状和类型所构造的一类插值函数。以 2 节点杆单元为例，杆内任意一点处的位移可以通过形函数 $N_i(x)$ 与节点处位移值的线性组合计算

$$u^e(x) = N_1(x)u_1 + N_2(x)u_2$$
（1-13）

其中，$N_1(x)$ 为节点 1 的形函数，$N_2(x)$ 为节点 2 的形函数。在 2 节点杆单元中，形函数 $N_i(x)$ 是 x 的线性函数，即 $N_i(x) = a_i x + b_i$，其中 a_i, b_i 为待定系数。从式（1-13）中不难看出，当 $N_i(x)$ 均为线性函数时，u^e 同样是 x 的线性函数，因此当真实位移场与 x 之间不满足线性关系时，通过 N_i 插值得到的单元位移场 $u^e(x)$ 与真实场之间存在如图 1-4 所示的差异。

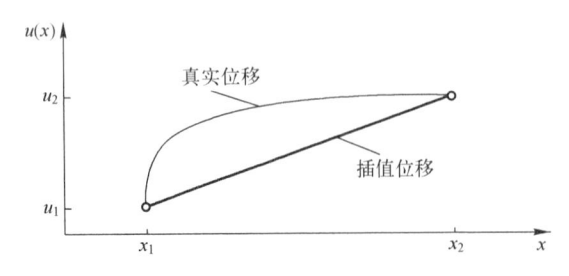

图 1-4 形函数插值得到的位移场与真实位移场之间的差异

由于 $u^e(x)$ 是 x 的线性函数，可以将其表示为

$$u^e(x) = \alpha_1 + \alpha_2 x \tag{1-14}$$

由于已知 $u^e(x_1) = u_1$，$u^e(x_2) = u_2$，因此可以解出 α_1 与 α_2，得到

$$u^e(x) = \frac{x_2 - x}{x_2 - x_1} u_1 + \frac{x - x_1}{x_2 - x_1} u_2 \tag{1-15}$$

注意到 $x_2 - x_1 = L$，得到

$$u^e(x) = \frac{1}{L}(x_2 - x) u_1 + \frac{1}{L}(x - x_1) u_2 \tag{1-16}$$

将式（1-16）与式（1-13）进行比较可知形函数 $N_1(x)$ 与 $N_2(x)$ 分别为

$$N_1(x) = \frac{1}{L}(x_2 - x), \quad N_2(x) = \frac{1}{L}(x - x_1) \tag{1-17}$$

可以注意到任意取 x_1 与 x_2 之间的点 x，将其代入式（1-17），得到 $N_1(x) + N_2(x) = 1$。此外，节点 1 的形函数 $N_1(x)$，其值在 $x = x_1$ 时为 1，在 $x = x_2$ 时为 0；节点 2 的形函数 $N_2(x)$，其值在 $x = x_1$ 时为 0，在 $x = x_2$ 时为 1。因此形函数的性质可以总结为

① 形函数是与节点相关的插值函数，其形式仅与节点坐标有关。当一个单元的所有节点位置确定后，每个节点的形函数可以唯一地确定；

② 形函数的值在 0 和 1 之间；

③ 在单元中的任意位置，所有节点形函数值的和为 1；

$$\begin{cases} N_i(x = x_i) = 1 \\ N_i(x = x_j) = 0 \end{cases} \quad \text{当 } i \neq j。$$

在之后的章节中将看到形函数的这些性质不仅对杆单元成立，对其他类型的单元也普遍成立。将式（1-17）中的关系以矩阵记法表示，可以得到

$$u^e(x) = N_1(x) u_1 + N_2(x) u_2 = \{N_1(x) \ N_2(x)\} \begin{bmatrix} u_1 \\ u_2 \end{bmatrix} = \boldsymbol{N}(x)^{\mathrm{T}} \boldsymbol{u} \tag{1-18}$$

如果将 $u^e(x)$ 代入式（1-2）中的位移-应变关系，由于节点位移 u_1, u_2 为常数，可以得到

$$\varepsilon^e(x) = \frac{\mathrm{d}}{\mathrm{d}x} u^e(x) = \left(\frac{\mathrm{d}N_1(x)}{\mathrm{d}x} \ \frac{\mathrm{d}N_2(x)}{\mathrm{d}x} \right) \begin{bmatrix} u_1 \\ u_2 \end{bmatrix} = \boldsymbol{B} \boldsymbol{u} \tag{1-19}$$

将式（1-17）代入式（1-19），可以得到

$$\boldsymbol{B} = \left(\frac{\mathrm{d}N_1(x)}{\mathrm{d}x} \ \frac{\mathrm{d}N_2(x)}{\mathrm{d}x} \right) = \frac{1}{L}[-1 \ 1] \tag{1-20}$$

可见对于 2 节点杆单元，$\boldsymbol{B}$ 矩阵不再是 x 的函数。如式（1-19）所揭示，在有限元法中，$\boldsymbol{B}$ 矩阵的作用是实现节点位移 $\boldsymbol{u}$ 到单元应变 ε^e 的映射，因此 $\boldsymbol{B}$ 常被称为应变-位移矩阵。此外，单元应力与应变满足弹性本构关系，因此单元应力可以从节点位移计算得到

$$\sigma^e(x) = E \cdot \varepsilon^e(x) = E \boldsymbol{B} \boldsymbol{u} \tag{1-21}$$

由等式（1-20）知 $\boldsymbol{B}$ 矩阵为定常矩阵，因此根据式（1-21）单元应力 σ^e 也为常量，于是应力与节点处所施加力的关系为

$$\boldsymbol{F}^{\mathrm{e}} = \begin{bmatrix} F_1^{\mathrm{e}} \\ F_2^{\mathrm{e}} \end{bmatrix} = \begin{bmatrix} -\sigma^{\mathrm{e}} \cdot A \\ \sigma^{\mathrm{e}} \cdot A \end{bmatrix} = \begin{bmatrix} -\dfrac{1}{L} \\ \dfrac{1}{L} \end{bmatrix} \sigma^{\mathrm{e}} \cdot AL = \boldsymbol{B}^{\mathrm{T}} \sigma^{\mathrm{e}} \cdot AL = \int_V \boldsymbol{B}^{\mathrm{T}} \boldsymbol{D} \mathrm{d}V \boldsymbol{u} \tag{1-22}$$

为了与含有多个应力分量的高维单元保持一致，这里用 $\boldsymbol{D}$ 矩阵表示材料应力与应变之间关系，在杆单元中 $\boldsymbol{D}$ 退化为常量 E。对式（1-22）进行简化可以得到

$$\begin{bmatrix} F_1^{\mathrm{e}} \\ F_2^{\mathrm{e}} \end{bmatrix} = \int_V \boldsymbol{B}^{\mathrm{T}} \boldsymbol{D} \mathrm{d}V \boldsymbol{u} = \begin{bmatrix} -\dfrac{1}{L} \\ \dfrac{1}{L} \end{bmatrix} \cdot E \cdot \begin{bmatrix} -\dfrac{1}{L} & \dfrac{1}{L} \end{bmatrix} \cdot AL \begin{bmatrix} u_1 \\ u_2 \end{bmatrix} = \begin{bmatrix} \dfrac{EA}{L} & -\dfrac{EA}{L} \\ -\dfrac{EA}{L} & \dfrac{EA}{L} \end{bmatrix} \begin{bmatrix} u_1 \\ u_2 \end{bmatrix} \tag{1-23}$$

将式（1-23）与式（1-12）比较可以发现，两者刻画了同样的节点力与节点位移之间关系，即

$$\begin{bmatrix} F_1^{\mathrm{e}} \\ F_2^{\mathrm{e}} \end{bmatrix} = \begin{bmatrix} k & -k \\ -k & k \end{bmatrix} \begin{bmatrix} u_1 \\ u_2 \end{bmatrix} \tag{1-24}$$

这里 $k = \dfrac{EA}{L}$。将式（1-23）与式（1-12）比较，可以看出单元刚度矩阵 $\boldsymbol{K}^{\mathrm{e}}$ 可以通过 $\boldsymbol{B}$ 和 $\boldsymbol{D}$ 两个矩阵计算得到

$$\boldsymbol{K}^{\mathrm{e}} = (\boldsymbol{B}^{\mathrm{T}} \boldsymbol{D} \boldsymbol{B}) \cdot AL = \int_V \boldsymbol{B}^{\mathrm{T}} \boldsymbol{D} \boldsymbol{B} \mathrm{d}V \tag{1-25}$$

对于二维、三维实体单元等自由度数量更多的单元，尽管 $\boldsymbol{B}$ 矩阵与 $\boldsymbol{D}$ 矩阵的具体形式与平面杆单元不同，但 $\boldsymbol{K}^{\mathrm{e}} = \int_V \boldsymbol{B}^{\mathrm{T}} \boldsymbol{D} \boldsymbol{B} \mathrm{d}V$ 的基本关系保持不变。由于 $\boldsymbol{D}$ 矩阵是反映材料应力与应变之间关系的对称矩阵，因此由 $\int_V \boldsymbol{B}^{\mathrm{T}} \boldsymbol{D} \boldsymbol{B} \mathrm{d}V$ 计算得到的 $\boldsymbol{K}^{\mathrm{e}}$ 矩阵同样是对称的。此外当节点力 $\boldsymbol{F}^{\mathrm{e}}$ 作用在单元上时，其所做的功 W 为

$$W = \boldsymbol{u}^{\mathrm{T}} \boldsymbol{F}^{\mathrm{e}} = \boldsymbol{u}^{\mathrm{T}} \boldsymbol{K}^{\mathrm{e}} \boldsymbol{u} \geqslant 0 \tag{1-26}$$

根据 $W \geqslant 0$ 可知 $\boldsymbol{K}^{\mathrm{e}}$ 半正定。综上，可以得到单元刚度矩阵 $\boldsymbol{K}^{\mathrm{e}}$ 为对称半正定矩阵的结论。进一步对式（1-25）进行分析可以发现，当单元的长度取如图 1-2 中所示的微元 $\mathrm{d}L$，$\boldsymbol{B}^{\mathrm{T}} \boldsymbol{D} \boldsymbol{B}$ 恰好与 $-\dfrac{\mathrm{d}}{\mathrm{d}x}\left(E \dfrac{\mathrm{d}u(x)}{\mathrm{d}x}\right)$ 相对应，其体积分为 $\int_{\mathrm{d}L} -\dfrac{\mathrm{d}}{\mathrm{d}x}\left(EA \dfrac{\mathrm{d}u(x)}{\mathrm{d}x}\right) \mathrm{d}x$，对载荷进行积分得到 $S + \int_{\mathrm{d}L} q(x) \mathrm{d}x$。通过比较不难理解，有限元法的本质是对微分方程（1-10）的等效积分进行数值求解，从而得到节点处的未知量。

（3）平置杆系的有限元列式

考虑如图 1-5 所示的由两种材料构成的杆，可如图 1-6 所示将该杆划分为两个平置的 2 节点杆单元。

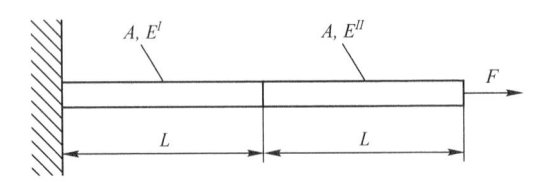

图 1-5 由两种材料构成的平置杆

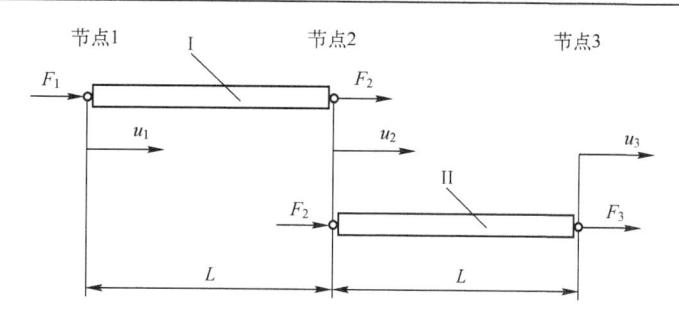

图 1-6 由 2 个平置杆单元构成的双材料杆

根据式（1-12）与式（1-23）中推导所得到的，对于单元 I，有

$$\begin{bmatrix} F_1^{\mathrm{I}} \\ F_2^{\mathrm{I}} \end{bmatrix} = \begin{bmatrix} k^{\mathrm{I}} & -k^{\mathrm{I}} \\ -k^{\mathrm{I}} & k^{\mathrm{I}} \end{bmatrix} \begin{bmatrix} u_1 \\ u_2 \end{bmatrix} \tag{1-27}$$

其中

$$k^{\mathrm{I}} = \frac{E^{\mathrm{I}} A}{L} \tag{1-28}$$

对于单元 II，有

$$\begin{bmatrix} F_2^{\mathrm{II}} \\ F_3^{\mathrm{II}} \end{bmatrix} = \begin{bmatrix} k^{\mathrm{II}} & -k^{\mathrm{II}} \\ -k^{\mathrm{II}} & k^{\mathrm{II}} \end{bmatrix} \begin{bmatrix} u_2 \\ u_3 \end{bmatrix} \tag{1-29}$$

其中

$$k^{\mathrm{II}} = \frac{E^{\mathrm{II}} A}{L} \tag{1-30}$$

注意到节点 2 处的节点力 $F_2 = F_2^{\mathrm{I}} + F_2^{\mathrm{II}}$，因此三个节点处的力-位移关系可以写为

$$\begin{aligned} \boldsymbol{F} &= \begin{Bmatrix} F_1^{\mathrm{I}} \\ F_2^{\mathrm{I}} \\ 0 \end{Bmatrix} + \begin{bmatrix} 0 \\ F_2^{\mathrm{II}} \\ F_3^{\mathrm{II}} \end{bmatrix} = \boldsymbol{K}_{\mathrm{ext}}^{\mathrm{I}} \boldsymbol{u} + \boldsymbol{K}_{\mathrm{ext}}^{\mathrm{II}} \boldsymbol{u} = \begin{bmatrix} k^{\mathrm{I}} & -k^{\mathrm{I}} & 0 \\ -k^{\mathrm{I}} & k^{\mathrm{I}} & 0 \\ 0 & 0 & 0 \end{bmatrix} \begin{bmatrix} u_1 \\ u_2 \\ u_3 \end{bmatrix} + \begin{bmatrix} 0 & 0 & 0 \\ 0 & k^{\mathrm{II}} & -k^{\mathrm{II}} \\ 0 & -k^{\mathrm{II}} & k^{\mathrm{II}} \end{bmatrix} \begin{bmatrix} u_1 \\ u_2 \\ u_3 \end{bmatrix} \\ &= \begin{bmatrix} k^{\mathrm{I}} & -k^{\mathrm{I}} & 0 \\ -k^{\mathrm{I}} & k^{\mathrm{I}} + k^{\mathrm{II}} & -k^{\mathrm{II}} \\ 0 & -k^{\mathrm{II}} & k^{\mathrm{II}} \end{bmatrix} \begin{bmatrix} u_1 \\ u_2 \\ u_3 \end{bmatrix} = \boldsymbol{K} \boldsymbol{u} \end{aligned} \tag{1-31}$$

这里 $\boldsymbol{K}_{\mathrm{ext}}^{\mathrm{e}}$ 中的下标 ext 表示扩展（extended）。从式（1-31）可以看出，与单个单元类似，有限元模型中 3 个节点处的力和位移向量可以通过一个矩阵 $\boldsymbol{K}$ 实现线性变换。这里 $\boldsymbol{K}$ 为总刚度矩阵（global stiffness matrix），由单元刚度矩阵 $\boldsymbol{K}^{\mathrm{e}}$ 根据节点的关系组装（assemble）形成。根据式（1-31）所揭示的关系，组装之所以能够实现在于节点处的合力 $\boldsymbol{F}$ 由各个单元的节点力 $\boldsymbol{F}^{\mathrm{e}}$ 共同组成。组装中重要的一步是将 $\boldsymbol{K}^{\mathrm{e}}$ 扩展为 $\boldsymbol{K}_{\mathrm{ext}}^{\mathrm{e}}$，以图 1-6 中的双单元为例，扩展的步骤描述如下。

第一步：将 $\boldsymbol{K}^{\mathrm{e}}$ 扩展为与 $\boldsymbol{K}$ 维数一致的矩阵，这里指将 2×2 的 $\boldsymbol{K}^{\mathrm{I}}$、$\boldsymbol{K}^{\mathrm{II}}$ 扩展为与 $\boldsymbol{K}$ 维数一致（3×3）的 $\boldsymbol{K}_{\mathrm{ext}}^{\mathrm{I}}$ 与 $\boldsymbol{K}_{\mathrm{ext}}^{\mathrm{II}}$。

第二步：根据单元自由度在全局自由度中的位置将 $\boldsymbol{K}^{\mathrm{e}}$ 中的数据写入 $\boldsymbol{K}_{\mathrm{ext}}^{\mathrm{e}}$。以式（1-29）

中的 K^{II} 为例,单元的节点依次为 2、3。因此,K^{II}(2,1)位置的元素,其行对应节点 3,列对应节点 2,因此在扩展为 K_{ext}^{II} 时,要将该元素写入 K_{ext}^{II}(3,2)位置。

第三步,对于 K^e 中不包含的自由度,将所有与其相关的行、列中的元素均置零。同样以单元 II 为例,由于该单元不包含节点 1,因此在将 K^{II} 扩展为 K_{ext}^{II} 时,需要将 K_{ext}^{II} 第 1 行与第 1 列中的所有元素置零。

根据上述步骤对式(1-27)与式(1-29)中的 K^I 与 K^{II} 进行扩展将最终得到式(1-31)中的扩展单元刚度矩阵 K_{ext}^I 与 K_{ext}^{II}。由于对给定模型 K^e 与 K_{ext}^e 只存在形式上的差别,两者之间可以实现自由转换,因此后续章节中不再对二者进行区分并将其统一表示为 K^e。

对式(1-31)中由 K^e 组装形成的总刚度矩阵 K 进行考查可以发现 K 矩阵奇异,如当 $u_1 = u_2 = u_3 = 1$ 时,将其代入式(1-31)得到

$$Ku = \begin{bmatrix} k^I - k^I \\ -k^I + k^I + k^{II} - k^{II} \\ -k^{II} + k^{II} \end{bmatrix} = \begin{bmatrix} 0 \\ 0 \\ 0 \end{bmatrix} \quad (1-32)$$

即 K 与特征向量 $u = \{1\ 1\ 1\}^T$ 所对应的特征值为 0。注意到当 $u_1 = u_2 = u_3 = 1$ 时,杆的运动为刚体位移,因此 $Ku = F$ 表示刚体位移对应的载荷为零向量。由于刚体位移的存在,在缺少适当的边界条件时该线性系统无法求解。

接下来进一步对总刚度矩阵 K 的性质进行分析。首先注意到由于形成 K 的全部 K^e 均具有对称性,因此根据所描述的规则进行组装后得到的总刚度矩阵 K 也具有对称性。其次,将式(1-26)中的 K^e 替换为 K 可以证明后者同样具有半正定的性质。由于已知造成 K 奇异的原因是刚体位移模式的存在,因此在引入边界条件消除刚体位移后,不再存在令 $u^T F^e = 0$ 的刚体位移模式,将与未施加位移边界条件自由度相关的 K 矩阵的部分可记为 K_F,脚标 F 表示自由(free),可以得到 K_F 为**对称正定矩阵**的重要结论。K_F 的性质意味着线性系统可以通过消元法进行求解。

那么边界条件是如何引入并完成 K 的改写呢?在该问题中,由于节点 1 与墙体固连,该节点的载荷是由墙体提供的大小未知的约束反力,因此线性系统中应删去这一方程

$$\begin{bmatrix} -k^I & k^I + k^{II} & -k^{II} \\ 0 & -k^{II} & k^{II} \end{bmatrix} \begin{bmatrix} u_1 \\ u_2 \\ u_3 \end{bmatrix} = \begin{bmatrix} 0 \\ F \end{bmatrix} \quad (1-33)$$

在此基础上再将节点 1 处 $u_1 = 0$ 的条件代入位移向量,得到

$$\begin{bmatrix} -k^I & k^I + k^{II} & -k^{II} \\ 0 & -k^{II} & k^{II} \end{bmatrix} \begin{bmatrix} 0 \\ u_2 \\ u_3 \end{bmatrix} = \begin{bmatrix} 0 \\ F \end{bmatrix}$$

$$\Rightarrow \begin{bmatrix} -k^I \\ 0 \end{bmatrix} \cdot 0 + \begin{bmatrix} k^I + k^{II} & -k^{II} \\ -k^{II} & k^{II} \end{bmatrix} \begin{bmatrix} u_2 \\ u_3 \end{bmatrix} = \begin{bmatrix} 0 \\ F \end{bmatrix}$$

$$\Rightarrow \begin{bmatrix} k^{\mathrm{I}}+k^{\mathrm{II}} & -k^{\mathrm{II}} \\ -k^{\mathrm{II}} & k^{\mathrm{II}} \end{bmatrix} \begin{bmatrix} u_2 \\ u_3 \end{bmatrix} = \boldsymbol{K}_{\mathrm{F}} \boldsymbol{u} = \begin{bmatrix} 0 \\ F \end{bmatrix} \tag{1-34}$$

将式（1-34）与式（1-31）比较可以发现，在节点 1 处引入边界条件 $u_1=0$，所得到的 $\boldsymbol{K}_\mathrm{F}$ 相当于将 $\boldsymbol{K}$ 中的第一行与第一列删去。对于强制位移 $u_1=x$ 的情况，仔细分析式（1-34）中所展示的过程同样不难发现，其等同于

$$\begin{bmatrix} -k^{\mathrm{I}} & k^{\mathrm{I}}+k^{\mathrm{II}} & -k^{\mathrm{II}} \\ 0 & -k^{\mathrm{II}} & k^{\mathrm{II}} \end{bmatrix} \begin{bmatrix} x \\ u_2 \\ u_3 \end{bmatrix} = \begin{bmatrix} 0 \\ F \end{bmatrix}$$

$$\Rightarrow \begin{bmatrix} -k^{\mathrm{I}} \\ 0 \end{bmatrix} \cdot x + \begin{bmatrix} k^{\mathrm{I}}+k^{\mathrm{II}} & -k^{\mathrm{II}} \\ -k^{\mathrm{II}} & k^{\mathrm{II}} \end{bmatrix} \begin{bmatrix} u_2 \\ u_3 \end{bmatrix} = \begin{bmatrix} 0 \\ F \end{bmatrix} \tag{1-35}$$

$$\Rightarrow \begin{bmatrix} k^{\mathrm{I}}+k^{\mathrm{II}} & -k^{\mathrm{II}} \\ -k^{\mathrm{II}} & k^{\mathrm{II}} \end{bmatrix} \begin{bmatrix} u_2 \\ u_3 \end{bmatrix} = \boldsymbol{K}_{\mathrm{F}} \boldsymbol{u} = \begin{bmatrix} 0 \\ F \end{bmatrix} + \begin{bmatrix} k^{\mathrm{I}} \cdot x \\ 0 \end{bmatrix}$$

$$\Rightarrow \boldsymbol{K}_{\mathrm{F}} \boldsymbol{u} = \boldsymbol{F}'$$

将该式与 $u_1=0$ 时的情况比较可以发现，两者中 $\boldsymbol{K}_\mathrm{F}$ 是完全相同的，二者间的区别仅在于前者需要对载荷进行变化。具体地，需要将强制位移 $u_1=x$ 的影响通过与 $\boldsymbol{K}$ 中所对应的列向量相乘等效成力的效果，再将该等效载荷移到等号右侧并与已知的外载荷合并形成新的载荷向量 $\boldsymbol{F}'$，这样一来根据载荷 $\boldsymbol{F}'$ 求解得到的 $\boldsymbol{u}$ 中就包含了 $u_1=x$ 的影响。根据式（1-35）解得 u_2 与 u_3 后，可以将其与边界条件合并得到完整的位移向量 $\boldsymbol{u}=\{x\ u_2\ u_3\}^\mathrm{T}$，再将其代入式（1-31）求得节点 1 处的反力。此外，当 $\boldsymbol{u}$ 完全已知后，对于每一个单元，也可先后根据式（1-19）与式（1-21）中介绍的步骤，利用 $\boldsymbol{B}$ 矩阵与 $\boldsymbol{D}$ 矩阵先后计算出每个单元中的应变 $\boldsymbol{\varepsilon}^\mathrm{e}$ 与应力 $\boldsymbol{\sigma}^\mathrm{e}$。

（4）平面杆系的有限元分析

本节将在此基础上讨论如何采用有限元法求解一般的平面杆系问题。一个简单的平面杆系如图 1-7 所示，该杆系由两根长度为 $\sqrt{2}L$ 的杆组成，每根杆与水平方向均成 45° 夹角。两根杆均由弹性模量为 E 的均质材料制成，杆的截面积均为 A。两根杆各自的一端分别标记为节点 1 与节点 3，两点均与墙面固连。在两根杆铰接的节点 2 处有竖直向下的节点力 F 作用。与图 1-5 所示的平置杆不同，本例中各杆单元轴的方向不同，且其中自由节点 2 的位移不再与杆的轴的方向一致，而是可以在坐标系 x–y 所构成平面中的任意方向运动。

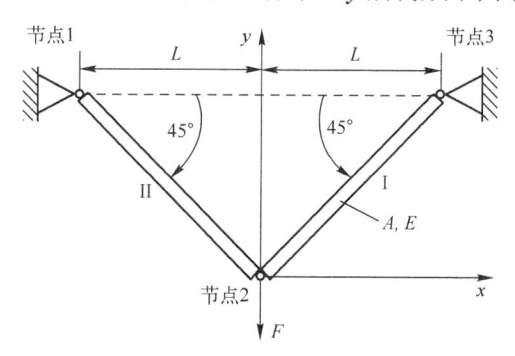

图 1-7 由 2 根非平置杆组成的平面杆系

平面杆系的分析需要借助局部与全局两个坐标系实现。如图 1-8 所示，对于夹角为 θ 的局部坐标系 $x'-y'$ 与全局坐标系 $x-y$，向量 d 可以以两种形式分解

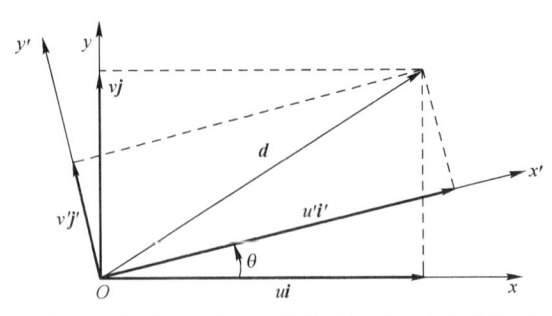

$$d = u\boldsymbol{i} + v\boldsymbol{j} = u'\boldsymbol{i'} + v'\boldsymbol{j'} \tag{1-36}$$

图 1-8　向量 d 在局部和整体坐标系下的分量表示

其中 $\boldsymbol{i}$，$\boldsymbol{j}$ 为整体坐标系 $x-y$ 的单位向量，u，v 是 d 的分量。类似地，$\boldsymbol{i'}$ 和 $\boldsymbol{j'}$ 是局部坐标系 $x'-y'$ 的单位向量，所对应的分量分别是 u' 与 v'。根据几何关系不难得到全局与局部坐标系中分量之间的关系

$$\begin{bmatrix} u' \\ v' \end{bmatrix} = \begin{bmatrix} \cos\theta & \sin\theta \\ -\sin\theta & \cos\theta \end{bmatrix} \begin{bmatrix} u \\ v \end{bmatrix} \tag{1-37}$$

令 $\boldsymbol{u} = \begin{bmatrix} u \\ v \end{bmatrix}$，为 $\boldsymbol{u'} = \begin{bmatrix} u' \\ v' \end{bmatrix}$，$\boldsymbol{T} = \begin{bmatrix} \cos\theta & \sin\theta \\ -\sin\theta & \cos\theta \end{bmatrix}$，式（1-37）所示的关系可以记为

$$\boldsymbol{u'} = \boldsymbol{T}\boldsymbol{u} \tag{1-38}$$

矩阵 $\boldsymbol{T}$ 称为变换矩阵（transformation matrix）。以式（1-38）为基础推导平面中任意位置杆单元在整体坐标系下的刚度矩阵。如图 1-9 中有一长为 L 且与整体坐标系 $x-y$ 成 θ 角的单元。与平置杆相同，可以在节点 1 处引入局部坐标系 $x'-y'$，其中 x' 轴沿单元方向，y' 轴与其正交。

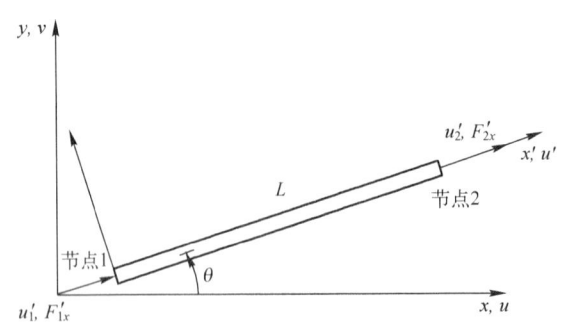

图 1-9　整体坐标系下具有任意位置的杆单元

将局部坐标系中物理量分量所构成的向量和相关矩阵均以 $'$ 标记，如 $\boldsymbol{F'}$ 表示节点力，$\boldsymbol{u'}$ 表示节点位移，$\boldsymbol{K'}$ 表示单元刚度矩阵，则根据式（1-27），节点力与位移之间的关系满足

$$\begin{bmatrix} F'_{1x} \\ F'_{2x} \end{bmatrix} = \frac{AE}{L} \begin{bmatrix} 1 & -1 \\ -1 & 1 \end{bmatrix} \begin{bmatrix} u'_1 \\ u'_2 \end{bmatrix} \tag{1-39}$$

或采用矩阵记法表示为

$$F' = K'u' \tag{1-40}$$

因为杆单元轴向与局部坐标系 x' 轴重合，因此方程（1-39）中省去了沿局部坐标系 y' 方向的节点位移 v_1'、v_2' 和节点力 F_{1y}'、F_{2y}'，将其补充后有

$$\begin{bmatrix} F_{1x}' \\ F_{1y}' \\ F_{2x}' \\ F_{2y}' \end{bmatrix} = K' \begin{bmatrix} u_1' \\ v_1' \\ u_2' \\ v_2' \end{bmatrix} = \frac{AE}{L} \begin{bmatrix} 1 & 0 & -1 & 0 \\ 0 & 0 & 0 & 0 \\ -1 & 0 & 1 & 0 \\ 0 & 0 & 0 & 0 \end{bmatrix} \begin{bmatrix} u_1' \\ v_1' \\ u_2' \\ v_2' \end{bmatrix} \tag{1-41}$$

整体坐标系中，单元刚度矩阵记为 K，节点力、位移向量分别为 F 和 u，因此有

$$\begin{bmatrix} F_{1x} \\ F_{1y} \\ F_{2x} \\ F_{2y} \end{bmatrix} = K \begin{bmatrix} u_1 \\ v_1 \\ u_2 \\ v_2 \end{bmatrix} \tag{1-42}$$

或采用矩阵记法表示

$$F = Ku \tag{1-43}$$

由于对于同一向量，其整体与局部坐标系中的分量存在式（1-37）所示的关系

$$\begin{bmatrix} u_1' \\ v_1' \end{bmatrix} = \begin{bmatrix} \cos\theta & \sin\theta \\ -\sin\theta & \cos\theta \end{bmatrix} \begin{bmatrix} u_1 \\ v_1 \end{bmatrix}, \quad \begin{bmatrix} u_2' \\ v_2' \end{bmatrix} = \begin{bmatrix} \cos\theta & \sin\theta \\ -\sin\theta & \cos\theta \end{bmatrix} \begin{bmatrix} u_2 \\ v_2 \end{bmatrix} \tag{1-44}$$

因此 2 节点杆单元的自由度满足转换关系

$$\begin{bmatrix} u_1' \\ v_1' \\ u_2' \\ v_2' \end{bmatrix} = \begin{bmatrix} \cos\theta & \sin\theta & 0 & 0 \\ -\sin\theta & \cos\theta & 0 & 0 \\ 0 & 0 & \cos\theta & \sin\theta \\ 0 & 0 & -\sin\theta & \cos\theta \end{bmatrix} \begin{bmatrix} u_1 \\ v_1 \\ u_2 \\ v_2 \end{bmatrix} \tag{1-45}$$

令

$$T = \begin{bmatrix} \cos\theta & \sin\theta & 0 & 0 \\ -\sin\theta & \cos\theta & 0 & 0 \\ 0 & 0 & \cos\theta & \sin\theta \\ 0 & 0 & -\sin\theta & \cos\theta \end{bmatrix} \tag{1-46}$$

则式（1-45）也可表示为

$$u' = Tu \tag{1-47}$$

式（1-45）与式（1-47）所表示的关系也同样适用于节点力，即

$$\begin{bmatrix} F_{1x}' \\ F_{1y}' \\ F_{2x}' \\ F_{2y}' \end{bmatrix} = \begin{bmatrix} \cos\theta & \sin\theta & 0 & 0 \\ -\sin\theta & \cos\theta & 0 & 0 \\ 0 & 0 & \cos\theta & \sin\theta \\ 0 & 0 & -\sin\theta & \cos\theta \end{bmatrix} \begin{bmatrix} F_{1x} \\ F_{1y} \\ F_{2x} \\ F_{2y} \end{bmatrix} \tag{1-48}$$

或

$$F' = TF \tag{1-49}$$

将式（1-47）和式（1-49）代入式（1-41），有

$$TF = K'Tu \tag{1-50}$$

由于 T 矩阵非奇异，因此 F 可以写为

$$F = T^{-1}K'Tu \tag{1-51}$$

注意到 T 为正交矩阵，因此 $T^{-1} = T^{\mathrm{T}}$，将这一关系代入式（1-51）得到

$$F = T^{\mathrm{T}}K'Tu \tag{1-52}$$

因此单元的局部刚度矩阵与整体刚度矩阵关系为

$$K = T^{\mathrm{T}}K'T \tag{1-53}$$

将式（1-41）中的 K' 和式（1-46）中的 T 代入式（1-53），得到

$$K = \frac{AE}{L}\begin{bmatrix} \cos^2\theta & \cos\theta\sin\theta & -\cos^2\theta & -\cos\theta\sin\theta \\ & \sin^2\theta & -\cos\theta\sin\theta & -\sin^2\theta \\ & & \cos^2\theta & \cos\theta\sin\theta \\ \text{对称} & & & \sin^2\theta \end{bmatrix} \tag{1-54}$$

该式为整体坐标系下任意位置杆单元的刚度矩阵。求解平面杆系问题时首先应采用式（1-54）计算每根杆的刚度矩阵，再将这些矩阵装配为总刚度矩阵，最后引入边界条件并计算位移。对于图 1-7 中所示的问题，分别在节点 1、2 处建立 x' 轴与杆 II 和杆 I 方向一致的局部坐标系，可知杆 I 的 $\theta = 45°$；杆 II 的 $\theta = -45°$，将该值代入式（1-54）可以得到两个单元的全局刚度矩阵为

$$K^{\mathrm{I}} = \frac{AE}{L}\begin{bmatrix} 1/2 & 1/2 & -1/2 & -1/2 \\ & 1/2 & -1/2 & -1/2 \\ & & 1/2 & 1/2 \\ \text{对称} & & & 1/2 \end{bmatrix}$$

$$K^{\mathrm{II}} = \frac{AE}{L}\begin{bmatrix} 1/2 & -1/2 & -1/2 & 1/2 \\ & 1/2 & 1/2 & -1/2 \\ & & 1/2 & -1/2 \\ \text{对称} & & & 1/2 \end{bmatrix} \tag{1-55}$$

在组装总刚度矩阵前，首先对单元刚度矩阵进行自由度扩展

$$K^{\mathrm{I}} = \frac{AE}{L}\begin{bmatrix} 0 & 0 & 0 & 0 & 0 & 0 \\ 0 & 0 & 0 & 0 & 0 & 0 \\ 0 & 0 & 1/2 & 1/2 & -1/2 & -1/2 \\ 0 & 0 & 1/2 & 1/2 & -1/2 & -1/2 \\ 0 & 0 & -1/2 & -1/2 & 1/2 & 1/2 \\ 0 & 0 & -1/2 & -1/2 & 1/2 & 1/2 \end{bmatrix}$$

$$\boldsymbol{K}^{\mathrm{II}} = \frac{AE}{L} \begin{bmatrix} 1/2 & -1/2 & -1/2 & 1/2 & 0 & 0 \\ -1/2 & 1/2 & 1/2 & -1/2 & 0 & 0 \\ -1/2 & 1/2 & 1/2 & -1/2 & 0 & 0 \\ 1/2 & -1/2 & -1/2 & 1/2 & 0 & 0 \\ 0 & 0 & 0 & 0 & 0 & 0 \\ 0 & 0 & 0 & 0 & 0 & 0 \end{bmatrix} \tag{1-56}$$

总刚度矩阵为

$$\boldsymbol{K} = \boldsymbol{K}^{\mathrm{I}} + \boldsymbol{K}^{\mathrm{II}} = \frac{AE}{2L} \begin{bmatrix} 1 & -1 & -1 & 1 & 0 & 0 \\ -1 & 1 & 1 & -1 & 0 & 0 \\ -1 & 1 & 2 & 0 & -1 & -1 \\ 1 & -1 & 0 & 2 & -1 & -1 \\ 0 & 0 & -1 & -1 & 1 & 1 \\ 0 & 0 & -1 & -1 & 1 & 1 \end{bmatrix} \tag{1-57}$$

引入边界条件 $u_1 = v_1 = u_3 = v_3 = 0$，同时注意到载荷 $F_{2x} = 0$，$F_{2y} = -F$，有

$$\begin{bmatrix} F_{1x} \\ F_{1y} \\ 0 \\ -F \\ F_{3x} \\ F_{3y} \end{bmatrix} = \frac{AE}{2L} \begin{bmatrix} 1 & -1 & -1 & 1 & 0 & 0 \\ -1 & 1 & 1 & -1 & 0 & 0 \\ -1 & 1 & 2 & 0 & -1 & -1 \\ 1 & -1 & 0 & 2 & -1 & -1 \\ 0 & 0 & -1 & -1 & 1 & 1 \\ 0 & 0 & -1 & -1 & 1 & 1 \end{bmatrix} \begin{bmatrix} 0 \\ 0 \\ u_2 \\ v_2 \\ 0 \\ 0 \end{bmatrix} \tag{1-58}$$

消去位移边界条件对应的自由度得到

$$\begin{bmatrix} 0 \\ -F \end{bmatrix} = \frac{AE}{L} \begin{bmatrix} 1 & 0 \\ 0 & 1 \end{bmatrix} \begin{bmatrix} u_2 \\ v_2 \end{bmatrix} \tag{1-59}$$

求解得到

$$u_2 = 0, \quad v_2 = -\frac{LF}{AE} \tag{1-60}$$

将其代回式（1-58），得到未知反力

$$\begin{bmatrix} F_{1x} \\ F_{1y} \\ F_{3x} \\ F_{3y} \end{bmatrix} = \begin{bmatrix} -1/2 \\ 1/2 \\ 1/2 \\ 1/2 \end{bmatrix} F \tag{1-61}$$

根据式（1-21），杆单元的应力可以在局部坐标系中得到

$$\sigma^{\mathrm{e}} = E \cdot \varepsilon^{\mathrm{e}} = E\boldsymbol{B}\boldsymbol{u}' \tag{1-62}$$

其中 $\boldsymbol{B} = \frac{E}{L}[-1\ \ 1]$，$\boldsymbol{u}' = \begin{bmatrix} u_1' \\ u_2' \end{bmatrix}$。而根据式（1-45），有

$$\boldsymbol{u}' = \begin{bmatrix} u_1' \\ u_2' \end{bmatrix} = \begin{bmatrix} \cos\theta & \sin\theta & 0 & 0 \\ 0 & 0 & \cos\theta & \sin\theta \end{bmatrix} \begin{bmatrix} u_1 \\ v_1 \\ u_2 \\ v_2 \end{bmatrix} \tag{1-63}$$

因此将式（1-63）代入式（1-62），有

$$\sigma^{\mathrm{e}} = \frac{E}{L}[-\cos\theta \quad -\sin\theta \quad \cos\theta \quad \sin\theta]\begin{bmatrix} u_1 \\ v_1 \\ u_2 \\ v_2 \end{bmatrix} \qquad (1\text{-}64)$$

对于单元Ⅰ，应力为

$$\sigma^{\mathrm{I}} = \frac{E}{L}\left[-\frac{\sqrt{2}}{2} \quad -\frac{\sqrt{2}}{2} \quad \frac{\sqrt{2}}{2} \quad \frac{\sqrt{2}}{2}\right]\begin{bmatrix} 0 \\ -\dfrac{LF}{AE} \\ 0 \\ 0 \end{bmatrix} = \frac{\sqrt{2}F}{2A} \qquad (1\text{-}65)$$

单元Ⅰ应变为

$$\varepsilon^{\mathrm{I}} = \frac{\sigma^{\mathrm{I}}}{E} = \frac{\sqrt{2}F}{2AE} \qquad (1\text{-}66)$$

同理，单元Ⅱ的应力和应变分别为

$$\sigma^{\mathrm{II}} = \frac{E}{L}\left[-\frac{\sqrt{2}}{2} \quad \frac{\sqrt{2}}{2} \quad \frac{\sqrt{2}}{2} \quad -\frac{\sqrt{2}}{2}\right]\begin{bmatrix} 0 \\ -\dfrac{LF}{AE} \\ 0 \\ 0 \end{bmatrix} = -\frac{\sqrt{2}F}{2A} \qquad (1\text{-}67)$$

$$\varepsilon^{\mathrm{II}} = \frac{\sigma^{\mathrm{II}}}{E} = -\frac{\sqrt{2}F}{2AE} \qquad (1\text{-}68)$$

1.2.2 平面三角形单元有限元分析

在工程结构分析中，当三维结构具有特定的形状并且所受载荷也较为特殊时，可将该工程问题简化为平面问题。在平面问题中，结构被离散为二维平面单元，如三角形和四边形单元，此类单元包含的节点个数不少于 3 个，且变形被限制在平面内。如图 1-10 所示，典型的平面问题可分为平面应力（plane stress）和平面应变（plane strain）两种。

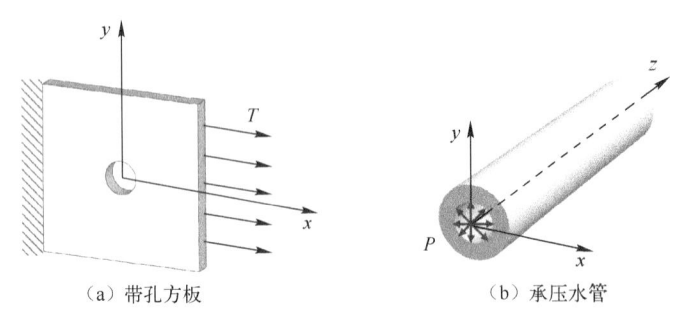

（a）带孔方板　　　　（b）承压水管

图 1-10　平面问题的工程实例

图 1-10（a）所示的带孔方板是一种典型的薄壁平板结构，受到 $x\text{-}y$ 平面内的外力作

用。由于板的几何特征，平面外的正应力和剪应力均可忽略不计，这种应力状态称为平面应力状态。与之相对，如图 1-10（b）中所示的长管道结构管内承受流体压强，该载荷垂直于管道轴向（z 轴方向）并且沿轴向不发生变化，此时对管道结构取某一平行于 $x-y$ 的截面，由于管道的几何特征，该截面在 z 方向上发生的正应变和剪应变均可忽略，应变主要发生在截面内，因此这种状态称为平面应变状态。

平面应力状态如何表达呢？如图 1-11 所示，考虑一个边长分别为 $\mathrm{d}x$ 和 $\mathrm{d}y$ 的材料微元受到正应力 σ_x 和 σ_y 以及剪应力 τ_{xy} 和 τ_{yx} 的共同作用，平面外的应力分量均为 0，根据力矩平衡条件可知 $\tau_{xy} = \tau_{yx}$。该微元的应力状态可表示为

$$\boldsymbol{\sigma} = \begin{bmatrix} \sigma_x \\ \sigma_y \\ \tau_{xy} \end{bmatrix} \tag{1-69}$$

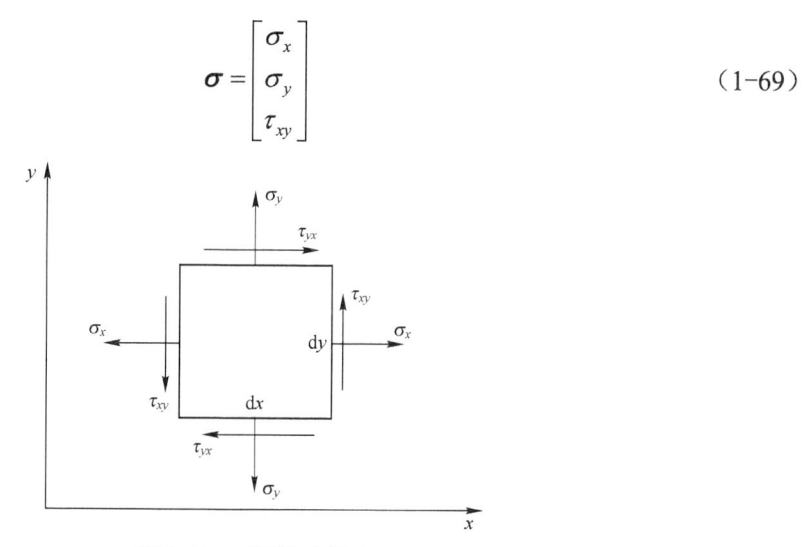

图 1-11 平面应力状态

如图 1-12 所示，在该微元内任取一法向量为 $\boldsymbol{n} = [n_x, n_y]^\mathrm{T}$ 的截面，根据平衡方程能够计算得到该截面上的正应力 σ_α 和切应力 τ_α。当 $\boldsymbol{n}$ 变化时，σ_α 和 τ_α 也会随之改变。根据应力莫尔圆可知，当 $\boldsymbol{n}$ 表示的截面达到某一特殊位置时 $\tau_\alpha = 0$，此时的 σ_α 称为主应力（principal stress）。平面应力状态有两个主应力，其中较大者称为最大主应力 σ_1，较小者为最小主应力 σ_2，且二者所在截面法向互相垂直。

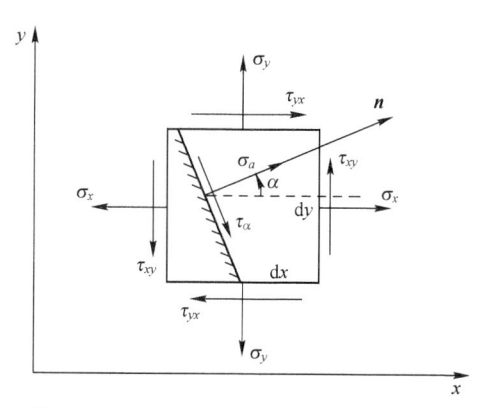

图 1-12 平面应力状态下斜截面上的应力

根据材料力学，平面问题的应变能够从位移中计算得到

$$\varepsilon = \begin{bmatrix} \varepsilon_x \\ \varepsilon_y \\ \gamma_{xy} \end{bmatrix} = \begin{bmatrix} \dfrac{\partial u}{\partial x} \\ \dfrac{\partial v}{\partial y} \\ \dfrac{\partial u}{\partial y} + \dfrac{\partial v}{\partial x} \end{bmatrix} \tag{1-70}$$

与杆系问题中的式（1-22）一致，平面问题中的 σ 与 ε 由 **D** 矩阵联络，写作

$$\sigma = D\varepsilon \tag{1-71}$$

这里 **D** 矩阵为 3×3 对称矩阵。在平面应力状态下 $\sigma_z = \tau_{xz} = \tau_{yz} = 0$，因此 **D** 矩阵为

$$D = \frac{E}{1-v^2} \begin{bmatrix} 1 & v & 0 \\ v & 1 & 0 \\ 0 & 0 & \dfrac{1-v}{2} \end{bmatrix} \tag{1-72}$$

其中 E 为材料的弹性模量，v 为泊松比。在平面应变状态下 $\varepsilon_z = \gamma_{xz} = \gamma_{yz} = 0$，因此 **D** 矩阵为

$$D = \frac{E}{(1-v)(1-2v)} \begin{bmatrix} 1-v & v & 0 \\ v & 1-v & 0 \\ 0 & 0 & \dfrac{1-2v}{2} \end{bmatrix} \tag{1-73}$$

平面问题有限元分析所采用的典型单元是如图 1-13 所示的常应变三角形单元（constant-strain triangle element）。三角形单元得到广泛应用的原因主要有两点：首先，任何具有复杂形状的平面均可由三角形单元近似表示；其次，三角形单元的数值格式比较简单，容易构造和求解。当三角形单元的位移被认为是如图 1-13 所示的线性函数后，根据式（1-70）单元的应变为常量，因此形函数为线性函数的三角形单元又称为"常应变三角形单元"。

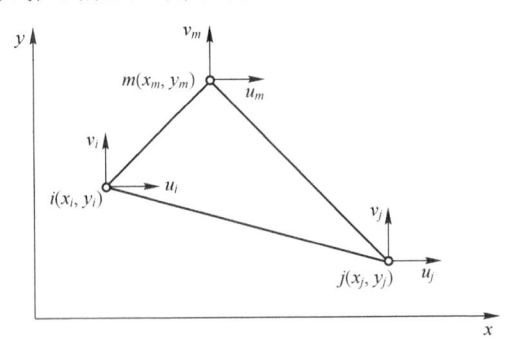

图 1-13 常应变三角形单元

一个常应变三角形单元由 i、j 和 m 三个节点构成，其坐标分别记为 (x_i, y_i)、(x_j, y_j) 和 (x_m, y_m)，为了避免计算中出现单元面积为负值的现象，对单元的所有节点保持逆时针的标记顺序。在全局坐标系 x–y 中每个节点具有两个方向的位移自由度。如对于节点 i，u_i 与 v_i 分别表示其沿 x 和 y 方向的位移分量，因此该单元的全部节点位移可以写为一个向量

$$\boldsymbol{u} = [u_i, v_i, u_j, v_j, u_m, v_m]^{\mathrm{T}} \tag{1-74}$$

类似地，节点力可以记为 $\boldsymbol{F} = [F_{ix}, F_{iy}, F_{jx}, F_{jy}, F_{mx}, F_{my}]^{\mathrm{T}}$。由于位移是线性函数，因此

$$u = u(x,y) = \alpha_1 + \alpha_2 x + \alpha_3 y$$
$$v = v(x,y) = \alpha_4 + \alpha_5 x + \alpha_6 y \tag{1-75}$$

该位移函数可以满足单元内部的位移连续以及单元公共边界处的位移协调的条件。为求解公式中的 $\alpha_i (i=1,2,\cdots,6)$ 系数，将各节点坐标代入式（1-75），得到节点位移

$$\begin{aligned}
u_i &= u(x_i, y_i) = \alpha_1 + \alpha_2 x_i + \alpha_3 y_i \\
u_j &= u(x_j, y_j) = \alpha_1 + \alpha_2 x_j + \alpha_3 y_j \\
u_m &= u(x_m, y_m) = \alpha_1 + \alpha_2 x_m + \alpha_3 y_m \\
v_i &= v(x_i, y_i) = \alpha_4 + \alpha_5 x_i + \alpha_6 y_i \\
v_j &= v(x_j, y_j) = \alpha_4 + \alpha_5 x_j + \alpha_6 y_j \\
v_m &= v(x_m, y_m) = \alpha_4 + \alpha_5 x_m + \alpha_6 y_m
\end{aligned} \tag{1-76}$$

将前三个等式以矩阵形式表示为

$$\begin{bmatrix} u_i \\ u_j \\ u_m \end{bmatrix} = \begin{bmatrix} 1 & x_i & y_i \\ 1 & x_j & y_j \\ 1 & x_m & y_m \end{bmatrix} \begin{bmatrix} \alpha_1 \\ \alpha_2 \\ \alpha_3 \end{bmatrix} = \boldsymbol{X}\boldsymbol{\alpha} \tag{1-77}$$

由于三角形的三个顶点不共线，$\boldsymbol{X}$ 非奇异，因此 α_1、α_2 和 α_3 可以通过矩阵运算得到，即

$$\boldsymbol{\alpha} = \boldsymbol{X}^{-1}\boldsymbol{u} \tag{1-78}$$

其中，$\boldsymbol{X}$ 为的逆矩阵写为

$$\boldsymbol{X}^{-1} = \frac{1}{2A} \begin{bmatrix} a_i & a_j & a_m \\ b_i & b_j & b_m \\ c_i & c_j & c_m \end{bmatrix} \tag{1-79}$$

其中 A 为三角形单元面积

$$2A = \begin{vmatrix} 1 & x_i & y_i \\ 1 & x_j & y_j \\ 1 & x_m & y_m \end{vmatrix} \tag{1-80}$$

式（1-79）中的各系数为

$$\begin{aligned}
a_i &= x_j y_m - y_j x_m & a_j &= y_i x_m - x_i y_m & a_m &= x_i y_j - y_i x_j \\
b_i &= y_j - y_m & b_j &= y_m - y_i & b_m &= y_i - y_j \\
c_i &= x_m - x_j & c_j &= x_i - x_m & c_m &= x_j - x_i
\end{aligned} \tag{1-81}$$

将式（1-79）、式（1-80）和式（1-81）代入式（1-78）中可以得到

$$\alpha_1 = \frac{1}{2A}(a_i u_i + a_j u_j + a_m u_m)$$
$$\alpha_2 = \frac{1}{2A}(b_i u_i + b_j u_j + b_m u_m) \quad (1\text{-}82)$$
$$\alpha_3 = \frac{1}{2A}(c_i u_i + c_j u_j + c_m u_m)$$

同理，对于 α_4、α_5 和 α_6 有

$$\alpha_4 = \frac{1}{2A}(a_i v_i + a_j v_j + a_m v_m)$$
$$\alpha_5 = \frac{1}{2A}(b_i v_i + b_j v_j + b_m v_m) \quad (1\text{-}83)$$
$$\alpha_6 = \frac{1}{2A}(c_i v_i + c_j v_j + c_m v_m)$$

将式（1-82）和式（1-83）代入式（1-75）后，得到

$$u = \frac{1}{2A}\{(a_i u_i + a_j u_j + a_m u_m) + (b_i u_i + b_j u_j + b_m u_m)x + (c_i u_i + c_j u_j + c_m u_m)y\}$$
$$v = \frac{1}{2A}\{(a_i v_i + a_j v_j + a_m v_m) + (b_i v_i + b_j v_j + b_m v_m)x + (c_i v_i + c_j v_j + c_m v_m)y\} \quad (1\text{-}84)$$

将 i, j, m 三个节点的形函数分别定义为

$$N_i = \frac{1}{2A}(a_i + b_i x + c_i y)$$
$$N_j = \frac{1}{2A}(a_j + b_j x + c_j y) \quad (1\text{-}85)$$
$$N_m = \frac{1}{2A}(a_m + b_m x + c_m y)$$

等式（1-84）可被表示为如同式（1-13）的形式

$$u = N_i u_i + N_j u_j + N_m u_m$$
$$v = N_i v_i + N_j v_j + N_m v_m \quad (1\text{-}86)$$

即用形函数将单元任意一点位移 $\boldsymbol{u}^e(x,y)$ 表示为节点位移的函数，矩阵列式为

$$\boldsymbol{u}^e(x,y) = [\boldsymbol{N}(x,y)]\boldsymbol{u} = \begin{bmatrix} N_i & 0 & N_j & 0 & N_m & 0 \\ 0 & N_i & 0 & N_j & 0 & N_m \end{bmatrix}[u_i, v_i, u_j, v_j, u_m, v_m]^T \quad (1\text{-}87)$$

与杆单元中形函数的性质一致，平面问题中形函数满足

$$\begin{cases} N_i(x=x_i, y=y_i) = 1 \\ N_i(x=x_j, y=y_j) = 0 \end{cases} \text{当} i \neq j \quad (i,j = 1,2,3) \quad (1\text{-}88)$$

由于应变与位移之间存在式（1-70）所示的微分关系，对式（1-86）中的 u，计算其对 x 的导数可以得到

$$u_{,x} = N_{i,x} u_i + N_{j,x} u_j + N_{m,x} u_m \quad (1\text{-}89)$$

其中 $u_{,x} = \dfrac{\partial u}{\partial x}$，$N_{i,x} = \dfrac{\partial N_i}{\partial x}$。将式（1-85）代入式（1-89）可知

$$N_{i,x} = \frac{1}{2A}\frac{\partial}{\partial x}(a_i + b_i x + c_i y) = \frac{b_i}{2A} \tag{1-90}$$

同理，

$$N_{j,x} = \frac{b_j}{2A} \quad N_{m,x} = \frac{b_m}{2A} \tag{1-91}$$

将式（1-90）和式（1-91）分别代入式（1-89）中，得到

$$\frac{\partial u}{\partial x} = u_{,x} = \frac{1}{2A}(b_i u_i + b_j u_j + b_m u_m) \tag{1-92}$$

类似地，有

$$\frac{\partial v}{\partial y} = \frac{1}{2A}(c_i v_i + c_j v_j + c_m v_m)$$

$$\frac{\partial u}{\partial y} + \frac{\partial v}{\partial x} = \frac{1}{2A}(c_i u_i + b_i v_i + c_j u_j + b_j v_j + c_m u_m + b_m v_m) \tag{1-93}$$

因此，式（1-92）和式（1-93）可整理为以下的矩阵形式

$$\boldsymbol{\varepsilon} = \begin{bmatrix} \varepsilon_x \\ \varepsilon_x \\ \gamma_{xy} \end{bmatrix} = \begin{bmatrix} \frac{\partial}{\partial x} & 0 \\ 0 & \frac{\partial}{\partial y} \\ \frac{\partial}{\partial y} & \frac{\partial}{\partial x} \end{bmatrix}\begin{bmatrix} u \\ v \end{bmatrix} = \begin{bmatrix} \frac{\partial}{\partial x} & 0 \\ 0 & \frac{\partial}{\partial y} \\ \frac{\partial}{\partial y} & \frac{\partial}{\partial x} \end{bmatrix}\boldsymbol{Nu} = \frac{1}{2A}\begin{bmatrix} b_i & 0 & b_j & 0 & b_m & 0 \\ 0 & c_i & 0 & c_j & 0 & c_m \\ c_i & b_i & c_j & b_j & c_m & b_m \end{bmatrix}\begin{bmatrix} u_i \\ v_i \\ u_j \\ v_j \\ u_m \\ v_m \end{bmatrix} = \boldsymbol{Bu}$$

$$\tag{1-94}$$

其中 $\boldsymbol{B}$ 矩阵为

$$\boldsymbol{B} = \frac{1}{2A}\begin{bmatrix} b_i & 0 & b_j & 0 & b_m & 0 \\ 0 & c_i & 0 & c_j & 0 & c_m \\ c_i & b_i & c_j & b_j & c_m & b_m \end{bmatrix} \tag{1-95}$$

令

$$\boldsymbol{B}_i = \frac{1}{2A}\begin{bmatrix} b_i & 0 \\ 0 & c_i \\ c_i & b_i \end{bmatrix}, \boldsymbol{B}_j = \frac{1}{2A}\begin{bmatrix} b_j & 0 \\ 0 & c_j \\ c_j & b_j \end{bmatrix}, \boldsymbol{B}_m = \frac{1}{2A}\begin{bmatrix} b_m & 0 \\ 0 & c_m \\ c_m & b_m \end{bmatrix} \tag{1-96}$$

应变-位移关系（1-94）也可表示为

$$\boldsymbol{\varepsilon} = \begin{bmatrix} \varepsilon_x \\ \varepsilon_x \\ \gamma_{xy} \end{bmatrix} = [\boldsymbol{B}_i \quad \boldsymbol{B}_j \quad \boldsymbol{B}_m]\boldsymbol{u} \tag{1-97}$$

由式（1-81）可知，对于一个给定的单元，其 $\boldsymbol{B}$ 矩阵的值为常数且仅与单元的节点坐标有关。将式（1-94）中的应变-位移关系代入等式（1-71）中得到

$$\boldsymbol{\sigma} = \boldsymbol{D}\boldsymbol{\varepsilon} = \boldsymbol{D}\boldsymbol{B}\boldsymbol{u} \tag{1-98}$$

在杆单元问题中已经指出，单元的刚度矩阵为 $\boldsymbol{K}^e = \int_V \boldsymbol{B}^\mathrm{T}\boldsymbol{D}\boldsymbol{B}\mathrm{d}V$，又由于 $\boldsymbol{D}$、$\boldsymbol{B}$ 矩阵均为常

数，因此常应变三角形单元的单元刚度矩阵为

$$K^e = (B^T D B) \cdot At \tag{1-99}$$

其中 t 为单元厚度。

平面问题中，除了直接以节点力形式出现的集中载荷，结构通常还同时受到体积力（比如重力、惯性力）、面积力（比如压强）等载荷的作用。由于有限元系统中仅允许节点力出现，因此需要根据静力等效原则将其他形式的载荷均等效为节点力，即要求原载荷和等效后的节点力在虚位移上所做的虚功相等。

如图1-14所示，假设有一三角形单元内部任意一点 Q 作用有集中载荷 P

$$P = \begin{Bmatrix} P_x \\ P_y \end{Bmatrix} \tag{1-100}$$

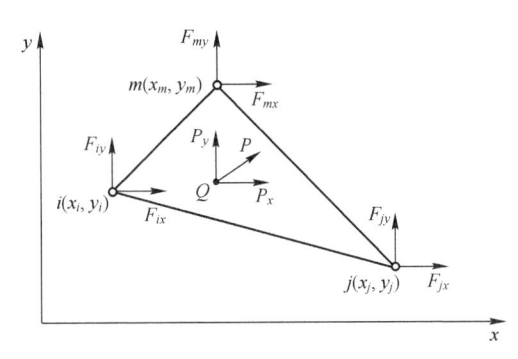

图1-14 受有集中载荷的三角形单元

令该载荷等效到单元各节点处的节点力为

$$F^{eq} = \{F_{ix} \quad F_{iy} \quad F_{jx} \quad F_{jy} \quad F_{mx} \quad F_{my}\}^T \tag{1-101}$$

假设单元在 Q 点处发生了虚位移

$$\delta u = \begin{bmatrix} \delta u \\ \delta v \end{bmatrix} \tag{1-102}$$

且对应单元各节点相应的虚位移为

$$\delta u^e = \{\delta u_i \quad \delta v_i \quad \delta u_j \quad \delta v_j \quad \delta u_m \quad \delta v_m\}^T \tag{1-103}$$

根据原载荷和等效节点力做功相同的原则，有

$$\{\delta u^e\}^T F^{eq} = \{\delta u\}^T P \tag{1-104}$$

又因为单元任意点位移可由形函数和节点位移表示，即

$$\{\delta u\} = N\{\delta u^e\} \tag{1-105}$$

因此将式（1-105）代入式（1-104）后有

$$\{\delta u^e\}^T F^{eq} = \{\delta u^e\}^T N^T P \tag{1-106}$$

由于虚位移任意，因此

$$F^{eq} = N^T P \tag{1-107}$$

式（1-107）即为任意集中力作用下的节点力等效方法。若有任意分布的体积力 f 和面积力

q 作用在单元上,由于单元具有均匀厚度 t,均可通过该方法在单元体积 V 或者面积上 S 积分得到。如单元在单位体积 $\mathrm{d}V$ 上受到体积力为 $\boldsymbol{f} = \begin{bmatrix} f_x \\ f_y \end{bmatrix}$,因为单元厚度为 t,$\mathrm{d}V = t\mathrm{d}x\mathrm{d}y$,对式(1-107)等进行体积分计算

$$\boldsymbol{F}^{eq} = \iiint_V \boldsymbol{N}^\mathrm{T} \boldsymbol{f} \mathrm{d}V = \iint_A \boldsymbol{N}^\mathrm{T} \boldsymbol{f} t\mathrm{d}x\mathrm{d}y \quad (1\text{-}108)$$

同样,如果单元在某一侧边面积 $\mathrm{d}S$ 上承受分布载荷 $\boldsymbol{q} = \begin{bmatrix} q_x \\ q_y \end{bmatrix}$,$\mathrm{d}S = t\mathrm{d}l$,则进行面积分后有

$$\boldsymbol{F}^{eq} = \iint_S \boldsymbol{N}^\mathrm{T} \boldsymbol{q} \mathrm{d}S = \int_L \boldsymbol{N}^\mathrm{T} \boldsymbol{q} t\mathrm{d}l \quad (1\text{-}109)$$

得到等效节点力即将所有节点力集合成为外载向量,代入到平衡方程中求解位移。下面通过两个例子计算分布载荷的等效节点力。

如图 1-15(a)所示,假设常应变三角形单元在单位体积上所受的重力为 ρg 沿 y 轴负方向,则体积力为

$$\boldsymbol{f} = \begin{bmatrix} 0 \\ -\rho g \end{bmatrix} \quad (1\text{-}110)$$

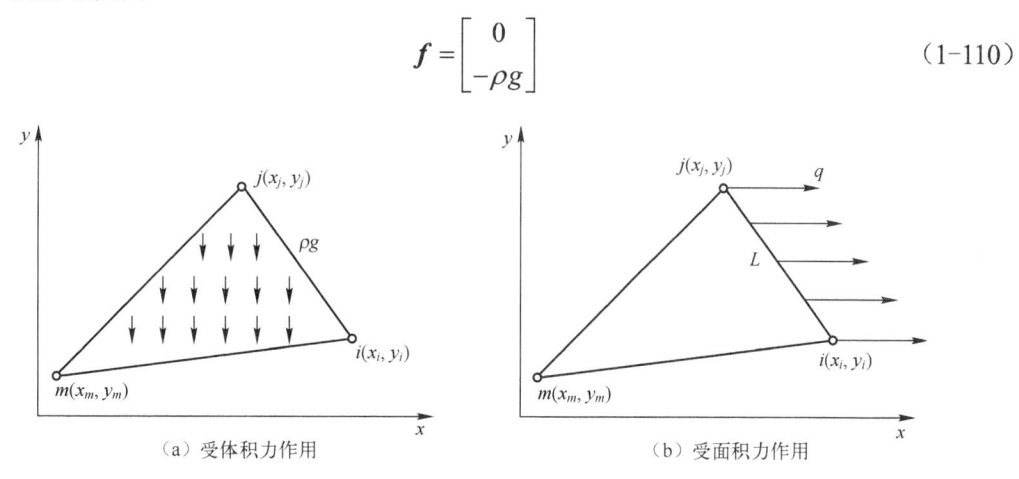

(a)受体积力作用　　(b)受面积力作用

图 1-15　不同受力的常应变三角形单元

代入式(1-108)中,并且将常应变三角形单元形函数(1-85)代入,有

$$\{\boldsymbol{F}^{eq}\} = \iiint_V \boldsymbol{N}^\mathrm{T} \begin{bmatrix} 0 \\ -\rho g \end{bmatrix} \mathrm{d}V = \iint_A [0 \ N_i \ 0 \ N_j \ 0 \ N_m]^\mathrm{T} (-\rho g) t\mathrm{d}x\mathrm{d}y$$
$$= -\frac{\rho g t A}{3} [0 \ 1 \ 0 \ 1 \ 0 \ 1]^\mathrm{T} \quad (1\text{-}111)$$

即在三个节点处均等效为沿 y 轴负方向的节点力 $\frac{\rho g A t}{3}$。

如图 1-15(b)所示,单元在 ij 边界上承受来自 x 方向的均布载荷 q 时,边长度为 L,面积力表示为

$$\boldsymbol{q} = \begin{Bmatrix} q \\ 0 \end{Bmatrix} \quad (1\text{-}112)$$

将式(1-112)、式(1-85)代入式(1-109)中,有

$$F^{eq} = \iint_S N^T \begin{bmatrix} q \\ 0 \end{bmatrix} dS = \int_L [N_i \ 0 \ N_j \ 0 \ N_m \ 0]^T qt dl \tag{1-113}$$

$$= -\frac{qlt}{2}[1 \ 0 \ 1 \ 0 \ 0 \ 0]^T$$

即在 i 和 j 两个节点处均等效为沿 x 轴负方向的节点力 $\frac{qlt}{2}$。

根据以上内容，结合杆系中所介绍的总刚度矩阵的组装与化简即可采用常应变三角形单元实现平面结构的有限元分析。下面以一个简单结构为例，对整个分析过程进行讲解。

如图 1-16 所示，一个一端固定厚度为 2.5 mm 的平面板受到水平方向力 F 的作用。离散后该结构由两个常应变三角形单元 I 和 II 组成，共有四个节点，编号分别记为 1、2、3 和 4，所对应坐标为(10,10)、(50,10)、(50,30)和(10,30)，单位均为 mm。节点 1 和 4 的 2 个自由度均固定为 0，在节点 3 上施加节点力 $F = 1.0 \times 10^3$ N。构成板的材料为各向同性材料，弹性模量 E 为 2.1×10^5 MPa，泊松比 ν 为 0.25。本例中的单位制统一为(N-mm-MPa)。

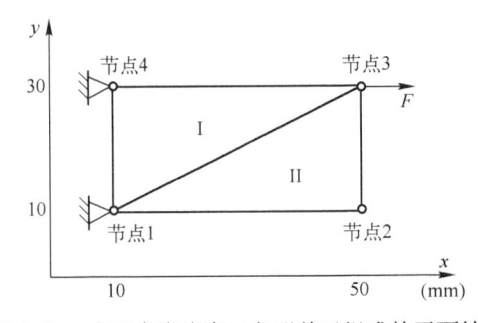

图 1-16 由两个常应变三角形单元组成的平面结构

首先对单元 I 进行分析，该单元由节点 1、3 和 4 组成，令 $i=1$, $j=3$, $m=4$，根据式（1-81）各项系数计算为

$$\begin{aligned} a_i &= 1\,200 & a_j &= -200 & a_m &= -200 \\ b_i &= 0 & b_j &= 20 & b_m &= -20 \\ c_i &= -40 & c_j &= 0 & c_m &= 40 \end{aligned} \tag{1-114}$$

单元面积可由式（1-80）计算得到，为 $A = 400 \text{ mm}^2$。根据式（1-95）B 矩阵为

$$B = \frac{1}{2A}\begin{bmatrix} b_i & 0 & b_j & 0 & b_m & 0 \\ 0 & c_i & 0 & c_j & 0 & c_m \\ c_i & b_i & c_j & b_j & c_m & b_m \end{bmatrix} = \frac{1}{800}\begin{bmatrix} 0 & 0 & 20 & 0 & -20 & 0 \\ 0 & -40 & 0 & 0 & 0 & 40 \\ -40 & 0 & 0 & 20 & 40 & -20 \end{bmatrix} \tag{1-115}$$

由于单元厚度远小于面内尺寸，因此问题满足平面应力，假设在该条件下 D 矩阵为

$$D = \frac{E}{1-\nu^2}\begin{bmatrix} 1 & \nu & 0 \\ \nu & 1 & 0 \\ 0 & 0 & \frac{1-\nu}{2} \end{bmatrix} = \frac{2.1 \times 10^5}{0.937\,5}\begin{bmatrix} 1 & 0.25 & 0 \\ 0.25 & 1 & 0 \\ 0 & 0 & 0.375 \end{bmatrix} \tag{1-116}$$

计算得到单元 I 的刚度矩阵为

$$\boldsymbol{K}^{\mathrm{I}} = \boldsymbol{B}^{\mathrm{T}}\boldsymbol{D}\boldsymbol{B}At$$

$$= \frac{1}{800}\begin{bmatrix} 0 & 0 & 20 & 0 & -20 & 0 \\ 0 & -40 & 0 & 0 & 0 & 40 \\ -40 & 0 & 0 & 20 & 40 & -20 \end{bmatrix}^{\mathrm{T}} \times \frac{2.1\times 10^{5}}{0.9375}\begin{bmatrix} 1 & 0.25 & 0 \\ 0.25 & 1 & 0 \\ 0 & 0 & 0.375 \end{bmatrix}$$

$$\times \frac{1}{800}\begin{bmatrix} 0 & 0 & 20 & 0 & -20 & 0 \\ 0 & -40 & 0 & 0 & 0 & 40 \\ -40 & 0 & 0 & 20 & 40 & -20 \end{bmatrix} \times 400 \times 2.5 \tag{1-117}$$

$$= 10^{4}\begin{bmatrix} 21 & 0 & 0 & -10.5 & -21 & 10.5 \\ 0 & 56 & -7 & 0 & 7 & -56 \\ 0 & -7 & 14 & 0 & -14 & 7 \\ -10.5 & 0 & 0 & 5.25 & 10.5 & -5.25 \\ -21 & 7 & -14 & 10.5 & 35 & -17.5 \\ 10.5 & -56 & 7 & -5.25 & -17.5 & 61.25 \end{bmatrix}$$

同理，单元 II 的刚度矩阵为

$$\boldsymbol{K}^{\mathrm{II}} = 10^{4}\begin{bmatrix} 14 & 0 & -14 & 7 & 0 & -7 \\ 0 & 5.25 & 10.5 & -5.25 & 10.5 & 0 \\ -14 & 10.5 & 35 & -17.5 & -21 & 7 \\ 7 & -5.25 & -17.5 & 61.25 & 10.5 & 56 \\ 0 & -10.5 & -21 & 10.5 & 21 & 0 \\ -7 & 0 & 7 & -56 & 0 & 56 \end{bmatrix} \tag{1-118}$$

将两个单元刚度矩阵扩展成总刚度矩阵的形式，分别为

$$\boldsymbol{K}^{\mathrm{I}} = 10^{4}\begin{bmatrix} 21 & 0 & 0 & 0 & 0 & -10.5 & -21 & 10.5 \\ 0 & 56 & 0 & 0 & -7 & 0 & 7 & -56 \\ 0 & 0 & 0 & 0 & 0 & 0 & 0 & 0 \\ 0 & 0 & 0 & 0 & 0 & 0 & 0 & 0 \\ 0 & -7 & 0 & 0 & 14 & 0 & -14 & 7 \\ -10.5 & 0 & 0 & 0 & 0 & 5.25 & 10.5 & -5.25 \\ -21 & 7 & 0 & 0 & -14 & 10.5 & 35 & -17.5 \\ 10.5 & -56 & 0 & 0 & 7 & -5.25 & -17.5 & 61.25 \end{bmatrix} \tag{1-119}$$

$$\boldsymbol{K}^{\mathrm{II}} = 10^{4}\begin{bmatrix} 14 & 0 & -14 & 7 & 0 & 7 & 0 & 0 \\ 0 & 5.25 & 10.5 & -5.25 & 10.5 & 0 & 0 & 0 \\ -14 & 10.5 & 35 & -17.5 & -21 & 7 & 0 & 0 \\ 7 & -5.25 & -17.5 & 61.25 & 10.5 & 56 & 0 & 0 \\ 0 & -10.5 & -21 & 10.5 & 21 & 0 & 0 & 0 \\ -7 & 0 & 7 & -56 & 0 & 56 & 0 & 0 \\ 0 & 0 & 0 & 0 & 0 & 0 & 0 & 0 \\ 0 & 0 & 0 & 0 & 0 & 0 & 0 & 0 \end{bmatrix} \tag{1-120}$$

将两个矩阵组装到总刚度矩阵后，有

$$K = K^{\mathrm{I}} + K^{\mathrm{II}} = 10^4 \begin{bmatrix} 35 & 0 & -14 & 7 & 0 & -17.5 & -21 & 10.5 \\ 0 & 61.25 & 10.5 & -5.25 & -17.5 & 0 & 7 & -56 \\ -14 & 10.5 & 35 & -17.5 & -21 & 7 & 0 & 0 \\ 7 & -5.25 & -17.5 & 61.25 & 10.5 & -56 & 0 & 0 \\ 0 & -17.5 & -21 & 10.5 & 35 & 0 & -14 & 7 \\ -17.5 & 0 & 7 & -56 & 0 & 61.25 & 10.5 & -5.25 \\ -21 & 7 & 0 & 0 & -14 & 10.5 & 35 & -17.5 \\ 10.5 & -56 & 0 & 0 & 7 & -5.25 & -17.5 & 61.25 \end{bmatrix} \tag{1-121}$$

根据总刚度矩阵建立平衡方程，并引入位移约束和节点力作为外载

$$F_{2x} = F_{2y} = F_{3y} = 0$$
$$F_{3x} = 10^3 \text{ N} \tag{1-122}$$
$$u_1 = v_1 = u_4 = v_4 = 0$$

平衡方程 $F = Ku$ 对应如下所示的线性系统

$$\begin{bmatrix} F_{1x} \\ F_{1y} \\ 0 \\ 0 \\ 10^3 \\ 0 \\ F_{3x} \\ F_{4y} \end{bmatrix} = 10^4 \begin{bmatrix} 35 & 0 & -14 & 7 & 0 & -17.5 & -21 & 10.5 \\ 0 & 61.25 & 10.5 & -5.25 & -17.5 & 0 & 7 & -56 \\ -14 & 10.5 & 35 & -17.5 & -21 & 7 & 0 & 0 \\ 7 & -5.25 & -17.5 & 61.25 & 10.5 & -56 & 0 & 0 \\ 0 & -17.5 & -21 & 10.5 & 35 & 0 & -14 & 7 \\ -17.5 & 0 & 7 & -56 & 0 & 61.25 & 10.5 & -5.25 \\ -21 & 7 & 0 & 0 & -14 & 10.5 & 35 & -17.5 \\ 10.5 & -56 & 0 & 0 & 7 & -5.25 & -17.5 & 61.25 \end{bmatrix} \begin{bmatrix} 0 \\ 0 \\ u_2 \\ v_2 \\ u_3 \\ v_3 \\ 0 \\ 0 \end{bmatrix} \tag{1-123}$$

采用杆系一节中给出的求解方法，矩阵降阶为

$$\begin{bmatrix} 0 \\ 0 \\ 10^3 \\ 0 \end{bmatrix} = 10^4 \begin{bmatrix} 35 & -17.5 & -21 & 7 \\ -17.5 & 61.25 & 10.5 & -56 \\ -21 & 10.5 & 35 & 0 \\ 7 & -56 & 0 & 61.25 \end{bmatrix} \begin{bmatrix} u_2 \\ v_2 \\ u_3 \\ v_3 \end{bmatrix} \tag{1-124}$$

求解得到

$$\begin{bmatrix} u_2 \\ v_2 \\ u_3 \\ v_3 \end{bmatrix} = \begin{bmatrix} 2.14 \\ -2.86 \\ 5.00 \\ -2.86 \end{bmatrix} \times 10^{-3} \text{ (mm)} \tag{1-125}$$

因此，单元 I 的应变为

$$\varepsilon^{\mathrm{I}} = Bu = \frac{1}{800} \begin{bmatrix} 0 & 0 & 20 & 0 & -20 & 0 \\ 0 & -40 & 0 & 0 & 0 & 40 \\ -40 & 0 & 0 & 20 & 40 & -20 \end{bmatrix} \begin{bmatrix} 0 \\ 0 \\ 5.00 \\ -2.86 \\ 0 \\ 0 \end{bmatrix} \times 10^{-3} = \begin{bmatrix} 12.5 \\ 0 \\ -7.14 \end{bmatrix} \times 10^{-5} \text{ (mm)}$$

$$\tag{1-126}$$

应力为

$$\boldsymbol{\sigma}^{\mathrm{I}} = \boldsymbol{D}\boldsymbol{\varepsilon}^{\mathrm{I}} = \frac{210(10^5)}{0.9375}\begin{bmatrix} 1 & 0.25 & 0 \\ 0.25 & 1 & 0 \\ 0 & 0 & 0.375 \end{bmatrix}\begin{bmatrix} 12.5 \\ 0 \\ -7.14 \end{bmatrix} \times 10^{-5} = \begin{bmatrix} 2.8 \\ 0.7 \\ -0.6 \end{bmatrix} \times 10^{-3} \text{ (MPa)} \quad (1\text{-}127)$$

单元 II 的应变为

$$\boldsymbol{\varepsilon}^{\mathrm{II}} = \boldsymbol{B}\boldsymbol{u} = \frac{1}{800}\begin{bmatrix} -20 & 0 & 20 & 0 & 0 & 0 \\ 0 & 0 & 0 & -40 & 0 & 40 \\ 0 & -20 & -40 & 20 & 40 & 0 \end{bmatrix}\begin{bmatrix} 0 \\ 0 \\ 2.14 \\ -2.86 \\ 5.00 \\ -2.86 \end{bmatrix} \times 10^{-3} = \begin{bmatrix} 5.36 \\ 0 \\ -7.14 \end{bmatrix} \times 10^{-5} \text{ (mm)}$$

(1-128)

应力为

$$\boldsymbol{\sigma}^{\mathrm{II}} = \boldsymbol{D}\boldsymbol{\varepsilon}^{\mathrm{II}} = \frac{210(10^5)}{0.9375}\begin{bmatrix} 1 & 0.25 & 0 \\ 0.25 & 1 & 0 \\ 0 & 0 & 0.375 \end{bmatrix}\begin{bmatrix} 5.36 \\ 0 \\ -7.14 \end{bmatrix} \times 10^{-5} = \begin{bmatrix} 1.2 \\ 0.3 \\ 0.6 \end{bmatrix} \times 10^{-3} \text{ (MPa)} \quad (1\text{-}129)$$

1.2.3 平面四边形等参单元有限元分析

（1）双线性矩形单元

如图 1-17 所示，四边形单元中最简单的一种矩形单元。该单元包含 4 条彼此垂直的边，其节点可如图以此顺序记为 1、2、3 和 4，单元尺寸为 $2b \times 2h$，共计包含 8 个位移自由度。

$$\boldsymbol{u} = [u_1 \ v_1 \ u_2 \ v_2 \ u_3 \ v_3 \ u_4 \ v_4]^{\mathrm{T}} \quad (1\text{-}130)$$

位移函数定义为

$$u(x,y) = \alpha_1 + \alpha_2 x + \alpha_3 y + \alpha_4 xy$$
$$v(x,y) = \alpha_5 + \alpha_6 x + \alpha_7 y + \alpha_8 xy \quad (1\text{-}131)$$

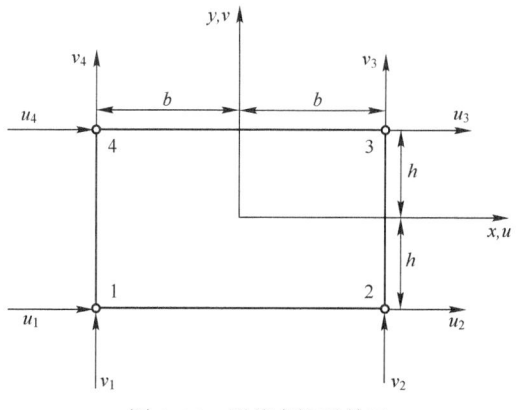

图 1-17 四节点矩形单元

注意到与 1.2.2 节中的三角形单元相比，位移中包含额外的 xy 项，因此四边形也被称为双线性单元。双线性项的引入使得矩形单元对于复杂位移场有更高的近似精度。但同时也不难注意到，由于矩形单元的形状限制，该单元不能适应曲线边界和斜边界，因此也一定程度地影响了其普适性，该问题的解决方案将在后续介绍的等参单元中给出。位移函数，即式（1-131）共有 8 个待定系数 $\alpha_i(i=1,2,\cdots,8)$，同时式（1-130）显示单元共有 8 个自由度，因此将单元节点坐标和位移代入式（1-131）可求得，回代式（1-131）后得到

$$\begin{aligned} u(x,y) &= \frac{1}{4bh}[(b-x)(h-y)u_1 + (b+x)(h-y)u_2 \\ &\quad + (b+x)(h+y)u_3 + (b-x)(h+y)u_4] \\ v(x,y) &= \frac{1}{4bh}[(b-x)(h-y)v_1 + (b+x)(h-y)v_2 \\ &\quad + (b+x)(h+y)v_3 + (b-x)(h+y)v_4] \end{aligned} \quad (1\text{-}132)$$

从中整理得到 4 个节点的形函数依次为

$$\begin{aligned} N_1 &= \frac{(b-x)(h-y)}{4bh} \quad N_2 = \frac{(b+x)(h-y)}{4bh} \\ N_3 &= \frac{(b+x)(h+y)}{4bh} \quad N_4 = \frac{(b-x)(h+y)}{4bh} \end{aligned} \quad (1\text{-}133)$$

简单检验可以发现这些形函数也具有式（1-88）中给出的性质。与常应变三角形单元形函数不同的是，形函数的值是坐标 x 与 y 的函数，在单元内不再保持定常而是随着位置变化。单元内部任意一点位移 $\boldsymbol{u}^e(x,y)$ 可通过形函数和节点位移表示为

$$\boldsymbol{u}^e(x,y) = [\boldsymbol{N}(x,y)]\boldsymbol{u} = \begin{bmatrix} N_1 & 0 & N_2 & 0 & N_3 & 0 & N_4 & 0 \\ 0 & N_1 & 0 & N_2 & 0 & N_3 & 0 & N_4 \end{bmatrix} \begin{bmatrix} u_1 \\ v_1 \\ u_2 \\ v_2 \\ u_3 \\ v_3 \\ u_4 \\ v_4 \end{bmatrix} \quad (1\text{-}134)$$

将等式（1-134）代入式（1-70）二维应力状态的单元应变表示中可以得到

$$\boldsymbol{\varepsilon} = \begin{bmatrix} \varepsilon_x \\ \varepsilon_y \\ \gamma_{xy} \end{bmatrix} = \begin{bmatrix} \frac{\partial}{\partial x} & 0 \\ 0 & \frac{\partial}{\partial y} \\ \frac{\partial}{\partial y} & \frac{\partial}{\partial x} \end{bmatrix} [\boldsymbol{N}(x,y)]\boldsymbol{u} \quad (1\text{-}135)$$

令

$$\boldsymbol{B} = \begin{bmatrix} \frac{\partial}{\partial x} & 0 \\ 0 & \frac{\partial}{\partial y} \\ \frac{\partial}{\partial y} & \frac{\partial}{\partial x} \end{bmatrix} [\boldsymbol{N}(x,y)] \quad (1\text{-}136)$$

求偏导后得到 $\boldsymbol{B}$ 矩阵为

$$\boldsymbol{B} = \frac{1}{4bh} \begin{bmatrix} -(h-y) & 0 & (h-y) & 0 & (h+y) & 0 & -(h+y) & 0 \\ 0 & -(b-x) & 0 & -(b+x) & 0 & (b+x) & 0 & (b-x) \\ -(b-x) & -(h-y) & -(b+x) & (h-y) & (b+x) & (h+y) & (b-x) & -(h+y) \end{bmatrix} \quad (1\text{-}137)$$

注意到 $\boldsymbol{B}$ 矩阵同样是坐标的函数，记为 $\boldsymbol{B}(x,y)$。因此，矩形单元的刚度矩阵为

$$\boldsymbol{K}^e = \int_V \boldsymbol{B}^T \boldsymbol{D} \boldsymbol{B} dV = \int_{-h}^{h} \int_{-b}^{b} [\boldsymbol{B}(x,y)]^T \boldsymbol{D} [\boldsymbol{B}(x,y)] t dx dy \quad (1\text{-}138)$$

计算式（1-138）中的积分可以得到单元的刚度矩阵，在此之后组装总刚度矩阵，求解位移、应力、应变的过程与三角形单元中所展示的过程完全一致。

（2）四边形等参单元

常应变三角形单元能适应各种不规则的几何边界，但其位移函数阶次较低，因此计算精较差。矩形单元虽然计算精度高，但其对于几何形状的要求较为苛刻，因此适应性差，无法有效对边界为曲边的结构进行有效离散。因此，在矩形单元的基础上提出了平面四边形等参数单元（isoparametric element），即等参元。等参变换使得平面结构可以被离散为若干具有任意形状的四边形单元，从而在保证数值精度的同时模拟各种不规则的几何边界。这里等参的含义为对单元几何形状和单元内的位移函数采用相同数目的节点参数和相同的形函数进行变换。

首先，通过一个杆单元的例子解释等参变换的过程和意义。以如图 1-18 所示，在整体坐标 x 之外还可以引入自然坐标 s。这样一来，不仅单元内部任意点的位移可以表示为 $u = \alpha_1 + \alpha_2 s$，单元中任意点的坐标也可以通过 s 表示为 $x = \alpha_1 + \alpha_2 s$。由此可见，等参元的核心是引入自然坐标系来构造方程。对于两个端点的坐标分别为 x_1 和 x_2 的杆单元而言，无论其空间位置如何，自然坐标系总依附于单元之上并与单元保持一致的取向，因此在自然和整体两个坐标系之间可以建立一种坐标映射关系。将自然坐标的原点定于单元中心 x_c，此时对于杆上的任意一点，其在 s 和 x 两个坐标系中的值具有一一对应映射关系

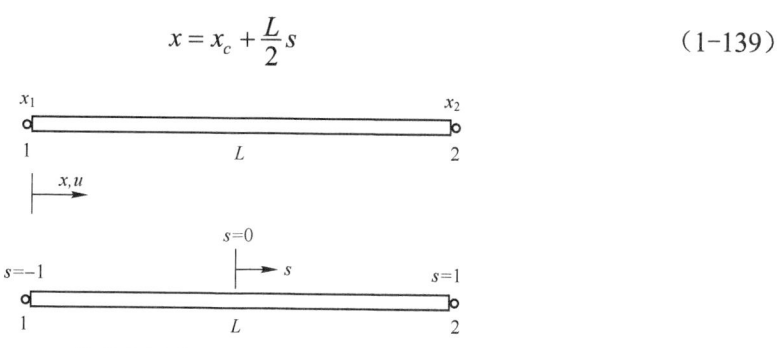

$$x = x_c + \frac{L}{2} s \quad (1\text{-}139)$$

图 1-18 整体坐标系 x 和局部坐标系 s 下的杆单元

其中，x_c 为单元中心的坐标，L 为杆长。将 $x_c = (x_1 + x_2)/2$ 和 $L = x_2 - x_1$ 代入式（1-139）可得到

$$s = [x - (x_1 + x_2)/2] \cdot 2/(x_2 - x_1) \quad (1\text{-}140)$$

式（1-140）建立了杆单元中各点整体坐标与自然坐标之间的关系，由于这一关系是线性的，该式可以整理为

$$x = \alpha_1 + \alpha_2 s \tag{1-141}$$

将 $s=-1$，$x=x_1$ 和 $s=1$，$x=x_2$ 分别代入式（1-141），求得

$$\alpha_1 = (x_1+x_2)/2, \quad \alpha_2 = (x_2-x_1)/2 \tag{1-142}$$

将式（1-142）代入式（1-141），整理得到

$$x = \frac{1}{2}[(1-s)x_1 + (1+s)x_2] \tag{1-143}$$

如果将形函数 N_1、N_2 分别定义为

$$N_1 = \frac{1-s}{2}, \quad N_2 = \frac{1+s}{2} \tag{1-144}$$

则式（1-143）可以表示为矩阵形式

$$x = [N_1 \quad N_2]\begin{bmatrix} x_1 \\ x_2 \end{bmatrix} = [\boldsymbol{N}(s)]\begin{bmatrix} x_1 \\ x_2 \end{bmatrix} \tag{1-145}$$

注意到形函数 N_1、N_2 同样具有式（1-88）中给出的位移形函数性质，因此也可作为位移的插值函数

$$u^e(x) = [\boldsymbol{N}(s)]\boldsymbol{u} \tag{1-146}$$

为了得到杆单元应变 $\varepsilon(x) = \dfrac{\mathrm{d}u(x)}{\mathrm{d}x}$，需要通过链式求导进行计算

$$\frac{\mathrm{d}u}{\mathrm{d}s} = \frac{\mathrm{d}u}{\mathrm{d}x}\frac{\mathrm{d}x}{\mathrm{d}s} \tag{1-147}$$

其中 $\dfrac{\mathrm{d}u}{\mathrm{d}s}$ 可通过将式（1-144）代入式（1-146）得到

$$\frac{\mathrm{d}u}{\mathrm{d}s} = \begin{bmatrix} -\dfrac{1}{2} & \dfrac{1}{2} \end{bmatrix}\begin{bmatrix} u_1 \\ u_2 \end{bmatrix} \tag{1-148}$$

$\dfrac{\mathrm{d}x}{\mathrm{d}s}$ 通过将式（1-144）代入式（1-145）得到

$$\frac{\mathrm{d}x}{\mathrm{d}s} = \frac{x_2 - x_1}{2} = \frac{L}{2} \tag{1-149}$$

将式（1-148）和式（1-149）代入式（1-147），得到单元应变为

$$\varepsilon = \frac{\mathrm{d}u}{\mathrm{d}x} = \frac{\mathrm{d}u}{\mathrm{d}s}\Big/\frac{\mathrm{d}x}{\mathrm{d}s} = \begin{bmatrix} -\dfrac{1}{L} & \dfrac{1}{L} \end{bmatrix}\begin{bmatrix} u_1 \\ u_2 \end{bmatrix} = \boldsymbol{B}\boldsymbol{u} \tag{1-150}$$

其中 $\boldsymbol{B} = \begin{bmatrix} -\dfrac{1}{L}, & \dfrac{1}{L} \end{bmatrix}$，这种通过等参变换得到的 $\boldsymbol{B}$ 矩阵与式（1-20）中的结果一致。虽然本例中 $\boldsymbol{B}$ 矩阵中的元素均为常数，但是在一般情况下 $\boldsymbol{B}$ 矩阵中元素均为 s 的函数，记为 $\boldsymbol{B}(s)$，因此单元刚度矩阵为

$$\boldsymbol{K}^e = \int_0^L [\boldsymbol{B}(s)]^{\mathrm{T}} \boldsymbol{D} [\boldsymbol{B}(s)] A \mathrm{d}x \tag{1-151}$$

根据式（1-149），有 $\mathrm{d}x = \mathrm{d}s \cdot \dfrac{L}{2}$，将其代入式（1-151）后有

$$\boldsymbol{K}^e = \int_0^L [\boldsymbol{B}(s)]^{\mathrm{T}} \boldsymbol{D} [\boldsymbol{B}(s)] A \mathrm{d}x = \int_{-1}^1 [\boldsymbol{B}(s)]^{\mathrm{T}} \boldsymbol{D} [\boldsymbol{B}(s)] |\boldsymbol{J}| A \mathrm{d}s \tag{1-152}$$

其中 $\boldsymbol{J} = \left[\dfrac{\mathrm{d}x}{\mathrm{d}s}\right]$ 为雅可比矩阵，$|\boldsymbol{J}|$ 为其行列式的值。对于杆单元 $|\boldsymbol{J}| = \dfrac{L}{2}$，$\boldsymbol{D}$ 矩阵退化为常量 E，因此

$$\boldsymbol{K}^\mathrm{e} = \dfrac{L}{2}\int_{-1}^{1}[\boldsymbol{B}(s)]^\mathrm{T} E [\boldsymbol{B}(s)] A \mathrm{d}s \tag{1-153}$$

将 $[\boldsymbol{B}(s)] = \left[-\dfrac{1}{L},\ \dfrac{1}{L}\right]$ 代入，得到单元刚度矩阵为

$$\boldsymbol{K}^\mathrm{e} = \dfrac{AE}{L}\begin{bmatrix} 1 & -1 \\ -1 & 1 \end{bmatrix} \tag{1-154}$$

不难发现，通过等参变换计算得到的 $\boldsymbol{K}^\mathrm{e}$ 与式（1-23）中的结果一致。

其次，考察四边形单元的等参变换。如图 1-19 所示，对于整体坐标系下的任意形状四边形单元，将其附一自然坐标系，坐标的原点取在单元中心，并且将四边形的边界限定在自然坐标中的 $s = \pm 1$ 和 $t = \pm 1$，从而可以将正方形单元（母单元）与四边形单元（子单元）建立映射关系。

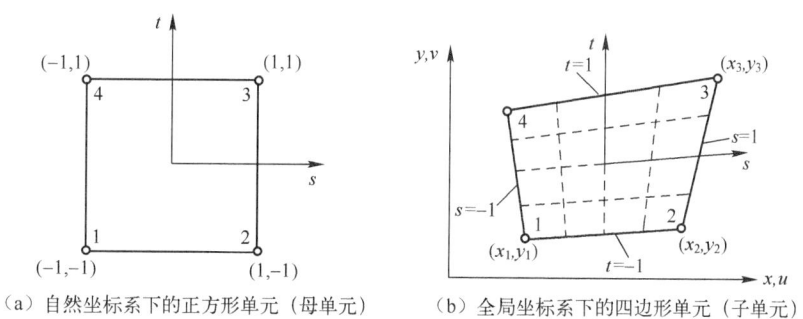

（a）自然坐标系下的正方形单元（母单元）　　（b）全局坐标系下的四边形单元（子单元）

图 1-19　母单元和子单元的定义

对于四边形单元，与式（1-131）中给出的形式相同，可以将整体和自然坐标之间的映射关系表示为

$$\begin{aligned} x &= \alpha_1 + \alpha_2 s + \alpha_3 t + \alpha_4 st \\ y &= \alpha_5 + \alpha_6 s + \alpha_7 t + \alpha_8 st \end{aligned} \tag{1-155}$$

将 4 个节点的自然坐标和对应整体坐标代入式（1-155），能够求解系数 $\alpha_i (i=1,2,\cdots,8)$，回代后得到

$$\begin{aligned} x &= \dfrac{1}{4}[(1-s)(1-t)x_1 + (1+s)(1-t)x_2 + (1+s)(1+t)x_3 + (1-s)(1+t)x_4] \\ y &= \dfrac{1}{4}[(1-s)(1-t)y_1 + (1+s)(1-t)y_2 + (1+s)(1+t)y_3 + (1-s)(1+t)y_4] \end{aligned} \tag{1-156}$$

因此形函数 N_i 为自然坐标的函数

$$\begin{aligned} N_1 &= \dfrac{(1-s)(1-t)}{4} \quad N_2 = \dfrac{(1+s)(1-t)}{4} \\ N_3 &= \dfrac{(1+s)(1+t)}{4} \quad N_4 = \dfrac{(1-s)(1+t)}{4} \end{aligned} \tag{1-157}$$

借助形函数单元内任意点坐标可以表示为

$$\begin{bmatrix} x \\ y \end{bmatrix} = \begin{bmatrix} N_1 & 0 & N_2 & 0 & N_3 & 0 & N_4 & 0 \\ 0 & N_1 & 0 & N_2 & 0 & N_3 & 0 & N_4 \end{bmatrix} \begin{bmatrix} x_1 \\ y_1 \\ x_2 \\ y_2 \\ x_3 \\ y_3 \\ x_4 \\ y_4 \end{bmatrix} = [N(s,t)] \begin{bmatrix} x_1 \\ y_1 \\ x_2 \\ y_2 \\ x_3 \\ y_3 \\ x_4 \\ y_4 \end{bmatrix} \quad (1\text{-}158)$$

形函数矩阵 $N(s,t)$ 为 s 和 t 的函数，低于单元中任意一点均满足 $N_1 + N_2 + N_3 + N_4 = 1$。与杆的等参变换相同，单元内部的位移场可以使用与位置相同的形函数进行插值

$$\begin{bmatrix} u \\ v \end{bmatrix} = \begin{bmatrix} N_1 & 0 & N_2 & 0 & N_3 & 0 & N_4 & 0 \\ 0 & N_1 & 0 & N_2 & 0 & N_3 & 0 & N_4 \end{bmatrix} \begin{bmatrix} u_1 \\ v_1 \\ u_2 \\ v_2 \\ u_3 \\ v_3 \\ u_4 \\ v_4 \end{bmatrix} = [N(s,t)]\boldsymbol{u} \quad (1\text{-}159)$$

由式（1-159）可知，单元内部任一点位移同样是 s 和 t 的函数。对于 u，v 及任何一种在单元内取值随着位置改变的连续可导场函数 f 而言，其对自然坐标的导数可以通过以下的链式法计算

$$\begin{aligned} \frac{\partial f}{\partial s} &= \frac{\partial f}{\partial x}\frac{\partial x}{\partial s} + \frac{\partial f}{\partial y}\frac{\partial y}{\partial s} \\ \frac{\partial f}{\partial t} &= \frac{\partial f}{\partial x}\frac{\partial x}{\partial t} + \frac{\partial f}{\partial y}\frac{\partial y}{\partial t} \end{aligned} \quad (1\text{-}160)$$

$\dfrac{\partial f}{\partial x}$ 和 $\dfrac{\partial f}{\partial y}$ 可以通过克拉默法则计算得到

$$\frac{\partial f}{\partial x} = \frac{\begin{vmatrix} \frac{\partial f}{\partial s} & \frac{\partial y}{\partial s} \\ \frac{\partial f}{\partial t} & \frac{\partial y}{\partial t} \end{vmatrix}}{\begin{vmatrix} \frac{\partial x}{\partial s} & \frac{\partial y}{\partial s} \\ \frac{\partial x}{\partial t} & \frac{\partial y}{\partial t} \end{vmatrix}} \quad \frac{\partial f}{\partial y} = \frac{\begin{vmatrix} \frac{\partial x}{\partial s} & \frac{\partial f}{\partial s} \\ \frac{\partial x}{\partial t} & \frac{\partial f}{\partial t} \end{vmatrix}}{\begin{vmatrix} \frac{\partial x}{\partial s} & \frac{\partial y}{\partial s} \\ \frac{\partial x}{\partial t} & \frac{\partial y}{\partial t} \end{vmatrix}} \quad (1\text{-}161)$$

式中分母项为雅克比矩阵 $\boldsymbol{J}$ 的行列式 $|\boldsymbol{J}|$。平面问题中雅克比矩阵 $\boldsymbol{J}$ 为

$$\boldsymbol{J} = \begin{bmatrix} \frac{\partial x}{\partial s} & \frac{\partial y}{\partial s} \\ \frac{\partial x}{\partial t} & \frac{\partial y}{\partial t} \end{bmatrix} \quad (1\text{-}162)$$

将式（1-162）代入式（1-161）得到

$$\frac{\partial f}{\partial x} = \frac{1}{|\boldsymbol{J}|}\left[\frac{\partial y}{\partial t}\frac{\partial f}{\partial s} - \frac{\partial y}{\partial s}\frac{\partial f}{\partial t}\right]$$
$$\frac{\partial f}{\partial y} = \frac{1}{|\boldsymbol{J}|}\left[\frac{\partial x}{\partial s}\frac{\partial f}{\partial t} - \frac{\partial x}{\partial t}\frac{\partial f}{\partial s}\right]$$

(1-163)

将这一关系与平面问题中的应变-位移关系式（1-70）相结合，可以得到如下的应变的计算式

$$\begin{bmatrix}\varepsilon_x \\ \varepsilon_y \\ \gamma_{xy}\end{bmatrix} = \frac{1}{|\boldsymbol{J}|}\begin{bmatrix}\dfrac{\partial y}{\partial t}\dfrac{\partial}{\partial s} - \dfrac{\partial y}{\partial s}\dfrac{\partial}{\partial t} & 0 \\ 0 & \dfrac{\partial x}{\partial s}\dfrac{\partial}{\partial t} - \dfrac{\partial x}{\partial t}\dfrac{\partial}{\partial s} \\ \dfrac{\partial x}{\partial s}\dfrac{\partial}{\partial t} - \dfrac{\partial x}{\partial t}\dfrac{\partial}{\partial s} & \dfrac{\partial y}{\partial t}\dfrac{\partial}{\partial s} - \dfrac{\partial y}{\partial s}\dfrac{\partial}{\partial t}\end{bmatrix}\begin{bmatrix}u \\ v\end{bmatrix}$$

(1-164)

方便起见定义矩阵 $\boldsymbol{D}'$

$$\boldsymbol{D}' = \frac{1}{|\boldsymbol{J}|}\begin{bmatrix}\dfrac{\partial y}{\partial t}\dfrac{\partial}{\partial s} - \dfrac{\partial y}{\partial s}\dfrac{\partial}{\partial t} & 0 \\ 0 & \dfrac{\partial x}{\partial s}\dfrac{\partial}{\partial t} - \dfrac{\partial x}{\partial t}\dfrac{\partial}{\partial s} \\ \dfrac{\partial x}{\partial s}\dfrac{\partial}{\partial t} - \dfrac{\partial x}{\partial t}\dfrac{\partial}{\partial s} & \dfrac{\partial y}{\partial t}\dfrac{\partial}{\partial s} - \dfrac{\partial y}{\partial s}\dfrac{\partial}{\partial t}\end{bmatrix}$$

(1-165)

参考矩形单元的应变计算式（1-135）可以得到

$$\boldsymbol{\varepsilon} = \boldsymbol{D}'\boldsymbol{N}\boldsymbol{u}$$

(1-166)

进一步令 $\boldsymbol{B} = \boldsymbol{D}'\boldsymbol{N}$，通过分析可以发现 $\boldsymbol{D}'$ 为 3×2 矩阵，$\boldsymbol{N}$ 为 2×8 矩阵，因此 $\boldsymbol{B}$ 为 3×8 矩阵。由于形函数 $\boldsymbol{N}$ 是 s 和 t 的函数，因此 $\boldsymbol{B}$ 同样是 s 和 t 的函数，记为 $[\boldsymbol{B}(s,t)]$，参考式（1-137）将其写成子矩阵的形式

$$[\boldsymbol{B}(s,t)] = \frac{1}{|\boldsymbol{J}|}[\boldsymbol{B}_1(s,t) \quad \boldsymbol{B}_2(s,t) \quad \boldsymbol{B}_3(s,t) \quad \boldsymbol{B}_4(s,t)]$$

(1-167)

对于每一个子矩阵 $\boldsymbol{B}_i$ 均有

$$[\boldsymbol{B}_i(s,t)] = \begin{bmatrix}a(N_{i,s}) - b(N_{i,t}) & 0 \\ 0 & c(N_{i,t}) - d(N_{i,s}) \\ c(N_{i,t}) - d(N_{i,s}) & a(N_{i,s}) - b(N_{i,t})\end{bmatrix}$$

(1-168)

式中，$N_{i,s} = \dfrac{\partial N_i}{\partial s}$，$N_{i,t} = \dfrac{\partial N_i}{\partial t}$，系数 a、b、c 和 d 经计算得到分别为

$$\begin{aligned}a &= \frac{1}{4}[y_1(s-1) + y_2(-1-s) + y_3(1+s) + y_4(1-s)] \\ b &= \frac{1}{4}[y_1(t-1) + y_2(1-t) + y_3(1+t) + y_4(-1-t)] \\ c &= \frac{1}{4}[x_1(t-1) + x_2(1-t) + x_3(1+t) + x_4(-1-t)] \\ d &= \frac{1}{4}[x_1(s-1) + x_2(-1-s) + x_3(1+s) + x_4(1-s)]\end{aligned}$$

(1-169)

式（1-167）中雅克比矩阵的行列式计算如下

$$|\boldsymbol{J}|=\frac{1}{8}\boldsymbol{X}^{\mathrm{T}}\begin{bmatrix} 0 & 1-t & t-s & s-1 \\ t-1 & 0 & s+1 & -s-1 \\ s-t & -s-1 & 0 & t+1 \\ 1-s & s+1 & -t-1 & 0 \end{bmatrix}\boldsymbol{Y} \qquad (1\text{-}170)$$

其中 $\boldsymbol{X}=\{x_1 \quad x_2 \quad x_3 \quad x_4\}^{\mathrm{T}}$，$\boldsymbol{Y}=\begin{bmatrix} y_1 \\ y_2 \\ y_3 \\ y_4 \end{bmatrix}$，不难发现 $|\boldsymbol{J}|$ 同样是自然坐标 s 和 t 的函数。将式（1-168）、式（1-169）、式（1-170）代入式（1-167）可最终计算 $\boldsymbol{B}$ 矩阵。因此，对于具有均匀厚度 h 的等参四边形单元，参照式（1-151），其刚度矩阵为

$$\boldsymbol{K}^{\mathrm{e}}=\iint_A \boldsymbol{B}^{\mathrm{T}}\boldsymbol{D}\boldsymbol{B}h\mathrm{d}x\mathrm{d}y \qquad (1\text{-}171)$$

同样地，考虑到自然与整体坐标系的关系，上述积分可以改写成

$$\boldsymbol{K}^{\mathrm{e}}=\int_{-1}^{1}\int_{-1}^{1}[\boldsymbol{B}(s,t)]^{\mathrm{T}}\boldsymbol{D}[\boldsymbol{B}(s,t)]|\boldsymbol{J}(s,t)|h\mathrm{d}s\mathrm{d}t \qquad (1\text{-}172)$$

由于被积项包含多个与 s 和 t 有关的矩阵，乘积形式较为复杂，造成刚度矩阵难以通过解析法计算得到。因此在实际问题中常采用高斯积分法对刚度矩阵进行数值计算。

（3）高斯积分数值方法

这里介绍两种可用于式（1-172）中单元刚度矩阵计算的数值方法，牛顿-科茨法（Newton-Cotes）与高斯积分法（Gaussian quadrature）。对于一元函数的积分

$$I=\int_{-1}^{1}y\mathrm{d}x \qquad (1\text{-}173)$$

当利用牛顿-科茨法进行计算时，在积分区间[-1,1]内等间距选取多个取样点

$$I=\int_{-1}^{1}y\mathrm{d}x=h\sum_{i=0}^{n}C_iy_i=h[C_0y_0+C_1y_1+C_2y_2+C_3y_3+\cdots+C_ny_n] \qquad (1\text{-}174)$$

其中 y_i 为取样点，C_i 是表 1-1 中所示的对应每个取样点的牛顿-科茨常数，h 为区间间距，其大小为 $h=2/n$。需要注意的是，当选取不同的取样点数目时，C_i 的值也不相同。选取的取样点数目越多，积分的估值也越精确。对于 $n-1$ 阶的多项式进行积分，需要将区间数取为 n 才能保障计算精度。

表 1-1 牛顿-科茨取样点和常数

区间	取样点个数	C_0	C_1	C_2	C_3	C_4
1	2	1/2	1/2			
2	3	1/6	4/6	1/6		
3	4	1/8	3/8	3/8	1/8	
4	5	7/90	32/90	12/90	32/90	7/90

在牛顿-科茨法的基础上，高斯积分法对取样点的选择和对应权系数进行了进一步优化。对于同样为 n 的区间数，该方法最多能够对 $2n-1$ 阶的多项式积分进行精确计算。

如图 1-20 所示，采用高斯积分法计算式（1-173）的一元函数积分，最简单的方法是

只选取区间中点 0 作为采样点，该点也称为积分点，如此可以得到近似积分值 $2y(0)$。若函数为线性函数，则该近似值为精确解

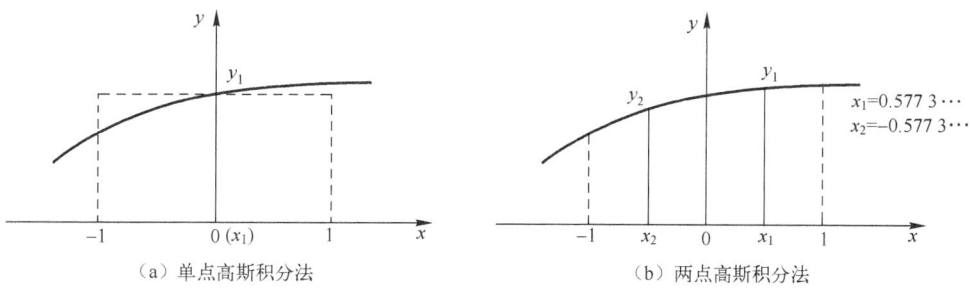

$$I = \int_{-1}^{1} y(x) \mathrm{d}x \cong 2y(0) \tag{1-175}$$

（a）单点高斯积分法　　　　　　（b）两点高斯积分法

图 1-20　高斯积分法的采样点

对于更为复杂的函数，通常在区间[-1,1]之内选取多个积分点 x_i 并计算高斯积分

$$I = \int_{-1}^{1} y \mathrm{d}x = \sum_{i=1}^{n} W_i y_i(x_i) \tag{1-176}$$

式（1-176）中，W_i 为对应积分点函数值 y_i 的权系数。由于区间关于原点对称，因此积分点也可对称选取，且对称的积分点函数值权系数相同。与牛顿-科茨法不同的是，为了使数值结果具有最好的精度，在高斯积分法中对积分点位置和权系数进行了优化，这里以两个积分点为例进行说明。

为了求式（1-173）的积分，选取两个积分点 x_1 和 x_2，函数值为 $y_1 = y(x_1)$ 和 $y_2 = y(x_2)$，对应权系数分别为 W_1 和 W_2，因此积分近似值为

$$I = \int_{-1}^{1} y \mathrm{d}x = W_1 y_1 + W_2 y_2 = W_1 y(x_1) + W_2 y(x_2) \tag{1-177}$$

其中有 x_1、x_2、W_1 和 W_2 这 4 个未知参数需要确定，假设被积函数具有如下的三次函数形式

$$y = C_0 + C_1 x + C_2 x^2 + C_3 x^3 \tag{1-178}$$

直接积分能够得到

$$I = \int_{-1}^{1} (C_0 + C_1 x + C_2 x^2 + C_3 x^3) \mathrm{d}x = 2C_0 + \frac{2C_2}{3} \tag{1-179}$$

根据高斯积分法，有 $W_1 = W_2$，由对称性知 $x_1 = -x_2$，令 $x_1 = a$，则有

$$I_G = Wy(-a) + Wy(a) = 2W(C_0 + C_2 a^2) \tag{1-180}$$

I_G 为高斯积分数值结果，为了令 I_G 接近真实解 I，对于任意 C_0 和 C_2，需要使得 I 与 I_G 差值达到最小

$$I - I_G = 2C_0 + \frac{2C_2}{3} - 2W(C_0 + C_2 a^2) \tag{1-181}$$

即求式（1-181）极值点，令

$$\begin{aligned}\frac{\partial(I-I_G)}{\partial C_0} = 0 &\Rightarrow 2 - 2W = 0 \\ \frac{\partial(I-I_G)}{\partial C_2} = 0 &\Rightarrow \frac{2}{3} - 2a^2 W = 0\end{aligned} \tag{1-182}$$

求得 $W=1$ 以及 $a=0.5773\cdots$，因此积分点为 $x_1=0.5773\cdots$, $x_2=-0.5773\cdots$，权系数 $W_1=W_2=1$。以此类推，当积分点数目与被积多项式的阶次均不断升高时，可以依次得到如表1-2中所示的积分点位置和对应权系数。

表1-2 高斯积分点位置与权系数

取样点个数	积分点位置	权系数
1	$x_1=0.0000$	2.000
2	$x_1, x_2=\pm 0.5773$	1.000
3	$x_1, x_3=\pm 0.7746$	$0.5555\cdots$
	$x_2=0.0000$	$0.8888\cdots$
4	$x_1, x_4=\pm 0.8611$	0.3479
	$x_2, x_3=\pm 0.3400$	0.6521

类似地，如果被积函数为如式（1-172）中所给出的二元函数 $f(s,t)$，其高斯积分公式为

$$I=\int_{-1}^{1}\int_{-1}^{1}f(s,t)\mathrm{d}s\mathrm{d}t=\int_{-1}^{1}\left[\sum_{i}W_i f(s_i,t)\right]\mathrm{d}t=\sum_{j}W_j\left[\sum_{i}W_i f(s_i,t_j)\right]=\sum_{j}\sum_{j}W_i W_j f(s_i,t_j)$$

（1-183）

上式中两个变量 s 和 t 一般选取相同数量的积分点。因此，等参元单元刚度矩阵式（1-172）可通过式（1-183）所示的高斯积分法得到数值解。由于形函数本身是双线性的，式（1-172）中被积函数为不超过3阶的多项式，因此通常在母单元内的每个方向上选取2个积分点，形成如图1-21所示的4个积分点，分别记为 Int 1～Int 4。

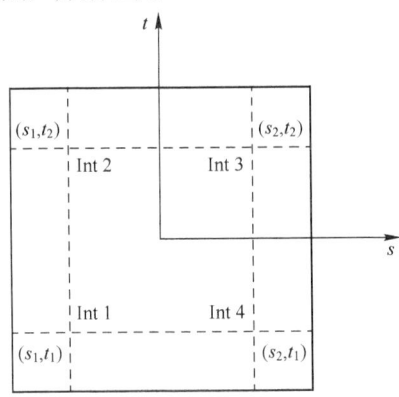

图1-21 平面问题中的四点高斯积分

根据式（1-183），式（1-172）中的等参单元刚度矩阵为

$$\begin{aligned}\boldsymbol{K}^{\mathrm{e}}=&[\boldsymbol{B}(s_1,t_1)]^{\mathrm{T}}\boldsymbol{D}[\boldsymbol{B}(s_1,t_1)]|\boldsymbol{J}(s_1,t_1)|hW_1W_1+\\&[\boldsymbol{B}(s_1,t_2)]^{\mathrm{T}}\boldsymbol{D}[\boldsymbol{B}(s_1,t_2)]|\boldsymbol{J}(s_1,t_2)|hW_1W_2+\\&[\boldsymbol{B}(s_2,t_2)]^{\mathrm{T}}\boldsymbol{D}[\boldsymbol{B}(s_2,t_2)][\boldsymbol{J}(s_2,t_2)]|hW_2W_2+\\&[\boldsymbol{B}(s_2,t_1)]^{\mathrm{T}}\boldsymbol{D}[\boldsymbol{B}(s_2,t_1)][\boldsymbol{J}(s_2,t_1)]|hW_2W_1\end{aligned}$$

（1-184）

其中 $s_1=t_1=-0.5773\cdots$，$s_2=t_2=0.5773\cdots$，权系数 $W_1=W_2=1.000$，h 为单元厚度。

下面以一任意四边形单元为例，利用四点高斯积分法进行单元刚度矩阵计算。该单元节点坐标如图1-22所示，单元厚度为 1 mm，弹性模量 E 为 2×10^5 MPa，泊松比 ν 为 0.25。

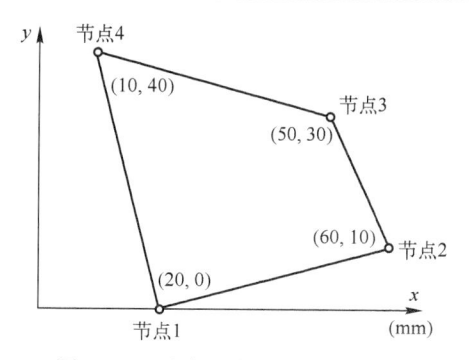

图 1-22 四边形单元及其节点坐标

根据 4 点高斯积分法，通过式（1-184）计算该单元的刚度矩阵。首先以式（1-184）中右侧第一项为例，为计算 $|\boldsymbol{J}(s_1,t_1)|$，将积分点 Int1 的坐标 $(s_1,t_1)=(-0.5773,-0.5773)$ 和单元节点坐标代入式（1-170），得到

$$|\boldsymbol{J}(s_1,t_1)|=\frac{1}{8}\begin{bmatrix}20\\60\\50\\10\end{bmatrix}^{\mathrm{T}}\begin{bmatrix}0 & 1+0.5773 & 0 & -0.5773-1\\-0.5773-1 & 0 & -0.5773+1 & 0.5773-1\\0 & 0.5773-1 & 0 & -0.5773+1\\1+0.5773 & -0.5773+1 & 0.5773-1 & 0\end{bmatrix}\begin{bmatrix}0\\10\\30\\40\end{bmatrix}=-81.31 \tag{1-185}$$

接下来计算 $\boldsymbol{B}(s_1,t_1)$，为此将积分点坐标、单元节点坐标和式（1-185）代入到式（1-167）、式（1-168）和式（1-169），得到

$$\boldsymbol{B}(s_1,t_1)=\begin{bmatrix}-23.66 & 0 & 29.43 & 0 & 6.341 & 0 & -12.11 & 0\\0 & -39.43 & 0 & -0.5675 & 0 & 10.57 & 0 & 29.43\\-39.43 & -23.66 & -0.5675 & 29.43 & 10.57 & 6.341 & 29.43 & -12.11\end{bmatrix} \tag{1-186}$$

类似地，对于积分点 Int2～Int4，同样可以得到

$$\begin{aligned}|\boldsymbol{J}(s_1,t_2)|&=221.8\\|\boldsymbol{J}(s_2,t_2)|&=106.3\\|\boldsymbol{J}(s_2,t_1)|&=-196.8\end{aligned} \tag{1-187}$$

和

$$\boldsymbol{B}(s_1,t_2)=\begin{bmatrix}-12.11 & 0 & 6.341 & 0 & 29.43 & 0 & -23.66 & 0\\0 & -33.66 & 0 & -6.341 & 0 & 16.34 & 0 & 23.66\\-33.66 & -12.11 & -6.341 & 6.341 & 16.34 & 29.43 & 23.66 & -23.66\end{bmatrix}$$

$$\boldsymbol{B}(s_2,t_2)=\begin{bmatrix}-6.341 & 0 & 0.5675 & 0 & 23.66 & 0 & -17.89 & 0\\0 & -10.57 & 0 & -29.43 & 0 & 39.43 & 0 & 0.5675\\-10.57 & -6.341 & 29.43 & 0.5675 & 39.43 & 23.66 & 0.5675 & -17.89\end{bmatrix} \tag{1-188}$$

$$\boldsymbol{B}(s_2,t_1)=\begin{bmatrix}-17.89 & 0 & 23.66 & 0 & 0.5675 & 0 & -6.3405 & 0\\0 & -16.34 & 0 & -23.66 & 0 & 33.66 & 0 & 6.3405\\-16.34 & -17.89 & -23.66 & 23.66 & 33.66 & 0.5675 & 6.3405 & -6.3405\end{bmatrix}$$

此外，由于 $\boldsymbol{D}$ 矩阵为

$$\boldsymbol{D} = \frac{E}{1-\nu^2}\begin{bmatrix} 1 & \nu & 0 \\ \nu & 1 & 0 \\ 0 & 0 & \frac{1-\nu}{2} \end{bmatrix} = \begin{bmatrix} 213.33 & 53.33 & 0 \\ 53.33 & 213.33 & 0 \\ 0 & 0 & 80 \end{bmatrix} \times 10^3 \text{ MPa} \quad (1-189)$$

单元厚度 $h=1$ mm，高斯积分权系数 $W_1 = W_2 = 1.000$。将以上式子均代入式（1-184），最后得到单元刚度矩阵为

$$\boldsymbol{K}^e = \begin{bmatrix} 8.553 & -4.777 & 26.33 & 7.265 & -19.18 & -14.29 & 1.400 & 11.80 \\ 4.777 & 12.22 & 2.733 & 10.33 & -6.488 & -11.62 & 8.532 & -10.93 \\ 26.33 & 2.733 & -37.35 & 13.44 & 6.199 & -17.35 & 4.821 & 1.178 \\ 7.265 & 10.33 & 13.44 & -15.69 & -18.53 & 4.310 & -2.177 & 1.044 \\ 19.18 & -6.489 & 6.199 & -18.53 & 52.37 & 26.22 & -39.39 & -1.200 \\ 14.29 & -11.62 & -17.35 & 4.310 & 26.22 & 18.26 & 5.421 & -10.95 \\ 1.400 & 8.532 & 4.821 & -2.177 & -39.39 & 5.421 & 33.17 & -11.78 \\ 11.80 & -10.93 & 1.178 & 1.043 & -1.200 & -10.95 & -11.78 & 20.84 \end{bmatrix} \times 10^9$$

(1-190)

通过这一例子不难发现，等参单元不仅保留了矩形单元的双线性特性，同时也有效克服了矩形单元的形状限制，可以用于复杂几何的离散和不规则边界的近似。由于这些优点，在对分析精度有较高要求时，常优先使用等参单元进行有限元计算。

1.3 ANSYS 软件组成模块与功能

ANSYS 软件是融结构、热、流体、电磁、声学于一体的大型通用有限元软件，可广泛用于核工业、铁道、石油化工、航空航天、机械制造、能源、汽车交通、国防军工、电子、土木工程、生物医学、水利、日用家电等一般工业及科学研究。该软件提供了不断改进的功能清单，具体包括：结构高度非线性分析、电磁分析、计算流体力学分析、设计优化、接触分析、自适应网格划分及利用 ANSYS 参数设计语言扩展宏命令功能。

ANSYS 软件功能强大，主要特点有：实现了多场及多场耦合分析；实现了前后处理、求解及多场分析统一数据库的一体化；具有多物理场优化功能；强大的非线性分析功能；多种求解器分别适用于不同的问题及不同的硬件配置；支持异种、异构平台的网络浮动，在异种、异构平台上用户界面统一、数据文件全部兼容；强大的并行计算功能支持分布式并行及共享内存式并行；多种自动网格划分技术；良好的用户开发环境；提供的虚拟样机设计法，使用户大大减少了昂贵的计算时耗和物理样机；利用 ANSYS 的参数设计语言 APDL 来扩展宏命令可以直接生成快速有效的分析和结果处理文件。

ANSYS 不仅支持用户直接创建模型，也支持与其他 CAD 软件进行图形传递，其支持的图形传递标准有：SAT、Parasolid、STEP、IGES。相应地，可以进行接口的常用 CAD 软件有：Unigraphics、Pro/Engineer、I-Deas、Catia、CADDS、SolidEdge、SolidWorks 等。

ANSYS 的产品家族如图 1-23 所示。各模块的功能和应用领域见表 1-3。

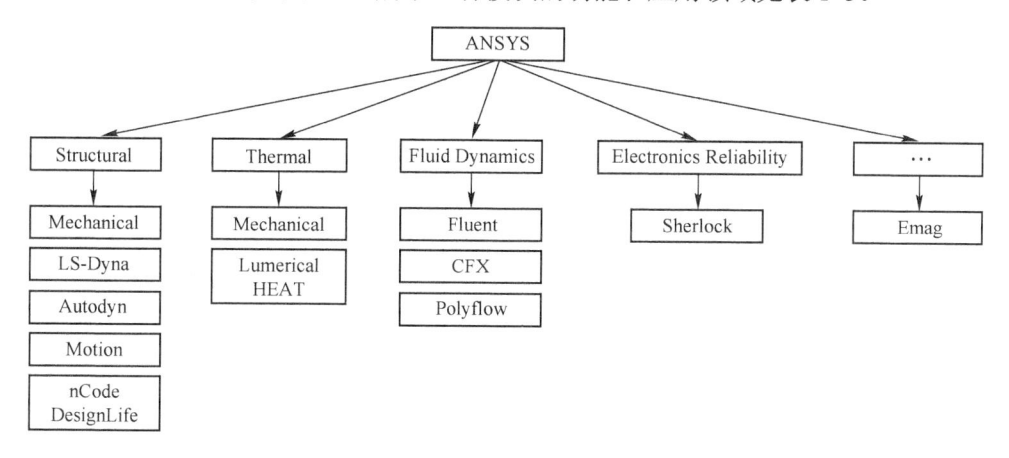

图 1-23 ANSYS 产品家族及相互关系

表 1-3 ANSYS 模块功能和应用领域

模块名称	主要功能和应用领域	其他说明
Structural	结构问题	
Thermal	热问题	
Fluid Dynamics	流体动力学	
Electronics Reliability	分析电子可靠性	
Mechanical	通用结构力学仿真分析软件	包括结构、热分析等所有结构分析功能
LS-Dyna	高度非线性结构问题	包括非线性结构分析，通用显式动分析程序
Autodyn	爆炸和冲击仿真软件	包括非线性结构分析，通用显式动分析程序
Motion	多体动力学仿真软件	包括系统中的刚/柔性体运动学和动力学分析
nCode DesignLife	高级疲劳分析软件	包括综合全面的疲劳性能分析
Lumerical HEAT	3D 热传递仿真软件	包括热传递等的稳态和瞬态仿真分析
Fluent	通用流体仿真软件	包括流体动力学分析及多物理场模拟
CFX	通用流体仿真软件	包括流体动力学分析及多物理场模拟
Polyflow	有限元法黏性及黏弹性流体仿真软件	包括热成形等加工过程分析
Sherlock	电子可靠性预测软件	包括基于可靠性物理/故障物理的电子设计
Emag	分析电磁学问题	可以与 ANSYS 其他模块一起进行多能量领域的耦合仿真

结构分析用于确定结构的变形、应变、应力及反作用力等，例如：大变形、大应变、应力刚化、接触、塑性、超弹及蠕变等；模态分析计算线性结构的自振频率及振形；谱分析模态分析的扩展，用于计算由于随机载荷引起的结构应力和应变，如地震对建筑的影响；谐响应分析确定线性结构对随时间按正弦曲线变化的载荷的响应；瞬态动力学分析确定结构对随时间任意变化的载荷的响应，可以考虑与静力分析相同的结构非线性行为；其他特征屈曲分析、断裂分析、复合材料分析、疲劳分析；ANSYS/LS-DYNA 用于模拟高度非线性，惯性力占支配地位的问题，并可以考虑所有的非线性行为，它的显示方程是求解冲击、碰撞、快速成型问题，是目前求解这类问题最有效的方法。

热分析计算物体的稳态或瞬态温度分布，以及热量的获取或损失，热梯度，热通量等。热分析之后往往进行结构分析，就算由于热膨胀或收缩不均匀引起的应力。相关分析包括相变（熔化及凝固）、内热源（例如电阻发热）、三种热传导方式（热传导，热对流，热辐射）。

电磁场分析用于计算磁场，一般考虑的物理量是磁通量密度、磁场密度、磁力、磁力矩、阻抗、电感、涡流、能耗及磁通量泄漏等。磁场可由电流、永磁体、外加磁场等产生。其中静磁场分析用于计算直流电或永磁体产生的磁场；交变磁场分析用于计算由于交流电产生的磁场；瞬态磁场分析用于计算随时间变化的电流或外界引起的磁场；电场分析用于计算电阻或电容系统的电场，典型的物理量有电流密度、电荷密度、电场及电阻等；高频电磁场分析用于微波及波导、雷达系统、同轴连接器等分析。

CFD（computual fliud dynamics，计算流体动力学）用于确定流体的流动及热行为，主要由 ANSYS/FLORTRAN 模块实现，该模块提供了强大的计算流体动力学分析功能，包括不可压缩或可压缩流体、层流及湍流，以及多组分流等；声学分析考虑流体介质与周围固体的相互作用，进行声波传递或水下结构的动力学分析等；容器内流体分析考虑容器内的非流动流体的影响，可以确定由于晃动引起的静水压力；流体动力学耦合分析在考虑流体约束质量的动力响应基础上，在结构动力学分析中使用流体耦合单元。

声学功能模块用来研究在含有流体的介质中声波的传播，或分析浸在流体中的固体结构的动态特性。这些功能可用来确定音响话筒的频率响应，研究音乐大厅的声场强度分布，或预测水对振动船体的阻尼效应。

电子元器件的可靠性预测用于分析二维或三维结构对 AC（交流）、DC（直流）或任意随时间变化的电流或机械载荷的响应。这种分析类型可用于换热器、振荡器、谐振器、麦克风等部件及其他电子设备的结构动态性能分析。可进行 4 种类型的分析：静态分析、模态分析、谐波响应分析和瞬态响应分析

耦合场分析考虑两个或者多个物理场之间的相互作用。如果两个物理量场之间相互影响，单独求解一个物理场是不可能得到正确结果的，因此需要一个能将两个物理场组合到一起求解的分析软件。例如在压电力分析中，需要同时求解电压分布（电场分析）和应变（结构分析）。典型情况有：热-应力分析，流体-结构相互作用，感应加热（电磁-热），感应振荡。

ANSYS 程序支持的其他一些高级功能包括优化设计、拓扑优化设计、自适应网格划分、子模型、子结构、单元的生和死，以及用户的可编程特性，其中用户的可编程特性允许用户连接自己编写的 FORTRAN 程序和子过程。

1.4 ANSYS 求解一般步骤

有限元分析是对物理现象（几何及载荷工况）的模拟，是对真实情况的数值近似。通过划分单元，求解有限个数值来近似模拟真实环境的无限未知量。因此，首先要理解有限元法求解的过程；其次，要明确使用 ANSYS 软件操作的目的；最后，要理解有限元法和 ANSYS 软件操作之间的关系和区别。上述三个目的由图 1-24 表达。

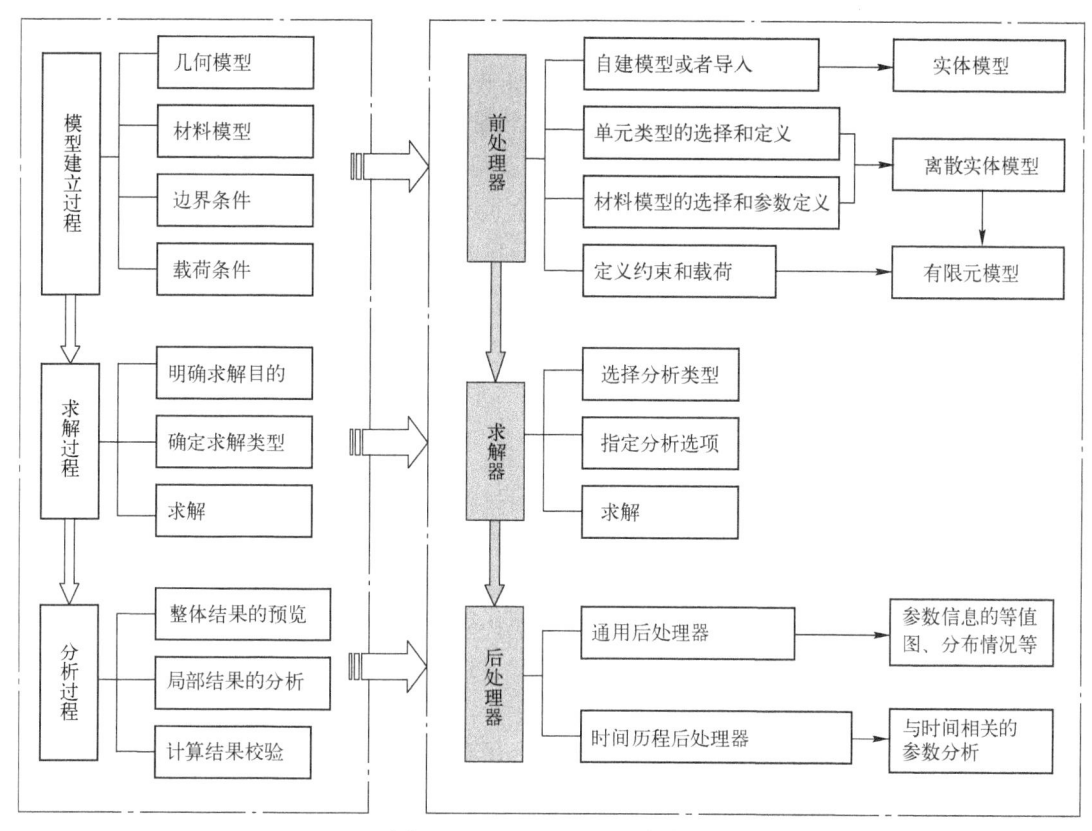

图 1-24 ANSYS 求解一般步骤

应用有限元法求解问题的关键是如何由实际的物理问题抽象出用于求解的有限元模型。模型抽象的基本要求是准确反映物理问题的本质和现象，能够表征物理问题。模型建立的基本思路是将复杂的物理问题分解成若干子问题，以机械工程领域中最常见的静力学问题为例，包括图 1-24 中所示的几何形状问题、材料问题、边界条件和载荷等。对应于 ANSYS 软件操作，就是在前处理器中完成实体模型的建立，选择适当的单元类型并进行相应属性的定义，选择材料模型并定义参数，在此基础上完成实体模型的离散化；然后定义约束和载荷，完成有限元模型的建立。因此，一个理想模型的建立需要深入理解有限元法解题的理论和基本列式，同时，要掌握软件的用法，以便将模型具体化、可视化。

对有限元模型的理解可以是连续体的离散化，这包括 3 方面的含义：划分单元、简化约束和移置载荷。涉及的相关基本概念如下。

将对象结构物在几何上划分为若干个（有限个）单元，使其成为一个由有限个、有限大小的构件在有限个节点上相互连接组成的离散的结构物。有限大小的构件称为有限单元，简称单元。

对于平面问题，可以使用 3 节点三角形单元、矩形单元、6 节点三角形单元、任意四边形等参单元等。对于三维问题，有四面体单元、三棱体单元、六面体单元（8 节点，20 节点等）。此外，还有一些特殊用途的单元，例如梁单元、质量单元、安全带单元，等等。

在有限元法中，把剖分成许多单元的分割线或者面称为网格。而在 ANSYS 中，指定了单元类型和材料模型，就可以控制网格的生成而得到理想的网格。网格越密，替代结构物就越接近于原结构物。由此区别网格的粗细。原则上说，网格细一些是比较理想的，但也不能理解为越细越好。因为网格的粗细直接影响到计算量的大小，细网格所得到的精度是以计算时间为代价的。因此，在满足精度要求的条件下，网格的密度适中就可以了。

节点是网格线的诸汇交点，它连接相邻的单元，并起到传递力分量的作用。如果相邻单元之间有横力和力矩的作用，则要求连接这些单元的节点还能起到传递横力和力矩的作用，因此必须把该节点理解为刚性节点。一般来讲，节点的特性是不单独指定的，一旦给单元分配了材料属性，网格划分完毕后节点的属性也就自然指定了。

约束和载荷的处理实质是对方程中已知量的处理，在 ANSYS 软件中，用户施加了正确的约束和载荷形式，程序将自动实现上述过程。

针对同一问题，关注点不同，求解目的不同，求解方法也不同。例如小鸟站在树枝上，然后飞走这样常见的物理场景。如果关注树枝在小鸟的作用下会不会折断，可以抽象为一端受力的简支梁模型进行静力强度问题的求解；如果关注树枝在小鸟飞走这样的作用下的颤动情况，可以抽象为简支梁受到外激励下的动力学问题。对应于 ANSYS 软件使用，则是在求解器中首先选择求解类型，如是结构静力问题还是动力学问题；针对求解类型的不同进行相关求解选项的定义。软件的求解过程内置，但在输出窗口可以看到求解过程部分跟踪信息。

求解的根本目的是分析物理现象的本质，应用有限元法求解是可以通过不同条件的设置，寻求一般性规律，因此计算结果的分析是至关重要的。分析计算结果首先要通过计算数据判断模型的正确性和可行性，其次针对具体的分析目的进行关注点的深入研究。如果由相关试验数据或者实际参数对计算模型进行修正和校验将是理想的方案。在 ANSYS 软件中，通用后处理器（POST 1）可以显示模型整体所有参数的等值图，便于观察参数的分布情况；时间后处理器（POST 26）可以进行与时间相关问题的参数分析。

练习题

1. ANSYS 产品家族的主要模块有哪些？各模块的功能和应用领域有何不同？
2. 如何理解有限元法与 ANSYS 软件求解过程之间的联系与区别？

第 2 章 ANSYS 基本操作

本章主要介绍 ANSYS 的基本操作，包括如何启动 ANSYS 软件、基本的窗口功能和文件系统；ANSYS 定义和使用的坐标系统；工作平面的概念；图形窗口显示控制；主菜单功能的简介。通过本章的学习可以了解软件的图形用户界面和各部分的主要功能，可以进行简单的操作，例如控制图形的平移、旋转和缩放等。

2.1 启动与窗口功能

ANSYS 构架分为两层，一是起始层（begin level），二是处理层（processor level）。这两个层的关系主要是使用命令输入时，要通过起始层进入不同的处理层。在 ANSYS 较低版本的启动过程可以很清楚地看出这两层架构，但对于 ANSYS 较高版本，例如本书使用的 14.0 版本，两层架构不显著。

2.1.1 启动方式

ANSYS 启动有两种模式：一种是交互模式（interactive mode），另一种是非交互模式（batch mode）。交互模式为初学者和大多数使用者所采用，包括建模、保存文件、打印图形及结果分析等，一般无特别原因皆用交互模式。这个特点在 ANSYS 较低版本中的体现也很明确，在 2020 R1 中就有所不同。

首先，用户安装好软件之后，从"开始"菜单进入选择启动 ANSYS 的选项菜单，如图 2-1 所示。

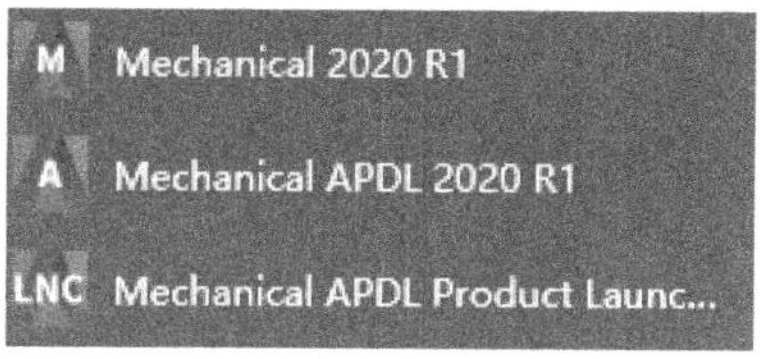

选择 Mechanical APDL Product Launcher，打开如图 2-2 所示的 ANSYS 登录界面。

在 ANSYS 登录界面，对于正式版本，用户可以通过 License 下拉菜单选项选择要应用的模块，即前面介

图 2-1 启动 ANSYS 的选项

绍的 ANSYS 产品家族中的某一个。从登录界面的中间位置选择 File Management 标签，为文件管理界面。

ANSYS 允许用户在"Working Directory"下指定工作目录，即指定 ANSYS 运行过程产生的文件存放的位置。一般来说，用户应该有效管理工作目录和文件，建议初学者针对每一次分析建立不同的工作目录，以便于区分不同问题的分析和结果文件的保存；用户还可以在 Job Name 指定工作文件的名称，默认条件下即为"file"。从登录界面的左上部选择 Customization/Preferences 标签，打开如图 2-3 所示定制界面。可设置内存等相关参数。上述步骤完成之后，可以单击 Run 按钮，启动 ANSYS 程序。

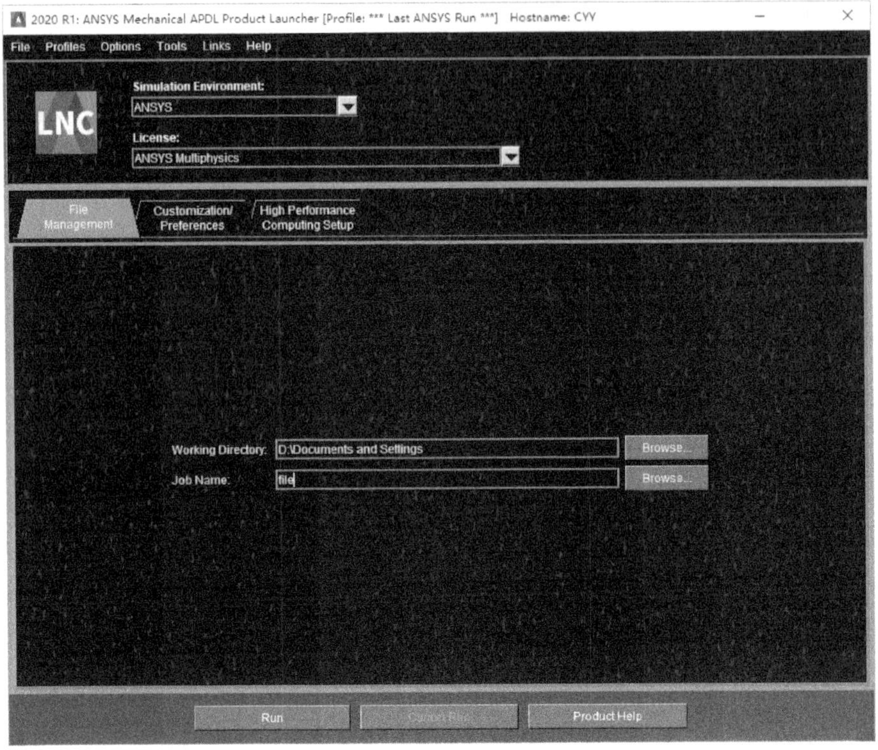

图 2-2　ANSYS 登录界面

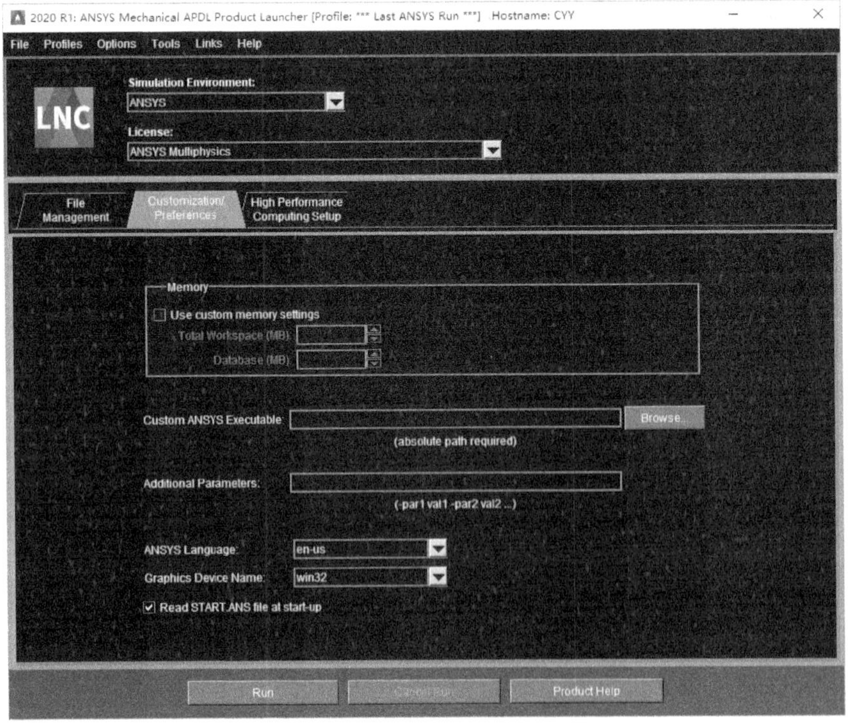

图 2-3　ANSYS 定制界面

一般来说，不是每一次启动程序都需要进行上述设置，如果使用产品、工作目录、文件名称等没有改变，用户可以直接选择如图 2-1 所示的 ANSYS 启动选项中的 Mechanical APDL 2020 R1 选项启动程序。因为程序自动记录最近一次设置的参数，所以在开始分析一个新问题时，建议通过上述步骤重新进行相关参数的设置。

2.1.2 窗口功能

进入系统后的整个窗口称为图形用户界面（graphical user interface，GUI），如图 2-4 所示。该窗口可以分为 6 大部分，提供使用者与软件之间的交流，凭借这 6 个部分可以非常容易地输入命令、检查模型的建立、观察分析结果及图形输出与打印。

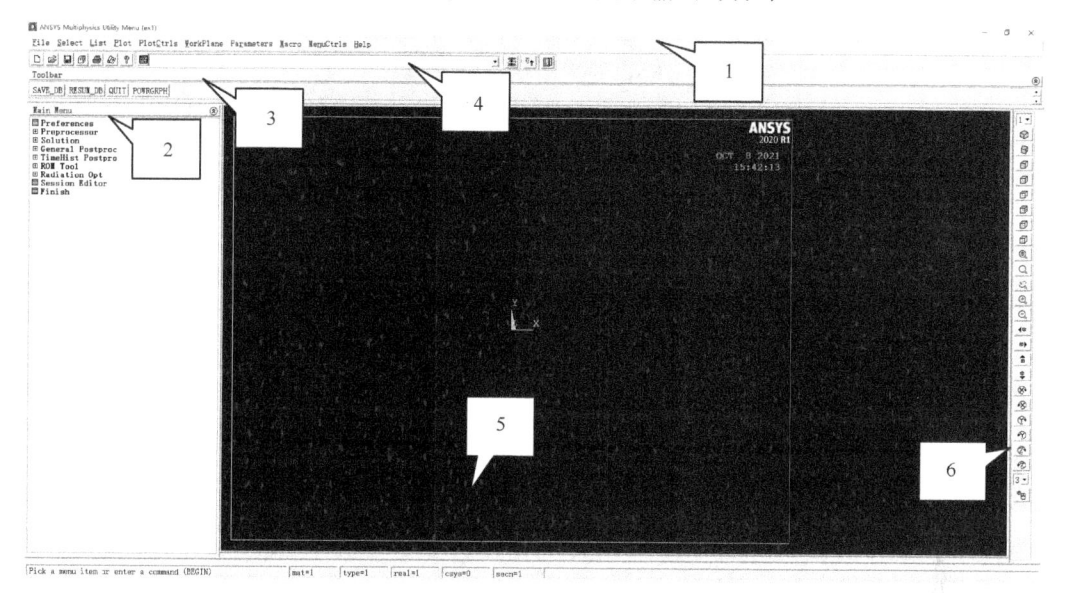

图 2-4 ANSYS 的图形用户界面（GUI）

各部分的功能如下。

标注 1 为应用命令菜单（utility menu），包含各种应用命令，如文件控制（File）、对象选择（Select）、资料列表（List）、图形显示（Plot）、图形控制（PlotCtrls）、工作平面的相关设定（WorkPlane）、参数化设计（Parameters）、宏命令（Macro）、窗口控制（MenuCtrls）及辅助说明（Help）等。

标注 2 是主菜单（main menu），包含分析过程的主要命令，如建立模型、外力负载、边界条件、分析类型的选择、求解过程等。

标注 3 是工具栏（toolbar），执行命令的快捷方式，可依照个人使用习惯自行设定。

标注 4 是输入窗口（input window），用于输入命令，同时显示命令可选参数。

标注 5 是图形窗口（graphic window），显示使用者所建立的模型及查看结果分析。

标注 6 是由若干快捷键组成的，便于用户快速实现图形显示控制，即平移、旋转和缩放。

启动窗口系统的同时，程序还启动了输出窗口（output window），如图 2-5 所示，该窗口显示输入命令执行的结果。

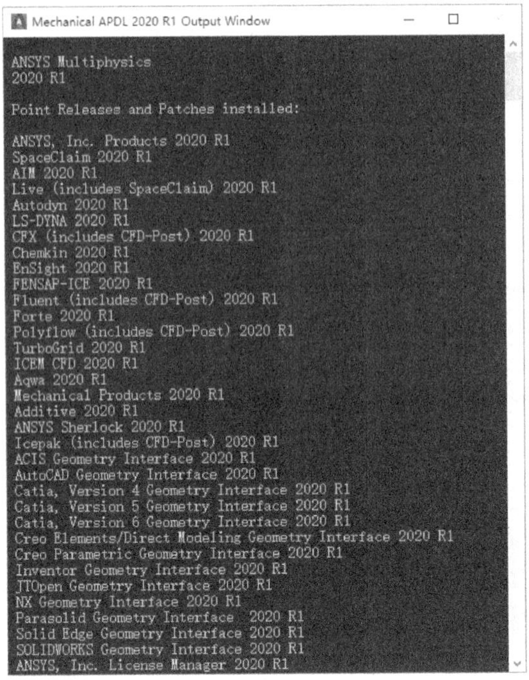

图 2-5　ANSYS 的输出窗口

2.1.3　APDL 命令输入方法

ANSYS 软件提供两种工作模式：人机交互方式（GUI 方式）和命令流输入方式（APDL）方式。ANSYS 参数化语言（APDL）是一种用来完成有限元常规分析操作或者通过参数化变量方式建立分析模型的脚本语言。ANSYS 的大部分 GUI 操作都有相对应的命令格式，而且一些命令格式对应几种菜单操作路径，但都能实现相同的功能。例如，要创建一个关键点，用户可以通过主菜单的选项来实现，也可以在输入窗口直接输入命令格式来实现。具体实现如下。

命令格式：**K，NPT，X，Y，Z**

菜单操作：**Main Menu→Preprocessor→Modeling→Create→Keypoints→On Working Plane**
　　　　　Main Menu→Preprocessor→Modeling→Create→Keypoints→In Active CS

在"输入窗口"直接输入命令格式"K,1,5,5,5"，即在坐标（5,5,5）位置创建一个编号为"1"的关键点。或者依照菜单操作的顺序，即在"主菜单"（Main Menu）中选择"前处理器"（Preprocessor），然后选择"模型"（Modeling），再依次选择"创建"（Create）选项→"关键点"（Keypoints）选项→"On Working Plane"或者"In Active CS"，输入相应的坐标值。这两种方法都可以实现关键点的创建。

对于初学者特别是已经习惯使用 Windows 操作界面的广大用户来说，GUI 方式似乎要容易掌握一些。对于一个简单的有限元模型来说，这也许更快捷一些。但当面对一个复杂的有限元模型时，使用 GUI 的缺点就会显露出来。由于一个分析的完成往往需要进行多次的反复，特别是当要对模型进行修改后在进行分析时，GUI 方式就会出现大量的重复操作，这些操作占据的时间往往超过计算时间的几倍。简单而繁复的工作有时会影响到设计者的心情，导致分析质量下降。

在 GUI 方式下，用户每执行一次操作，ANSYS 就会将与该操作路径相对应的操作命令写入到一个 LOG 文件里，对该操作命令的响应情况则输出到 ANSYS 的图形窗口。读者可以通过 Utility Menu→List→Files→Log File 获得与自己操作路径相对应的操作命令，如图 2-6 所示。

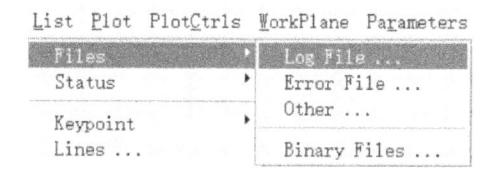

图 2-6 获取与操作相关命令流的方式

为了方便读者的学习和使用，在以后的说明中，一般同时给出命令格式（APDL）和菜单操作（GUI）。

2.1.4 文件系统

ANSYS 在分析过程中需要读写文件，文件格式为 jobname.ext，其中 jobname 是设定的工作文件名，ext 是由 ANSYS 定义的扩展名，用于区分文件的用途和类型，默认的工作文件名是"file"。ANSYS 分析中有一些特殊的文件，其中典型的 ANSYS 文件如表 2-1 所示。

表 2-1 典型的 ANSYS 文件

文 件 名 称	文 件 性 质
jobname.db	二进制数据库文件
jobname.log	日志文件
jobname.err	错误和警告信息文件
jobname.out	输出文件
jobname.rst	结构分析结果文件
jobname.rth	热分析结果文件
jobname.rmg	电磁分析结果文件
jobname.grph	图形文件
jobname.emat	单元矩阵文件

（1）数据库文件（jobname.db）

ANSYS 程序中最重要的文件之一，它包括所有的输入数据（单元、节点信息、初始条件、边界条件、载荷信息）和部分结果数据（通过 POST1 后处理中读取）。

（2）日志文件（jobname.log）

当进入 ANSYS 时系统会打开日志文件。在 ANSYS 中输入的每个命令或在 GUI 方式下执行的每个操作都会被复制到日志文件中。当退出 ANSYS 时系统会关闭该文件。使用

/INPUT 命令读取日志文件可以对崩溃的系统或严重的用户错误进行恢复。

(3) 错误和警告信息文件（jobname.err）

用于记录 ANSYS 发出的每个错误或警告信息。如果 jobname.err 文件在启动 ANSYS 之前已经存在，那么所有新的警告和错误信息都将追加在文件的后面。

(4) 输出文件（jobname.out）

将 ANSYS 给出的响应捕获至用户执行的每个命令，而且还会记录警告、错误消息和一些结果。

(5) 结果文件（jobname.rst、jobname.rth、jobname.rmg）

存储 ANSYS 计算结果的文件。其中，jobname.rst 为结构分析结果文件；jobname.rth 为热分析结果文件；jobname.rmg 为电磁分析结果文件。

其他的 ANSYS 文件还包括图形文件（jobname.grph）和单元矩阵文件（jobname.emat）。

2.2 坐标系

ANSYS 提供多种坐标系供用户选择，每种坐标系的主要作用是不同的。这里主要介绍总体坐标系、局部坐标系、显示坐标系、节点坐标系、单元坐标系、结果坐标系。

2.2.1 总体坐标系

总体坐标系和局部坐标系用来定位几何形状参数的空间位置。总体坐标系是一个绝对的参考系，ANSYS 提供 3 种总体坐标系：笛卡儿坐标、柱坐标和球坐标。这 3 种系统都是右手系，分别由坐标系号 0、1、2 来识别。

2.2.2 局部坐标系

局部坐标系与预定义的总体坐标系类似，也是 3 种，即笛卡儿坐标、柱坐标和球坐标。当用户定义了一个局部坐标系后，它就会被激活，同时分配一个坐标系号，该编号必须是大于等于 11 的整数，在 ANSYS 程序中的任何阶段都可以建立（删除，查看）局部坐标系。关于定义、删除和查看局部坐标的命令和 GUI 操作路径如表 2-2 所示。

表 2-2 局部坐标系的修改、删除和查看

命令	意义	GUI 操作路径
LOCAL	按总体笛卡儿坐标定义局部坐标系	Utility Menu→WorkPlane→Local Coordinate Systems→Create Local CS→At Specified Loc
CS	通过已知节点定义局部坐标系	Utility Menu→WorkPlane→Local Coordinate Systems→Create Local CS→By 3 Nodes
CSKP	通过已有关键点定义局部坐标系	Utility Menu→WorkPlane→Local Coordinate Systems→Create Local CS→By 3 Keypoints
CSWPLA	在当前定义的工作平面的原点为中线定义局部坐标系	Utility Menu→WorkPlane→Local Coordinate Systems→Create Local CS→At WP Origin
CSDELETE	删除一个局部坐标系	Utility Menu→WorkPlane→Local Coordinate Systems→Delete Local CS
CSLIST	查看所有的总体和局部坐标系	Utility Menu→List→Other→Local Coord Sys

用户可定义任意多个坐标系，但某一个时刻只能有一个坐标系被激活。激活坐标系的过程如下：首先程序自动激活总体笛卡儿坐标系，每当用户定义一个新的局部坐标系，该坐标系就会自动被激活。如果要激活一个总体坐标系或以前定义的坐标系，可用下列方法。

命令格式：CSYS，KCN

菜单操作： Utility Menu→WorkPlane→Change Active CS to→Global Cartesian
　　　　　　Utility Menu→WorkPlane→Change Active CS to→Global Cylindrical
　　　　　　Utility Menu→WorkPlane→Change Active CS to→Global Spherical
　　　　　　Utility Menu→WorkPlane→Change Active CS to→Specified Coord Sys
　　　　　　Utility Menu→WorkPlane→Change Active CS to→Working Plane

在激活某个坐标系后，如果没有明确地改变坐标系的操作或者命令，当前激活的坐标系将一直保持有效。需要说明的是，X，Y，Z 表示 3 向坐标，如果激活的不是笛卡儿坐标，用户应将其对应理解为柱坐标中的 R，θ，Z 或球坐标中的 R，θ，Φ。

2.2.3 显示坐标系

我们已经介绍过显示坐标系用于几何形状参数的列表和显示。在默认情况下，即使是在其他坐标系下定义的节点或者关键点，其列表都显示为在笛卡儿坐标下的坐标。用户可用如下方法改变显示坐标。

命令格式：DSYS，KCN

菜单操作： Utility Menu→WorkPlane→Change Display CS to→Global Cartesian
　　　　　　Utility Menu→WorkPlane→Change Display CS to→Global Cylindrical
　　　　　　Utility Menu→WorkPlane→Change Display CS to→Global Spherical
　　　　　　Utility Menu→WorkPlane→Change Display CS to→Specified Coord Sys

改变显示坐标系是会影响图形显示的，除非用户有特殊需要，否则不推荐对显示坐标进行改变。

2.2.4 节点坐标系

节点坐标系定义每个节点的自由度方向。每个节点都有自己的节点坐标系，默认情况下，总是平行于总体笛卡儿坐标系。用表 2-3 所示的方法可将任意节点坐标系旋转到所需方向。

表 2-3 节点坐标系的修改、删除和查看

命令	意　义	GUI 操作路径
NROTAT	将节点坐标系旋转到激活坐标系的方向	Main Menu→Preprocessor→Modeling→Create→Nodes→Rotate Node CS→To Active CS
		Main Menu→Preprocessor→Modeling→Move/Modify→Rotate Node CS→To Active CS

续表

命　令	意　义	GUI 操作路径
N	按给定的旋转角旋转节点坐标系	Main Menu→Preprocessor→Modeling→Create→Nodes→In Active CS
NMODIF	生成节点时定义旋转角度或者对已有节点制定旋转角度	Main Menu→Preprocessor→Modeling→Create→Nodes→Rotate Node CS→By Angles
		Main Menu→Preprocessor→Modeling→Move/Modify→Rotate Node CS→By Angles
NANG	列出节点坐标系相对于总体笛卡儿坐标旋转的角度	Main Menu→Preprocessor→Modeling→Create→Nodes→Rotate Node CS→By Vectors
		Main Menu→Preprocessor→Modeling→Move/Modify→Rotate Node CS→By Vectors
NLIST		Utility Menu→List→Nodes
		Utility Menu→List→Picked Entities→Nodes

2.2.5　单元坐标系

单元坐标系确定材料特性主轴和单元结果数据的方向。每个单元都有自己的坐标系，用于规定正交材料特性的方向、面压力和结果的输出方向。所有单元的坐标系都是正交右手系。

大多数单元坐标系的默认方向遵循以下原则。

① 线单元的 X 轴通常从该单元的 I 节点指向 J 节点。

② 壳单元的 X 轴通常也取 I 节点到 J 节点的方向，Z 轴过 I 点且与壳面垂直，Y 轴垂直于 X，Z 轴，方向按右手定则确定。

③ 二维和三维单元的坐标系总是平行于总体笛卡儿坐标系。

不是所有单元的坐标系都符合上述规则，对于特定单元坐标系的默认方向在帮助中都有详细说明。尽管如此，单元的坐标系方向也是可以修改的，例如面和体单元可以通过下列命令将单元坐标系调整到已定义的局部坐标系上。

命令格式：**ESYS，KCN**

菜单操作：**Main Menu→Preprocessor→Meshing→Mesh Attributes→Default Attribs**
　　　　　Main Menu→Preprocessor→Modeling→Create→Elements→Elem Attributes

2.2.6　结果坐标系

一般在通用后处理中应用结果坐标系的操作，其作用是将节点或单元结果转换到一个特定的坐标系中，便于用户列表或显示这些计算结果。用户可将活动的结果坐标系转到另外的坐标系（如总体的柱坐标系或者一个局部坐标系），或转到在求解时所用的坐标系（如节点或者单元坐标系）。利用下列方法可改变结果坐标系。

命令格式：**RSYS，KCN**

菜单操作：**Main Menu→General Postproc→Options for Output**
　　　　　Utility Menu→List→Create→Results→Options

2.3 工作平面的使用

光标在屏幕上表现为一个点,但其实质是代表空间中垂直于屏幕的一条线。为了能用光标拾取一个点,首先必须定义一个假想的平面,当该平面与光标所代表的垂线相交时,能唯一确定空间中的一个点。这个假想平面就是工作平面。

工作平面是一个无限平面,有原点、二维坐标、捕捉增量和显示栅格。工作平面的主要作用是辅助用户对图形的控制,它与坐标系是相互独立的,即工作平面和激活的坐标系可以有不同的原点和旋转方向。初学者在使用过程中要正确理解工作平面的概念、作用及和坐标系的关系,不要与坐标系混淆。

ANSYS 默认的工作平面与总体笛卡儿坐标系的 X-Y 平面重合,当进入到 ANSYS 程序后打开工作平面即可看到。

2.3.1 定义工作平面

用户可以通过表 2-4 中所示的方法定义新的工作平面。

表 2-4 定义工作平面

命 令	意 义	GUI 操作路径
WPLANE	由 3 点定义工作平面	Utility Menu→WorkPlane→Align WP with→XYZ Locations
NWPLAN	由 3 节点定义工作平面	Utility Menu→WorkPlane→Align WP with→Nodes
KWPLAN	由 3 关键点定义	Utility Menu→WorkPlane→Align WP with→Keypoints
LWPLAN	由过指定线上的点的垂直于视向量的平面定义	Utility Menu→WorkPlane→Align WP with→Plane Normal to Line
WPCSYS	通过现有坐标系的 X-Y 平面	Utility Menu→WorkPlane→Align WP with→Active Coord Sys Utility Menu→WorkPlane→Align WP with→Global Cartesian Utility Menu→WorkPlane→Align WP with→Specified Coord Sys

2.3.2 控制工作平面

用户可以通过表 2-5 中所示的方法对工作平面进行相应的控制。

表 2-5 控制工作平面

命 令	意 义	GUI 操作路径
KWPAVE	将工作平面的原点移动到关键点的中间位置	Utility Menu→WorkPlane→Offset WP to→Keypoints
NWPAVE	将工作平面的原点移动到节点的位置	Utility Menu→WorkPlane→Offset WP to→Nodes
WPAVE	将工作平面的原点移动到指定点的位置	Utility Menu→WorkPlane→Offset WP to→Global Origin Utility Menu→WorkPlane→Offset WP to→Origin of Active CS Utility Menu→WorkPlane→Offset WP to→XYZ Locations
WPOFFS WPROTA	偏移或者旋转工作平面	Utility Menu→WorkPlane→Offset WP by Increments

2.3.3 还原已定义的工作平面

尽管实际上不能存储一个工作平面,但用户可以在工作平面的原点创建一个局部坐标系,然后利用局部坐标系来还原一个已经定义的工作平面。具体方法如表 2-6 所示。

表 2-6 工作平面的还原

步 骤	具体操作	命 令	GUI 操作路径
1	在工作平面的原点创建局部坐标系	CSWPLA	Utility Menu→WorkPlane→Local Coordinate Systems→Create Local CS→At WP Origin
2	利用局部坐标系还原已定义的工作平面	WPCSYS	Utility Menu→WorkPlane→Align WP with→Active Coord Sys Utility Menu→WorkPlane→Align WP with→Global Cartesian Utility Menu→WorkPlane→Align WP with→Specified Coord Sys

2.4 图形窗口显示控制

用户在分析问题的过程中，主要对图形窗口的模型进行操作。例如在实体创建过程中，根据需要改变图形的观察角度，便于拾取等。因此，用户熟练掌握图形窗口相关的显示控制，将为其他操作提供方便。

2.4.1 图形的平移、缩放和旋转

对图形进行平移、缩放和旋转操作可通过两种途径实现。一是在应用菜单的 PlotCtrls 菜单中选择 Pan-Zoom-Rotate 选项，打开如图 2-7（a）所示的 Pan-Zoom-Rotate 对话框，通过其上的按钮进行相关操作；二是通过图形窗口右侧的快捷键实现相关操作，如图 2-7（b）所示。

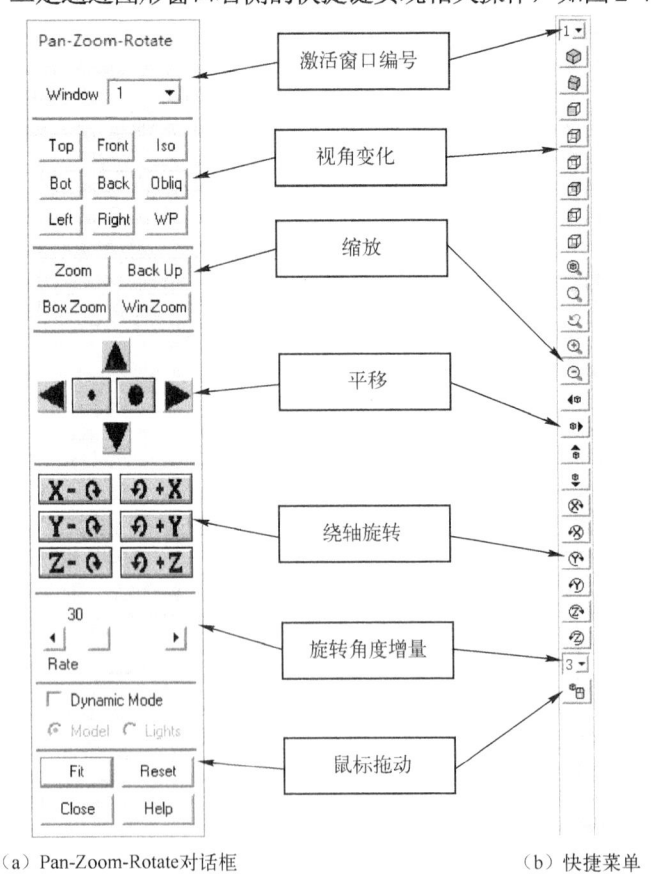

（a）Pan-Zoom-Rotate 对话框　　　　（b）快捷菜单

图 2-7 图形平移、缩放和旋转控制

这两种方式的操作基本是一一对应的，主要的功能说明见图 2-7，而且将鼠标放置在快

捷按钮上停留几秒钟，将显示该按钮的功能，方便用户的选择。

"激活窗口编号"是指当前图形窗口的编号；"视角变化"是通过按钮选择直接将图形窗口中的图形对象置于主（俯）视图、前（后）视图、左（右）视图、正等轴测图等视角上，便于用户观察；"缩放"包括窗口缩放、取框缩放等；"平移"通过上、下、左、右箭头实现图形的平移；"绕轴旋转"允许用户在设定"旋转角度增量"之后，指定图形对象绕指定轴进行顺、逆时针的旋转；"鼠标拖动"选项允许用户对图形对象进行自由的平移和旋转，按住鼠标左键上、下、左、右拖动实现平移，按住鼠标右键拖动实现旋转。

除了上述菜单可以控制图形窗口的显示，直接用鼠标不同键也可以实现图形的显示控制：

同时按住键盘 Ctrl 键和鼠标左键，移动鼠标，模型将随鼠标平移。

同时按住键盘 Ctrl 键和鼠标中键滚轮，向前移动鼠标放大模型，向后移动鼠标缩小模型。

同时按住键盘 Ctrl 键和鼠标中键滚轮，左右移动鼠标，则模型绕着屏幕的 Z 轴旋转。

同时按住键盘 Ctrl 键和鼠标右键，移动鼠标，模型将绕屏幕 X、Y 轴旋转。

2.4.2 Plot 菜单控制

Plot 菜单主要控制图形绘制和显示，打开的菜单选项如图 2-8 所示。这些选项允许用户有选择地绘制图形对象。

Replot 选项用于重画，起到更新图形窗口的作用。

其余选项为用户提供绘制所需图元对象的功能。例如，选择 Lines，图形窗口即显示所有线段，而隐藏了相应的面或者体（如果存在面或者体的话）。类似地，可以选择只显示点、面、体、单元、节点等。

2.4.3 PlotCtrls 菜单控制

PlotCtrls 菜单选项较多，囊括的功能也较多，包括图元标号控制、图形窗口的背景、字体、动画，等等。这里不一一详述，只介绍其中两个选项。

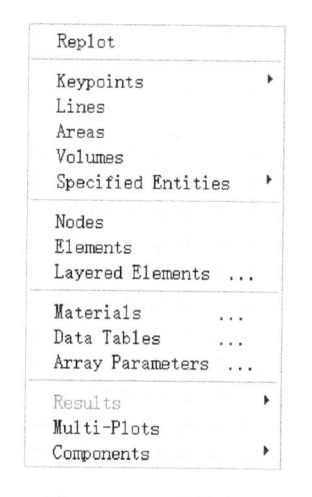

图 2-8 Plot 菜单选项

在 PlotCtrls 菜单中选择 Numbering，打开如图 2-9 所示的 Plot Numbering Controls 对话框。通过选择复选框，就可以打开或者关闭显示图元对象的编号。例如，将 Line numbers 右侧的复选框选中，即变为 On 状态，那么在图形窗口中的所有线段就显示出其编号。

图元的编号显示有 3 种方式：颜色、数字和二者兼有。这个功能的实现通过 Numbering shown with 右侧的下拉列表框进行选择。还以线段显示为例，如果选择 Colors only，那么线段就以不同的颜色区分显示；如果选择 Numbers only，线段就带有编号显示，而颜色是相同的；如果选择 Colors & numbers，那么线段显示区分颜色同时带有编号；如果选择 no Color/Number，则编号显示关闭。

在 PlotCtrls 菜单中选择 Symbols 选项，打开如图 2-10 所示的 Symbols 对话框，通过复选框和下拉列表框选择图形窗口的标志显示，包括是否标志显示边界条件、面载荷、体载荷和其他一些关于坐标和网格的标志，以及选择标志的形式，如颜色或者箭头等。这些功能的提供和选择都便于用户在分析过程中观察和标志模型对象。

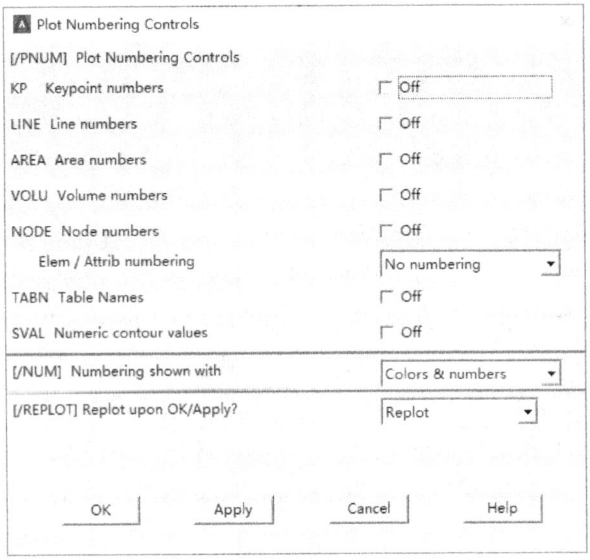

图 2-9　图元对象编号显示控制对话框

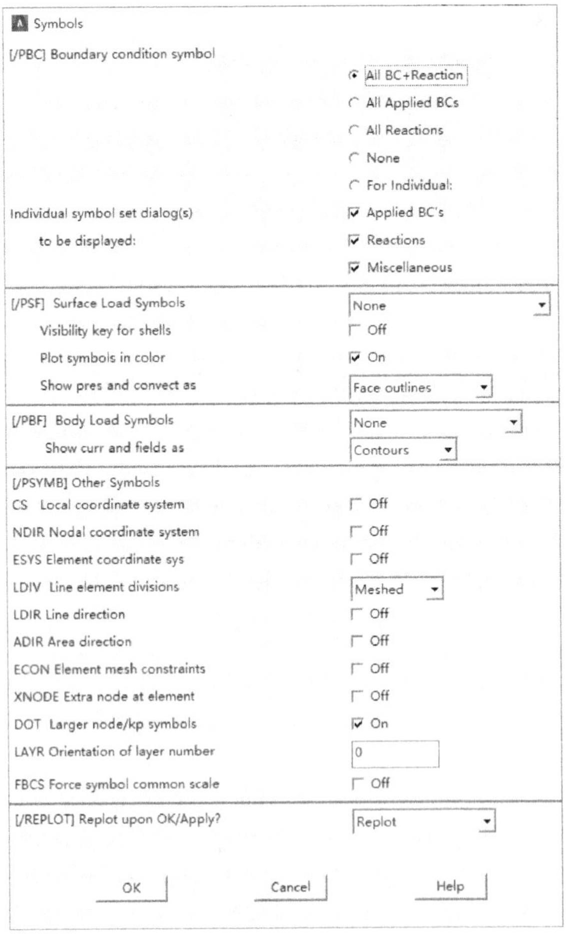

图 2-10　标志显示控制对话框

2.4.4 选取菜单与显示控制

ANSYS 中的多个命令涉及图元对象的选取操作，即用鼠标确定模型的部分图元对象的集合，例如将载荷施加到指定面、对指定实体进行网格划分、对相关几何体进行约束设置等。这些都要使用选取功能。选取操作是使用软件过程中经常用到也是非常实用的菜单项。

在应用菜单中选择 Utility Menu→Select→Entities，弹出如图 2-11 所示的对话框，其组成和使用方法如下。

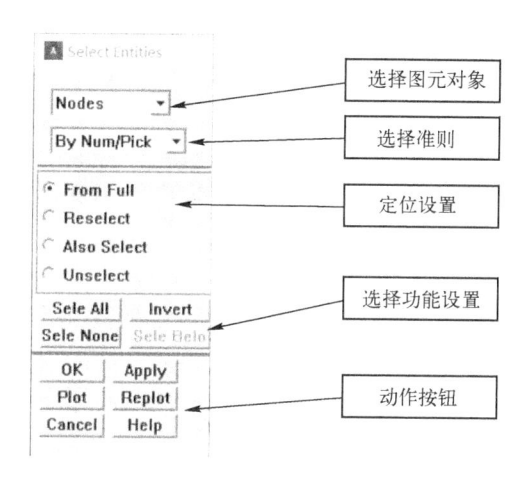

图 2-11 "选取"对话框及功能

选择图元对象，即将模型的一部分从整体中分离出来，为下一步工作做准备。模型中未选择的部分（unselected portion）仍存在于模型数据库，并没有被删除，只是暂时被关闭（inactive），即不能对这部分执行 plot、list、delete、load 或者其他操作。可以选择的图元对象包括关键点、线、面、体、节点、单元等。

选择准则，即选择方式，常用的有以下几种。

By Num/Pick：通过输入实体编号或者在图形窗口直接拾取来实现目标对象的选择；在图形窗口中，鼠标的左键可拾取或者取消拾取器位置最靠近鼠标箭头的实体，拾取前按下左键可询问实体的编号。右键实现拾取和取消间的切换，功能同拾取框中的 Pick 和 Unpick 命令。处于拾取操作时，鼠标箭头向上；处于取消拾取操作时，鼠标箭头向下。中键类似拾取框中的 Apply 命令，如果未拾取实体，则中键可以关闭拾取框。

Attach to：通过与其他类型的图元对象相关联进行选择。

By Location：通过由"定位设置"定义选择区域进行选择。

By Attribute：通过单元类型、实常数号、材料号等属性进行选择。

Exterior：选择实体的边界。

定位设置，由指定图元对象的三向坐标的最大值、最小值来选择子集。

设置选择范围及选择集的方法如图 2-12 所示。

(a) Form Full——从整个模型中选择

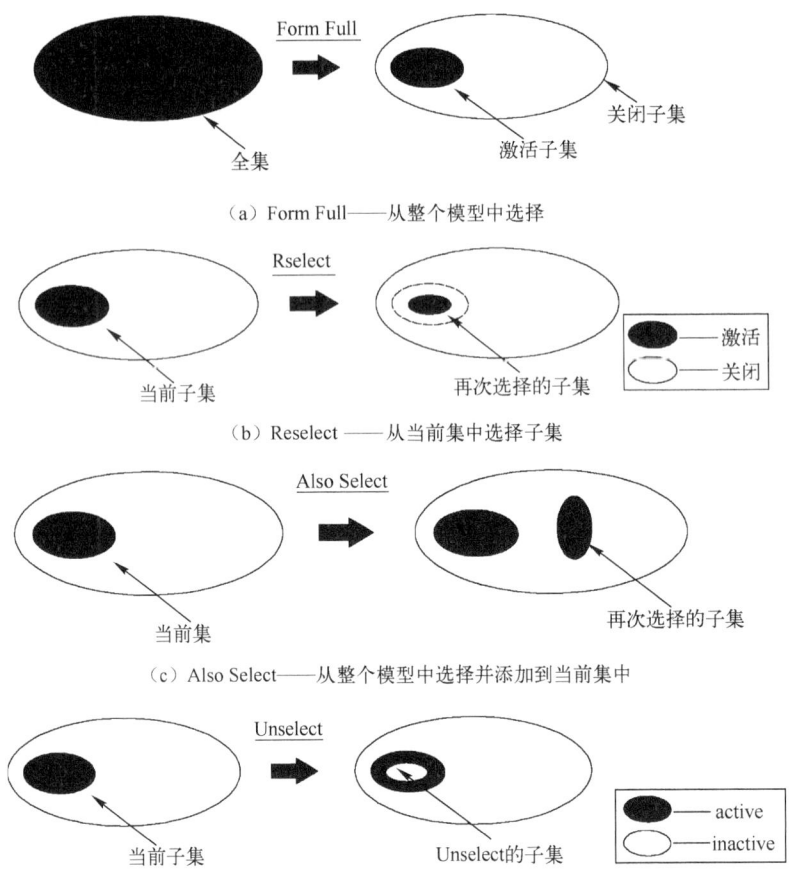

(b) Reselect——从当前集中选择子集

(c) Also Select——从整个模型中选择并添加到当前集中

(d) Unselect——从当前集中删除选中的实体

图 2-12　选择选项与选取子集的含义

动作按钮区的按钮功能如下。

Sele ALL：全部选择该类型的图元对象。

Invert：反向选择，全部模型中除当前实体选择集以外的实体被选择。

Sele Belo：选择已选择实体以下的实体。例如若当前某个面，则单击该按钮后，所属于该面的线和关键点被选中。

Sele None：撤销对该类型（"选择实体类型"下拉列表框中选择的）所有的实体的选择。

动作按钮选取过程如图 2-13 所示。

选择子集之后，可以通过下部的不同按钮进行确认、显示、重新显示等操作，被选择的子集将在图形窗口显示出来，没有选择的子集被消隐掉，这样方便用户对已选择对象进行操作。

第 2 章　ANSYS 基本操作

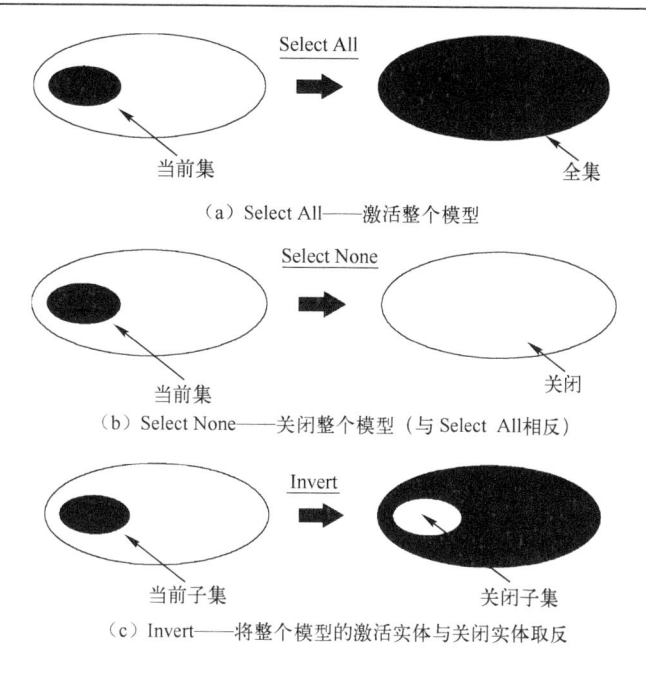

（a）Select All——激活整个模型

（b）Select None——关闭整个模型（与 Select All 相反）

（c）Invert——将整个模型的激活实体与关闭实体取反

图 2-13　动作按钮选项与选取子集的含义

2.5　主菜单简介

ANSYS 的主菜单（ANSYS Main Menu）是完成分析工作要用到的主要部分，大部分功能都从这里实现，包括前、后处理和求解，各菜单位置如图 2-14 所示。

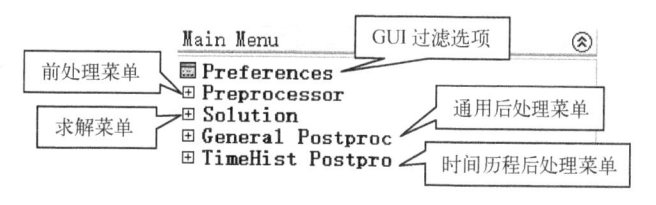

图 2-14　主菜单选项

首先，选择 Preference 选项，打开如图 2-15 所示的 Preferences for GUI Filtering 对话框，通过复选框的选择对图形用户界面进行过滤。也就是说，当选择 Structural 时，后续就只显示与结构分析相关的菜单和选项，而与此无关的菜单和选项就被过滤掉而不再显示了。

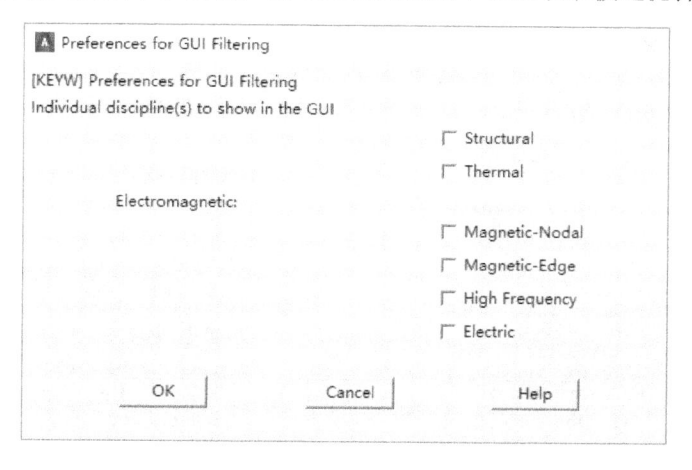

图 2-15　图形用户界面过滤对话框

2.5.1 前处理菜单

前处理（Preprocessor）菜单包括完成前处理器各项功能的选项，如图2-16（a）所示，即完成用户建立有限元模型所需输入的资料，如实体模型的建立、单元属性的定义、节点、坐标资料、单元内节点排列次序、材料属性、单元划分的产生（即网格生成），等等。这些功能的实现都由主菜单内的前处理菜单选项提供完成。

2.5.2 求解菜单

求解（Solution）菜单部分完成求解器提供的各项功能，如图2-16（b）所示，可以选择分析类型、定义载荷和约束条件、求解追踪、求解，等等。

（a）前处理菜单　　　　　　（b）求解菜单

图2-16　前处理和求解菜单选项

2.5.3 后处理菜单

后处理菜单包括两部分。

一是通用后处理（General Postprocessor）菜单，如图2-17（a）所示，完成通用后处理器的各项功能，用于静态结构分析、屈曲分析及模态分析，将解题部分所得的解答，如位移、应力、反力等资料，通过图形接口以各种不同表示方式显示出来，例如位移或者应力的等值线图。

二是时间历程后处理（Time Postprocessor）菜单，如图2-17（b）所示，完成与时间相关后处理器的各项功能，用于动态结构分析、与时间相关的时域处理等。

（a）通用后处理菜单　　　　　　（b）时间历程后处理菜单

图2-17　后处理菜单选项

2.6 上机指导

上机目的

掌握 ANSYS 的基本操作是使用和学习软件的良好开始。本章的基本操作包括如何启动 ANSYS 软件，工作平面概念的理解和一般使用，图形窗口显示控制的应用，初步了解应用菜单的功能。掌握 ANSYS 的相关基本操作，为熟练、快捷地使用软件打下基础。

上机内容

① 练习和掌握 ANSYS 交互式启动的方式，学习基本选项和参数的设置。
② 了解和熟悉软件窗口的各部分功能，基本菜单选项的内容和完成的功能。
③ 工作平面的一般操作。
④ 图形窗口显示控制的应用。

2.6.1 实例 2.1 如何开始第一步

1. 创建工作文件夹

在用户指定的硬盘位置创建新的文件夹，例如名称为"example"。

2. 软件启动

（1）以交互模式启动 ANSYS 并选择产品模块

选择"开始"→启动 ANSYS 选项菜单→Mechanical APDL Product Launcher 14.0，打开如图 2-18 所示 ANSYS 登录界面。

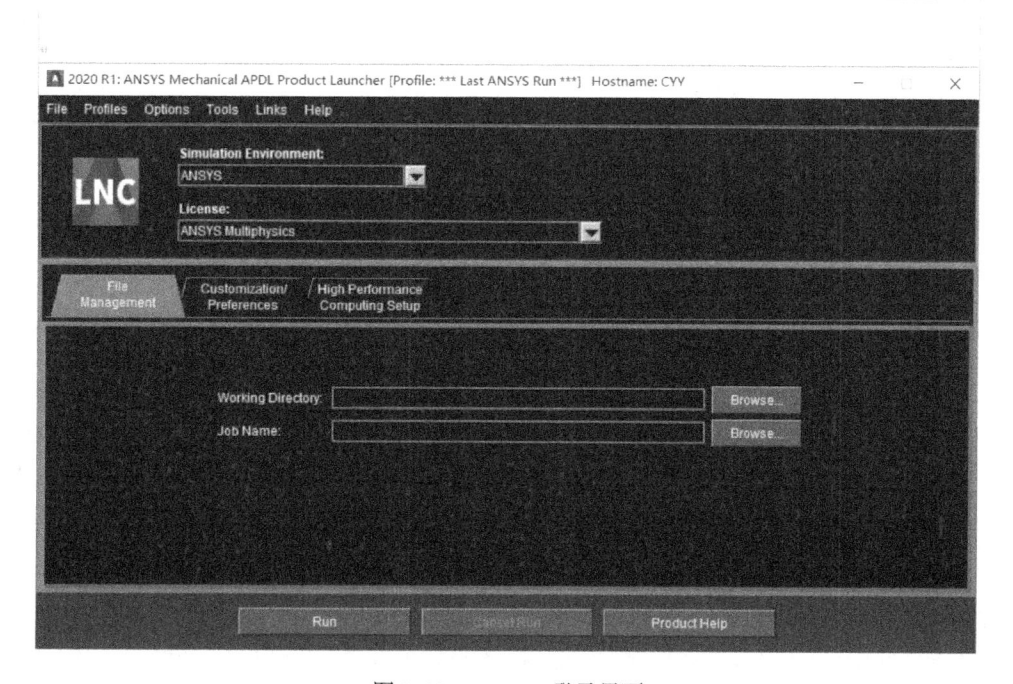

图 2-18　ANSYS 登录界面

在图 2-18 所示的 Simulation Environment 下拉列表中选择分析环境，如"ANSYS"；在 License 下拉列表中选择分析模块，即 ANSYS 家族中众多产品的某一个，如这里选择"ANSYS Multiphysics"。

（2）指定文件名称和工作目录

在 ANSYS 登录界面中选择 File Management 标签，如图 2-19 所示。

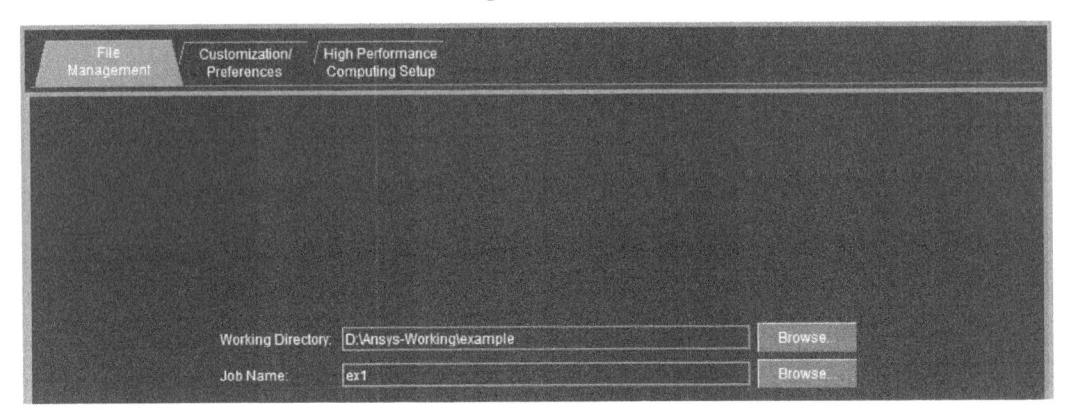

图 2-19　File Management 标签

在 Working Directory 中指定工作目录，即 ANSYS 运行过程产生的文件存放的位置。如选择刚才新建立的 example 文件夹。

在 Job Name 中指定工作文件的名称，默认条件下即为"File"，这里指定为"ex1"。

（3）其他参数设置

在 ANSYS 登录界面中选择 Customization/Preferences 标签，如图 2-20 所示。

图 2-20　Customization/Preferences 标签

通过相关选项设置内存等相关参数。这里不做任何改动，保持程序默认的数值。单击 Run 按钮，启动 ANSYS 程序，打开如图 2-21 所示 ANSYS 的窗口系统（GUI）。

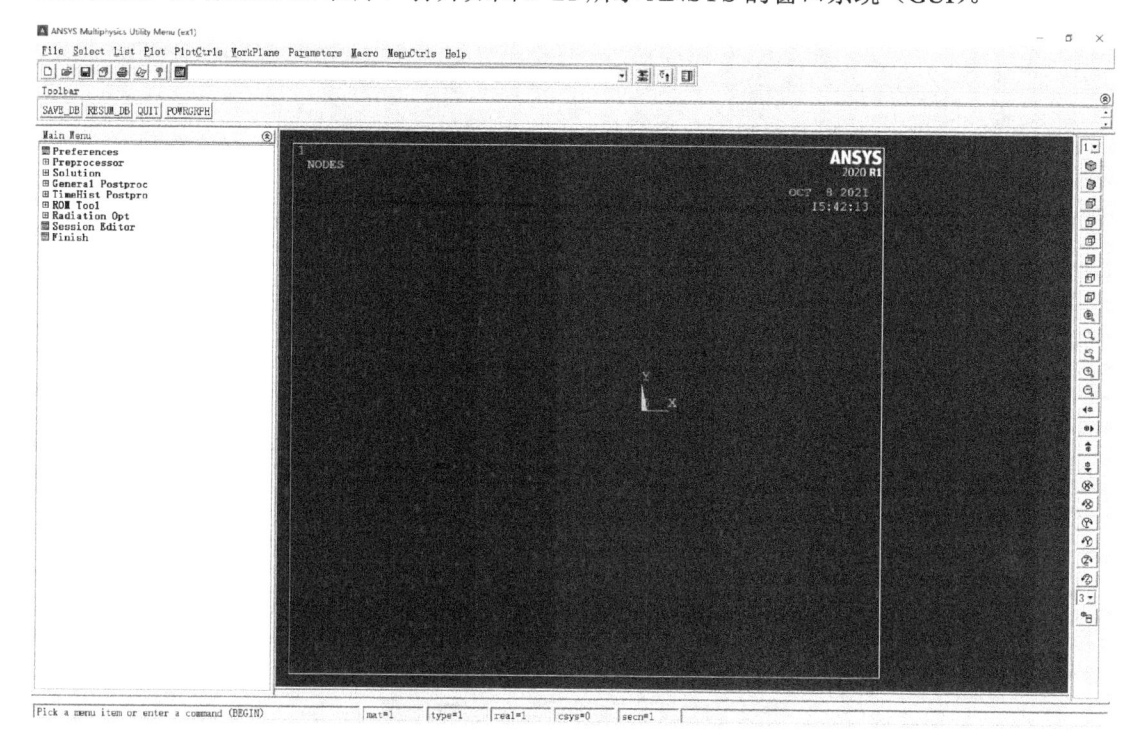

图 2-21　ANSYS 的窗口系统（GUI）

💡 要点提示：一般来说，不是每一次启动程序都需要进行上述设置，如果使用产品、工作目录、文件名称等没有改变，用户可以直接启动程序，即选择"开始"菜单→启动 ANSYS 选项菜单→ANSYS14.0，因为程序是自动记录最近一次设置的参数，所以在开始一个新的分析时，建议通过上述步骤重新进行相关参数的设置。

3. 分析前的准备工作

（1）指定标题

依次选择 Utility Menu→File→Change Title，在打开的 Change Title（更改标题）对话框内输入相关信息，如"This is an example"，如图 2-22 所示。设置完成后，出现在图形窗口下部的提示信息，如图 2-23 所示。

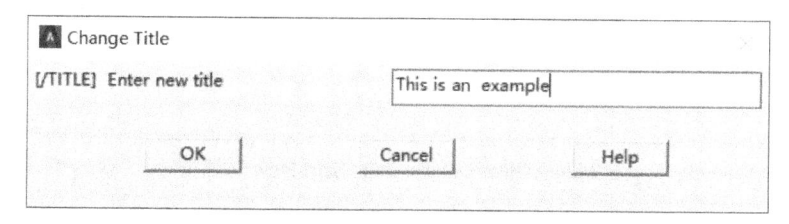

图 2-22　"更改标题"对话框

图 2-23 显示在图形窗口左下角的标题

🔷 要点提示：标题显示在图形窗口的左下角，对分析过程没有任何影响，主要用于提示用户当前分析的一些相关信息，如分析的性质、状况和目的等。

（2）清空数据库并开始新的分析

依次选择 Utility Menu→File→Clear & Start New，打开如图 2-24 所示的 Clear Database and Start New（清空数据库并开始新分析）对话框，选择 Do not read file，单击 OK 按钮，即清除当前数据库，开始一个新的分析。

图 2-24 Clear Database and Start New 对话框

（3）修改或者指定新的工作文件名称

依次选择 Utility Menu→File→Change Jobname，打开如图 2-25 所示的 Change Jobname（更改工作文件名）对话框，在 Enter new jobname 右侧的文本框中输入新的文件名，如图

"ex1-1"; New log and error files 用于提示用户是否生成与新建工作文件名一致的"log"文件和"error"文件，一般选择"Yes"，最后单击 OK 按钮。

图 2-25 "更改工作文件名"对话框

🌸 要点提示：对于一个完整的分析，建议 New log and error files 选择使用 Yes，这样自动生成的一些文件的前缀与工作文件名称一致，方便查看和区别。

当用户在分析一个例子的时候，打开"更改工作文件名称"对话框，会出现如图 2-26 所示的 Warning（警告）对话框，提示用户修改工作文件名称后将出现的现象，单击 Close 按钮，关闭该对话框。

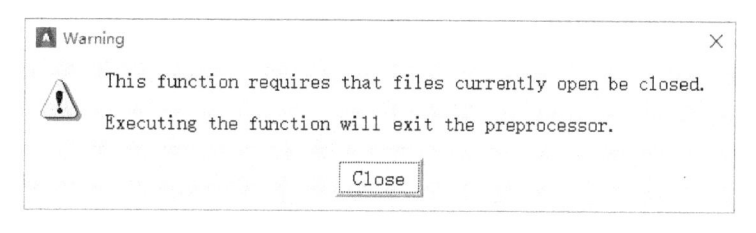

图 2-26 "警告"对话框

🌸 要点提示：一般来说，ANSYS 的警告对话框不会造成分析无法进行的情况，类似于如图 2-27 所示的警告对话框具有提示和说明的作用，建议用户仔细阅读。

（4）修改或者指定新的工作目录

依次选择 Utility Menu → File → Change Directory，打开如图 2-27 所示"浏览文件夹"对话框，在其上选择要更改的目标目录即可，单击"确定"关闭对话框。

4．保存和恢复数据库

（1）保存数据库到当前文件名

依次选择 Utility Menu → File → Save as Jobname，即保存当前工作文件名称的数据库。

另一个更为简便的方法是单击工具栏中的 SAVE_DB 按钮，如图 2-28（a）所示。

图 2-27 "浏览文件夹"对话框

(2) 恢复当前数据库

依次选择 Utility Menu→File→Resume from Jobname，即恢复当前工作文件名称的数据库文件。

另一个更为简便的方法是单击工具栏中的 RESUM_DB 按钮，如图 2-28（b）所示。

（a）保存当前数据库　　　　　　（b）恢复当前数据库

图 2-28　ANSYS 工具栏中的保存与恢复按钮

(3) 保存数据库到指定文件名

依次选择 Utility Menu→File→Save as，在打开对话框中给出新的"db"文件名称，单击 OK 按钮即可。

(4) 从指定文件名恢复数据库

依次选择 Utility Menu→File→Resume from，在打开的对话框中选择要恢复的数据库文件，单击 OK 按钮即可。

(5) 退出 ANSYS

依次选择 Utility Menu→File→Exit，或者单击窗口右上角的关闭按钮，打开如图 2-29 所示 Exit from Mechanical APDL（退出 ANSYS）对话框，根据实际情况选择选项，一般选择 Save Everything，单击 OK 按钮退出 ANSYS 程序。

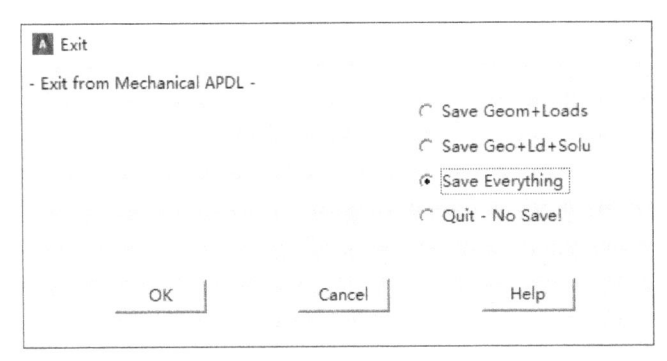

图 2-29　"退出 ANSYS"对话框

2.6.2　实例 2.2　工作平面的一般操作

1. 工作平面的打开和关闭

（1）工作平面的打开和标志

依次选择 Utility Menu→WorkPlane→Display Working Plane，图形窗口即显示工作平面，如图 2-30（a）所示，区别于整体坐标系，三向坐标轴以"WX，WY，WZ"表示。

需要说明的是，工作平面的原始状态（即用户没有任何改动）是与整体坐标系重合的，图 2-30（a）为了显示清楚对工作平面进行了平移。

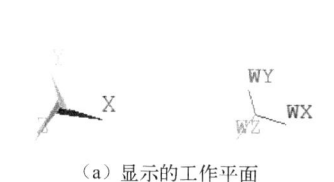

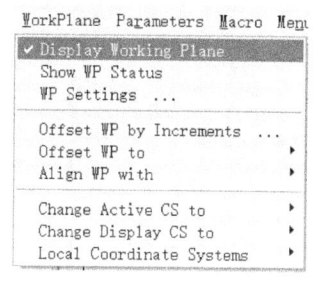

（a）显示的工作平面　　　　　　　　　　（b）关闭工作平面

图 2-30　工作平面的打开和关闭

(2) 工作平面的关闭

依次选择 Utility Menu→WorkPlane→Display Working Plane，此时处于打开工作平面状态的选项前面有对钩显示，如图 2-30（b）所示，关闭之后对钩消失，图形窗口也不再显示工作平面。

要点提示：工作平面的打开和关闭只影响在图形窗口是否显示工作平面的位置和角度，并不影响工作平面的作用。也就是说，即使关闭了工作平面，只是不显示了，并不是工作平面的作用消失了。

2. 工作平面相关参数的设置

依次选择 Utility Menu→WorkPlane→WP Settings，打开如图 2-31 所示的"WP Settings"（工作平面参数设置）对话框，用于工作平面相关参数的设置。

要点提示：一般地，工作平面的相关参数的默认设置值都可以满足用户要求，没有特殊需要不必更改设置。但用户有必要了解工作平面的哪些参数可以更改，如何更改。

(1) 选择坐标系的类型

如图 2-31 所示，标注 1 指示的部分有两个选项，Cartesian 表示笛卡儿坐标系，Polar 表示极坐标系。选择以后图形窗口仍然显示以"WX, WY, WZ"表示的坐标系，但对于极坐标系实际代表意义有变化。

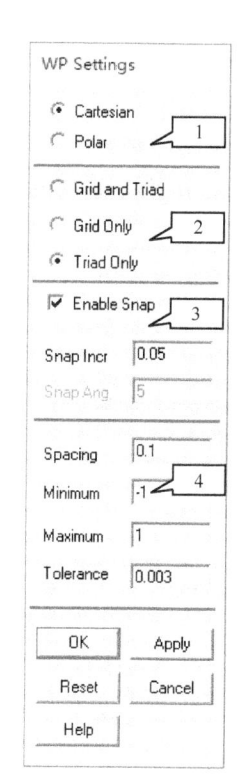

(2) 显示栅格

图 2-31　"工作平面参数设置"对话框

如图 2-31 所示，标注 2 指示的部分有三个选项，Grid and Triad 表示显示工作平面的栅格和三向坐标标志，Grid Only 表示只显示栅格，Triad Only 表示只显示坐标标志。选择其中一项后，单击 Apply 按钮，图形窗口显示效果。例如选择第一项后的效果如图 2-32 所示。默认选项为第 3 项，即只显示坐标标志。

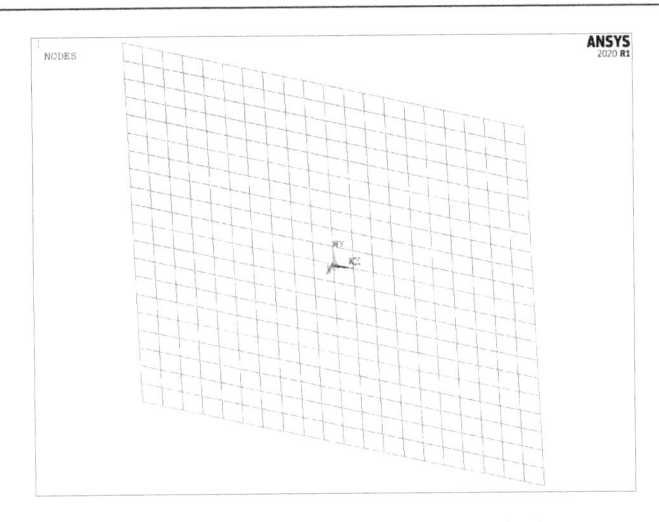

图 2-32　同时显示栅格和 3 项坐标标志的效果

（3）设置捕捉增量

如图 2-31 所示，标注 3 指示的部分，使光标在图形窗口具有捕捉功能。首先选择 Enable Snap 激活捕捉功能，其次，在 Snap Incr 右侧编辑框内直接给出捕捉增量的数值。

（4）栅格控制

栅格的疏密是可以控制的，即图 2-31 中标注 4 指示的部分，通过具体数值可设置栅格的疏密。例如，将 Spacing 值改为"0.05"，单击 Apply 按钮，栅格密度比图 2-32 所示的加倍，如图 2-33 所示。

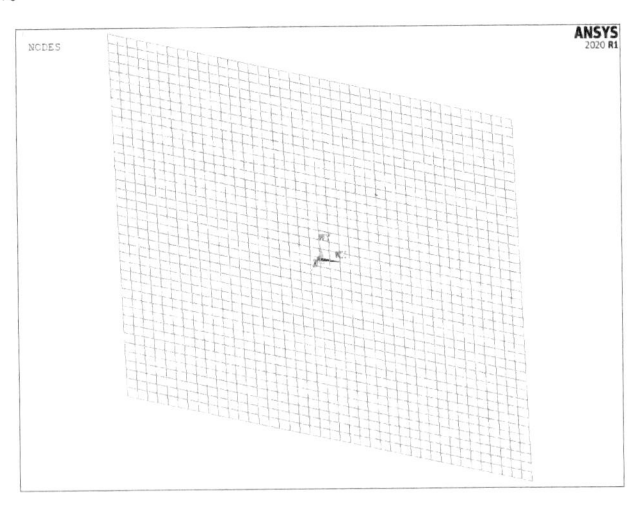

图 2-33　密度加倍后的栅格

3．工作平面的平移和旋转

依次选择 Utility Menu→WorkPlane→Offset WP by Increments，打开如图 2-34（a）所示的 Offset WP（工作平面控制）对话框，用于工作平面平移、旋转等的控制。

❀ 要点提示：在创建图形对象时，经常遇到需要平移或者旋转工作平面的情况，利用增量形式，或者说，量化地控制工作平面的平移或旋转是非常重要的。

(1) 工作平面的平移

如图 2-34（a）所示，标注 1 指示的部分，按钮 X- 和 +X 分别表示沿 X 轴负向和正向移动工作平面；按钮 Y- 和 +Y 分别表示沿 Y 轴负向和正向移动工作平面；按钮 Z- 和 +Z 分别表示沿 Z 轴负向和正向移动工作平面。每单击一次按钮，工作平面移动一个单位，这个单位的大小由拖动滚动条给出。

X,Y,Z Offsets 下侧的编辑框可以直接给出移动的具体位置，例如，给出"10.5,0,0"，即表示工作平面原点沿 X 轴正向移动到 10.5 的位置。

(2) 工作平面的旋转

如图 2-34（a）所示，标注 2 指示的部分，按钮 X-Ω 和 Ω+X 分别表示绕 X 轴顺时针和逆时针旋转工作平面；按钮 Y-Ω 和 Ω+Y 分别表示绕 Y 轴顺时针和逆时针旋转工作平面；按钮 Z-Ω 和 Ω+Z 分别表示绕 Z 轴顺时针和逆时针旋转工作平面。每单击一次按钮，工作平面旋转一个单位角度。例如，如图 2-34（a）所示，拖动滚动条给出的 30°，即每次旋转角度为 30°。

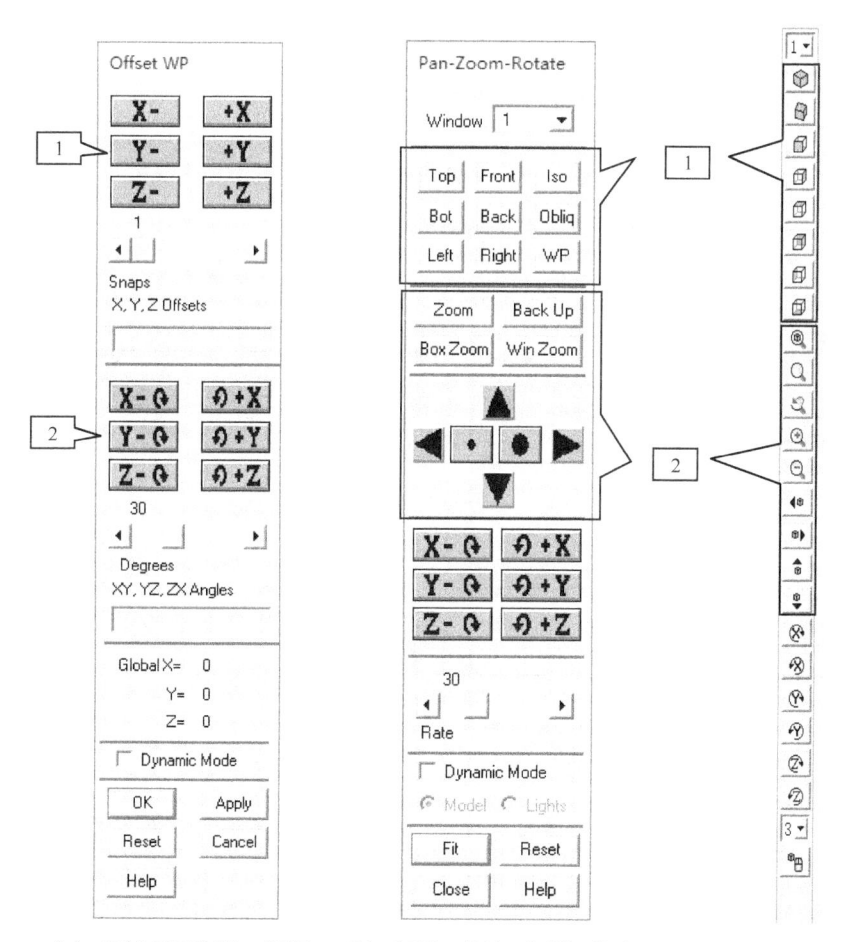

（a）"工作平面控制"对话框　（b）"平移－缩放－旋转"对话框　（c）"显示控制"工具栏

图 2-34　工作平面的控制方法

XY,YZ,ZX Angles 下侧的编辑框可以直接给出旋转的具体位置，例如，给出"42,0,0"，即绕 Z 轴逆时针旋转 42°。

> **要点提示**：工作平面每一次的平移和旋转都是相对于当前工作平面原点的，与整体坐标系没有直接关系。

2.6.3 实例 2.3 图形窗口显示控制

依次选择 Utility Menu→PlotCtrls→Pan Zoom Rotate，打开如图 2-34（b）所示的 Pan-Zoom-Rotate（平移-缩放-旋转）对话框。该对话框用于控制图形对象在窗口的平移、缩放和旋转，方便用户的查看。窗口系统右侧的显示控制工具栏，如图 2-34（c）所示，具有相同的功能。且图 2-34（b）和图 2-34（c）的功能是一一对应的，例如，两图中标注 1 和标注 2 部分的功能一致。由于显示控制工具栏快捷方便，下面主要介绍其按钮的使用。

> **要点提示**：显示控制可以使整体坐标系在视觉上平移、缩放和旋转，只是改变了观察图形对象的视角，并没有实际改变坐标系的位置。这是与工作平面的控制的本质区别，因此，用户一定要清楚二者作用的不同（虽然对话框按钮功能很相似）。

1. 默认视图

默认视图是程序预置一些常用视图，按钮功能及显示效果如表 2-7 所示。

表 2-7 默认视图按钮及坐标显示效果

编号	按钮	坐标系显示效果	功能说明
1			正等轴的角度显示对象
2			斜视图
3			+Z 向视图（前视图）
4			-Z 向视图（后视图）
5			+X 向视图（右视图）
6			-X 向视图（左视图）
7			+Y 向视图（上视图）
8			-Y 向视图（下视图）

2. 图形的平移

按钮 ◄ 和 ► 控制图形对象在图形显示窗口左右平移,按钮 ▲ 和 ▼ 控制图形对象在图形显示窗口上下平移。

3. 图形的缩放

按钮 ⊕ 将图形对象放大到适合窗口大小,按钮 ⊕ 放大框选部分并置于窗口适合位置,按钮 ⊖ 将已放大的图形对象恢复到适合窗口大小,按钮 ⊕ 和 ⊖ 分别表示放大和缩小图形对象,每单击一次就放大或者缩小一倍。

4. 图形的旋转

按钮 ⊗ 和 ⊗ 分别表示绕 X 轴顺时针和逆时针旋转图形对象,按钮 ⊗ 和 ⊗ 分别表示绕 Y 轴顺时针和逆时针旋转图形对象,按钮 ⊗ 和 ⊗ 分别表示绕 Z 轴顺时针和逆时针旋转图形对象,每单一次旋转的角度由其下的下拉式选项框选择,默认数值为 30°。

⚜ **要点提示**:按钮 ⊕ 为鼠标拖动状态,在此状态下,按住鼠标左键直接拖动图形对象平移,按住鼠标右键直接拖动图形对象旋转。这个操作更自由、更方便,在实际用于观察图形对象时更多使用。

2.7 检测练习

练习 2.1 控制工作平面的平移

基本要求:

① 将工作平面沿 X 轴平移至 5 的位置,沿 Y 轴平移至-2 的位置,沿 X 轴平移至 2 的位置。

② 复原工作平面到整体坐标系原点。

③ 将工作平面直接平移至(7,-2,0)的位置。

④ 认真对比第①步和第③步。

思路点睛:

① 在"工作平面控制"对话框中,通过按钮分次实现工作平面平移;通过直接给出具体数值直接平移工作平面。

② 依次选择 Utility Menu→WorkPlane→Align WP with→Global Cartesian,实现工作平面复原。

练习 2.2 控制工作平面的旋转

基本要求:

① 将工作平面绕 X 轴旋转 30°,绕 Y 轴旋转-25°,绕 Z 轴旋转 45°。

② 复原工作平面到整体坐标系原点。

③ 将工作平面直接旋转(30,-25,45)。

④ 第①步和第③步的操作是否等效。

思路点睛:

① 在"工作平面控制"对话框中,通过按钮分次实现工作平面旋转。

② 通过直接给出具体数值直接旋转工作平面。

练习题

1．启动 ANSYS 一般需要几个步骤？每一步完成哪些工作？
2．进入 ANSYS 后，图形用户界面分几个功能区域？每个区域的作用是什么？
3．ANSYS 提供多种坐标系供用户选择，主要介绍的 6 种坐标系的主要作用各是什么？
4．工作平面是真实存在的平面吗？怎么理解工作平面的概念和作用？它和坐标系的关系是怎样的？

第 3 章 ANSYS 实体建模

本章主要介绍在 ANSYS 中实现实体建模的过程。

3.1 实体模型简介

ANSYS 的实体模型的建立与一般的 CAD 软件类似，利用点、线、面、体组合而成。实体模型几何图形确定之后，由边界来确定网格，即每一线段要分成几个元素或元素的尺寸是多大。确定了每个边元素数目或尺寸大小之后，ANSYS 的内建程序即能自动产生网格，即自动产生节点和单元。

3.1.1 实体建模的方法

实体模型建立有下列方法。

（1）由下往上法（bottom-up method）

由建立最低图元对象的点到最高图元对象的体，即先建立点，再由点连成线，然后由线组合成面，最后由面组合建立体。

（2）由上往下法（top-down method）及布尔运算命令一起使用

此方法直接建立较高图元对象，其对应的较低图元对象一起产生，图元对象高低顺序依次为体、面、线、点。所谓布尔运算，指图元对象相互加、减、组合等。

（3）混合使用前两种方法

依照使用者个人的经验，可将前两种方法综合运用，但应考虑到要获得什么样的有限元模型，即在网格划分时，要产生自由网格或映射网格。自由网格划分时，实体模型的建立比较简单，只要所有的面或体能接合成一个体就可以；映射网格划分时，平面结构一定要四边形或三边形面相接而成，立体结构一定要六面体相接而成。

3.1.2 群组命令介绍

表 3-1 给出了 ANSYS 中 X 图元对象的名称，表 3-2 中列出了 ANSYS 中 X 图元对象的群组命令。用户通过对群组命令的认识可以很快识别和应用不同对象的命令操作。例如，关于关键点操作的群组命令都以"K"开头，其后是删除（DELE）、列表（LIST）、选择（SEL）等。

表 3-1 ANSYS 中 X 图元对象的名称

对象种类（X）	节点	元素	点	线	面	体
对象名称	X=N	X=E	X=K	X=L	X=A	X=V

表 3-2　ANSYS 中 X 图元对象的群组命令

群组命令	意　义	例　子
XDELE	删除 X 对象	LDELE 删除线
XLIST	在窗口中列示 X 对象	VLIST 在窗口中列出体资料
XGEN	复制 X 对象	VGEN 复制体
XSEL	选择 X 对象	NSEL 选择节点
XSUM	计算 X 对象几何资料	ASUM 计算面积的几何资料，如面积大小、边长、重心等
XMESH	网格化 X 对象	AMESH 面的网格化 LMESH 线的网格化
XCLEAR	清除 X 对象网格	ACLEAR 清除面的网格 VCLEAR 清除体的网格
XPLOT	在窗口中显示 X 对象	KPLOT 在窗口中显示点 APLOT 在窗口中显示面

3.2 基本图元对象的建立

3.2.1 点的定义

实体模型建立时，点是最小的图元对象，点即为机械结构中一个点的坐标，点与点连接成线，也可直接组合成面或体。点的建立按实体模型的需要而设定，但有时会建立一些辅助点以帮助其他命令的执行，如圆弧的建立。

依次选择 Main Menu→Preprocessor→Create→Key Point，将出现如图 3-1 所示的关键点定义的菜单项，可以采用不同方法实现点的建立。

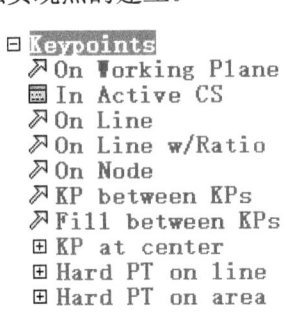

图 3-1　关键点定义菜单项

1. 关键点的一般定义

菜单项中前两项操作可以建立关键点（keypoint）的坐标位置（X，Y，Z）及关键点的编号 NPT。

命令格式：K，NPT，X，Y，Z

菜单操作：Main Menu→Preprocessor→Create→Key Point→On Working Plane
　　　　　Main Menu→Preprocessor→Create→Key Point→In Active CS

选择菜单项中的 On Working Plane，则弹出如图 3-2（a）所示的对话框，提示用户直接在图形窗口拾取要创建关键点的位置，就可以实现一个关键点的创建。这个对话框称作"拾取"对话框，在以后类似的操作中也会出现，只是根据目的的不同略有差异，例如提示用户选择或者拾取点、线、面、体、节点、单元,等等。

选择菜单项中的 In Active CS,则弹出如图 3-2(b)所示的对话框,用于在激活的坐标系下创建关键点。这个对话框的作用是可以和命令格式对应上的,直接给定关键点的编号和三向坐标数值即可。需要说明的是,ANSYS 软件中,OK 按钮的作用是确定一项操作,并同时关闭对话框;Apply 按钮的作用是确定一项操作,并继续进行相同的操作。以如图 3-2(a)和图 3-2(b)所示的对话框为例,单击 OK 按钮就是确定创建一个关键点,同时关闭对话框,单击 Apply 按钮是完成了一个关键点的创建,然后对话框不消失,用户可以继续创建其他的关键点,只要给出不同的点的编号和坐标数值即可。

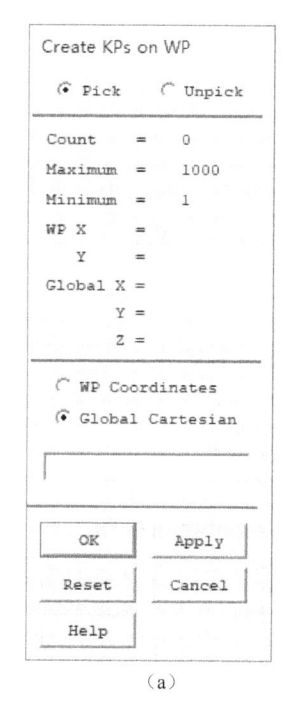

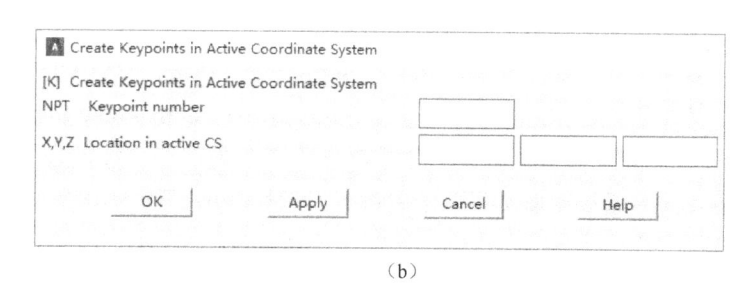

图 3-2 关键点一般定义所用的对话框

关键点编号的安排不影响实体模型的建立,关键点的建立也不一定要连号,但为了数据管理方便,定义关键点之前先规划好点的编号,有利于实体模型的建立。在不同坐标系下,关键点的坐标含义也略有变化。虽然仍以 X、Y、Z 表示,但在圆柱坐标系下,对应表达的是 R、θ、Z,在球面坐标系下,对应表达是 R、θ、Φ。

2. 在已知线上定义关键点

图 3-1 所示的第三、四项操作用于在已有线上建立关键点,方法如下。

命令格式:KL,NL1,RATIO,NK1

菜单操作:Main Menu→Preprocessor→Create→Key Point→On Line

Main Menu→Preprocessor→Create→Key Point→On Line w/Ratio

这两项操作要求图形窗口中已经创建了相应的线段。On Line 菜单项的操作灵活一些,通过"拾取"对话框提示用户选择创建一个关键点的线段及其位置,线段和位置的选择都是任意的,完全凭用户通过鼠标进行选择;On Line w/Ratio 菜单项的操作类似，线段的选择是通过拾取实现的，关键点的位置是在通过如图 3-3 所示的对话框中给定具体比例来实现的。

图 3-3 给定关键点在线段上的比例

3. 在节点上生成关键点

图 3-1 所示的第五项操作用于在已建立的节点上生成关键点。该命令要求用户必须已经建立有限元模型，即有节点存在。通过"拾取"对话框选择相应的节点，然后在节点上生成关键点。方法如下。

命令格式：KNODE，NPT，NODE

菜单操作：Main Menu→Preprocessor→Create→Key Point→On Node

4. 在关键点之间生成新的关键点

图 3-1 所示的第六项操作用于在关键点之间建立新的关键点，方法如下。

命令格式：KL，KP1，KP2，KPNEW，Type，VALUE

菜单操作：Main Menu→Preprocessor→Create→Key Point→KP between KPs

该项操作同样要求至少已经创建了两个关键点，才能在这两个关键点之间创建新的关键点。首先通过拾取选择两个关键点，然后弹出如图 3-4 所示的对话框，其上有两个选项，RATI 是提示用户指定比例，例如给出了 0.5，即在两点之间的中点位置创建新的关键点；DIST 是要求用户给出具体的长度数值来创建新的关键点。

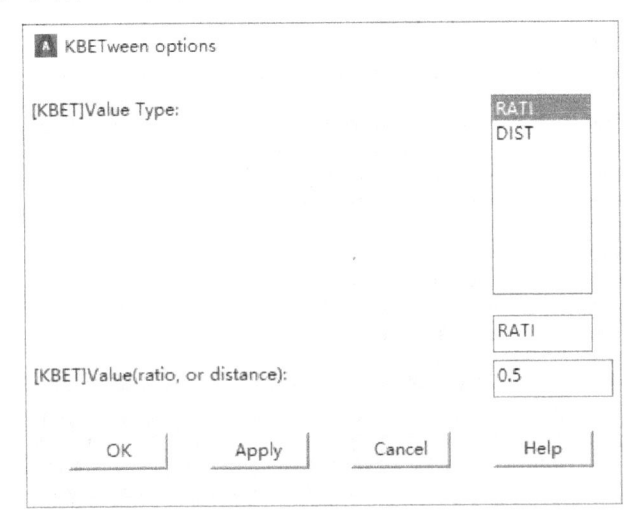

图 3-4 指定两点间新建关键点的位置

5. 在关键点之间填充关键点

关键点的填充命令是在现有的坐标系下，自动在已有的两个关键点 NP1 和 NP2 间填充若干点，两点间填充点的个数（NFILL）及分布状态视其参数（NSTRT，NINC，SPACE）而定，系统设定为均分填充。

命令格式：KFILL，NP1，NP2，NFILL，NSTRT，NINC，SPACE
菜单操作：Main Menu→Preprocessor→Create→Key Point→Fill

如语句"KFILL，1，5"，则平均填充 3 个点在 1 和 5 之间。效果如图 3-5 所示。

图 3-5 点的填充

6. 由三点定义的圆弧中心定义关键点

该命令允许用户通过圆弧的中心定义关键点，但圆弧线是由 3 个点确定的，方法如下。

命令格式：KCENTER，Type，VAL1，VAL2，VAL3，VAL4，KPNEW
菜单操作：Main Menu→Preprocessor→Create→Key Point→3 Keypoints
          Main Menu→Preprocessor→Create→Key Point→3 KPs and radius
          Main Menu→Preprocessor→Create→Key Point→Location on line

该项操作要求至少已经创建了 3 个关键点，然后通过这 3 个点确定的圆弧的中心点来创建新的关键点。3 Keypoints 选项提示用户直接拾取 3 个关键点，程序自动在圆心位置创建关键点；3 KPs and radius 表示在拾取了 3 个关键点后，在后续弹出的对话框中给出圆弧的半径，然后在圆心位置创建关键点；Location on line 表示指定圆心在某条线段上，所以线段要求是已经创建的。

7. 硬点

硬点实际上是一种特殊的关键点，它不改变模型的几何形状和拓扑结构。大多数关键点的命令同样适用于硬点，而且硬点有自己的命令集。关于硬点的知识在这里不多讲，需要时请查阅相关资料和帮助文件。

3.2.2 线的定义

建立实体模型时，线为面或体的边界，由点与点连接而成，构成不同种类的线，如直线、曲线、多义线、圆、圆弧等，也可直接由建立面或体而产生。线的建立与坐标系统有关，例如直角坐标系下为直线，圆柱坐标系下为曲线。

依次选择 Main Menu→Preprocessor→Create→Lines，打开如图 3-6 所示的线定义菜单项，用于实现不同线的建立。

从图 3-6 可以看出，线的定义主要分为 4 部分：Lines（直线）、Arcs（圆弧）、Splines（多义线）和 Line Fillet（倒圆角）。

1. 直线的定义

依次选择 Main Menu→Preprocessor→Create→Lines→Lines，打开如图 3-7 所示的 Lines 子菜单，可以通过不同的方式实现线的建立。

图 3-6　线段类型的菜单项　　　　图 3-7　直线定义菜单项

（1）通过关键点建立线段

通过直接拾取两个已经建立好的关键点建立直线，该命令建立的直线与激活坐标系统的状态无关，命令格式及操作如下。

命令格式：LSTR，P1，P2

菜单操作：Main Menu→Preprocessor→Create→Lines→Straight Line

下述命令也是通过已有关键点建立线段，但所建立线段的形状与激活坐标系统有关，可为直线或曲线。

命令格式：L，P1，P2，NDIV，SPACE，XV1，YV1，ZV1，XV2，YV2，ZV2

菜单操作：Main Menu→Preprocessor→Create→Lines→In Active Coord

下述命令生成在一个面上两关键点之间最短的线，因此要求有已经创建的面存在。

命令格式：L，P1，P2，NAREA

菜单操作：Main Menu→Preprocessor→Create→Lines→Overlaid on Area

（2）切线的建立

下述命令生成与已有线段相切的新线段，且两条线段有共同的终点。需要说明的是，在定义新线段之前，要先定义好新线段的另一个端点，而且相切处的状态可以通过向量的形式进行指定。

命令格式：LTAN，NL1，P3，XV3，YV3，ZV3

菜单操作：Main Menu→Preprocessor→Create→Lines→Tangent to Line

首先通过拾取已有线段，然后拾取切点，拾取新建线段的另一个端点，弹出如图 3-8（a）所示的对话框，确定之后得到如图 3-8（b）所示的效果，其中 L1 是已知线段，点 1 为切点，点 3 为新线段的另一个端点，L2 是新创建得到的切线。

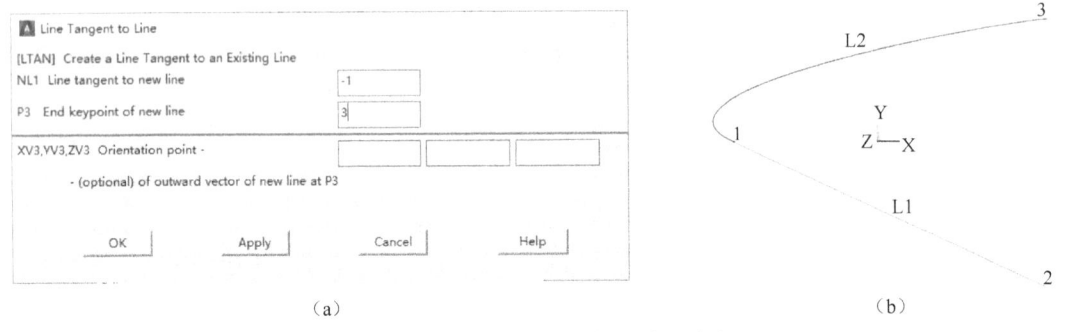

（a）　　　　　　　　　　　　　　　（b）

图 3-8　与一条已知线段相切线的建立

下述命令生成一条与已知两条线同时相切的新线段，该命令与 LTAN 命令类似，只是新创建的线段同时与两条已知线段相切。

命令格式：L2TAN，NL1，NL2

菜单操作：Main Menu→Preprocessor→Create→Lines→Tan to 2 Lines

（3）通过角度控制建立线段

下述命令生成与已知线有一定角度的新直线，而且需要事先定义新直线的另一端点。略有不同的是，第一个操作选项允许用户指定两线所夹的角度，第二命令直接生成垂直线（两线夹角为 90°）。

命令格式：LANG，NL1，P3，ANG，PHIT，LOCAT

菜单操作：Main Menu→Preprocessor→Create→Lines→AT Angle to Line
　　　　　Main Menu→Preprocessor→Create→Lines→Normal to Line

下述命令生成与两条已知线段成一定角度的新线段。操作与 LANG 命令相似。

命令格式：L2ANG，NL1，P3，ANG，PHIT，LOCAT

菜单操作：Main Menu→Preprocessor→Create→Lines→AT Angle to 2 Line
　　　　　Main Menu→Preprocessor→Create→Lines→Normal to 2 Line

2．圆弧的建立

依次选择 Main Menu→Preprocessor→Create→Lines→Arcs，打开如图 3-9 所示的圆弧定义菜单项，可以通过不同的方式实现圆弧的建立。

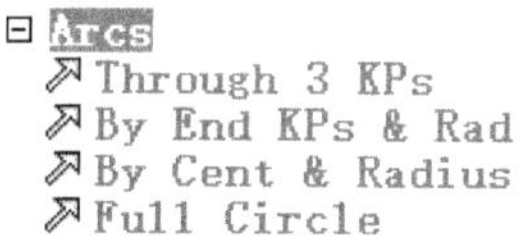

图 3-9　圆弧定义菜单项

（1）由点产生圆弧

命令格式：LARC，P1，P2，PC，RAD

菜单操作：Main Menu→Preprocessor→Create→Arcs→Through 3 KPs
　　　　　Main Menu→Preprocessor→Create→Arcs→By End KPs & Rad

定义两点（P1，P2）间的圆弧线（line of arc），其半径为 RAD。若 RAD 的值没有输入，则圆弧的半径直接从 P1、PC 到 P2 自动计算出来。不管现在坐标为何，线的形状一定是圆的一部分。PC 为圆弧曲率中心部分任何一点，不一定是圆心，如图 3-10 所示。

图 3-10　圆弧的产生

（2）圆及圆弧的定义

命令格式：CIRCLE，PCENT，RAD，PAXIS，PZERO，ARC，NSEG

菜单操作：Main Menu→Preprocessor→Create→Arcs→By Cent & Radius
Main Menu→Preprocessor→Create→Arcs→Full Circle

此命令会产生圆弧线，该圆弧线为圆的一部分，依参数状况而定，与目前所在的坐标系无关，点的编号和圆弧的线段编号会自动产生。PCENT 为圆弧中心点坐标编号；PAXIS 为定义圆心轴正向上任意点的编号；PZERO 为定义圆弧线起点轴上的任意点的编号，此点不一定在圆上；RAD 为圆的半径，若此值没有给定，则半径的定义为 PCENT 到 PZERO 的距离；ARC 为弧长（以角度表示），若输入为正值，则由起点轴产生一段弧长，若没输数值，产生一个整圆；NSEG 为圆弧欲划分的段数，此处段数为线条的数目，不是有限元网格化时的数目。

3. 多义线的建立

依次选择 Main Menu→Preprocessor→Create→Lines→Splines，打开如图 3-11 所示的多义线定义菜单项，可以实现多义线的建立。

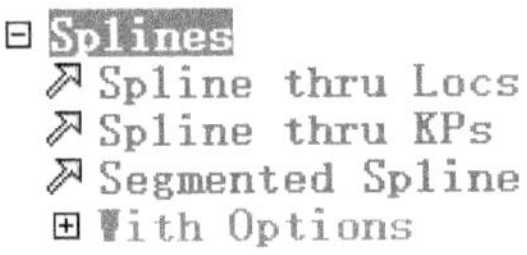

图 3-11　多义线定义菜单项

（1）定义通过若干关键点的样条曲线

命令格式：BSPLIN，P1，P2，P3，P4，P5，P6，XV1，YV1，ZV1，XV6，YV6，ZV6

菜单操作：Main Menu→Preprocessor→Create→Splines→Spline thru KPs
　　　　　Main Menu→Preprocessor→Create→Splines→Spline thru Locs
　　　　　Main Menu→Preprocessor→Create→Splines→With Options→Spline thru KPs
　　　　　Main Menu→Preprocessor→Create→Splines→With Options→Spline thru Locs

（2）定义通过一系列关键点的多义线

该命令与操作要求已建立好若干关键点，即 P1~P6，然后生成以这些关键点拟合得到的多义线。

命令格式：SPLINE，P1，P2，P3，P4，P5，P6，XV1，YV1，ZV1，XV6，YV6，ZV6

菜单操作：Main Menu→Preprocessor→Create→Splines→Segmented Spline
　　　　　Main Menu→Preprocessor→Create→Splines→With Options→Segmented Spline

4. 倒圆角的实现

命令格式：LFILLT，NL1，NL2，RAD，PCENT

菜单操作：Main Menu→Preprocessor→Create→Lines→Line Fillet

此命令是在两条相交的线段（NL1，NL2）间产生一条半径等于 RAD 的圆角线段，同是自动产生 3 个点，其中两个点在 NL1、NL2 上，是新曲线与 NL1、NL2 相切的点，第三个点是新曲线的圆心点（PCENT，若 PENT=0，则不产生该点），新曲线产生后原来的两条线段会改变，新形成的线段和点的编号会自动编排上去，如图 3-12 所示。

图 3-12 圆角的产生

5．其他

用户还可以通过复制、镜像等方法从已知线段生成新的线段，通过关键点的延伸和旋转也可以实现新线段的生成。

用户可以对线段进行查看、选择和删除操作。

3.2.3 面的定义

实体模型建立时，面为体的边界，由线连接而成，面的建立可由点直接相接或线段围接而成，并构成不同数目边的面积。也可直接建构体而产生面。

依次选择 Main Menu→Preprocessor→Create→Areas，打开如图 3-13 所示的面定义菜单项，用于实现面的建立。

从该菜单中可以看出，要实现面的定义可以通过几种途径：Arbitrary（任意面）、Rectangle（矩形面）、Circle（圆形面）、Polygon（多边形面）和 Area Fillet（倒圆角面）。

1．任意面的定义

依次选择 Main Menu→Preprocessor→Create→Areas→Arbitrary，打开如图 3-14 所示的任意面定义菜单项，用于实现任意面的建立。

图 3-13 面定义菜单项　　图 3-14 任意面定义菜单项

该菜单上的操作可以实现通过点、线直接生成面，还可以偏移、复制生成新的面，同时可以通过引导线生成"蒙皮"似的光滑曲面。

（1）由点直接生成面

命令格式：A，P1，P2，P3，P4，P5，P6，P7，P8，P9

菜单操作：Main Menu→Preprocessor→Create→Arbitrary→Through KPs

此命令用已知的一组点（P1，…，P9）来定义面（area），最少使用 3 个点才能围成面，同时产生围绕该面的线段。点要依次序输入，输入的顺序会决定面的法线方向。如果此面超过了 4 个点，则这些点必须在同一个平面上，否则不能成功进行面的创建，如图 3-15 所示。

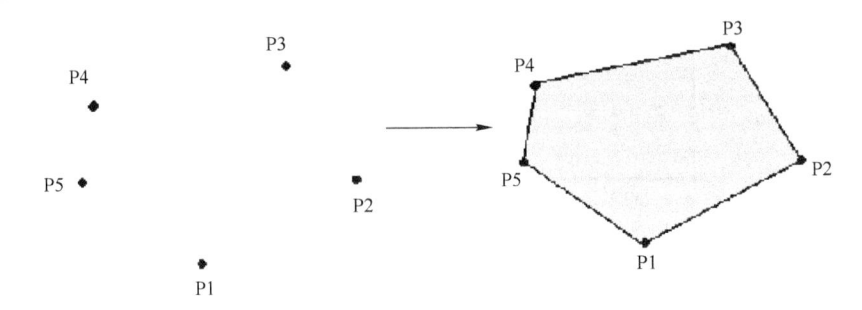

图 3-15 由点生成面的过程

（2）由线生成面

命令格式：**AL，L1，L2，L3，L4，L5，L6，L7，L8，L9，L10**

菜单操作：**Main Menu→Preprocessor→Create→Arbitrary→By Lines**

此命令由已知的一组直线（L1，…，L10）围绕而成面，至少需要 3 条线段才能形成平面，线段的号码没有严格的顺序限制，只要它们能完成封闭即可。同时，若使用超过 4 条线段去定义平面时，所有的线段必须在同一平面上，以右手定则来决定面的法向。

（3）"蒙皮"面的定义

命令格式：**ASKIN，NL1，NL2，NL3，NL4，NL5，NL6，NL7，NL8，NL9**

菜单操作：**Main Menu→Preprocessor→Create→Arbitrary→By Skinning**

"蒙皮"面的定义类似于中国古代的灯笼，有"骨架"和"灯笼面"。因此，在生成"蒙皮"面之前需首先建立好导引线（相当于"骨架"），如图 3-16（a）所示，相当于"蒙皮"的框架，然后执行该命令，生成面（相当于"灯笼面"），如图 3-16（b）所示。如果所建立的导引线不是共面的，将生成三维的面。

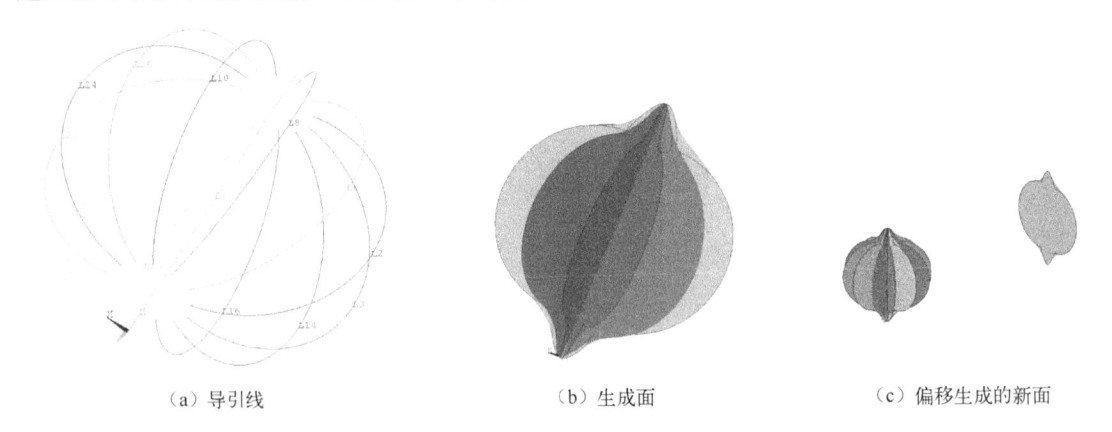

（a）导引线　　（b）生成面　　（c）偏移生成的新面

图 3-16 "蒙皮"面和偏移面的生成过程

（4）通过偏移定义新的面

命令格式：**AOFFST，NAREA，DIST，KINC**

菜单操作：**Main Menu→Preprocessor→Create→Arbitrary→By Offset**

该命令也需要定义好原始的面，由这个面生成新的偏移面。如对图 3-16（b）所示的"蒙皮"面进行偏移，则如图 3-16（c）所示。生成的偏移面可以和原面保持等大，也可以

第 3 章 ANSYS 实体建模

放大。

（5）通过复制定义新的面

命令格式：ASUB，NA1，P1，P2，P3，P4

菜单操作：Main Menu→Preprocessor→Create→Arbitrary→Overlaid on Area

该命令是将定义好的原始面（一般是形状比较复杂的面）的部分从中分离出来，并覆盖原始面。该命令所需要的关键点及其相关的线段都必须是在原始面上已经存在的。

2．矩形面的定义

依次选择 Main Menu→Preprocessor→Create→Areas→Rectangle，打开如图 3-17 所示的矩形面定义菜单项，用于矩形面的建立。

矩形面的定义方法有 3 种，具体过程见表 3-3。

表 3-3　矩形面的定义方法

命令及菜单操作	意　　义
BLC4, XCORNER, YCORNER, WIDTH, HEIGHT, DEPTH Main Menu→Preprocessor→Create→Rectangle→By 2 Corners	通过控制矩形的一个角点的坐标和长、宽来定义矩形面
BLC5, XCENTER, YCENTER, WIDTH, HEIGHT, DEPTH Main Menu→Preprocessor→Create→Rectangle→By Centr & Cornr	通过控制矩形的中心点的坐标和长、宽来定义矩形面
RECTNG, X1, X2, Y1, Y2 Main Menu→Preprocessor→Create→Rectangle→By Dimensions	通过控制矩形的两个对角点的坐标来定义矩形面

3．圆形面的定义

依次选择 Main Menu→Preprocessor→Create→Areas→Circle，打开如图 3-18 所示的圆形面定义菜单项，用于圆形面的建立。

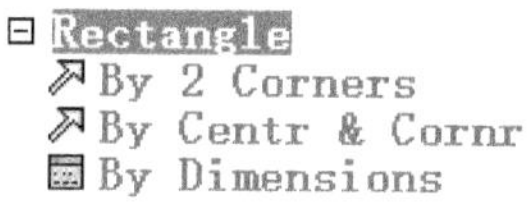

图 3-17　矩形面定义菜单项 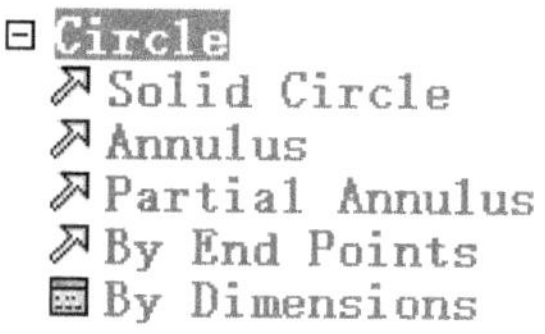　　　图 3-18　圆形面定义菜单项

圆形面的定义方法见表 3-4，各参数的含义如图 3-19 所示。

表 3-4　圆形面的建立方法

命令及菜单操作	意　　义
CYL4, XCENTER, YCENTER, RAD1, THETA1, RAD2, THETA2, DEPTH Main Menu→Preprocessor→Create→Circle→Solid Circle Main Menu→Preprocessor→Create→Circle→Annulus Main Menu→Preprocessor→Create→Circle→Partial Annulus	通过控制圆形中心点坐标和半径的方式定义实心圆形面、环形面和部分环形面（通过给定中心角度）
CYL5, XEDGE1, YEDGE1, XEDGE2, YEDGE2, DEPTH Main Menu→Preprocessor→Create→Circle→By End Points	通过控制圆形直径的方式定义圆形面
PCIRC, RAD1, RAD2, THETA1, THETA2 Main Menu→Preprocessor→Create→Circle→By Dimensions	通过控制圆形面的尺寸（内、外圆半径，中心角大小）来定义圆形面

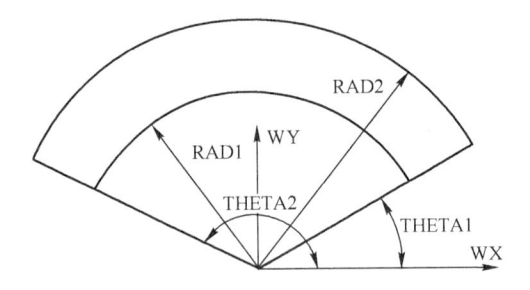

图 3-19 圆形面的创建及各参数的含义

4. 多边形面的定义

依次选择 Main Menu→Preprocessor→Create→Areas→Polygon，打开如图 3-20 所示的多边形面定义菜单项，用于各种正多边形面的建立。

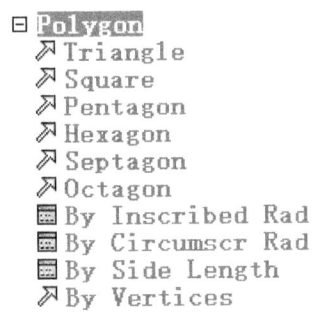

图 3-20 多边形面定义菜单项

该菜单上的选项允许用户通过系统定义好的方式直接生成三角形、正方形、正五边形、正六边形、正七边形和正八边形，也可以通过给定边数和角度等方式定义需要的多边形面。上述选项的操作都很简单、清楚，这里就不再赘述。

5. 倒圆角面

命令格式：AFILLET，NA1，NA2，RAD

菜单操作：Main Menu→Preprocessor→Create→Areas→Area Fillet

该命令与对相交线进行倒圆角很相似，需要指定要倒圆角的两相交面和倒角角度，如图 3-21（a）所示，生成效果如图 3-21（b）所示。

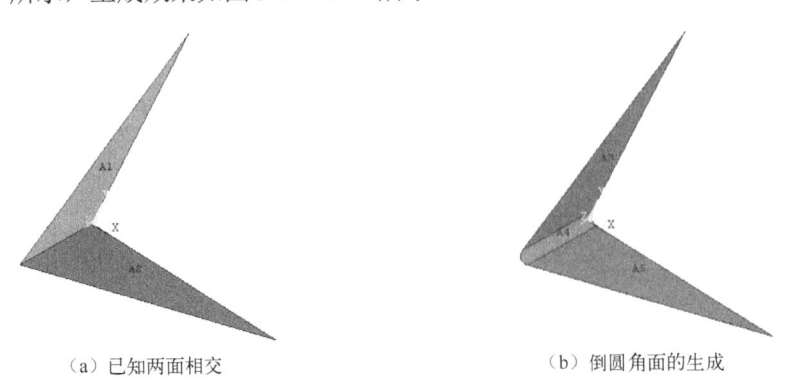

(a) 已知两面相交　　　　　　　　　　　(b) 倒圆角面的生成

图 3-21 倒圆角面的过程

6．通过拉伸和旋转线生成面

（1）由一组线沿一定路径拉伸生成面

命令格式：ADRAG，NL1，NL2，NL3，NL4，NL5，NL6，NLP1，NLP2，NLP3，NLP4，NLP5，NLP6

菜单操作：Main Menu→Preprocessor→Operator→Extrude/Sweep→Along Lines

NL1～NL6 是要拖拉的定义线段，NLP1～NLP6 是定义路径，如图 3-22 所示。

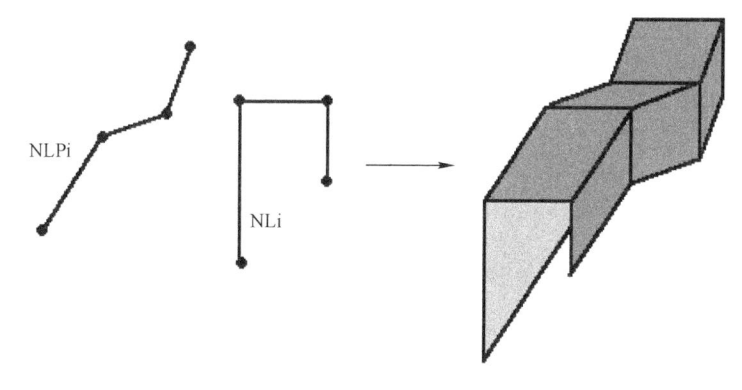

图 3-22　生成拉伸面的过程

（2）一组线绕指定轴旋转生成面

命令格式：AROTAT，NL1，NL2，NL3，NL4，NL5，NL6，PAX1，PAX2，ARC，NSEG

菜单操作：Main Menu→Preprocessor→Operator→Extrude/Sweep→About Axis

建立一组圆柱形的面（area），方式为一组线段绕轴旋转产生。PAX1、PAX2 为轴上的任意两点，并定义轴的方向，旋转一组已知线段（NL1，…，NL6），以已知线段为起点，旋转角度为 ARC，NSEG 为在旋转角度方向可分的数目，如图 3-23 所示。

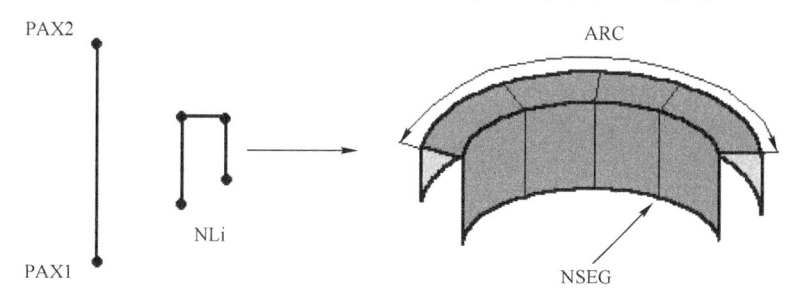

图 3-23　旋转生成面的过程

3.2.4　体定义

依次选择 Main Menu→Preprocessor→Create→Volumes，打开如图 3-24 所示的体定义菜单项，用于实现各种形状体的建立。

从该菜单可以看出，要实现体的定义可以通过几种途径：Arbitrary（任意体）、Block（块状体）、Cylinder（圆柱体）、Prism（棱柱体）、Sphere（球体）、Cone（圆锥体）和 Torus

（圆环体）。

定义体的命令使用与面的定义十分相似，而且菜单清楚，一目了然。

1. 任意体的定义

依次选择 Main Menu→Preprocessor→Create→Volumes→Arbitrary，打开如图 3-25 所示的 Arbitrary 任意体定义菜单项，用于实现任意形状体的建立。

图 3-24 体定义菜单项　　　　图 3-25 任意体定义菜单项

体为最高级图元对象，最简单体的定义为点或面直接生成。该菜单的两个选项允许用户通过点和面直接创建体。

（1）由点直接生成体

命令格式：V，P1，P2，P3，P4，P5，P6，P7，P8

菜单操作：Main Menu→Preprocessor→Create→Volumes→Arbitrary→Through KPs

此命令由已知的一组点（P1，…，P8）定义体（volume），同时也产生相应的面和线。由点组合时，要注意点的编号，不同顺序的点的选取可以得到不同形状的体，如图 3-26 所示，图形下部的命令格式表示不同点的顺序生成了不同形状的体。

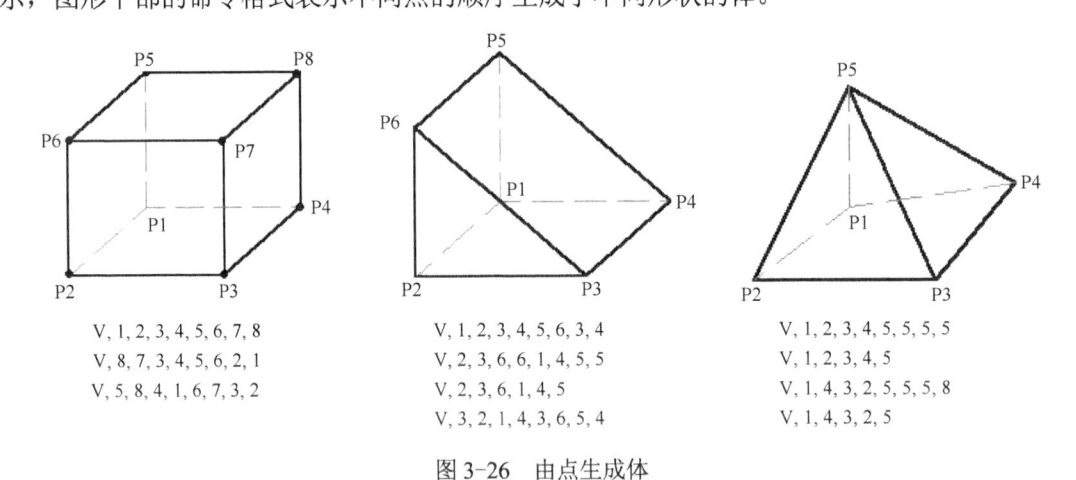

V, 1, 2, 3, 4, 5, 6, 7, 8
V, 8, 7, 3, 4, 5, 6, 2, 1
V, 5, 8, 4, 1, 6, 7, 3, 2

V, 1, 2, 3, 4, 5, 6, 3, 4
V, 2, 3, 6, 6, 1, 4, 5, 5
V, 2, 3, 6, 1, 4, 5
V, 3, 2, 1, 4, 3, 6, 5, 4

V, 1, 2, 3, 4, 5, 5, 5, 5
V, 1, 2, 3, 4, 5
V, 1, 4, 3, 2, 5, 5, 5, 8
V, 1, 4, 3, 2, 5

图 3-26 由点生成体

（2）由面直接生成体

命令格式：VA，A1，A2，A3，A4，A5，A6，A7，A8，A9，A10

菜单操作：Main Menu→Preprocessor→Create→Volumes→Arbitrary→By Areas

　　　　　Main Menu→Preprocessor→Create→Volume by Areas

　　　　　Main Menu→Preprocessor→Geom Repair→Create Volume

定义由已知的一组面（VA1，…，VA10）包围成一个体，至少需要 4 个面才能围成一个体，该命令适用于所建立体多于 8 个点时。

2. 块状体的定义

依次选择 Main Menu→Preprocessor→Create→Volumes→Block，打开如图 3-27 所示的块状体定义选项菜单，可以通过不同方式定义块状体。

块状体的定义方法有 3 种，具体过程见表 3-5。

表 3-5 块状体的建立方法

命令及菜单操作	意 义
BLC4, XCORNER, YCORNER, WIDTH, HEIGHT, DEPTH Main Menu→Preprocessor→Create→Volume→Block→By 2 Corners & Z	通过控制块状体（长方体）的一个角点的坐标和长、宽、高来定义块状体
BLC5, XCENTER, YCENTER, WIDTH, HEIGHT, DEPTH Main Menu→Preprocessor→Create→Volume→Block→By Center , Corner , Z	通过控制块状体的中心点的坐标和长、宽、高来定义块状体
BLOCK, X1, X2, Y1, Y2, Z1, Z2 Main Menu→Preprocessor→Create→Volume→Block→By Dimensions	通过控制块状体的两个对角点的三向坐标来定义块状体

3. 圆柱体的定义

依次选择 Main Menu→Preprocessor→Create→Volume→Cylinder，打开如图 3-28 所示的圆柱体定义选项菜单，用于圆柱体的建立。

图 3-27 块状体定义选项 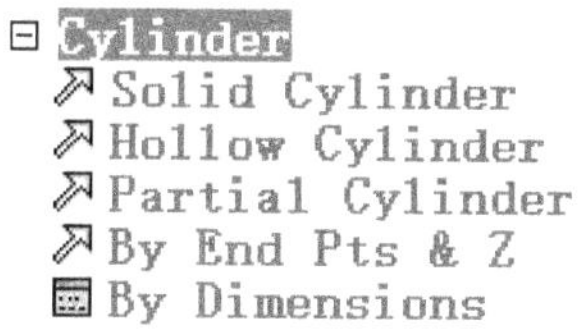　　　　图 3-28 圆柱体定义选项

圆柱体的定义方法见表 3-6。

表 3-6 圆柱体的建立方法

命令及菜单操作	意 义
CYL4, XCENTER, YCENTER, RAD1, THETA1, RAD2, THETA2, DEPTH Main Menu→Preprocessor→Create→Volume→Cylinder→Solid Cylinder Main Menu→Preprocessor→Create→Volume→Cylinder→Hollow Cylinder Main Menu→Preprocessor→Create→Volume→Cylinder→Partial Cylinder	通过控制圆柱体底面中心点坐标、半径和柱高的方式定义实心、空心和部分环形（通过给定中心角度）底圆柱体
CYL5, XEDGE1, YEDGE1, XEDGE2, YEDGE2, DEPTH Main Menu→Preprocessor→Create→Volume→Cylinder→By End Pts & Z	通过控制圆柱体底面直径和柱高的方式定义圆柱体
CYLINDER, RAD1, RAD2, Z1, Z2, THETA1, THETA2 Main Menu→Preprocessor→Create→Volume→Cylinder→By Dimensions	通过控制圆柱体的尺寸（底面内、外圆半径，中心角大小，柱高）来定义圆柱体

4. 棱柱体的定义

依次选择 Main Menu→Preprocessor→Create→Volume→Prism，打开如图 3-29 所示的棱柱体定义选项菜单，用于各种底面为正多边形的棱柱体的建立。

棱柱体的定义和多边形面的定义相似，只是多一步操作，即需要用户指定棱柱体的高度。

5. 球体的定义

依次选择 Main Menu→Preprocessor→Create→Volume→Sphere，打开如图 3-30 所示的

球体定义选项菜单，用于球体的建立。

图 3-29　棱柱体定义选项 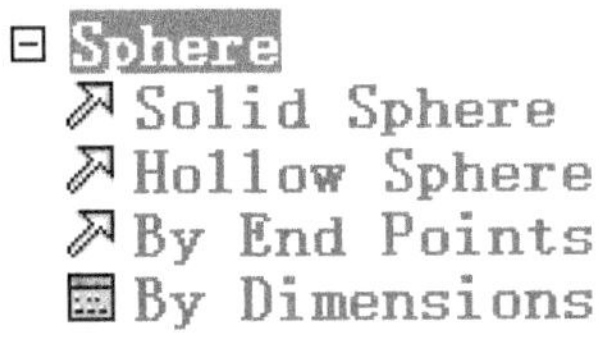　　　　图 3-30　球体定义选项

和定义圆形面相似，具体定义方法见表 3-7。其中，通过控制尺寸（By Dimensions 选项）定义空心球时将弹出如图 3-31（a）所示的对话框，用户给定相应参数就可以创建如图 3-31（b）所示的空心球效果。

表 3-7　球体的定义方法

命令及菜单操作	意　义
SPH4, XCENTER, YCENTER, RAD1, RAD2 Main Menu→Preprocessor→Create→Volume→Sphere→Solid Sphere Main Menu→Preprocessor→Create→Volume→Sphere→Hollow Sphere	通过控制球体中心点坐标和半径的方式定义实心或者空心（通过给定中心角度）球体
SPH5, XEDGE1, YEDGE1, XEDGE2, YEDGE2 Main Menu→Preprocessor→Create→Volume→Sphere→By End Points	通过控制球体直径的方式定义球体
SPHERE, RAD1, RAD2, THETA1, THETA2 Main Menu→Preprocessor→Create→Volume→Sphere →By Dimensions	通过控制球体的尺寸（内、外圆半径，中心角大小）来定义球体

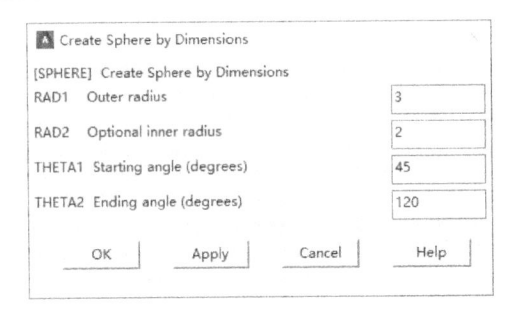

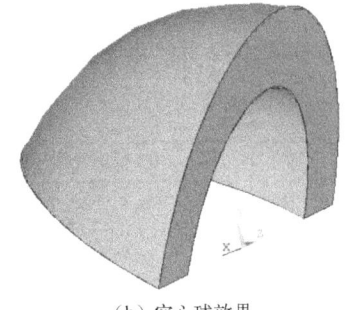

（a）定义空心球的相关参数　　　　（b）空心球效果

图 3-31　空心球的创建

6．圆锥体的定义

依次选择 Main Menu→Preprocessor→Create→Volume→Cone，打开如图 3-32 所示的圆锥体定义选项菜单，用于圆锥体的建立。

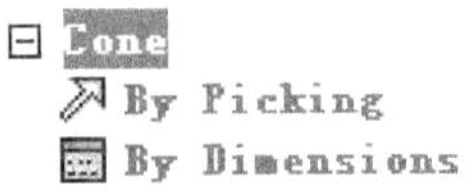

图 3-32　圆锥体定义选项

圆锥体（包括圆台）的定义有两种方式：一是通过 By Picking 选项，即在图形窗口用鼠

标直接定义，指定圆锥体上、下底面的半径和圆锥高度；二是通过 By Dimensions 选项，通过对话框来控制圆锥体的尺寸（上、下底面圆半径，中心角大小），以定义圆锥体和部分圆锥体。

7．圆环体的定义

命令格式：**TORUS，RAD1，RAD2，RAD3，THETA1，THETA2**

菜单操作：**Main Menu→Preprocessor→Create→Volume→Torus**

通过对如图 3-33（a）所示的对话框给定半径参数（实心、空心）、转角参数（圆环体或者部分圆环体），就可以得到如图 3-33（b）所示的圆环体效果。

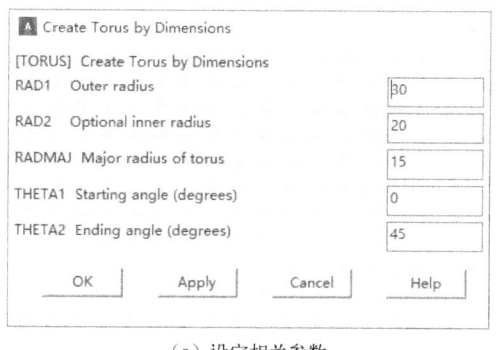

（a）设定相关参数　　　　　　　　　　　（b）圆环体效果

图 3-33　圆环体的创建

8．通过拉伸和旋转面生成体

（1）由一组面沿一定的路径拉伸生成体

命令格式：**VDRAG，NA1，NA2，NA3，NA4，NA5，NA6，NLP1，NLP2，NLP3，NLP4**

菜单操作：**Main Menu→Operate→Extrude/Sweep→Along Lines**

体（volume）的建立是由一组面（NA1，…，NA6），以线段（NLP1，…，NLP6）为路径，拉伸而成，如图 3-34 所示。

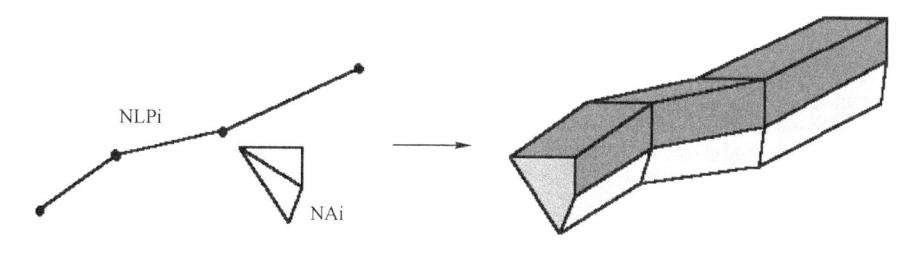

图 3-34　拉伸生成体

（2）由一组面绕指定的轴旋转生成体

命令格式：**VROTAT，NA1，NA2，NA3，NA4，NA5，NA6，PAX1，PAX2，ARC，NSEG**

菜单操作：**Main Menu→Operate→Extrude/Sweep→About Axis**

将一组面（NA1，…，NA6）绕轴 PAX1、PAX2 旋转而成柱形体，以已知面为起点，

ARC 为旋转的角度，NSEG 为整个旋转角度中欲分的数目，如图 3-35 所示。

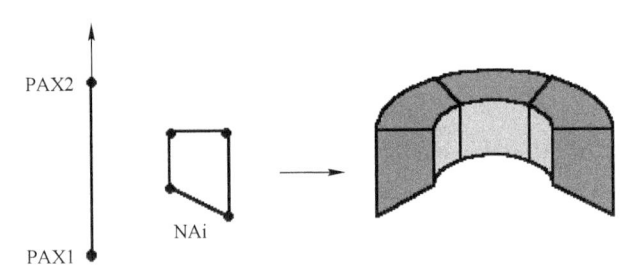

图 3-35　旋转生成体

3.3　用体素创建 ANSYS 对象

3.3.1　体素的概念

在 ANSYS 中，体素（primitive）是指预先定义好的具有共同形状的面或体。利用它可直接建立某些形状的高级对象，例如前述提到的矩形、正多边形、圆柱体、球体等，使高级对象的建立可节省很多时间，其所对应的低级对象同时产生，且系统给予最小的编号。在应用体素创建对象时，通常要结合一定的布尔操作才能完成实体模型的建立。常用的 3-D 及 3-D 体素如图 3-36 所示。

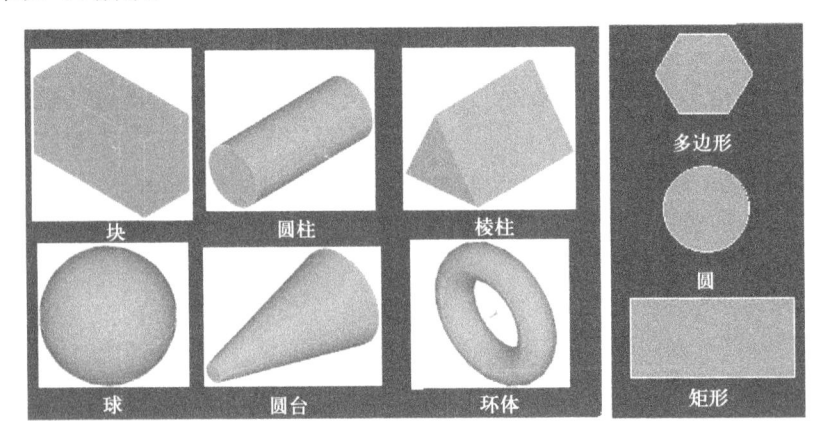

图 3-36　常用的 3-D 及 3-D 体素

需要注意的是，3-D 体素对象是具有高度的，且高度必须在 Z 轴方向，如欲在非原点坐标建立 3-D 体素对象，必须移动工作平面至所需的点上；若体素对象的高度在非 Z 轴方向，必须旋转工作平面。

上述体素创建的具体过程在前面图元对象的学习中已经讲述过了，这里不再重复。

3.3.2　布尔操作

布尔操作可对几何图元进行布尔计算，它们不仅适用于简单的图元，也适用于从 CAD

系统中导入的复杂几何模型。

依次选择 Main Menu→Preprocessor→Modeling-Operate→Booleans，打开如图 3-37 所示的布尔操作选项菜单。

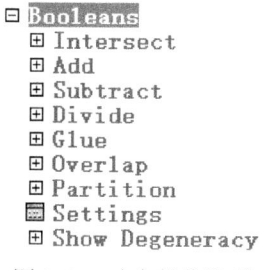

```
☐ Booleans
  ⊞ Intersect
  ⊞ Add
  ⊞ Subtract
  ⊞ Divide
  ⊞ Glue
  ⊞ Overlap
  ⊞ Partition
  ▣ Settings
  ⊞ Show Degeneracy
```

图 3-37　布尔操作选项

（1）加（Add）

把两个或者多个实体合并为一个，实现过程如图 3-38 所示，面 A1 和面 A2 经过"加"变为一个面 A3。

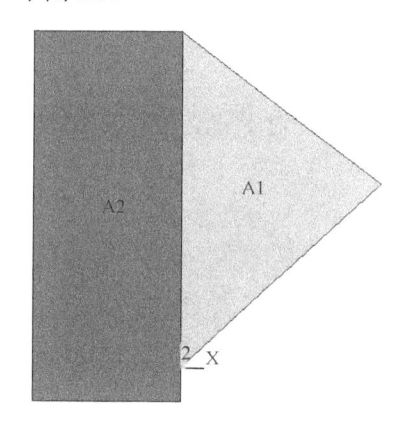

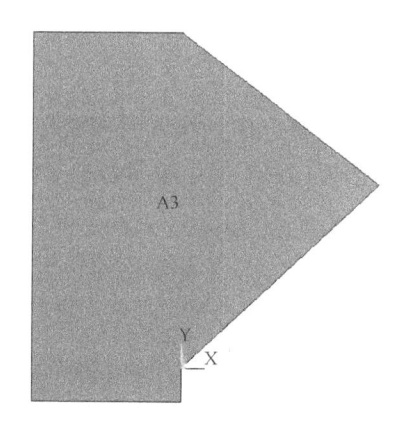

图 3-38　"加"的过程

（2）黏结（Glue）

把两个或者多个实体黏合在一起，如图 3-39 所示。两个面也成为一个面，但在其接触面上具有共同的边界。该方法在处理两个不同材料组成的实体时比较方便。

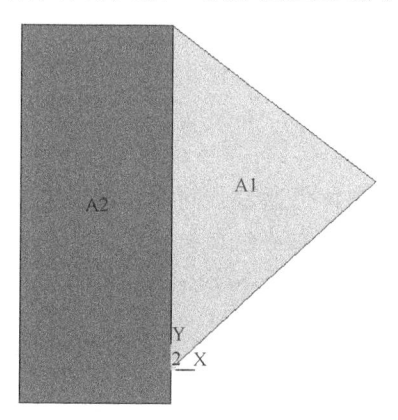

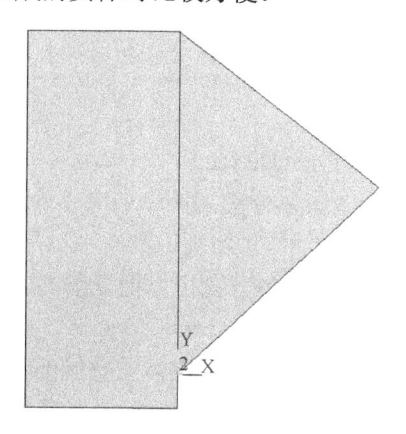

图 3-39　"黏结"的过程

(3) 搭接（Overlap）

类似于黏结运算，但要求输入的实体之间有重叠，如图 3-40 所示，搭接之后变为接触边界共有的 3 个体。

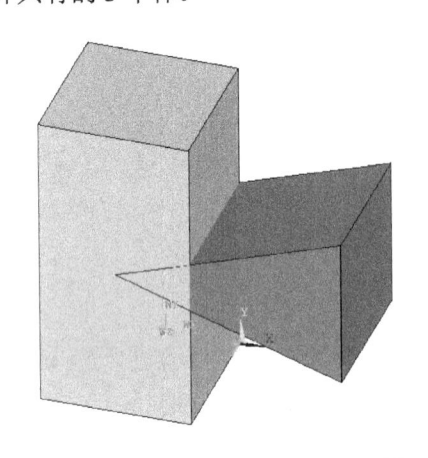

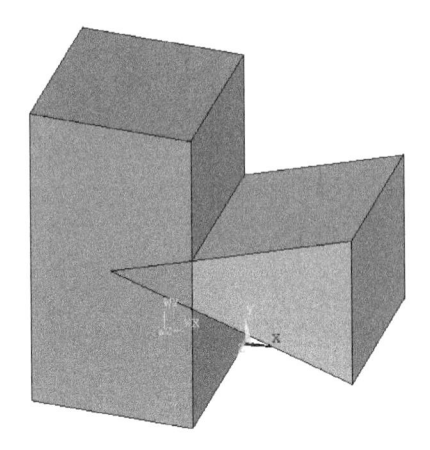

图 3-40 "搭接"的过程

(4) 减（Subtract）

删除"母体"中一块或者多块与"子体"重合的部分，对于建立带孔的实体或者准确切除部分实体比较方便，如图 3-41 所示。

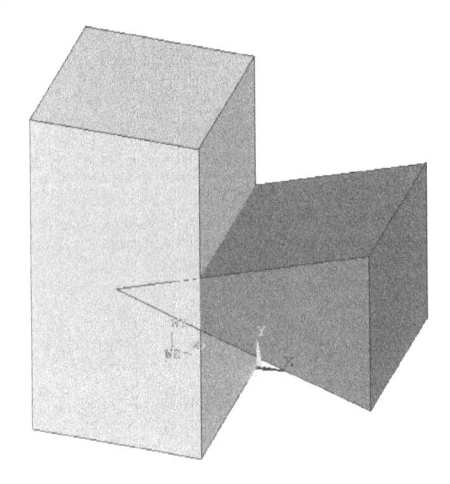

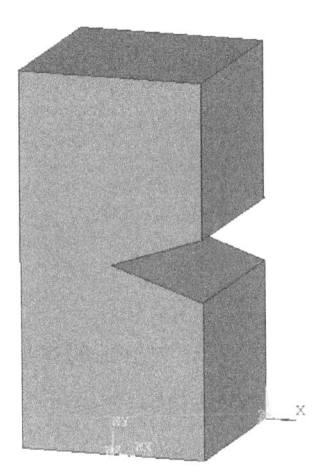

图 3-41 "减"的过程

(5) 切分（Divide）

把一个实体分割为两个或者多个，分割后得到的实体仍通过共同的边界连接在一起，如图 3-42 所示。"切割工具"可以是工作平面、自定义面或者线，甚至是体。在网格划分时，通过对实体的分割可以把复杂的实体变为简单的体，便于实现均匀网格划分。

(6) 相交（Intersect）

保留两个或者多个实体重叠的部分。如果是两个以上的实体，如图 3-43（a）所示，则有两种相交方式可供选择：一是公共相交，只保留全部实体的共有部分，如图 3-43（b）所示；二是两两相交，即保留每一对实体间共同的部分，如图 3-43（c）所示。

图 3-42 "切分"的过程

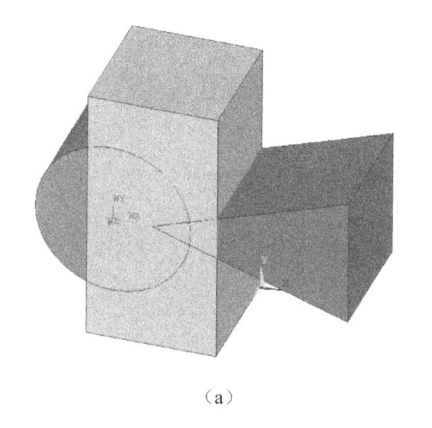

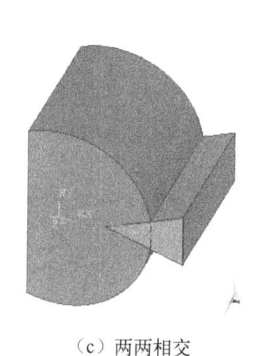

(a)　　　　　　　(b) 公共相交　　　　　　(c) 两两相交

图 3-43 "相交"的过程

（7）互分（Partition）

把两个或者多个实体相互分为多个实体，但相互之间仍通过共同的边界连接在一起。该命令在寻找两条相交线交点并保留原有线的处理时很方便，如图 3-44 所示。相交的三个体 V1、V2 和 V3，互分以后得到 7 个体。

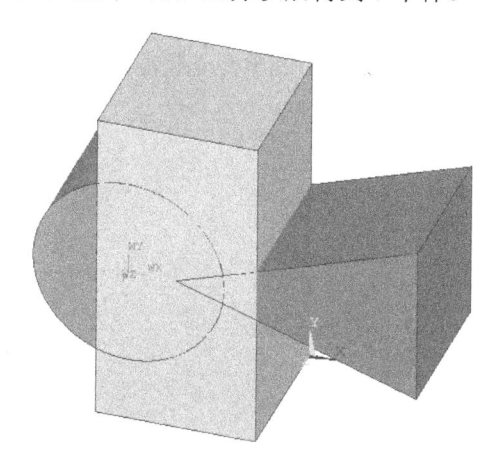

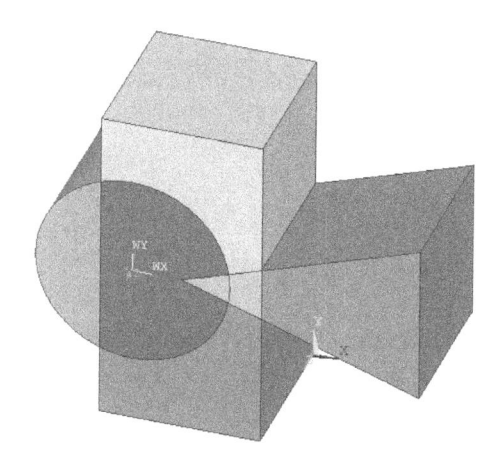

图 3-44 "互分"的过程

3.4 图元对象的其他操作

在实体模型的创建过程中，除了应用基本图元对象和体素以外，还可以根据具体情况采用其他一些操作。例如相同结构的复制、对称结构的镜像等，操作的对象可以是单个图元，也可以是组合后的实体模型。

3.4.1 移动和旋转

如果所创建的实体图元位置和方向不理想，可以通过移动和旋转来进行调整。

依次选择 Main Menu→Preprocessor→Modeling→Move/Modify，打开如图 3-45（a）所示的"移动/修改"（Move/Modify）选项。

该部分提供了图元对象移动的选项，包括点（一组点或者单个点）、线、面、体、节点等。以体为例，选择 Volumes 选项，需用户在图形窗口指定要移动的体，确定之后打开如图 3-45（b）所示的"移动体"对话框，在对话框中给定要移动的方向和距离就可以实现体的移动。

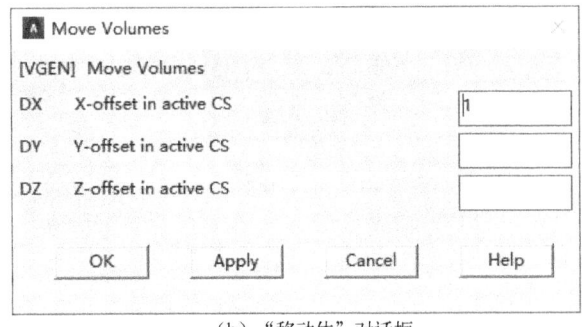

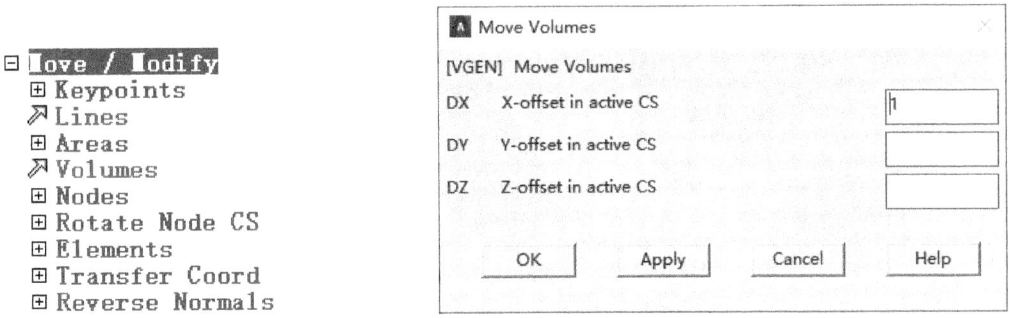

(a)"移动/修改"选项　　(b)"移动体"对话框

图 3-45 "移动/修改"选项及相关对话框

对图元对象进行旋转操作是通过如图 3-45（a）中的 Transfer Coord 选项实现的，打开后的选项如图 3-46（a）所示。仍以体为例，选择 Volumes 选项，需用户在图形窗口指定要旋转的体，确定之后打开如图 3-46（b）所示的"旋转体"对话框。从对话框中的选项要求可以看出，在进行旋转之前，需要事先定义一个局部坐标系，就是要把体旋转到什么位置。对话框中的其他选项还可以指定关键点的增量值，可以选择将体和划分后的单元一起进行旋转。

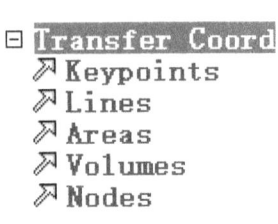

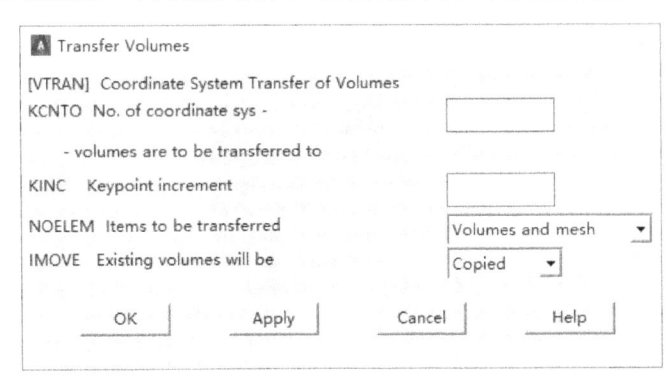

(a)"旋转"选项　　(b)"旋转体"对话框

图 3-46 "旋转"选项及相关对话框

3.4.2 复制

依次选择 Main Menu→Preprocessor→Modeling→Copy，打开如图 3-47（a）所示的"复制"选项。

仍以体为例，选择 Volumes 选项，需用户在图形窗口指定要复制的体，确定之后打开如图 3-47（b）所示的"复制体"对话框。在对话框中设置要复制的份数、复制的位置、关键点的增量值、复制内容（体或者网格）就可以实现复制。需要说明的是，如果要实现在圆周上的复制，就要将坐标系变为柱坐标系，其余操作是相同的。

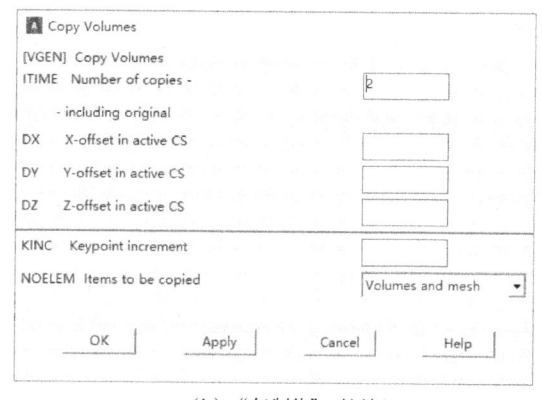

（a）"复制"选项　　　　　　　　　　（b）"复制体"对话框

图 3-47　复制图元对象

3.4.3 镜像

依次选择 Main Menu→Preprocessor→Modeling→Reflect，打开如图 3-48（a）所示的"镜像"选项。

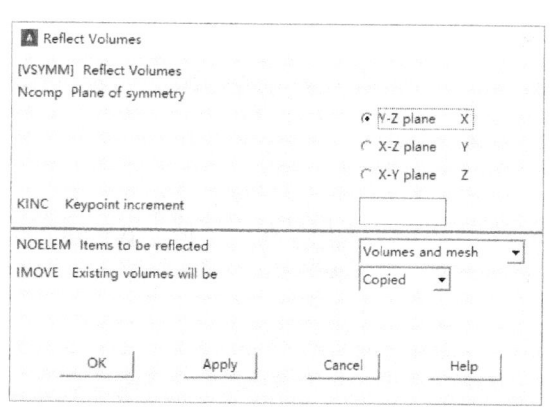

（a）"镜像"选项　　　　　　　　　　（b）"镜像体"对话框

图 3-48　镜像图元对象

仍以体为例，选择 Volumes 选项，需要用户在图形窗口指定要镜像的体，确定之后打开如图 3-48（b）所示的"镜像体"对话框。在对话框中选择对哪个面（或者沿哪个坐标轴）进行镜像、关键点的增量值、复制内容（体或者网格）就可以实现镜像。

3.4.4 删除

图元对象的删除很简单，方法如下。

菜单操作：Main Menu→Preprocessor→Modeling→Delete。

选择要删除的内容，然后在图形窗口指定目标图元就可以实现删除。需要注意的是，ANSYS 中的图元是分等级的，也就是说，如果选择只删除"体"，那么删除之后，虽然体是不存在了，但组成体的面、线、点还在；如果选择删除"体及以下图元"，那么操作之后，体及低于体的所有图元（组成体的面、线、点）就都不存在了。

3.5 实体模型的输入

用户既可以在 ANSYS 中直接创建实体模型，也可以从其他 CAD 软件包中输入实体模型。下面简要介绍如何输入一个 IGES（initial graphics exchange specification）文件。IGES 是用来把实体几何模型从一个软件包传递给另一个软件包的规范，该文件是 ASCII 码文件，很容易在计算机系统之间传递，许多大型 CAD 系统都允许传递。在 ANSYS 中，输入 IGES 文件的操作如下。

菜单操作：Utility Menu→File→Import→IGES

在弹出的对话框中保持默认选项，在第二对话框中选择想要的文件并单击 OK 按钮。

需要说明的是，使用 IGES 输入实体模型，由于选项的不同，有时可能失败，有时输入的实体模型会丢失一些信息，有时要对输入后的模型进行进一步的修改和完善。

3.6 上机指导

学习利用 ANSYS 的"体素"概念、布尔操作、图元对象的复制等方法实现"从上到下"的实体模型建立过程，以及综合运用各种方法建模的练习。了解由其他建模软件导入模型的过程。进一步熟练相关菜单的主要功能。

上机目的

创建实体的方法、工作平面的平移、旋转及布尔运算（相减、黏结、搭接、模型体素的合并）的使用等。熟悉基本图元对象的建立和"从下到上"建模的方法。

上机内容

① 点、线、面等图元对象的常用定义方法；针对图元对象的常用操作，包括布尔运算、镜像、复制、删除等；"从下到上"建立实体模型方法的运用和练习。

② 用体素创建 ANSYS 对象及对图元对象的一般操作；"从上到下"建立实体模型方法的运用。

③ 实体建模方法的综合练习。

3.6.1 实例 3.1 轴承座的分析（几何建模）

用户自定义文件夹，以"ex31"为文件名开始一个新的分析。

问题描述：图 3-49 所示为轴承座 2D 平面图及基本尺寸，在 ANSYS 中建立该轴承座的几何模型。

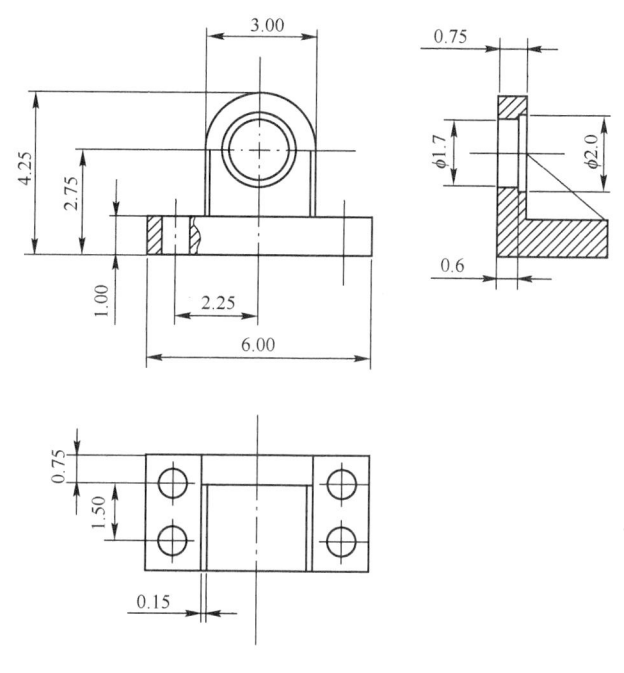

图 3-49 轴承座

1．创建基座模型

（1）生成长方体

依次选择 Main Menu→Preprocessor→Create→Block→By Dimensions，打开如图 3-50 所示的对话框，输入"x1=0，x2=3，y1=0，y2=1，z1=0，z2=3"。单击 OK 按钮，生成的长方体如图 3-51（a）所示。

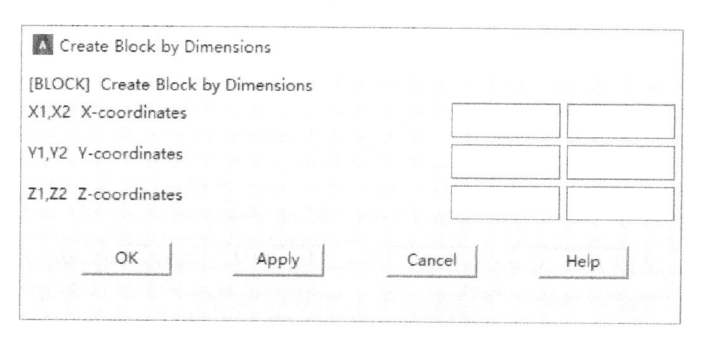

图 3-50 由尺寸控制创建长方体的对话框

(a) (b) (c)

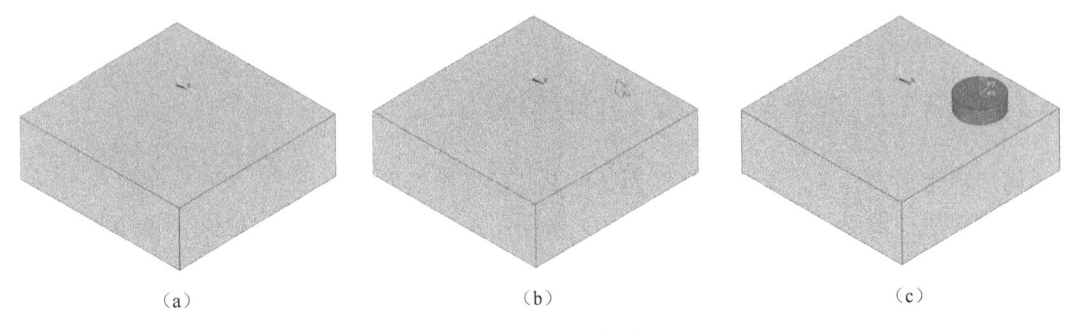

图 3-51 基座的创建

（2）平移并旋转工作平面

依次选择 Utility Menu→WorkPlane→Offset WP by Increments，在打开的浮动对话框的"X，Y，Z Offsets"中输入"2.25, 1.25, 0.75"，单击 Apply 按钮，实现工作平面的平移；在"XY，YZ，ZX Angles"中输入"0, -90, 0"，单击 OK 按钮，实现工作平面的旋转。"工作平面控制"对话框中的主要功能说明如图 3-52 所示。更改后的工作平面如 3-51（b）所示。

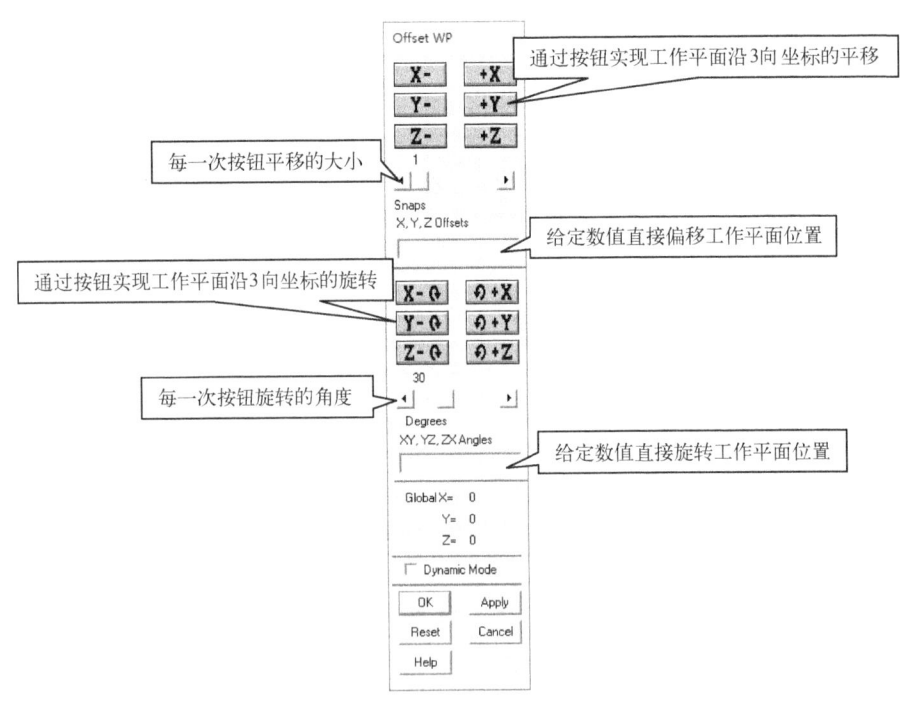

图 3-52 "工作平面控制"对话框

（3）创建圆柱体

依次选择 Main Menu→Preprocessor→Create→Cylinder→Solid Cylinder，弹出如图 3-53 所示的对话框，在 Radius 中输入"0.75/2"，在 Depth 中输入"-1.5"，单击 OK 按钮，生成如图 3-51（c）所示的圆柱体。

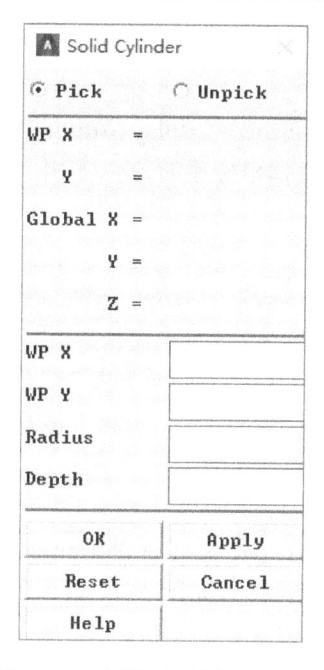

图 3-53 实体圆柱体创建对话框

（4）拷贝生成另一个圆柱体

依次选择 Main Menu→Preprocessor→Copy→Volume，弹出"拾取"对话框，用户根据指示拾取已创建的圆柱体，单击 Apply 按钮，弹出"复制体"对话框，在 DZ 位置输入"1.5"，单击 OK 按钮。

（5）从长方体中减去两个圆柱体

依次选择 Main Menu→Preprocessor→Operate→Subtract Volumes，首先拾取被减的长方体，单击 Apply 按钮，然后拾取要减去的两个圆柱体，单击 OK 按钮，结果如图 3-54（a）所示。

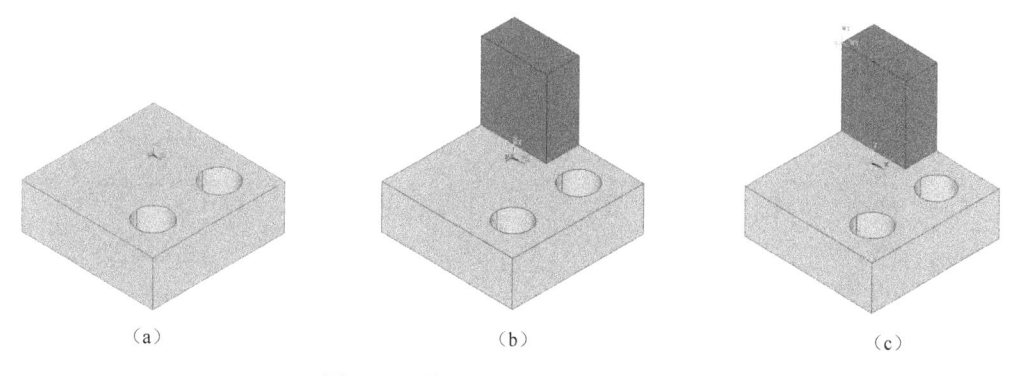

(a)　　　　　　　　　(b)　　　　　　　　　(c)

图 3-54 基座和支撑部分的创建过程

（6）使工作平面与总体笛卡儿坐标系一致

依次选择 Utility Menu→WorkPlane→Align WP with→Global Cartesian，操作完成则将工作平面恢复到总体笛卡儿坐标的位置。

2. 创建支撑部分

（1）显示工作平面

依次选择 Utility Menu→WorkPlane→Display Working Plane（toggle on），操作完成后图形窗口即显示工作平面的位置。总体坐标系的 3 个轴用"X，Y，Z"代表，工作平面的 3 个轴用"WX，WY，WZ"代表。

（2）创建长方体块

依次选择 Main Menu→Preprocessor→Modeling-Create→Volumes-Block→By 2 corners & Z，弹出如图 3-55 所示的对话框。在参数表中输入数值：WP X=0，WP Y=1，Width=1.5，Height=1.75，Depth=0.75，单击 OK 按钮，结果如图 3-54（b）所示。

确认操作无误后，在工具栏（Toolbar）中选择"保存数据库"按钮（SAVE_DB）保存数据库文件。

（3）偏移工作平面到轴瓦支架的前表面

依次选择 Utility Menu→WorkPlane→Offset WP to→Keypoints，在刚刚创建的实体块的左上角拾取关键点，单击 OK 按钮，结果如图 3-54（c）所示。

确认操作无误后，在工具栏（Toolbar）中选择"保存数据库"按钮（SAVE_DB）保存数据库文件。

（4）创建轴瓦支架的上部

依次选择 Main Menu→Preprocessor→Modeling-Create→Volumes-Cylinder→Partial Cylinder，弹出如图 3-56 所示的对话框。在创建圆柱的参数表中输入参数：WP X=0，WP Y=0，Rad-1=0，Theta-1=0，Rad-2=1.5，Theta-2=90，Depth=-0.75，单击 OK 按钮，结果如图 3-57（a）所示。

图 3-55　由对角和高度控制长方体的对话框　　图 3-56　创建部分圆柱体的对话框

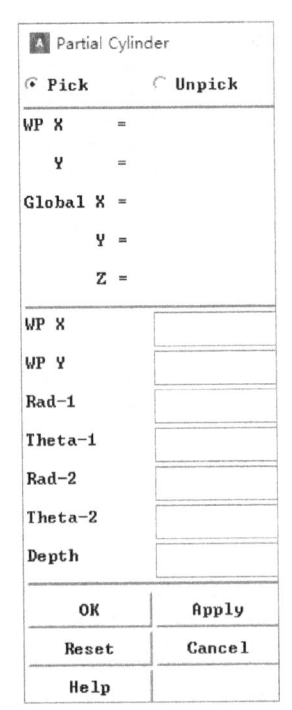

(a)　　　　　　　　　(b)　　　　　　　　　(c)

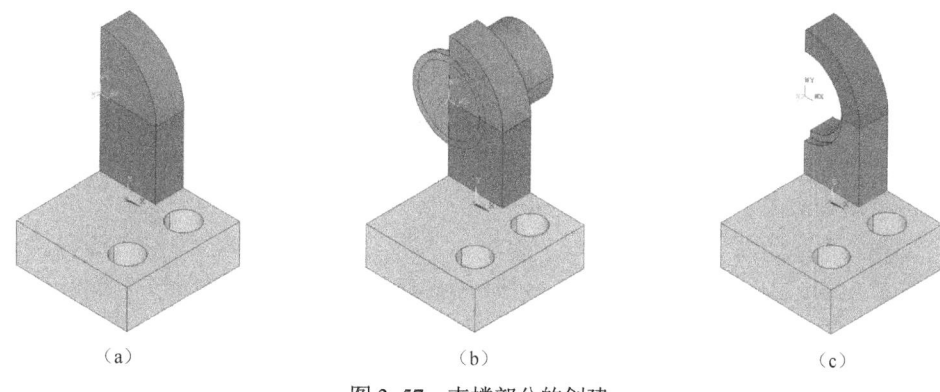

图 3-57　支撑部分的创建

确认操作无误后，在工具栏（Toolbar）中选择"保存数据库"按钮（SAVE_DB）保存数据库文件。

（5）在轴承孔的位置创建两个圆柱体为布尔操作生成轴孔做准备

依次选择 Main Menu → Preprocessor → Modeling-Create → Volume-Cylinder → Solid Cylinder，在弹出的对话框（见图 3-53）中输入参数：WP X=0，WP Y=0，Radius=1，Depth=-0.15；单击 Apply 按钮，输入参数：WPX=0，WPY=0，Radius=0.85，Depth=-2，单击 OK 按钮，完成大小两个圆柱体的创建。结果如图 3-57（b）所示。

（6）从轴瓦支架"减"去圆柱体形成轴孔

依次选择 Main Menu→Preprocessor→Modeling-Operate→Subtract→Volumes，拾取构成轴瓦支架的两个体，作为布尔"减"操作的母体，单击 Apply 按钮；拾取大圆柱作为要"减"去的对象，单击 Apply 按钮。

再次拾取构成轴瓦支架的两个体，单击 Apply 按钮；拾取小圆柱体作为要"减"去的对象，单击 OK 按钮。结果如图 3-57（c）所示。

确认操作无误后，在工具栏（Toolbar）中选择"保存数据库"按钮（SAVE_DB）保存数据库文件。

（7）合并重合的关键点

依次选择 Main Menu→Preprocessor→Numbering Ctrls→Merge Items，弹出如图 3-58 所示的对话框。将 Label 设置为"Keypoints"，单击 OK 按钮。

图 3-58　合并选项的对话框

3. 创建筋板部分

（1）在底座的上部前面边缘线的中点建立一个关键点

依次选择 Main Menu→Preprocessor→Modeling-Create→Keypoints→KP between KPs，拾取底座的上部前面边缘线的两个关键点，单击 OK 按钮。在弹出的对话框中输入 RATI=0.5，单击 OK 按钮。

（2）创建一个三角面

依次选择 Main Menu→Preprocessor→Modeling-Create→Areas-Arbitrary→Through KPs，拾取上述新建的关键点，拾取轴承孔座与整个基座的交点，拾取轴承孔上下两个体的交点，单击 OK 按钮，由选中的 3 个点创建三角形面。

（3）沿面的法向拖拉三角面形成一个三棱柱

依次选择 Main Menu→Preprocessor→Modeling-Operate→Extrude→Areas-Along Normal，拾取新建的三角形面，单击 OK 按钮，弹出如图 3-59 所示的对话框。输入 DIST=-0.15，厚度的方向指向轴承孔中心，单击 OK 按钮。

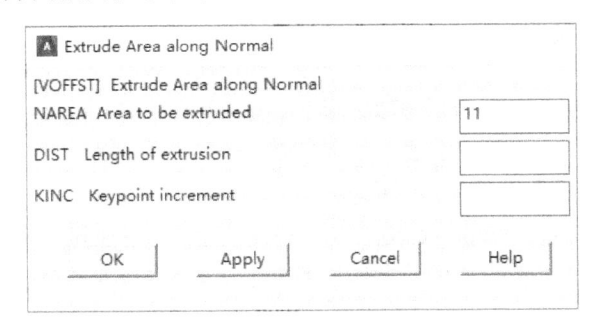

图 3-59　定义拉伸长度对话框

确认操作无误后，在工具栏（Toolbar）中选择"保存数据库"按钮（SAVE_DB）保存数据库文件。

（4）关闭工作平面的显示

依次选择 Utility Menu→WorkPlane→Display Working Plane（toggle off），菜单项前面的对钩消失，即取消工作平面的显示，如图 3-60（a）所示。

4. 生成整个模型

（1）沿坐标平面镜像生成对称部分

依次选择 Main Menu→Preprocessor→Modeling-Reflect→Volumes，在弹出的"拾取"对话框中拾取 All 按钮，在弹出的对话框中拾取 Y-Z plane，单击 OK 按钮。

确认操作无误后，在工具栏（Toolbar）中选择"保存数据库"按钮（SAVE_DB）保存数据库文件。

（2）黏结所有体

依次选择 Main Menu→Preprocessor→Modeling-Operate→Booleans-Glue→Volumes，在弹出的"拾取"对话框中拾取 All 按钮，结果如图 3-60（b）所示。

确认操作无误后，在工具栏（Toolbar）中选择"保存数据库"按钮（SAVE_DB）保存数据库文件。

第3章 ANSYS 实体建模

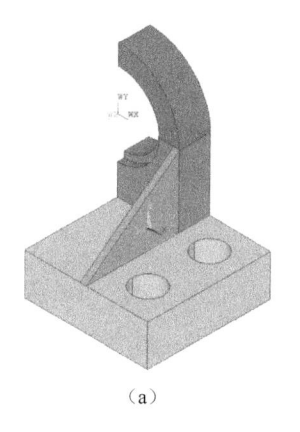

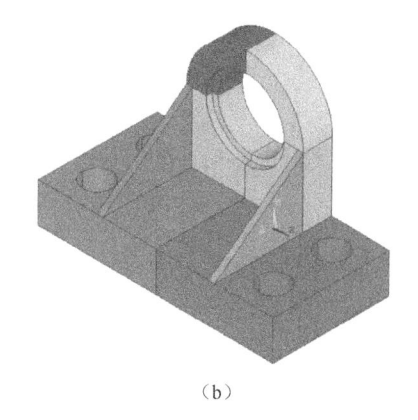

(a)　　　　　　　　　　　　(b)

图 3-60　实体模型的完成

5. 命令流

```
/PREP7
BLOCK,,3,,1,,3                          !!!!!!!!!!!!!!!生成长方体
WPOFF,2.25,1.25,0.75
WPROT,0,-90,0                           !!!!!!!!!!!!!!!偏移工作平面

CYL4, , ,0.75/2, , , ,-1.5
VSEL,S, , ,2
VGEN,2,ALL, , , , ,1.5, ,0              !!!!!!!!!!!!!!!生成两个圆柱
ALLSEL,ALL
VSBV,1,2
VSBV,4,3                                !!!!!!!!!!!!!!!生成两个圆孔
WPCSYS,-1,0                             !!!!!!!!!!!!!!!恢复到原始坐标系
WPSTYLE,,,,,,,,1                        !!!!!!!!!!!!!!!打开工作平面
BLC4, ,1,1.5,1.75,0.75                  !!!!!!!!!!!!!!!创建长方体块
KWPAVE, 20                              !!!!!!!!!!!!!!!偏移工作平面到关键点
CYL4, , , , ,1.5,90,-0.75
CYL4, , ,1, , , ,-0.15
CYL4, , ,0.85, , , ,-2
VSEL,S,,,2,3
CM, volum, VOLU
ALLSEL,ALL
VSBV, volum, 4
VSEL,S,,,6,7
CM, volum, VOLU
ALLSEL,ALL
VSBV, volum, 5                          !!!!!!!!!!!!!!!创建支撑部分
NUMMRG, KP, , , ,LOW                    !!!!!!!!!!!!!!!合并关键点
KBETW,8,7,0, RATI,0.5,
A,13,18,19
VOFFST,9,-0.15, ,                       !!!!!!!!!!!!!!!创建筋板
WPCSYS,-1,0                             !!!!!!!!!!!!!!!恢复到原始坐标系
```

```
WPSTYLE,,,,,,,,0           !!!!!!!!!!!!!!!关闭工作平面
VSYMM,X, ALL, , ,0,0       !!!!!!!!!!!!!!!镜像生成对称部分
VGLUE,ALL                  !!!!!!!!!!!!!!!黏结所有体
SAVE
FINISH
```

3.6.2 实例 3.2 轮的分析（几何建模）

用户自定义文件夹，以"ex32"为文件名开始一个新的分析，或者更改工作文件目录和名称。

根据用户自己的习惯，选择打开工作平面。

1. 旋转截面的创建

依次选择 Main Menu→Preprocessor→Modeling→Create→KeyPoints→In Active CS，创建如表 3-8 所示的 10 个关键点。

表 3-8 10 个关键点的编号和坐标值

编号	X	Y	Z	编号	X	Y	Z
1	2	0	0	6	16	6	0
2	2	3	0	7	17	6	0
3	4	3	0	8	18	0	0
4	5	1	0	9	0	0	0
5	15	1	0	10	0	5	0

依次选择 Main Menu→Preprocessor→Modeling→Create→Lines→Lines→Straight Line，弹出"点拾取"对话框，拾取关键点，连接成直线，如图 3-61（a）所示。

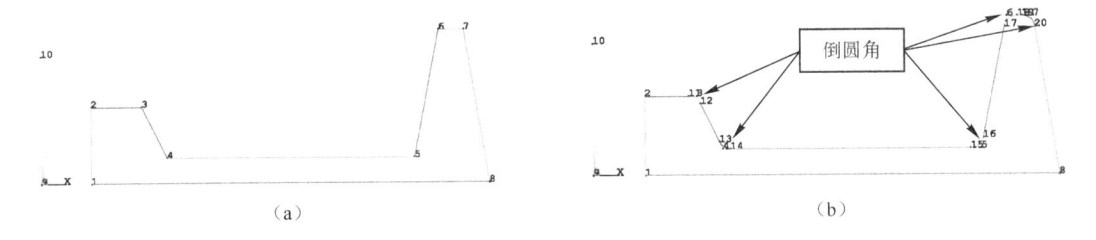

图 3-61 截面线框创建过程

依次选择 Main Menu→Preprocessor→Modeling→Create→Lines→Line Fillet，在如图 3-61（b）所示的 5 个位置倒圆角，圆角半径均为 0.5。

依次选择 Main Menu→Preprocessor→Modeling→Create→Areas→Arbitrary→By Lines，弹出"拾取线"对话框，选择"LOOP"，然后拾取任意直线，单击 OK 按钮，生成由线围成的面。

依次选择 Main Menu→Preprocessor→Modeling→Reflect→Areas，将新生成的面相对于 Y 轴镜像。

依次选择 Main Menu→Preprocessor→Modeling→Operate→Booleans→Add→Areas，弹出

"拾取面"对话框,单击 Pick All 按钮,再单击 OK 按钮,结果如图 3-62(a)所示。

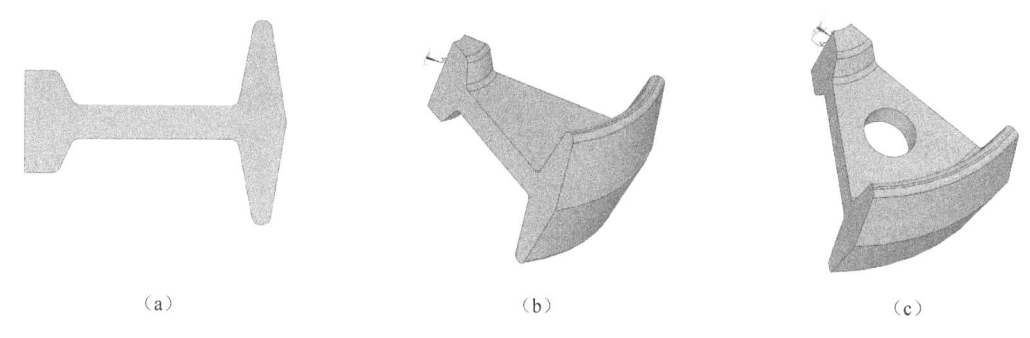

(a)　　　　　　　　　　(b)　　　　　　　　　　(c)

图 3-62　1/8 扇区实体创建过程

2. 1/8 扇区实体的创建

依次选择 Main Menu→Preprocessor→Modeling→Operate→Extrude→Areas→About Axis,弹出"拾取面"对话框,拾取新生成的面,单击 Apply 按钮,弹出"拾取关键点"对话框。拾取关键点 2 和 22,单击 OK 按钮,打开如图 3-63 所示的 Sweep Areas about Axis (旋转拉伸面)对话框,在 ARC Arc length in degrees 右侧的文本框中输入旋转的角度:45°,结果如图 3-62(b)所示。

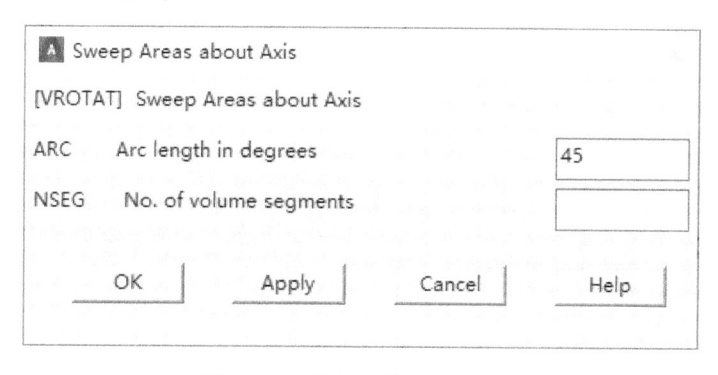

图 3-63　"旋转拉伸面"对话框

依次选择 Utility Menu→WorkPlane→Offset WP by Increments,绕 X 轴顺时针旋转 90°,沿 Z 轴负向平移 2 个单位。

依次选择 Utility Menu→Parameters→Angular Unit,打开如图 3-64 所示的 Angular Units for Parametric Functions(设置三角函数单位制)对话框,在 Units for angular 下拉列表框中选择"Degrees　DEG",单击 OK 按钮。

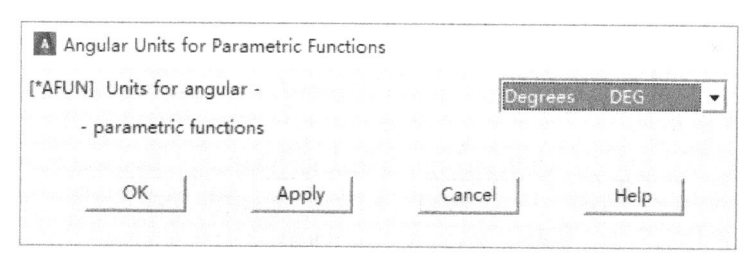

图 3-64　"设置三角函数单位制"对话框

依次选择 Main Menu→Preprocessor→Modeling→Create→Volumes→Cylinder→Solid Cylinder，在打开的对话框中，在 WP X 右侧的文本框输入圆柱底面圆心在工作平面上的 X 向坐标"10*COS（22.5）"；在 WP Y 右侧的文本框输入圆柱底面圆心在工作平面上的 Y 向坐标"10*SIN（22.5）"；在 Radius 右侧的文本框输入空心圆柱内圆半径"2"；在 Depth 右侧的文本框输入空心圆柱高度"5"，单击 OK 按钮。

依次选择 Main Menu→Preprocessor→Modeling→Operate→Booleans→Subtract→Volumes，弹出"拾取体"对话框，拾取旋转体为被减对象；单击 Apply 按钮，拾取实心圆柱体为减去体；单击 OK 按钮，结果如图 3-62（c）所示。

最后另存数据库为"ex32"。

3．完整实体的创建

依次选择 Utility Menu→WorkPlane→Offset WP by Increments，沿 X 轴正向平移 2 个单位。

依次选择 Utility Menu→WorkPlane→Local Coordinate Systems→Create Local CS→At WP Origin，打开如图 3-65 所示的 Create Local CS at WP Origin（在工作平面原点创建局部坐标系）对话框。

在 KCN Ref number of new coord sys 右侧的文本框默认局部柱坐标系编号为"11"；在 KCS Type of coordinate system 下拉列表中选择"Cylindrical 1"；其余选项默认。单击 OK 按钮。创建局部柱坐标系的同时激活为当前坐标系。

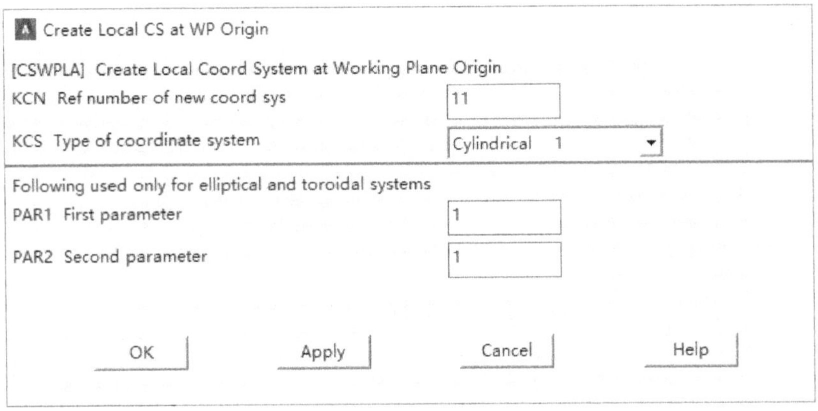

图 3-65 "在工作平面原点创建局部坐标系"对话框

依次选择 Main Menu→Preprocessor→Modeling→Copy→Volumes，选中相减后所得到的模型，单击 OK 按钮，打开"复制体"对话框，在 ITIME Number of copies 右侧的文本框输入复制的份数"8"，即复制 8 份；在 DY Y-offset in active CS 右侧的文本框输入每一复制品的 Y 向增量为"45"，即在柱坐标系的增量为 45°，如图 3-66 所示。单击 OK 按钮，结果如图 3-67（a）所示。

依次选择 Main Menu→Preprocessor→Modeling→Operate→Booleans→Add→Volumes，弹出"拾取体"对话框，单击 Pick All 按钮，再单击 OK 按钮，结果如图 3-67（b）所示。

可以适当做些清理工作，如面的合并等，结果如图 3-67（c）所示。

最后保存数据库。

第 3 章 ANSYS 实体建模

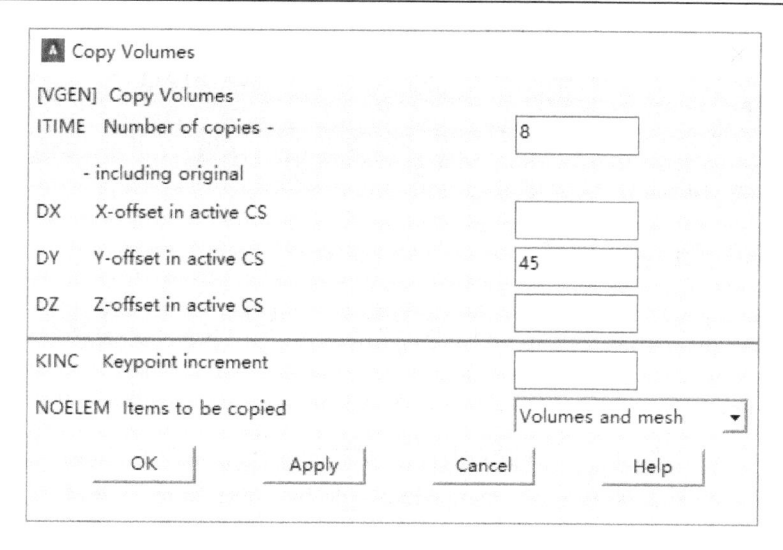

图 3-66 "复制体"对话框

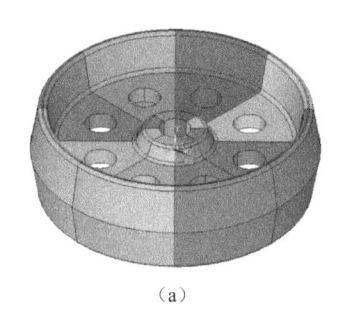

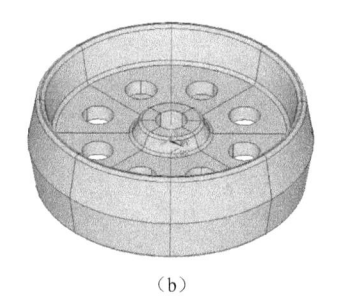

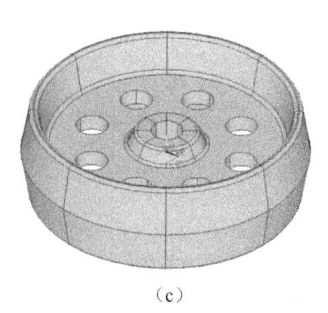

(a) (b) (c)

图 3-67 完整实体创建过程

4. 命令流

```
/PREP7
K,1,2,0,0,
K,2,2,3,0,
K,3,4,3,0,
K,4,5,1,0,
K,5,15,1,0,
K,6,16,6,0,
K,7,17,6,0,
K,8,18,0,0,
K,9,0,0,0,
K,10,0,5,0,

LSTR,1,2
LSTR,2,3
LSTR,3,4
LSTR,4,5
LSTR,5,6
LSTR,6,7
LSTR,7,8
LSTR,1,8

LFILLT,2,3,0.5,,
LFILLT,3,4,0.5,,
LFILLT,4,5,0.5,,
LFILLT,5,6,0.5,,
LFILLT,6,7,0.5,,

AL,ALL
ARSYM,Y,ALL, , , ,0,0
AADD,ALL
VROTAT,3, , , , , ,9,10,45, ,

wpro,,-90,
wpof,,,-2
```

```
*AFUN,DEG                                    VGEN,8,ALL, , , ,45, , ,0
CYL4,10*COS(22.5),10*SIN(22.5),2, , , ,5     VADD,ALL
VSBV,1,2
                                             SAVE
CSWPLA,11,1,1,1,
```

3.6.3 实例3.3 工字截面梁

用户自定义文件夹，以"ex33"为文件名开始一个新的分析，或者更改工作文件目录和名称。

1. 创建工字断面

依次选择 Main Menu → Preprocessor → Modeling → Create → Areas → Rectangle → By Dimensions，打开如图3-68所示的Create Rectangle by Dimensions（按尺寸创建矩形面）对话框。

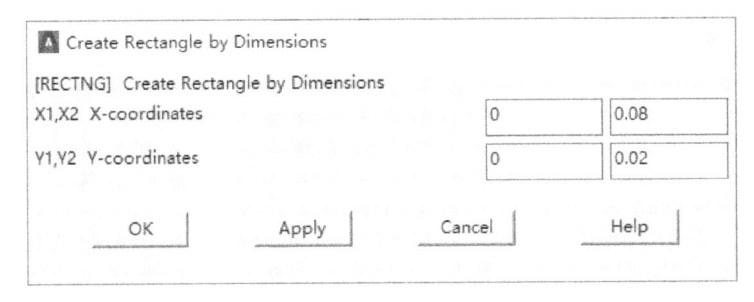

图3-68 "按尺寸创建矩形面"对话框

在X1,X2 X-coordinates右侧的文本框输入"0,0.08"，在Y1,Y2 Y-coordinates右侧的文本框输入"0,0.02"，单击Apply按钮；继续建立两个矩形面，数值大小分别为"(0,0.02)(0,0.12)""(0,0.04)(0.1,0.12)"，最后一个矩形面完成后，单击OK按钮，结果如图3-69（a）所示。

依次选择 Main Menu→Preprocessor→Modeling→Reflect→Areas，弹出"拾取面"对话框，单击Pick All按钮，再单击OK按钮，打开如图3-70所示的Reflect Areas（镜像面）对话框，在Ncomp Plane of symmetry单击按钮组中选择Y-Z plane X，即相对于X轴镜像，单击OK按钮，结果如图3-69（b）所示。

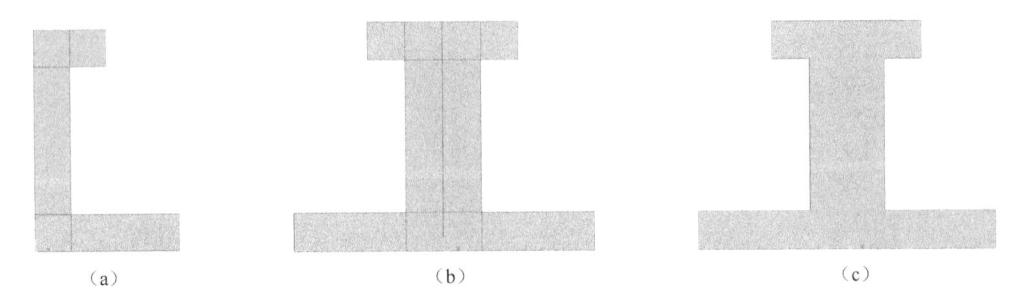

(a)　　　　　　　　　　(b)　　　　　　　　　　(c)

图3-69 工字截面生成过程

依次选择 Main Menu→Preprocessor→Modeling→Operate→Booleans→Add→Areas，弹出"拾取面"对话框，单击 Pick All 按钮，再单击 OK 按钮，生成如图 3-69（c）所示的工字截面。

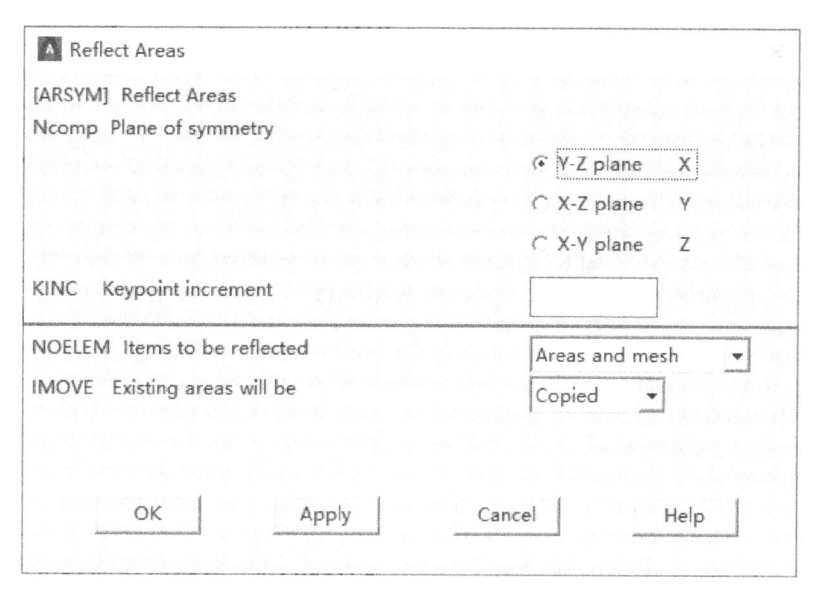

图 3-70 "镜像面"对话框

2．生成梁的轨迹

依次选择 Main Menu→Preprocessor→Modeling→Create→KeyPoints→In Active CS，创建表 3-9 所示的 5 个关键点。

表 3-9　5 个关键点的编号和坐标值

编号	X	Y	Z
100	0	0	0
200	0.1	0	0.5
300	1.0	0	1.0
400	1.5	0	2
500	0	0	3

依次选择 Main Menu→Preprocessor→Modeling→Create→Lines→Lines→Straight line，弹出"拾取关键点"对话框，鼠标拾取关键点 100、200，单击 Apply 按钮，即在关键点 100 和 200 之间建立直线；再次拾取关键点 200、300，创建第二条直线，单击 OK 按钮，完成直线的创建。

依次选择 Main Menu→Preprocessor→Modeling→Create→Lines→Splines→Spline thru KPs，弹出"拾取关键点"对话框，鼠标依次拾取关键点 300、400、500，单击 OK 按钮，生成样条曲线。新生成的 3 段曲线如图 3-71（a）所示。

(a)　　　　　　　　　　　(b)　　　　　　　　　　　(c)

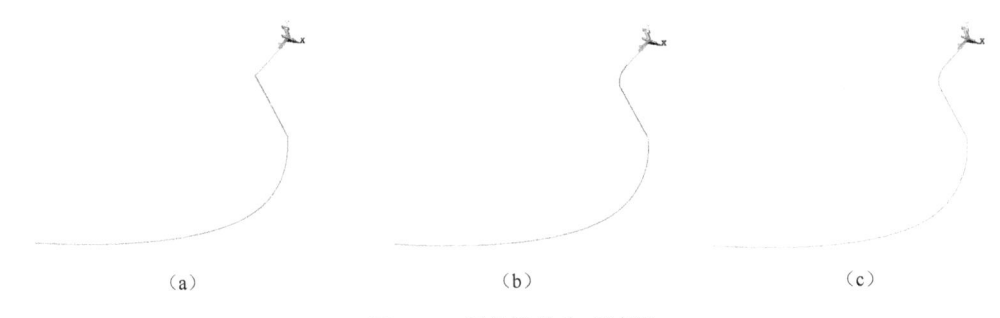

图 3-71　梁轨迹的生成过程

依次选择 Main Menu→Preprocessor→Modeling→Create→Lines→Line Fillet，弹出"拾取线"对话框，鼠标依次拾取两条直线，单击 Apply 按钮，打开如图 3-72 所示的 Line Fillet（倒圆角）对话框。

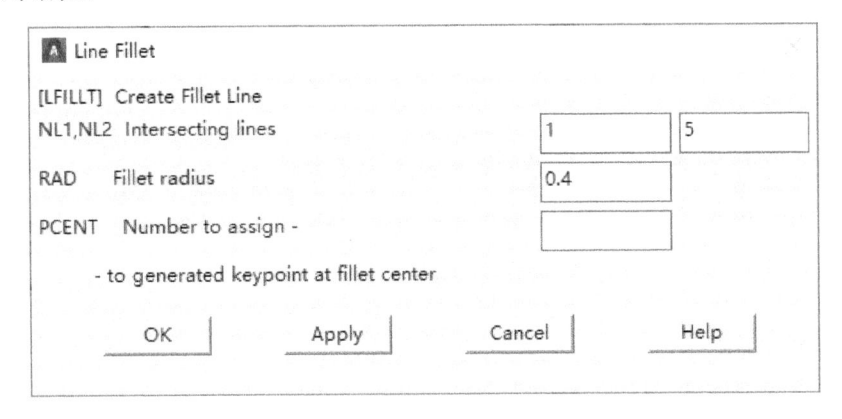

图 3-72　"倒圆角"对话框

在 RAD Fillet radius 右侧的文本框中输入倒圆角半径"0.4"，单击 Apply 按钮；再次拾取相交的样条曲线和直线，倒圆角半径为"0.4"。结果如图 3-71（b）所示。

依次选择 Main Menu→Preprocessor→Modeling→Operate→Booleans→Add→Lines，弹出"拾取线"对话框，鼠标拾取组成轨迹的所有线（注意圆角是独立的圆弧线，不要遗漏）；单击 OK 按钮，打开如图 3-73 所示的 Add Lines（线相加）对话框，单击 OK 按钮，生成如图 3-71（c）所示的工字梁的轨迹曲线。

图 3-73　"线相加"对话框

3. 工字截面梁的创建

依次选择 Main Menu → Preprocessor → Modeling → Operate → Extrude → Areas → Along Line，弹出"拾取面"对话框，鼠标拾取生成的工字截面；单击 OK 按钮，弹出"拾取线"对话框，拾取代表轨迹的曲线；单击 OK 按钮，即将工字截面沿曲线拉伸，结果如图 3-74 所示。

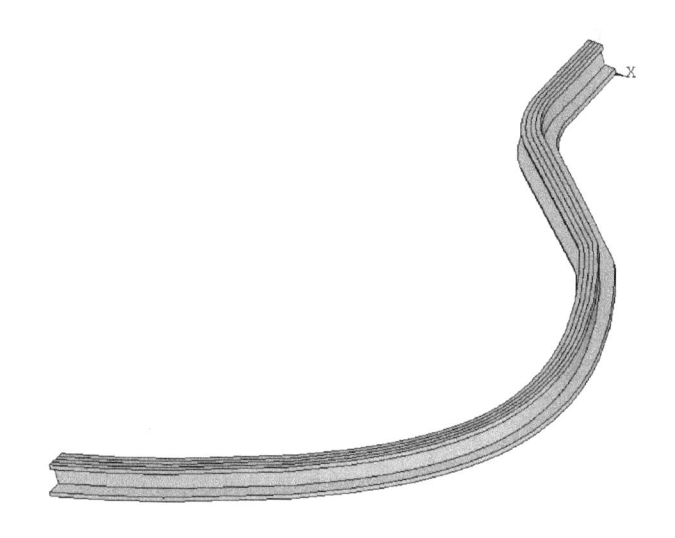

图 3-74 工字截面梁实体模型

最后保存数据库文件。

4. 命令流

```
/PREP7
RECTNG,0,0.08,0,0.02,              !创建工字梁部分截面
RECTNG,0,0.02,0,0.12,
RECTNG,0,0.04,0.1,0.12,

ARSYM,X,ALL,,,,0,0                 !镜像创建完整截面
K,100,0,0,0,                       !创建 5 个关键点
K,200,0.1,0,0.5,
K,300,1,0,1,
K,400,1.5,0,2,
K,500,0,0,3,

LSTR,100,200                       !创建 2 条直线
LSTR,200,300

KSEL,S,,,300,500                   !创建 1 条样条曲线
BSPLIN,300,400,500

LFILLT,25,26,0.4,,                 !创建曲线圆角
```

```
LFILLT,26,27,0.4,,

LSEL,S,,,25,29                    !合并曲线
LCOMB,ALL,,0

ALLSEL
VDRAG,ALL,,,,,,25                 !拉伸成形
SAVE
```

3.6.4 实例 3.4 六角圆头螺杆

用户自定义文件夹，以"ex34"为文件名开始一个新的分析，或者更改工作文件目录和名称。

问题描述：图 3-75 所示为螺杆的结构及几何尺寸，在 ANSYS 中建立几何模型。

1. 六角圆头的创建

依次选择 Main Menu→Preprocessor→Modeling→Create→Volumes→Cone→By Dimensions，打开如图 3-76 所示的 Create Cone by Dimensions（由尺寸创建圆台）对话框。

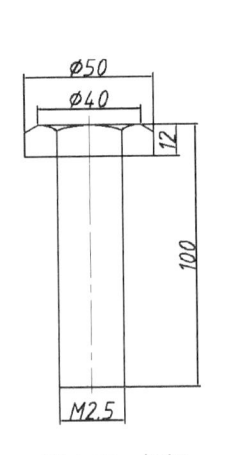

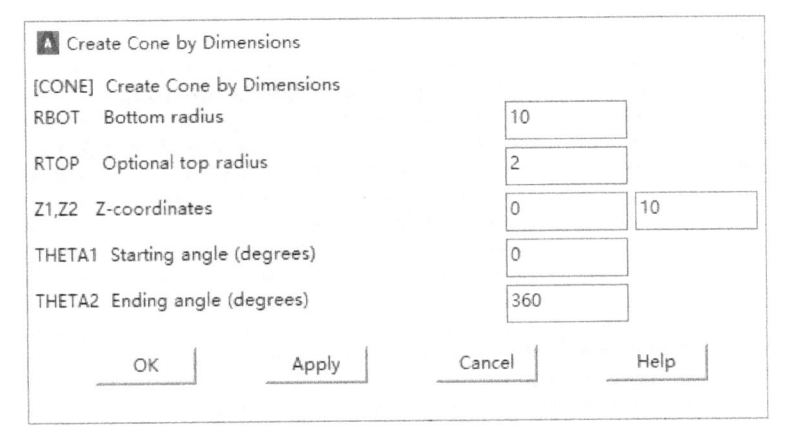

图 3-75　螺杆　　　　　　　　　图 3-76　"由尺寸创建圆台"对话框

在 RBOT　Bottom radius 右侧的文本框输入圆台底部的半径"10"；在 RTOP　Optional top radius 右侧的文本框输入圆台顶部的半径"2"；在 Z1,Z2　Z-coordinates 右侧的文本框分别输入圆台顶部、底部的 Z 向坐标，即圆台的高度；在 THETA1　Starting angle（degrees）右侧的文本框输入圆台起始角度"0"；在 THETA2　Ending angle（degrees）右侧的文本框输入圆台终止角度"360"。单击 OK 按钮，结果如图 3-77（a）所示。

依次选择 Main Menu→Preprocessor→Modeling→Create→Volumes→Prism→By Inscribed Rad，打开如图 3-78 所示的 Prism by Inscribed Radius（由内接圆半径创建棱柱）对话框，在 Z1,Z2　Z-coordinates 右侧的文本框分别输入棱柱顶部、底部的 Z 向坐标，即棱柱的高度；在 NSIDES　Number of sides 右侧的文本框输入棱柱的边数"6"，即六棱柱；在 MINRAD　Minor（inscribed）radius 右侧的文本框输入内接圆的半径"2"。单击 OK 按钮，结果如图 3-77（b）所示。

（a） （b） （c）

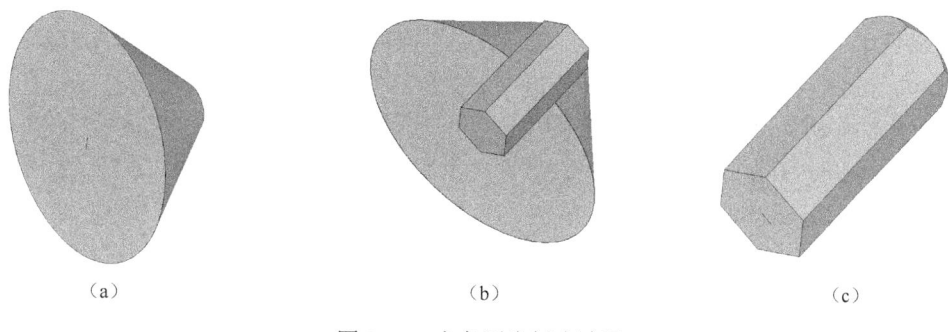

图 3-77 六角圆头创建过程

图 3-78 "由内接圆半径创建棱柱"对话框

依次选择 Main Menu → Preprocessor → Modeling → Operate → Booleans → Interaect → Common → Volumes，弹出"拾取体"对话框，单击 Pick All 按钮，再单击 OK 按钮，对圆台和六棱柱进行公共相交运算，结果如图 3-77（c）所示。

2．螺杆的创建

依次选择 Main Menu → Preprocessor → Modeling → Create → Volumes → Cylinder → By Dimensions，打开如图 3-79 所示的 Create Cylinder by Dimensions（由尺寸创建圆柱体）对话框。

图 3-79 "由尺寸创建圆柱体"对话框

在 RAD1 Outer radius 右侧的文本框输入圆柱体外圆半径"2.5";在 RAD2 Optional inner radius 右侧的文本框输入圆柱体内圆半径"1.25",即建立一个空心圆柱体;在 Z1,Z2 Z-coordinates 右侧的文本框分别输入棱柱顶部、底部的 Z 向坐标,即圆柱体的高度;在 THETA1 Starting angle(degrees)右侧的文本框输入圆柱起始角度"0";在 THETA2 Ending angle(degrees)右侧的文本框输入圆柱终止角度"360"。单击 OK 按钮,结果如图 3-80(a)所示。

依次选择 Main Menu → Preprocessor → Modeling → Operate → Booleans → Subtract → Volumes,弹出"拾取体"对话框,拾取公共相交所得体为被减对象,单击 Apply 按钮,拾取空心圆柱体为减去体,再单击 OK 按钮,结果如图 3-80(b)所示。

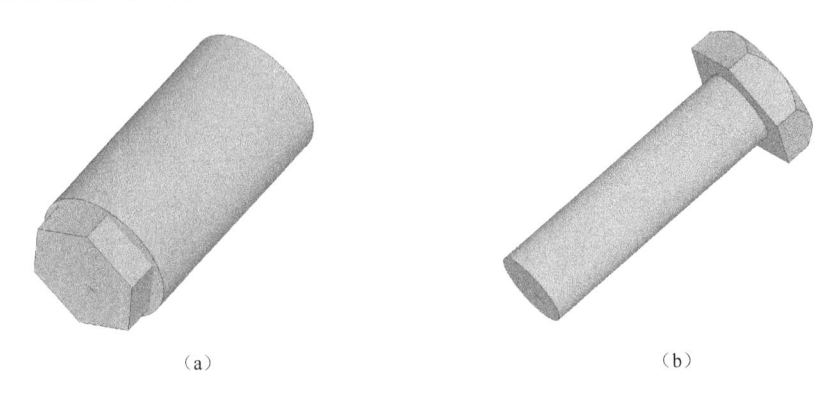

(a)   (b)

图 3-80 螺杆创建过程

3. 命令流

```
/PREP7
CONE,10,2,0,10,0,360,              ! 创建锥形圆台
RPRISM,0,10,6,,,2,                 ! 创建六棱柱
VINV,ALL                           ! 相交运算
CYLIND,2.5,1.25,0,8.8,0,360,       ! 创建空心圆柱体
VSBV,3,1                           ! 相减运算
ALLSEL
SAVE
```

3.6.5 实例 3.5 零件一

用户自定义文件夹,以"ex35"为文件名开始一个新的分析,或者更改工作文件目录和名称。

根据用户自己的习惯,选择打开工作平面。

问题描述:图 3-81 所示为零件一的结构和基本尺寸,在 ANSYS 中建立该几何模型。

第 3 章 ANSYS 实体建模

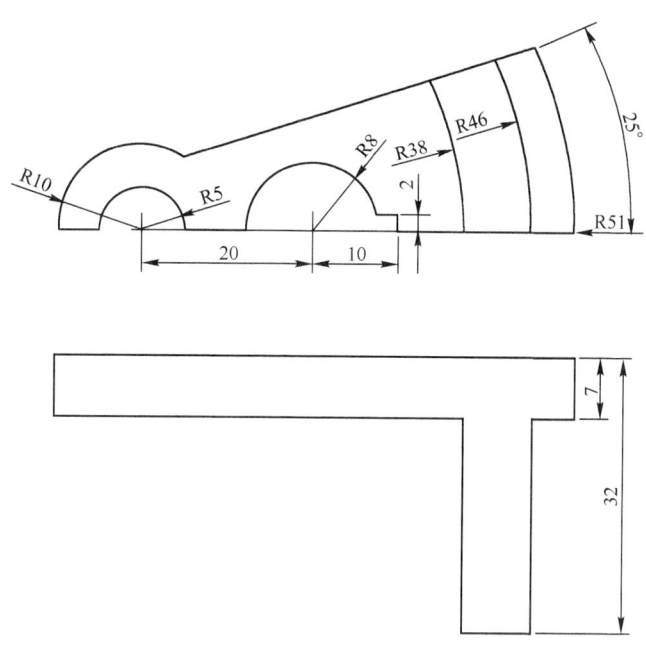

图 3-81 零件一

1. 创建复杂断面

依次选择 Main Menu→Preprocessor→Modeling→Create→Lines→Arcs→By Cent & Radius，弹出"拾取"对话框，选择 Global Cartesian，在下侧的文本框输入圆弧中心坐标"0,0,0"。单击 Apply 按钮，在文本框中输入圆弧半径"5"，单击 Apply 按钮，打开如图 3-82 所示的 Arc by Center & Radius（指定圆弧角度）对话框。

在 ARC Arc length in degrees 右侧的文本框输入圆弧角度"180"。重复上述操作生成其余圆弧，相关数值如表 3-10 所示。最后效果如图 3-83（a）所示。

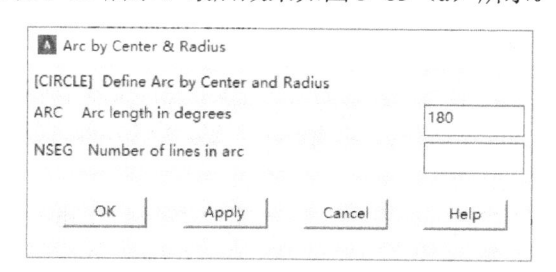

图 3-82 "指定圆弧角度"对话框

表 3-10 圆弧的相关数值

圆 心 坐 标	半　　径	圆 弧 角 度
0,0,0	38	30
0,0,0	46	30
0,0,0	51	25

依次选择 Utility Menu→WorkPlane→Offset WP by Increments，绕 Z 轴逆时针旋转 60°。

依次选择 Main Menu→Preprocessor→Modeling→Create→Lines→Arcs→By Cent & Radius，弹出"拾取"对话框，选择 WP Coordinates，在下侧的文本框输入圆弧中心坐标"0,0,0"，单击 Apply 按钮，在编辑框中输入圆弧半径"10"，单击 Apply 按钮，打开如图 3-82 所示的对话框，在 ARC Arc length in degrees 右侧的文本框输入圆弧角度"120"，单击 OK 按钮。

依次选择 Utility Menu→WorkPlane→Align WP with→Global Cartesian，复原工作平面。

依次选择 Utility Menu→WorkPlane→Offset WP by Increments，沿 X 轴正向平移工作平面 20 个单位。

（a）　　　　　　　　　　（b）

图 3-83　生成圆弧的过程

依次选择 Main Menu→Preprocessor→Modeling→Create→Lines→Arcs→By Cent & Radius，弹出"拾取"对话框，选择 WP Coordinates，在下侧的文本框输入圆弧中心坐标"0,0,0"，单击 Apply 按钮，在文本框中输入圆弧半径"8"，单击 Apply 按钮，打开"指定圆弧角度"对话框，在 ARC Arc length in degrees 右侧文本框输入圆弧角度"180"。单击 OK 按钮，结果如图 3-83（b）所示。

依次选择 Main Menu→Preprocessor→Modeling→Create→Areas→Rectangle→By 2 Corners，打开如图 3-84（a）所示的 Rectangle by 2 Corners（由两个角点生成矩形面）对话框。

在 WP X 右侧的文本框输入"0"，在 WP Y 右侧的文本框输入"0"，在 Width 右侧的文本框输入"10"，在 Height 右侧的文本框输入"2"，单击 OK 按钮，结果如图 3-84（b）所示。

依次选择 Main Menu→Preprocessor→Modeling→Delete→Areas only，弹出"拾取面"对话框，拾取矩形面，单击 OK 按钮。依次选择 Utility Menu→Plot→Replot，刷新图形窗口，结果如图 3-84（c）所示。

依次选择 Main Menu→Preprocessor→Modeling→Create→Lines→Lines→Straight line，弹出"拾取关键点"对话框，拾取相应的关键点，生成 4 条直线。上方的轮廓线需要连接最右侧圆弧上端的关键点，创建的直线如图 3-85（a）所示。

依次选择 Main Menu→Preprocessor→Modeling→Operate→Booleans→Partition→Lines，弹出"拾取线"对话框，拾取矩形线框与圆弧线相交的两条直线以及圆弧线，单击 Apply 按钮，即将两条线互分为 4 条线。拾取与内侧两圆弧线相交的两条直线，单击 OK 按钮，将四条线互分。

第 3 章 ANSYS 实体建模

（a）

（b）

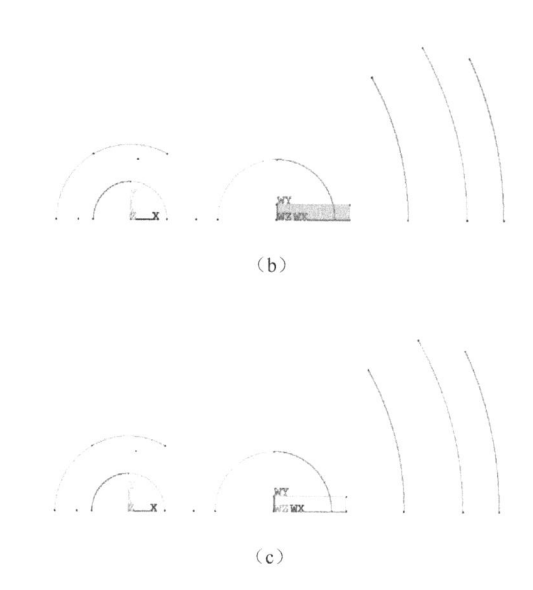

（c）

图 3-84 生成线的过程

依次选择 Main Menu→Preprocessor→Modeling→Delete→Lines and Below，弹出"拾取线"对话框，拾取不需要的线。单击 OK 按钮，结果如图 3-85（a）所示。

倒圆角

两次互分的3个位置

（a）

（b）

图 3-85 由线生成面的过程

要点提示：从删除的操作选项可以明显看出图元对象的等级之分。例如，上述操作中，指定删除了最高等级的面，而低级的线和点依然存在。指定删除线及以下图元对象时，不仅线删除了，低级的点也同时删除了。

依次选择 Main Menu→Preprocessor→Modeling→Create→Lines→Line Fillet，弹出"拾取线"对话框，鼠标依次点取斜直线与圆弧线，单击 Apply 按钮，在打开的对话框中，在 RAD Fillet radius 右侧的文本框中输入倒圆角半径"2"，单击 OK 按钮，结果如图 3-85（a）所示。

2．生成用于拉伸的两个面

依次选择 Main Menu→Preprocessor→Modeling→Create→Areas→Arbitrary→By lines，弹出"拾取线"对话框，鼠标顺时针依次点取组成底面的外侧所有轮廓线（注意，不要遗漏倒圆角底小圆弧），单击 Apply 按钮；然后顺时针拾取组成凸台面的所有轮廓线，单击 OK 按钮。

依次选择 Utility Menu→PlotCtrls→Numbering，打开如图 3-86 所示的 Plot Numbering Controls（符号显示控制）对话框，将 AREA　Area numbers 右侧的复选框选中，即表示打开面的编号，如图 3-85（b）中的面 A1 和面 A2。

图 3-86 "符号显示控制"对话框

要点提示："符号显示控制"对话框用于控制是否显示图元对象的编号及显示方式。该对话框中的"Off/On"复选框用于控制编号是否显示，可以选择其中一个，例如上述的"面"，即打开面编号显示；如果同时选择"面"和"线"，则"面"和"线"都显示相应的编号。Numbering shown with 下拉列表框用于控制显示的方式，目前状态是 Colors & numbers，即图元对象同时以编号和颜色区分。

3. 生成实体

依次选择 Main Menu→Preprocessor→Modeling→Operate→Extrude→Areas→Along Normal，弹出"拾取面"对话框，拾取面 A1，单击 Apply 按钮，打开如图 3-87 所示的 Extrude Area along Normal（沿法向拉伸面）对话框。

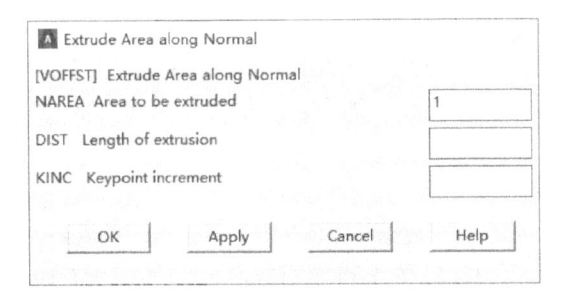

图 3-87 "沿法向拉伸面"对话框

在 DIST Length of extrusion 右侧的文本框输入拉伸的厚度"7",单击 Apply 按钮,结果如图 3-88(a)所示;继续拾取面 A2,拉伸厚度"25",单击 OK 按钮,结果如图 3-88(b)所示。

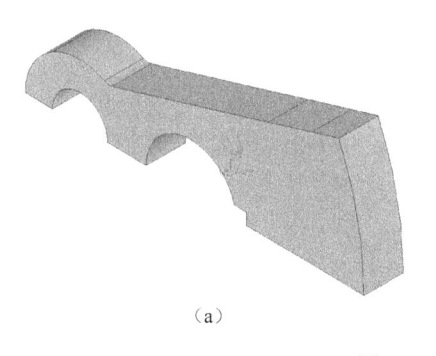

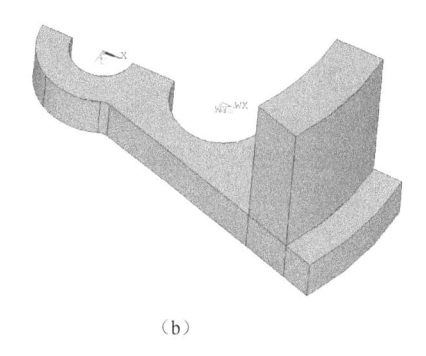

(a)　　　　　　　　　　　　　(b)

图 3-88　拉伸生成体的过程

最后保存数据库文件。

4. 命令流

```
/PREP7
K,100,0,0,0,          !创建两个关键点
K,200,20,0,0,

CIRCLE,100,5,,,180,,  !创建圆弧线
CIRCLE,100,38,,,30,,
CIRCLE,100,46,,,30,,
CIRCLE,100,51,,,25,,
CIRCLE,100,10,,,180,3,
LDELE,6,,,1

wpof,20
CIRCLE,200,8,,,180,,

BLC4,0,0,10,2         !创建矩形
ADELE,1    !删除矩形面,保留线、点部分

LSTR,3,13             !创建直线
LSTR,1,15
LSTR,11,9
LSTR,17,8

LSEL,S,,,3,4          !分割直线
LSEL,A,,,16
LPTN,ALL

LSEL,S,,,6
LSEL,A,,,10
LSEL,A,,,12
LPTN,ALL

LSTR,4,6

LSEL,S,,,3,4          !删除多余线
LSEL,A,,,13
LSEL,A,,,16
LSEL,A,,,19
LSEL,A,,,21
LSEL,A,,,27
LDELE,ALL,,,1

LSEL,S,,,7            !创建圆角
LSEL,A,,,23
LFILLT,7,23,2,,

LSEL,S,,,1,3          !创建底面
LSEL,A,,,5
LSEL,A,,,7,9
LSEL,A,,,11
LSEL,A,,,14,15
LSEL,A,,,17
LSEL,A,,,22,26
AL,ALL

LSEL,S,,,6            !创建凸台面
LSEL,A,,,18
LSEL,A,,,20
```

```
LSEL,A,,,24                              VOFFST,2,25, ,
AL,ALL
                                         ALLSEL
VOFFST,1,7, ,        ! 拉伸成型            SAVE
```

3.6.6 实例 3.6 零件二

用户自定义文件夹，以"ex36"为文件名开始一个新的分析，或者更改工作文件目录和名称。

根据用户自己的习惯，选择打开工作平面。

问题描述：图 3-89 所示为零件二的结构和基本尺寸，在 ANSYS 中建立几何模型。

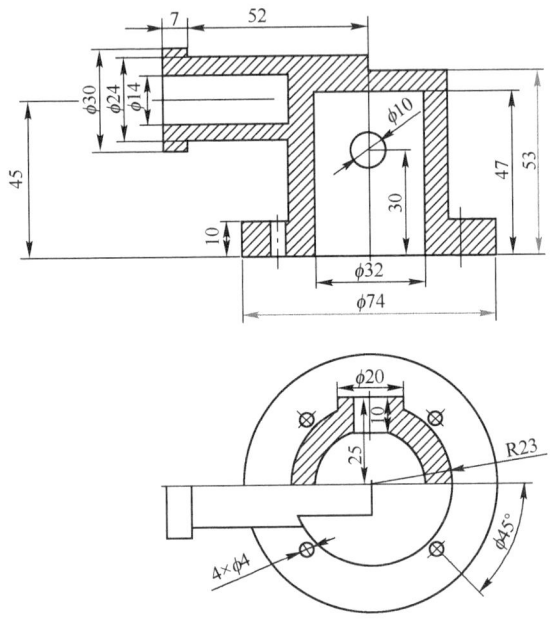

图 3-89 零件二

1．底部的创建

依次选择 Main Menu→Preprocessor→Modeling→Create→Volumes→Cylinder→Hollow Cylinder，打开如图 3-90（a）所示的 Hollow Cylinder（空心圆柱体）对话框。在 WP X 右侧的文本框输入圆柱底面圆心在工作平面上的 X 向坐标"0"；在 WP Y 右侧的文本框输入圆柱底面圆心在工作平面上的 Y 向坐标"0"；在 Rad-1 右侧的文本框输入空心圆柱内圆半径"16"；在 Rad-2 右侧的文本框输入空心圆柱外圆半径"37"；在 Depth 右侧的文本框给出空心圆柱高度"10"，单击 OK 按钮。

依次选择 Utility Menu→WorkPlane→Offset WP by Increments，绕 Z 轴逆时针旋转45°。

依次选择 Main Menu → Preprocessor → Modeling → Create → Volumes → Cylinder → Solid Cylinder，打开如图 3-90（b）所示的 Solid Cylinder（实心圆柱体）对话框。在 WP X 右侧的

文本框输入圆柱底面圆心在工作平面上的 X 向坐标"26.5";在 WP Y 右侧的文本框输入圆柱底面圆心在工作平面上的 Y 向坐标"0";在 Radius 右侧的文本框输入实心圆柱半径"2";在 Depth 右侧的文本框输入实心圆柱高度"15",单击 OK 按钮。

(a) "空心圆柱体"对话框   (b) "实心圆柱体"对话框

图 3-90　创建柱体

💡**要点提示**：使用"空心圆柱体"对话框创建的空心圆柱体与工作平面的位置密切相关，而且创建的圆柱体的底面在工作平面的"X-Y"平面上，且 Z 向坐标为零。与"由尺寸创建圆柱体"对话框创建的空心圆柱体可以达到等效的作用，而"实心圆柱体"对话框创建实心圆柱体的方法也可以和利用工作平面创建实心圆柱体对话框等效。

依次选择 Main Menu→Preprocessor→Modeling→Reflect→Volumes，将小实心圆柱体相对于 Y 轴镜像，再将已有的两个小实心圆柱体相对于 X 轴镜像即可，结果如图 3-91（a）所示。

(a)　(b)　(c)

图 3-91　零件创建过程（一）

依次选择 Main Menu → Preprocessor → Modeling → Operate → Booleans → Subtract → Volumes，弹出"拾取体"对话框，拾取空心大圆柱体被减对象，单击 Apply 按钮，拾取 4 个实心小圆柱体为减去体，单击 OK 按钮。

2. 三个成角度圆柱体的创建

依次选择 Utility Menu→WorkPlane→Offset WP by Increments，将工作平面平移到 (52,0,45)；绕 Z 轴顺时针旋转 45°，再绕 Y 轴旋转 90°。

依次选择 Main Menu → Preprocessor → Modeling → Create → Volumes → Cylinder → By Dimensions，创建空心圆柱体 1，内径为 7，外径为 15，高度为 0~7；创建空心圆柱体 2，内径为 7，外径为 12，高度为 7~52，结果如图 3-91（b）所示。

依次选择 Utility Menu→WorkPlane→Align WP with→Global Cartesian，复原工作平面。

依次选择 Utility Menu→WorkPlane→Offset WP by Increments，沿 Z 轴正向平移工作平面 30 个单位；绕 Z 轴顺时针旋转 30°；绕 Y 轴顺时针旋转 90°；沿 Z 轴负向平移 25 个单位。

依次选择 Main Menu → Preprocessor → Modeling → Create → Volumes → Cylinder → By Dimensions，创建空心圆柱体 3，内径为 5，外径为 10，高度为 0~10，结果如图 3-91（c）所示。

依次选择 Utility Menu→WorkPlane→Align WP with→Global Cartesian，复原工作平面。

依次选择 Main Menu → Preprocessor → Modeling → Create → Volumes → Cylinder → Solid Cylinder，创建实心圆柱体 4，半径为 23，高度为 53；创建实心圆柱体 5，半径为 16，高度为 47，结果如图 3-92（a）所示。

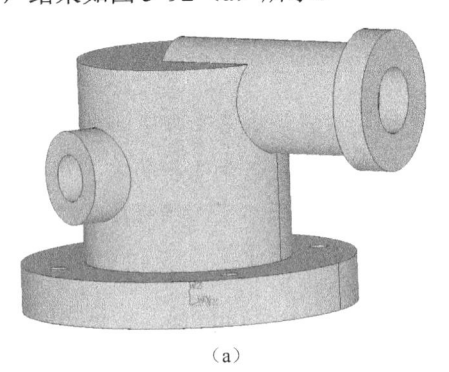

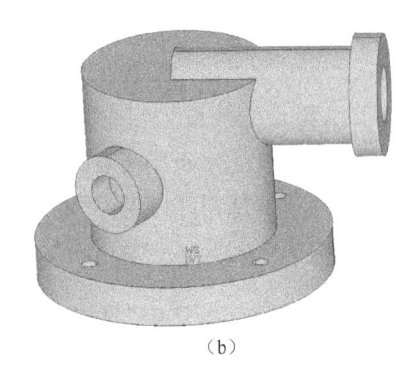

（a）　　　　　　　　　　　　　　（b）

图 3-92　零件创建过程（二）

依次选择 Main Menu→Preprocessor→Modeling→Operate→Booleans→Add→Volumes，弹出"拾取体"对话框，拾取底部实体、空心圆柱体 1、空心圆柱体 2、空心圆柱体 3、实心圆柱体 4，单击 OK 按钮。

依次选择 Main Menu → Preprocessor → Modeling → Operate → Booleans → Subtract → Volumes，弹出"拾取体"对话框，拾取相加得到的体为被减对象，单击 Apply 按钮，拾取实心圆柱体 5 为减去体，单击 OK 按钮，结果如图 3-92（b）所示。

⚜ 要点提示：利用体素创建互成一定角度的实体时，工作平面的平移和旋转是不可缺少的，因为体素的定义与工作平面相关，即体素的基本参数都是相对于工作平面定义的。

3．命令流

```
/PREP7
CYL4,0,0,16, ,37, ,10              ！创建空心圆柱体
wpro,45,,                          ！工作平面绕 Z 轴逆时针旋转 45°
CYL4,26.5,0,2, , , ,15             ！创建小实心圆柱体

VSEL,S,,,2                         ！创建小实心圆柱体镜像
VSYMM,Y,ALL, , , ,0,0
VSEL,S,,,2,3
VSYMM,X,ALL, , , ,0,0

ALLSEL
VSBV,1,ALL                         ！模型相减

K,100,52,0,45,                     ！创建关键点
KWPAVE,100                         ！工作平面移动、旋转
wpro,-45,,
wpro,,,-90

CYLIND,7,15,0,7,0,360,             ！创建空心圆柱体
CYLIND,7,12,7,52,0,360,

WPCSYS,-1,0                        ！工作平面移动、旋转
wpof,,,30
wpof,,-15,
wpro,,90,

CYLIND,5,10,0,10,0,360,            ！创建空心圆柱体

WPCSYS,-1,0

CYL4, , ,23, , , ,53               ！创建实心圆柱体
CYL4, , ,16, , , ,47

VSEL,S,,,1,4
VSEL,A,,,6
VADD,ALL                           ！模型相加
ALLSEL
VSBV,7,5                           ！模型相减

SAVE
```

3.7　检测练习

练习 3.1　零件三的建模

综合运用实体建模方法实现如图 3-93 所示的实体模型。

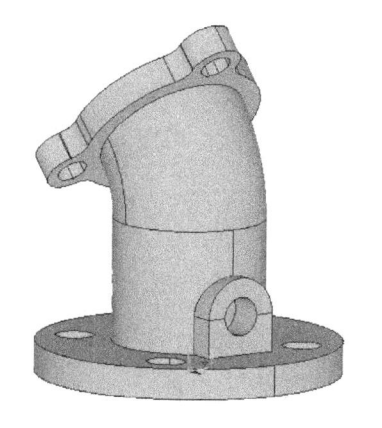

图 3-93　零件三

1．创建底座

① 创建空心圆柱体 1（相关尺寸：40,15,0,8,0,360）。

② 创建关键点 100（坐标值：0,0,0）和关键点 200（坐标值：50,50,0），在两点之间创建关键点 300（距离点 100 为 30）。

③ 偏移工作平面到关键点 300，并旋转（角度值：45,0,0）工作平面。

④ 创建实心圆柱体 1（相关尺寸：5,0,0,10,0,360），映射圆柱体 1 到其他 3 个位置。

⑤ 从空心圆柱体 1 中减去 4 个小圆柱体，删除关键点 100、200、300。

2．创建中间部分

① 复原工作平面到整体坐标系原点，创建空心圆柱体 2（相关尺寸：20,15,8,40,0,360）。

② 创建关键点 200（坐标值：-30,0,40），偏移工作平面到该点，并旋转（角度值：0,90,0）工作平面。

③ 创建环状体（相关尺寸：30,20,15,0,45），将所有体相加。

3．创建上部分

① 取顶面圆心为关键点 300（KBETW,68,70,300,RATI,0.5），偏移工作平面到该点，并旋转（角度值：45,0,0）、（角度值：0,-90,0）工作平面两次。

② 删除辅助关键点 200、300，创建空心圆面 1（相关尺寸：25,15,0,360）。

③ 平移工作平面（平移值：28,0,0），创建两个实心圆面（相关尺寸：7,0,0,360 及 4,0,0,360）。

④ 从大的实心圆面减去小的实心圆面，并将得到的面与空心圆面 1 相加。

⑤ 倒圆角（半径 5），新增部分由线生成面，并与现有面合并。

⑥ 依次对工作平面进行平移（平移值：-28,0,0）、旋转（角度值：-120,0,0）、平移（平移值：28,0,0），创建两个实心圆面（相关尺寸：7,0,0,360 及 4,0,0,360）；减去小圆面，并将两面相加；倒圆角（半径：5），新增部分由线生成面，并与现有面合并。

⑦ 重复步骤⑥。

⑧ 沿法线方向拉伸新建好的面，高度为 8 个单位。

4．创建右侧部分

① 复原工作平面，平移（平移值：24,0,18）、旋转（角度值：0,0,90）工作平面。

② 创建块状体（相关尺寸：0,10,-10,10,-8,0）和圆柱体（10,0,-8,0,90,270），将所有体相加。

③ 创建圆柱体（相关尺寸：5,0,-12,0,0,360），减去圆柱体。

练习 3.2 零件四的建模

综合运用实体建模方法实现如图 3-94 所示的实体模型。

1．创建基座

① 创建块状体 1（相关尺寸：0,20,-20,20,0,35）和圆柱体 1（相关尺寸：20,0,0,35,90,270）。

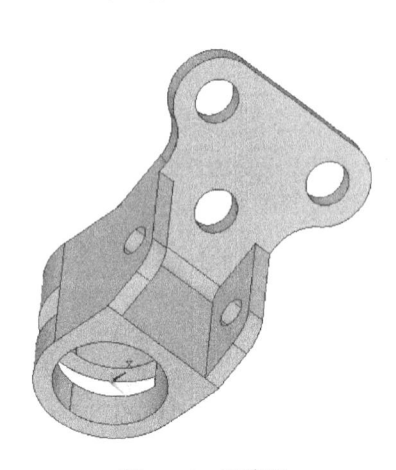

图 3-94 零件四

② 创建圆柱体 2（相关尺寸：15,0,0,40,0,360），并从块状体和圆柱体 1 中减去圆柱体 2。

③ 平移工作平面（平移值：0,0,10），创建块状体 2（相关尺寸：-20,0,-30,30,0,10），并从现有体中减去块状体 2。

2．创建倾斜部分

① 平移（平移值：20,0,25）、旋转（角度值：0,0,-30）工作平面，创建块状体 3（相关尺寸：-5,50,-20,20,-5,0）。（该块状体尺寸略大，便于与现有体结合。）

② 为了减去多余部分，用相交面切分新建块状体，将多余部分删除，然后现有的两体相加。

③ 倒圆角面，增加部分由线生成面，由面生成体，现有的 3 个体相加。

④ 平移工作平面（平移值：15,0,0），创建圆柱体 3（相关尺寸：6,0,-5,5,0,360），从现有体中减去圆柱体 3。

⑤ 平移工作平面（平移值：23,20,0），创建圆柱体 4（相关尺寸：12,0,-5,0,0,180）、圆柱体 5（相关尺寸：6,0,-5,5,0,360），将现有体与圆柱体 4 相加，并减去圆柱体 5。

⑥ 平移工作平面（平移值：0,-40,0），创建圆柱体 6（相关尺寸：6,0,-5,5,0,360）、圆柱体 7（相关尺寸：12,0,-5,0,180,360），将现有体与圆柱体 7 相加，并减去圆柱体 6。

⑦ 倒圆角面，增加部分由线生成面，由面生成体，现有的 3 个体相加。

3．创建肋板

① 将工作平面平移到关键点 4（肋板最下点），在现有工作平面上创建关键点（稍长一些，坐标值：40,0,0），两点连线。

② 将肋板左边（共 3 条线）复制（距离值：15,0,5），然后合并。

③ 4 条相交线互分，删除多余线，倒圆角。

④ 由线生成面（各线编号：75,83,107,94,95,66,78。注意不要用圆角面部分的线，否则所建面可能与现有体不相交。）

⑤ 将工作平面复原至总体坐标原点，平移（平移值：28,-20,18）、旋转（角度值：0,90,0）工作平面。

⑥ 创建圆面（相关尺寸：4,0,0,360），减去圆面。

⑦ 拉伸肋板面成体（注意法线方向决定拉伸值的正负），将生成体复制到对称位置（0,35,0），将所有体相加。

4．完善模型

将有相交面进行相加。

练习 3.3 回转类零件

基本要求：

运用"从下向上"方法创建如图 3-95（a）所示剖面的实体。

思路点睛：

① 通过创建关键点生成如图 3-95（b）所示形状的截面线框，由线生成面。

② 依次选择 Main Menu→Preprocessor→Modeling→Operate→Extrude→Areas→About Axis，绕轴旋转面生成体，如图 3-95（c）所示。需要注意的是，该操作要求事先定义轴，轴的定义不必生成线，有两个关键点即可。

(a) (b) (c)

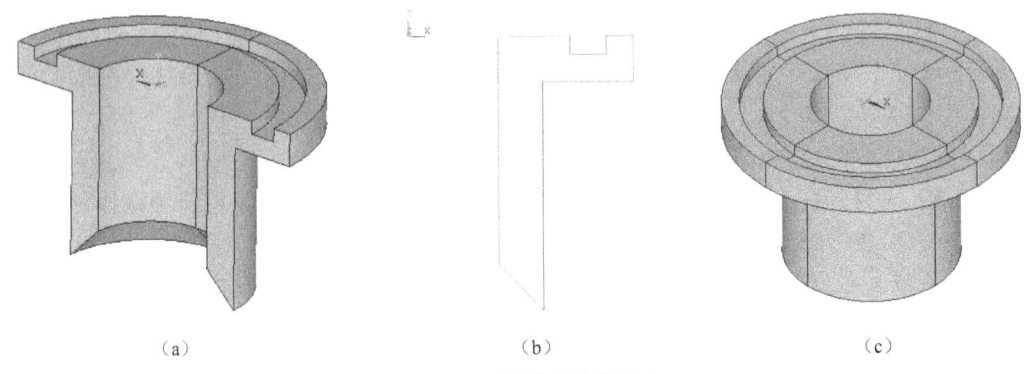

图 3-95 回转类零件的创建

练习 3.4 列车轮轨

基本要求：

① 创建如图 3-96（a）所示的截面形状的铁轨踏面，并拉伸成体。

② 创建如图 3-96（b）所示的列车车轮的实体模型。

③ 创建如图 3-96（c）所示的轮轨关系。

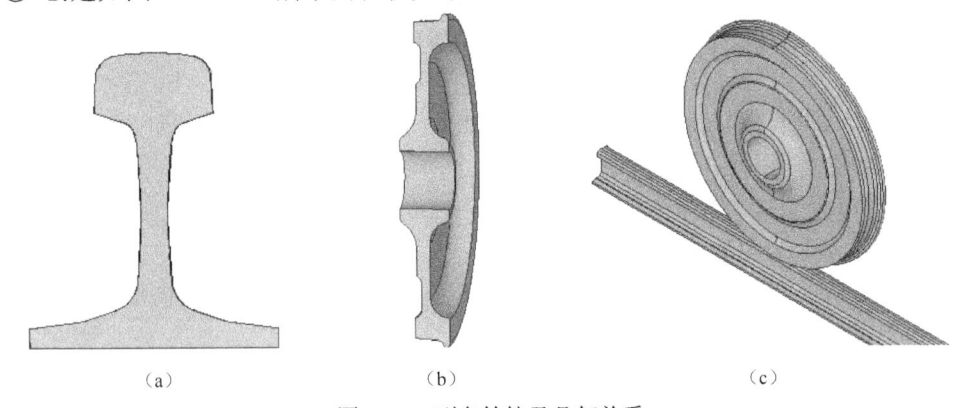

(a) (b) (c)

图 3-96 列车轮轨及几何关系

思路点睛：

① 由于列车轮轨形状复杂，在 ANSYS 中直接建模并不是很方便，可以采用其他建模软件完成建模，并保存为 IGES 文件。

② 依次选择 Utility Menu→File→Import→IGES，打开如图 3-97 所示的 Import IGES File（导入 IGES 文件）对话框，单击 OK 按钮，即选择默认选项。打开如图 3-98 所示的 Import IGES File（指定 IGES 文件）对话框，单击 Browse 按钮，选择已经创建的 IGES 文件，单击 OK 按钮，即可以把模型导入。

图 3-97 "导入 IGES 文件"对话框

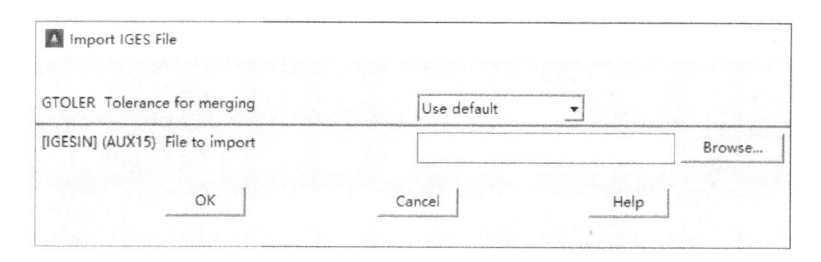

图 3-98 "指定 IGES 文件"对话框

🌸要点提示：导入的模型会出现一些问题，例如一些倒角等细小结构丢失，需要用户对导入以后的模型进行修复。具体要看模型的复杂程度和出现问题的多少。

练习 3.5　机匣盖

基本要求：

创建如图 3-99 所示的带锪平孔、键槽、肋板和凸台的机匣盖模型。

思路点睛：

① 通过定义关键点、由点连线、倒圆角等方法生成如图 3-100（a）所示的截面框。其中，依次选择 Main Menu→Preprocessor→Modeling→Create→Lines→Lines→At angle to line，定义两条平行斜线。

② 由线框生成面，由面绕定轴旋转生成体，如图 3-100（b）所示。

③ 利用工作平面的平移和旋转，或者三角函数的方法，创建锪平孔，如图 3-101（a）所示。

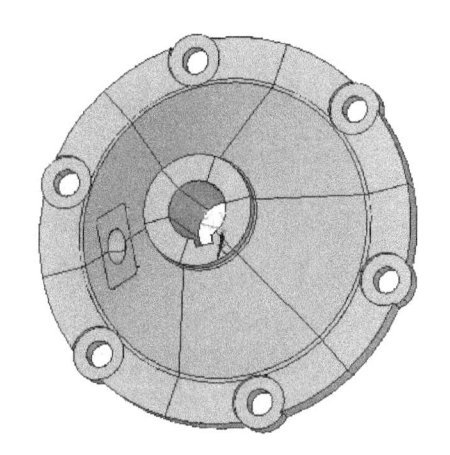

图 3-99　机匣盖模型

④ 在整体坐标系的"X-Y"平面创建肋板的一个面，绕轴旋转得到原始肋板实体。

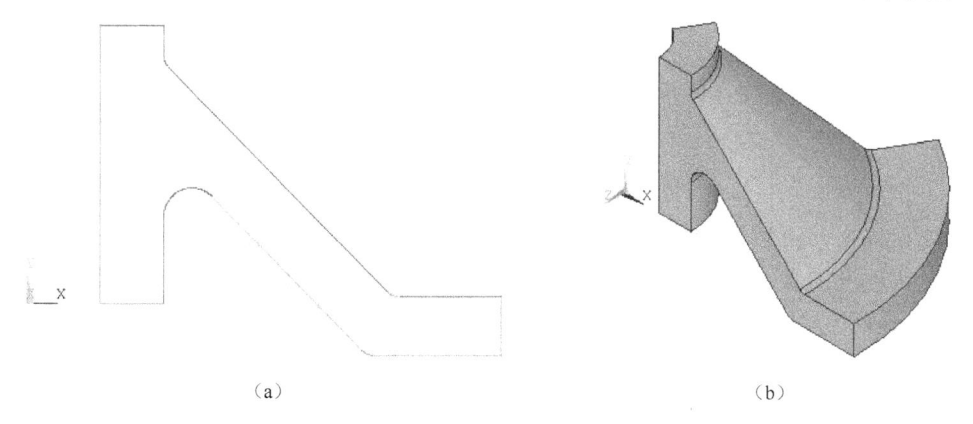

（a）　　　　　　　　　　　　　（b）

图 3-100　由截面旋转成体的过程

⑤ 定义局部柱坐标系，复制原始肋板实体到肋板位置，删除原始肋板实体，如图 3-101（b）所示。

⑥ 在局部柱坐标系下，复制如图 3-101（b）所示的实体，生成整个实体，如图 3-102

(a) 所示。

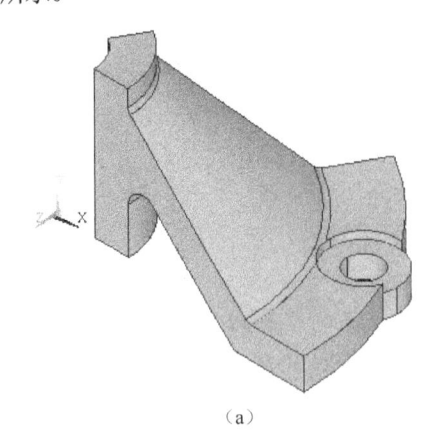

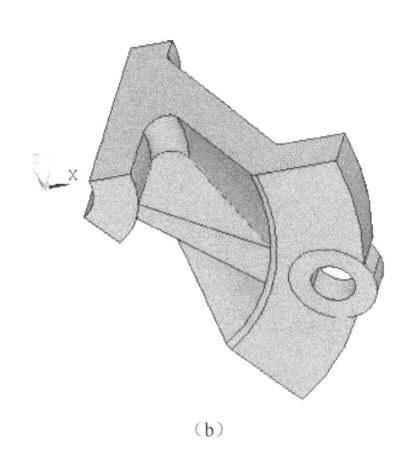

(a)　　　　　　　　　　　　　　(b)

图 3-101　锪平孔与肋板生成过程

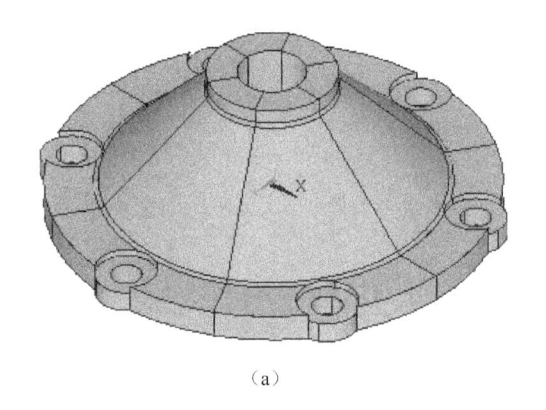

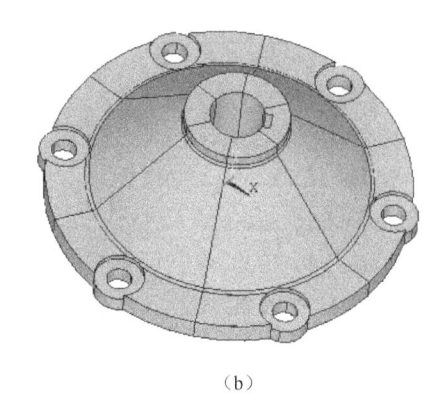

(a)　　　　　　　　　　　　　　(b)

图 3-102　整体与键槽生成过程

⑦ 恢复整体直角坐标系，利用工作平面的平移和旋转创建键槽孔。

⑧ 创建凸台表面的圆角矩形，拉伸生成体，利用体加、减等布尔操作，最后创建出如图 3-102（b）所示的机匣盖模型。

练习题

1．实体模型创建的方法有 3 种，各有什么特点？

2．基本图元对象包括点、线、面和体，掌握不同的实现方法是实现实体建模的基础之一。基本图元对象的定义方法各有几种？布尔操作可以实现哪几种功能？

3．体素的概念是什么？布尔操作可以实现哪几种功能？

4．图元对象的移动、选择、复制和镜像操作如何实现？

第 4 章　ANSYS 网格划分

有限元法分析问题的重要步骤之一就是实体模型的离散化。ANSYS 提供了方便、快捷、有效的功能来实现实体模型的网格划分。本章介绍在 ANSYS 中实现网格划分的一般步骤、如何选择或者定义单元与材料的属性、如何应用网格划分工具对实体进行网格化，以及网格的直接生成等。网格划分直接影响计算结果的准确性和有效性，因此在学会一般意义上的网格划分方法的基础上，应该掌握一些必要的技巧，才可以得到理想的有限元模型。

4.1　区分实体模型和有限元模型

现今所有的有限元分析都使用实体建模（类似于 CAD），ANSYS 以数学的方式表达结构的几何形状。也就是说，所得到的模型是实际问题当中结构几何形状的抽象，也就是实体模型。但是实体模型并不是可以进行求解的模型，必须在里面填充节点和单元（即网格划分过程），并且在几何边界上施加约束和载荷（即加载过程），也就是得到所说的有限元模型。

简单地说，实体模型是不参与求解的，即使在实体模型直接施加载荷或约束，也最终传递到有限元模型（即节点和单元）进行求解。可以说，建立实体模型是为有限元模型的创建做基础的。不是所有的问题都需要从实体模型的创建开始，所以 ANSYS 提供了直接生成节点和单元的方法，方便用户创建有限元模型。

实体模型和有限元模型的区别和联系如图 4-1 所示。

图 4-1　实体模型和有限元模型的比较

4.2　网格化的一般步骤

1. 建立并选取单元数据

第一步是建立单元的数据，这些数据包括单元的种类（TYPE）、单元的几何常数（R）、单元的材料性质（MP）、单元形成时所在的坐标系及单元截面属性（SECTYPE），也就是说当对象进行网格划分后，单元的属性是什么。当然我们可以设定不同种类的单元，相同的单元又可设定不同的几何常数，也可以设定不同的材料特性，以及不同的单元坐标系统。

2．设定网格建立所需的参数

第二步即可进行设定网格划分的参数，最主要是定义对象边界单元的大小和数目。网格设定所需的参数，将决定网格的大小、形状，这一步非常重要，将影响分析时的正确性和经济性。网格划分得较细也许会得到很好的结果，但并非网格划分的越细，得到的结果就越好。因为网格太密太细，会占用大量的分析时间。有时较细的网格与较粗的网格比较起来，较细的网格分析的精确度只增加百分之几，但占用的计算机资源比起较粗的网格却是数倍之多，同时在较细的网格中，常会造成不同网格划分时连接的困难。所以要在计算精度和计算时间的经济性之间找到合适的平衡点。

3．产生网格

完成前两步即可进行网格划分，如果不满意网格化的结果，也可清除网格，重新定义单元的大小、数目，再进行网格化，直到得到满意的有限元模型为止。

实体模型的网格化可分为自由网格化（free meshing）及映射网格化（mapped meshing）两种不同的网格化。不同网格化的方法对建构的实体模型是有不同要求的，自由网格化时对实体模型的构建要求简单，无较多限制。反之，映射网格化对实体模型的建立就有一些要求和限制，否则难以实现映射网格的划分。

4.3 单元属性定义

单元属性的定义包括单元形状的选择、实常数的定义、材料的定义。在网格划分之前，必须分配相应的单元属性。

4.3.1 单元形状的选择

ANSYS 为用户提供了大量可以选择的、不同形状、不同用途的单元。在 2D 结构中可分为四边形和三角形，在 3D 结构中可分为六面体和角锥体。不同的网格划分方法将会产生不同的单元，例如映射网格划分一般得到四边形或者六面体形状的网格。从已有单元库中选择单元形状可以通过以下途径完成。

命令格式：ET，ITYPE，Ename，KOP1，KOP2，KOP3，KOP4，KOP5，KOP6，INOPR

菜单操作：Main Menu→Preprocessor→Element Type→Add/Edit/Delete

在弹出的"单元类型"对话框中（见图 4-2（a））单击 Add 按钮，弹出如图 4-2（b）所示的"单元类型库"对话框。

该对话框的左侧列出了单元类型，如质量单元（Mass）、梁单元（Beam）、实体单元（Solid）等，右侧列出相应的性质（三维还是二维单元）和编号，例如质量单元是三维的，为 21 号单元；下侧是用户选择的单元编号，例如同一个问题中用户选择了若干种单元，而质量单元为第 2 种单元，那么这个位置的单元编号即为 2。

通过单击 Apply 按钮可以连续选择需要的单元，完成后单击 OK 按钮。选择好的单元将列出在如图 4-2（a）所示的"单元类型"对话框中，此时 Option 按钮和 Delete 按钮将变为可用的。Option 按钮用于进一步定义单元特性，但不是所有单元都需要定义，用户要根据所用单元的特点和要求来操作；Delete 按钮用于允许用户从列表中删除已经选择的单元类型。

(a) (b)

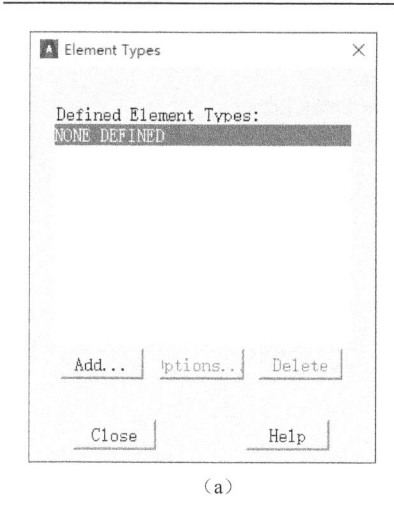

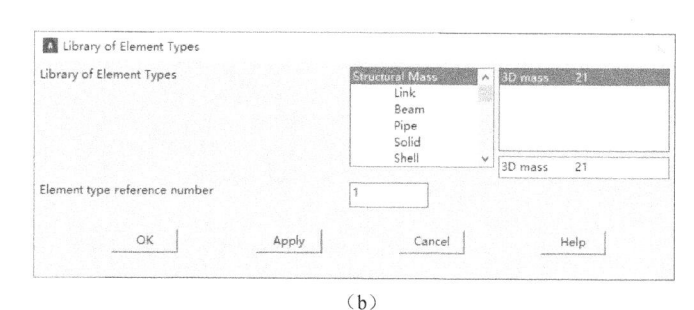

图 4-2 "单元选择"对话框

4.3.2 单元实常数的定义

实常数的定义是为单元服务的，也就是说，实常数是单元特性的进一步描述。不是所有单元都需要定义实常数，实常数只是某些单元特有的参数，而且不同单元实常数代表的意义也不同，例如对于壳单元，实常数代表的是壳的厚度。ANSYS 14.0 中在定义壳单元、梁单元的实常数时已经无法使用 GUI 实现，但是使用命令流语言 APDL 依然有效；同时，GUI 操作中通过定义单元截面的选项可以实现与实常数定义相同的作用。

命令格式：R，NSET，R1，R2，R3，R4，R5，R6
菜单操作：Main Menu→Preprocessor→Real Constants→Add/Edit/Delete

以壳单元为例，在如图 4-3（a）所示的对话框中单击 Add 按钮，弹出 Element Type for Real Constants 对话框，其上列出了所有用户已经选择的单元类型，选择需要定义的单元类型，如图 4-3（b）所示，然后单击 OK 按钮，最后在弹出的对话框中定义实常数，如图 4-3（c）所示。

4.3.3 单元截面的定义

单元截面定义也是为单元服务的，是单元特性的进一步描述。不是所有单元都需要定义实截面，截面定义只是某些单元特有的参数，如梁单元的横截面形状的说明和壳单元的厚度设定等。

命令格式：SECTYPE，SECID，Type，Subtype，Name，REFINEKEY
菜单操作：Main Menu→Preprocessor→Sections→Axis→Add
　　　　　Main Menu→Preprocessor→Sections→Beam→Common Sections
　　　　　Main Menu→Preprocessor→Sections→Contact→Add
　　　　　Main Menu→Preprocessor→Sections→Joints→Add/Edit
　　　　　Main Menu→Preprocessor→Sections→Pipe→Add
　　　　　Main Menu→Preprocessor→Sections→Shell→Lay-up→Add/Edit

（a）

（b）

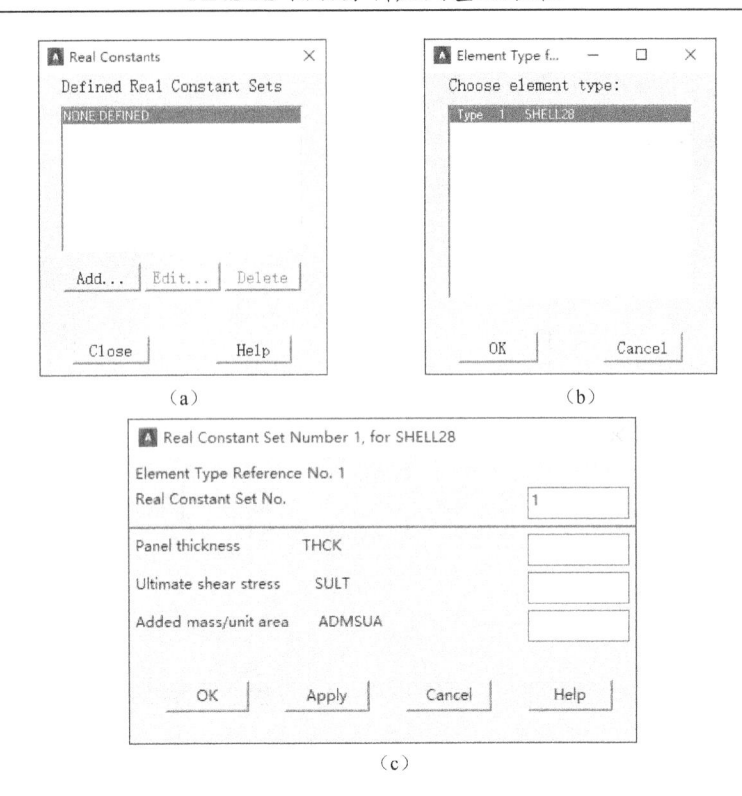

（c）

图4-3　单元实常数的定义

图 4-4（a）定义了梁单元的横截面属性，横截面形状为工字梁，几何尺寸如图所示。图4-4（b）定义了壳单元的厚度为0.2。

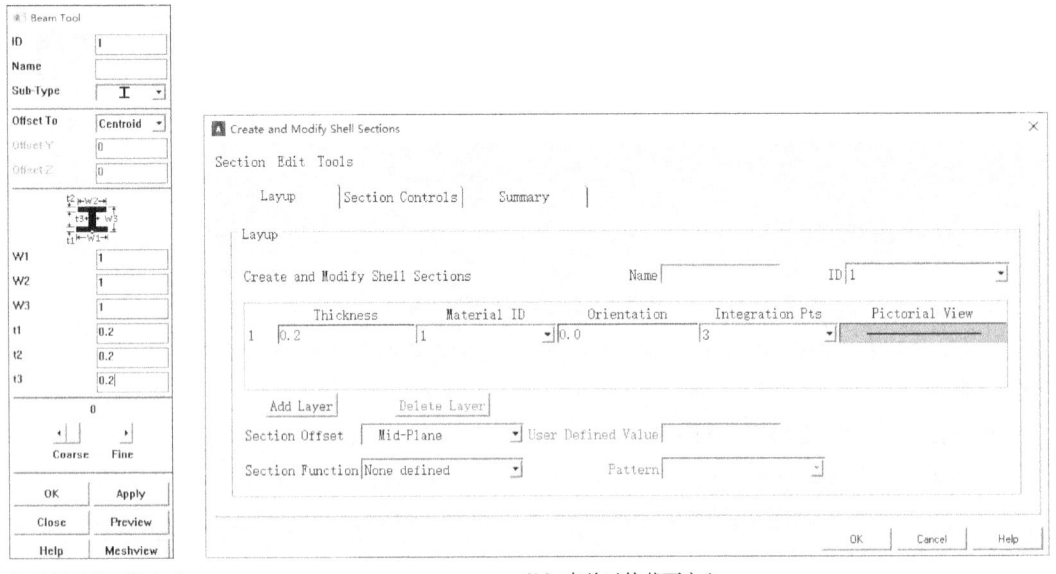

（a）梁单元截面的定义　　　　　　　　（b）壳单元的截面定义

图4-4　单元截面的定义

4.3.4 单元材料的定义

材料模型的抽象与定义也是建立有限元模型过程中重要的部分，直接影响分析的结果。如果材料模型的选择不能较为确切地表达和描述实际问题，有限元模型的建立就是失败的。无论其他步骤做得多么完美，最后的结果也是有问题的。因此，用户需要依据专业知识来表达材料特性，并从 ANSYS 材料库中选择合适的材料模型来完成材料的建立。

菜单操作：Main Menu→Preprocessor→Material Props→Material Models

弹出如图 4-5（a）所示的定义材料模型的对话框，左侧为定义的材料模型的编号，同一个问题中可以有不同的材料模型；右侧是可供选择的材料模型，这是一个树状的列表，双击图标可以层层打开，例如在右侧依次选择 Structural→Linear→Elastic→Isotropic，双击图标则打开的是线性弹性各向同性材料的定义，如图 4-5（b）所示，这个模型需要用户给出两个参数，即弹性模量和泊松比。

（a）

（b）

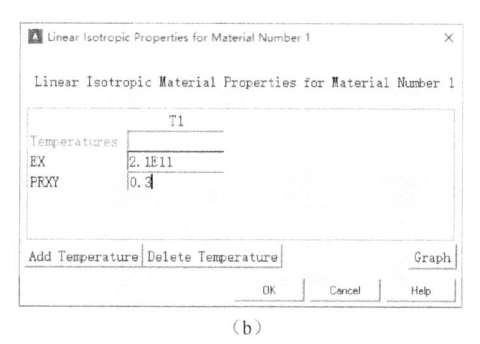

图 4-5 材料模型的定义

4.3.5 单元属性的分配

给实体模型图元分配单元属性允许对模型的每一个部分预置单元属性，从而可以避免在网格划分过程中重置单元属性。下述命令及菜单操作可以完成图元对象的属性分配，更具体的过程在"网格划分工具"中介绍。

（1）指定关键点的属性

命令格式：KATT，MAT，REAL，TYPE，ESYS，SECN

菜单操作：Main Menu→Preprocessor→Meshing→Mesh Attributes→All Keypoints
　　　　　　Main Menu→Preprocessor→Meshing→Mesh Attributes→Picked KPs

（2）指定线的属性

命令格式：LATT，MAT，REAL，TYPE，--，KB，KE，SECNUM

菜单操作：Main Menu→Preprocessor→Meshing→Mesh Attributes→All Lines
　　　　　　Main Menu→Preprocessor→Meshing→Mesh Attributes→Picked Lines

（3）指定面的属性

命令格式：AATT，MAT，REAL，TYPE，ESYS，SECN

菜单操作：Main Menu→Preprocessor→Meshing→Mesh Attributes→All Areas

Main Menu→Preprocessor→Meshing→Mesh Attributes→Picked Areas

（4）指定体的属性

命令格式：VATT，MAT，REAL，TYPE，ESYS，SECN

菜单操作：Main Menu→Preprocessor→Meshing→Mesh Attributes→All Volumes
Main Menu→Preprocessor→Meshing→Mesh Attributes→Picked Volumes

4.4 网格划分

4.4.1 网格划分工具

网格划分工具是网格控制的一种快捷方式，它能方便地实现单元属性控制、智能网格划分控制、尺寸控制、自由网格划分和映射网格划分、执行网格划分、清除网格划分及局部细分。网格划分工具各部分的功能如图 4-6 所示。

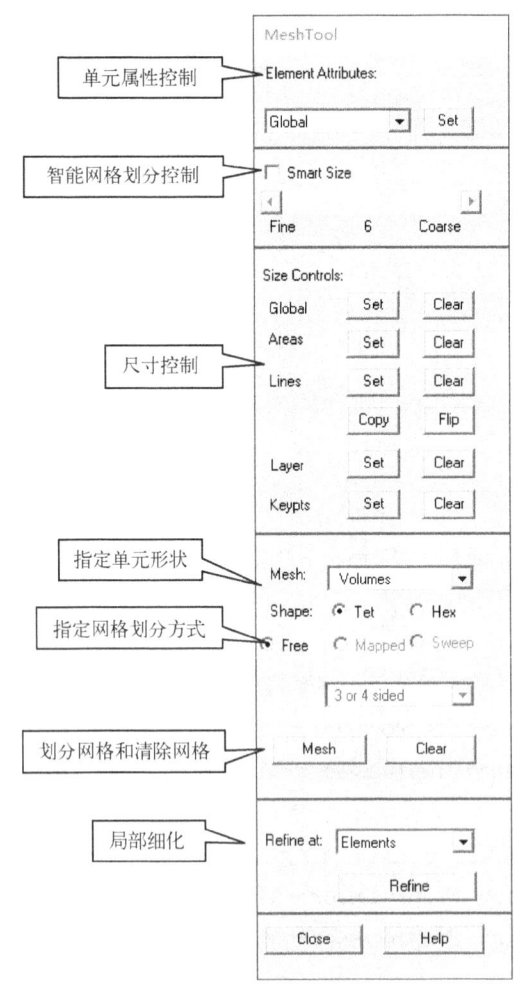

图 4-6 网格划分工具的功能

程序默认为自由网格划分，单元形状以四边形、六面体优先，三角形、角锥单元次之。网格化时，如果实体模型能够实现映射网格化，而且相对应边长度约等，则以映射网格化优先考虑进行。

启动网格划分工具的方法如下。

菜单操作：Main Menu→Preprocessor→Meshing→MeshTool，

即打开网格划分工具。

1. 单元属性控制

该部分控制分配单元属性。下拉列表框内可以选择 Global、Volumes、Areas、Lines 和 KeyPoints，即给实体模型中的全部图元、体、面、线和关键点分配单元属性。

选择好上述内容后，单击右侧 Set 按钮，在打开的对话框中（如图 4-7 所示）指定单元类型（TYPE）、材料（MAT）、实常数（REAL）、单元坐标系统（ESYS）和截面编号（SECNUM），以上都是下拉列表框，用户需从已定义好的内容中进行选择。例如，用户已经选择并定义了若干种单元，在 Element type number 右侧下拉列表中都有显示并可以指定，图 4-7 中显示的是用户已经定义的 1 号单元为 "SHELL181"；而材料模型、实常数和截面编号都没有事先定义，则右侧下拉列表框中显示 "None defined"。

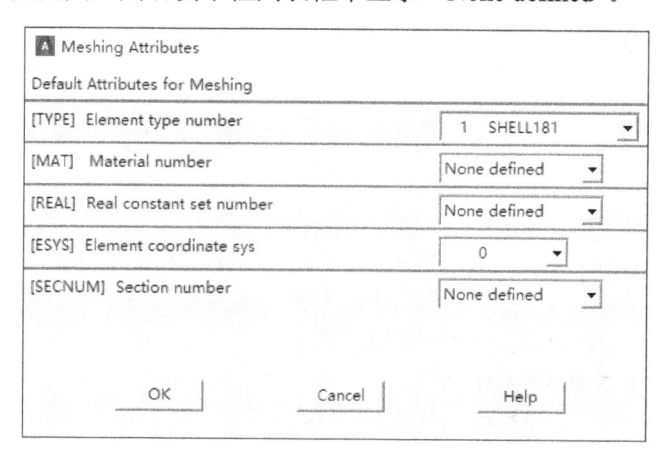

图 4-7　给实体模型的图元分配单元属性

2. 智能网格划分控制

智能网格划分，即 SmartSizing 算法。首先根据要划分网格的图元的所有线来估算单元的边长，然后对实体中的弯曲近似区域的线进行细化。

当用户选中了 Smart Size 之后，其下的滑块就可以控制单元划分的尺度，默认状态的值为 "6"，最大值为 "10"（网格最粗的状态），最小值为 "1"（网格最细的状态）。

3. 尺寸控制

尺寸控制是通过指定整体图元、面、线等划分的具体尺寸或者划分份数来控制网格划分的密度。例如用户想指定实体模型中某些线划分的尺寸，就可以单击 Lines 右侧的 Set 按钮，然后在实体模型上拾取要定义尺寸的线段，确定以后弹出如图 4-8 所示的对话框，给定单元具体长度或者份数。

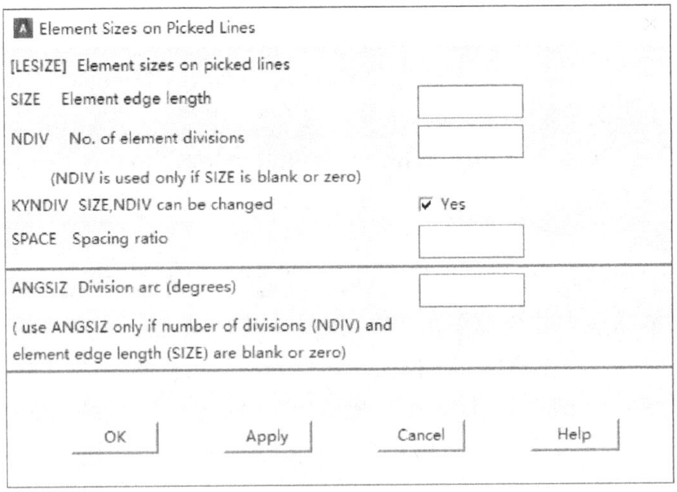

图 4-8 "控制线段尺寸"对话框

网格划分工具中，我们一般只用它的一两组功能，即可达到要求。这里有必要知道尺寸控制的优先级。

（1）默认单元尺寸控制

最先考虑线的划分；关键点附近的单元尺寸作为第二级考虑对象；总体单元尺寸作为第三级考虑对象；默认尺寸最后考虑。

（2）智能单元尺寸的优先顺序

最先考虑线的划分；关键点附近的单元尺寸作为第二级考虑对象，当考虑到小的几何特征和曲率时，可以忽略它；总体单元尺寸作为第三级考虑对象，当考虑到小的几何特征和曲率时，可以忽略它；智能单元尺寸设置最后考虑。

4. 指定单元形状与网格划分方式

首先在 Mesh 右侧的下拉列表中选择要划分的对象（体、面、线、关键点），然后确定单元的形状，是 Tet 还是 Hex。这个选项与网格划分方式是紧密相连的，如果选择了 Tet，下面的网格划分方式自动变为 Free，即自由网格划分；否则对应的是 Map（映射网格划分）或者 Sweep（扫掠网格划分）。

5. 执行网格划分和清除网格

将上述参数设置完成之后，就可以通过 Mesh 按钮进行网格划分，这部分是由程序根据用户的设置自动进行。

如果用户对划分好的网格不满意，可以通过 Clear 按钮将其清除。

4.4.2 自由网格划分

自由网格划分对实体模型的几何形状没有特殊的要求，无论其是否规则都可以实现网格化。一些局部细小区域的网格划分也选择自由网格划分方法。

所用的单元形状取决于划分对象，对面进行划分时，自由网格可以由四边形、三角形或者二者混合划分组成。也就是说，如果用户不是指定必须产生三角形单元的情况下，当面边界线分割数目为偶数时，生成的网格将会全部是四边形，并且单元质量较好；反之，形状很差的四边形单元会分解为三角形单元,即出现二者混合的情况。这要求用户在划分网格时要适当进行处理,例如选择支持多种形状的面单元或者通过打开 Smart Size 选项来让程序决定合适的单元数目。体的划分和面的划分类似,只是单元将是四面体或六面体。

网格的密度既可以通过单元尺寸进行控制,也可以采用智能划分。一般地,在自由网格划分时推荐使用智能尺寸设置。

4.4.3 映射网格划分

映射网格划分要求实体形状规则或者满足一定的准则,用户可以指定程序全部使用四边形、三角形、六面体产生映射网格,其网格密度也依赖于当前单元尺寸的设置。

要实现面映射网格划分,需要满足以下条件。

① 该面必须由 3 或者 4 条线组成,有 3 条边时划分的单元数为偶数且各边单元数相等。

② 面的对边必须划分为相同数目的单元,或者是可以形成过渡形网格划分的情况,如图 4-9 所示。

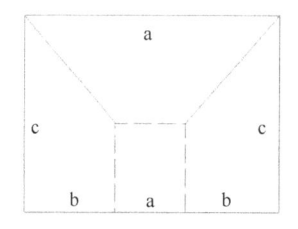

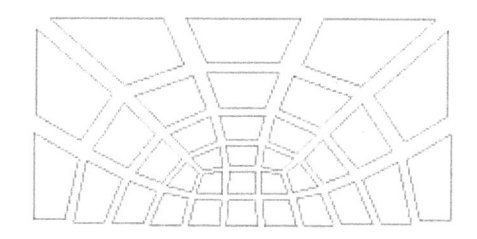

图 4-9 面的过渡映射网格划分

③ 网格划分必须设置为映射网格(命令格式:MSHKEY,1),根据单元类型和形状的设置,可以得到全部是四边形或者三角形的映射网格。

④ 如果面的边数多于 4 条,可以将部分线合并或者连接起来使边数降为 4 条。线的合并命令优先于线连接命令。

线合并命令在实体建模中已经讲过,不再重复。线连接命令如下。

命令格式:LCCAT,NL1,NL2
菜单操作:Main Menu→Preprocessor→Meshing→Mesh→Areas→Mapped→Concatenate→Lines

     Main Menu→Preprocessor→Meshing→Mesh→Volumes→Mapped→Concatenate→Lines

对于使用 IGES 默认功能输入的模型不能使用线连接命令,只能使用线合并命令进行操作。

要实现体全部是六面体形状的映射网格化,需要满足以下条件。

① 该体应为块状(6 个面组成)、楔形、棱柱(5 个面组成)、四面体(4 个面组成)。如果是棱柱或者四面体,三角形面上的单元分割数必须是偶数。

② 对边必须划分为相同数目的单元,或者是可以形成过渡形网格划分的情况,如图 4-10

所示（注意图中箭头指示的边的划分数目）。

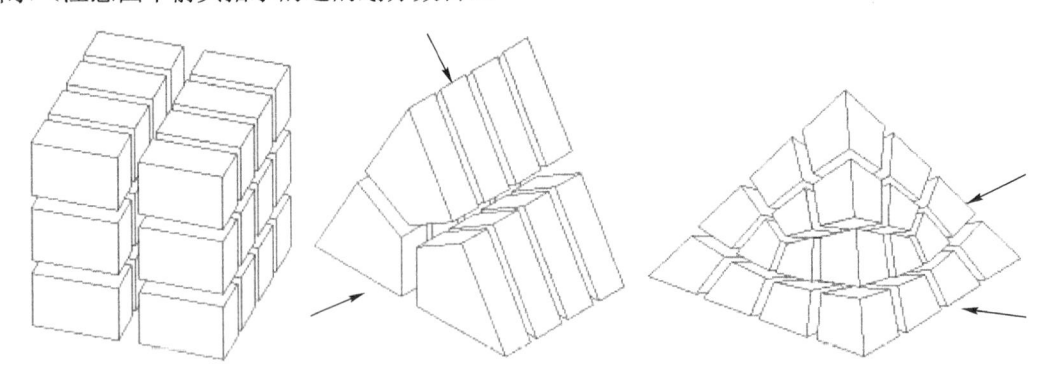

图 4-10 体的过渡映射网格划分

③ 如果体的面数多于 4 个，可以将部分面合并或者连接起来使面数下降。
与线的操作类似，面连接命令如下：
命令格式：ACCAT，NA1，NA2
菜单操作：Main Menu→Preprocessor→Meshing→Mesh→Volumes→Mapped→Concatenate→Areas

一般情况，当两面为平面或者共面时，面相加的效果比面连接要好。而且，在进行面连接之后一般还要进行线连接的操作。但要连接的两个面都由 4 条线组成时（无连接线），线连接操作会自动进行。

面连接同样不支持使用 IGES 默认功能输入的模型，也只有使用面相加命令来实现合并面的目的。

4.4.4 扫掠生成网格

1．扫掠网格的使用

通过扫掠方式对体进行网格划分的基本过程是从体的一边界面（称为源面）扫掠整个体至另一界面（称为目标面）结束生成网格。体扫掠生成网格的优点在于：
① 适合对输入的实体模型进行网格划分；
② 不规则的体要生成六面体网格时，可以通过将体分解成若干可扫掠的部分来实现；
③ 体扫略对源面划分使用的单元没有限制。

在网格划分工具当中介绍了如何激活扫掠划分的操作，一旦选择了 Sweep 选项，其下相应的下拉列表也随之激活，它允许用户设置"源面/目标面"的指定方式，一是程序自动选择，二是由用户指定。那么，什么样的实体可以进行扫掠划分？对"源面/目标面"的要求又是什么呢？
① 体的拓扑结构能够进行扫掠，也就是说，可以找到合适的"源面/目标面"。
② 如果有合适的"源面/目标面"，不要求实体模型是等截面的，但截面的变化是线性的才有较好的结果。

③ 源面和目标面的形状可以不同，但拓扑结构相同时，也可以成功进行扫掠操作。

④ 源面和目标面不一定是平面或者二者平行。

当进行体扫掠划分失败时，用户可以通过一些办法重新尝试，例如交换"源面"和"目标面"、重新选择合适的"源面/目标面"、将实体划分成几部分以减少扫掠的长度等。

为了比较清楚地说明扫掠网格划分的过程，通过以下扫掠网格实例进行展示。

2．扫掠网格实例

应用工作平面分割实体等方法实现对实体的扫掠网格划分。

启动 ANSYS，在指定工作目录下，以"grid"为文件名称开始一个新的分析。

（1）创建实体模型

① 生成长方体：

依次选择 Main Menu→Preprocessor→Create→Block→By Dimensions，在弹出的对话框中（第 3 章中已经给出图形，相同对话框出现不再详细说明），输入 x1=0，x2=4，y1=0，y2=2，z1=0，z2=2，单击 OK 按钮。

② 平移工作平面：

依次选择 Utility Menu→WorkPlane→Offset WP by Increments，在打开的浮动对话框的 X，Y，Z Offsets 输入 1，1，0，单击 OK 按钮。

③ 创建第一个圆柱体：

依次选择 Main Menu→Preprocessor→Create→Cylinder→Solid Cylinder，在弹出的对话框中的 WPX 和 WPY 中输入 0，在 Radius 中输入 0.4，在 Depth 中输入 2，单击 OK 按钮。

④ 平移并旋转工作平面：

依次选择 Utility Menu→WorkPlane→Offset WP by Increments，在打开的浮动对话框中的"X，Y，Z Offsets"输入 2，-1，1，单击 OK 按钮；在"XY，YZ，ZX Angles"输入 0，-90，0，单击 OK 按钮。

⑤ 创建第二个圆柱体：

依次选择 Main Menu→Preprocessor→Create→Cylinder→Solid Cylinder，在弹出的对话框中的 WPX 和 WPY 中输入"0"，在 Radius 中输入 0.4，在 Depth 中输入 2，单击 OK 按钮。

⑥ 将工作平面恢复到原始位置：

依次选择 Utility Menu→WorkPlane→Align WP with→Global Cartesian

⑦ 将两个圆柱体从长方体中减去：

依次选择 Main Menu→Preprocessor→Modeling-Operate→Subtract→Volumes，拾取长方体作为布尔"减"操作的母体，单击 Apply 按钮；拾取第一个圆柱作为要"减"去的对象，单击 Apply 按钮。再次拾取长方体，单击 Apply 按钮；拾取第二圆柱体，单击 OK 按钮。如图 4-11（a）所示。

（2）选择单元并划分网格

① 选择单元：

依次选择 Main Menu→Preprocessor→Element Type→Add/Edit/Delete，在弹出的对话框中选择 Add 按钮，在左侧 Structural 中选择"Solid"，然后从右侧选择"Brick 8node 185"，单击 OK 按钮，单击 CLOSE 按钮。

(a)　　　　　　　　　　(b)　　　　　　　　　　(c)

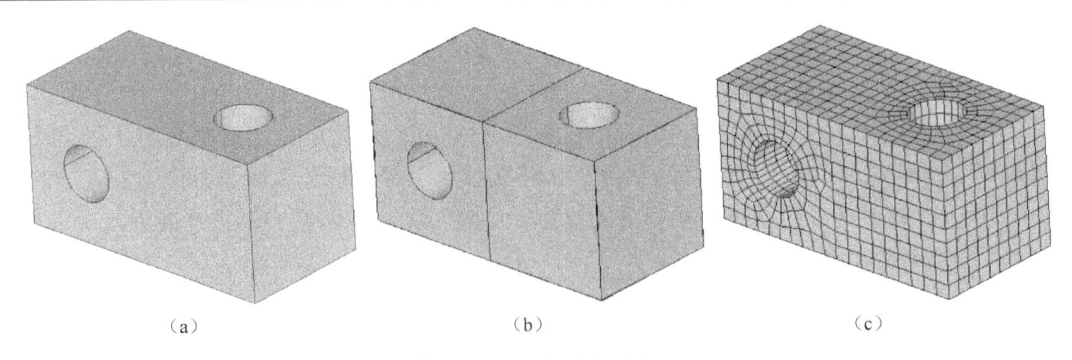

图 4-11　扫掠网格划分

② 平移并旋转工作平面：

依次选择 Utility Menu→WorkPlane→Offset WP by Increments，弹出浮动对话框，在"X，Y，Z Offsets"中输入"2，0，0"，单击 OK 按钮；在"XY，YZ，ZX Angles"中输入"0，0，90"，单击 OK 按钮。

③ 用工作平面切分长方体：

依次选择 Main Menu→Preprocessor→Modeling-Operate→Divide→Volu by WorkPlane，拾取要切分的体，单击 OK 按钮。

④ 将工作平面恢复到原始位置：

依次选择 Utility Menu→WorkPlane→Align WP with→Global Cartesian，如图 4-11（b）所示。

⑤ 打开网格划分根据并设置网格大小：

依次选择 Main Menu→Preprocessor→MeshTool，弹出对话框，在 Size Control 中选择"Lines"，单击右侧的 Set 按钮，拾取需要设置的该实体上每一条直线（注意：不要选中圆弧），单击 OK 按钮，在打开的对话框中的"NDIV"中输入"10"，单击 OK 按钮。

⑥ 实现映射网格划分：

在 MeshTool 对话框中指定 Mesh 为"Volumes"，在 Shape 中选择"Hex/Wedge"和"Sweep"，单击 Sweep 按钮，拾取要划分网格的实体，单击 OK 按钮。划分网格后的效果如图 4-11（c）所示。

3. 命令流

```
/PREP7
BLOCK,0,4,0,2,0,2,
wpoff,1,1,0
CYL4,0,0,0.4, , ,2
wpoff,2,-1,1
wprot,0,-90,0
CYL4,0,0,0.4, , ,2
WPCSYS,-1,0
VSBV,1,2
VSBV,4,3

ET,1,SOLID185

wpoff,2,0,0
wprot,0,0,90
VSBW,1
WPCSYS,-1,0

LSEL,S, , ,1
LSEL,A, , ,3
LSEL,A, , ,6
LSEL,A, , ,8
LSEL,A, , ,9
LSEL,A, , ,10
```

```
LSEL,A, , ,11                    LSEL,A, , ,43
LSEL,A, , ,12                    LSEL,A, , ,14
LSEL,A, , ,33
LSEL,A, , ,34                    LESIZE,All, , ,10, , , , ,1
LSEL,A, , ,35
LSEL,A, , ,36                    VSEL,S, , ,3
LSEL,A, , ,37                    VSWEEP,ALL
LSEL,A, , ,38
LSEL,A, , ,39                    VSEL,S, , ,2
LSEL,A, , ,40                    VSWEEP,ALL
LSEL,A, , ,41                    SAVE
LSEL,A, , ,42
```

4.5 网格的局部细化

网格的局部细化属于 ANSYS 修改模型的方法之一，本节主要介绍对特殊形状和需求的实体进行网格局部细化的过程、高级参数的控制、细化后原有单元属性和载荷的转换、局部细化网格具有的特征等。

4.5.1 局部细化一般过程

用户在学习了前述的网格划分操作之后，就可以完成网格的划分工作，但在如下情况下，用户可以进一步考虑进行网格的局部细化处理。

① 用户在完成了模型的网格划分之后，希望在模型的某一指定区域内得到更好的网格。

② 用户已经完成了分析过程，但根据计算结果希望在感兴趣的区域得到更为精细的求解。

值得说明的是，对于所有由四面体组成的面网格和体网格，ANSYS 程序允许用户在指定的节点、单元、关键点、线或者面的周围进行局部网格细化。由非四面体所组成的网格（如六面体、楔形、棱锥）不能进行局部网格细化。那么，一般网格细化的步骤是什么呢？

首先，选择图元（或者一组图元）为对象，围绕其进行网格细化。

其次，指定细化程度，即指定细化区域相对于原有网格的尺寸。细化后的单元一定比原有单元小。

使用网格划分工具上的局部细化部分，或者通过命令格式，或者菜单操作都可以实现网格细化过程。例如，对如图 4-12（a）所示的已经划分好的网格进行局部细化操作的过程和效果如下。

（1）围绕指定节点进行细化操作

命令格式：**NREFINE, NN1, NN2, NINC, LEVEL, DEPTH, POST, RETAIN**

菜单操作：**Main Menu→Preprocessor→Meshing→Modify Mesh→Refine At→Nodes**

该操作指定了左上角的某个节点，效果如图 4-12（b）所示。

（2）围绕指定单元进行细化操作

命令格式：**EREFINE, NE1, NE2, NINC, LEVEL, DEPTH, POST, RETAIN**

菜单操作：**Main Menu→Preprocessor→Meshing→Modify Mesh→Refine At→Elements**

该操作指定了右上角的一个单元，效果如图4-12（c）所示。

（3）围绕指定关键点进行细化操作

命令格式：KREFINE，NP1，NP2，NINC，LEVEL，DEPTH，POST，RETAIN

菜单操作：Main Menu→Preprocessor→Meshing→Modify Mesh→Refine At→Keypoints

该操作指定了左下角的关键点，效果如图4-12（d）所示。

（4）围绕指定线段进行细化操作

命令格式：LREFINE，NL1，NL2，NINC，LEVEL，DEPTH，POST，RETAIN

菜单操作：Main Menu→Preprocessor→Meshing→Modify Mesh→Refine At→Lines

该操作指定了长方形的右边，效果如图4-12（e）所示。

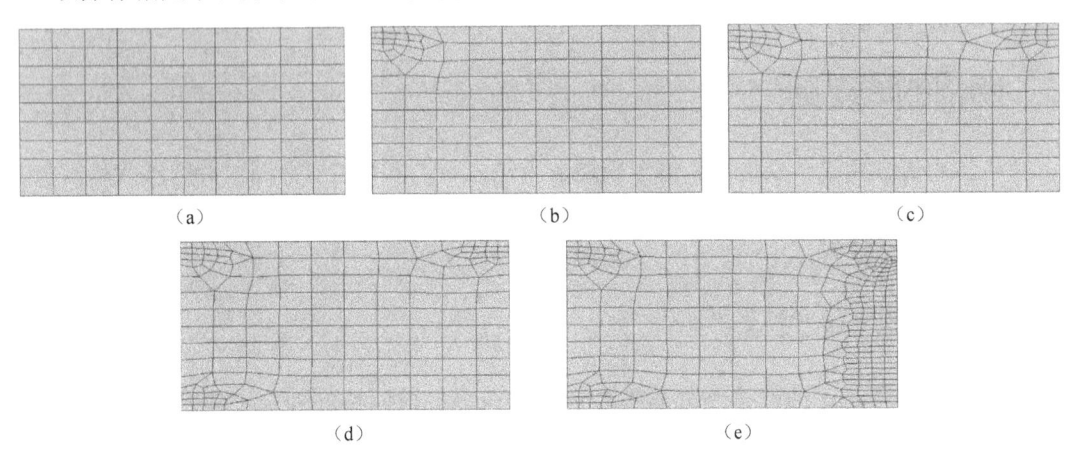

（a）　　　　　　　　　　（b）　　　　　　　　　　（c）

（d）　　　　　　　　　　（e）

图4-12 在指定区域进行网格局部细化

（5）围绕指定面进行细化操作

命令格式：AREFINE，NA1，NA2，NINC，LEVEL，DEPTH，POST，RETAIN

菜单操作：Main Menu→Preprocessor→Meshing→Modify Mesh→Refine At→Areas

该操作对已经划分好单元的长方体（如图4-13（a）所示）的两个面进行了程度不同的细化操作。对面向读者的左侧面进行了程度最低（LEVEL=1）的细化，对右侧面进行了程度最高（LEVEL=5）的细化，效果如图4-13（b）所示。

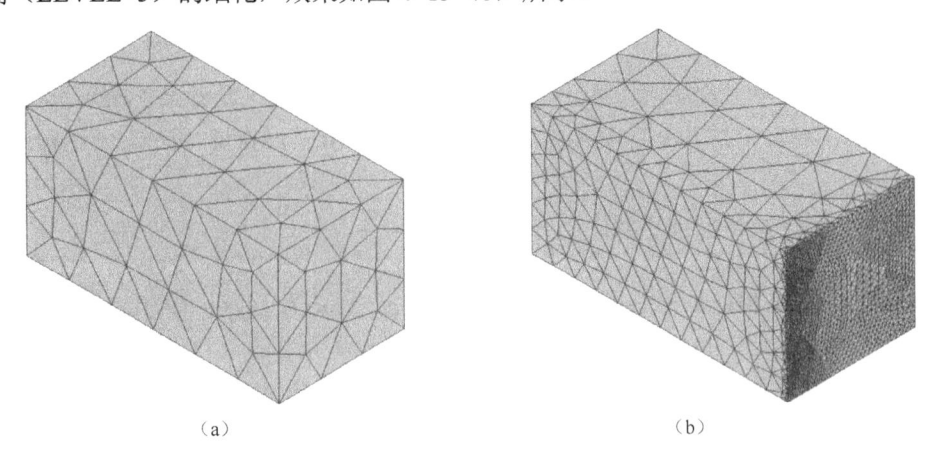

（a）　　　　　　　　　　（b）

图4-13 指定面进行网格局部细化

4.5.2 高级参数的控制

实现局部细化的命令或者菜单操作过程中，有几个参数需要用户指定，对这些高级参数的控制可以有效达成用户对局部细化的要求。

1. 细化的程度

局部细化中的 LEVEL 参数用来指定细化的程度。LEVEL 值必须是从 1～5 的整数，值为 1 时细化的程度最低，此时在细化区域得到的单元边界长度大约是原有单元边界长度的 1/2；值为 5 时细化的程度最高，此时得到的单元边界长度大约是原有单元边界长度的 1/9。其中 2、3、4 的取值设置，得到的单元长度分别大约是原有单元长度的 1/3、1/4、1/8。

LEVEL 数值的选择与参数 RETAIN 也是有关系的，相关内容在后面介绍。

2. 细化的深度

局部细化中的 DEPTH 参数用来指定细化的深度，即指定图元周围有多少单元要被细化。默认状态下，取值为 0，即只有所选图元外面的一个单元参与细化。当取值逐渐增大时，参与细化的单元也随之增加。例如，当用户指定对某一边界线里侧的单元进行细化时，默认设置下只对里侧一层单元进行局部细化，如图 4-14（a）所示；当取值为 1 时，对里侧两层单元进行细化，如图 4-14（b）所示；依次类推。但细化深度不是无限制的，当取值为 2 时，针对图 4-13 中的情况就已经是对全部单元进行细化了，即使用户继续增加取值，也没有变化了，也就是细化深度达到最大了。

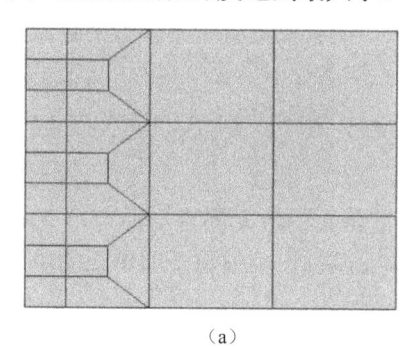

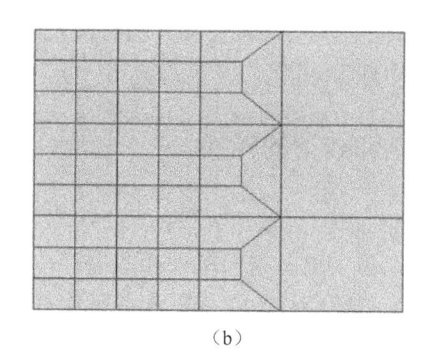

（a）　　　　　　　　　　　　　（b）

图 4-14　细化深度的意义

3. 细化区域的后处理

作为细化过程的一部分，细化区域的后处理是指原始单元分裂后，新生单元与老单元之间如何过渡和连接。用户由此可以选择"光滑和清理"只进行光滑操作，或者两者皆不。这项参数的控制通过 POST 来实现。

当选项指定为 OFF 时，效果如图 4-13 所示，新旧单元之间没有过渡；当选项指定为 Clean & Smooth 时，程序自动在新旧单元之间进行光滑和清理工作，效果如图 4-15（a）所示；当选项指定为 Smooth 时，程序只进行光滑处理，效果如图 4-15（b）所示。通过上述效果的对比可以发现，适当的后处理选项和操作可以改善单元的形状质量。

（a） （b）

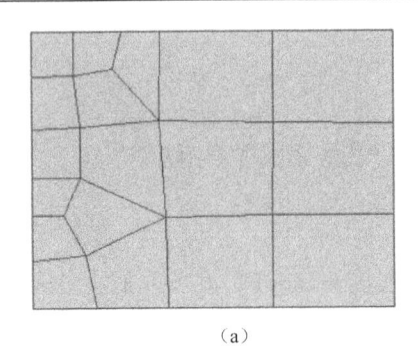

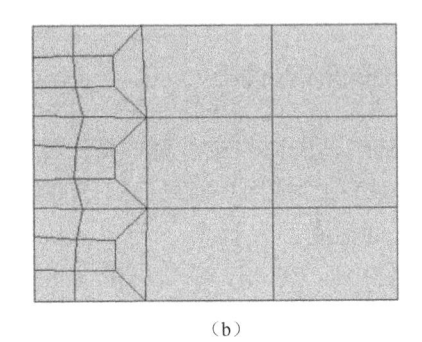

图 4-15　后处理选项的效果

4．四边形单元是否保留的问题

用户在对四边形网格进行细化时，希望细化后得到的单元还是四边形，是否能够保留住四边形的控制通过参数"RETAIN"来实现。

默认状态下，参数设置为 ON，这意味着细化过程不会引入三角形单元。如果设置为 OFF，为了保持新旧单元之间的连续过渡有可能会包含一定数量的三角形单元，但通过"清理"操作可以使三角形单元保持在最少的状态。

对于四边形单元而言，在 RETAIN 打开状态下增加或者减少 LEVEL 取值不一定就能够得到希望的细化结果。即使细化成功，所有四边形单元都保留下来，某些单元的形状也可能不好，特别是细化程度较高的情况下会更加严重，这样势必影响单元的质量。因此，有适当的少量三角形单元保留在过渡区域未必不可取，目的是得到比较好的单元质量。如果用户一定要保留所有的四边形单元，可以通过增加细化深度或者设置清理操作等来避免或者减少三角形单元的出现。

4.5.3　属性和载荷的转换

通过网格细化过程，会产生新的网格状态，这些新的单元属性与原有单元属性是什么样的关系呢？事实上，与旧单元相关联产生的新单元属性自动继承了旧单元的单元属性，包括单元类型、材料特性、实常数和单元坐标系。

由于 ANSYS 允许用户将载荷施加在实体模型或者有限元模型上，载荷的转换有着不同的处理方式。对于实体模型加载，相应的载荷和边界条件在求解之前将转换到节点和单元上，因此实体模型载荷将正确地转换到细化产生的新单元和节点上；对于有限元载荷（即加在节点和单元上的载荷）就不能直接转换到细化后的新单元和节点上，而且程序不允许用户对带有载荷的单元进行细化操作，除非用户先将所加载荷删除，细化结束后再重新加载。

4.5.4　局部细化的其他问题

对于网格的局部细化操作，用户还需要注意以下问题。
① 网格细化只对用户指定的单元内进行，对其他单元没有影响。
② 如果用户使用 LESIZE 控制线段的分割数，这些将会受到随后细化过程的影响，即

会改变线的分割数。

③ 局部细化对所有的面网格有效，但只能用于四面体单元组成的体网格中。

④ 对包含有接触单元的区域不能进行网格细化。

⑤ 如果有梁单元存在于细化区域附近，也不能进行细化操作。

⑥ 在有初始条件的节点、耦合节点或者模型中存在约束方程的节点上，也不能实现细化操作。

⑦ 在使用 ANSYS/LS-DYNA 模块时，不推荐使用局部网格细化。

4.6 网格的直接生成

通过实体建模后划分网格是最常用的实现有限元模型处理的一种方法，也是简便易行的方法之一。但有些情况下用户需要直接定义节点或者单元，进而生成网格，所以本节介绍使用直接生成网格方法中节点和单元的定义。

4.6.1 关于节点的操作

1. 定义节点

（1）定义单个节点

命令格式：N，NODE，X，Y，Z，THXY，THYZ，THZX

菜单操作：Main Menu→Preprocessor→Create→Nodes→In Active CS
　　　　　　Main Menu→Preprocessor→Create→Nodes→On Working Plane

在实际操作中，可以打开工作平面的捕捉功能，然后在图形窗口可以比较准确地通过拾取建立用户需要的节点。

（2）在已有关键点处定义节点

命令格式：NKPT，NODE，NPT

菜单操作：Main Menu→Preprocessor→Create→Nodes→On Keypoint

上述命令中的两个参数一个代表所建节点的编号，一个表示关键点的编号。如果 NPT 取值为"ALL"，那么在所有关键点处都会建立一个相应的节点。

（3）移动节点到交点处

命令格式：MOVE，NODE，KC1，X1，Y1，Z1，KC2，X2，Y2，Z2

菜单操作：Main Menu→Preprocessor→Move / Modify→To Intersect

该命令的操作是与坐标相关的，而且命令可以计算或者直接选取交点的位置。

（4）在两节点连线上生成节点

命令格式：FILL，NODE1，NODE2，NFILL，NSTRT，NINC，ITIME，INC，SPACE

菜单操作：Main Menu→Preprocessor→Create→Nodes→Fill between Nds

（5）复制节点

命令格式：NGEN，ITIME，INC，NODE1，NODE2，NINC，DX，DY，DZ，SPACE

菜单操作：Main Menu→Preprocessor→Modeling→Copy→Nodes→Copy

该命令的操作通过将已有节点复制到指定位置。下面的命令也可以实现复制功能，但略有不同，是通过控制新建节点与原有节点之间三向坐标的比例来实现的。

命令格式：NSCALE，INC，NODE1，NODE2，NINC，RX，RY，RZ
菜单操作：Main Menu→Preprocessor→Copy→Scale & Copy
　　　　　Main Menu→Preprocessor→Move / Modify→Scale & Move
　　　　　Main Menu→Preprocessor→Operate→Scale→Scale & Copy
　　　　　Main Menu→Preprocessor→Operate→Scale→Scale & Mov

（6）映像节点集
命令格式：NSYM，Ncomp，INC，NODE1，NODE2，NINC
菜单操作：Main Menu→Preprocessor→Modeling→Reflect→Nodes
该命令的操作与前面接触到的映像操作类似，只是映像的对象是一组已经定义好的节点。

（7）在弧线的曲率中心定义节点
命令格式：CENTER，NODE，NODE1，NODE2，NODE3，RADIUS
菜单操作：Main Menu→Preprocessor→Create→Nodes→At Curvature Ctr
该命令的操作与"通过三点定义的圆弧中心定义关键点"的操作比较相似，允许用户指定弧线（或者3个节点）和曲率半径，然后在曲率中心处定义节点。

2. 查看和删除节点

当使用直接法定义节点时，用户常常需要查看节点的列表来掌握节点的编号、坐标等信息。通过下列方法可以实现节点的查看：
命令格式：NLIST，NODE1，NODE2，NINC，Lcoord，SORT1，SORT2，SORT3
菜单操作：Utility Menu→List→Nodes
　　　　　Utility Menu→List→Picked Entities→Nodes

对已经定义好的节点用户还可以删除掉，一般在删除节点的同时，与节点相关的边界条件、载荷、耦合或者约束方程的定义也将随之删除。

命令格式：NDELE，NODE1，NODE2，NINC
菜单操作：Main Menu→Preprocessor→Delete→Nodes

3. 移动节点

节点的移动实际上可以理解为对节点的修改，即修改已经定义的节点的坐标。
命令格式：NMODIF，NODE，X，Y，Z，THXY，THYZ，THZX
菜单操作：Main Menu→Preprocessor→Create→Nodes→By Angles
　　　　　Main Menu→Preprocessor→Move / Modify→By Angles
　　　　　Main Menu→Preprocessor→Move / Modify→Set of Nodes
　　　　　Main Menu→Preprocessor→Move / Modify→Single Node

4. 计算两节点间的距离

命令格式：NDIST，ND1，ND2
菜单操作：Main Menu→Preprocessor→Modeling→Check Geom→ND distances
该命令的结果是给出列表将用户计算的两节点之间的距离，三向坐标的增量等信息汇报给用户。

5. 节点数据文件的读写

ANSYS 允许用户将已经生成的节点数据读入，这样方便与其他 CAD 程序相连。相反，ANSYS 也可以将节点数据文件输出。两项操作传递的文件格式是 ASCII 形式的。

（1）从节点文件读入节点数据

命令格式：NRRANG，NMIN，NMAX，NINC

菜单操作：Main Menu→Preprocessor→Create→Nodes→Read Node File

该命令允许用户指定文件某个范围内的节点，并将其读入。

（2）从文件读入节点

命令格式：NREAD，Fname，Ext，Dir

菜单操作：Main Menu→Preprocessor→Create→Nodes→Read Node File

该命令允许用户指定读入文件的名称、扩展名和路径，并将其读入。这个操作是方便用户将其他程序生成的节点数据文件载入到 ANSYS 中来。

（3）将节点数据写入文件

命令格式：NWRITE，Fname，Ext，Dir，KAPPND

菜单操作：Main Menu→Preprocessor→Create→Nodes→Write Node File

该命令允许用户指定文件的名称、扩展名和路径，并将节点数据写入。

4.6.2 关于单元的操作

直接定义单元和从实体划分单元的共同之处就是定义单元的属性，并进行属性的分配。但是直接定义单元之前还需要定义好节点，并且是适合单元的节点数，例如要定义一个四边形单元至少要有 4 个节点存在。

1．定义单元

一旦设置好了单元属性，就可以通过已定义好的节点来定义单元了。事实上，节点的数目和输入顺序是由单元类型决定的。

（1）单元的定义

命令格式：E，I，J，K，L，M，N，O，P

菜单操作：Main Menu→Preprocessor→Create→Elements→Auto Numbered-Thru Nodes
        Main Menu→Preprocessor→Create→Elements→User Numbered-Thru Nodes

命令中的 8 个参数代表单元的节点和排列顺序。而且如果使用命令定义单元只能定义 8 个节点。对于多于 8 个节点的单元，例如常见的 20 节点块单元，还需要 EMORE 命令来定义其他的节点。

（2）复制单元

命令格式：EGEN，ITIME，NINC，IEL1，IEL2，IEINC，MINC，TINC，RINC，CINC，SINC，DX，DY，DZ

菜单操作：Main Menu→Preprocessor→Modeling→Copy→Auto Numbered

（3）映像单元

命令格式：ESYM，--，NINC，IEL1，IEL2，IEINC

菜单操作：Main Menu→Preprocessor→Modeling→Reflect→Auto Numbered

该命令的操作与前面接触到的映像操作类似，只是映像的对象是一组已经定义好的单元。上述复制和映像操作不生成节点，用户必须实现定义节点，才能实现单元的复制或者映像。新产生的单元属性与原有单元的属性保持一致，当前设置对其没有影响。

2．查看和删除单元

与定义节点时类似，如果用户需要查看单元的列表可以通过下列方法实现：

命令格式：ELIST，IEL1，IEL2，INC，NNKEY，RKEY

菜单操作：Utility Menu→List→Elements

　　　　　　Utility Menu→List→Picked Entities→Elements

删除已经定义单元的操作如下。

命令格式：EDELE，IEL1，IEL2，INC

菜单操作：Main Menu→Preprocessor→Delete→Elements

3．单元数据文件的读写

和读写节点数据文件一样，ANSYS 允许用户读写单元数据文件。

（1）从单元文件读入单元数据

命令格式：ERRANG，EMIN，EMAX，EINC

菜单操作：Main Menu→Preprocessor→Create→Elements→Read Element File

该命令允许用户指定文件某个范围内的单元，并将其读入。

（2）从文件读入单元

命令格式：EREAD，Fname，Ext，Dir

菜单操作：Main Menu→Preprocessor→Create→Elements→Read Element File

该命令允许用户指定读入文件的名称、扩展名和路径，并将其读入。这个操作是方便用户将其他程序生成的单元数据文件载入到 ANSYS 中来。

（3）将单元数据写入文件

命令格式：EWRITE，Fname，Ext，Dir，KAPPND，Format

菜单操作：Main Menu→Preprocessor→Create→Elements→Write Element File

该命令允许用户指定文件的名称、扩展名和路径，并将单元数据写入。

4.7　网格的清除

有限元模型的等级是优于实体模型的，也就是说当划分好网格之后，用户如果想删除或者修改实体模型是不能直接实现的，必须要先将网格清除才能进行。清除命令可以认为是网格生成的反过程。清除操作可以通过两种方式进行，一是通过网格划分工具对话框中的 Clear 按钮，二是通过菜单选项。

Clear 按钮的使用十分方便，单击该按钮，在图形窗口直接拾取要清除的网格就可以了。当然，图形窗口要存在已经创建好的有限元模型，这个操作才有效。

菜单操作：Main Menu→Preprocessor→Meshing→Clear

通过如图 4-16 所示的菜单选项也可以实现网格的清除操作，例如选择 Volumes，就可以将与选定体相联系的节点和体单元清除。

一般地，在完成一次网格清除工作之后，程序会报告用户有多少图元被清除了。

图 4-16　网格清除选项

4.8 网格划分的其他方法

有限元网格的好坏直接关系到计算与分析准确度的高低，是有限元分析的关键。良好的网格是提高仿真可信度的前提，粗糙的网格将得出不精确甚至错误的结果。

实际的工程问题通常具有复杂的结构，若直接建立其有限元模型将十分困难。一般采用专业的 CAD 软件进行实体建模，如 Pro/E、SolidWorks、CATIA 和 UG 等。

不同的分析目的对模型的要求也不同。如果只关心结构整体，则可以将结构的细小特征压缩。例如，要分析结构整体模态，则可去掉小的圆角、倒角和螺栓孔等。若需要关注结构细节，则需要建立结构的细节特征。例如，要分析螺栓孔附近的应力情况，则需要建立完整的螺栓孔。若还需要考察螺纹强度，则需要建立真实的螺纹模型。

对于这些不同的要求，ANSYS 的前处理功能完全不能满足。一般来说，CAE 分析工程师 80%的时间都花费在网格有限元模型的建立和修改上。一个功能强大、使用方便的有限元前处理工具，对于提高有限元分析工作的质量和效率都具有十分重要的意义。在 CAE 领域，HyperMesh 具备强大的前处理功能，已成为世界公认的有限元前处理标准。

HyperMesh 2021 扩展了对 ANSYS 求解器的支持，包括单元类型、求解方法和文件格式。首次启动 HyperMesh 2021，将弹出 User Profiles 对话框，需要用户指定求解模板，同时，并单击 OK 按钮，以设置默认加载 ANSYS 模板，如图 4-17 所示。

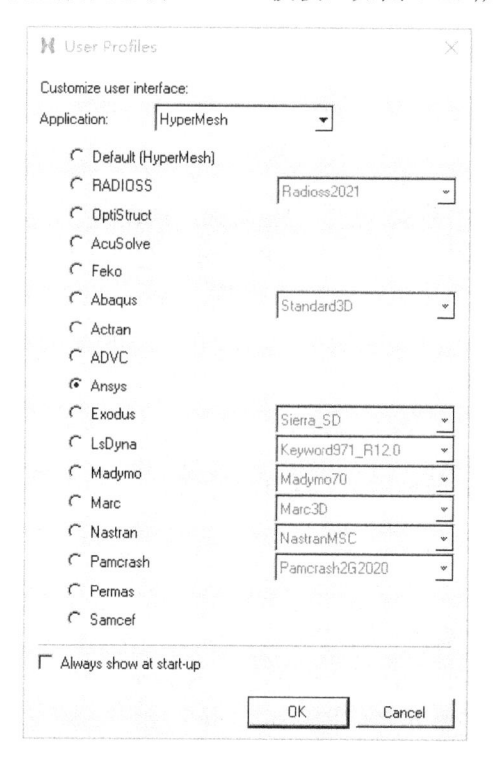

图 4-17 加载 ANSYS 模板

也可以在启动 HyperMesh 后，通过选择 Preferences→User Profiles 设置求解器模板。HyperMesh 可以定义 ANSYS 单元、载荷和边界条件，然后输出为.CDB 模型文件，以供

ANSYS 求解。新版 ANSYS（如 ANSYS 2020 等）采用 BLOCK 格式写出 .CDB 模型文件。图 4-18 所示为 HyperMesh 2021 模型与 ANSYS 的输入、输出接口。

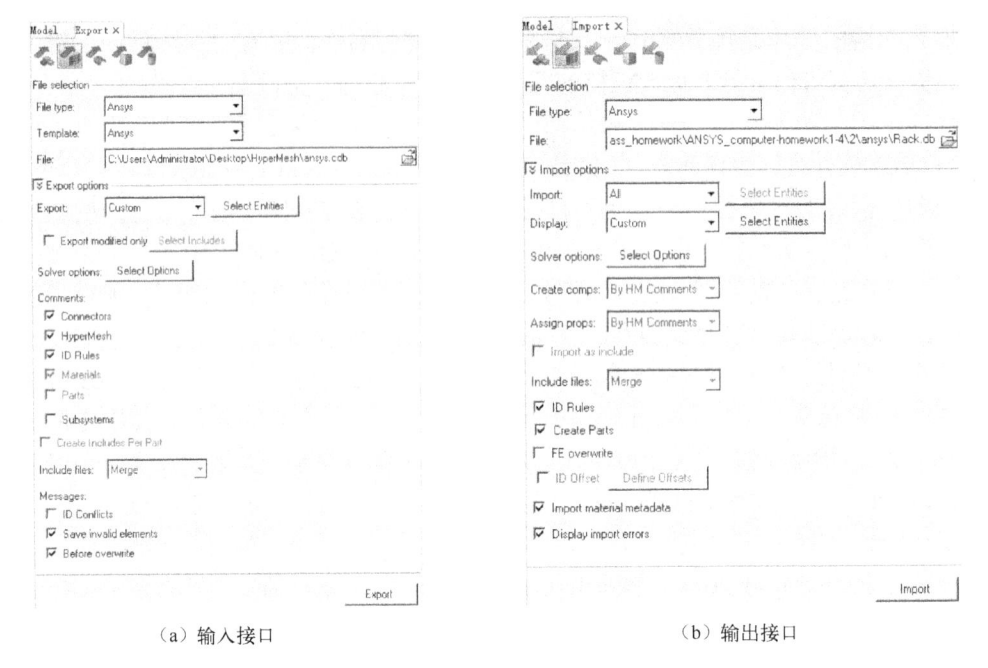

（a）输入接口　　　　　　　　　　　　（b）输出接口

图 4-18　HyperMesh 2021 模型与 ANSYS 的输入/输出

4.9　上机指导

掌握 ANSYS 网格划分的基本方法，包括直接法创建有限元模型的过程、基本图元对象（点、线、面）单元属性的定义、分配与网格划分、初步了解和掌握网格划分工具的功能等。熟悉 ANSYS 网格划分的基本方法，自由网格划分、映射网格划分，以及扫掠网格划分的应用及适用条件，通过线、面等控制单元尺寸应用和网格的局部细分等。

上机目的

了解和掌握 ANSYS 有限元网格划分的基本过程。

上机内容

① 直接法创建有限元网格模型的过程。
② 点、线、面的单元属性的定义、分配与网格划分。
③ 自由网格划分过程与单元大小的控制。
④ 自由网格划分、映射网格划分和扫掠网格划分方法的应用。
⑤ 网格的局部细化。
⑥ 实体模型网格划分的练习。

4.9.1 实例 4.1 轴承座的分析（网格划分）

以第 3 章实例中建立的实体模型为基础进行网格划分。

进入指定工作目录下，以 "ex41" 作名称，恢复第 3 章创建的轴承座模型储存的数据。

⚜需要说明：恢复保存过的数据库有两种方式：一是从工具栏中直接单击 RESUME 按钮（Toolbar: RESUME），将当前同名的数据库恢复；二是从应用命令菜单的 File 中选择相应选项，可以恢复同名或者异名的数据库。ANSYS 没有 Undo 操作，通过恢复上一步保存的数据库，可以起到"撤销"的作用，因此需要初学者注意这一点，适时选择保存和恢复数据库操作。

1. 定义材料特性

依次选择 Main Menu→Preprocessor→Material Props→Structural Linear→Elastic→Isotropic，在弹出的对话框内设定 Young's Modulus EX 为 "30e6"，单击 OK 按钮。

确定操作无误后，在工具栏（Toolbar）中选择"保存数据库"按钮（SAVE_DB），保存数据库文件。

2. 单元类型的选择

依次选择 Main Menu→Preprocessor→Element Type→Add/Edit/Delete，在弹出的对话框中选择 Add 按钮，在左侧的 Structural 中选择 "Solid"，然后从右侧选择 "Brick 8node 185"，单击 OK 按钮，最后单击 CLOSE 按钮。

3. 划分单元

依次选择 Main Menu→Preprocessor→MeshTool...，启动网格划分工具，将智能网格划分器（Smart Sizing）设定为 "on"；将滑动码设置为 "8"（可选：如果机器速度很快，可将其设置为 "7" 或更小值来获得更密的网格）；确认 MeshTool 的各项为 Volumes、Tet、Free；单击 MESH 按钮，然后选择 Pick All 按钮，单击 OK 按钮。关闭 MeshTool 对话框。如图 4-19 所示。

确定操作无误后，在工具栏（Toolbar）中选择"保存数据库"按钮（SAVE_DB），保存数据库文件。

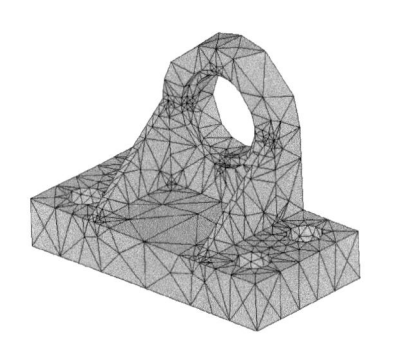

图 4-19 自由网格划分

4. 命令流

```
/PREP7
MP,EX,1,30e6                !!!!!!!!定义材料参数
MP,PRXY,1,0.3
MP,DENS,1,7.8e-4

SAVE

ET,1,SOLID185               !!!!!!!!定义单元类型 solid185

SMRT,6                      !!!!!!!划分单元尺寸
```

```
SMRT,8
MSHAPE,1,3D
MSHKEY,0

ALLSEL
VMESH,AlL                              !!!!!!!!划分单元

ALLSEL
SAVE
```

4.9.2 实例 4.2 轮的分析（网格划分）

进入指定工作目录下，恢复第 3 章中创建轮的几何模型，将轮的 1/8 对称部分实体恢复。

1. 对称结构实体的恢复与分割

依次选择 Utility Menu→WorkPlane→Chang Active CS to→Global Cartesian，激活整体直角坐标系。

依次选择 Utility Menu→WorkPlane→Align WP with→Global Cartesian，将工作平面复原。

依次选择 Main Menu→Preprocessor→Modeling→Copy→Lines，拾取如图 4-20（a）所示的两段圆弧线，沿 Y 向、$-Y$ 向各复制 10 个单位。

依次选择 Main Menu→Preprocessor→Modeling→Create→Lines→Lines→Straight line，分别连接上下两端圆弧对应的端点生成四条直线。

依次选择 Main Menu→Preprocessor→Modeling→Create→Areas→Arbitrary→By Lines，分别拾取上下两端圆弧以及生成的直线，创建两个曲面。

依次选择 Main Menu→Preprocessor→Modeling→Operate→Booleans→Divide→Volume by Area，弹出"拾取体"对话框，拾取轮的实体。单击 Apply 按钮，拾取两个新生成的面，单击 OK 按钮，将实体分为 3 部分，如图 4-20（b）所示。

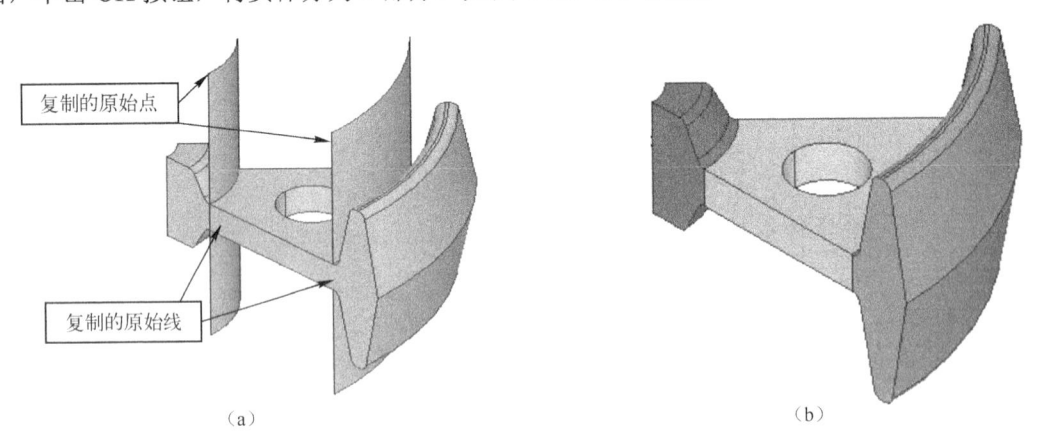

（a）　　　　　　　　　　　　　　　　　（b）

图 4-20　1/8 扇区网格划分过程

要点提示： 通过布尔操作划分之后的体与真正的 3 个实体是不一样的，划分后的实体虽然分开，但是相交的面是共用的。这样的实体关系可以继续后面的网格划分，而且仍然是针对整个实体的网格划分（例如上面的轮），而不是 3 个不相关的实体。将形状较为复杂

的实体划分为若干规则的实体,是网格划分中经常使用的技巧之一。

2. 单元属性定义

依次选择 Main Menu→Preprocessor→Element Type→Add/Edit/Delete,定义"SOLID185"单元类型。

依次选择 Main Menu→Preprocessor→Material Props→Material Models,定义各向同性弹性材料模型,弹性模量"200",泊松比"0.3",密度"7.8e-6"。

依次选择 Main Menu→Preprocessor→Meshing→Mesh Tool,打开"网格划分工具"对话框。在单元分配属性部分,在下拉列表中选择"Volums"。单击 Set 按钮,弹出"拾取体"对话框,拾取所有实体,单击 OK 按钮,将单元 1、材料 1 分配给体。

3. 智能尺寸控制与扫掠网格划分

依次选择 Main Menu→Preprocessor→Meshing→Mesh Tool,打开网格划分工具对话框。在智能网格大小控制选项部分,选中"Smart",默认其下滑动条的位置。

打开"网格划分工具"对话框。在网格划分部分,在 Mesh 右侧选择"Volumes",同时选择"Hex/Wedge"和"Sweep"。在其下的下拉列表中选择"Auto Src/Trg"。单击 Mesh 按钮,弹出"拾取体"对话框,拾取左侧实体模型,单击 Apply 按钮,划分结果如图 4-21(a)所示。

拾取中间部分实体,单击 Apply 按钮,划分结果如图 4-21(b)所示。

拾取右侧部分实体,单击 OK 按钮,划分结果如图 4-21(c)所示。

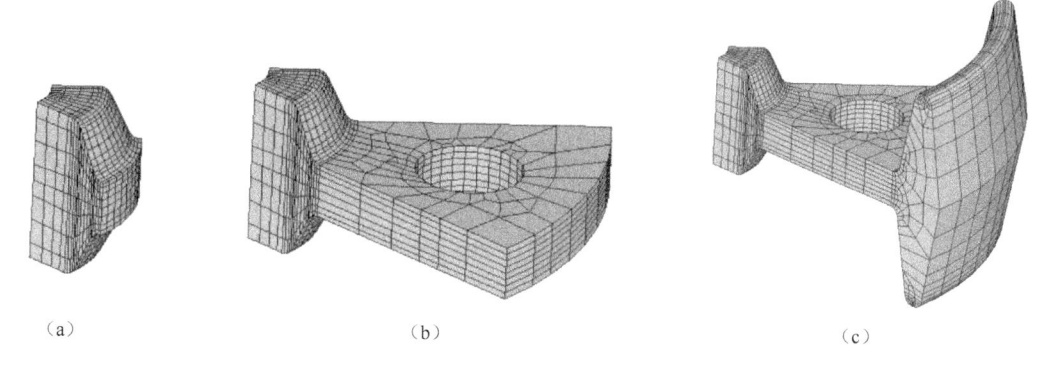

(a)　　　　　　　　　　(b)　　　　　　　　　　(c)

图 4-21　扫掠网格划分过程

最后保存数据库。

4. 命令流

```
/PREP7
CSYS,0                    ! 激活笛卡儿坐标系
WPCSYS,-1,0               ! 恢复工作平面

LSEL,,,,64,65             ! 复制圆弧线
LGEN,2,ALL,,,,10,,,0
LGEN,2,ALL,,,,-10,,,0

LSTR,57,61                ! 创建直线
```

```
LSTR,59,63
LSTR,58,62
LSTR,56,60

LSEL,S,,,73                    !创建曲面
LSEL,A,,,75
LSEL,A,,,79
LSEL,A,,,82
AL,ALL
LSEL,S,,,74
LSEL,A,,,76
LSEL,A,,,80,81
AL,ALL

LSEL,S,,,6                     !利用曲面划分实体
LSEL,A,,,17
VSBA,3,ALL

ET,1,SOLID185                  !定义单元类型
MP,EX,1,200                    !定义材料参数
MP,PRXY,1,0.3
MP,DENS,1,7.8e-6

VSEL,,,,ALL
VATT,1,,1,0

SMART,6                        !扫略划分网格
VSWEEP,ALL

SAVE
```

4.9.3 实例4.3 弹簧-质量系统

用户自定义文件夹，以"ex43"为文件名开始一个新的分析。

1. 单元属性的定义

依次选择 Main Menu→Preprocessor→Element Type→Add/Edit/Delete，打开如图 4-22 的 Element Types（单元类型选择）对话框。单击 Add 按钮，打开如图 4-23 所示的 Library of Element Types（单元类型库）对话框，在左侧的列表框内选择"Structural Mass"，右侧的列表框将显示"3D mass21"。单击 OK 按钮，回到"单元类型"对话框。单击 Add 按钮，在"单元类型库"对话框中选择 Combination 下的"Spring-damper 14"，单击 OK 按钮。

再次回到"单元类型"对话框，此时列表中已定义了两种单元。选中"COMBIN14"，此时 Option 按钮由灰变亮，单击 Option 按钮，打开如图 4-24 所示的 COMBIN14 element type options（COMBIN14 单元选项设置）对话框。在 DOF select for 1D behavior K2 下拉列表中选择"Longitude UY DOF"，单击 OK 按钮。

第 4 章 ANSYS 网格划分

图 4-22 "单元类型选择"对话框

图 4-23 "单元类型库"对话框

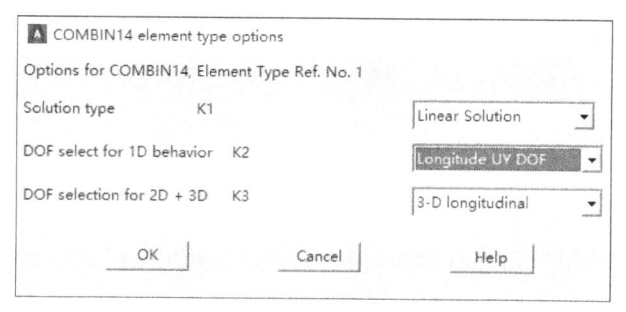

图 4-24 "COMBIN14 单元选项设置"对话框

依次选择 Main Menu→Preprocessor→Real Constants→Add/Edit/Delete，在弹出的"单元实常数列表"对话框中单击 Add 按钮，打开如图 4-26 所示的 Element Type for Real Constant（单元实常数定义）对话框。先选中"Type 1 MASS21"，单击 OK 按钮，打开如图 4-25 所示的 Real Constant Set Number 1, for MASS21（质量单元实常数定义）对话框，在 Mass in Y direction 右侧的编辑框输入"100"，单击 OK 按钮。

图 4-25 "质量单元实常数定义"对话框

图 4-26 "单元实常数定义"对话框

回到"单元实常数列表"对话框中，单击 Add 按钮，再次打开"单元实常数定义"对话框。选中"Type 2 COMBIN14"，单击 OK 按钮，打开如图 4-27 所示的 Real Constant

Set Number 2, for COMBIN14（弹簧单元实常数定义）对话框，在 Spring constant 右侧的编辑框内输入弹簧的刚度"100"，单击 OK 按钮。

图 4-27 "弹簧单元实常数定义"对话框

回到"单元实常数列表"对话框，显示"Set 1"，"Set 2"列表，单击 CLOSE 按钮关闭对话框，完成单元实常数的定义。

2. 直接法创建有限元网格

依次选择 Main Menu→Preprocessor→Modeling→Create→Nodes→In Active CS，打开如图 4-28 所示的 Create Nodes in Active Coordinate System（在当前坐标系下创建节点）对话框，在 NODE Node number 右侧的文本框输入节点的编号"1"；在 X,Y,Z Location in active CS 右侧的文本框输入节点的三向坐标，单击 Apply 按钮；创建编号为"2"，坐标为（1,0,0）的节点，单击 OK 按钮。

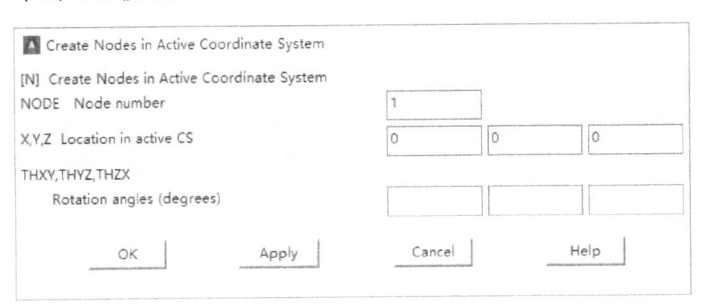

图 4-28 "在当前坐标系下创建节点"对话框

依次选择 Main Menu→Preprocessor→Modeling→Create→Elements→Elem Attributes，打开如图 4-29 所示的 Element Attributes（单元属性定义）对话框，在[Type] Element type number 下拉列表框中选择"1 MASS21"；在[REAL] Real constant set number 右侧下拉列表框中选择"1"，单击 OK 按钮。

依次选择 Main Menu→Preprocessor→Modeling→Create→Elements→Auto Numbered→Thru Nodes，弹出"节点拾取"对话框，鼠标拾取节点 2，单击 OK 按钮。

依次选择 Main Menu→Preprocessor→Modeling→Create→Elements→Elem Attributes，打开"单元属性定义"对话框，在[Type] Element type number 下拉列表框中选择"2 COMBIN14"；在[REAL] Real constant set number 下拉列表框中选择"2"，单击 OK

按钮。

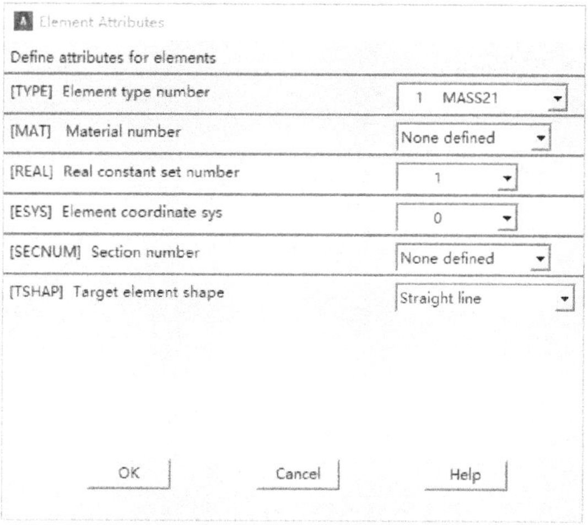

图 4-29 "单元属性定义"对话框

依次选择 Main Menu→Preprocessor→Modeling→Create→Elements→Auto Numbered→Thru Nodes，弹出"节点拾取"对话框，鼠标依次拾取节点 1 和 2，单击 OK 按钮。

最后保存数据库。

要点提示：直接法创建有限元网格模型适用于质量单元、连杆单元、梁单元、管道单元、刚性单元和连接单元，简单方便。要求用户十分清楚节点、单元的坐标与相对位置。但是对于复杂的系统、节点和单元数目巨大的模型，直接法就比较难以驾驭。

依次选择 Utility Menu→PlotCtrls→Style→Size and Shape，打开如图 4-30 所示的 Size and shape（单元尺寸和形状显示控制）对话框。

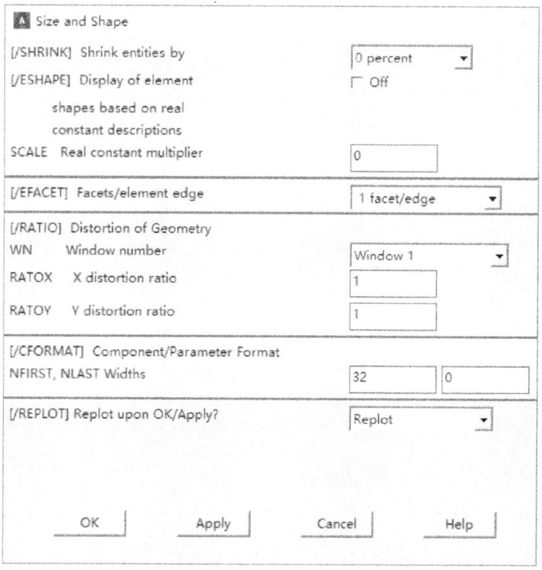

图 4-30 "单元尺寸和形状显示控制"对话框

将 Display of element 右侧选项选中变为"ON",单击 OK 按钮。图形窗口即显示出弹簧单元和质量单元的形状和大小,如图 4-31 所示。

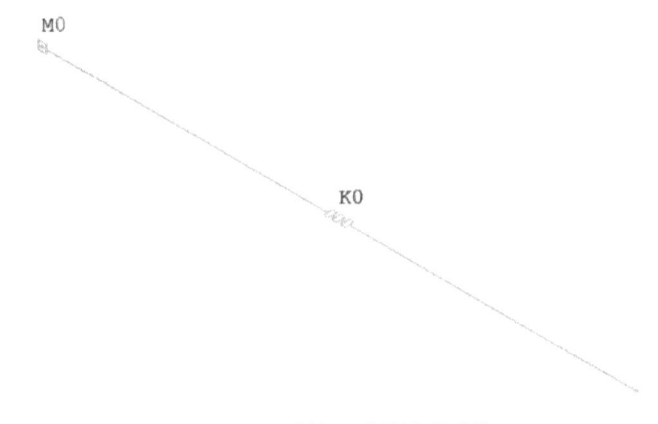

图 4-31 弹簧－质量模型系统

🔸要点提示:对于一些单元虽然在模型上以点、线、面来代替,但是实际是有形状和大小的,用户可以控制其显示,便于观察清楚。除了上述质量和连接单元外,例如壳单元是有厚度的,梁单元是有截面形状的,通过"单元尺寸和形状显示控制"对话框可以查看这些单元隐藏的形状和尺寸。

3. 命令流

```
/PREP7
ET,1,MASS21                  ! 定义单元类型
ET,2,COMBIN14

KEYOPT,2,1,0                 ! 单元选项设置
KEYOPT,2,2,2
KEYOPT,2,3,0

R,1, ,100, , , , ,           ! 单元实常数设置
R,2,100, , , , ,
RMORE, ,

N,1,0,0,0,,,,                ! 创建节点
N,2,1,0,0,,,,

TYPE,1                       ! 选择单元、实常数编号
REAL,1

E,2                          ! 选择节点

TYPE,2
REAL,2
```

E,1,2

SAVE

4.9.4 实例 4.4 零件二的网格划分

用户自定义文件夹，以"ex44"为文件名开始一个新的分析。或者，更改工作文件目录和名称。

恢复第 3 章实例 3.6 创建零件二的几何模型。

1. 单元属性的定义与分配

依次选择 Main Menu→Preprocessor→Element Type→Add/Edit/Delete，定义"SOLID185"单元类型。

依次选择 Main Menu→Preprocessor→Material Props→Material Models，定义各向同性弹性材料模型，弹性模量"200"，泊松比"0.3"，密度"7.8e-6"。

依次选择 Main Menu→Preprocessor→Meshing→Mesh Tool，打开"网格划分工具"对话框。在单元分配属性部分，在下拉列表中选择"Volumes"。单击 Set 按钮，弹出"拾取体"对话框，拾取实体。单击 OK 按钮，将单元 1、材料 1 分配给体。

2. 自由网格划分

依次选择 Main Menu→Preprocessor→Meshing→ Mesh Tool，打开"网格划分工具"对话框。在智能网格大小控制选项部分，如图 4-32 所示，选中"Smart Size"，默认其下滑动条的位置。

依次选择 Main Menu→Preprocessor→Meshing→ Mesh Tool，打开"网格划分工具"对话框。在网格划分部分，在 Mesh 右侧选择"Volumes"，同时默认选择"Tet"和"Free"。单击 Mesh 按钮，弹出"拾取关键体"对话框，拾取实体模型。单击 OK 按钮，程序自动划分成功，关闭警告对话框。如图 4-33（a）所示。

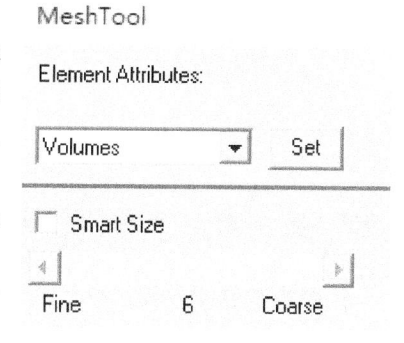

图 4-32 智能网格大小控制选项

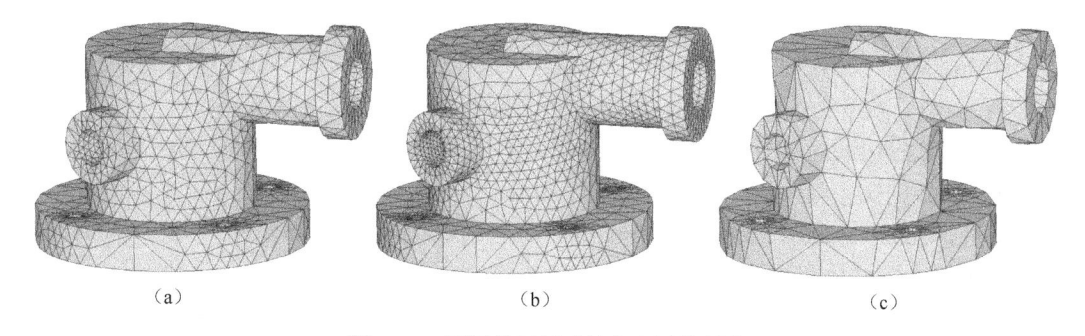

（a） （b） （c）

图 4-33 不同单元尺寸的自由网格划分

要点提示："SOLID185"单元是 8 节点的六面体单元，由于采用了自由网格划分，会出现单元的退化,即六面体单元变成四面体单元。警告对话框就是提醒用户出现了这个现象。

在网格划分部分,在 Mesh 右侧选择"Volumes"。单击 Clear 按钮,弹出"拾取体"对话框,拾取划分网格的实体模型,单击 OK 按钮,程序自动清除网格。

拖动对话框中的尺寸滑动条,设置数值为"4",重新划分网格,如图 4-33(b)所示。

再次清除网格,设置滑动条数值为"8",重新划分网格,如图 4-33(c)所示。

最后保存数据库。

3. 命令流

```
/PREP7
ET,1,SOLID185              ! 定义单元类型

MP,EX,1,200                ! 定义材料参数
MP,PRXY,1,0.3
MP,DENS,1,7.8e-6

VSEL,,,,ALL                ! 分配体单元划分网格参数
VATT,1,,1,0

SMRT,6                     ! 设置网格精度
VSEL,,,,ALL
VMESH,ALL                  ! 划分体网格

SAVE
```

4.9.5 实例 4.5 自由网格与映射网格划分练习

用户自定义文件夹,以"ex45"为文件名开始一个新的分析。或者,更改工作文件目录和名称。

1. 实体模型的建立

依次选择 Main Menu→Preprocessor→Modeling→Create→Volumes→Block→By Dimensions,创建 1×1×1 的正方体,原点为正方体的一个顶点。

依次选择 Main Menu→Preprocessor→Modeling→Create→Volumes→Cylinder→By Dimensions,创建半径为 0.2,高度为 1 的实心圆柱体,原点为圆柱体的底面圆心。

依次选择 Main Menu→Preprocessor→Modeling→Create→Volumes→Sphere→By Dimensions,创建半径为 0.3 的实心球体,原点为实心球体圆心。

依次选择 Main Menu→Preprocessor→Modeling→Operate→Booleans→Subtract→Volumes,从正方体上减去圆柱体和球体。结果如图 4-34(a)所示。

2. 单元属性定义与自由网格划分

依次选择 Main Menu→Preprocessor→Element Type→Add/Edit/Delete,定义"SOLID185"单元类型。

依次选择 Main Menu→Preprocessor→Material Props→Material Models,定义各向同性弹

性材料模型,弹性模量为"200",泊松比为"0.3",密度为"7.8e-6"。

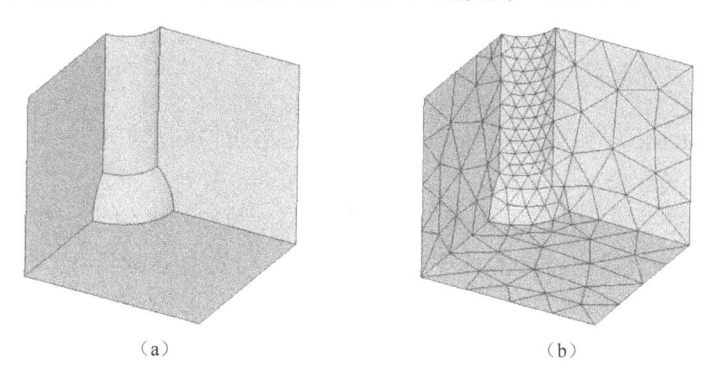

图 4-34 用于网格划分的实体模型与自由网格划分结果

依次选择 Main Menu→Preprocessor→Meshing→Mesh Tool,打开"网格划分工具"对话框。在单元分配属性部分,在下拉列表中选择"Volums"。单击 Set 按钮,弹出"拾取体"对话框,拾取实体。单击 OK 按钮,将单元 1、材料 1 分配给体。

依次选择 Main Menu→Preprocessor→Meshing→Mesh Tool,打开"网格划分工具"对话框。在智能网格大小控制选项部分,选中"Smart",默认其下滑动条的位置。

依次选择 Main Menu→Preprocessor→Meshing→Mesh Tool,打开"网格划分工具"对话框。在网格划分部分,在 Mesh 右侧选择"Volumes",同时默认选择"Tet"和"Free"。单击 Mesh 按钮,弹出"拾取关键体"对话框,拾取实体模型。单击 OK 按钮,程序自动划分成功,关闭警告对话框。结果如图 4-34(b)所示。

在网格划分部分,在 Mesh 右侧选择"Volumes"。单击 Clear 按钮。弹出"拾取体"对话框,拾取划分网格的实体模型。单击 OK 按钮,程序自动清除网格。

3. 单元尺寸控制与映射网格划分

依次选择 Main Menu→Preprocessor→Meshing→Mesh→Volumes→Mapped→Concatenate→Areas,弹出"拾取面"对话框,拾取如图 4-35(a)所示的球面和圆柱面(图中第 1 组连接面)。单击 Apply 按钮,再次拾取正方体侧面,如图 4-35(b)所示,单击 OK 按钮。

依次选择 Main Menu→Preprocessor→Meshing→Mesh→Volumes→Mapped→Concatenate→Lines,弹出"拾取线"对话框,先后拾取如图 4-35(a)(b)所示的 4 组连接线。

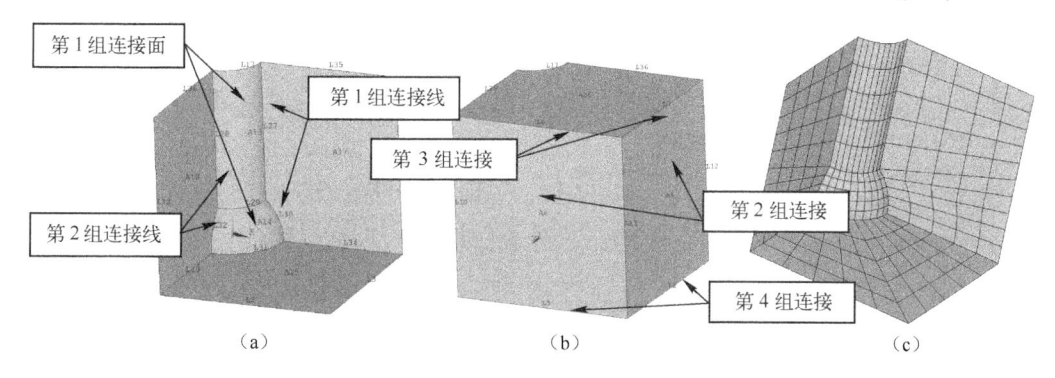

图 4-35 映射网格划分结果

요点提示：上述面、线连接的操作是为了映射网格划分所做的处理，因此虽然生成新的带编号直线，但是原有的线并不删除。而且新生成线并不能用于单元尺寸的控制，必须使用原有直线进行尺寸控制，在后面的操作应注意。

依次选择 Main Menu→Preprocessor→Meshing→Mesh Tool，打开"网格划分工具"对话框。在单元尺寸定义部分，在 Lines 右侧单击 Set 按钮，弹出"拾取线"对话框。圆柱和球部分边线的划分份数是不同的，分两次分别定义，每次拾取相应的线。首先拾取圆柱面轴向两条直线、与这两条直线相连接的球面两条圆弧线、与这两条圆弧线相连接的正方体边界线，单击 Apply 按钮，打开"单元尺寸定义"对话框，在 NDIV No. of Element divisions 右侧的编辑框输入"5"。最后拾取圆柱面端面的圆弧线、球面端面的圆弧线、这两曲面相交的圆弧线、与圆柱体轴向平行的两条正方体边界线，单击 Apply 按钮，设置第 2 组直线划分的份数为"10"。

依次选择 Main Menu→Preprocessor→Meshing→Mesh Tool，打开"网格划分工具"对话框。在网格划分部分，在 Mesh 右侧选择"Volumes"，同时选择"Hex"和"Mapped"。单击 Mesh 按钮，弹出"拾取体"对话框，拾取实体模型。单击 OK 按钮，程序自动划分成功，结果如图 4-35（c）所示。

4. 命令流

```
/PREP7
BLOCK,0,1,0,1,0,1,         ！创建正方体
CYLIND,0.2,,0,1,0,360,     ！创建圆柱体
SPHERE,0.3,,0,360,         ！创建球体

VSEL,,,,2,3                ！模型相减
VSBV,1,ALL

ET,1,SOLID186              ！定义单元类型

MP,EX,1,200                ！定义材料参数
MP,PRXY,1,0.3
MP,DENS,1,7.8e-6

VSEL,,,,ALL                ！分配体单元划分网格参数
VATT,1,,1,0

SMRT,6                     ！划分网格
MSHAPE,1,3D
MSHKEY,0
VMESH,ALL

VCLEAR,4                   ！清除网格

ASEL,S,,,13,14             ！定义面映射选项
ACCAT,ALL
ASEL,S,,,4
ASEL,A,,,6
ACCAT,ALL

LSEL,S,,,28                ！定义线映射选项
LSEL,A,,,32
LCCAT,ALL
LSEL,S,,,27
LSEL,A,,,30
LCCAT,ALL
LSEL,S,,,6,7
LCCAT,ALL
LSEL,S,,,2,3
LCCAT,ALL

LSEL,S,,,10                ！设置线网格精度
LSEL,A,,,12
LSEL,A,,,17
LSEL,A,,,29
LSEL,A,,,31
LESIZE,ALL,,,10,,,,1

LSEL,S,,,27,28
LSEL,A,,,30
LSEL,A,,,32,34
LESIZE,ALL,,,5,,,,1
```

```
MSHAPE,0,3D        ！映射划分网格           VMESH,ALL
MSHKEY,1
VSEL,,,,4                                  SAVE
```

4.10 检测练习

练习 4.1 机匣盖的网格划分

基本要求：

① 使用自由网格划分方法将第 3 章练习中创建的机匣盖实体模型离散为有限元网格模型。

② 采用智能单元尺寸控制改变单元大小，重新划分网格。

思路点睛：

① 恢复已有数据库，恢复创建好的实体模型。

② 定义"SOLID185"单元和材料模型，并分配单元属性。

③ 网格划分。如图 4-36 所示，定义不同的单元尺寸时，不同的网格划分结果。

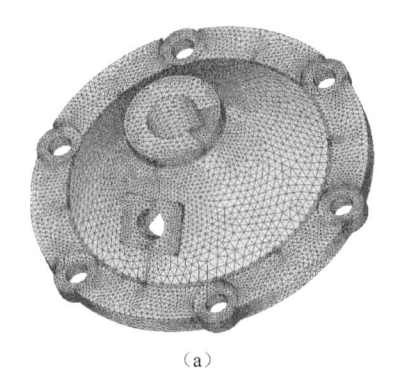

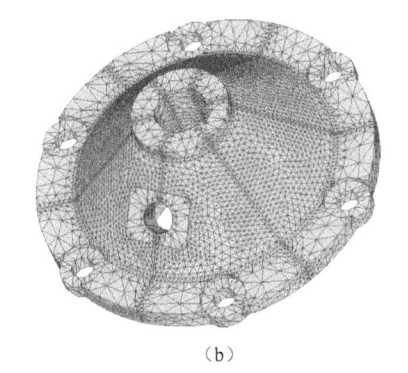

(a)　　　　　　　　　　　　　　　(b)

图 4-36　机匣盖的网格划分

练习 4.2 六角螺杆的网格模型

基本要求：

① 恢复第 3 章的实例 3.4 创建的实体。

② 将圆柱体部分进行扫掠划分，头部实体进行自由网格划分。

思路点睛：

① 将工作平面移动到圆柱体与螺杆六角头部连接的相应位置。

② 依次选择 Main Menu→Preprocessor→Modeling→Operate→Booleans→Divide→Volume by WorkPlane，分割实体模型为 2 部分，如图 4-37（a）所示。

③ 定义"SOLID185"和"SOLID186"两种单元类型，材料模型均为各向同性弹性。

④ 使用"SOLID185"扫掠划分圆柱体，使用"SOLID186"自由划分六角头部实体，如图 4-37（b）所示。

(a)　　　　　　　　　　　　　(b)　　　　　　　　　　　　　(c)

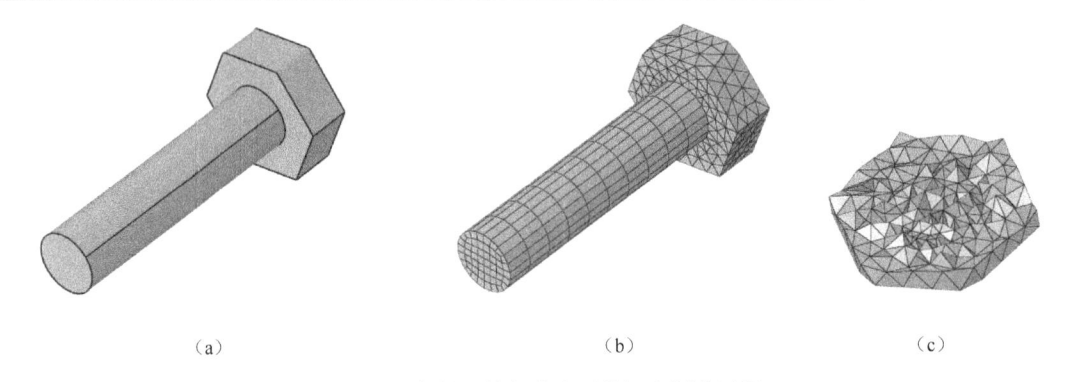

图 4-37　扫掠网格与自由网格混合划分过程

⑤ 依次选择 Main Menu→Preprocessor→Meshing→Modify Mesh→Change Tets，打开如图 4-38（a）所示的 Change Selected Degenerate Hexes to Non-degenerate Tets "单元转换"对话框，选择默认值，单击 OK 按钮。

⑥ 依次选择 Utility Menu→Select→Entities，打开如图 4-38（b）所示的对话框，在第一个下拉列表中选择"Elements"，第二个下拉列表中选择"By Attributes"，其下选择 Elem type num，在 Min，Max，Inc 下方的文本框内输入"2"，单击 OK 按钮。

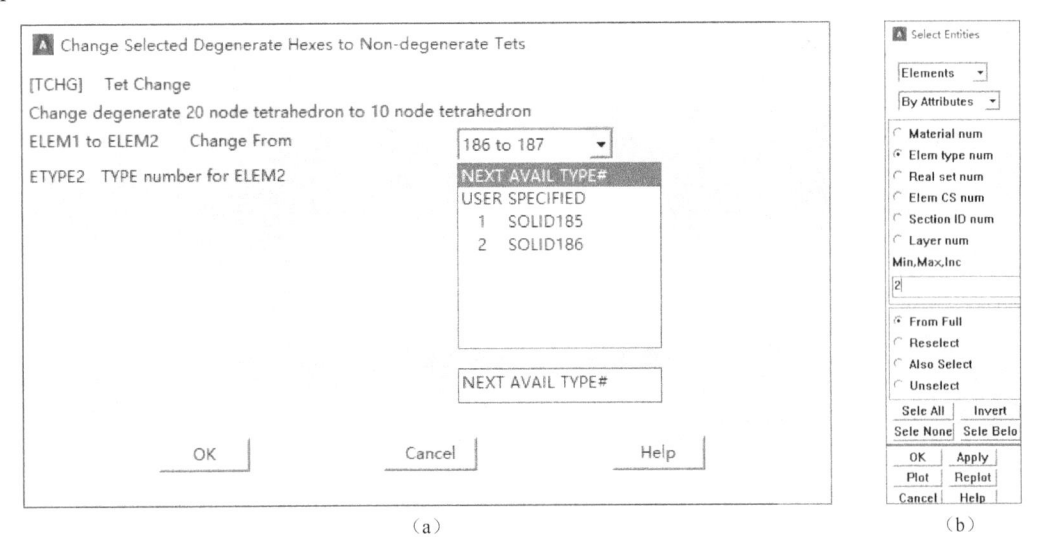

(a)　　　　　　　　　　　　　　　　　　　　　　(b)

图 4-38　单元转化及选择对话框

⑦ 依次选择 Utility Menu→Plot→Elements，绘制转换之后的单元，如图 4-37（c）所示，即扫掠网格划分与自由网格划分相交的部分。

练习 4.3　回转类零件的网格划分

基本要求：

① 恢复练习 3.2 创建的回转体。

② 将实体划分网格，如图 4-39（a）所示。

思路点睛：

① 恢复实体模型，利用工作平面分割实体，如图 4-39（b）所示。

(a)   (b)

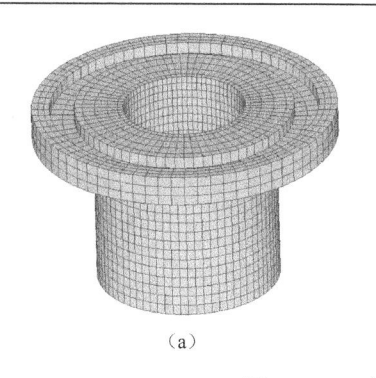

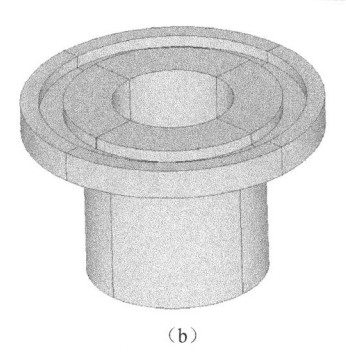

图 4-39 回转体扫掠划分过程

② 定义单元类型，材料模型，并分配给实体。
③ 扫掠划分实体。

练习题

1. 如何区分有限元模型和实体模型？
2. 网格划分的一般步骤是什么？
3. 单元属性的定义都有什么内容？如何实现？ 如何实现单元属性的分配操作？
4. 自由划分、映射网格划分和扫掠网格划分一般适用于什么情况的网格划分？使用过程中各需要注意什么问题？
5. 如何实现网格的局部细化？相关高级参数如何设置？

第 5 章 ANSYS 静载荷施加与求解

ANSYS 中加载方式有两种，一是直接加载在节点和单元上，二是加载在实体模型上。无论载荷如何施加，最终都将传递到节点或者单元上来参与求解。本章主要介绍 ANSYS 在静力学分析中的加载和求解过程，在此之前，先了解一下 ANSYS 中载荷的定义。

5.1 载荷的定义

载荷可分为边界条件（boundary condition）和实际外力（external force）两大类，在不同领域中载荷的类型如下。

结构力学：位移、集中力、压力（分布力）、温度（热应力）、重力。

热学：温度、热流率、热源、对流、无限表面。

磁学：磁声、磁通量、磁源密度、无限表面。

电学：电位、电流、电荷、电荷密度。

流体力学：速度、压力。

以特性而言，载荷可分为六大类：DOF 约束、力（集中载荷）、表面载荷、体积载荷、惯性力、耦合场载荷。

① DOF 约束（DOF constraint）：将给定某一自由度为已知值。例如，结构分析中约束被指定为位移和对称边界条件；在热力学分析中指定为温度和热通量平行的边界条件。

② 力（force）：为施加于模型节点的集中载荷，如在模型中被指定的力和力矩。

③ 表面载荷（surface load）：为施加于某个面的分布载荷，如在结构分析中为压力。

④ 体积载荷（body load）：为体积的或场的载荷。在结构分析中为温度和 fluences。

⑤ 惯性载荷（inertia loads）：由物体惯性引起的载荷，如重力和加速度、角速度和角加速度。

⑥ 耦合场载荷（coupled-field loads）：为以上载荷的一种特殊情况，从一种分析得到的结果用作为另一种分析的载荷。

5.2 有限元模型的加载

将载荷施加在节点或者单元上，不需要程序进行转化，减少分析问题可能出现的困难，不必考虑可能出现过约束情况。但是，这种施加载荷的方式也有不方便之处，例如对有限元模型进行了修正，就必须将已经施加的载荷删除，然后重新施加。而且用户在实际操作中，节点和单元的选择没有图元对象的选择那么方便。

5.2.1 节点自由度的约束

1. 普通约束

对于结构分析来说,自由度的约束体现在位移上,通过给定 3 向坐标的值(一般情况下值为 0),体现约束的位移。

命令格式:D,NODE,Lab,VALUE,VALUE2,NEND,NINC,Lab2,Lab3,Lab4,Lab5,Lab6

菜单操作:Main Menu→Preprocessor→Loads→Define Loads→Apply→Structural→Displacement→On Nodes

Main Menu→Solution→Define Loads→Apply→Structural→Displacement→On Nodes

执行操作后,在图形窗口内直接拾取要约束的节点,单击 OK 按钮,在弹出的 Apply U,ROT on Nodes "节点约束"对话框中(如图 5-1 所示)选择约束方向和输入数值。

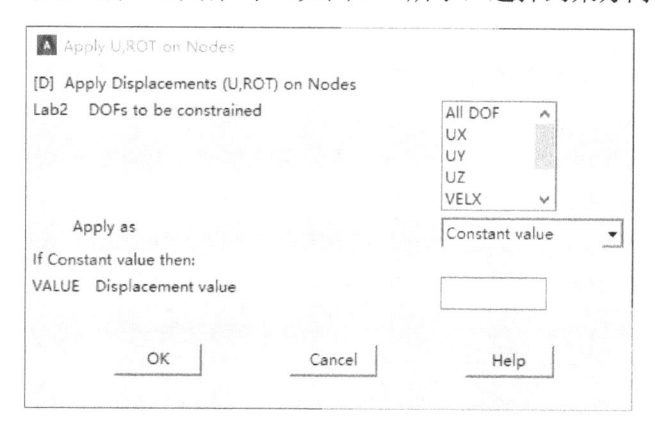

图 5-1 "节点约束"对话框

2. 对称约束

节点的对称约束可以是平面的(关于线对称),也可以是三维的(关于面对称),首先也将对称的节点全部选中,然后执行下述操作。

命令格式:DSYM,Lab,Normal,KCN

菜单操作:Main Menu→Preprocessor→Loads→Define Loads→Apply→Structural→Displacement→Symmetry B.C.→On Nodes

Main Menu→Solution→Define Loads→Apply→Structural→Displacement→Symmetry B.C.→On Nodes

在弹出的 Apply SYMM on Nodes "节点对称约束"对话框中(如图 5-2 所示)选择对称面(或者线)的法向坐标轴、坐标系编号。

3. 反对称约束

节点的反对称约束与对称约束基本相同,只是菜单位置略有不同。

命令格式:DSYM,Lab,Normal,KCN

菜单操作：Main Menu→Preprocessor→Loads→Define Loads→Apply→Structural→Displacement→Antisymm B.C.→On Nodes

Main Menu→Solution→Define Loads→Apply→Structural→Displacement→Antisymm B.C.→On Nodes

图 5-2 "节点对称约束"对话框

5.2.2 节点载荷的施加

如图 5-3（a）所示，结构部分的载荷施加选项，在每一个选项下面都有对节点施加载荷的选择。以施加力或者力矩为例，如图 5-3（b）所示。

菜单操作：Main Menu→Preprocessor→Loads→Define Loads→Apply→Structural→Force/Moment→On Nodes

Main Menu→Solution→Define Loads→Apply→Structural→Force/Moment→On Nodes

图 5-3 载荷施加选项

执行操作以后，在图形窗口内直接选择力或者力矩作用的节点，然后在弹出的 Apply F/M on Nodes（施加节点作用力/力矩）对话框中（如图 5-4 所示），指定力的作用方向、力的方式（常量还是曲线）和数值（对于常量有效）。

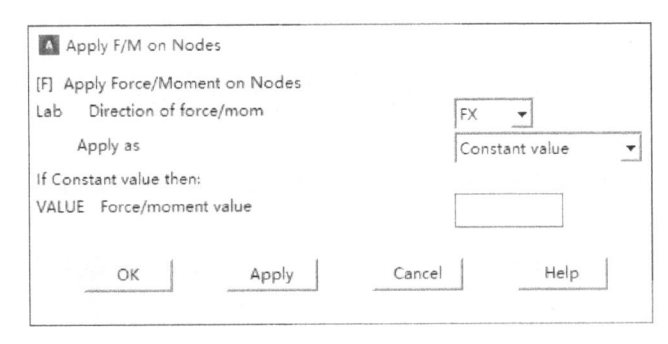

图 5-4 "施加节点作用力/力矩"对话框

5.2.3 单元载荷的施加

单元载荷的施加与节点载荷的施加是一样的,区别在于不是所有载荷形式都可以作用在单元上。对于结构问题来说,只有压力和温度是可以施加在单元上的。其余操作与节点施加方法类似。

5.3 实体模型的加载

相对于有限元模型的加载,实体模型的加载在操作上要方便得多,而且由于实体模型不参与分析计算,当改变单元和节点划分情况时,无需重新施加载荷,程序可以自动将施加在实体模型上的载荷传递到有限元模型上。也正因为如此,有时会出现关键点过约束的问题,初学者如果遇到这种情况就不容易查找到原因。

在实体模型上施加载荷和在有限元模型施加载荷的操作类似,菜单位置也大致相同,只是根据情况选择载荷作用的位置,即关键点、线、面。

5.3.1 关键点上载荷的施加

1. 约束关键点

命令格式:KD,KPOI,Lab,VALUE,VALUE2,KEXPND,Lab2,Lab3,Lab4,Lab5,Lab6

菜单操作:Main Menu→Preprocessor→Loads→Define Loads→Apply→Structural→Displacement→On Keypoints

Main Menu→Solution→Define Loads→Apply→Structural→Displacement→On Keypoints

命令格式中的 KPOI 为要约束的关键点的编号,VALUE 为受约束点的值。Lab1~Lab6 与"D"命令相同,可借着 KEXPND 去扩展定义在不同点间节点所受约束。如果通过菜单操作执行,则在图形窗口直接拾取要约束的关键点,确定以后打开如图 5-5 所示的"约束关键点"对话框,其上各选项的意义与图 5-1 类似。

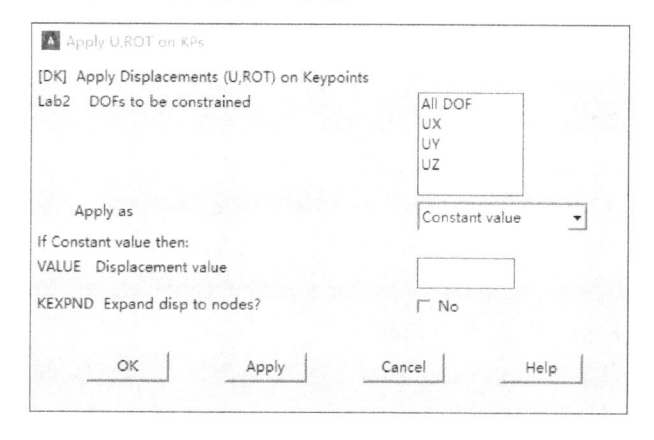

图 5-5 "约束关键点"对话框

2. 定义集中外力

仍以结构问题定义力/力矩为例，命令格式和菜单操作如下。

命令格式：FK，KPOI，Lab，VALUE1，VALUE2

菜单操作：Main Menu→Preprocessor→Loads→Define Loads→Apply→Structural→Force/Moment→On Keypoints

Main Menu→Solution→Define Loads→Apply→Structural→Force/Moment→On Keypoints

该命令在关键点（keypoint）上定义集中外力（force），KPOI 为关键点的编号，VALUE 为外力的值。如果通过菜单操作执行，则在图形窗口直接拾取施加外力的关键点，确定以后打开如图 5-6 所示"施加关键点外力/力矩"对话框，其上各选项的意义与图 5-4 类似。

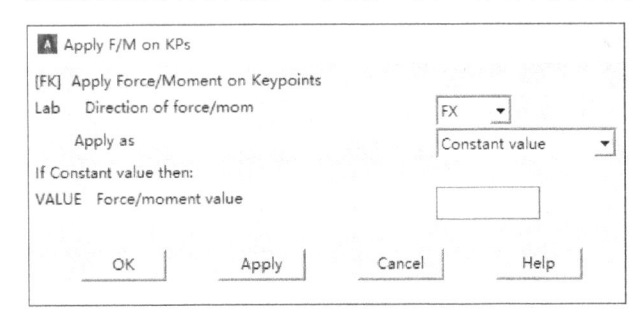

图 5-6 "施加关键点外力/力矩"对话框

5.3.2 线段上载荷的施加

1. 约束

命令格式：DL，LINE，AREA，Lab，Value1，Value2

菜单操作：Main Menu→Preprocessor→Loads→Define Loads→Apply→Structural→Displacement→On Lines

Main Menu→Solution→Define Loads→Apply→Structural→Displacement→On Lines

Main Menu→Preprocessor→Loads→Define Loads→Apply→Structural→Displacement→Symmetry B.C.→On Lines

Main Menu→Solution→Define Loads→Apply→Structural→Displacement→Symmetry B.C.→On Lines

Main Menu→Preprocessor→Loads→Define Loads→Apply→Structural→Displacement→Antisymm B.C.→On Lines

Main Menu→Solution→Define Loads→Apply→Structural→Displacement→Antisymm B.C.→On Lines

在线段上定义约束条件（displacement）LINE，AREA 为受约束线段及线段所属面的号码。Lab 增加了对称（Lab=SYMM）与反对称（Lab=ASYM），Value 为约束的值。通过菜单操作的过程更加直观和易于理解，在图形窗口拾取要约束的线段，确定后由类似图 5-1 或者图 5-5 所示的对话框，给定约束方向和具体数值就可以。如果是约束对称或者反对称线段则程序直接执行，不需要用户给定约束方向和数值。

2．定义分布力

命令格式：**SFL，LINE，Lab，VALI，VALJ，VAL2I，VAL2J**

菜单操作：**Main Menu→Preprocessor→Loads→Define Loads→Apply→Structural→Pressure→On Lines**

Main Menu→Solution→Define Loads→Apply→Structural→Pressure→On Lines

该命令在面的某线上定义分布力作用的方式和大小，应用于二维的实体模型表面力。LINE 为线段的号码，VALI、VALJ、VAL1I、VAL2J 为当初建立线段时点顺序的分布力值，如图 5-7（a）所示。

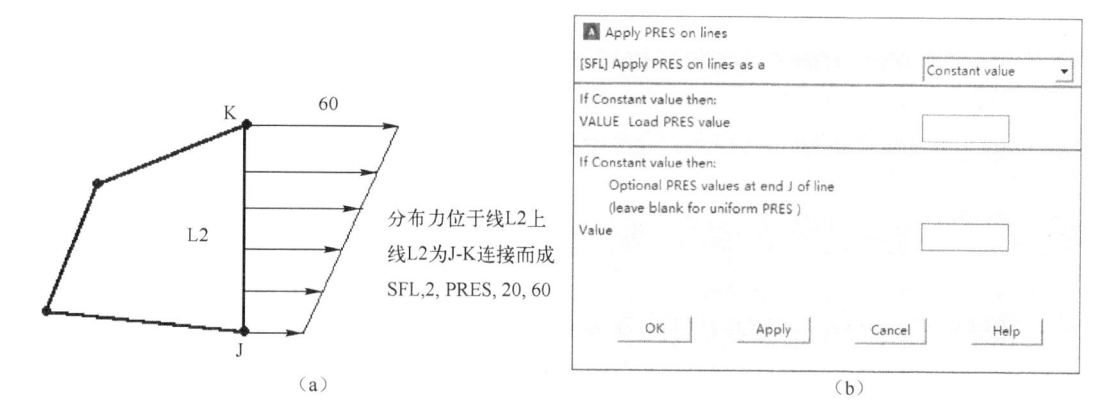

图 5-7　线上分布力的加载

通过菜单操作，在图形窗口直接拾取施加分布力的线段，确定后弹出如图 5-7（b）所示的对话框，其上允许用户选择分布力作用的方式和大小，如果是均布力，则给定具体数值，如果不是，则通过数组参数来定义。作用方式的选择通过 Apply PRES on lines as a 右侧的下拉列表来选择。

5.3.3　面上载荷的施加

1．约束

命令格式：**DA，AREA，Lab，Value1，Value2**

菜单操作：**Main Menu→Preprocessor→Loads→Define Loads→Apply→Structural→Displacement→On Areas**

Main Menu→Solution→Define Loads→Apply→Structural→Displacement→On Areas Main Menu→Preprocessor→Loads→Define Loads→Apply→Structural→Displacement→Symmetry B.C.→On Areas

Main Menu→Solution→Define Loads→Apply→Structural→Displacement→Symmetry B.C.→On Areas

Main Menu→Preprocessor→Loads→Define Loads→Apply→Structural→Displacement→Antisymm B.C.→On Areas

Main Menu→Solution→Define Loads→Apply→Structural→Displacement→Antisymm B.C.→On Areas

定义面的约束条件的参数含义、菜单操作、对话框等相关内容与约束线段基本相同，留给读者自行练习，不再赘述。

2．定义分布力

命令格式：SFA，AREA，LKEY，Lab，VALUE1，VALUE2

菜单操作：Main Menu→Preprocessor→Loads→Define Loads→Apply→Structural→Pressure→On Areas

Main Menu→Solution→Define Loads→Apply→Structural→Pressure→On Areas

该命令在体的面上定义分布力作用的方式和大小，应用于 3-D 的实体模型表面力。AREA 为面积的号码，LKEY 为当初建立体积时面积的顺序，选择 AREA 与 LKEY 其中的一个输入，VALUE 为分布力的值。其他操作也与线段上施加分布力的过程类似。

5.4 求解

在 Main Menu→Solution→Analysis Type 路径下有 3 个选项提供给用户定义分析类型。

一般情况下，用户进行的都是新的分析，即第一个选项 New Analysis，打开如图 5-8 所示的 New Analysis 对话框，可以选择不同问题的分析方法，如静力、模态、瞬态等。

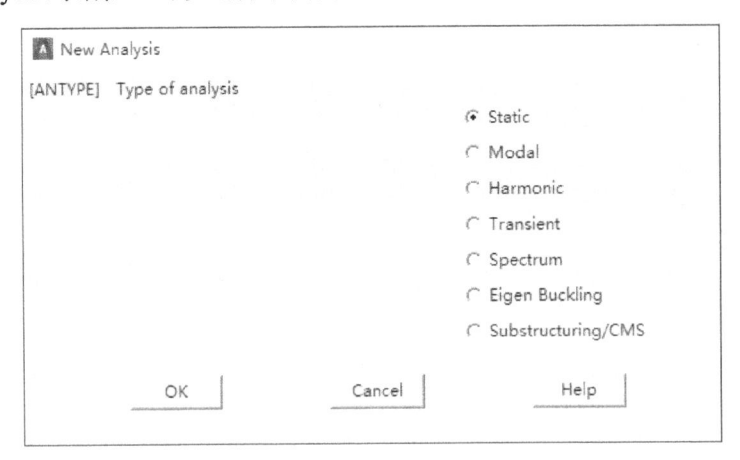

图 5-8　分析类型的选择

ANSYS 还提供重启动功能，用于接续未完成的分析工作，这部分将在后续内容详细介绍。

选择第 3 选项即打开如图 5-9 所示的 Solution Controls（求解控制）对话框，对求解器的一些参数进行控制。

图 5-9 "求解控制"对话框

5.5 上机指导

上机目的

学习载荷施加与求解的方法。掌握 ANSYS 载荷类型与加载过程，不同问题的基本步骤，包括求解器的菜单功能、基本求解方法、载荷施加等。了解 ANSYS 分析问题的一般过程，进一步熟悉和掌握 ANSYS 的基本操作。

上机内容

① 基本载荷施加的过程与方法。
② 实现一般问题的求解。

5.5.1 实例 5.1 薄板圆孔受力分析

用户自定义文件夹，以"ex51"为文件名开始一个新的分析。

问题描述：如图 5-10 所示为一个薄壁方形，中间带圆孔的结构。壁厚为 1 mm，弹性模量=200 GPa，密度=7.8e^{-6} kg/mm^3，泊松比=0.292，两端压力为 0.1 MPa，中心孔内线压分布力 0.5 MPa 向外。对实体模型进行网格划分后加载，求解并查看结果。

具体步骤如下。

由于该结构对称，所受载荷也对称，所以可以取四分之一进行建模分析。

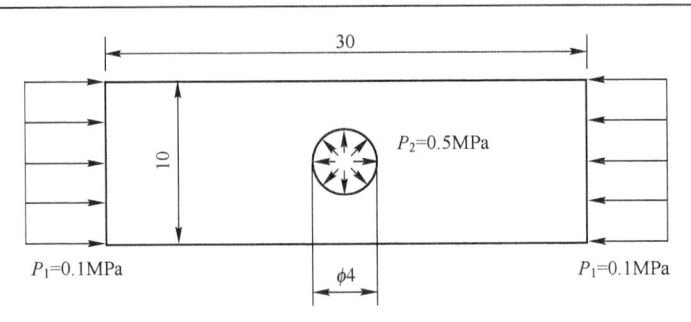

图 5-10 加载和求解实例

1. 创建实体模型

（1）生成长方形

依次选择 Main Menu→Preprocessor→Modeling→Create→Areas→Rectangle→By Dimensions，弹出如图 5-11 所示对话框。输入 x1=0、x2=15、y1=0、y2=5，单击 OK 按钮。

（2）生成圆

依次选择 Main Menu→Preprocessor→Modeling→Create→Areas→Circle→Solid Circle，弹出如图 5-12 所示的"定义实心圆面"对话框。输入 WPx=0、WPy=0、Radius=2，单击 OK 按钮。

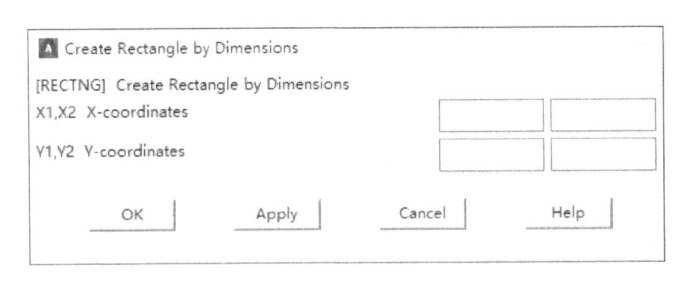

图 5-11 由具体尺寸创建长方形对话框 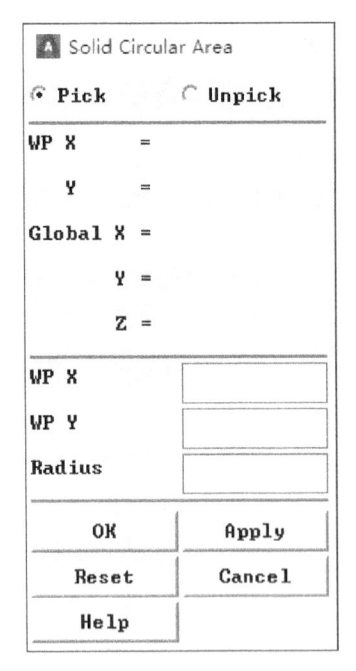   图 5-12 "定义实心圆面"对话框

（3）从长方形中减去圆

依次选择 Main Menu→Preprocessor→Modeling→Operate→Booleans→Subtract→Areas，拾取长方形，单击 Apply 按钮，然后拾取圆，单击 OK 按钮。

确定操作无误后，在工具栏（Toolbar）中选择"保存数据库"按钮（SAVE_DB），保存数据库文件。

2. 定义单元属性并划分网格

（1）选择单元

依次选择 Main Menu→Preprocessor→Element Type→Add/Edit/Delete，在弹出的对话框中选择 Add 按钮，在左侧 Structural 中选择"Solid"，然后从右侧选择"Quad 4 node 182"，单击 OK 按钮，单击 CLOSE 按钮。

（2）定义材料

依次选择 Main Menu→Preprocessor→Material Props→Material Models→Structural→Linear→Elastic→Isotropic，默认材料号 1，在 EX 下输入"200"，在 PRXY 下输入"0.292"，在 Density 下输入"7.8e-6"，单击 OK 按钮。

（3）打开网格划分工具并设置网格大小

依次选择 Main Menu→Preprocessor→Meshing→MeshTool，在打开的对话框中选择 Size Control 菜单中的 Lines 选项，单击右侧的 Set 按钮，拾取模型边界的所有线，单击 OK 按钮，在打开的对话框中的 SIZE 中输入 1，单击 OK 按钮。

（4）实现自由网格划分

在 MeshTool 对话框中指定 Mesh 为"Areas"，在 Shape 选择"Quad"和"Free"，单击 Mesh 按钮，拾取要划分网格的实体，单击 OK 按钮。

3. 加载和求解

（1）约束对称边界

依次选择 Main Menu→Solution→Define loads→Apply→Structural→Displacement→Symmetry B.C.→On lines，拾取与圆弧相连接的两条线，单击 OK 按钮。

（2）施加两端压力

依次选择 Main Menu→Solution→Define loads→Apply→Structural→Pressure→On lines，拾取模型右侧的边界线，在弹出的对话框中输入"0.1"，单击 OK 按钮。

（3）施加中心孔压力

依次选择 Main Menu→Solution→Define loads→Apply→Structural→Pressure→On lines，拾取圆弧线，在弹出对话框中输入"0.5"，单击 OK 按钮。

（4）选择所有元素

依次选择 Utility Menu→Select→Everything。

⚜ 要点提示：用户在实体建模、有限元建模过程中，操作的步骤很多，经常会选择模型的部分元素（如某些点、线、面、体或者单元节点等）进行一些设置或者操作。因此，在求解之前，一般有必要执行这一步的所有元素选择，以免在后续求解中出错。求解之前必须保存数据库文件。

（5）求解

依次选择 Main Menu→Solution→Solve→Current LS→OK。

4. 查看结果

依次选择 Main Menu→General Postproc→Plot Results→Contour Plot→Nodal Solu，在弹出对话框中选择要查看的结果，如图 5-13 所示为 X 向位移和等效应力结果云图。

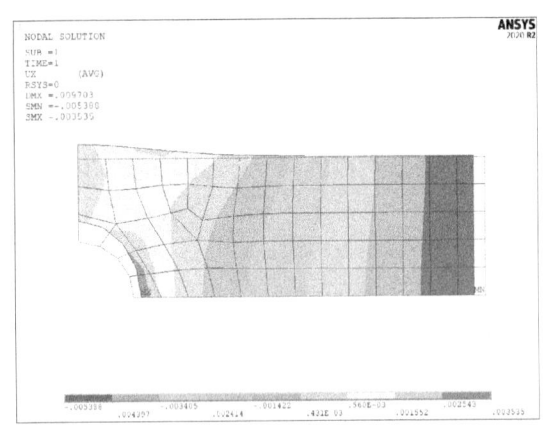

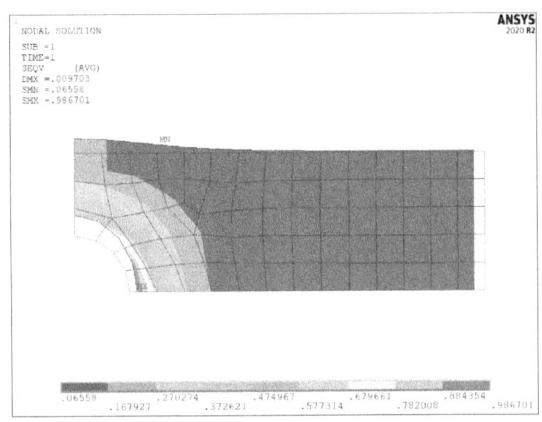

(a) X向位移云图　　　　　　　　　(b) 等效应力云图

图5-13　计算结果云图

5. 命令流

APDL命令如下：

```
/PREP7
RECTNG,0,15,0,5,                !建立几何模型
CYL4, , ,2
ASBA,1,2

ET,1,PLANE182                   !设置单元参数
MP,EX,1,200
MP,PRXY,1,0.292
MP,DENS,1,7.8e-6

LSEL, , , ,ALL                  !设置网格精度并划分网格
LESIZE,ALL,1, , , , , ,1
ALLSEL
AMESH,ALL

LSEL,S,LOC,X,0                  !施加边界对称约束
LSEL,A,LOC,Y,0
DL,ALL, ,SYMM

ALLSEL                          !施加侧边压力
LSEL,S,LOC,X,15
SFL,ALL,PRES,0.1,

ALLSEL                          !施加中心孔压力
LSEL,S,,,5
LSEL,A,,,8
SFL,ALL,PRES,0.5,

/SOL                            !计算求解
```

```
ALLSEL,ALL
SOLVE
```

5.5.2 实例 5.2 轴承座的分析（加载与求解）

用户自定义文件夹，以"ex52"为文件名开始一个新的分析。在上两章完成的有限元模型基础上，施加必要的载荷和约束，并进行求解。

首先，恢复轴承座的有限元网格模型数据库"ex41.db"。

1．模型加载

（1）约束四个安装孔

依次选择 Main Menu→Solution→Define Loads→Apply→Structural→Displacement→Symmetry B.C.→On Areas，拾取 4 个安装孔的 8 个柱面（每个圆柱面包括两个面），单击 OK 按钮。

（2）整个基座的底部施加位移约束（UY=0）

依次选择 Main Menu→Solution→Define Loads→Apply→Structural→Displacement→On Lines，拾取基座底面的所有外边界线，picking menu 中的 count 应等于 6，单击 OK 按钮。选择 UY 作为约束自由度，单击 OK 按钮。

（3）在轴承孔圆周上施加推力载荷

依次选择 Main Menu→Solution→Define Loads→Apply→Structural→Pressure→On Areas，拾取轴承孔上宽度为"0.15"的所有面，单击 OK 按钮，输入面上的压力值"0.1"，单击 Apply 按钮。

（4）用箭头显示压力值

依次选择 Utility Menu→PlotCtrls→Symbols，将 Show pres and convect as 选择为"Arrows"，单击 OK 按钮。如图 5-14（a）所示。

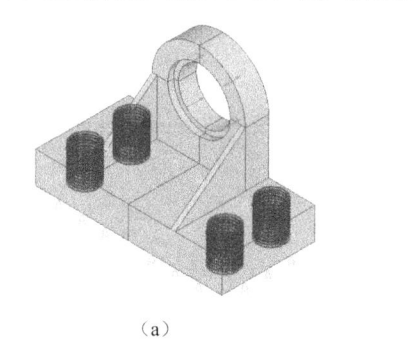

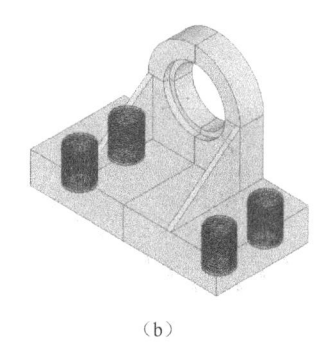

图 5-14 实体模型加载

（5）在轴承孔的下半部分施加径向压力载荷（这个载荷是由于受重载的轴承受到支撑作用而产生的）

依次选择 Main Menu→Solution→Define Loads→Apply→Structural→Pressure→On Areas，拾取宽度为"0.1875"的下面两个圆柱面，单击 OK 按钮，输入压力值"0.5"，单击 OK 按钮。如图 5-14（b）所示。

2. 求解

依次选择 Main Menu→Solution→Solve→Current LS，浏览状态窗口中出现的信息，然后关闭此窗口；单击 OK 按钮（开始求解，并关闭由于单元形状检查而出现的警告信息）；求解结束后，关闭信息窗口。

3. 命令流

```
/SOL
ASEL,S,AREA,,3,4              ! 选出 4 个安装孔的 8 个圆柱面
ASEL,A,AREA,,15,16
ASEL,A,AREA,,28
ASEL,A,AREA,,30
ASEL,A,AREA,,34,35
DA,ALL,SYMM                   ! 施加对称约束

LSEL,S,LINE,,4,5              ! 选出基座底面外边界线
LSEL,A,LINE,,10
LSEL,A,LINE,,64
LSEL,A,LINE,,151
LSEL,A,LINE,,153
DL,ALL, ,UY,                  ! 施加 Y 向位移约束

ALLSEL

ASEL,S,AREA,,12               ! 选出轴承孔圆周宽度为 0.15 的面
ASEL,A,AREA,,21
ASEL,A,AREA,,66
ASEL,A,AREA,,74
SFA,ALL,1,PRES,0.1            ! 施加均布力

ALLSEL

ASEL,S,AREA,,36               ! 选出轴承孔下半部宽度为 0.1875 的面
ASEL,A,AREA,,75
SFA,ALL,1,PRES,0.5            ! 施加均布力

ALLSEL                        ! 保存数据库并计算求解
SAVE, 52,db
SOLVE
```

5.5.3 实例 5.3 轮的分析（加载与求解）

用户自定义文件夹，以"ex53"为文件名开始一个新的分析。或者，更改工作文件目录和名称。

恢复轮的有限元网格模型数据库"ex37.db"。

1. 载荷施加

依次选择 Main Menu→Solution→Define Loads→Apply→Structural→Displacement→Symmetry B.C.→On Areas，弹出"拾取"对话框，拾取轮两侧的 6 个对称面。单击 OK 按钮，约束后的对称面出现"S"标记，如图 5-15 所示。

依次选择 Main Menu→Solution→Define Loads→Apply→Structural→Displacement→on Keypoints，弹出"拾取关键点"对话框，拾取面对用户左下角（编号 22）关键点，为八分之一车轮中心部分+Z 方向下端顶点，单击 OK 按钮，在打开对话框中选择"UX""UY"作为约束自由度，值为"0"，单击 OK 按钮。如图 5-15 所示为 X 向约束记号。

依次选择 Main Menu→Solution→Define Loads→Apply→Structural→Inertia→Angular Velocity→Global，打开如图 5-16 所示的 Apply Angular Velocity "施加旋转载荷"对话框，在 OMEGY Global Cartesian Y-comp 右侧的编辑框输入"50"，单击 OK 按钮。如图 5-15 所示，整体坐标系 Y 向的箭头记号。

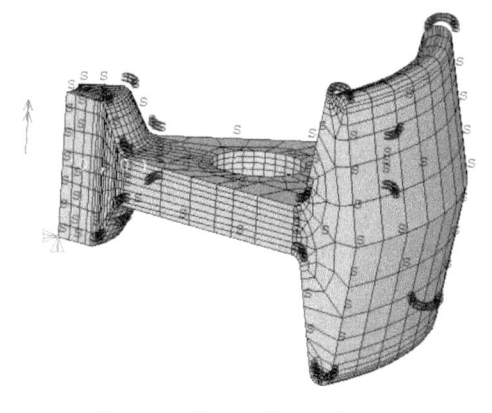

图 5-15 约束后的显示状态

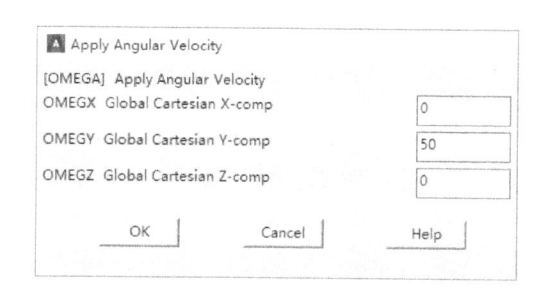

图 5-16 "施加旋转载荷"对话框

2. 求解器设置

依次选择 Main Menu→Solution→Analysis Type→Sol'n Control，打开如图 5-17 所示的 Solution Controls（求解控制）对话框，在 Sol'n Options 选项卡上选择 Pre-Condition CG 求解器，单击 OK 按钮。

要点提示：根据分析类型的不同，"求解器控制"对话框不一定都出现，也就是说，不是所有分析都需要设置选项。同时，分析类型不同，对话框显示的内容也不同。选项的设置要根据实际分析的类型与需要决定。

依次选择 Utility Menu→Select→Everything。

保存数据库。

3. 求解与结果的初步查看

依次选择 Main Menu→Solution→Solve→Current LS，浏览 status window 中出现的信息，然后关闭此窗口；单击 OK 按钮（开始求解，并关闭由于单元形状检查而出现的警告信息）；求解结束后，关闭信息窗口。

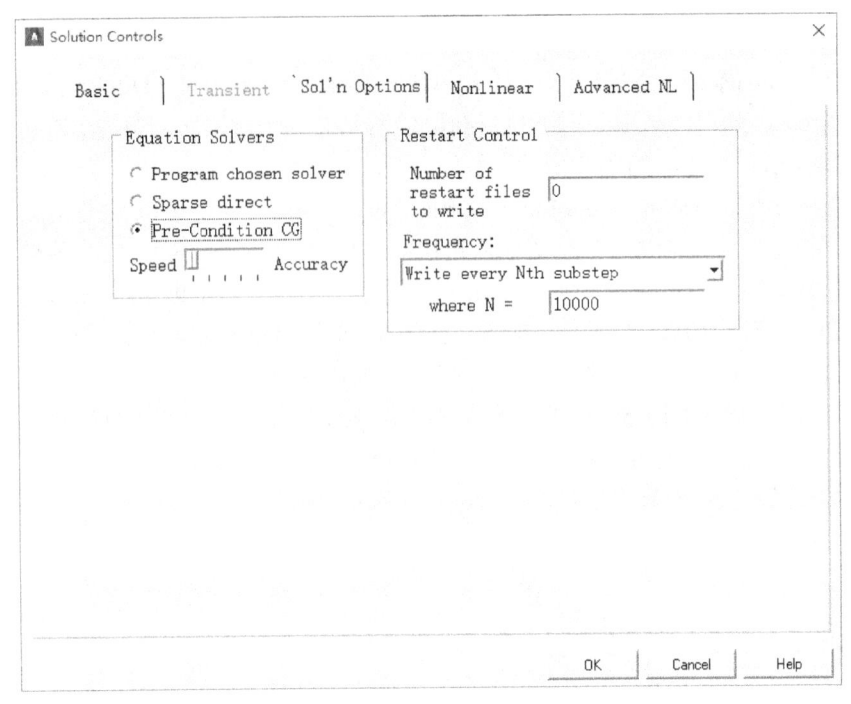

图 5-17 "求解器控制"对话框

依次选择 Main Menu→General Postproc→Plot Results→Contour Plot→Nodal Solu,选择观察总体位移,如图 5-18 所示。

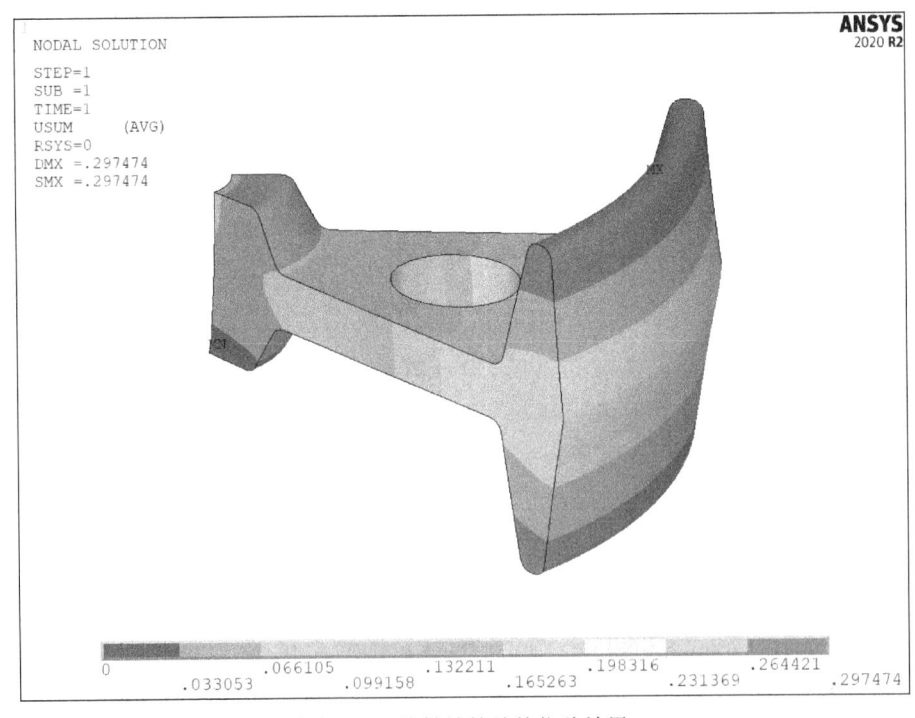

图 5-18 旋转轮的总体位移结果

最后保存数据库。

4. 命令流

```
/SOL
ASEL,S,,,27,28              !约束对称面
ASEL,A,,,36,37
ASEL,A,,,39,40
DA,ALL,SYMM

DK,22, ,0, ,0,UX,UY,,,,     !约束关键点

OMEGA,0,50,0,               !施加角速度

EQSLV,PCG,1E-8              !设置求解器

ALLSEL
SAVE
SOLVE
```

5.5.4 实例 5.4 阶梯轴的受力分析

用户自定义文件夹，以"ex54"为文件名开始一个新的分析。或者，更改工作文件目录和名称。

根据用户自己的习惯，选择打开工作平面。

1. 实体模型的创建

依次选择 Main Menu→Preprocessor→Modeling→Create→Volumes→Cylinder→By Dimensions，在打开的对话框中设定 RAD1 Outer radius 为"8"，RAD2 Optional inner radius 为"0"，Z1,Z2 Z-coordinates 分别为"0"和"4"，THETA1 Starting angle（degrees）为"0"，THETA2 Ending angle（degrees）为"90"，单击 Apply 按钮。

继续设置 RAD1 Outer radius 为"7.5"，RAD2 Optional inner radius 为"0"，Z1,Z2 Z-coordinates 分别为"4"和"14"，THETA1 Starting angle（degrees）为"0"，THETA2 Ending angle（degrees）为"90"，单击 Apply 按钮。

继续设置 RAD1 Outer radius 为"6"，RAD2 Optional inner radius 为"0"，Z1,Z2 Z-coordinates 分别为"19"和"29"，THETA1 Starting angle（degrees）为"0"，THETA2 Ending angle（degrees）为"90"，单击 Apply 按钮。

继续设置 RAD1 Outer radius 为"4"，RAD2 Optional inner radius 为"0"，Z1,Z2 Z-coordinates 分别为"34"和"46"，THETA1 Starting angle（degrees）为"0"，THETA2 Ending angle（degrees）为"90"，单击 OK 按钮，如图 5-19（a）所示。

依次选择 Main Menu→Preprocessor→Modeling→Create→Volumes→Cone→By Dimensions，在打开的对话框中设定 RBOT Bottom radius 为"7.5"，RTOP Optional top radius 为"6"，Z1,Z2 Z-coordinates 分别为"14"和"19"，THETA1 Starting angle（degrees）为"0"，THETA2 Ending angle（degrees）为"90"，单击 Apply 按钮。

继续设置 RBOT Bottom radius 为"6"，RTOP Optional top radius 为"4"，Z1,Z2 Z-coordinates 分别为"29"和"34",THETA1 Starting angle(degrees)为"0",THETA2 Ending angle(degrees)为"90",单击 OK 按钮。

依次选择 Main Menu→Preprocessor→Modeling→Operate→Booleans→Add→Volumes,在弹出的"拾取"对话框中单击 Pick All 按钮,生成一个新的体。

依次选择 Main Menu→Preprocessor→Modeling→Create→Volumes→Cylinder→By Dimensions,在打开的对话框中设定 RAD1 Outer radius 为"5",RAD2 Optional inner radius 为"0",Z1,Z2 Z-coordinates 分别为"0"和"20",THETA1 Starting angle(degrees)为"0",THETA2 Ending angle(degrees)为"90",单击 Apply 按钮。

继续设置 RAD1 Outer radius 为"2",RAD2 Optional inner radius 为"0",Z1,Z2 Z-coordinates 分别为"20"和"70",THETA1 Starting angle(degrees)为"0",THETA2 Ending angle(degrees)为"90",单击 OK 按钮。

依次选择 Main Menu→Preprocessor→Modeling→Operate→Booleans→Subtract→Volumes,在弹出"拾取"对话框后,拾取实心的阶梯轴,单击 Apply 按钮,先后拾取两个实心圆柱体,单击 OK 按钮,如图 5-19(b)所示。

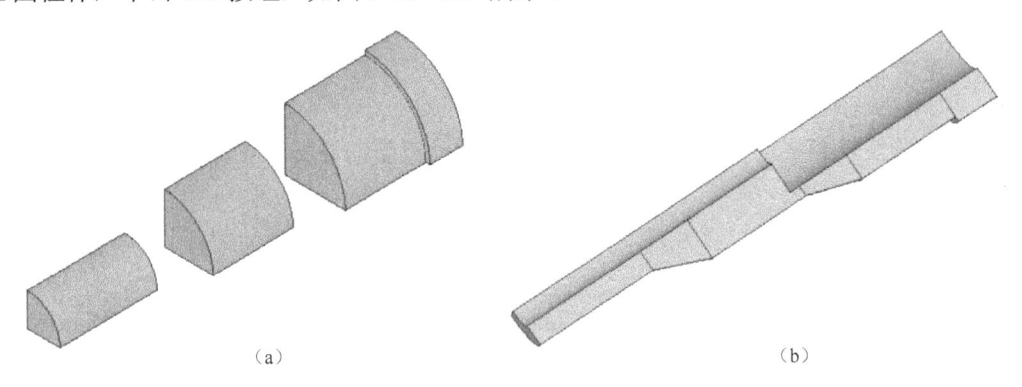

(a)　　　　　　　　　　　　(b)

图 5-19 实体模型的创建

依次选择 Main Menu→Preprocessor→Modeling→Operate→Booleans→Add→Areas,拾取实体一侧的对称面,单击 Apply 按钮。继续拾取另一侧对称面。将由若干个四边形面组成的侧面合并为一个不规则形状的侧面。

2. 单元属性的选择和网格划分

依次选择 Main Menu→Preprocessor→Element Type→Add/Edit/Delete,定义"SOLID185"单元类型。

依次选择 Main Menu→Preprocessor→Material Props→Material Models,定义各向同性弹性材料模型,弹性模量"200",泊松比"0.3",密度"7.8e-6"。

依次选择 Main Menu→Preprocessor→Meshing→Mesh Tool,打开"网格划分工具"对话框。在单元分配属性部分的下拉列表中选择"Volumes"。单击 Set 按钮,弹出"拾取体"对话框,拾取实体。单击 OK 按钮,将单元1、材料1分配给体。

依次选择 Main Menu→Preprocessor→Meshing→Mesh Tool,打开"网格划分工具"对话框。在网格划分部分的 Mesh 右侧选择"Volumes",同时选择"Hex/Wedge"和"Sweep",在其下的下拉列表中选择"Pick Src/Trg",单击 Mesh 按钮,弹出"拾取体"对话框,拾取阶梯轴。单击 Apply 按钮，弹出"拾取面"对话框，拾取一侧对称面作为扫掠的源面。单击 Apply 按钮，再次拾取另一侧对称面，作为扫掠的目标面。单击 OK 按钮，程序自动划分成功，如图 5-20 所示。

3．约束的定义

依次选择 Main Menu→Solution→Define Loads→Apply→Structural→Displacement→Symmetry B.C.→On Areas，弹出"拾取面"对话框，拾取两侧的对称面。单击 OK 按钮，约束后的对称面出现 S 标记，如图 5-21（a）所示。

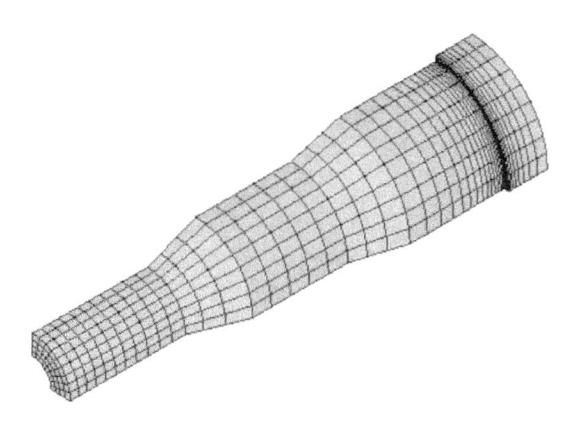

图 5-20　网格划分

依次选择 Main Menu→Solution→Define Loads→Apply→Structural→Displacement→On Areas，弹出"拾取面"对话框，拾取阶梯轴较大半径的端面。单击 OK 按钮，在打开的对话框中选择 All DOF 作为约束自由度，值为"0"。单击 OK 按钮。如图 5-21（b）所示为 3 向约束记号。

4．载荷的施加

依次选择 Main Menu→Solution→Define Loads→Apply→Structural→Pressure→On Areas，弹出"拾取面"对话框，拾取两个锥面圆台之间柱体的外面。单击 OK 按钮，打开如图 5-22（a）所示的 Apply PRES on areas "在面上施加均布力"对话框，在 Apply PRES on areas as a 右侧的下拉列表框中选择"Constant value"；在 VALUE Load PRES value 右侧输入数值"500"，单击 OK 按钮。如图 5-21（b）所示为载荷施加面上的红色网状记号。

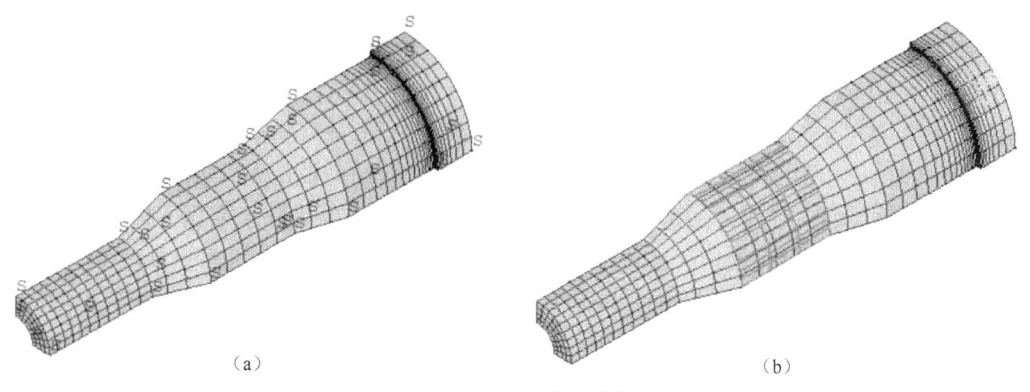

（a）　　　　　　　　　　　　　（b）

图 5-21　约束与载荷的施加

依次选择 Utility Menu→Select→Everything。

保存数据库。

5．求解与结果

依次选择 Main Menu→Solution→Solve→Current LS，浏览 status window 中出现的信息，然后关闭此窗口；单击 OK（开始求解，并关闭由于单元形状检查而出现的警告信息）；求解结束后，关闭信息窗口。

依次选择 Main Menu→General Postproc→Plot Results→Contour Plot→Nodal Solu，选择观察等效应变，如图 5-22（b）所示。

（a）

（b）

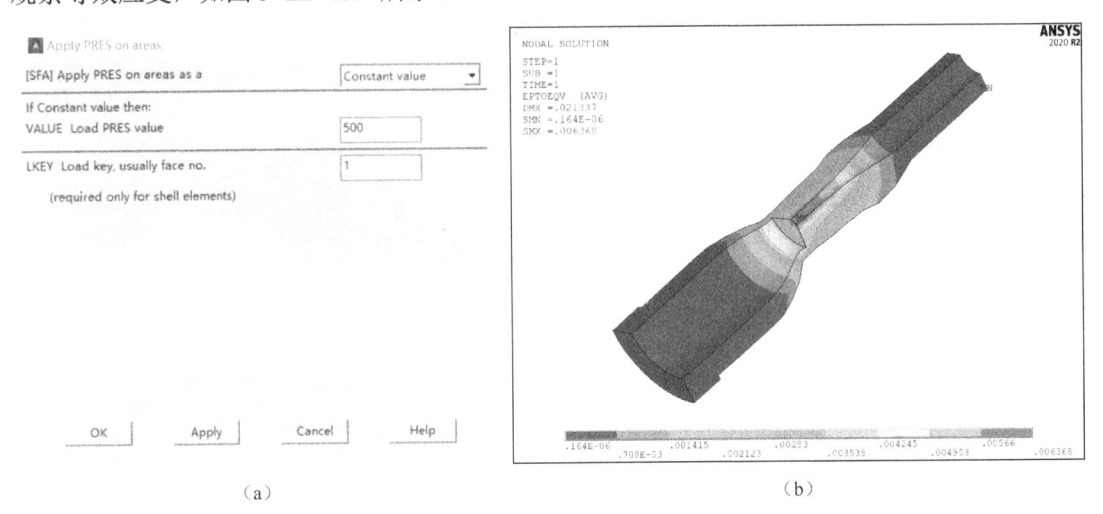

图 5-22 "在面上施加均布力"对话框与结果

要点提示：只有结构、载荷、约束都具有对称性质时，才能取对称部分进行分析（二分之一、三分之一、四分之一，等等），例如上述阶梯轴受力分析就是选择了四分之一。下面练习中的阶梯轴受力分析，虽然结构没有变化，但是由于载荷没有对称性质，所以研究对象就不同。

6．改变载荷再求解

依次选择 Main Menu→Solution→Define Loads→Delete→Structural→Displacement→On Areas，弹出"拾取面"对话框，拾取阶梯轴最大半径的端面，单击 OK 按钮，在打开的对话框中选择"All DOF"。单击 OK 按钮，将面约束去掉。

依次选择 Main Menu→Solution→Define Loads→Apply→Structural→Displacement→On Keypoints，弹出"拾取关键点"对话框，拾取最大半径端面内侧的两个顶点。单击 OK 按钮，在打开的对话框中选择"ALL DOF"。单击 OK 按钮，约束这些关键点的位移。

依次选择 Main Menu→Solution→Define Loads→Apply→Structural→Inertia→Angular Velocity→Global，打开如图 5-16 所示的对话框，在 OMEGZ Global Cartesian Y-comp 右侧的编辑框输入"1"，单击 OK 按钮。

依次选择 Main Menu→Solution→Analysis Type→Sol'n Control，打开如图 5-17 所示的"求解器控制"对话框，在 Sol'n Options 选项卡上选择"Pre-Condition CG"求解器，单击 OK 按钮。

依次选择 Utility Menu→Select→Everything。

保存数据库。

再次求解，如图 5-23（a）所示为等效应力分布云图，如图 5-23（b）所示为等效应变分布云图。

(a)   (b)

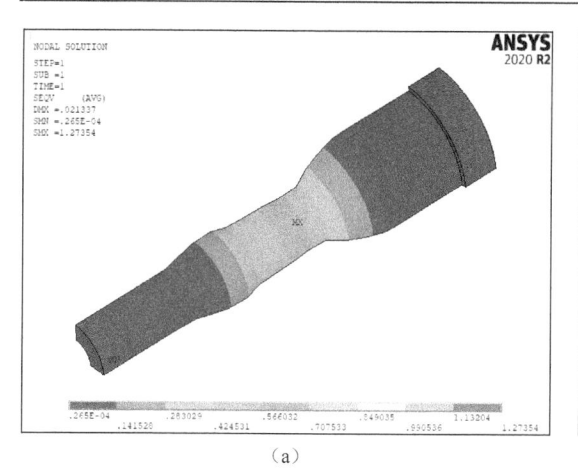

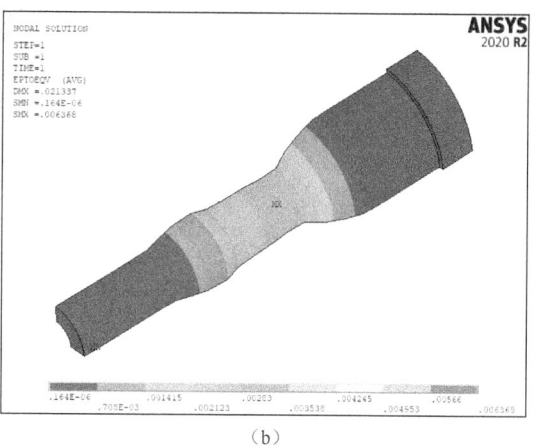

图 5-23 应力与应变结果

7. 命令流

/PREP7	
CYLIND,8,0,0,4,0,90,	！创建圆柱体
CYLIND,7.5,0,4,14,0,90,	
CYLIND,6,0,19,29,0,90,	
CYLIND,4,0,34,46,0,90,	
CONE,7.5,6,14,19,0,90,	！创建圆锥体
CONE,6,4,29,34,0,90,	
VADD,ALL	！体相加
CYLIND,5,0,0,20,0,90,	！创建圆柱体
CYLIND,2,0,20,70,0,90,	
ALLSEL	
VSBV,7,1	！体相减
VSBV,3,2	
ASEL,S,,,6,7	！面相加
ASEL,A,,,23,24	
ASEL,A,,,27	
ASEL,A,,,33	
AADD,ALL	
ASEL,S,,,5	
ASEL,A,,,14,15	
ASEL,A,,,22	
ASEL,A,,,25,26	
AADD,ALL	
ET,1,SOLID185	！定义单元类型和材料
MP,EX,1,200	

```
        MP,PRXY,1,0.3
        MP,DENS,1,7.8e-6

        VSEL,,,,ALL                    ! 分配参数并扫略划分网格
        VATT,1,,1,0
        VSWEEP,1,4,6

        ASEL,S,,,4                     ! 约束对称面
        ASEL,A,,,6
        DA,ALL,SYMM
        DA,21,ALL,0                    ! 全约束面
        SFA,13,1,PRES,0.5              ! 施加均布力

        ALLSEL
        SAVE

        /SOL
        SOLVE
```

5.6 检测练习

练习 5.1 完整阶梯轴的受力分析

基本要求：
① 由实例 5.4 中的实体模型，创建完整的阶梯轴，并划分网格。
② 仍在实例 5.4 加载位置施加四分之一柱面的均布力，求解后对比两个计算结果。

思路点睛：
① 将实体模型在柱坐标系下复制，布尔加操作合并所有体。为了划分高质量的网格，用工作平面将体重新分成四份，分别扫掠生成网格。
② 约束最大半径的端面，施加均布力，如图 5-24（a）所示。求解，结果如图 5-24（b）所示。

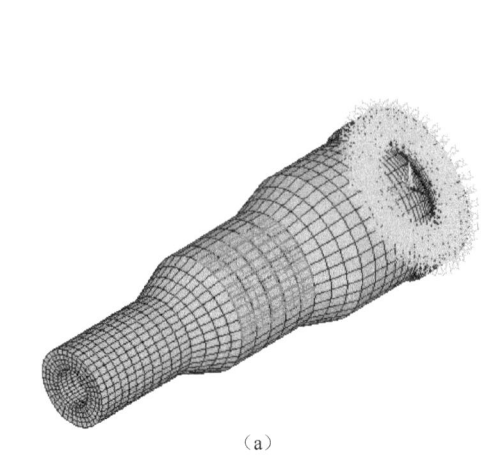

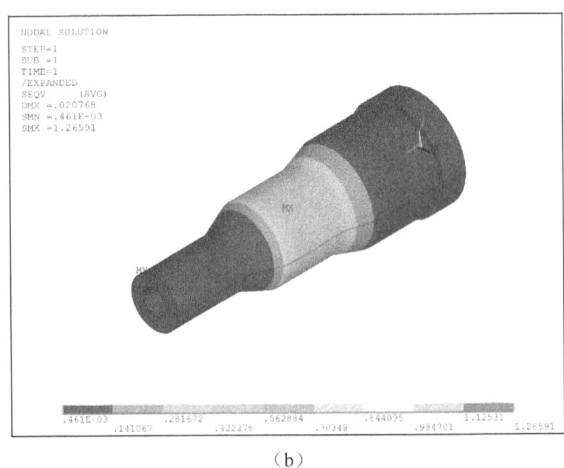

(a)   (b)

图 5-24 完整阶梯轴有限元模型与计算结果

第 5 章 ANSYS 静载荷施加与求解

练习 5.2 零件一的受力分析

基本要求：

① 取零件一模型中的一部分，划分网格，约束对称面、固定端，如图 5-25（a）所示。
② 施加均布载荷并求解。
③ 在某关键点处继续施加 Y 向负值集中力并求解。
④ 将关键点作用的集中力删除，定义节点组件的集中力并求解。
⑤ 对比不同载荷条件下零件受力的不同。

思路点睛：

① 施加均布载荷，如图 5-25（a）所示，作用于小圆柱面的左侧面。求解后应力结果如图 5-25（b）所示。

（a）

（b）

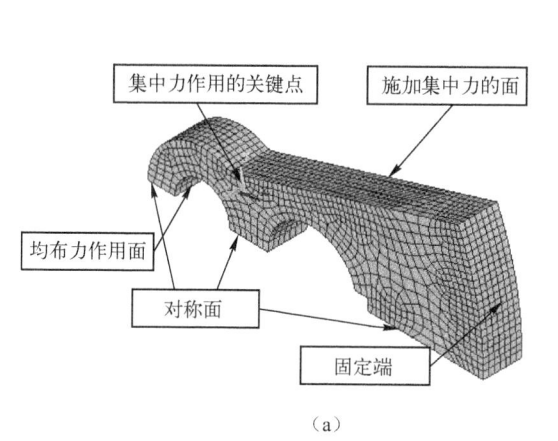

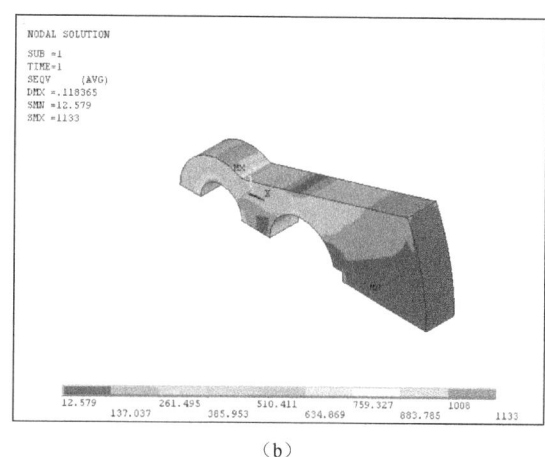

图 5-25 有限元模型与计算结果

② 在图示关键点继续施加 Y 向负值集中力，位置如图 5-25（a）所示，求解后应力结果如图 5-26（a）所示。

（a）

（b）

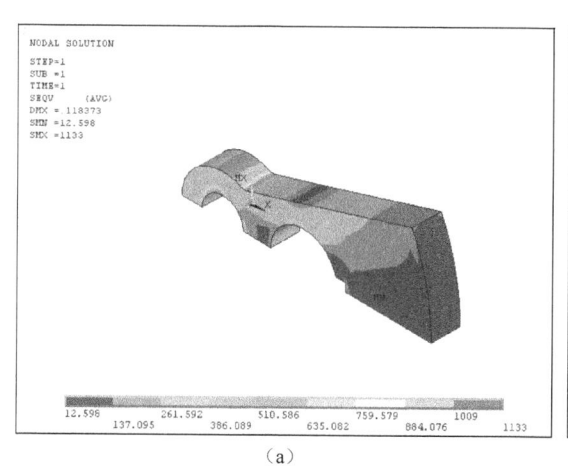

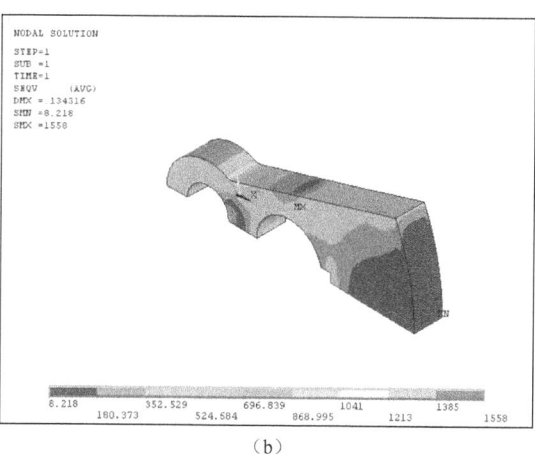

图 5-26 不同载荷条件下的计算结果

③ 依次选择 Main Menu→Solution→Define Loads→Delete→Structural→Force/Moment→On

Keypoints,弹出"拾取关键点"对话框,拾取施加集中力的关键点,单击 Apply 按钮,在弹出的对话框中选择"All",单击 OK 按钮,将关键点处的集中力删除。

选择图示上表面上的所有节点,定义为组件。

依次选择 Main Menu→Solution→Define Loads→Apply→Structural→Force/Moment→On Node Components,弹出"选择节点组件"对话框,输入节点组件的名称。单击 Apply 按钮,在弹出的对话框中给定 Y 向负值集中力,单击 OK 按钮。求解后应力结果如图 5-26(b)所示。

练习题

1. 载荷是如何定义和分类的?
2. 在有限元模型上加载时,节点自由度的约束有几种?如何实现节点载荷的施加?
3. 与有限元模型加载相比,实体模型加载有何优点?如何实现在点、线和面上载荷的施加?

第 6 章 ANSYS 结构动力学分析

前面几章围绕静力学问题的有限元法求解过程,针对 ANSYS 基本操作进行了讲解和练习。在实际的工程问题中存在大量动载荷承载情况,简化为静力学分析将不再满足要求。因此,本章主要介绍 ANSYS 当中针对不同动载荷条件下动力学分析操作。

结构动力分析是用来分析随时间变化的载荷对结构的影响(如位移、应力、加速度等的时间历程),以确定结构的承载能力和动力特性等。在分析时,要考虑随时间变化的载荷、阻尼和惯性的影响。动力学分析包括模态分析、谐响应分析和瞬时动态分析。

ANSYS 动力分析基于有限元系统的通用方程为

$$M\ddot{u} + C\dot{u} + Ku = F \tag{6-1}$$

式中,M 为质量矩阵;C 为阻尼矩阵;K 为结构刚度矩阵;$\ddot{u}$ 为节点加速度向量;$\dot{u}$ 为节点速度向量;u 为节点位移向量。将式(6-1)与静力学方程

$$Ku = F \tag{6-2}$$

比较,不难发现,方程左侧在原有内力的基础上多了两项,其中 $M\ddot{u}$ 表示惯性力,而 $C\dot{u}$ 表示阻尼引起的力;而方程中的变量在节点位移 u 之外还多了速度 $\dot{u}$ 与加速度 $\ddot{u}$ 两项。这使得与静力学问题相比,动力学问题的求解更加复杂。ANSYS 结构动力学分析根据求解方法和目的不同主要包括模态分析、谐响应分析、瞬态分析和谱分析,不同分析类型对于式(6-1)的不同形式进行求解。本节将简单介绍动力学问题的有限元构造、瞬态分析中的数值时间积分及模态分析中的特征频计算方法。

6.1 动力学有限元分析基础

6.1.1 动力学问题构造

为了对动力学问题式(6-1)进行分析,首先应解决 M 与 C 矩阵的构造问题。对于一般的工程结构,由于阻尼通常可以忽略不计,因此动力学方程简化为

$$M\ddot{u} + Ku = F \tag{6-3}$$

在简化后的问题中,需要形成的新矩阵只有质量矩阵 M。质量矩阵 M 通常为一常数矩阵。对于单个单元,根据达朗贝尔原理,可以将惯性力视为等效体力,这样根据式(1-108)中介绍的方法,等效节点力 F^{eq} 可以写为

$$F^{eq} = -\iiint_V \rho N^T \ddot{u}^e \mathrm{d}V \tag{6-4}$$

式中的负号表示达朗贝尔力的方向与加速度相反,$\ddot{u}^e$ 为单元内的加速度。由于 $\ddot{u}^e$ 可以采用与 u^e 相同的方法通过形函数从节点加速度 $\ddot{u}$ 得到

$$\ddot{u}^e = N\ddot{u} \qquad (6\text{-}5)$$

将式（6-5）代入式（6-4）得到

$$F^{eq} = -\iiint_V \rho N^T N dV \ddot{u} = -M^e \ddot{u} \qquad (6\text{-}6)$$

因此，单元 M^e 矩阵可以写为

$$M = -\iiint_V \rho N^T N dV \qquad (6\text{-}7)$$

用这一方法对第 1 章的单个杆单元进行计算，由于当左侧节点与原点重合时，两个节点的形函数分别为

$$N_1(x) = 1 - \frac{x}{L}, \quad N_2(x) = \frac{x}{L} \qquad (6\text{-}8)$$

根据式（6-7）单元质量矩阵 M^e 应为

$$M^e = \iiint_V \rho \begin{bmatrix} 1 - \dfrac{x}{L} \\ \dfrac{x}{L} \end{bmatrix} \begin{bmatrix} 1 - \dfrac{x}{L} & \dfrac{x}{L} \end{bmatrix} dV \qquad (6\text{-}9)$$

对于常截面的杆单元，这一积分简化为

$$M^e = \rho A \int_0^L \begin{bmatrix} \left(1-\dfrac{x}{L}\right)^2 & \left(1-\dfrac{x}{L}\right)\dfrac{x}{L} \\ \left(1-\dfrac{x}{L}\right)\dfrac{x}{L} & \left(\dfrac{x}{L}\right)^2 \end{bmatrix} dx = \frac{\rho AL}{6}\begin{bmatrix} 2 & 1 \\ 1 & 2 \end{bmatrix} \qquad (6\text{-}10)$$

这样就得到了单元 M^e 矩阵，采用与 K^e 相同的策略对其进行组装即可得到结构的总质量矩阵 M。

6.1.2 瞬态分析中的时间积分

与静力学问题不同，动力学研究对象的状态随时间不断变化，因此瞬态动力学分析的主要任务是得到结构每个时刻的运动和变形状态。瞬态动力学分析的常用策略是对变量进行直接时间积分，且根据表达形式的不同又可以大致分为隐式（implicit）与显式（explicit）两大类。本节将介绍直接积分法中最具代表性的两种，即中心差分法与 Newmark 方法。

1. 中心差分法

中心差分法的理论基础是速度与加速度各自的中心差分格式

$$\dot{u}_i = \frac{u_{i+1} - u_{i-1}}{2(\Delta t)}$$
$$\ddot{u}_i = \frac{\dot{u}_{i+1} - \dot{u}_{i-1}}{2(\Delta t)} \qquad (6\text{-}11)$$

这里下标 i 表示时间步，u_i 表示 t 时刻的位移，u_{i-1} 与 u_{i+1} 分别表示 $t-\Delta t$ 时刻与 $t+\Delta t$ 时刻的位移，该原则同样适用于速度 $\dot{u}$ 与加速度 $\ddot{u}$。将式（6-11）中的两式合并，可以得到

$$\ddot{u}_i = \frac{u_{i+1} - 2u_i + u_{i-1}}{(\Delta t)^2} \qquad (6\text{-}12)$$

由于有限元分析希望得到 $t+\Delta t$ 时刻的节点位移场，对式（6-12）变形可以得到

$$u_{i+1} = 2u_i - u_{i-1} + \ddot{u}_i(\Delta t)^2 \qquad (6\text{-}13)$$

根据该式，$i+1$ 步的位移可以通过第 i 和第 $i-1$ 步的位移，以及第 i 步的加速度计算获得。根据式（6-3），第 i 步的加速度可以表示为

$$\ddot{u}_i = M^{-1}(F_i - Ku_i) \qquad (6\text{-}14)$$

将这一关系代入式（6-13），再将等式两侧乘以 M 后得到

$$Mu_{i+1} = 2Mu_i - Mu_{i-1} + (F_i - Ku_i)(\Delta t)^2 \qquad (6\text{-}15)$$

将式（6-15）中相同的项合并，可以得到

$$Mu_{i+1} = (\Delta t)^2 F_i + 2M - (\Delta t)^2 Ku_i - Mu_{i-1} \qquad (6\text{-}16)$$

使用式（6-16）计算 u_{i+1} 并在此基础上进一步计算 $\dot{u}_{i+1}$ 与 $\ddot{u}_{i+1}$ 时，首先要求 u_{i-1} 已知。根据式（6-13）与式（6-11），u_{i-1} 可以从下式中得到

$$u_{i-1} = u_i - (\Delta t)\dot{u}_i + \frac{(\Delta t)^2}{2}\ddot{u}_i \qquad (6\text{-}17)$$

因此，使用中心差分法计算动力学系统的瞬态响应，基本步骤如下。

第1步：设置初始条件 u_0，$\dot{u}_0$，加载过程 $F(t)$。

第2步：如果初始加速度 $\ddot{u}_0$ 没有给出，从平衡方程式（6-3）中将其求出

$$\ddot{u}_0 = M^{-1}(F_0 - Ku_0) \qquad (6\text{-}18)$$

第3步：根据式（6-17）解出 u_{-1}，具体地

$$u_{-1} = u_0 - (\Delta t)\dot{u}_0 + \frac{(\Delta t)^2}{2}\ddot{u}_0 \qquad (6\text{-}19)$$

第4步：利用得到的 u_{-1}，代入式（6-16）解得 u_1

$$u_1 = M^{-1}\{(\Delta t)^2 F_0 + [2M - (\Delta t)^2 K]u_0 - Mu_{1-1}\} \qquad (6\text{-}20)$$

第5步：由于 u_0 已在初始条件中给出，式（6-20）又得到了 u_1，再次代入式（6-16）可以得到 u_2

$$u_2 = M^{-1}\{(\Delta t)^2 F_1 + [2M - (\Delta t)^2 K]u_1 - Mu_0\} \qquad (6\text{-}21)$$

第6步：从式（6-14）中得到 $\ddot{u}_1$

$$\ddot{u}_1 = M^{-1}(F_1 - Ku_1) \qquad (6\text{-}22)$$

第7步：将第5步中得到的 u_2 与初始条件 u_0 一并代入式（6-11）得到 $\dot{u}_1$

$$\dot{u}_1 = \frac{u_2 - u_0}{2(\Delta t)} \qquad (6\text{-}23)$$

第8步：重复**第8**至**第7步**，得到所有 t 时刻的位移、速度、加速度。

采用上述中心差分法进行瞬态动力学分析时，由于不涉及刚度矩阵 K 的求逆，因此该方法是一种显式方法，这意味着在使用该方法进行分析时，将步长 Δt 选取为远小于加速度 $\{\ddot{u}\}$ 变化的时长，可以得到精度较高的分析结果。

2. Newmark 方法

Newmark 方法是动力学瞬态分析中最常采用的一种算法，也被许多商业有限元软件普遍采用。Newmark 方法中，动力学变量之间的关系表示如下

$$\dot{u}_{i+1} = \dot{u}_i + (\Delta t)[(1-\gamma)\ddot{u}_i + \gamma \ddot{u}_{i+1}] \tag{6-24}$$

$$u_{i+1} = u_i + (\Delta t)\dot{u}_i + (\Delta t)^2 \left[\left(\frac{1}{2}-\beta\right)\ddot{u}_i + \beta \ddot{u}_{i+1}\right] \tag{6-25}$$

式中包含 β 与 γ 两个待定系数。通常 γ 取 $\frac{1}{2}$，β 取 0 到 $\frac{1}{4}$ 之间实数。注意到当 $\gamma = \frac{1}{2}$，$\beta=0$ 时，式 (6-24) 与式 (6-25) 中的关系与中心差分法式 (6-11) 中一致。当 $\gamma = \frac{1}{2}$，$\beta = \frac{1}{6}$ 时，式 (6-24) 与式 (6-25) 中的关系恰好满足加速度线性变化的假设。而当 $\gamma = \frac{1}{2}$，$\beta = \frac{1}{4}$ 时，式 (6-24) 与式 (6-25) 中给出的数值格式具有良好的稳定性，即无论取多大的计算步长，得到的位移、速度等动力学变量均为有界常数。由于这一优势的存在，当使用 Newmark 方法进行分析时，常默认采用 $\gamma = \frac{1}{2}$，$\beta = \frac{1}{4}$ 的参数组合。

使用 Newmark 方法计算 u_{i+1} 时，先将式 (6-25) 乘以 M，再将式 (6-14) 中 $t+\Delta t$ 时刻的 $\ddot{u}_{i+1}$ 代入该式，得到

$$Mu_{i+1} = Mu_i + (\Delta t)M\dot{u}_i + (\Delta t)^2 M\left(\frac{1}{2}-\beta\right)\ddot{u}_i + \beta(\Delta t)^2[F_{i+1} - Ku_{i+1}] \tag{6-26}$$

合并该式中的同类项，得到

$$(M + \beta(\Delta t)^2 K)u_{i+1} = \beta(\Delta t)^2 F_{i+1} + Mu_i + (\Delta t)M\dot{u}_i + (\Delta t)^2 M\left(\frac{1}{2}-\beta\right)\ddot{u}_i \tag{6-27}$$

式中左右两侧均除以 $\beta(\Delta t)^2$，可以得到与静力学问题类似的线性系统

$$K'u_{i+1} = F'_{i+1} \tag{6-28}$$

式中

$$K' = K + \frac{1}{\beta(\Delta t)^2}M \tag{6-29}$$

$$F'_{i+1} = F_{i+1} + \frac{M}{\beta(\Delta t)^2}\left[u_i + (\Delta t)\dot{u}_i + \left(\frac{1}{2}-\beta\right)(\Delta t)^2 \ddot{u}_i\right] \tag{6-30}$$

因此，$t+\Delta t$ 时刻的位移 u_{i+1} 可以从该时刻的载荷，以及 t 时刻的位移、速度、和加速度中算出。使用 Newmark 方法计算动力学系统的瞬态响应，其基本步骤如下。

第 1 步：$t=0$ 时确认 u_0，$\dot{u}_0$ 已知。

第 2 步：如果初始加速度 $\ddot{u}_0$ 没有给出，从平衡方程式 (6-3) 中将其求出

$$\ddot{u}_0 = M^{-1}(F_0 - Ku_0)$$

第 3 步：由于载荷 $F(t)$ 均已知，u_0，$\dot{u}_0$，$\ddot{u}_0$ 也已知，可以从式 (6-18) 中解出 u_1。

第 4 步：从式 (6-25) 的下述变形中计算出 $\ddot{u}_1$

$$\ddot{u}_1 = \frac{1}{\beta(\Delta t)^2}\left[u_1 - u_0 - (\Delta t)\dot{u}_0 - (\Delta t)^2\left(\frac{1}{2} - \beta\right)\ddot{u}_0\right] \tag{6-31}$$

第5步：将 $\dot{u}_0$，$\ddot{u}_0$ 与 $\ddot{u}_1$ 代入式（6-24）得到 $\dot{u}_1$。

第6步：利用第3、第4、与第5步中得到的 u_1，$\dot{u}_1$ 与 $\ddot{u}_1$，重复第3步，得到 u_2。再在此基础上进行第4与第5步，分别得到 $\ddot{u}_2$ 与 $\dot{u}_2$。继续重复这个过程直到得到所有 t 时刻的位移、速度、加速度。

与中心差分法相比，Newmark 法的优势在于当选择恰当的 β 与 γ 时，如 $\gamma = \frac{1}{2}$，$\beta = \frac{1}{4}$，该格式具有优异的数值稳定性，因此 Newmark 法允许选取较大的步长 Δt。尽管存在这一优势，但同时也需要注意，由于式（6-28）中 u_{i+1} 的计算需要求解包含 K 的线性系统，因此该方法是一种隐式算法，与显式算法相比需要消耗更多的计算资源才能顺利求解。

6.1.3 系统的固有频率计算

瞬态分析之外，动力学系统的另一种常用分析方法是模态分析。模态分析获得的固有频率（natural frequency）不仅能够用于评价系统的振动特性，还能指导瞬态分析中步长的选择，如 Newmark 方法中步长通常取为最小固有频率周期的 1/10。计算动力学系统的特征频时，需要求解激励 $F=0$ 的系统（6-3），即

$$M\ddot{u} + Ku = 0 \tag{6-32}$$

方程的解 $u(t)$ 可以表示为调和函数

$$u(t) = u'e^{i\omega t} \tag{6-33}$$

式中 u' 是不随时间变化的节点位移，被称为模态振型。i 是单位虚数，ω 是系统特征频。
求式（6-33）对于时间的二阶导数得到

$$\ddot{u}(t) = u'(-\omega^2)e^{i\omega t} \tag{6-34}$$

将式（6-34）代入式（6-32），可以得到

$$-M\omega^2 u'e^{i\omega t} + Ku'e^{i\omega t} = 0 \tag{6-35}$$

对上式合并同类项，得到

$$(K - \omega^2 M)u' = 0 \tag{6-36}$$

式（6-36）是关于模态振型 u' 的一组齐次线性方程，只有当线性系统 $K-\omega^2 M$ 的行列式为 0 时，方程才有非零解，即

$$\det(K - \omega^2 M) = 0 \tag{6-37}$$

这里 det 为矩阵的行列式。式（6-37）中解的数目等于自由度的数目 n，根据式中所描述关系，可以认为 ω 是矩阵 $A=M^{-1}K$ 特征值的平方根，系统共有 n 个固有频率，分别与 n 个特征向量 u' 一一对应。因此，模态分析的主要任务是得到动力学系统较低的固有频率，以及与这些固有频率对应的模态振型。

6.2 模态分析

模态分析可以确定设计中的结构或机器部件的振动特性（固有频率和振型），它也可以作为其他更详细的动力学分析（瞬态动力学分析、谐响应分析、谱分析）的基础。模态分析可以确定一个结构的固有频率和振型，固有频率和振型是承受动态荷载结构设计中的重要参数。如果要进行谱分析、模态叠加法谐响应分析、瞬态动力学分析等，固有频率和振型也是必要的。频率与振型关系如图 6-1 所示。

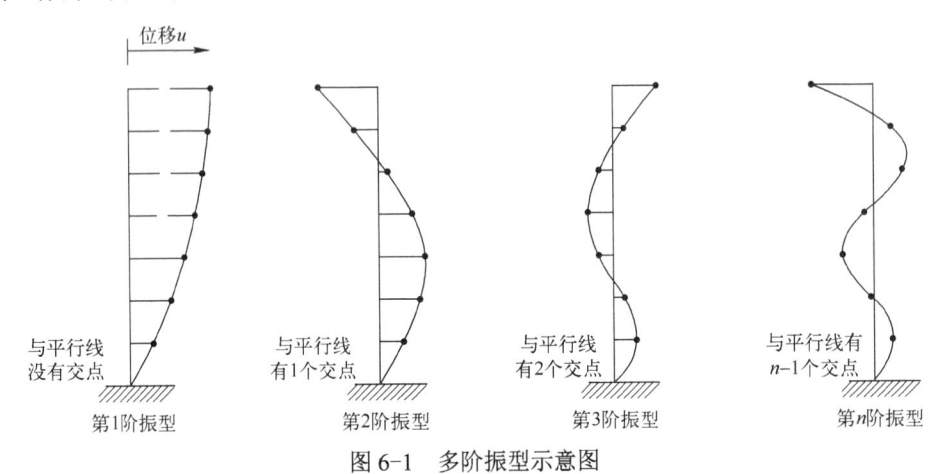

图 6-1 多阶振型示意图

ANSYS 提供了 7 种方法模态提取方法：Block Lanczos 法、PCG Lanczos 法、超节点法、缩减法、非对称法、阻尼法和 QR 阻尼法。前 4 种方法使用最广泛。

Block Lanczos 法（默认选项）适用于大型对称矩阵问题。收敛快，可处理 6 万～10 万个自由度的大量振型（>40 个），能很好地处理刚体振型，但需要较大的内存。

PCG Lanczos 法适用于非常大的对称特征值问题（50 万个自由度以上），在求解最低阶模态效果理想。

超节点法适用于一次性求解高达 10 000 阶的模态，可用于模态叠加法或 PSD 分析的模态提取，以求解结构的高频响应。

缩减法比 Block Lanczos 法快，它采用缩减的系统矩阵求解，然而，由于缩减质量矩阵是近似矩阵，缩减法的计算精度相对较低。

模态分析包括有限元建模、加载及求解、观察结果三个步骤。下面以 Block Lanczos 法为例，介绍模态分析的基本步骤。

1. 建立有限元分析模型

模态分析的建模过程与其他分析类似，包括定义单元类型、定义实常数、定义材料特性、建立几何模型和划分网格等。

需要注意的是：①模态分析属于线性分析，非线性的部分将会被忽略掉；②必须定义材料的弹性模量和密度。

2. 加载和求解

包括指定分析类型、指定分析选项、施加约束和求解四个步骤。

首先，依据菜单操作建立新的分析，打开如图 6-2 所示的"求解类型选项"对话框选择，选择 Modal 进行模态分析。

命令格式：ANTYPE，2，

菜单操作：Main Menu→Solution→Analysis Type→New Analysis →Modal

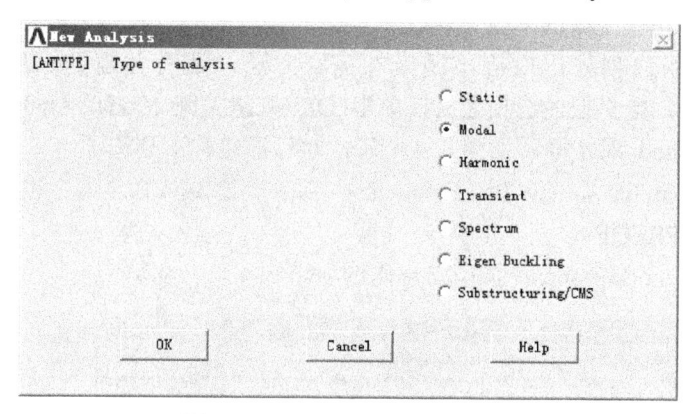

图 6-2 "求解类型选项"对话框

在定义了分析类型后，选择 Main Menu→Solution→Analysis Type→Analysis Options，进入"模态求解控制"对话框，如图 6-3 所示，可以对模态分析求解进行控制。

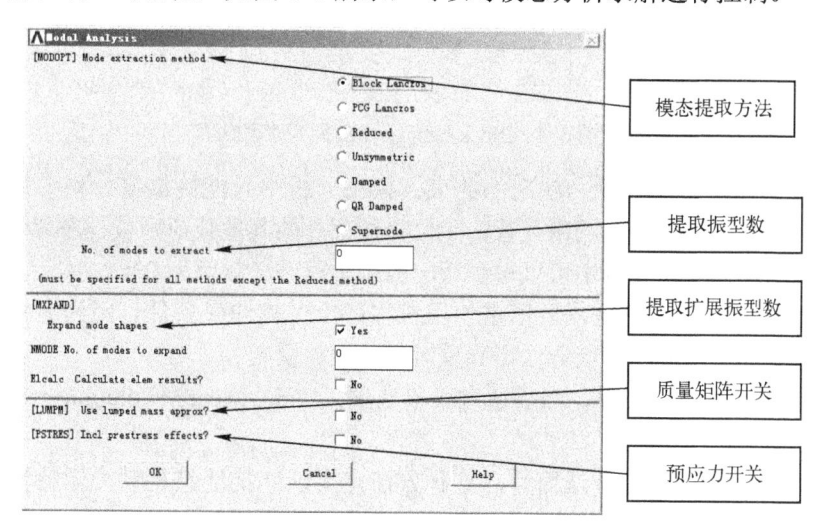

图 6-3 "模态求解控制"对话框

① Mode extraction method：可以选择 7 种不同的模态提取方法。

② No. of modes to extract：指定模态提取阶数，该选项对除 Reduced 法以外的所有模态提取法都必须设置。在采用 Unsymmetric 法和 Damped 法时，要求提取比必要阶数更多的模态。

③ No. of modes to expand：指定模态提取阶数，此法选项在 Reduced 法、Unsymmetric 法、Damped 法时必须设置。

④ Use lumped mass approx：使用该选项可以选定采用默认的质量矩阵形成方式（和单元类型有关）或者集中质量阵近似方式。ANSYS 建议在大多数情况下应用默认方式。但对

于有些包含"薄膜"结构的问题，如细长梁或非常薄的壳，采用集中质量矩阵近似经常可以产生较好的结构。

⑤ Incl prestress effects：选用该选项可以计算有预应力结构的模态。默认的分析过程不包括预应力，即结构是处于无应力状态。如果要在分析中包含预应力的影响，则必须有先前在静力学或瞬态分析中生成的单元文件。

除了上述通用选项外，对应不同模态提取方法，还有各自的一些选项。以 Block Lanczos 方法为例，定义上述选项之后，单击 OK 按钮关闭 Modal Analysis 对话框，弹出 Block Lanczos Method 对话框，如图 6-4 所示，对话框包含下列选项。

① Start Freq (initial shift)，End Frequency：频率范围默认为全部，也可以限定于某个范围内（FREQB 到 FREQE）。

② Normalize mode shapes：振型归一化选项。

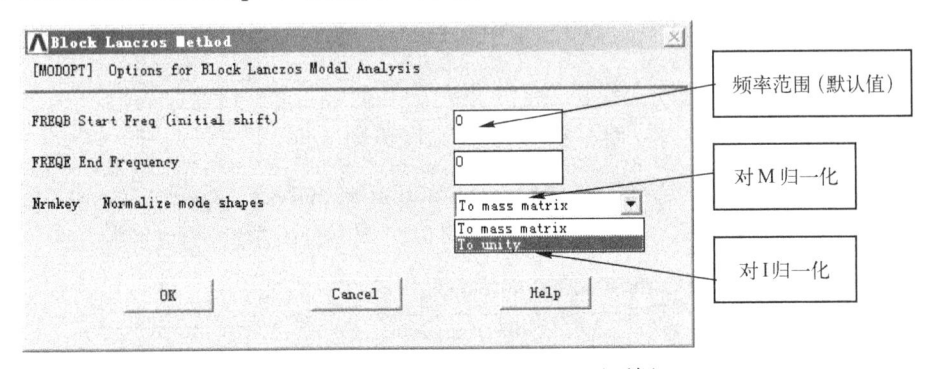

图 6-4 Block Lanczos Method 对话框

要给结构施加符合实际受力状况的约束。模态分析中只能施加零位移约束，如果施加了非零位移约束，程序将以零约束代替，除位移约束外的其他载荷则被程序忽略，不施加任何约束条件的结构在模态分析中可以得到相应的刚体模态（频率为 0）。

需要注意的另一个问题是，要慎重使用对称或反对称约束条件，因为这样可能会丢失一些模态。如施加了对称约束就无法得到反对称的振动模式。

求解前应保存数据库文件，然后通过菜单选项：Main Menu→Solution→Solve→Current LS 开始求解。

模态扩展是对缩减法等方法而言，这种方法定义能够描述结构动力学特性的自由度作为主自由度，求解后需要进行模态扩展将主自由度扩展到整个结构。对其他方法，模态扩展可以理解为模态分析的结果被保存到结果文件中以备观察。

3．查看结果

模态分析的结果保存于结果文件（Jobname.rst）中，分析结果包括固有频率、振型以及对应的应力分布（如果选择了输出单元解）。一般在通用后处理 POST1 观察模态分析结果。

（1）列出所有固有频率

菜单操作：Main Menu→General Postproc →Read Summray

命令格式：SET，LIST

（2）读入结果数据

每阶模态在结果文件中被保存为一个单独的子步结果集（SET），观察结果前需要读入相应的子步的结果。

菜单操作：Main Menu→General Postproc →Read Results.
命令格式：SET，SBSTEP

（3）图形显示变形

该步骤用于图形显示读入数据库的结构的某一阶模态振型。

菜单操作：Main Menu→General Postproc→Plot Results→Deformed Shape
命令格式：PLDISP，KUND

（4）云图显示结果项

该步骤以云图的形式显示结构模型在特定模态中的位移、应变、应力等变量的相对分布。

菜单操作：Main Menu→General Postproc→Contour Plot
命令格式：PLNSOL，Item，Comp，KUND，Fact，FileID

（5）动画显示振型

动画显示振型通常可以获得更直观的视觉效果。

菜单操作：Utility Menu→Plot Ctrls→Animate→Mode Shape
命令格式：ANMODE

6.3 谐响应分析

谐响应分析是用于确定线性结构在承受随时间按正弦（简谐）规律变化的载荷时的稳态响应的一种技术。分析的目的在于计算结构在几种频率下的响应并得到一些响应值（通常是位移）和频率的关系，从这些曲线上可以找到"峰值"响应，并进一步观察峰值频率对应的应力。谐响应分析用于预测结构的持续动力特性，从而使设计人员能够验证其设计能否成功地克服共振、疲劳及其他受迫振动引起的有害效果。因此，谐响应只计算结构的稳态受迫振动，不考虑发生在激励开始时的瞬态振动，如图6-5所示。

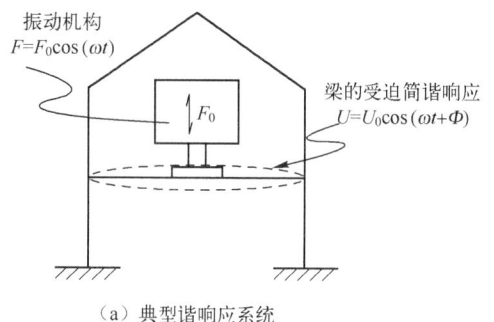

（a）典型谐响应系统 （b）结构的瞬态和稳态动力学响应

图6-5 谐响应分析

谐响应分析是一种线性分析，任何非线性特性，如塑性和接触（间隙）单元，即使被定义了也将被忽略。但在分析中可以包含非对称系统矩阵，如分析流—固耦合系统等。谐响应分析也可以分析有预应力的结构，如小提琴的弦（假定简谐应力比预加的拉伸应力小得多）。

ANSYS 提供了 3 种方法，即完全法、缩减法和模态叠加法。

（1）完全法（Full）

完全法是 3 种方法中最易使用的方法，它采用完整的系统矩阵计算谐响应（没有矩阵缩放）。完全法的优点是：容易使用，因为不必关心如何选取主自由度或振型；使用完整矩阵，因此不涉及质量矩阵的近似；允许有非对称矩阵，这种矩阵在声学或轴承问题中很典型；用单一处理过程计算出所有的位移和应力；允许定义所有类型的载荷：节点力、外加的（非零）位移和单元载荷（压力和温度）；允许在实体模型上定义载荷。

（2）缩减法（Reduced）

缩减法采用主自由度和缩减矩阵来压缩问题的规模，在采用稀疏矩阵求解器时比完全法更快且开销小。但是，初始解只计算主自由度的位移，要得到完整的位移、应力和力的解，则需要执行扩展过程；不能施加单元载荷（如压力和温度等）；所有载荷必须施加在用户定义的主自由度上。

（3）模态叠加法（Mode Superposition）

模态叠加法通过模态分析得到的振型（特征向量）乘上因子并求和来计算结构的响应。对于许多问题，此方法比缩减法或者完全法更快开销更少；模态分析中施加的载荷可以通过 LVSCALE 命令用于谐响应分析中；可以使解按结构的固有频率聚集，便可得到更平滑、更精确的响应曲线图；允许考虑振型阻尼（阻尼系数为频率的函数）。同时，模态叠加法不能施加非零位移。

上述 3 种方法要求：所有载荷必须随时间按正弦规律变化，所有载荷必须有相同的频率，不允许有非线性特性，不计算瞬态效应。

以完全法为例介绍谐响应分析的基本步骤。

1．建立有限元分析模型

建模过程与其他分析类似，包括定义单元类型、定义实常数、定义材料特性、建立几何模型和划分网格等，需要注意的是：谐响应分析属于线性分析，非线性的部分将会被忽略掉；必须定义材料的弹性模量和密度。

2．模态分析

由于峰值响应发生在激励的频率和结构的固有频率相等之时，所以在进行谐响应分析之前，应首先进行模态分析，以确定结构的固有频率。

3．加载和求解

选择分析类型部分与模态分析类似，在如图 6-2 所示的"分析类型"部分选择谐响应"Harmonic"。

在定义了分析类型后，选择菜单操作：Main Menu→Solution→Analysis Type→Analysis Options，打开"谐响应求解控制"对话框，如图 6-6 所示，对谐响应分析求解进行控制。

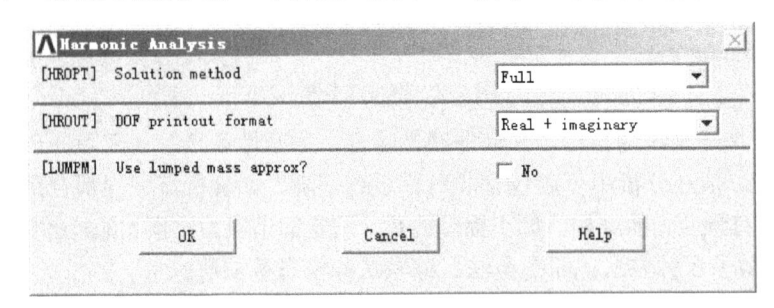

图 6-6 "谐响应求解控制"对话框

（1）Solution Method：用于选择不同的求解方法，如 Full 法，Reduced 法或 Mode Superposition 法。

命令格式：HROPT，Method，MAXMODE，MINMODE，MCout，Damp

（2）DOF printout format：用于设定输出文件 Jobname.out 中谐响应分析位移的输出格式。可选的方式有 Real+imaginary（实部与虚部）形式（默认）和 Amplitude+phase（幅值与相位角）形式。

命令格式：HROUT，Reimky，Clust，Mcont

（3）Use lumped mass approx：用于设定质量矩阵的形式，与模态分析部分一样。

命令格式：LUMPM，Key

如果上一步选择了完全法谐响应分析，则设定上述分析选项，单击 OK 按钮。弹出 Full Harmonic Analysis 对话框，如图 6-7 所示，继续设置完全法的选项。

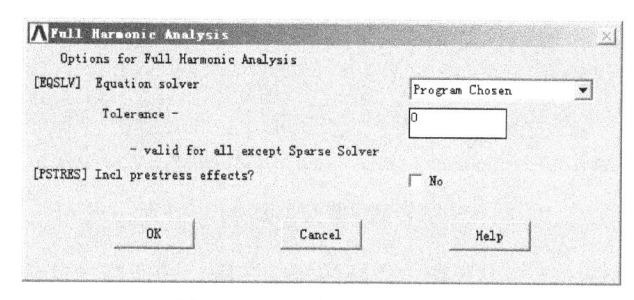

图 6-7 完全法分析选项设置

（1）Equation solver：用于选择方程式求解器，默认情况下为程序自动选择。

（2）Include prestress effects：为预应力效应开关，默认情况下不包括初应力效应。

谐响应分析施加的全部载荷都随时间按正弦规律变化，完整的载荷需要输入三个信息，即 amplitude（载荷的幅值）、phase angle（载荷的相位角）和 forcing frequency range（强制载荷频率范围），如图 6-8 所示。

ANSYS 不直接输入幅值和相位角，而是输入实部 F_{real} 和虚部 F_{imag} 分量，强制指定频率范围如图 6-8 所示进行设置。一般地，若各载荷不存在相位差，则认为 $\varphi=0$，即只需要设置实部为幅值 F_{max}，如惯性载荷（加速度等）的相位差为零。

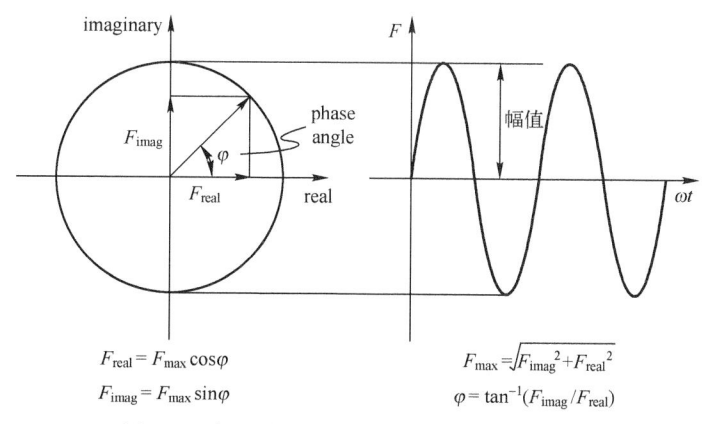

$F_{real} = F_{max} \cos\varphi$

$F_{imag} = F_{max} \sin\varphi$

$F_{max} = \sqrt{F_{imag}^2 + F_{real}^2}$

$\varphi = \tan^{-1}(F_{imag}/F_{real})$

图 6-8 实部/虚部分量和振幅/相位角的关系图

注意：谐响应分析不能计算频率范围不同的多个载荷作用下的响应。

最后，基于模态分析结果设置载荷步选项。如图 6-9 所示指定强制激励频率范围为 0～10 Hz，子步数为 20，即求解 0.5,1,1.5,…，10 Hz 的结果，加载方式选择为阶跃，表示在强制频率范围内载荷的幅值保持为恒定值。

选择菜单操作：**Main Menu→Solution→Load Step Opts→Time/Frequenc→Freq and substeps**

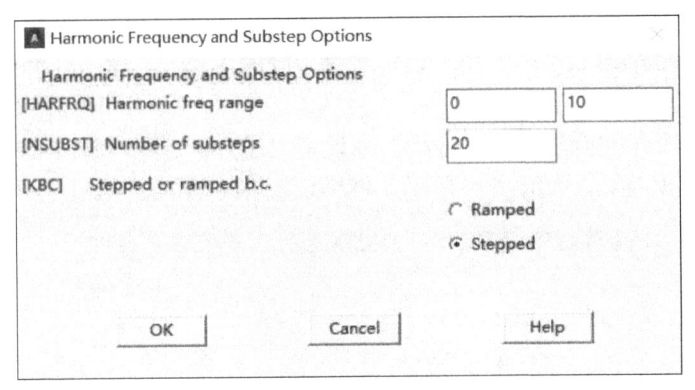

图 6-9 "谐响应载荷步选项"对话框

（1）Harmonic freq range：用于指定求解的频率范围，即所施加谐载荷的频率上下界。

命令格式：**HARFRQ，FREQB，FREQE**

（2）Number of substeps：设定谐响应分析求解的载荷子步数，载荷子步均匀分布在指定的频率范围内。程序将计算载荷频率为上述指定频率范围的各 Nsubst 等分时的结构响应值。

命令格式：**NSUBST，NSBSTP，NSBMX，NSBMN，Carry**

（3）Stepped or ramped b.c：设定载荷变化方式，选择 Ramped 时，载荷的幅值随载荷子步逐渐增长，选择 Stepped，则载荷在频率范围内的每个载荷子步保持恒定。

命令格式：**KBC，key**

阻尼是用来度量系统自身消耗振动能量的能力的物理量。大多数系统都存在阻尼，因此在动力学分析中应当指定阻尼。在谐响应分析中应指定某种形式的阻尼，否则在共振频率处响应将无限放大。

选择菜单操作：**Main Menu→Solution→Load Step Opts→Time/Frequenc→Damping**，弹出 Damping Specifications 对话框，如图 6-10 所示。

ALPHAD 和 BETAD 指定的是和频率相关的阻尼系数，而 DMPRAT 指定的是对所有频率为恒定值得阻尼比。

注意：在直接积分谐响应分析（完全法或缩减法）中如果没有指定阻尼，ANSYS 将采用零阻尼。

4．求解

求解前应保存数据库文件，然后通过选择菜单操作，完成谐响应分析的求解。如果需要计算其他载荷和频率范围，可以重复上述操作步骤。

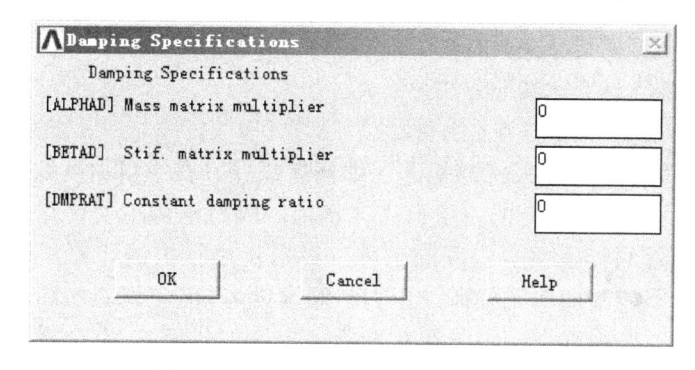

图 6-10 Damping Specifications 对话框

5. 观察结果

谐响应分析的结果数据与静力分析基本相同。不同的是，如果在结构中指定了阻尼，结构响应与激励之间不再同步，所有结果将以复数形式，即实部和虚部进行存储。如果施加的载荷之间不同步（存在初始相位差），同样也产生复数结果。

谐响应分析的结果被保存到结果文件 Jobname.rst 中，可以用通用后处理器 POST1 和时间历程处理器 POST26 来观察分析的结果。

后处理的一般顺序是，首先用 POST26 找到临界频率（模型中所关心的点产生的最大位移或应力，时的频率），然后用 POST1 在这些临界强制频率处处理整个模型。

POST26 用于观察模型中指定点再整个频率范围内的结果；POST1 用于观察整个模型在指定频率点的结果。

6.4 瞬态动力学分析

瞬态动力学分析（亦称时间历程分析）是用于确定承受任意的随时间变化载荷时，结构动力学响应的一种方法。可以用瞬态动力学分析确定结构在稳态载荷、瞬态载荷和简谐载荷的随意组合作用下的随时间变化的位移、应变、应力及力。载荷和时间的相关性使得惯性力和阻尼作用比较重要。如果惯性力和阻尼作用不重要，就可以用静力学分析代替瞬态分析。

瞬态动力学分析可包括所有类型的非线性，如大变形、塑性、蠕变、应力刚化、接触（间隙）单元和超弹性单元等。相对于其他技术的分析（如静力分析、模态分析、谐响应分析和响应谱分析等），瞬态动力学更接近工程实际，因此得到广泛应用。

1. 分析方法

ANSYS 瞬态动力学分析可采用 3 种 Newmark 时间积分方法：完全法、缩减法及模态叠加法。

（1）完全法

完全法采用完整的系统矩阵计算瞬态响应（没有矩阵缩减）。它是 3 种方法中功能最强的，允许包括各类非线性特性（塑性、大变形、大应变等）。完全法容易使用，不必关心选择主自由度或振型；允许各种类型的非线性特性；采用完整矩阵，不涉及质量矩阵近似；一次分析就能得到所有的位移和应力；允许施加所有类型的载荷，包括节点力、外加的（非零）位移（不建议采用）和单元载荷（压力和温度），还允许通过 TABLE 数组参数指定表边界条件；允许在实体模型上施加的载荷。

完全法的主要缺点是它比其他方法开销大。

（2）缩减法

缩减法通过采用主自由度及缩减矩阵压缩问题规模。在主自由度处的位移被计算出来后，ANSYS可将解扩展到原有的完整自由度集上。缩减法的主要优点是比完全法快且开销小。但是，初始解只计算主自由度的位移，第二步进行扩展计算，得到完整空间上的位移、应力和力；不能施加单元载荷（压力、温度等），但允许施加加速度；所有载荷必须加在用户定义的主自由度上（限制在实体模型上施加载荷）；整个瞬态分析过程中时间步长必须保持恒定，不允许用自动时间步长；唯一允许的非线性是简单的点-点接触（间隙条件）。

（3）模态叠加法

模态叠加法通过对模态分析得到的振型（特征特征向量）乘上因子并求和来计算结构的响应。对于许多问题，它比缩减法或完全法更快、开销更小；可以通过LVSCALE命令将模态分析中施加的单元载荷引入到瞬态分析中；允许考虑模态阻尼（阻尼比作为振型号的函数）。同时，整个瞬态分析过程中时间步长必须保持恒定，不允许采用自动时间步长；唯一允许的非线性是简单的点-点接触（间隙条件）；不能施加强制位移（非零位移）。

2. 基本步骤

以完全法介绍瞬态动力分析的基本步骤。

（1）建立有限元模型

瞬态动力学分析的建模过程与其他分析建模过程类似。首先根据实际问题的特点，对分析的问题进行初步计划；建立反映真实物理情况的CAD模型或者简化CAD模型，并对其划分有限元网格：定义单元类型、单元选项、实常数、截面特征和材料特性。

在进行瞬态动力学分析时，要注意如下内容：可以使用线性和非线性单元；必须制定杨氏模量EX（或者某种形式的刚度）和密度DENS（或某种形式的质量）；材料特性可以使线性的和非线性的、各向同性的或各向异性的、与温度相关的或与恒定的；划分合理的网格密度。

（2）求解控制对话框

进行瞬态动力学分析时，用户在完成实体模型和有限元模型建立之后，还需要对求解的一些参数进行设置，才可以开始求解。

首先，在"分析类型"对话框（见图6-2）的"分析类型"部分选择瞬态分析"Transient"。单击OK按钮，打开如图6-11所示的"瞬态求解"对话框，选择三种Newmark时间积分求解方法之一。

命令格式：HROPT，Method，MAXMODE，MINMODE，MCout，Damp

菜单操作：Main Menu→Solution→Analysis Type→Analysis Options

求解控制涉及定义分析类型、分析选项和载荷步设置。执行完全法瞬态动力学分析，可以使用最新的求解界面（称为"求解控制"对话框）进行这些选项的设置。"求解控制"对话框提供大多数结构完全法瞬态动力分析所需要的默认设置，即只需要设置少量的必要选项。

"求解控制"对话框包含5个标签，各标签中分组设置控制选项，并将大多数基本控制选项设置在第一个标签中,其他标签提供更高级的控制选项。

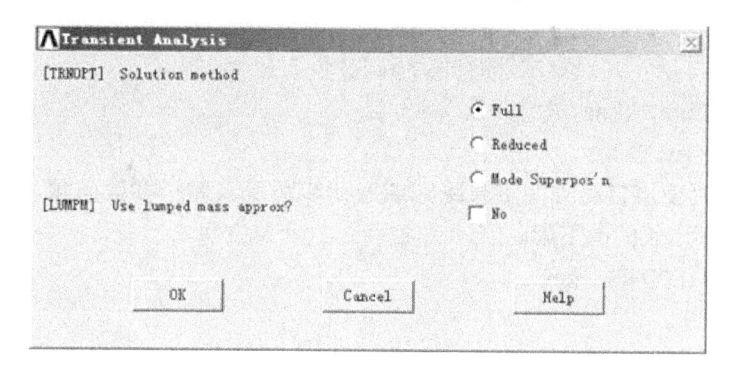

图 6-11 "瞬态求解"对话框

对于一般线性瞬态动力学分析,需设置 Baisc 标签和 Transient 标签。

如图 6-12 所示,Basic 标签用于设置分析选项、时间控制和结果文件控制。

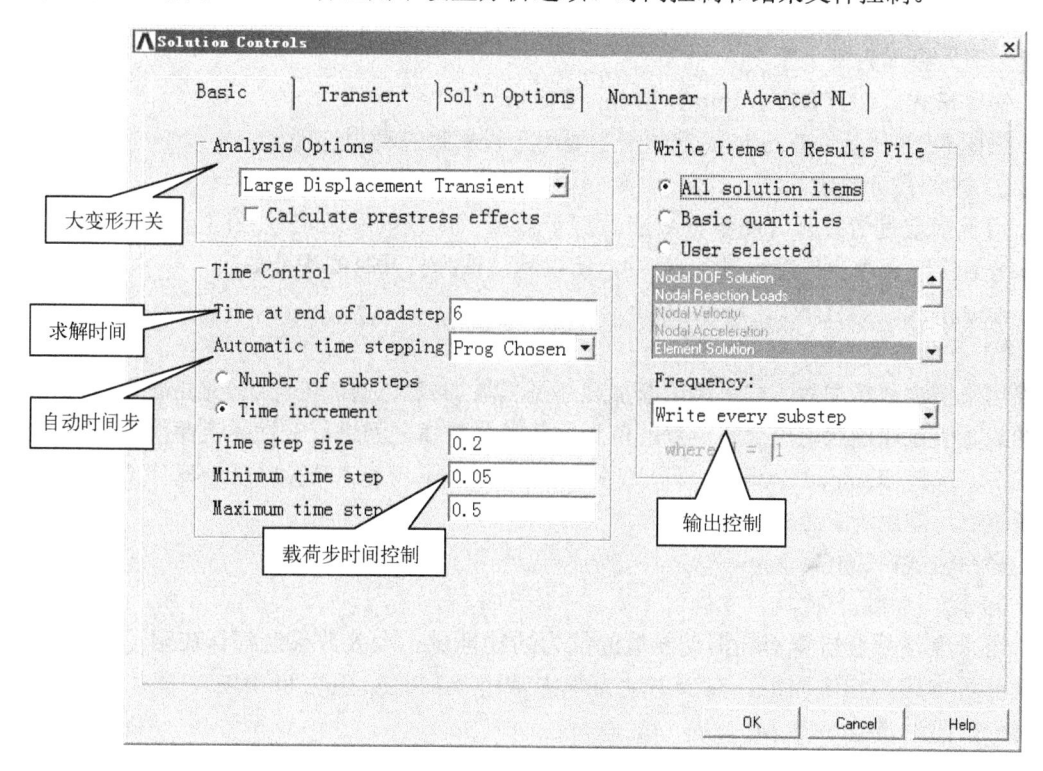

图 6-12 求解控制对话框的 Basic 标签

① 大变形开关。

在完全瞬态分析是否包含大变形效应,默认为忽略大变形效应。若分析过程中包含大变形、大旋度或大应变(如弯曲的长细杆件)或大应变(如金属成型),就应选择 Large Displacement Transient。

命令格式:NLGEOM,Key,

② 求解时间。

对于完全瞬态求解，须为每个载荷步指定一个时间，并且该时间值大于前一个载荷步的时间。如图 6-12 所示，设定求解时间为 6。

命令格式：Time，time，

③ 自动时间步长控制。

用于指定是否使用自动时间步长跟踪或载荷步跟踪。对于多数问题，建议打开自动时间步长与积分时间步长的上下限。

命令格式：AUTOTS，key

④ 载荷间控制。

在本载荷步中指定时间步长大小。如图 6-12 所示，指定初始载荷步时间为"0.2"，最小载荷步时间为"0.05"，最大载荷时间为"0.5"。

命令格式：DELTIM，dtime，dtmin，dtmax，Carry

⑤ 输出控制。

用于控制写入到数据库中的结果数据。如图 6-12 所示，规定将所有求解数据写入结果文件，写入频率为每个子步。

命令格式：OUTRES，Item，Freq，Cname

如图 6-13 所示，Transient 选项卡主要用于设置瞬态动力选项。

① 时间积分效应。

用于指定是否打开时间积分效应。对于需要考虑惯性和阻尼效应的分析，必须打开时间积分效应（否则当作静力进行求解），所以默认值为打开时间积分效应。

命令格式：TIMINT，Key，Lab

② 载荷加载方式。

用于指定载荷加载方式采用阶跃加载还是斜坡加载。选择 Stepped loading 即指定每个字步的载荷值是通过对前一个载荷步的值到本载荷步的值之间进行线性插值而得到，即用斜坡的方法。选择 Ramped loading 即从载荷步的第 1 个子步起，载荷阶跃地变化着直到载荷步的指定值，即用阶跃方式。

命令格式：KBC，key

③ 阻尼系数。

用来度量系统自身消耗振动能量的能力的物理量。大多数系统都存在阻尼，因此在动力学分析中应当指定阻尼。在瞬态动力学中常用 ALPHA 阻尼和 BETA 阻尼，用于定义 Rayleigh 阻尼常数 α 和 β。

命令格式：ALPHAD，value

命令格式：BETAD，value

（3）载荷步设置、保存与求解

瞬态动力学分析包含随时间变化的载荷，要指定这样的载荷，需要将载荷对时间的关系曲线划分成合适的载荷步。在载荷时间曲线上的每个"拐角"都应作为一个载荷步，如图 6-14 所示的载荷-时间曲线，需要将载荷分成 4 个载荷步，分别定义加载。对于每一个加载步都要指定载荷值（注意：如果在载荷步中不修改载荷，上一个载荷步中的载荷将保持不变的传递到这一步载荷）。同时要指定其他的载荷步选项，例如载荷是按照阶跃（Stepped）

还是按照斜坡方式（Rammped）施加，是否使用自动时间步长等。

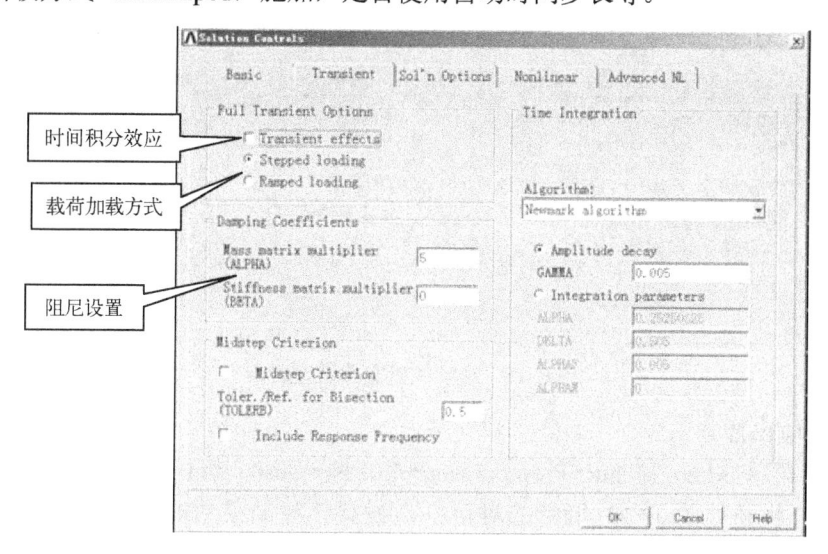

时间积分效应
载荷加载方式
阻尼设置

图 6-13 Solution Controls 对话框 Transient 选项卡

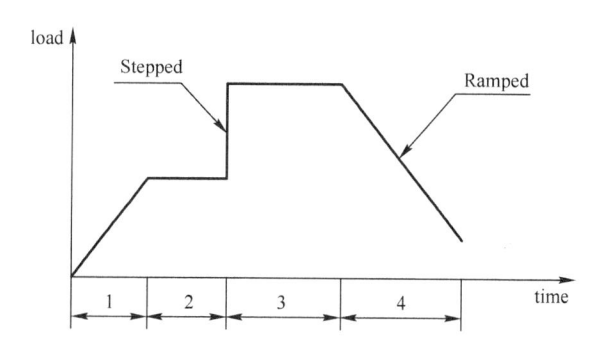

图 6-14 载荷-时间与载荷步关系曲线示意图

当完成一个载荷步的设置后，要将当前载荷步设置到载荷步文件中，如图 6-15 所示。

命令格式：LSWRITE，LSNUM
菜单操作：Main Menu→Preprocessor→Loads→Load Step Opts→Write LS File

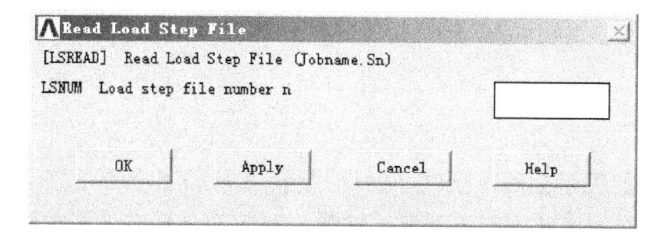

图 6-15 写入载荷步设置框

重复上述设定可一一完成每个载荷步的设定，最后一次求解，如图 6-16 所示。

命令格式：LSSOLVE，lsmin，lsmax，lsinc
菜单操作：Main Menu→Solution→Solve→From LS Files

图 6-16　求解载荷文件设置框

（4）结果输出控制

依次选择菜单 Main Menu→Preprocessor→Loads→Load Step Opts→Output Ctrls→DB/Solu printout，打开如图 6-17 所示的对话框，设置计算结果数据写进输出文件(Jobname.OUT)。注意，FREQ Print frequency 选项应选择 every substep 输出每一个子载荷步结果写入输出文件；否则程序默认值写入每个载荷步最后一步数据。同时默认时只有 1000 个结果序列能够写入结果文件。如果超过这个数目，程序将认为出错终止。

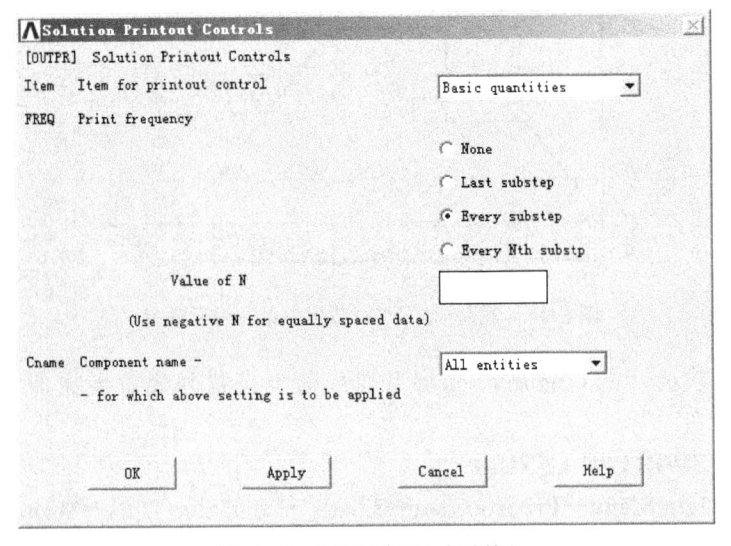

图 6-17　"结果输出"控制框

6.5　谱分析

谱是谱值和频率的关系曲线，反映了时间-历程载荷的强度和频率信息。谱分析是一种将模态分析的结果和已知谱联系起来计算结构最大响应的分析方法，主要用于确定结构对随机载荷或随时间变化载荷的动力响应。谱分析是快速进行瞬态分析的一种替代解决方案，它广泛应用于如地震、飓风、海浪、火箭发动机振动等。

ANSYS 提供 3 种类型的谱分析，即响应谱分析、动力学设计方法和随机振动分析。

响应谱是系统对时间-历程载荷的响应，是一个响应和频率的关系曲线，其中响应可以是位移、速度、加速度、力等，响应谱分析分为单点响应谱（SPRS）和多点响应谱（MPRS）。单点响应谱可以在模型的一个点集上定义相同的响应谱曲线，如图 6-18（a）所示。多点响应谱可以在模型不同的点集上定义不同的响应谱曲线，如图 6-18（b）所示。

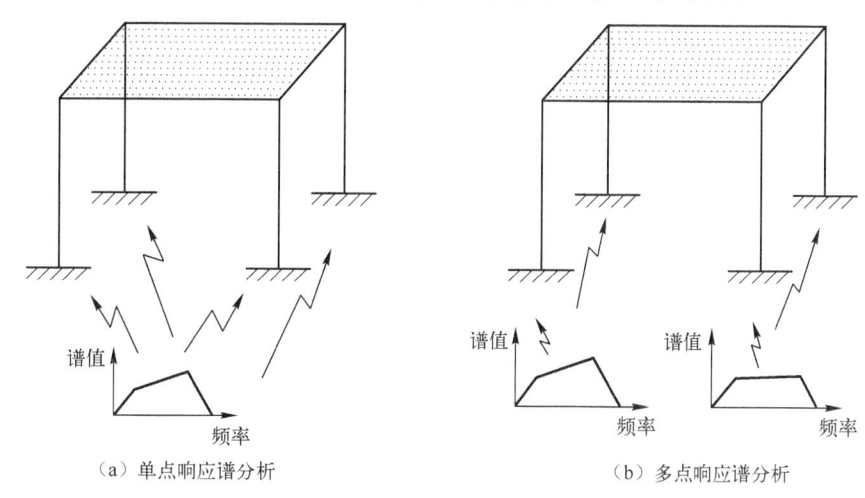

（a）单点响应谱分析　　　（b）多点响应谱分析

图 6-18　两种响应谱

动力设计分析（DDAM）是应用一系列经验公式和振动设计表得到的谱分析系统。

随机振动分析（PSD）又称作功率谱分析，用于随机振动分析，以得到系统的功率谱密度和频率的关系曲线，功率谱分析可以分为位移功率谱密度、速度功率谱密度、加速度功率谱密度、力功率谱密度等形式。与响应谱分析类似，随机振动分析也可以是单点的或多点的。

一个完整的响应谱分析过程包括建模、计算模态解、谱分析求解、扩展模态、合并模态和观察结果。

1．建立有限元网格模型

响应谱分析的建模过程与其他分析建模过程类似。首先根据实际问题的特点，对分析的问题进行初步计划；建立反映真实物理情况的 CAD 模型或者简化 CAD 模型，并对其划分有限元网格：定义单元类型、单元选项、实常数、截面特征和材料特性。

在进行响应谱分析时，要注意：只有线性行为是有效的，如果指定了非线性单元，它们将当做是线性的；必须制定杨氏模量 EX（或者某种形式的刚度）和密度 DENS(或某种形式的质量)；材料特性可以使线性的、各向同性的或各向异性的、与温度相关的或与恒定的。

2．模态分析

结构的固有频率和模态振型是谱分析所必需的数据，在进行谱分析求解前需要先计算模态解。具体操作可以参考模态分析一节。但是，模态提取方法只能采用 Block Lanczos 法、PCG Lanczos 或 Reduced 法。如果模态提取方法选择 Reduced 法，必须在施加激励的位置定义主自由度。其他提取方法对下一步的响应谱分析是无效的；所提取的模态数目应足以表征在感兴趣的频率范围内结构所有的响应，模态频率的范围应覆盖响应谱频率范围的 1.5 倍；为简化分析过程并提高分析精度，在模态分析过程中应扩展所有模态。即在模态设置对话框打开 Expand mode shapes 选项。

3. 谱分析求解设置

在选择分析类型对话框（图 6-2）"分析类型"部分选择谱响应"Spectrum"。

依次选择菜单 Main Menu→Solution→Analysis Type→Analysis Options，弹出 Spectrum Analysis 对话框，如图 6-19 所示。Type of spectrum 用于指定分析的类型，单点响应谱分析选择 Single-pt resp、多点响应谱分析选择 Multi-pt respons、动力设计分析选择 D.D.A.M、随机振动分析选择 P.S.D，No. of modes for solu 用于指定分析求解所需的扩展模态数；如果需要计算单元应力，打开 Calculate elem dtresses 选项。

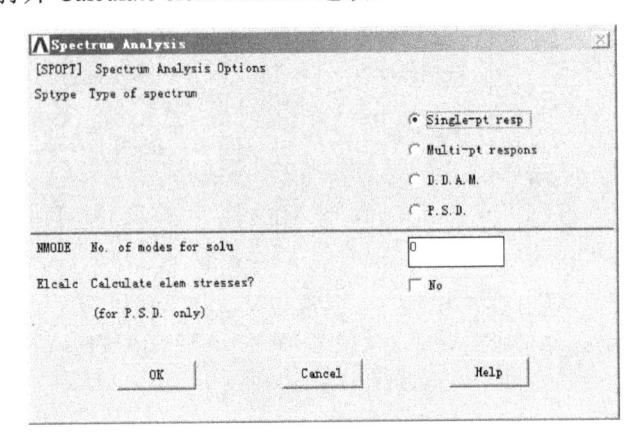

图 6-19 谱分析选项对话框

依次选择菜单 Main Menu→Solution→Load Step Opts→Spectrum→Single Point→Settings，弹出 Settings for Single-Point Response Spectrum 对话框，如图 6-20 所示。Type of response spectrum 用于设置响应谱的类型，包括 Seismic accel、Seismic Velocity、Seismic displac、Force spectrum 和 PSD。前三种都属于地震谱，施加在结构的基础节点上，Force spectrum 和 PSD 施加在非基础节点。Excitation direction 设置响应谱的激励方向，该方向通过三个坐标分量确定。

图 6-20 单点响应谱设置对话框

依次选择菜单 Main Menu→Solution→Load Step Opts→Spectrum→Single Point→Freq Table，弹出 Frequency Table 对话框，按照递增的顺序依次定义激励谱的各个频率点的频率值，如图 6-21 所示。

图 6-21 "频率设置"对话框

依次选择菜单 Main Menu→Solution→Load Step Opts→Spectrum→Single Point→Spectrum values，弹出 Spectrum values 对话框，依次设置各个频率点对应的谱值，如 6-22 所示。

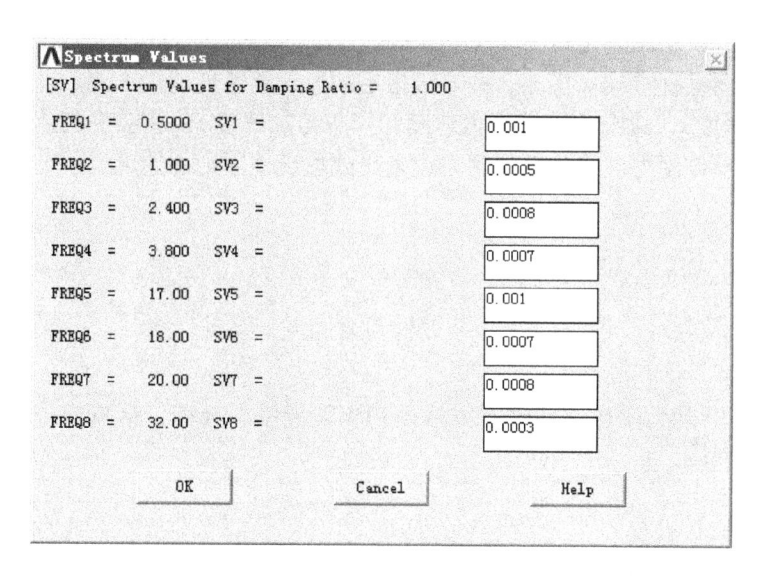

图 6-22 "谱值设置"对话框

阻尼设置可以参考前面关于阻尼的介绍。

4. 合并模态

合并模态之前需要重新进入 ANSYS 求解器，主要包括以下步骤。

① 指定分析选项。依次选择菜单 Main Menu→Solution→Analysis Type→New Analysis，设置分析类型为 Spectrum。

② 选择模态合并方法。依次选择菜单 Main Menu→Solution→Load Step Opts→ Spectrum→Single Point→Mode combine，弹出 Mode Combination Methods 对话框，如图 6-23 所示。Mode Combination Method 用于设置模态合并方法，ANSYS 谱分析提供了 5 种常用的模态合并方法：CQC 法、GRP 法、DSUM 法、SRSS 法和 NRLSUM 法。Type of output 用于设置响应计算类型，ANSYS 允许计算 3 种响应类型：位移（包括位移、应力、载荷等）、速度（速度、加速度、载荷速度等）和加速度（加速度、应力加速度、载荷加速度等）。

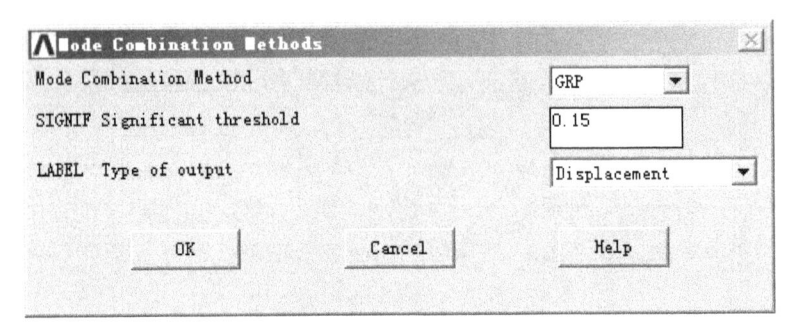

图 6-23 "模态合并方法选择"对话框

完成上述选择之后即可以合并求解。

5. 查看结果

单点谱响应分析的结果是以 POST1 命令的形式写入模态合并文件（Jobname.mcom）中的，这些命令依据某种方式（模态合并方法指定的）计算结构的最大响应。响应包括总位移（或速度，或加速度）、总应力（或应力速度，或应力加速度）、总应变（或应变速度，或应变加速度）和总反作用力（或总反作用力速度，或总反作用力加速度）。

6.6 上机指导

上机目的

熟悉 ANSYS 动力学仿真的常用方法，初步掌握模态分析、谐响应分析、瞬态分析、谱分析的步骤与流程。

上机内容

① 模态分析的求解方法与操作。
② 谐响应分析的求解方法与操作。
③ 瞬态态分析的求解方法与操作。
④ 单点谱分析的求解方法与操作。

6.6.1 实例 6.1 飞机机翼模态分析

用户自定义文件夹，以"ex61"为文件名开始一个新的分析。

问题描述：对一个简化的飞机机翼模型进行模态分析，以确定机翼的模态频率和振型。

1. 几何建模

（1）创建关键点

依次选择 Main Menu→Preprocessor→Modeling→Create→KeyPoints→In Active CS，打开如图 6-24 所示的 Create Keypoints in Active Coordinate System（在当前坐标系下创建关键点）对话框，在 NPT Keypoint number 右侧编辑框输入关键点的编号，在 X,Y,Z Location in active CS 右侧的编辑框输入关键点的三向坐标值。单击 Apply 按钮，继续设置其他关键点的编号和坐标值，8 个关键点的坐标值如表 6-1 所示。

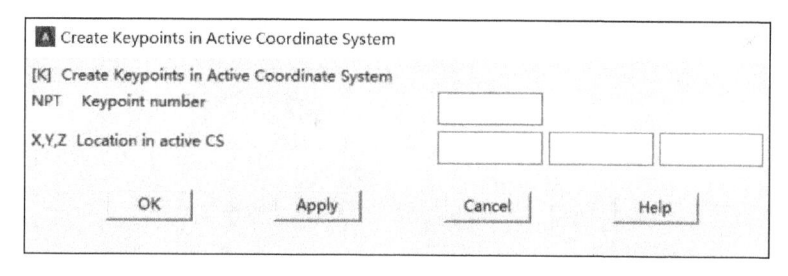

图 6-24 "在当前坐标系下创建关键点"对话框

表 6-1　8 个关键点的编号和坐标值

编号	X	Y	Z	编号	X	Y	Z
1	0	0	0	5	2.8	0	0
2	0.3	0.4	0	6	0.3	−0.18	0
3	1	0.5	0	7	1	−0.2	0
4	1.8	0.3	0	8	1.8	−0.14	0

创建完成的关键点如图 6-25 所示。

图 6-25　创建完成的关键点

（2）生成机翼根部截面

依次选择 Main Menu→Preprocessor→Modeling→Create→Lines→Splines→With Options→Spline thru KPs，弹出"拾取关键点"对话框，鼠标依次点取关键点 1、2、3、4、5，单击

OK 按钮，打开如图 6-26 所示的 B-Spline（B 样条曲线）对话框，"XV1,YV1,ZV1" 取值为 "0,-1,0"；单击 Apply 按钮，鼠标依次点取关键点 1、6、7、8、5，单击 OK 按钮，再次打开 "生成 B 样条曲线" 对话框，"XV1,YV1,ZV1" 取值为 "0,1,0"，单击 OK 按钮。生成的曲线如图 6-27（a）所示。

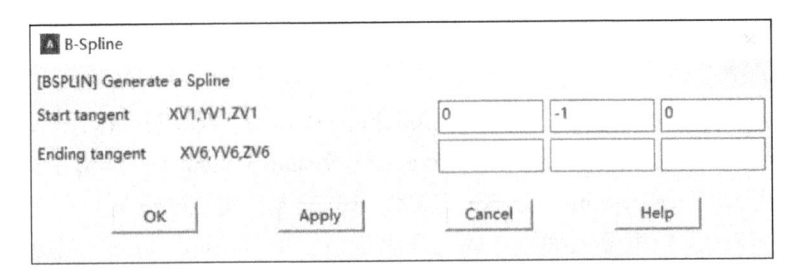

图 6-26 "B 样条曲线" 对话框

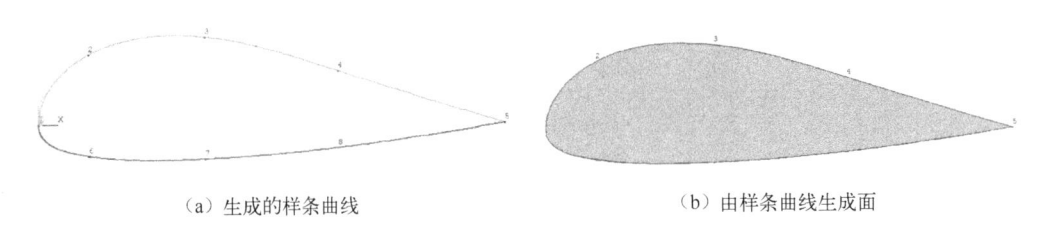

（a）生成的样条曲线

（b）由样条曲线生成面

图 6-27 机翼根部的断面

依次选择 Main Menu→Preprocessor→Modeling→Create→Areas→Arbitrary→By lines，弹出 "拾取线" 对话框，鼠标依次点取刚生成的两条样条曲线，单击 OK 按钮，生成的根部截面如图 6-27（b）所示。

（3）机翼的创建

依次选择 Main Menu→Preprocessor→Modeling→Operate→Extrude→Areas→By XYZ Offset，弹出 "拾取面" 对话框，鼠标点取生成的根部截面，单击 OK 按钮，打开如图 6-28 所示的 Extrude Areas by XYZ Offset（拉伸面的参数）对话框，在 "DX,DY,DZ Offsets for extrusion" 右侧编辑框输入 "0,0,8"，即沿 Z 轴拉伸 8 个单位；在 "RX,RY,RZ Scale factors" 右侧编辑框输入 "0.3,0.3,0"，即将截面等比例缩小。单击 OK 按钮，拉伸生成体。改变视角为等轴视图，如图 6-29 所示。

图 6-28 "拉伸面的参数" 对话框

图 6-29 创建完成的机翼

保存数据库。

要点提示：由点拉伸成线、由线拉伸成面、由面拉伸成体是典型的"由下到上"建模的方法之一。通过拉伸选项的不同，可以实现不同的目的。

2. 机翼的网格划分

（1）单元属性定义与尺寸控制

依次选择 Main Menu→Preprocessor→Element Type→Add/Edit/Delete，定义"SOLID185"单元类型。

依次选择 Main Menu→Preprocessor→Material Props→Material Models，定义各向同性弹性材料模型，弹性模量"200"，泊松比"0.3"，密度"7.8e-6"。

依次选择 Main Menu→Preprocessor→Meshing→Mesh Tool，打开"网格划分工具"对话框。在单元分配属性部分，在下拉列表中选择"Volums"。单击 Set 按钮，弹出"拾取体"对话框，拾取实体，单击 OK 按钮，将单元1、材料1分配给体。

依次选择 Main Menu→Preprocessor→Meshing→Mesh Tool，打开"网格划分工具"对话框。在单元尺寸定义部分，在 Lines 右侧单击 Set 按钮，弹出"拾取线"对话框，拾取拉伸机翼的两条边线，单击 OK 按钮，在打开的对话框上设置线的划分份数为"20"，单击 OK 按钮。在 Areas 右侧单击 Set 按钮，弹出"拾取面"对话框，拾取大的端面。单击 OK 按钮，打开如图 6-30 所示的 Element Size at Picked Areas "拾取面单元尺寸控制"对话框，在 SIZE Element edge length 右侧的编辑框输入单元的尺寸为"0.3"，单击 OK 按钮。如图 6-31（a）所示为通过线控制单元尺寸的状态。

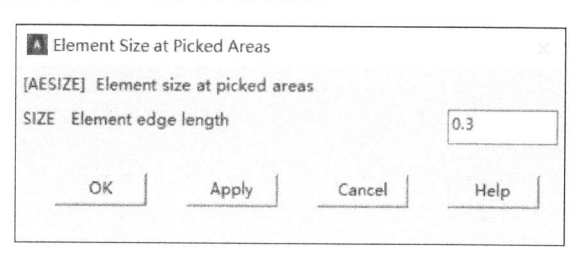

图 6-30 "拾取面单元尺寸控制"对话框

（2）机翼的扫掠

依次选择 Main Menu→Preprocessor→Meshing→Mesh Tool，打开"网格划分工具"对话框。在网格划分部分，在 Mesh 右侧选择"Volumes"，同时选择"Hex/Wedge"和"Sweep"，在其下的下拉列表中选择"Pick Src/Trg"。单击 Mesh 按钮，弹出"拾取体"对话框，拾取实体模型。单击 Apply 按钮，弹出"拾取面"对话框，拾取大的端面作为扫掠的源面。单击 Apply 按钮，拾取小的端面作为扫掠的目标面。单击 OK 按钮，程序自动划分成功。结果如图 6-31（b）所示。

保存数据库。

要点提示：网格划分的质量较好（如网格均匀）有利于计算，因此，用户在网格划分时需要注意一些技巧。映射网格划分可以得到较好的网格质量，但对实体的形状要求较高，一般情况下不易实现。实际的实体形状常常适于扫掠划分，也可以得到理想的网格。

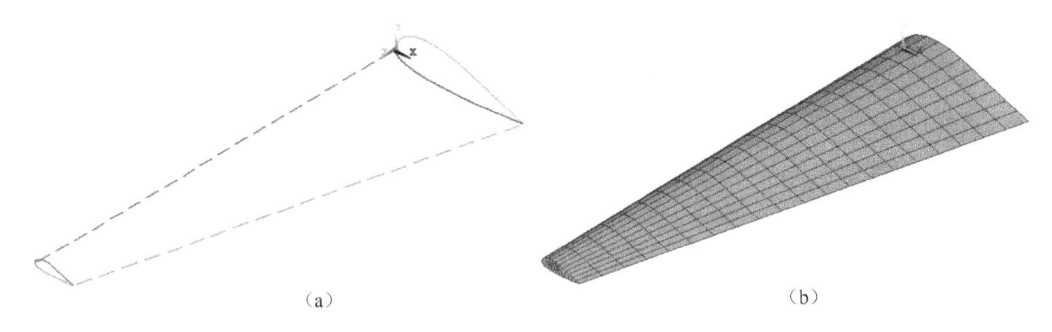

（a）　　　　　　　　　　　　　　（b）

图 6-31　机翼网格划分过程

3．模态分析

（1）模态分析设置

依次选择 Main Menu→Solution→Analysis Type→New Analysis，打开如图 6-32 所示的 New Analysis（新分析选项）对话框，选择"Modal"，单击 OK 按钮，关闭对话框。

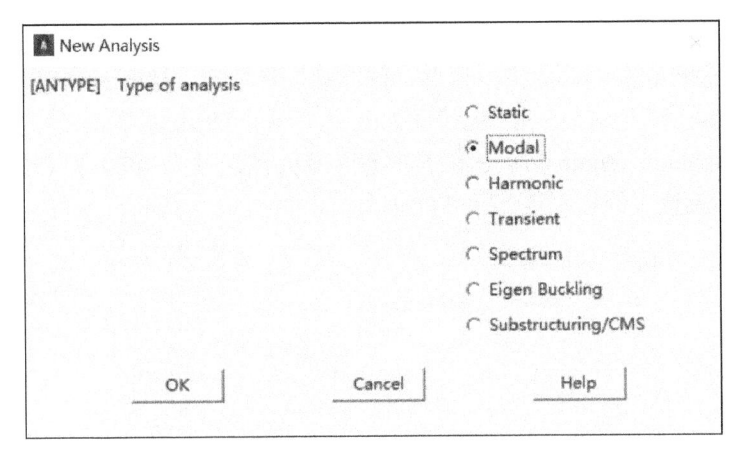

图 6-32　"新分析选项"对话框

依次选择 Main Menu→Solution→Analysis Type→Analysis Option，打开如图 6-33 所示的 Model Analysis（模态分析选项）对话框。

在单选按钮组中选择 Block Lanczos；在 No. of modes to extract 右侧的编辑框输入 "5"；在"[MXPAND]"下侧设置"Expand mode shapes"为"Yes"，在"NMODE No. of modes expand"右侧的编辑框输入"5"，其余选择默认值，单击 OK 按钮。

程序自动弹出如图 6-34 所示的 Block Lanczos Method "Block Lanczos 提取法模态分析选项"对话框，选择默认值，单击"OK"按钮。

（2）固定支撑边界条件的施加

依次选择 Main Menu→Solution→Define Loads→Apply→Structural→Displacement→On Areas，弹出"拾取面"对话框，拾取机翼大的端面，单击 OK 按钮，打开如图 6-35 所示的 Apply U, Rot on Areas（施加面约束）对话框，在 Lab2 DOFs to be constrained 右侧的列表框中选择"All DOF"，单击 OK 按钮。约束了固定端的模型如图 6-36（a）所示。

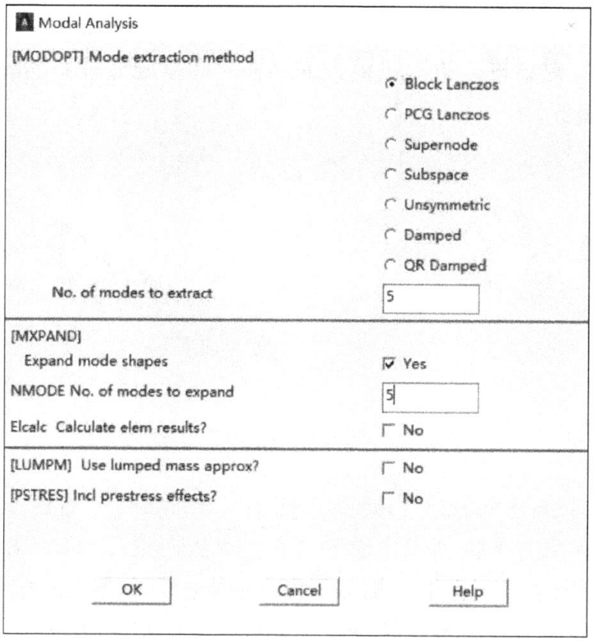

第 6 章 ANSYS 结构动力学分析

图 6-33 "模态分析选项"对话框

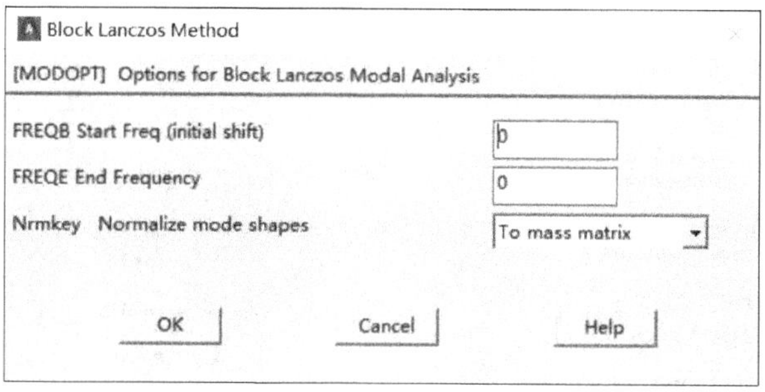

图 6-34 "Block Lanczos 提取法模态分析选项"对话框

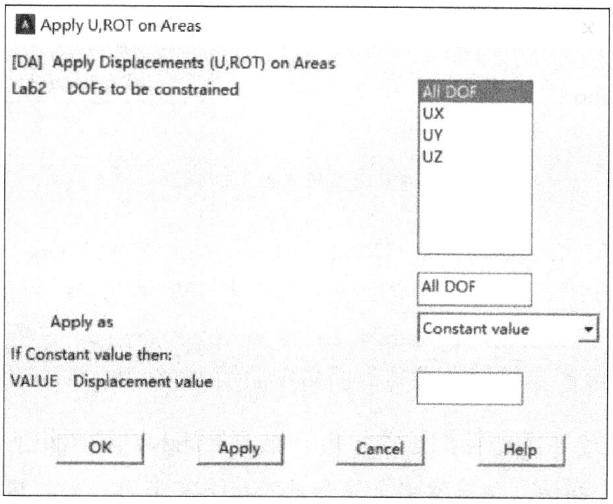

图 6-35 "施加面约束"对话框

依次选择 Main Menu→Solution→Define Loads→Delete→Structural→Displacement→On Areas，弹出"拾取面"对话框，拾取机翼大的端面（即刚施加载荷的固定端），单击 OK 按钮，删除已施加的载荷。

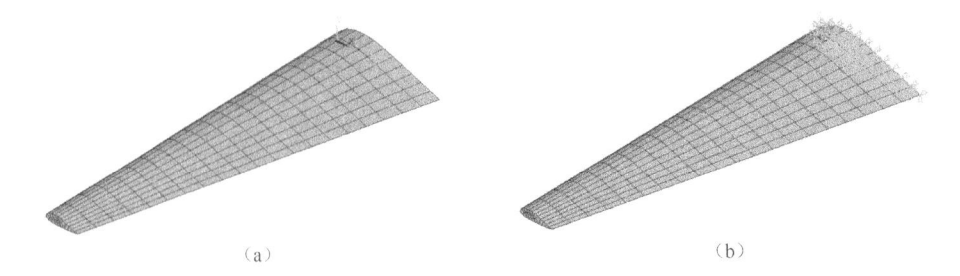

（a）　　　　　　　　　　　　　　（b）

图 6-36　不同载荷施加方法的结果

依次选择 Utility Menu→Select→Entities，弹出"选择实体"对话框，在第一个下拉选项中选择"Areas"，在其下的下拉列表中选择"By Num/Pick"，如图 6-37（a）所示。单击 Apply 按钮，弹出"拾取面"对话框，拾取机翼大的端面，单击 OK 按钮。

回到选择对话框，在第一个下拉列表框中选择"Nodes"，在第 2 个下拉列表框中选择"Attached to"，并选择"Areas，all"，如图 6-37（b）所示，单击 OK 按钮。

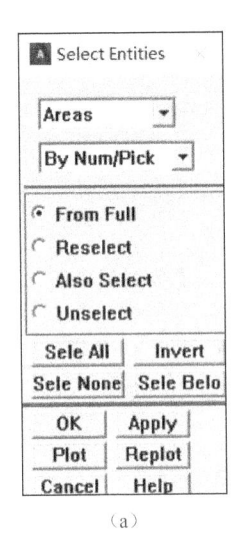

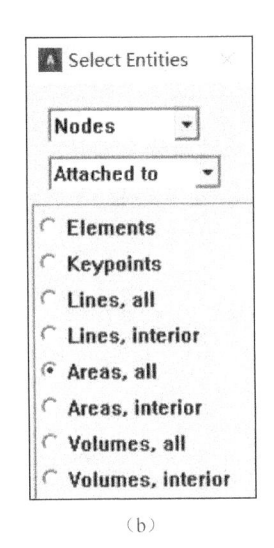

（a）　　　　　　　　　　　　　　（b）

图 6-37　"选择实体"对话框

依次选择 Main Menu→Solution→Define Loads→Apply→Structural→Displacement→On Nodes，弹出"拾取节点"对话框，单击 Pick All，打开如图 6-38 所示 Apply U，ROT on Nodes"施加节点约束"对话框，在 Lab2　DOFs to be constrained 右侧的列表框中选择"All DOF"，单击 OK 按钮。约束了固定端节点的模型如图 6-36（b）所示。

要点提示：上述在图元对象（点、线、面）上施加载荷（约束）和直接在节点上施加载荷的最终效果是一样的。但是适用条件和灵活性略有不同，用户应了解和掌握。

（3）求解与结果浏览

依次选择 Utility Menu→Select→Everything，然后保存数据库。

依次选择 Main Menu→Solution→Solve→Current LS，在弹出的对话框中单击 OK 按钮。程序开始求解。求解完毕将出现"Solution is done！"的提示对话框。

依次选择 Main Menu→General Postproc→Results Summary，打开如图 6-39 所示的 SET，LIST Command"计算结果列表"窗口，查看求解结果。

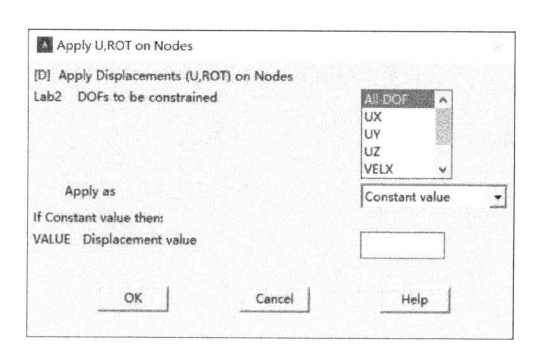

图 6-38　"施加节点约束"对话框　　　　图 6-39　"计算结果列表"窗口（局部）

4．命令流

```
/PREP7
K,1,0,0,0,                                    !创建 8 个关键点
K,2,0.3,0.4,0,
K,3,1,0.5,0,
K,4,1.8,0.3,0,
K,5,2.8,0,0,
K,6,0.3,-0.18,0,
K,7,1,-0.2,0,
K,8,1.8,-0.14,0,
KSEL,S,,,1,5                                  !选出 5 个关键点
BSPLIN,1,2,3,4,5,,0,-1,0,,,,                  !创建第 1 条曲线
ALLSEL
KSEL,S,,,1                                    !选出 5 个关键点
KSEL,S,,,6
KSEL,S,,,7
KSEL,S,,,8
KSEL,S,,,5
BSPLIN,1,6,7,8,5,,0,1,0,,,,                   !创建第 2 条曲线
ALLSEL
AL,ALL                                        !创建截面
VEXT,ALL, , ,0,0,8,0.3,0.3,0,                 !拉伸成型
SAVE
ET,1,SOLID185                                 !定义单元类型
MP,EX,1,200                                   !定义材料模型
MP,PRXY,1,0.3
MP,DENS,1,7.8e-6
```

```
            VSEL,,,,ALL                          !分配体单元划分网格参数
            VATT,1,,1,0
            LSEL,,,,5,6                          !设置线网格精度
            LESIZE,ALL,,,20,,,,1
            AESIZE,1,0.3,                        !设置面网格精度
            VSWEEP,1,1,2                         !扫略划分网格

            /SOL
            ANTYPE,2                             ! 设置新分析为模态分析
            MODOPT,LANB,5                        ! 设置求解模态分析阶数
            EQSLV,SPAR
            MXPAND,5, , ,0
            LUMPM,0
            PSTRES,0
            MODOPT,LANB,5,0,0, ,OFF
            DA,1,ALL,                            ! 设定约束
            ALLSEL
            SAVE                                 ! 保存
            SOLVE                                ! 求解
```

6.6.2 实例 6.2 电机平台的模态分析与谐响应分析

用户自定义文件夹，以"ex62"为文件名开始一个新的分析。

问题描述：有如图 6-40 所示的工作台—电动机系统，当电动机工作时，由于转子偏心引起电动机发生简谐振动，这时电动机的旋转偏心载荷是一个简谐激励。计算结构在该激励下的响应。

工作台平板：长=2 m（X方向）、宽=1 m（Y方向），截面厚度=0.02 m。工作台四条腿的梁几何特性：长=1 m（Z方向），截面宽度=0.01 m，截面高度=0.02 m。电动机的质心位于工作台几何中心的正上方 0.1 m，电动机质量 m=100 kg。简谐激励 F_x、F_z 幅值为 100 N，F_z 落后 F_x 90°的相位角。电动机转动频率范围为 0～10 Hz。所有材料均为钢，杨氏模量为 $2.1×10^{11}$ Pa，泊松比为 0.3，密度为 7 850 kg/m³。

1．有限元模型

（1）定义单元类型

单元类型 1 为 SHELL 181，单元类型 2 为 BEAM 189，单元类型 3 为 MASS 21。

依次选择 Main Menu→Preprocessor→Element Type→Add/Edit/Delete，打开如图 6-41 所示的"单元类型"对话框（局部），定义 3 种单元类型。

（2）定义材料特性

杨氏模量 EX=2e11，泊松比 NUXY=0.3，密度 DENS=7.8e3。

依次选择 Main Menu→Preprocessor→Material Props→Material Models，打开如图 6-42（a）所示的 Define Material Model Behavior "定义材料模型"对话框。Material Models Defined 选项为材料模型列表，图中所示状态则为定义编号为"1"的材料模型；Material Models Available 选项为可选择的已定义的材料模型。单击 Structural 打开文件夹，继续依次单击

Linear、Elastic、Isotropic，打开如图 6-42（b）所示的 Linear Isotropic Properties for Material Number 1（线性各向同性材料参数定义）对话框，输入 EX、PRXY 的数值，单击 OK 按钮。

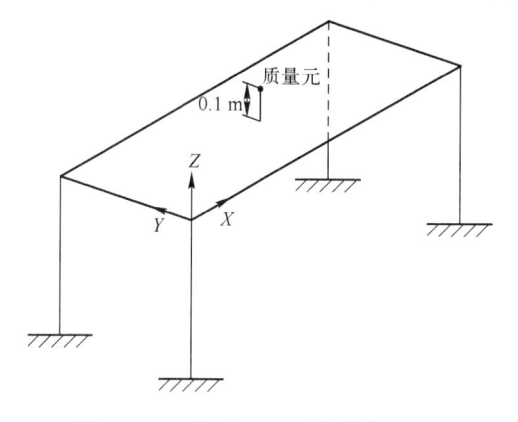

图 6-40　工作台—电动机系统

图 6-41　已定义的单元类型（局部）

回到"定义材料模型"对话框，单击 Density，打开如图 6-42（c）所示的 Density for Material Number 1（密度定义）对话框，输入 DENS 数值，单击 OK 按钮。

再次回到"定义材料模型"对话框，单击 OK 按钮，完成各向同性弹性材料模型的定义。

（a）

（b）

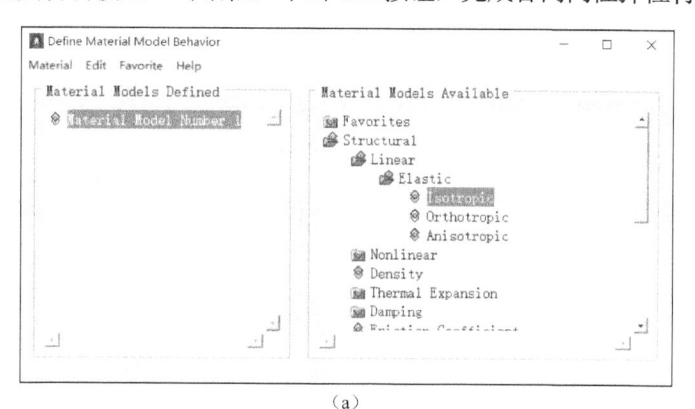

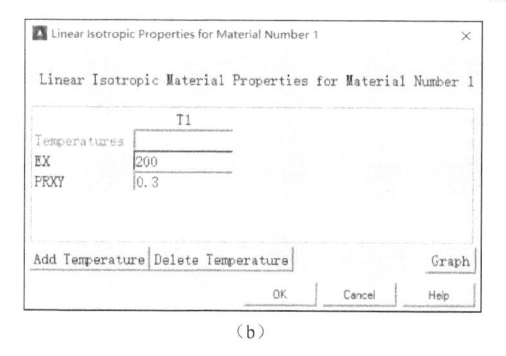

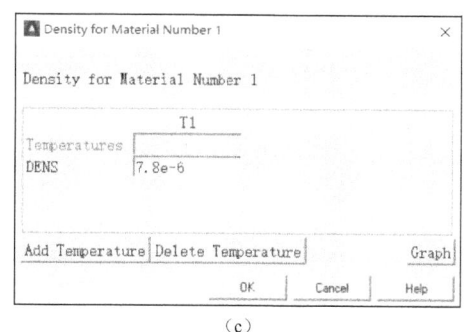

（c）

图 6-42　材料类型的选择与定义

（3）定义单元截面特性与实常数

依次选择 Main Menu→Preprocessor→Sections→Shell→Lay-up→Add／Edit 进入壳单元截面管理器，如图 6-43 所示，在 Thickness 选项输入"0.02"，Material ID 选择"1"，单击 OK

按钮确认（注意：只有先定义材料后才能进入壳单元截面管理器）。

图 6-43 壳单元截面管理器

依次选择 Main Menu→Preprocessor→Sections→Beam→Common Sections 进入梁单元截面工具，如图 6-44 所示，在 ID 选项输入 "2"，B 选项输入 0.01，H 选项输入 0.02，单击 "OK" 按钮确认。

依次选择 Main Menu→Preprocessor→Real Constants→Add/Edit/Delete，进入实常数管理器，单击 Add 按钮。在弹出的 Element Type for Real Constants 对话框中选择 "Tyoe 3 MASS21"，弹出 Real Constant Set Number 1，or MASS21 对话框，在 Real Constant set No 中输入 "3"，Mass in X direction 中输入 "100" 如图 6-45 所示。

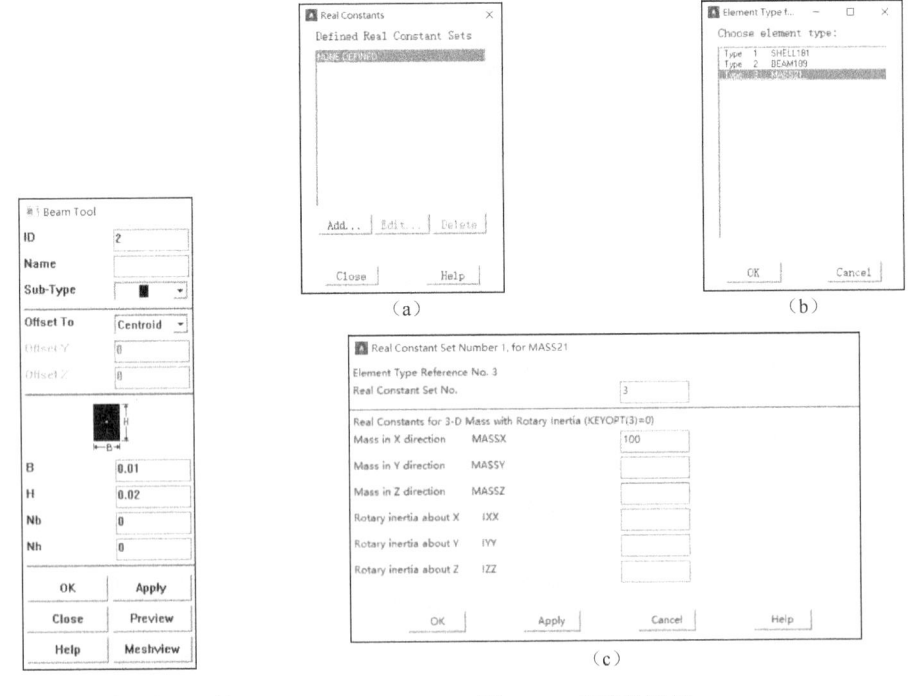

图 6-44 梁单元截面工具 　　　　图 6-45 实常数设置

(4)建立有限元分析模型

依次选择 Main Menu→Preprocessor→Modeling→Create→Areas→Rectangle→By Dimensions，创建 X 坐标（-2～2）、Y 坐标（-1～1）的矩形，代表板结构。相关尺寸为 x1=0，x2=2，y1=0，y2=1。

依次选择 Main Menu→Preprocessor→Modeling→Copy→Keypoints。在 DZ 中输入"-1"，如图 6-46 所示，其余选择默认值，单击 OK 按钮确认。

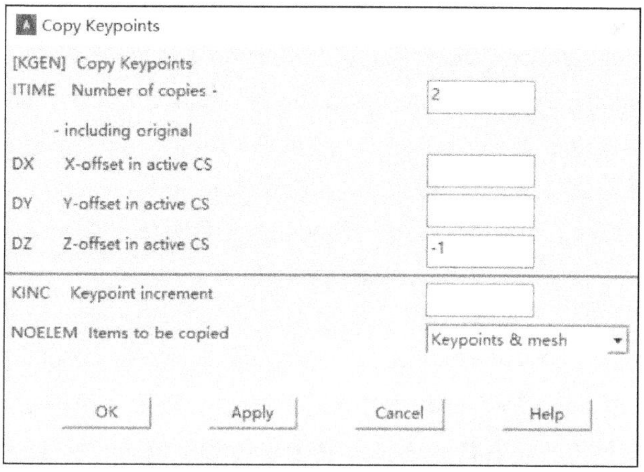

图 6-46 所有关键点沿 Z 方向拷贝

依次选择 Main Menu→Preprocessor→Modeling→Create→Lines→Lines→Straight Line，连接对应的关键点，代表梁。

首先将面划分网格。进入当前网格属性管理器，依次选择 Main Menu→Preprocessor→Meshing→Mesh Attributes→Default Attribs。在 Element type number 中选择"1 SHELL181"；在 Marerial number 中选择"1"；在 Section number 中选择"1"，如图 6-47 所示，单击 OK 按钮确认。将单元 1、截面 1、材料 1 分配给面。

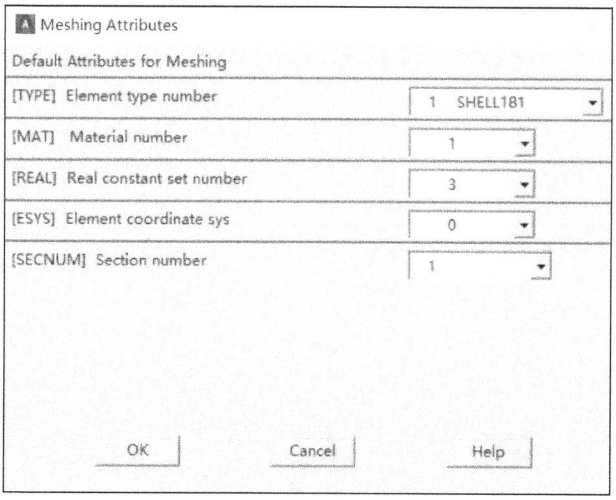

图 6-47 当前网格属性管理器

依次选择 Main Menu→Preprocessor→Meshing→Mesh Tool，选择 Areas-set 选取面 1，设定 Element edge length 为"0.1"，划分面 1。

再进入当前网格属性管理器，在 Element type number 中选择"2 BEAM 188"；在 Marerial number 中选择"1"；在 Section number 中选择"2"，单击 OK 按钮确认。划分 4 条支柱。

进入当前网格属性管理器，依次选择 Main Menu→Preprocessor→Meshing→Mesh Attributes→Default Attribs。在 Element type number 中选择"3 MASS21"；在 Material number 中选择"1"；在 Real constant set number 中选择"3"；在 Section number 中选择"NO Section"。

依次选择 Main Menu→Preprocessor→Modeling→Create→Nodes→In Active CS。在 Node number 中输入"1000"。在 XYZ Location in active CS 输入对应的三维坐标"1""0.5""0.1"。即建立 1000 号节点，坐标（1,0.5,0.1），用来表示电机。

依次选择 Main Menu→Preprocessor→Modeling→Create→Element→Auto Numbered→Thru Nodes。在屏幕上选择 1000 号节点。建立质量单元。

将代表电机的质量单元与代表工作平台的壳单元耦合在一起，用于模拟电机固定在工作平台上。选取菜单 Main Menu→Preprocessor→Coupling/Ceqn→Rigid Region，在屏幕上拾取 1000 号后单击 OK 按钮，选取 154 号节点后单击 OK 按钮，弹出 Constrain Equation for Rigid Rigid Region 对话框。采用默认选择，直接单击 OK 按钮，将 1000 号节点与 154 号节点耦合起来，如图 6-48 所示。

再重复上述操作将 1000 号节点分布于 158,136,138 号节点刚性连接起来。

依次选择 Main Menu→Preprocessor→Loads→DefineLoads→Apply→Structural→Displacement→On Nodes，拾取四个条支柱底端的节点，单击 OK 按钮，弹出 DOFS to be constrained 对话框，选择"All DOF"，单击 OK 按钮。用来表示 4 条支柱被固定住。

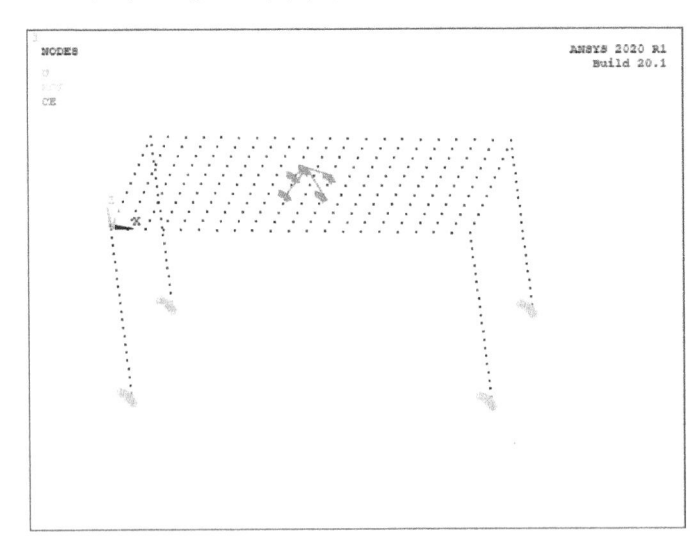

图 6-48 有限元模型图

依次选择 Utility Menu→File→Save as，保存文件。

2．模态分析

（1）模态求解设定

依次选择 Main Menu→Solution→Analysis Type→New Analysis，打开“新分析选项”对话框，选择“Modal”，单击 OK 按钮，关闭对话框。

依次选择 Main Menu→Solution→Analysis Type→Analysis Option，弹出“模态分析选项”对话框。在单选按钮组中选择“Block Lanczos”；在 No. of modes to extract 右侧的编辑框输入“10”；在[MXPAND]下侧将 Expand mode shapes 选择为“Yes”，在 NMODE　No. of modes expand 右侧的编辑框输入“10”，在“Elcalc Calculate elem results”右侧的编辑框输入“10”，其余选择默认值，单击 OK 按钮。程序自动弹出 Block Lanczos Method“Block Lanczos（提取法模态分析选项）对话框，选择默认值，单击 OK 按钮。

（2）保存、求解

依次选择 Utility Menu→Select→Everything，然后保存数据库。

依次选择 Main Menu→Solution→Solve→Current LS，在弹出的对话框中单击 OK 按钮。程序开始求解。求解完毕将出现 Solution is done！的提示对话框。

依次选择 Main Menu→Finish，结束。

（3）模态结果

依次选择 Main Menu→General Postproc →Read Summray，出现如图 6-49 所示结果。

SET,LIST Command

File

***** INDEX OF DATA SETS ON RESULTS FILE *****

SET	TIME/FREQ	LOAD STEP	SUBSTEP	CUMULATIVE
1	1.1555	1	1	1
2	1.9622	1	2	2
3	2.5429	1	3	3
4	12.550	1	4	4
5	34.250	1	5	5
6	40.311	1	6	6
7	52.358	1	7	7
8	52.785	1	8	8
9	52.909	1	9	9
10	53.035	1	10	10

图 6-49　模态分析结果

3．谐响应分析

（1）谐响应分析设定

依次选择 Main Menu→Solution→Analysis Type→New Analysis，打开“新分析选项”对话框，选择“Harmomic”，单击 OK 按钮，关闭对话框。

依次选择 Main Menu→Solution→Load Step Opts→Time/Frequenc→Freq and Substeps。在 Harmanic freq range 处输入“0”和“10”，在 number of substeps 处输入“20”。在 Stepped or ramped b.c 中选择“Stepped”，单击 OK 按钮。

依次选择 Main Menu→Solution→Load Step Opts→Time/Frequenc→Damping，弹出 Damping Specifications 对话框。在 Mass matrix multiplier 处输入"5"。单击 OK 按钮。

（2）谐响应载荷设定

依次选择 Main Menu→Solution→Define Loads→Apply→Structural→Force/Moment→On Nodes，在图形窗口拾取 1000 号点，单击 OK 按钮。弹出 Apply F/M on Nodea 对话框。选择 Direction of force/moment 下拉列表框中的"FX"，在 Real part of force/moment 处输入"100"，如图 6-50 所示。实现施加简谐载荷 F_x。

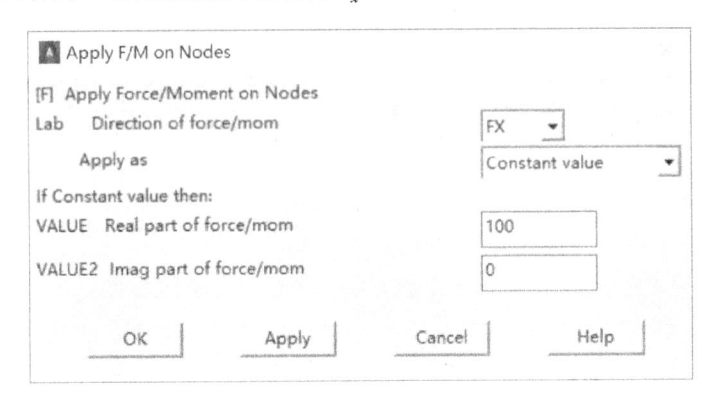

图 6-50 载荷施加对话框

同理，对 1000 号节点施加简谐载荷 F_z，设置力的方向为 FZ，实部为 0，虚部为 100 N，即 F_z 落后 F_x 90°的相位角。

4．求解

依次选择 Utility Menu→Select→Everything，然后保存数据库。

依次选择 Main Menu→Solution→Solve→Current LS，在弹出的对话框中单击 OK 按钮。程序开始求解。求解完毕将出现 Solution is done！的提示对话框。

5．命令流

```
/PREP7
MP,EX,1,2.1e11
MP,NUXY,1,0.3
MP,DENS,1,7.8e3                    ！定义材料

ET,1,SHELL181
ET,2,BEAM189
ET,3,MASS21                        ！定义三种单元

SECT,1,shell,,
SECDATA, 0.02,1,0.0,3
SECOFFSET,MID

SECTYPE,2, BEAM, RECT,
SECOFFSET, CENT
SECDATA,0.01,0.02,0                ！定义壳单元截面属性
```

```
R,3,100                          ! 定义质量单元质量

RECTNG,0,2,0,1,
KGEN,2,all, , , , ,-1, ,0

L,1,5
L,2,6
L,3,7
L,4,8                            ! 建立几何模型

ESIZE,0.1,0,                     ! 设定单元密度
TYPE, 1
MAT,1
SECNUM, 1

AMESH,ALL                        ! 划分壳单元

LSEL,s,,,5
LSEL,A,,,6
LSEL,A,,,7
LSEL,A,,,8

ESIZE,0.1,0,
TYPE, 2
MAT,1
SECNUM, 2
LMESH,ALL                        ! 划分梁单元


TYPE,3
REAL,3

N,1000,1,0.5,0.1
E,1000                           ! 建立质量单元

ALLSEL
NSEL,S,LOC,Z,-1
D,ALL,ALL,                       ! 固定约束

ALLSEL
CERIG,1000,154,all
CERIG,1000,156,all
CERIG,1000,138,all
CERIG,1000,136,all               ! 节点耦合
ALLSEL
SAVE
```

```
/SOL
ANTYPE,2                              ! 模态分析
MODOPT,LANB,10
EQSLV,SPAR
MXPAND,10, , ,1
ALLSEL
SAVE
SOLV
FINISH

/SOLU
ANTYPE,3                              ! 谐响应分析

HARFRQ,0,10,
NSUBST,20,
KBC,1
ALPHAD,5,
F,1000,FX,100
F,1000,FZ,0,100                       ! 施加周期作用力
SOLV
FINISH
/POST26                               ! 后处理
NSOL,2,1000,u,x,UX
NSOL,3,1000,u,y,UY
NSOL,4,1000,u,z,UZ

/GRID,1
PLVA,2,3,4
PRVAR,2,3,4,

/POST1
HRCPLX,1,4,-95.3646
PLNSOL, U,SUM, 2,1.0
PLNSOL, S,EQV, 2,1.0
```

6.6.3 实例6.3 板—梁结构的瞬态分析

用户自定义文件夹，以"ex63"为文件名开始一个新的分析。

问题描述：瞬态（FULL）完全法分析板—梁结构实例，有如图6-51所示的板—梁结构，板件上表面施加随时间变化的均布压力。平板几何特性：长=2 m（X方向）、宽=1 m（Y方向），截面厚度=0.02 m。四条腿的梁几何特性：长=1 m（Z方向），截面宽度=0.01，截面高度=0.02 m。所有材料均为钢，其特性：杨氏模量为2.1×10^{11}Pa，泊松比为0.3，密度为7 850 kg/m^3。在平板上收到均布的压力载荷，压力载荷与时间的关系曲线如图6-52所示。计算在下列已知条件下结构的瞬态响应情况。

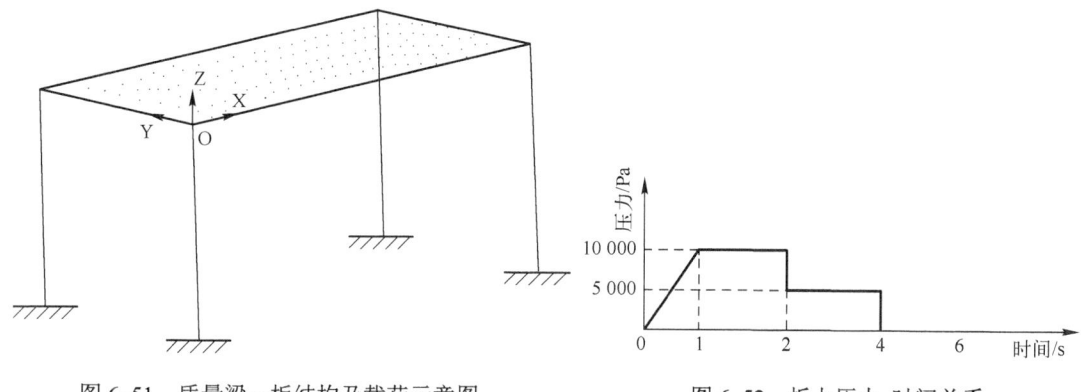

图 6-51　质量梁—板结构及载荷示意图　　　图 6-52　板上压力-时间关系

1. 有限元模型

（1）定义单元类型

单元类型 1 为 SHELL 181，单元类型 2 为 BEAM 189，单元类型 3 为 MASS 21。

（2）定义材料特性

杨氏模量 EX=2e11，泊松比 NUXY=0.3，密度 DENS=7.8e3。

（3）定义单元截面特性

定义壳单元厚度，依次选择 Main Menu→Preprocessor→Sections→Shell→Lay-up→Add / Edit 进入壳单元截面管理器。在 Thickness 选项中输入"0.02"。Material ID 选择"1."单击 OK 按钮确认。

定义梁单元截面属性，依次选择 Main Menu→Preprocessor→Sections→Beam→Common Sections 进入梁单元截面工具。在 ID 选项输入 2。在 B 选项输入"0.01"，在 H 选项输入"0.02"。单击 OK 按钮确认。

（4）建立几何模型

创建矩形：相关尺寸为 x1=0，x2=2，y1=0，y2=1。

将所有关键点沿 Z 方向拷贝：移动距离为-1，即 DZ=-1。

生成代表梁的直线：将表示梁的关键点分别连成直线。

（5）划分网格

首先将面划分网格。进入当前网格属性管理器，依次选择 Main Menu→Preprocessor→Meshing→Mesh Attributes→Default Attribs。在选项 Element type number 中选择"1 SHELL181"；在 Marerial number 中选择"1"；在 Section number 中选择"1"。

依次选择 Main Menu→Preprocessor→Meshing→Mesh Tool．选择 Areas-set 选取面 1.；设定单元长度"Element edge length"为"0.1"；划分面为"1"。

再进入当前网格属性管理器，在选项 Element type number 中选择"2 BEAM 189"；在 Marerial number 中选择"1"；在 Section number 中选择"2"。划分 4 条支柱。

2. 瞬态动力分析

（1）设定动力分析选项

依次选择 Main Menu→Solution→Analysis Type→New Analysis，弹出 New Analysis 对话框，选择 Transient，然后单击 OK 按钮，在接下来的界面选择完全法，单击 OK 按钮。

(2) 施加约束

依次选择 Main Menu→Solution→Loads→Apply→Structural→Displacement→On Keypoints，拾取四个脚上的节点，单击 OK 按钮，在弹出的对话框中选择 DOFS to be constrained 中的"All DOF"，单击 OK 按钮。

(3) 设定阻尼系数

依次选择 Main Menu→Preprocessor→Loads→Load Step Opts→Time/Frequenc→ Damping，弹出 Damping Specifications 窗口，在 Mass matrix multiplier 处输入 "5"，单击 OK 按钮。

(4) 设定输出文件控制

依次选择 Main Menu→Preprocessor→Loads→Load Step Opts→Output Ctrls→DB/Solu printout，在弹出的对话框的 Item to be controlled 下拉列表中选择 "All items"，在 FREQ Print frequency 中选择 Every substep，如图 6-53 所示，单击 OK 按钮。

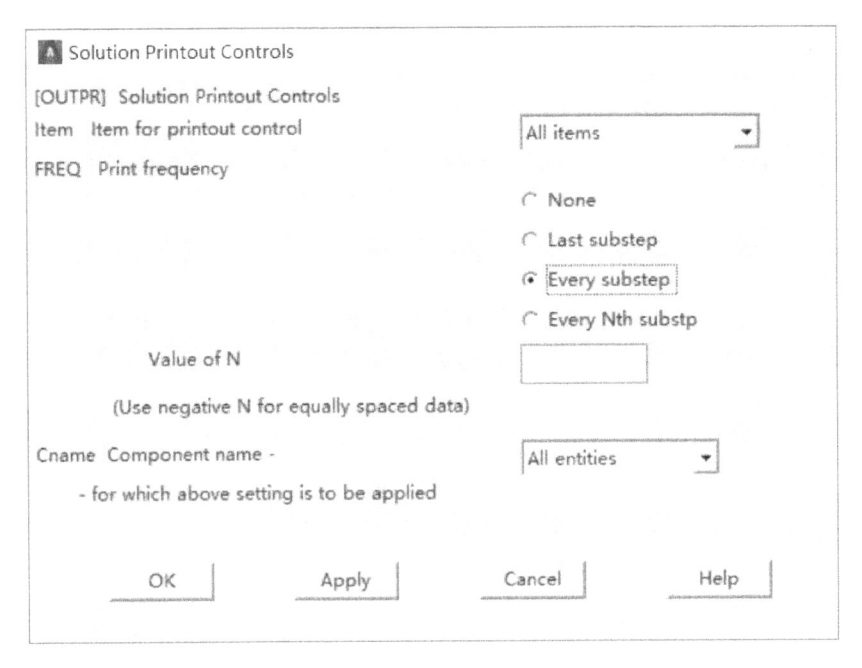

图 6-53 "输出文件控制"对话框

(5) 设置加载曲线的第一部分

依次选择 Main Menu→Solution→Unabridged Menu，如图 6-54（a）所示。修改之后的菜单如图 6-54（b）所示。

依次选择 Main Menu→Preprocessor→Loads→Load Step Opts→Time/Frequenc→Time→Time Step，弹出对话框，在 Time at end of load step 处输入 "1"；在 Time step size 处输入 "0.2"；在 Stepped or ramped b.c 处选择 ramped；在 Automatic time stepping 处选择 "ON"；在 Minimum time step size 处输入 "0.05"；在 Maximum time step size 处输入 "0.5"，如图 6-55 所示，单击 OK 按钮。

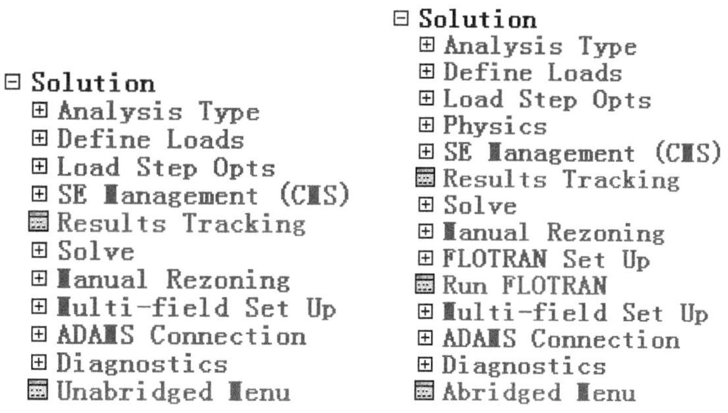

第 6 章 ANSYS 结构动力学分析

图 6-54 将主菜单改为普通模式

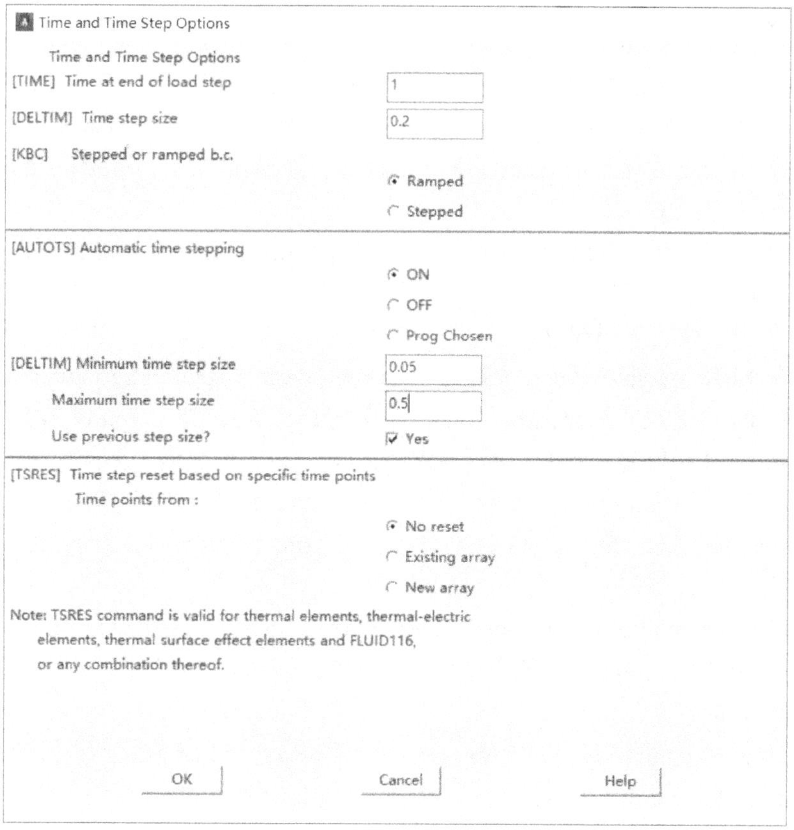

图 6-55 加载曲线定义对话框

依次选择 Main Menu→Preprocessor→Loads→Loads→Apply→Structure→Pressure→On Areas，单击 Pick All，弹出对话框，在 pressure value 处输入"10000"，单击 OK 按钮。

依次选择 Main menu→Preprocessor→Loads→Write LS File，弹出对话框，在 Load step file number n 处输入"1"，如图 6-56 所示，单击 OK 按钮。

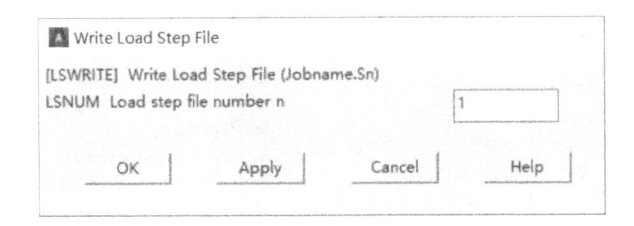

图 6-56　写文件对话框

（6）设置加载曲线的第二部分

依次选择 Main Menu→Preprocessor→Loads→Load Step Opts→Time/Frequenc→Time-Time Step，弹出对话框，在 Time at end of load step 处输入"2"，单击 OK 按钮。

依次选择 Main menu→Preprocessor→Loads→Write LS File，在弹出的对话框的 Load step file number n 处输入"2"，单击 OK 按钮。

（7）设置加载曲线的第三部分

依次选择 Main Menu→Preprocessor→Loads→Loads→Apply→Structure→Pressure→On Areas，单击 Pick All，弹出对话框，在 pressure value 处输入"5000"，单击 OK 按钮。

依次选择 Main Menu→Preprocessor→Loads→Load Step Opts→Time/Frequenc→Time-Time Step，在弹出的对话框的 Time at end of load step 处输入"4"；在 Stepped or ramped b.c 处单击 Stepped，单击 OK 按钮。

依次选择 Main menu→Preprocessor→Loads→Write LS File，弹出对话框，在 Load step file number n 处输入"3"，单击 OK 按钮。

（8）设置加载曲线的第四部分

依次选择 Main Menu→Preprocessor→Loads→Loads→Apply→Structure→Pressure→On Areas。弹出 Apply PRES on Areas 拾取对话框，单击 Pick All，弹出 Apply PRES on Areas 对话框。在 pressure value 处输入"0"。单击 OK 按钮。

依次选择 Main Menu→Preprocessor→Loads→Load Step Opts→Time/Frequenc→Time-Time Step，弹出 Time-Time Step Options 对话框。在 Time at end of load step 处输入"6"。单击 OK 按钮。

依次选择 Main menu→Preprocessor→Loads→Write LS File，弹出 Write Load Step File 对话框。在 Load step file number n 处输入"4"，单击 OK 按钮。

（9）求解所有加载步

依次选择 Main Menu→Solution→Solve→From LS File，弹出 Slove Load Step Files 对话框。在 Starting LS file number 处输入"1"；在 Ending LS file number 处输入"4"，如图 6-57 所示，单击 OK 按钮。

当求解完成时会出现一个 Solution is done 的提示对话框。单击 close 按钮。

3．POST26 观察结果（某节点的位移时间历程结果）

依次选择 Main Menu→TimeHist Postpro→Define Variables。弹出 Defined Time-History Variables 对话框。单击 Add 按钮，弹出 Add Time-History Variable 对话框。接受默认选项 Nodal DOF Result，单击 OK 按钮，弹出 Define Nodal Data 对话框。在图形窗口中点取节点"146"。单击 OK 按钮，弹出 Define Nodal Data 对话框。在 user-specified label 处输入

"UZ146"；在右边的下拉列表框中的 Translation UZ 上单击一次使其高亮度显示。单击 OK 按钮。

图 6-57 指定载荷步文件对话框

依次选择 Utility Menu→PlotCtrls→Style→Graph→Modify Grid，弹出 Grid Modifications for Graph Plots 对话框。在 type of grid 处选择框中选中"X and Y lines"，在 Display grid 处选择"ON"，如图 6-58 所示，单击 OK 按钮。

图 6-58 设置曲线图显示格式

依次选择 Main Menu→TimeHist PostPro→Graph Variables，弹出 Graph Time-History Variables 对话框，在 1st Variable to graph 处输入"2"。单击 OK 按钮，图形窗口中将出现一个曲线图，如图 6-59 所示。

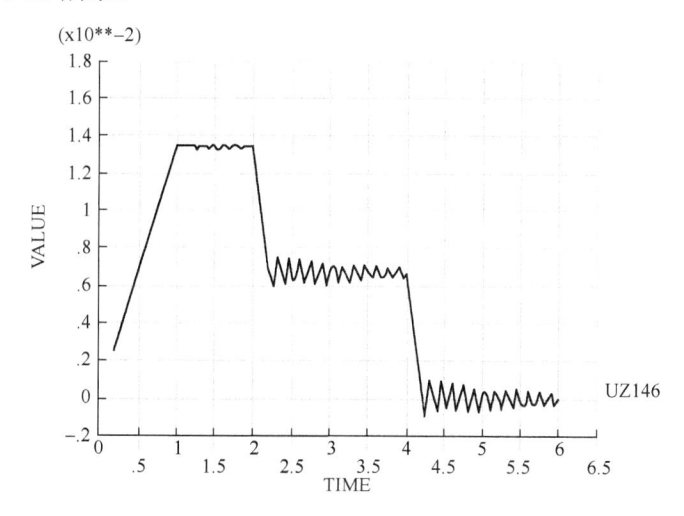

图 6-59 节点 146 的 UZ 位移结果

4. 命令流

```
/PREP7
MP, EX, 1, 2.1e11              !!!******定义材料********!!!!!!!
MP, NUXY, 1, 0.3
MP, DENS, 1, 7.8e3
ET, 1, SHELL181                !!!********定义单元******!!!!!!
ET, 2, BEAM189
SECT, 1, shell,                !!!*******截面设定********!!!!!!!
SECDATA, 0.02, 1, 0.0, 3
SECOFFSET, MID
SECTYPE, 2, BEAM, RECT,,
SECOFFSET, CENT
SECDATA,0.01,0.02,
K, 100, 0, 0, 0                !!*******几何建模****!!!
K, 101, 1, 0, 0
K, 102, 1, 2, 0
K, 103, 0,2, 0
K,104,0,0,-1
K,105,1,0,-1
K,106,1,2,-1
K,107,0,2,-1
K,108,0.5,1,0.1
L,100,101
L,101,102
L,102,103
L,103,100
AL,1,2,3,4
L,100,104
L,101,105
L,102,106
L,103,107
ASEL,A,,,1
ESIZE,0.1,0,                   !!*******划分网格****!!!
TYPE, 1
MAT, 1
ESYS, 0
SECNUM, 1
AMESH,ALL
LSEL,s,,,5
LSEL,A,,,6
LSEL,A,,,7
LSEL,A,,,8
ESIZE,0.1,0,
TYPE, 2
MAT,1
ESYS,0
```

```
SECNUM, 2
LMESH,ALL
ALLSEL                          !!*******添加约束****!!!
NSEL,S,LOC,Z,-1
D,ALL,ALL,
ALLSEL
SAVE
/SOL

ANTYPE,4                        !!*******求解设置****!!!
TRNOPT,FULL
ALPHAD,5,
BETAD,0,
NLGEOM,ON

OUTRES,ALL,ALL                  !!*******输出设置****!!!
OUTPR,ALL,ALL
TIME,1                          !!*******第一段载荷步****!!!
DELTIM,0.2,0.05,0.5,1
KBC,0
ALLSEL
ASEL,S,,,1
SFA,ALL,1,PRES,10000
LSWRITE,1,
TIME,2                          !!*******第二段载荷步****!!
KBC,1
DELTIM,0.2,0.05,0.5,1
LSWRITE,2,
TIME,4                          !!*******第三段载荷步****!!
KBC,1
DELTIM,0.2,0.05,0.5,1
ALLSEL
ASEL,S,,,1
SFA,ALL,1,PRES,5000
LSWRITE,3,
TIME,6                          !!*******第四段载荷步****!!
KBC,1
DELTIM,0.2,0.05,0.5,1
ALLSEL
ASEL,S,,,1
SFA,ALL,1,PRES,0
LSWRITE,4,
SAVE
LSSOLVE,1,4,1,                  !!*******求解****!!
```

6.6.4 实例 6.4 板—梁结构的单点谱分析

恢复实例 6.3 板—梁结构的瞬态分析的模型，删除所有载荷。另存为"ex64"。

问题描述：板—梁结构平台在地震中受到 Y 方向的位移响应谱作用下的响应，基本模型与实例 6.3 相同。采用单点响应，即结构的四个落脚点承载相同的位移谱值。位移响应谱如表 6-2 所示。

表 6-2 位移响应谱

频率/Hz	0.5	1.0	2.4	3.8	17	18	20	32
位移/m	0.001	0.000 5	0.000 8	0.000 7	0.001	0.000 7	0.000 8	0.000 3

1. 获得模态解

依次选择 Main Menu→Solution→Define Loads→Apply→Structural→Displacement→On Keypoints，弹出"拾取关键点"对话框，拾取 4 个腿部下面的关键点，单击 OK 按钮，在弹出的对话框上选择"All DOF"，单击 OK 按钮，约束这4个关键点的所有自由度。

依次选择 Main Menu→Solution→Analysis Type→New Analysis，弹出"分析类型选择"对话框，选择分析类型为"Modal"，单击 OK 按钮。

依次选择 Main Menu→Solution→Analysis Type→Analysis Option，打开"模态分析选项"对话框，在[MODOPT] Mode extraction method 单选按钮组中选择"Block Lanczos"；在 No. of modes to extract 右侧的编辑栏中输入数值"10"，其余选项为默认设置，单击 OK 按钮。

依次选择 Utility Menu→Select→Everything，保存数据库。

依次选择 Main Menu→Solution→Solve→Current LS，浏览 status window 中出现的信息，然后关闭此窗口；单击 OK 按钮；求解结束后，关闭信息窗口。

2. 获得谱解

依次选择 Main Menu→Solution→Analysis Type→New Analysis，弹出"分析类型选择"对话框，选择分析类型为"Spectrum"，单击 OK 按钮。

依次选择 Main Menu→Solution→Analysis Type→Analysis Option，打开如图 6-60（a）所示的 Block Lanczos"谱分析选项设置"对话框，在 Sptype Type of spectrum 单选按钮组中选择"Single-pt resp"；在 NMODE No. of modes to solu 右侧的编辑框中输入数值"10"，在 Elcalc Calculate elem stresses? 处选中"Yes"，单击 OK 按钮。

依次选择 Main Menu→Solution→Load Step Opts→Spectrum→Single Point→Setting，打开如图 6-60（b）所示的 Settings for Single-Point Response Spectrum（单点响应谱设置）对话框，在 Type of respone spectr 右侧的下拉列表框中选择"Seismic displac"；在 Scale factor 右侧的编辑框输入 1；设置 Coordinates of point 选项为"0,1,0"，单击 OK 按钮。

依次选择 Main Menu→Solution→Load Step Opts→Spectrum→Single Point→Freq Table，打开如图 6-61（a）所示的 Frequency Table（频率列表）对话框，如表 6-2 所示设置频率，单击 OK 按钮。

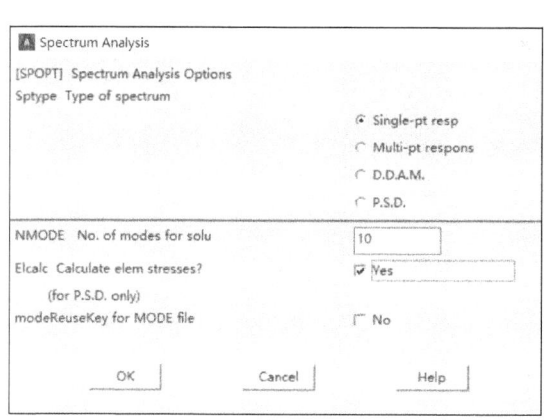

(a)"谱分析选项设置"对话框 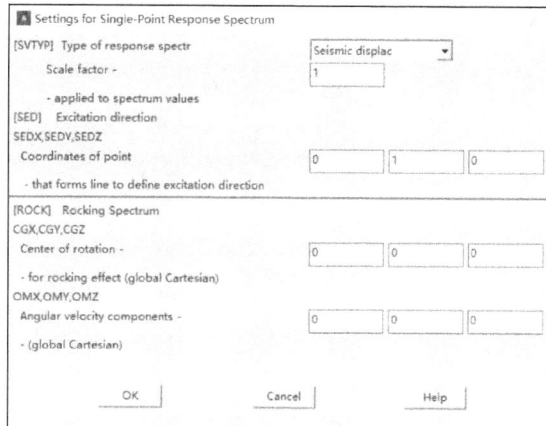   (b)"单点响应谱设置"对话框

图 6-60　谱分析与单点响应谱设置

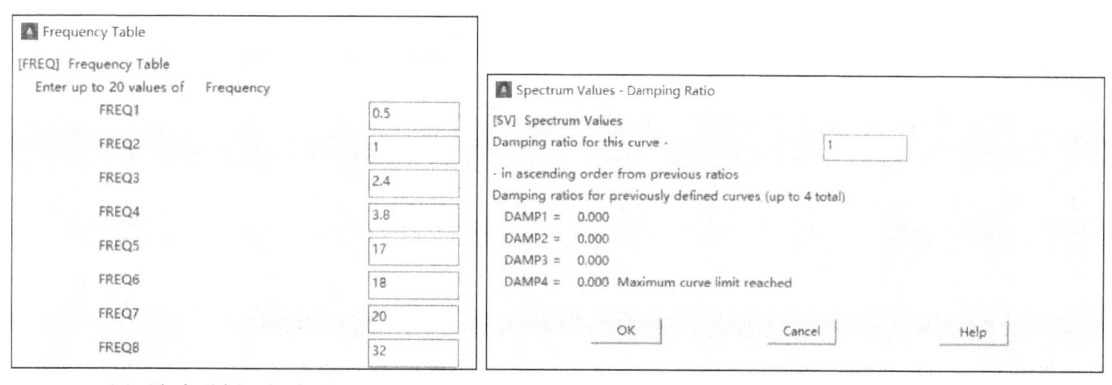

(a)"频率列表"对话框（局部）   (b)"阻尼系数设置"对话框

图 6-61　频率与阻尼系数设置

依次选择 Main Menu→Solution→Load Step Opts→Spectrum→Single Point→Spectr Values，打开如图 6-61（b）所示的 Spectrum Values—Damping Ratio（阻尼系数设置）对话框，在 Damping ratio for this curve 右侧的编辑框输入"1"，单击 OK 按钮；打开如图 6-62 所示的 Spectrum Values（谱值设置）对话框，如表 6-2 所示设置位移，单击 OK 按钮。

依次选择 Utility Menu→Select→Everything，保存数据库。

依次选择 Main Menu→Solution→Solve→Current LS，浏览 status window 中出现的信息，然后关闭此窗口；单击 OK 按钮；求解结束后，关闭信息窗口。

3．扩展模态

依次选择 Main Menu→Solution→Analysis Type→New Analysis，弹出"分析类型选择"对话框，选择分析类型为"Modal"，单击 OK 按钮。

依次选择 Main Menu→Solution→Analysis Type→Analysis Option，打开"模态分析选项"对话框，在[MODOPT]　Mode extraction method 单选按钮组中选择"PCG Lanczos"；在 No. of modes to extract 右侧的编辑框中输入数值"10"；在 NMODE　No. of modes to expand

右侧的编辑框中输入"10",其余选项为默认设置,单击 OK 按钮。

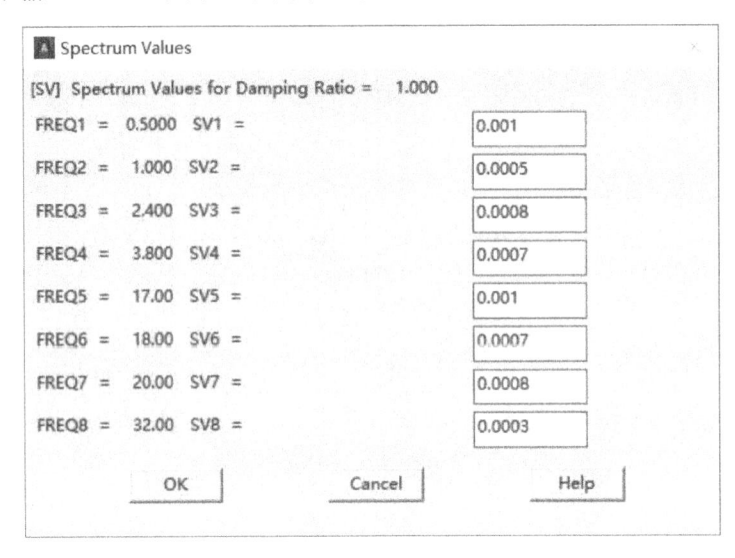

图 6-62 "谱值设置"对话框

依次选择 Utility Menu→Select→Everything,保存数据库。

依次选择 Main Menu→Solution→Solve→Current LS,浏览 status window 中出现的信息,然后关闭此窗口;单击 OK 按钮;求解结束后,关闭信息窗口。

4. 合并模态

依次选择 Main Menu→Solution→Analysis Type→New Analysis,弹出如图 6-32 所示的"分析类型选择"对话框,选择分析类型为"Spectrum",单击 OK 按钮。

依次选择 Main Menu→Solution→Load Step Opts→Spectrum→Single Point→Mode Combine,打开如图 6-63 所示的 Mode Combination Methods(模态合并方法设置)对话框,在 Mode Combination Method 右侧下拉列表框中选择"GRP";在 SINGNIF Significant threshold 右侧的编辑框中输入"0.15";在 LABEL Type of output 右侧的下拉列表框中选择"Displacement",单击 OK 按钮。

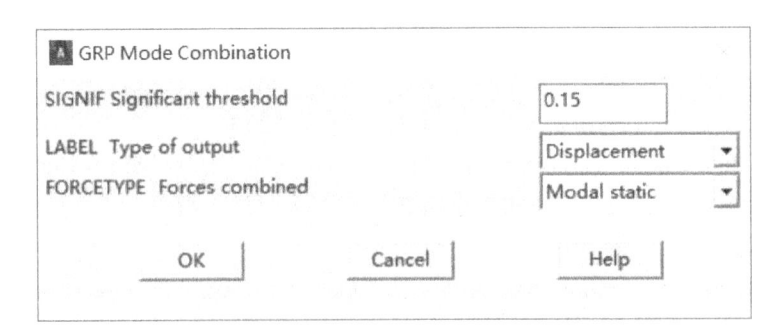

图 6-63 "模态合并方法设置"对话框

依次选择 Utility Menu→Select→Everything,保存数据库。

依次选择 Main Menu→Solution→Solve→Current LS,浏览 status window 中出现的信

息，然后关闭此窗口；单击 OK 按钮；求解结束后，关闭信息窗口。

5．通用后处理器显示结果

依次选择 Main Menu→General Postproc→Read Results→Last Set，读入最后一步结果。

依次选择 Main Menu→General Postproc→Results Summary，显示结果如图 6-64 所示。

图 6-64　显示计算结果概要窗口

依次选择 Main Menu→General Postproc→Plot Results→Contour Plot→Nodal Solu，观察总位移和等效应力等值图，如图 6-65 所示。

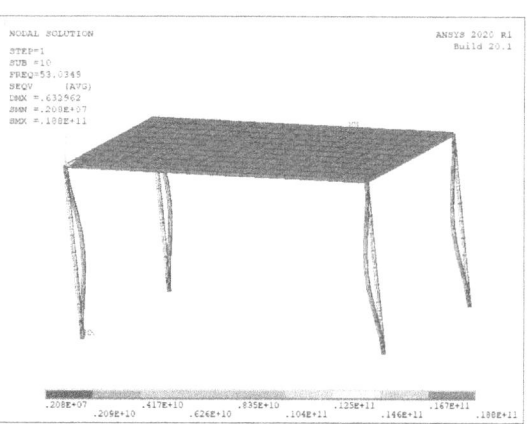

（a）总位移等值图　　　　　　　　　　（b）等效应力等值图

图 6-65　总位移和等效应力等值图

6．命令流

```
/PREP7
MP,EX,1,2.1e11
MP,NUXY,1,0.3
MP,DENS,1,7.8e3                    !定义材料
```

```
ET,1,SHELL181
ET,2,BEAM189                        ！定义两种单元
SECT,1,shell,,
SECDATA, 0.02,1,0.0,3
SECOFFSET,MID                       ！设定壳单元厚度
SECTYPE,2, BEAM, RECT,
SECOFFSET, CENT
SECDATA,0.01,0.02,0                 ！设定梁单元截面形状
RECTNG,0,2,0,1,
KGEN,2,all, , , , ,-1, ,0
L,1,5
L,2,6
L,3,7
L,4,8                               ！几何建模
ESIZE,0.1,0,
TYPE, 1
MAT,1
SECNUM, 1
AMESH,ALL
LSEL,s,,,5
LSEL,A,,,6
LSEL,A,,,7
LSEL,A,,,8
ESIZE,0.1,0,
TYPE, 2
MAT,1
SECNUM, 2
LMESH,ALL                           ！划分单元
ALLSEL
NSEL,S,LOC,Z,-1
D,ALL,ALL,                          ！添加固定约束
ALLSEL
SAVE
Finish
/SOL
ANTYPE,2                            ！模态分析

MODOPT,LANB,10
EQSLV,SPAR
MXPAND,0, , ,1
ALLSEL
SAVE
SOLV
FINISH
/SOL
ANTYPE,8                            ！响应谱分析
```

```
SPOPT,SPRS,10,1
SVTYP,0,1,
SED,0,1,0,
ROCK,0,0,0,0,0,0,
FREQ,0.5,1,2.4,3.8,17,18,20,32,0
SV,1,1.0e-3,0.5e-3,0.8e-3,0.7e-3,1.0e-3,0.7e-3,0.8e-3,0.3e-3,

ALLSEL
SOLVE
FINISH

/SOL
ANTYPE,2
MODOPT,LANB,10                          !扩展模态分析

EQSLV,SPAR
MXPAND,10,
ALLSEL
SOLVE
FINISH

/SOLUTION                               !合并模态分析
ANTYPE,8
GRP,0.15,DISP
ALLSEL
SOLVE
FINISH
```

6.7 检测练习

练习 6.1 复合材料结构的模态分析

问题描述：复合材料板连接在一起的结构，外形如图 6-66 所示。该结构由一个正六面体中空盒子和一个底部一个圆环组成。

底部圆环使用材料 1：杨氏模量=7.1e10 Pa，密度=2 780 kg/m^3，泊松比=0.3。

其余板使用蜂窝材料 2：杨氏模量=7.1e10 Pa，密度=45 kg/m^3，泊松比=0.3。

1．有限元模型

（1）建立几何模型

通过直线旋转得到圆柱面：柱面半径=0.33，高度=0.08。

图 6-66 复合材料板结构模态问题描述

平移工作平面然后创建与圆柱面连接的底板：底板长度（x）=1.2，底板宽度（y）=1.2。

生成整个模型：复制底板生成顶板，高度（z）=1.2。并将工作平面复原。

（2）划分网格

选择单元：单元 1 为 SHELL181，单元 2 为 SHELL281。

定义材料：材料 1 的杨氏模量=7.1e10，密度=2 780，泊松比=0.3；材料 2 的杨氏模量=7.1e10，密度=45，泊松比=0.3。

（3）定义截面属性

定义截面 1：依次选择 Main Menu→Preprocessor→Sections→Shell→Lay-up→Add/Edit，在 Thickness（单元厚度）处设置为"0.004"，如图 6-67（a）所示。

定义多层复合截面 2：依次选择 MainMenu→Preprocessor→Sections→Shell→Lay-up→Add/Edit，将 ID 处改为"2"，单击 Add Layer，如图 6-67（b）所示，输入相应数值。

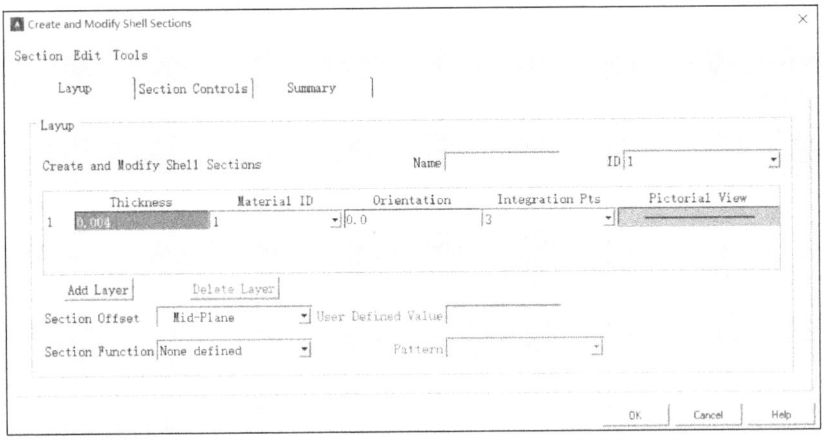

（a）

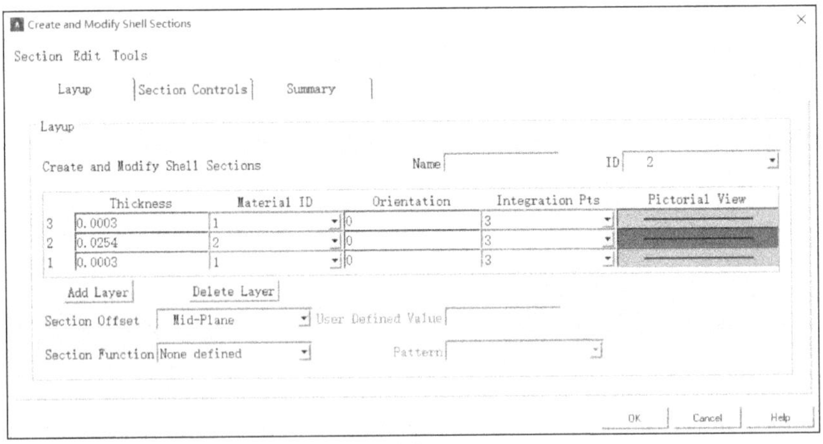

（b）

图 6-67　定义实常数的对话框

指定单元属性和尺寸，划分网格：圆柱面为单元 1，其余面为单元 2。

2. 加载与求解

（1）定义约束

圆柱面的底边为固定端，因此，选择圆柱面的底边线段或者节点，对其 3 向自由度进行约束。

（2）约束方程的定义

应用约束方程表示相关的连接，以圆柱面上边与底板连接为例，选择圆柱面上边的所有节点，再选择底板上的单元，然后依次选择 Main Menu→Preprocessor→Coupling/Ceqn→Adjacent Regions，在弹出的对话框中输入如图 6-68 所示相关数值，单击 OK 按钮。

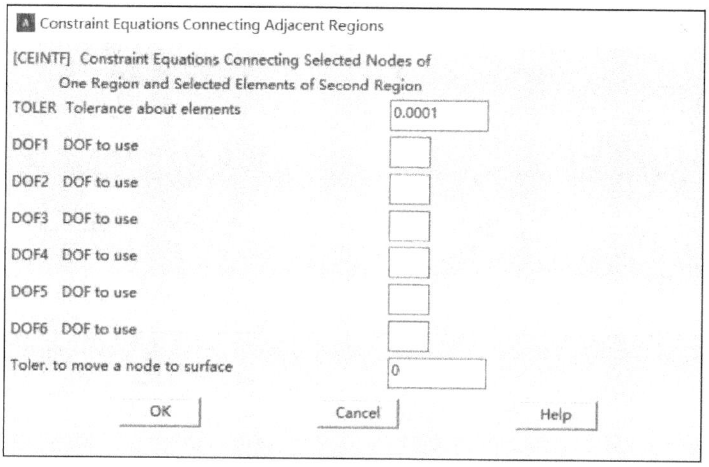

图 6-68 定义约束方程

（3）选择模态分析类型

依次选择 Main Menu→Solution→Analysis Type→New Analysis，弹出 New Analysis 对话框，选择 Modal，然后单击 OK 按钮。

依次选择 Main Menu→Solution→Analysis Options，在弹出的对话框上选择"Block Lanczos"，在 Number of modes to extract 处输入 5，单击 OK 按钮，在弹出的对话框上接受默认值，单击 OK 按钮。

依次选择 Main Menu→Solution →Load Step Opts→ExpansionPass→Single Expand→Expand Modes，在弹出的对话框上的 number of modes to expand 处输入"5"，单击 OK 按钮。

3. 求解观看结果

列出固有频率：依次选择 Main Menu→General Postproc→Results Summary，浏览弹出的对话框中的信息。

练习 6.2　复合材料结构的谐响应分析

基本要求：

① 在与练习 6.1 相同结构的中心有一个电动机，当电动机工作时，由于转子偏心引起电动机发生简谐振动，这时电动机的旋转偏心载荷是一个简谐激励，计算结构在该激励下的响应。

② 电动机的质心位于几何中心的正上方 0.55，电动机质量 m=100。简谐激励 F_X、F_Z 幅

值为 100 N，F_Z 落后 F_X 90°的相位角。电动机转动频率范围为 0~10 Hz。电机与正方形盒子底部 4 个顶点固定连接。

③ 提取结构特殊点（电机处）处的三向位移—频率变量。

④ 查看整个模型在临界频率和相角时的位移和应力。

思路点睛：

① 建立有限元模型，如图 6-69（a）所示。

② 模型在临界频率和相角时的位移分布图和应力分布图，如图 6-69（b）和（c）所示。

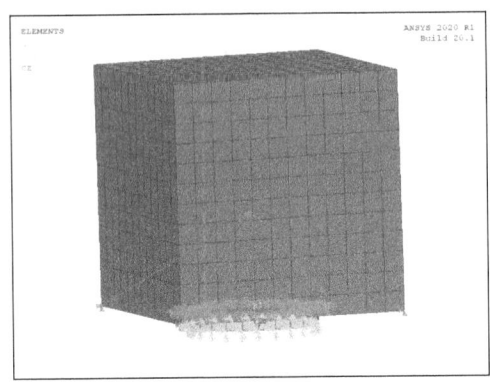

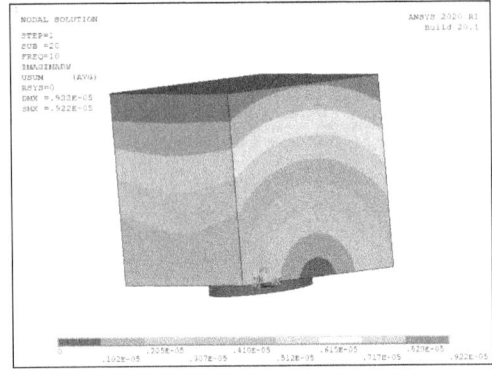

（a）有限元模型　　（b）位移分布图

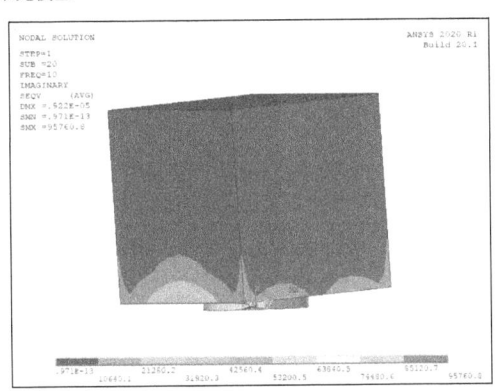

（c）应力分布图

图 6-69　算例的模型与结果

练习题

1. 什么是结构动力学分析？ANSYS 的结构动力学分析包括哪些分析？
2. 模态分析的一般步骤是什么？分析的结果有哪些？
3. 什么是谐响应分析？谐响应分析的一般步骤是什么？
4. 瞬态分析的求解方法有哪三种？求解的一般步骤是什么？
5. 什么是响应普分析？

第 7 章 ANSYS 后处理

有限元法分析问题得到的是数值结果，要想从这些数值中总结出各种场量的变化规律并不容易，而且工作量大。大型商业软件一个突出优势就是后处理部分，将分析结果可视化，帮助用户快捷、有效地分析计算结果。因此，ANSYS 后处理提供用户浏览分析结果的功能，这可能是用户分析问题过程中最重要的步骤之一，因为分析问题的最终目标是通过结果为用户的设计服务。

ANSYS 后处理器有两种：一是通用后处理，也称为 POST1；二是时间历程后处理，也称为 POST26。

7.1 应力/应变描述与后处理

在进行结构分析时，有限元单元法可以得到满足最小势能原理的节点位移场，并在此基础上计算应变和应力场。因此，在对结果进行后处理时，除了通过位移场考察结构在给定载荷下的变形，往往还需要对应力和应变进行深入分析，前者可以帮助工程人员判断结构设计是否满足强度要求，后者可以为模型的试验验证提供关键参照。

在小变形条件下，对于以三维笛卡儿坐标系描述的结构，其应变 $\boldsymbol{\varepsilon}$ 和描述变形的位移 $\boldsymbol{u} = \{u \ v \ w\}^{\mathrm{T}}$ 的关系满足小变形几何方程

$$\boldsymbol{\varepsilon} = \begin{bmatrix} \varepsilon_x \\ \varepsilon_y \\ \varepsilon_z \\ \gamma_{xy} \\ \gamma_{yz} \\ \gamma_{xz} \end{bmatrix} = \begin{bmatrix} \frac{\partial}{\partial x} & 0 & 0 \\ 0 & \frac{\partial}{\partial y} & 0 \\ 0 & 0 & \frac{\partial}{\partial z} \\ \frac{\partial}{\partial y} & \frac{\partial}{\partial x} & 0 \\ 0 & \frac{\partial}{\partial z} & \frac{\partial}{\partial y} \\ \frac{\partial}{\partial z} & 0 & \frac{\partial}{\partial x} \end{bmatrix} \begin{bmatrix} u \\ v \\ w \end{bmatrix} \quad (7\text{-}1)$$

这里 u, v, w 分别是结构中的一点沿 x, y, z 三个坐标方向的位移，$\varepsilon_x, \varepsilon_y, \varepsilon_z$ 是三个方向上的正应变，$\gamma_{xy}, \gamma_{yz}, \gamma_{xz}$ 是剪应变，且剪应变之间存在对称关系

$$\begin{aligned} \gamma_{xy} &= \gamma_{yx} = \frac{\partial v}{\partial x} + \frac{\partial u}{\partial y} \\ \gamma_{yz} &= \gamma_{zy} = \frac{\partial v}{\partial z} + \frac{\partial w}{\partial y} \\ \gamma_{zx} &= \gamma_{xz} = \frac{\partial w}{\partial x} + \frac{\partial u}{\partial z} \end{aligned} \quad (7\text{-}2)$$

$\boldsymbol{\varepsilon}$ 本质上是一个包含 6 个分量的实对称二阶张量，在笛卡儿坐标系下其分量可以表示为矩阵形式

$$\boldsymbol{\varepsilon} = \begin{bmatrix} \varepsilon_{xx} & \varepsilon_{xy} & \varepsilon_{xz} \\ \varepsilon_{yx} & \varepsilon_{yy} & \varepsilon_{yz} \\ \varepsilon_{zx} & \varepsilon_{zy} & \varepsilon_{zz} \end{bmatrix} = \begin{bmatrix} \varepsilon_{xx} & \frac{1}{2}\gamma_{xy} & \frac{1}{2}\gamma_{xz} \\ \frac{1}{2}\gamma_{yx} & \varepsilon_{yy} & \frac{1}{2}\gamma_{yz} \\ \frac{1}{2}\gamma_{zx} & \frac{1}{2}\gamma_{zy} & \varepsilon_{zz} \end{bmatrix} \tag{7-3}$$

在第 1 章中已经介绍过，对于弹性材料，从位移中计算出应变 $\boldsymbol{\varepsilon}$ 后，可以进一步根据弹性关系

$$\{\boldsymbol{\sigma}\} = [\boldsymbol{D}]\{\boldsymbol{\varepsilon}\} \tag{7-4}$$

计算柯西（Cauchy）应力 $\boldsymbol{\sigma}$，将上式写成分量形式得到

$$\begin{bmatrix} \sigma_x \\ \sigma_y \\ \sigma_z \\ \tau_{xy} \\ \tau_{yz} \\ \tau_{zx} \end{bmatrix} = \frac{E}{(1+v)(1-2v)} \begin{bmatrix} 1-v & v & v & 0 & 0 & 0 \\ v & 1-v & v & 0 & 0 & 0 \\ v & v & 1-v & 0 & 0 & 0 \\ 0 & 0 & 0 & \frac{1-2v}{2} & 0 & 0 \\ 0 & 0 & 0 & 0 & \frac{1-2v}{2} & 0 \\ 0 & 0 & 0 & 0 & 0 & \frac{1-2v}{2} \end{bmatrix} \begin{bmatrix} \varepsilon_x \\ \varepsilon_y \\ \varepsilon_z \\ \gamma_{xy} \\ \gamma_{yz} \\ \gamma_{zx} \end{bmatrix} \tag{7-5}$$

同理，$\sigma_x, \sigma_y, \sigma_z$ 是沿 x, y, z 三个方向的正应力，$\tau_{xy}, \tau_{yz}, \tau_{xz}$ 是剪应力。由于剪应力间存在对称关系，有 $\tau_{xy} = \tau_{yx}$，$\tau_{yz} = \tau_{zy}$，$\tau_{zx} = \tau_{xz}$。方便起见，对于剪应力同样使用 $\boldsymbol{\sigma}$ 标记，因此 $\boldsymbol{\sigma}$ 也是一个实对称二阶张量并可以写作矩阵形式

$$\boldsymbol{\sigma} = \begin{bmatrix} \sigma_{xx} & \sigma_{xy} & \sigma_{xz} \\ \sigma_{yx} & \sigma_{yy} & \sigma_{yz} \\ \sigma_{zx} & \sigma_{zy} & \sigma_{zz} \end{bmatrix} \tag{7-6}$$

与图 1-12 类似，对于三维应力状态同样可以取一个微元，在法向量为 $\boldsymbol{n} = \{n_x \ n_y \ n_z\}^T$ 的截面上，可以得到应力矢量 $\boldsymbol{t}^n$

$$\boldsymbol{t}^n = \begin{bmatrix} t_x^n \\ t_y^n \\ t_z^n \end{bmatrix} = \begin{bmatrix} \sigma_{xx} & \sigma_{xy} & \sigma_{xz} \\ \sigma_{yx} & \sigma_{yy} & \sigma_{yz} \\ \sigma_{zx} & \sigma_{zy} & \sigma_{zz} \end{bmatrix} \begin{bmatrix} n_x \\ n_y \\ n_z \end{bmatrix} \tag{7-7}$$

该矢量可以进一步分解成沿着 $\boldsymbol{n}$ 方向的正应力 σ^n 和垂直于 $\boldsymbol{n}$ 方向在面内作用的剪应力 τ^n。与第 1 章中所讲授的平面问题相同，当 $\boldsymbol{n}$ 到达特殊位置时 $\tau^n = 0$。在这种情况下，τ^n 与 $\boldsymbol{n}$ 的方向一致，即

$$\boldsymbol{t}^n = \boldsymbol{\sigma}\boldsymbol{n} = \begin{bmatrix} \sigma_{xx} & \sigma_{xy} & \sigma_{xz} \\ \sigma_{yx} & \sigma_{yy} & \sigma_{yz} \\ \sigma_{zx} & \sigma_{zy} & \sigma_{zz} \end{bmatrix} \begin{bmatrix} n_x \\ n_y \\ n_z \end{bmatrix} = \lambda \boldsymbol{n} \tag{7-8}$$

这里 λ 表示应力的大小。满足该条件的 t^n 称为主应力，n 称为主方向。由 $\boldsymbol{\sigma}$ 是实对称矩阵可知，其特征值均为实数，并且分别与 3 个相互正交的单位特征向量一一对应。根据线性代数知识，计算 $\boldsymbol{\sigma}$ 的特征值需要使 $\boldsymbol{\sigma} - \lambda \boldsymbol{I}$ 的行列式为 0。简单起见，将脚标 x, y, z 分别替换为 1, 2, 3，则特征值的计算式为

$$\begin{vmatrix} \sigma_{11} - \lambda & \sigma_{12} & \sigma_{13} \\ \sigma_{21} & \sigma_{22} - \lambda & \sigma_{23} \\ \sigma_{31} & \sigma_{32} & \sigma_{33} - \lambda \end{vmatrix} = 0 \tag{7-9}$$

式（7-9）可以整理为一个特征方程

$$|\sigma_{ij} - \lambda \delta_{ij}| = \lambda^3 - I_1 \lambda^2 + I_2 \lambda - I_3 = 0 \tag{7-10}$$

这里 i, j 分别对应矩阵的行和列，δ_{ij} 是 Kronecker（克罗内克尔）符号，当 $i = j$ 时其值为 1，当 $i \neq j$ 时其值为 0。式（7-10）中

$$\begin{aligned}
I_1 &= \sigma_{11} + \sigma_{22} + \sigma_{33} = \sigma_{kk} = \operatorname{tr}(\boldsymbol{\sigma}) \\
I_2 &= \begin{vmatrix} \sigma_{22} & \sigma_{23} \\ \sigma_{32} & \sigma_{33} \end{vmatrix} + \begin{vmatrix} \sigma_{11} & \sigma_{13} \\ \sigma_{31} & \sigma_{33} \end{vmatrix} + \begin{vmatrix} \sigma_{11} & \sigma_{12} \\ \sigma_{21} & \sigma_{22} \end{vmatrix} \\
&= \sigma_{11}\sigma_{22} + \sigma_{22}\sigma_{23} + \sigma_{11}\sigma_{33} - \sigma_{12}^2 - \sigma_{23}^2 - \sigma_{31}^2 \\
&= \frac{1}{2}(\sigma_{ii}\sigma_{jj} - \sigma_{ij}\sigma_{ji}) = \frac{1}{2}[(\operatorname{tr}(\boldsymbol{\sigma}))^2 - \operatorname{tr}(\boldsymbol{\sigma}^2)] \\
I_3 &= \det(\sigma_{ij}) = \det(\boldsymbol{\sigma}) \\
&= \sigma_{11}\sigma_{22}\sigma_{33} + 2\sigma_{12}\sigma_{23}\sigma_{31} - \sigma_{12}^2\sigma_{33} - \sigma_{23}^2\sigma_{11} - \sigma_{31}^2\sigma_{22}
\end{aligned} \tag{7-11}$$

式中，tr 表示矩阵的迹，其值为矩阵对角元素之和。det 表示矩阵对应行列式的值。求解式（7-10）可以得到特征方程的三个根 $\lambda_1, \lambda_2, \lambda_3$。习惯上将 3 个根中最大的记为 σ_1，称为最大（或第一）主应力；与其对应的特征向量记为 $\boldsymbol{n}_1$，称为最大（或第一）主方向。最小的根 σ_3 称为最小（或第三）主应力，$\boldsymbol{n}_3$ 为最小（或第三）主方向。其余的一个根 σ_2 为第二主应力，$\boldsymbol{n}_2$ 为第二主方向。特征多项式的系数 I_1, I_2, I_3 分别为应力张量的第一、第二和第三不变量。

为了解释这里不变量的含义，首先回顾矢量的分解问题。对于以位移 $\boldsymbol{u}$ 为代表的矢量，当笛卡儿坐标系从原先的 x, y, z 转动到 x', y', z' 时，其新坐标系下的分量 u'_i 与原始分量 u_i 之间的关系为

$$\begin{bmatrix} u'_1 \\ u'_2 \\ u'_3 \end{bmatrix} = \begin{bmatrix} \beta_{11} & \beta_{12} & \beta_{13} \\ \beta_{21} & \beta_{22} & \beta_{23} \\ \beta_{31} & \beta_{32} & \beta_{33} \end{bmatrix} \begin{bmatrix} u_1 \\ u_2 \\ u_3 \end{bmatrix} \tag{7-12}$$

这里 β_{12} 表示转动后的 x' 轴与转动前 y 轴夹角的余弦且 $\beta_{12} = \boldsymbol{i}' \cdot \boldsymbol{j}$。$\boldsymbol{i}'$ 与 $\boldsymbol{j}$ 分别是 x' 与 y 轴的基矢量，因此 β_{12} 为两矢量的点积。对于矩阵中其他分量 β_{ij}，其计算规则与 β_{12} 相同。与矢量类似，应力张量也可根据下述规则得到在转动后坐标系 x', y', z' 中的全部分量

$$\begin{bmatrix} \sigma'_{11} & \sigma'_{12} & \sigma'_{13} \\ \sigma'_{21} & \sigma'_{22} & \sigma'_{23} \\ \sigma'_{31} & \sigma'_{32} & \sigma'_{33} \end{bmatrix} = \begin{bmatrix} \beta_{11} & \beta_{12} & \beta_{13} \\ \beta_{21} & \beta_{22} & \beta_{23} \\ \beta_{31} & \beta_{32} & \beta_{33} \end{bmatrix} \begin{bmatrix} \sigma_{11} & \sigma_{12} & \sigma_{13} \\ \sigma_{21} & \sigma_{22} & \sigma_{23} \\ \sigma_{31} & \sigma_{32} & \sigma_{33} \end{bmatrix} \begin{bmatrix} \beta_{11} & \beta_{21} & \beta_{31} \\ \beta_{12} & \beta_{22} & \beta_{32} \\ \beta_{13} & \beta_{23} & \beta_{33} \end{bmatrix} \tag{7-13}$$

可以证明，对于任何转换矩阵 $\boldsymbol{\beta}$，将转换前的 σ_{ij} 与转换后的 σ'_{ij} 分别代入式（7-11），计算得到的 I_1, I_2, I_3 保持不变，因此这些量被称为不变量。不变量的存在揭示了，虽然应力的分量会随着选取不同的坐标系变化，但仍然有一些固有性质不会随着坐标系的改变而改变。

由于主方向 $\boldsymbol{n}_1, \boldsymbol{n}_2, \boldsymbol{n}_3$ 为相互正交的单位向量，如果将其视为转动后的 x', y', z' 轴，则实现了 $\boldsymbol{\sigma}$ 的对角化，即

$$\sigma_{ij} = \begin{bmatrix} \sigma_1 & 0 & 0 \\ 0 & \sigma_2 & 0 \\ 0 & 0 & \sigma_3 \end{bmatrix} \tag{7-14}$$

可以看到，对角化后应力张量将简化为 3 个主应力。由于 I_1, I_2, I_3 不变量的性质，因此从对角化后的应力张量中计算式（7-11）可以得到

$$\begin{aligned} I_1 &= \sigma_1 + \sigma_2 + \sigma_3 \\ I_2 &= \sigma_1\sigma_2 + \sigma_2\sigma_3 + \sigma_3\sigma_1 \\ I_3 &= \sigma_1\sigma_2\sigma_3 \end{aligned} \tag{7-15}$$

将式（7-15）与式（7-11）比较不难发现，从对角化后的应力张量中能够更为简便地得到三个不变量 I_1, I_2, I_3。

应力不变量的重要用途之一是用于应力的分解。应力 $\boldsymbol{\sigma}$ 可以被分解为球张量 $\boldsymbol{\pi}$ 和偏张量 $\boldsymbol{s}$ 两部分：其中球张量 $\boldsymbol{\pi}$ 与静水应力有关，表示各向相等的拉压应力，球张量的作用是引起体积的变化。与之相对的，偏张量的作用是引起形状的变化。应力的分解可以表示为

$$\begin{bmatrix} \sigma_{11} & \sigma_{12} & \sigma_{13} \\ \sigma_{21} & \sigma_{22} & \sigma_{23} \\ \sigma_{31} & \sigma_{32} & \sigma_{33} \end{bmatrix} = \begin{bmatrix} s_{11} & s_{12} & s_{13} \\ s_{21} & s_{22} & s_{23} \\ s_{31} & s_{32} & s_{33} \end{bmatrix} + \begin{bmatrix} \pi & 0 & 0 \\ 0 & \pi & 0 \\ 0 & 0 & \pi \end{bmatrix} \tag{7-16}$$

由此可见，球张量 $\boldsymbol{\pi}$ 可以写为一个对角矩阵，对角元素为与 I_1 有关的静水应力 π

$$\pi = \frac{1}{3}I_1 = \frac{1}{3}\mathrm{tr}\boldsymbol{\sigma} = \frac{1}{3}(\sigma_{11} + \sigma_{22} + \sigma_{33}) \tag{7-17}$$

偏应力（deviatoric stress）张量 $\boldsymbol{s}$ 是应力张量 $\boldsymbol{\sigma}$ 与球张量 $\boldsymbol{\pi}$ 的差

$$\begin{bmatrix} s_{11} & s_{12} & s_{13} \\ s_{21} & s_{22} & s_{23} \\ s_{31} & s_{32} & s_{33} \end{bmatrix} = \begin{bmatrix} \sigma_{11} & \sigma_{12} & \sigma_{13} \\ \sigma_{21} & \sigma_{22} & \sigma_{23} \\ \sigma_{31} & \sigma_{32} & \sigma_{33} \end{bmatrix} - \begin{bmatrix} \pi & 0 & 0 \\ 0 & \pi & 0 \\ 0 & 0 & \pi \end{bmatrix} \tag{7-18}$$

与应力张量 $\boldsymbol{\sigma}$ 相同，从偏张量 $\boldsymbol{s}$ 中也可计算主偏应力 s_1, s_2, s_3。从 $\boldsymbol{\sigma}$ 与 $\boldsymbol{s}$ 的关系式（7-16）和主应力的定义式（7-8）中不难发现，$\boldsymbol{\sigma}$ 与 $\boldsymbol{s}$ 具有相同的特征向量，而 $\boldsymbol{s}$ 的特征多项式可以表示为

$$|s_{ij} - \lambda\delta_{ij}| = \lambda^3 - J_1\lambda^2 + J_2\lambda - J_3 = 0 \tag{7-19}$$

这里，J_1, J_2, J_3 分别为偏张量的第一、第二、和第三不变量。与 $\boldsymbol{\sigma}$ 的不变量相同，J_1, J_2, J_3 的值同样不随坐标系的变化而变化。通过比较可以发现，J_1, J_2, J_3 的值与 $\boldsymbol{\sigma}, \boldsymbol{s}$ 及不变量 I_1, I_2, I_3 的关系如下

$$\begin{aligned}
J_1 &= s_{11} + s_{22} + s_{33} = 0 \\
J_2 &= \frac{1}{2}(s_1^2 + s_2^2 + s_3^2) \\
&= \frac{1}{6}[(\sigma_{11} - \sigma_{22})^2 + (\sigma_{22} - \sigma_{33})^2 + (\sigma_{33} - \sigma_{11})^2] + \sigma_{12}^2 + \sigma_{23}^2 + \sigma_{31}^2 \\
&= \frac{1}{6}[(\sigma_1 - \sigma_2)^2 + (\sigma_2 - \sigma_3)^2 + (\sigma_3 - \sigma_1)^2] \\
&= \frac{1}{3}I_1^2 - I_2 = \frac{1}{2}\left[\operatorname{tr}\boldsymbol{\sigma}^2 - \frac{1}{3}\operatorname{tr}\boldsymbol{\sigma}^2\right] \\
J_3 &= \det s_{ij} \\
&= s_1 s_2 s_3 \\
&= \frac{2}{27}I_1^3 - \frac{1}{3}I_1 I_2 + I_3 = \frac{1}{3}\left[\operatorname{tr}\boldsymbol{\sigma}^3 - \operatorname{tr}\boldsymbol{\sigma}^2 \operatorname{tr}\boldsymbol{\sigma} + \frac{2}{9}\operatorname{tr}\boldsymbol{\sigma}^3\right]
\end{aligned} \tag{7-20}$$

其中 $J_1 = 0$ 再次说明 s 只引起形状改变而不造成体积变化，因此该张量常用于计算材料的塑性变形。第二不变量 J_2 与等效应力 σ_{eq}（又称 von Mises 应力）有关。具体地，

$$\sigma_{eq} = \sqrt{3J_2} = \sqrt{\frac{1}{2}[(\sigma_1 - \sigma_2)^2 + (\sigma_2 - \sigma_3)^2 + (\sigma_3 - \sigma_1)^2]} \tag{7-21}$$

对于金属材料，经常利用式（7-21）计算含多个分量的复杂应力张量 $\boldsymbol{\sigma}$ 所对应的 σ_{eq}，将结果与材料的屈服强度相比判断是否发生塑性变形，当显示材料进入塑性段后也需要根据 σ_{eq} 计算塑性变形量的大小。

对于应变张量 $\boldsymbol{\varepsilon}$，由于其笛卡儿坐标系下的分量同样形成实对称矩阵，因此可以采用与应力张量 $\boldsymbol{\sigma}$ 完全相同的方法计算主应变 $\varepsilon_1, \varepsilon_2, \varepsilon_3$ 和主方向。此外，由于工程分析中常采用弹—塑性材料假设，当应力较大引起塑性变形时，$\boldsymbol{\varepsilon}$ 可以分解为弹性 $\boldsymbol{\varepsilon}^e$ 与塑性 $\boldsymbol{\varepsilon}^p$ 两部分，

$$\boldsymbol{\varepsilon} = \boldsymbol{\varepsilon}^e + \boldsymbol{\varepsilon}^p \tag{7-22}$$

式中，上标 e、p 分别对应弹性（elastic）和塑性（plastic）。弹性应变 $\boldsymbol{\varepsilon}^e$ 伴随着载荷与应力的消除而回复，其与应力的关系满足

$$\boldsymbol{\varepsilon}^e = \boldsymbol{D}^{-1}\boldsymbol{\sigma} \tag{7-23}$$

式中 $\boldsymbol{D}^{-1}$ 是式（7-5）中所示弹性矩阵 $[\boldsymbol{D}]$ 的逆矩阵。与 $\boldsymbol{\varepsilon}^e$ 相比，$\boldsymbol{\varepsilon}^p$ 的计算通常较为复杂，需要对一系列的塑性应变增量进行时间积分得到

$$\boldsymbol{\varepsilon}^p = \int_t d\boldsymbol{\varepsilon}^p \tag{7-24}$$

式中，$d\boldsymbol{\varepsilon}^p$ 表示塑性应变增量。对于满足 von Mises 屈服准则的金属材料，$d\boldsymbol{\varepsilon}^p$ 通常从偏张量 s 中根据下式计算得到

$$d\boldsymbol{\varepsilon}^p = \frac{3}{2}dp\frac{s}{\sigma_{eq}} \tag{7-25}$$

这里 dp 是一个标量。由于从式（7-20）中已知 s 的静水部分为 0，因此由式（7-25）计算得到的 $d\boldsymbol{\varepsilon}^p$ 也同样是不含有静水部分的偏张量，这一性质解释了塑性变形仅包含形状变化，不

包含体积改变的物理特性。与式（7-21）类似，dp 同样是以 dε^p 的第二不变量为基础计算得到的

$$dp = \sqrt{\frac{4}{3}J_2} = \sqrt{\frac{2}{9}[(d\varepsilon_1^p - d\varepsilon_2^p)^2 + (d\varepsilon_2^p - d\varepsilon_3^p)^2 + (d\varepsilon_3^p - d\varepsilon_1^p)^2]} \quad (7\text{-}26)$$

dp 称为等效塑性变形增量（effective plastic strain increment），对其进行时间积分得到等效塑性变形 p

$$p = \int_t dp \quad (7\text{-}27)$$

对于弹塑性问题，常常通过等效塑性变形 p 来研究材料塑性变形量的积累。

综上，在有限元分析中，在得到了给定坐标系中的反力、变形、应力与应变场后，通常并不直接对这些结果进行分析，而是根据需要对上述物理量在不同坐标系中进行变换，同时对应力与应变等二阶张量计算其主分量、主方向、球张量、偏张量、不变量等重要信息，依托这些处理后得到的信息对结构进行分析往往可以更准确、有效地把握其受力和变形的特点。接下来将介绍如何在 ANSYS 后处理模块中如何进行相关操作。

7.2 通用后处理器

通用后处理器（POST1）允许用户查看指定求解步骤上的整个模型的计算结果，包括位移（即变形）、应变和应力等，还可以查看结果的动画显示和控制，应用路径方法观察结果的过程及一些偏差处理的查看等。下面简单介绍比较常用的几种查看结果的方法。

一旦用户完成了求解过程，在 POST1 中就会出现 Plot Results 菜单选项，如图 7-1 所示。

图 7-1 Plot Results 菜单选项

7.2.1 变形图的绘制

变形图的绘制可通过 Deformed Shape 选项来完成，主要观察结构受载后的变形情况。单击该选项打开如图 7-2 所示 Plot Deformed Shape 对话框，其上有 3 个选项，将分别显示模型变形情况、共同显示模型变形和未变形前网格情况、共同显示模型变形和未变形前边界情况。通过些选项，用户可以很容易观察和对比模型变形前后的差异。

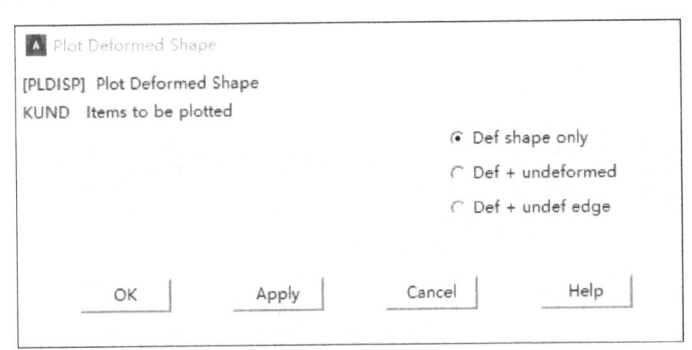

图 7-2 "变形图绘制"对话框

7.2.2 等值线图的绘制

1. 等值图显示结果

等值线图,即所谓的云图,主要通过颜色的变化来体现数值的大小和分布情况,包括位移、应变、应力等,可通过在 Plot Results 菜单中选择 Contour Plot 选项来完成。Plot Results 菜单中仍有"节点结果""单元结果"等若干选项。以节点结果为例,打开如图 7-3 所示的 Contour Nodal Solution Data 对话框,通过对话框中的选项可以指定要显示的内容,即观察位移(包括沿 3 向坐标方向的位移和旋转角度等)、应变(包括沿 3 向坐标轴方向的应变、剪切应变、主应变、等效应变等)、应力(包括沿 3 向坐标轴方向的应力、剪切应力、主应力、等效应力等)等;是否对比显示变形前的情况;指定插值点数等。

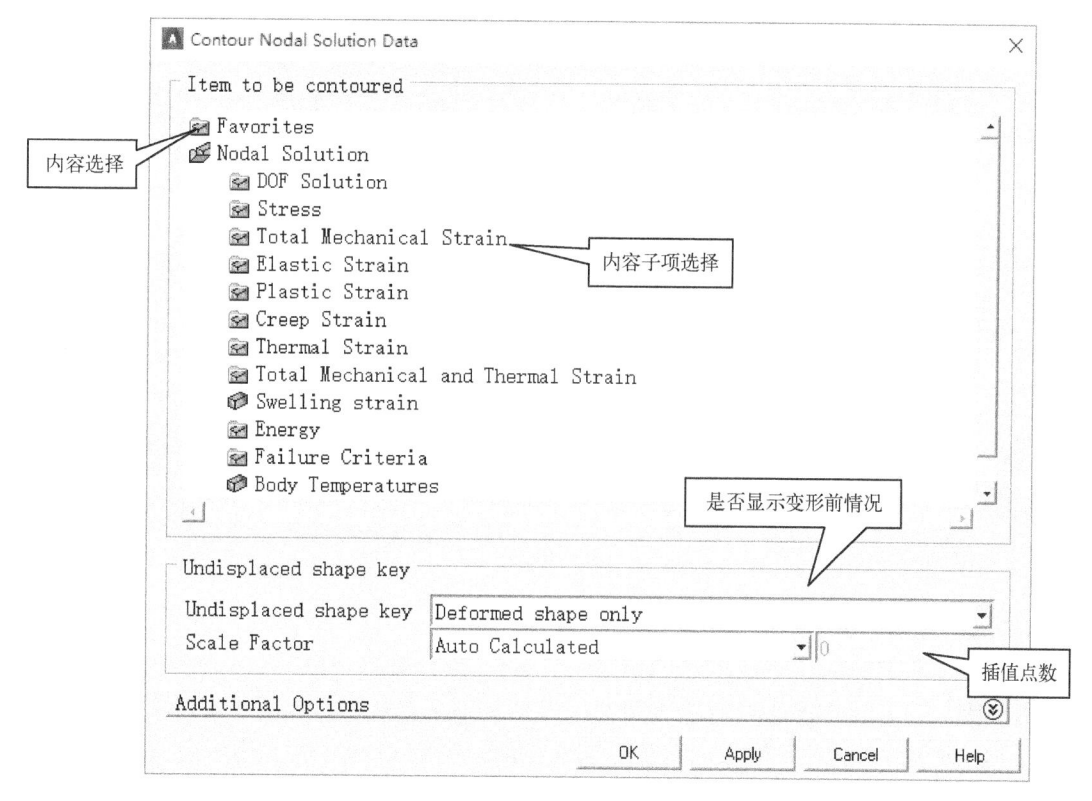

图 7-3 节点等值线图绘制对话框

以实例 5.3 计算结果为例,首先恢复数据库,得到图 5-18 所示计算结果。

依次选择 Main Menu→General Postproc→Plot Results→Contour Plot→Nodal Solu,打开如图 7-3 所示的 Contour Nodal Solution Data "节点结果等值图显示选择"对话框。对话框上各选项功能如图上标注。

Nodal Solution 选项为可以显示的结果,包括 DOF Solution "位移",Stress "应力",Total Mechanical Strain "应变"等。单击选项左侧的文件夹标志,可以继续展开选项,例如 DOF Solution 中有 3 向位移和总位移的选项,用户可依据需要做选择。

如果选择 Stress 中的"von Mises Stress"选项，在 Undisplaced shape key 下拉列表框中选择"Deformed shape only"，在 Scale Factor 下拉列表框中选择"Auto Calculated"，结果如图 7-4（a）所示。显示的结果就是 von Mises 等效应力的等值图，且只显示了变形后的形状，显示比例为自动计算变形比例。

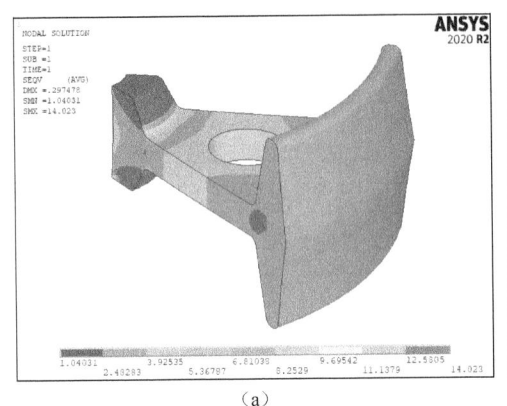

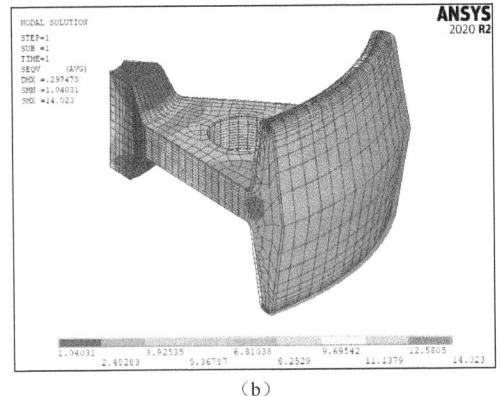

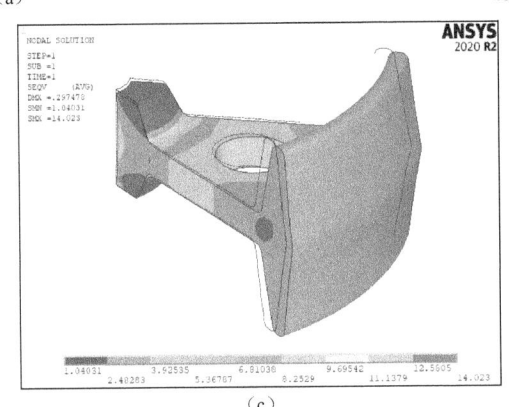

图 7-4 不同显示选项的显示结果

在 Undisplaced shape key 下拉列表框中，可以选择控制是否显示变形前的形状，包括网格或者轮廓。在 Scale Factor 下拉列表框中，可以控制显示比例。如图 7-4（b）所示，仍然是 von Mises 等效应力的等值图，如果在 Undisplaced shape key 下拉列表框中选择 Deformed shape with undeformed model，在 Scale Factor 下拉列表框中选择"True Scale"，即可显示变形前的网格形状，且显示比例为 1:1。

如图 7-4（c）所示，仍然是 von Mises 等效应力的等值图，如果在 Undisplaced shape key 下拉列表框中选择"Deformed shape with undeformed edge"，显示比例仍为 1:1，即可显示变形前的轮廓。

依次选择 Utility Menu→PlotCtrls→Style→Contours→Contour Style，打开如图 7-5 所示的 Contour Style "等值图风格选择"对话框，Style of contour plot 右侧的默认选择为"Normal"，即普通的等值图，也就是图 7-4 显示的效果；如果选择"Isosurface"，即显示为等值面的效果，如图 7-6 所示。

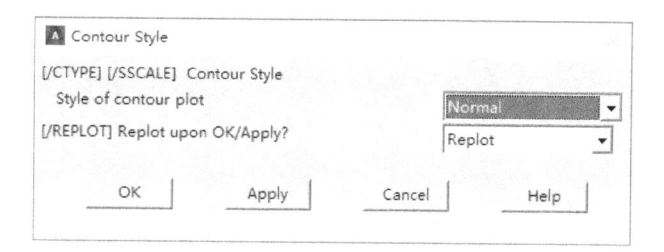

图 7-5 "等值图风格选择"对话框

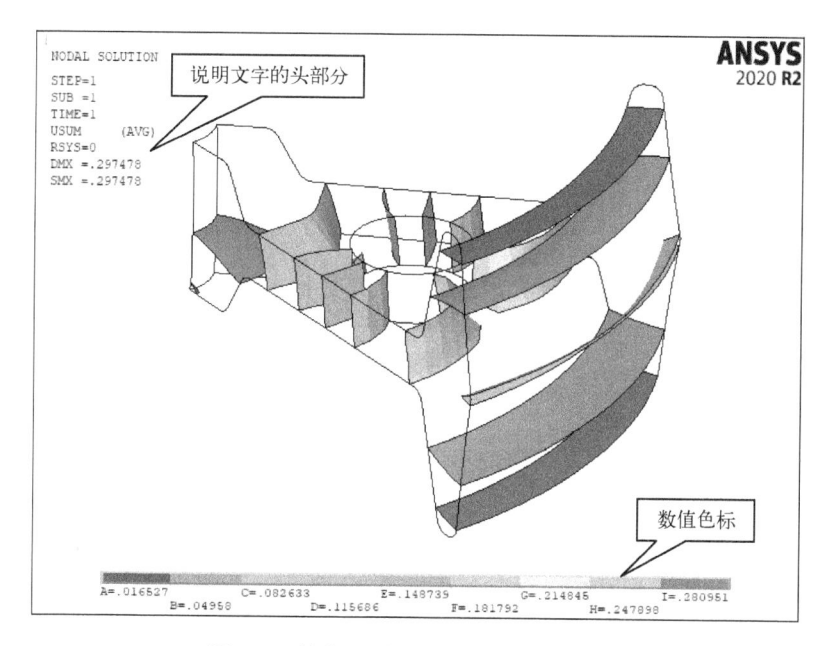

图 7-6 等值面图及图形窗口的说明文字

图形窗口说明文字是分部分控制的，各部分的划分如图 7-6 所示。依次选择 Utility Menu→PlotCtrls→Windows Controls→Window Options，打开如图 7-7（a）所示的 Window Options "图形窗口选项"对话框，可以设置图形窗口的显示风格，即设置窗口说明文字的各部分是否显示、如何显示。

在图形窗口选项对话框中，INFO Display of legend 右侧的下拉列表选项用于控制说明文字的位置，其中 Muti Legend 选项用于设置说明文字分布于窗口的不同位置，如图 7-6 所示；如果选择 Auto Legend 则说明文字均位于窗口的右侧，读者可以自行学习和试验操作。LEG1 Legend header、LEG2 View portion of legend 和 LEG3 Contour legend 选项分别设置说明文字的头部分、标题栏视角显示和数值色标 3 部分是否显示。

FRAME Window frame、TITLE Title、MIMN Min-Max symbols 和 FILE Jobname 选项分别设置是否显示窗口框架线、标题、最小－最大值符号以及工作文件名称。

LOGO ANSYS logo display 右侧下拉列表选项用于设置产品标志的不同显示方式；"DATE DATE/TIME display"右侧下拉选项用于设置日期和时间的显示方式；"Location of triad"右侧下拉选项用于设置坐标系的显示位置。

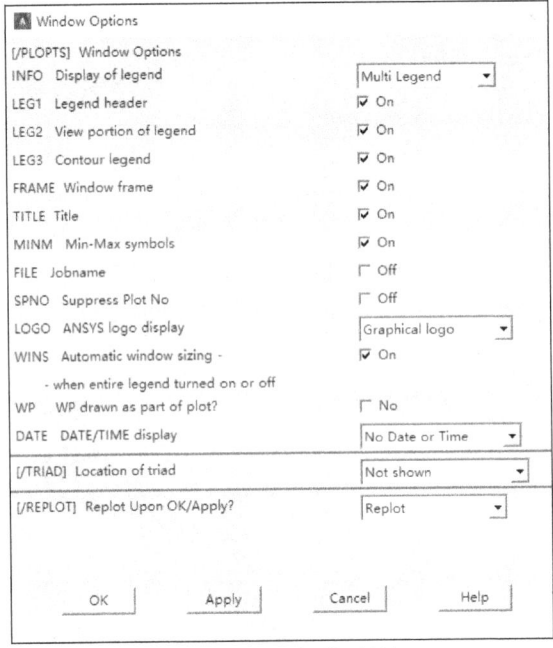

(a)"图形窗口选项"对话框

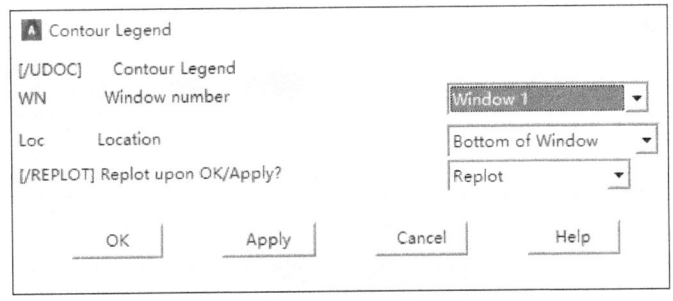

(b)"数值色标控制"对话框

图 7-7 图形窗口显示方式的控制

❧ 要点提示：更多关于设置图形窗口显示方式的菜单选项多数集中在应用菜单下的相关选项中。例如设置数值色标的位置，就可以依次选择 Utility Menu→PlotCtrls→Style→Mutilegend Options→Contour Legend，打开如图 7-7（b）所示的 Contour Legend "数值色标控制"对话框，通过 Loc Location 右侧的下拉列表选项设置数值色标在图形窗口的位置。

2. 切片显示结果

依次选择 Utility Menu→WorkPlane→Offset WP by Increments，将工作平面绕 Y 轴逆时针旋转 30°。

依次选择 Utility Menu→PlotCtrls→Style→Hidden Line Options，打开如图 7-8 所示的 Hidden-Line Options "隐藏线选项"对话框。"Cutting plane is"右侧下拉列表选项用于确定切片的位置，包括两个选择：一是由视角的法向确定切面；二是由工作平面的位置确定切面，工作平面的位置易于控制、使用方便，建议初学的用户采用。因此，在切片显示结果之前，先将工作平面的位置调整到用户要观察结果的位置。

图 7-8 "隐藏线选项"对话框

切片的显示方式主要通过 "TYPE Type of Plot" 右侧下拉列表选项进行设置。

在 TYPE Type of Plot 中选择 "Capped hidden",效果如图 7-9(a)所示,显示切面位置及剩余实体部分分布情况;选择 "Section",效果如图 7-9(b)所示,只显示切面位置的分布;选择 "Q-Slice precise",效果如图 7-9(c)所示,显示切面位置分布及实体轮廓线。

(a)

(b)

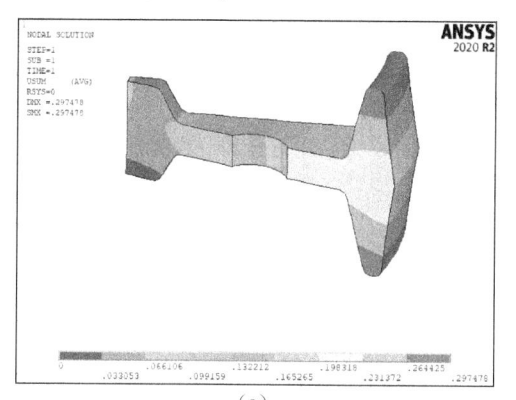

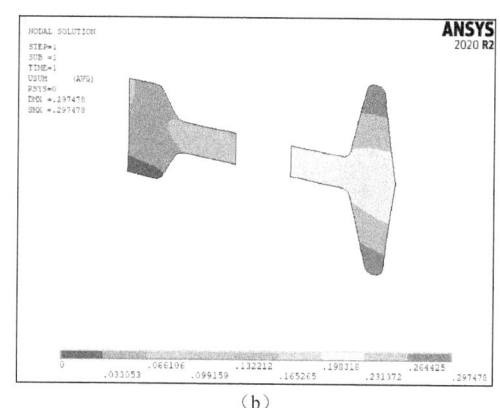

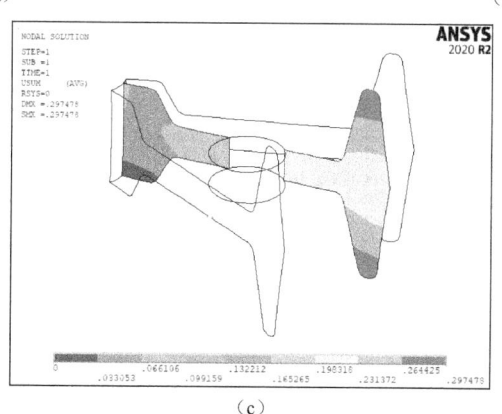

(c)

图 7-9 不同显示选项的显示结果

7.2.3 列表显示和查询结果

依次选择 Main Menu→General Postproc→List Results→Sorted Listing→Sort Nodes，打开如图 7-10 所示的 Sort Nodes "列表方式设置" 对话框，设置列表显示结果的排列形式。

图 7-10 "列表方式设置" 对话框

在 ORDER Order in which to sort 右侧的下拉列表框中选择升序还是降序，这里选择降序，即 Descending order。在 Item, Comp Sort nodes based on 右侧的下拉列表框中选择以进行排序的参量，这里选择以总位移为基准。单击 OK 按钮完成设置。

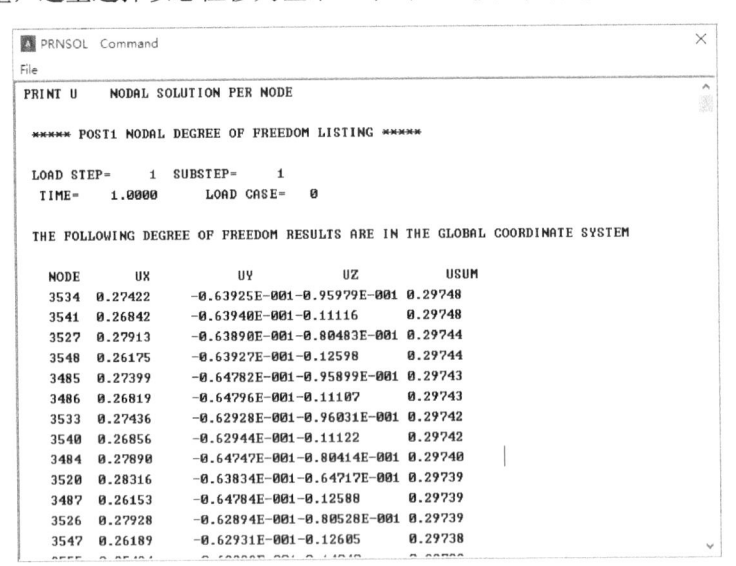

图 7-11 结果列表对话框

依次选择 Main Menu→General Postproc→List Results→Nodal Solution，打开 "选择结果参量" 的对话框，选择以总位移为列表对象，单击 OK 按钮，弹出如图 7-11 所示的对话框，列出相应的结果。仔细观察结果列表，最后一列为总位移，是按降序排列的。单击窗口左上侧的 File 菜单可以选择将列表显示的结果另存为文件。

依次选择 Main Menu→General Postproc→Query Results→Subgrid Solu,打开如图 7-12 所示的 Query Subgrid Solution Data（查询节点结果）对话框，选择要查询的结果内容，这里仍选择总位移。

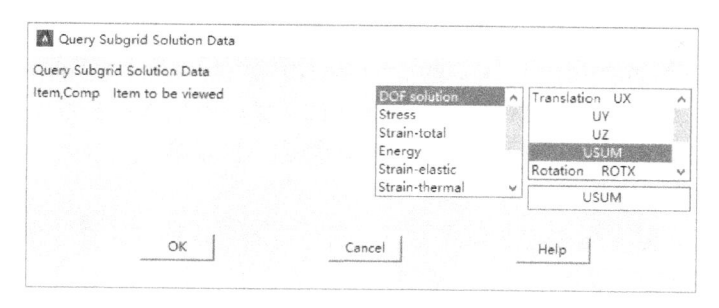

图 7-12 "查询节点结果"对话框

单击 OK 按钮，弹出如图 7-13（a）所示的 Query Nodal Results "查询节点拾取"对话框。

此时，鼠标在图形显示窗口变为选取状态，当用鼠标在窗口内选择节点时，将显示此节点的总位移数值。相应地，节点编号、整体坐标值和总位移数值显示在如图 7-13（a）所示的对话框上。单击 Min 或 Max 按钮，总位移最小值或最大值直接显示在窗口内。完成节点拾取，单击 OK 按钮，最后的显示结果如图 7-13（b）所示。

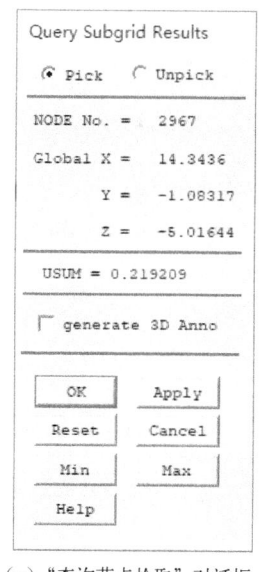

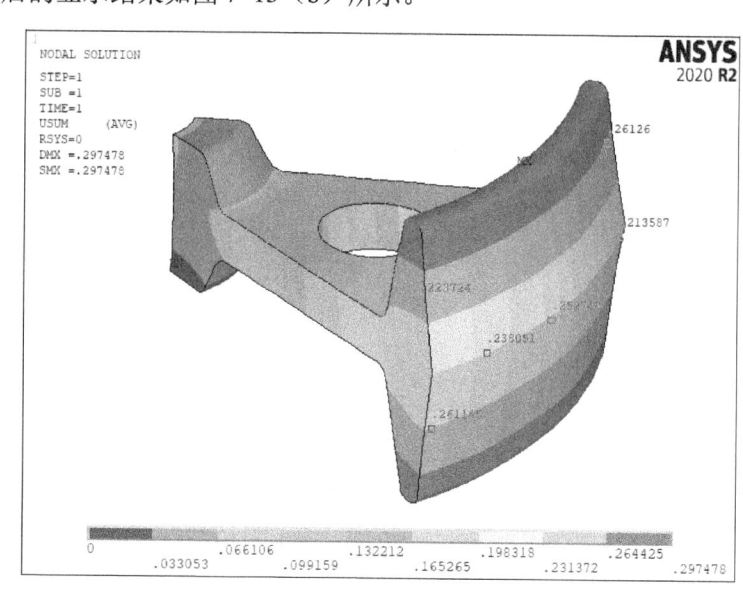

（a）"查询节点拾取"对话框　　（b）查询结果窗口

图 7-13 计算结果的查询

7.2.4 路径的定义和使用

路径的定义和使用允许用户自由观察模型任意位置的变形情况，并且以曲线的形式展示变化过程，定义路径的数量不限；同一路径下可以映射多个结果，可以单独显示也可以显示在同一坐标系下,这对于对比结果来说十分方便。下面以第 5 章实例 5.1 的分析为例,说明路径的定义和使用。

首先,恢复已有数据库,显示图 5-13 所示的结果。

1. 定义路径

依次选择 Main Menu→General Postproc→Path Operations→Define Path→By Nodes,在圆孔周围拾取第一组节点,单击 OK 按钮,在弹出的对话框中输入路径名称"P1",其余选择默认选项,单击 OK 按钮。进行类似操作,在右侧边部拾取第二组节点,命名为"P2"。通过这样的方法可以定义多个路径。

需要说明的是,除了可以通过节点定义路径外,还可以通过工作平面、坐标位置等定义路径。定义好的路径可以修改、可以查看。

2. 将结果映射到路径

如果用户定义了多个路径,可以通过选择 Main Menu→General Postproc→Path Operations→Recall Path,在打开的 Recall Path 对话框上选择要观察的路径名称,如图 7-14(a)所示。

依次选择 Main Menu→General Postproc→Path Operations→Map onto Path,设置 Lab 为"P1-seqv",选择等效应力选项,单击 Apply 按钮,如图 7-14(b)所示。

(a)路径选择对话框　　　　　(b)路径结构选择对话框

图 7-14　路径选择及结构选择对话框

按照上述操作,可以继续设置需要观察的参数,例如设置 Lab=P1-s1,选择第一主应力,单击 Apply 按钮;设置 Lab=P1-s2,选择第二主应力,单击 Apply 按钮;设置 Lab=P1-s3,选择第三主应力,单击 OK 按钮。

3. 绘制路径上的结果曲线

依次选择 Main Menu→General Postproc→Path Operations→Plot Path Item→On Graph,在打开的 Plot of Path Items on Graph 对话框上将映射的结果选中,如图 7-15(a)所示,单击 OK 按钮,绘制效果如图 7-15(b)所示。

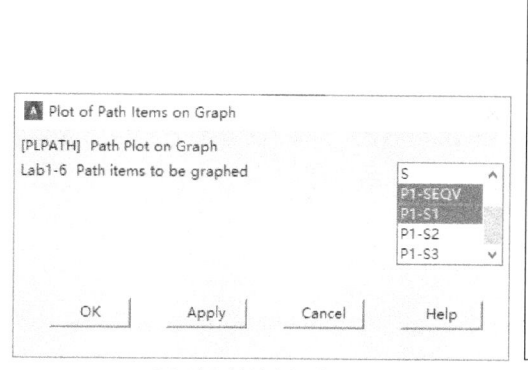

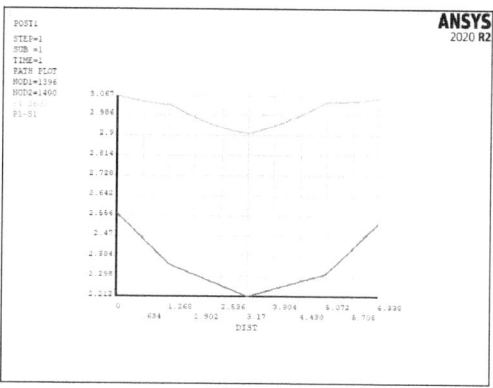

(a)路径结果选择对话框　　　　　　　　(b)结果曲线

图 7-15　路径选择对话框

7.2.5　动画显示

通过动画的形式显示模型变形的过程，可以清晰地观察模型上每一部分变形的大小、位置的变化。对于与时间相关的问题，使用动画显示的作用就更突出。

依次选择 Utility Menu→PlotCtrls→Animate→Deformed Results，打开如图 7-16（a）所示的 Animate Nodal Solution Data 对话框，选择要观察的内容，即动画显示位移、应变还是应力。单击 OK 按钮就可以实现动画显示。同时，在如图 7-16（b）所示的浮动对话框中可以设置动画显示的速度（滚动条拖动，向左为快，向右为慢）、播放的方向（向前还是向后）及开始/停止等。

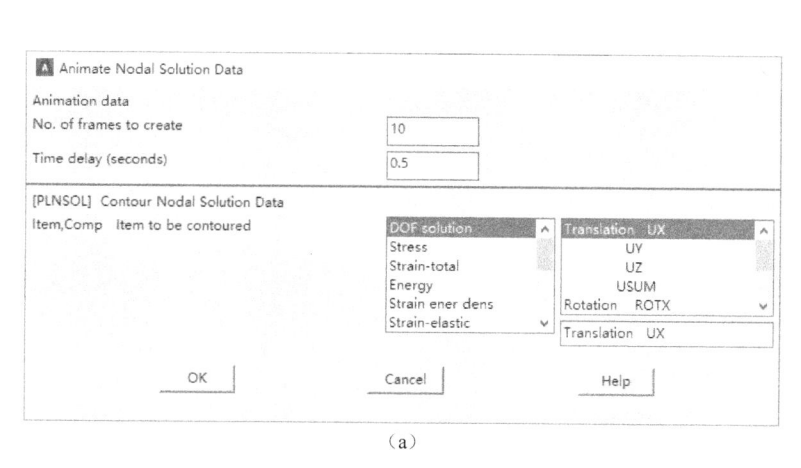

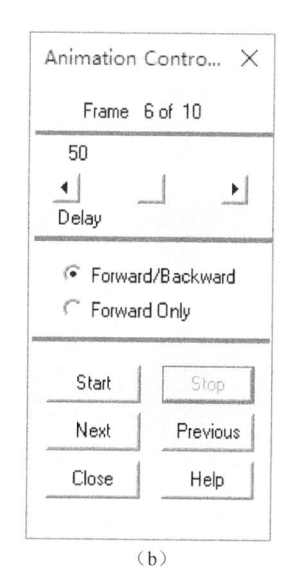

(a)　　　　　　　　(b)

图 7-16　动画显示与控制

7.3　时间历程后处理器

时间历程后处理器 POST26 允许用户查看模型上指定点相对于时间变量的计算结果，用户可以通过多种方法处理结果数据,并且用图形、图表等方式表达出来。例如在非线性结构分析中,用户可以绘制指定节点上力随时间变化的关系。

下面以第 6 章实例 6.4 为例,说明时间后处理器的使用。首先恢复实例 6.4 的数据库,依次选择 Main Menu→General Postproc→Read Results→Last Set,读入最后一步结果。依次选择 Main Menu→General Postproc→Results Summary,显示结果。

7.3.1 定义变量

依次选择 Main Menu→TimeHist Postpro→Define Variables,打开如图 7-17(a)所示 Defined Time-History Variable(定义时间历程变量)对话框,单击 Add 按钮,弹出如图 7-17(b)所示 Add Time-History Variable(添加时间历程变量)对话框,选择"Nodal DOF result",单击 OK 按钮,弹出"拾取节点"对话框。在图形窗口中点取相关的节点(这里选择了节点 91),单击 OK 按钮,弹出如图 7-18(a)所示 Define Nodal Data(定义节点变量数据)对话框,默认变量编号和节点编号,在其上进一步选择要查看的结果内容,例如在 user-specified label 处输入"UX";在右边的下拉列表框中的"Translation UX"上单击一次使其高亮度显示,单击 OK 按钮。

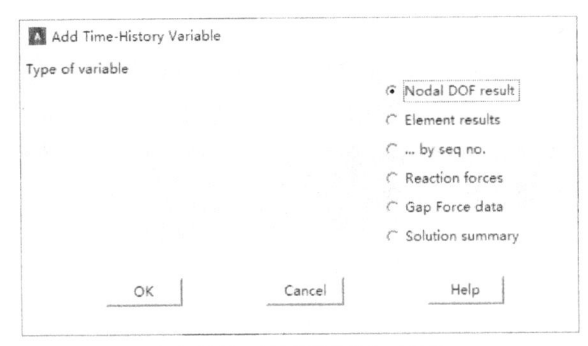

(a)"定义时间历程变量"对话框　　(b)"添加时间历程变量"对话框

图 7-17　时间历程的定义

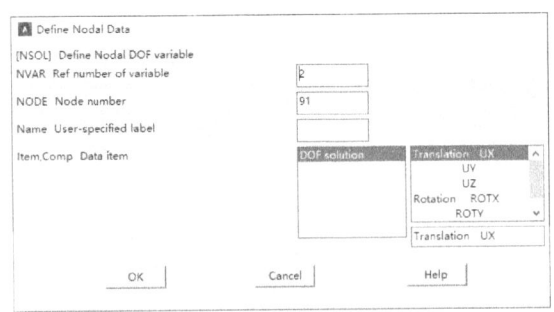

(a)"定义节点变量数据"对话框　　(b)"保存变量结果文件"对话框

图 7-18　定义并保存节点变量数据

重复上述操作,定义变量 3 查看"Translation UY";定义变量 4 查看"Translation UZ"。

依次选择 Main Menu→TimeHist PostPro→Store Data,打开如图 7-18(b)所示 Store

Data from the Results File（保存变量结果文件）对话框，接受默认值，单击 OK 按钮。

7.3.2 绘制变量曲线图

依次选择 Main Menu→TimeHist PostPro→Graph Variables，弹出如图 7-19（a）所示的 Graph Time-History Variables "绘制变量" 对话框，在 NVAR1 1st variable to graph 及以下各处输入所定义变量的编号 2、3、4，单击 OK 按钮，图形窗口中将出现一个曲线图，如图 7-19（b）所示为节点 91 在三向上随时间变化的位移曲线。

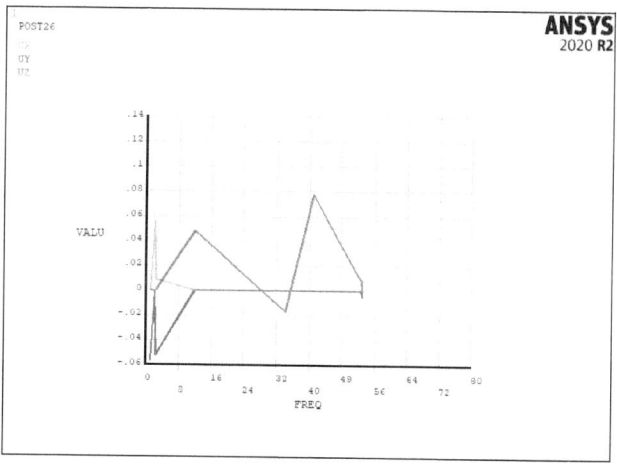

（a）"绘制变量" 对话框　　　　　　　　　　（b）变量随时间曲线图

图 7-19　绘制变量曲线图

7.3.3 变量的数学运算

依次选择 Main Menu→TimeHist PostPro→Math Operations→Add，弹出如图 7-20（a）所示的 Add Time-History Variable（时间变量加运算）对话框。在 IR　Reference number for result 右侧编辑框输入 "5"，即加操作之后得到的变量编号为 5；FACTA　1st Factor 右侧编辑框数值默认为 "1"；在 IA　1st Variable 右侧编辑框输入 "2"；FACTA　2nd Factor 右侧编辑框数值默认为 "1"；在 IB　2nd Variable 右侧编辑框输入 "3"；FACTA　3rd Factor 右侧编辑框数值默认为 "1"；在 IC　3rd Variable 右侧编辑框输入 "4"；在 Name　User-specified label 右侧编辑框输入 "USUM"，单击 OK 按钮。

上述操作是将已定义变量 2、3、4 以标量方式相加，得到变量 5，用 USUM 标志。

依次选择 Main Menu→TimeHist PostPro→Graph Variables，弹出如图 7-20 所示的 Graph Time-History Variables 对话框，在 1st Variable to graph 下输入所定义变量的编号 2、3、4、5，单击 OK 按钮，图形窗口中将出现一个曲线图，如图 7-20（b）所示为节点 91 在 3 向上的位移及总位移随时间变化的曲线。

⚜ 要点提示：针对变量进行必要的数学运算是比较高级的时间历程后处理方法，需要用户明确要分析数据的目的。变量的数学运算操作能实现的功能很多，例如 Derivative 可以在两个变量之间进行微分操作，读者不妨练习一下将上述运算得到的变量 5 与时间变量 1 进行微分，得到速度变量，再次微分可以得到加速度变量。

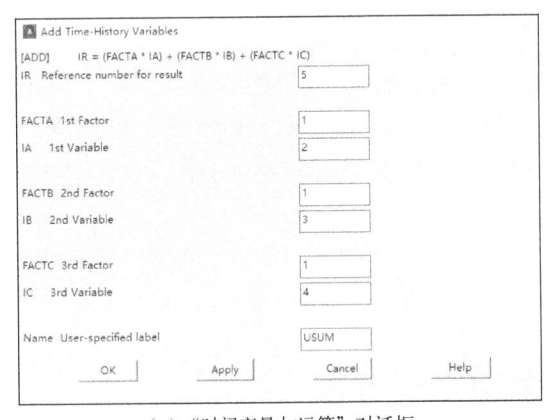

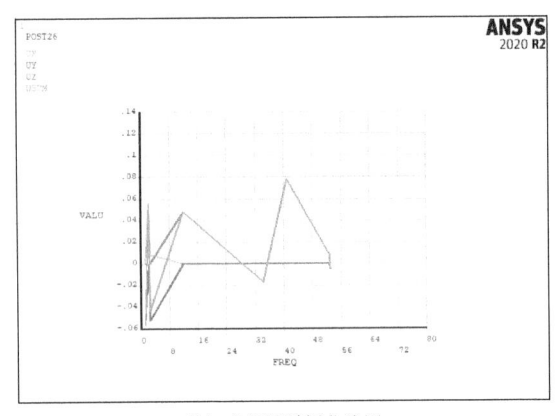

（a）"时间变量加运算"对话框　　　　（b）变量随时间曲线图

图 7-20　变量的数学运算

依次选择 Utility Menu→PlotCtrls→Style→Graphs→Modify Curve，打开如图 7-21（a）所示的 Curve Modifications for Graph Plots（修改曲线设置）对话框，在 Thickness of curve 右侧下拉列表框选择曲线厚度为"Double"；在 Specify marker type for curve 中指定曲线标志类型，例如在"CURVE number（1-10）"右侧编辑框输入"1"，在 KEY to define marker type 右侧下拉列表框选择"Triangles"；在 Increment（1-255）右侧编辑框输入"1"，单击 Apply 按钮。重复上述操作，定义曲线 2 和 3 的标志分别使用四边形和钻石形，单击 OK 按钮。

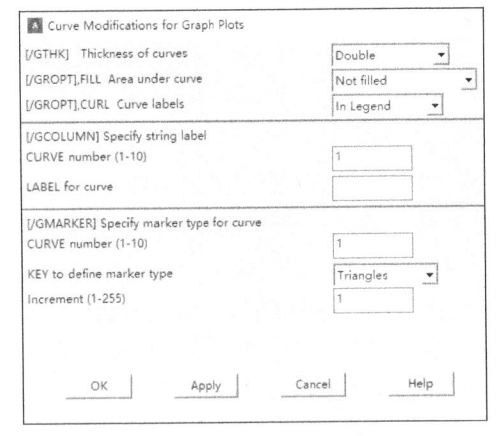

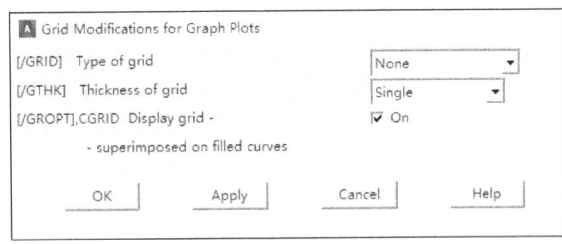

（a）"修改曲线设置"对话框　　　　（b）"修改坐标网格设置"对话框

图 7-21　修改曲线及坐标网格设置

依次选择 Utility Menu→PlotCtrls→Style→Graphs→Modify Grid，打开如图 7-21（b）所示的 Grid Modifications for Graph Plots（修改坐标网格设置）对话框，在 Type of grid 右侧下拉列表框选择关闭曲线图网格线"None"；勾选 Display grid 为"On"，单击 OK 按钮。

依次选择 Utility Menu→PlotCtrls→Style→Graphs→Modify Axes，打开如图 7-22 所示的 Axes Modifications for Graph Plots（修改坐标轴设置）对话框，在 X-axis label 右侧编辑框输入"time/s"；在 Y-axis label 右侧编辑框输入"Displacement/m"；在 Thickness of axes 右侧下

拉列表框选择坐标轴线的线形为"Single";其余设置为默认,单击 OK 按钮。

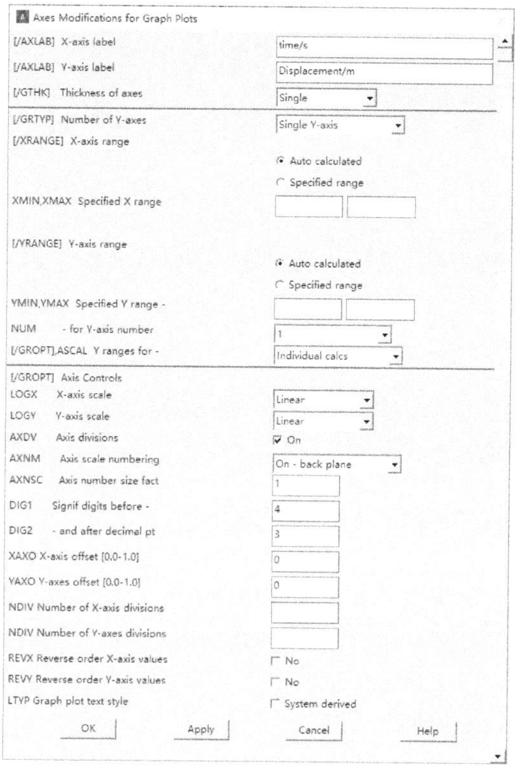

图 7-22 "修改坐标轴设置"对话框

依次选择 Utility Menu→PlotCtrls→Style→Graphs→Select Anno/Graph Font,打开如图 7-23(a)所示的字体对话框,选择显示的字体、字形和大小,单击 OK 按钮。

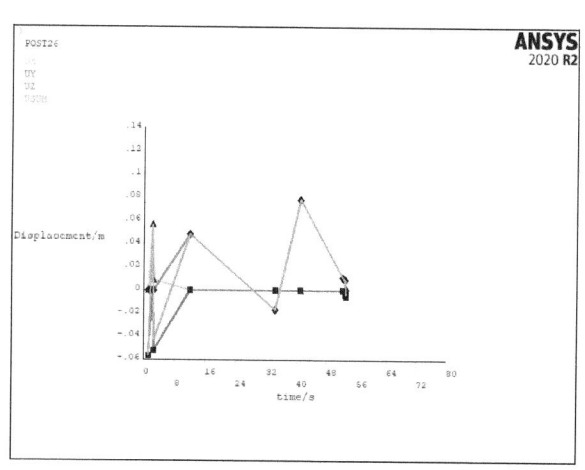

(a)指定显示字体对话框　　　　　　　　(b)修改后显示的曲线图

图 7-23 绘制变量的选择对话框

依次选择 Main Menu→TimeHist PostPro→Graph Variables，重新绘制变量 2、3、4，如图 7-23（b）所示为节点 91 在 3 向上的位移随时间变化的曲线。

7.4 上机指导

上机目的

熟悉采用后处理器对计算结果进行分析和显示的常用方法，进一步练习加载和求解。

上机内容

（1）应用通用后处理器进行一般分析和结果显示方法。
（2）时间历程后处理器的一般操作和使用。

7.4.1 实例 7.1 轴承座的分析（计算结果）

在前述 5.1 实例求解的基础上，利用后处理器查看计算结果。恢复实例 5.2 计算完成的数据库。

1. 查看等值图

（1）绘制等效应力（von Mises）云图

依次选择 Main Menu→General Postproc→Plot Results→Contour Plot→Nodal Solu，在弹出的对话框上选择"Stress"，右侧选择"von Mises stress"，单击 OK 按钮。出现应力分布图，如图 7-24（a）所示。

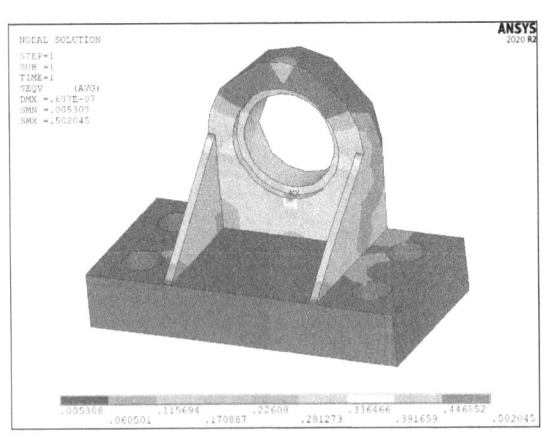

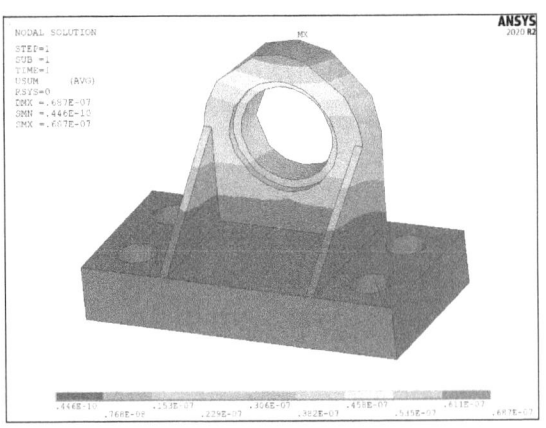

（a）轴承座应力分布图　　　　　（b）轴承座位移分布图

图 7-24　轴承座计算结果图

（2）绘制位移分布（Displacement vector）云图

依次选择 Utility Menu→PlotCtrls→Animate→Deformed Results，在弹出的对话框上选择"DOF Solution"，右侧选择"Displacement vector sum"，单击 OK 按钮，出现应力分布图，如图 7-24（b）所示。

2. 查看切片图

（1）定义切片

依次选择 Utility Menu→WorkPlane→Offset WP by Increments，将工作平面绕 Y 轴逆时针旋转 90 度。

（2）绘制切片图

依次选择 Utility Menu→PlotCtrls→Style→Hidden Line Options，打开如图 7-8 的 Hidden-Line Options "隐藏线选项"对话框。在 Cutting plane is 中选择 "Working plane"。

在 TYPE Type of Plot 中选择 "Capped hidden"，效果如图 7-25（a）所示，显示切面位置及剩余实体部分分布情况；选择 "Section"，效果如图 7-25（b）所示，只显示切面位置的分布；选择 "Q-Slice precise"，效果如图 7-25（c）所示，显示切面位置分布及实体轮廓线。

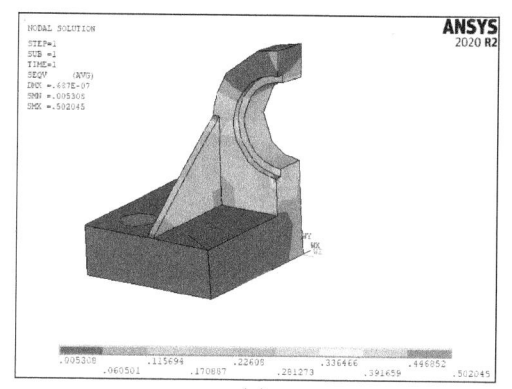

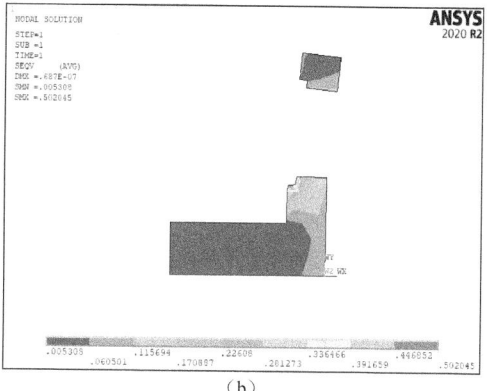

图 7-25 轴承座不同显示选项的显示结果

3. 查看路径上的不同结果

（1）定义路径

依次选择 Main Menu→General Postproc→Path Operations→Define Path→By Nodes，在轴承孔底部延轴向选取一直线，如图 7-26 所示，单击 OK 按钮，在弹出的对话框中输入路径名称 "P1"，其余选择默认选项，单击 OK 按钮。

（2）将结果映射到路径

依次选择 Main Menu→General Postproc→Path Operations→Recall Path，打开路径选择对

话框，选择"P1"。依次选择 Main Menu→General Postproc→Path Operations→Map onto Path，设置 Lab=P1-seqv，选择等效应力选项，单击 OK 按钮；按照上述操作，可以继续设置需要观察的参数，例如设置 Lab=P1-s1，选择"Stress"-"1st principal S1"。

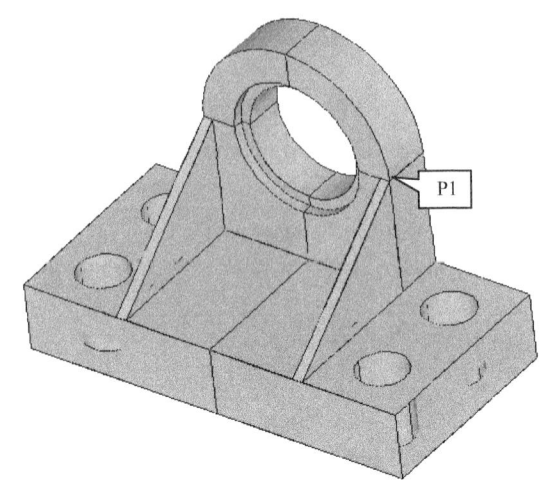

图 7-26 路径示意图

（3）绘制路径上的结果曲线

依次选择 Main Menu→General Postproc→Path Operations→Plot Path Item→On Graph，在打开的 Plot of Path Items on Graph（路径结果选择）对话框中选中映射的结果，如图 7-27（a）所示，单击 OK 按钮，绘制效果如图 7-27（b）所示。

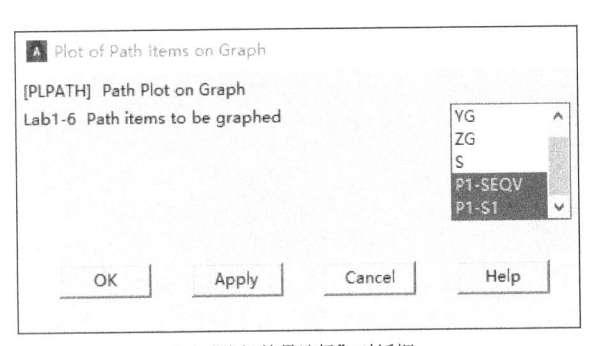

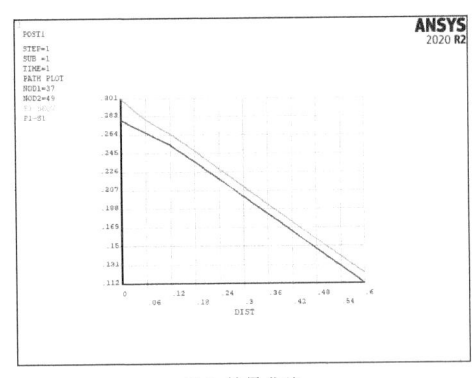

（a）"路径结果选择"对话框　　　　　　　　　（b）结果曲线

图 7-27 "路径选择"对话框

7.4.2　实例 7.2　机翼模态的计算结果分析

恢复实例 6.1 计算完成的数据库。

依次选择 Utility Menu→Plot Ctrls→Animate→Mode Shape，弹出 Animate Mode Shape 对话框，如图 7-28 所示，在 Display Type 列表框中选择"DOF solution Translation""USUM"，单击 OK 在窗口显示出振型动画。

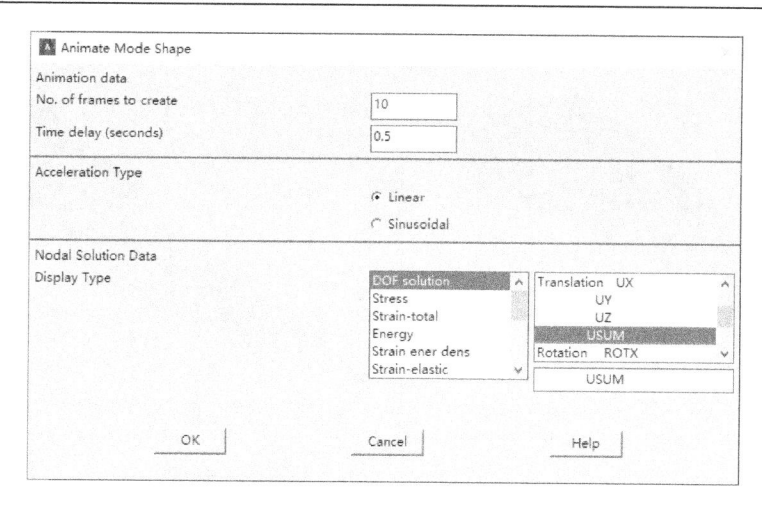

图 7-28　Animate Mode Shape 对话框

依次选择 Main Menu→General Postproc→Read Results→First Set，选择一阶振型结果。

依次选择 Main Menu→General Postproc→Contour Plot→Nodal Solu，弹出 Contour Modal Solution Data 对话框，如图 7-29 所示，在对话框中依次选择 Nodal Solution→DOF Solution→Displacement vector sum，在 Undisplaced shape key 中选择 Deformed shaped with undeformed model。单击 OK 按钮，图形窗口出现一阶模态振型图，如图 7-31 所示。

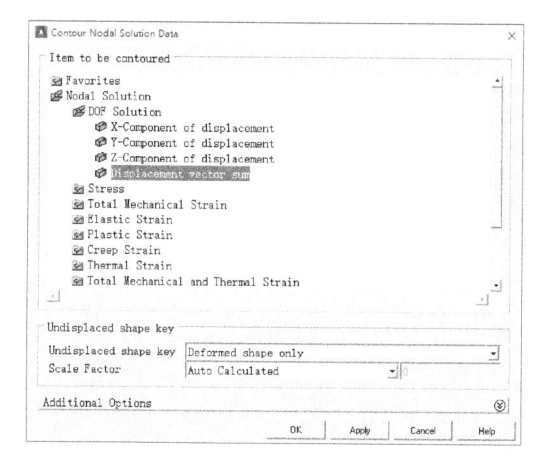

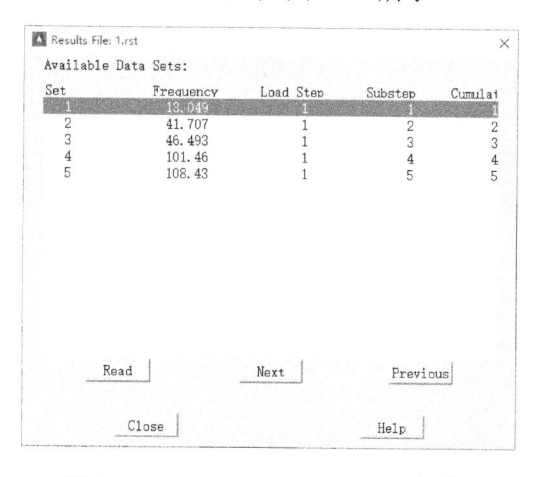

图 7-29　Contour Modal Solution Data 对话框

图 7-30　Resulte File: Jobname.rst 对话框

依次选择 Main Menu→General Postproc→Read Results→By Pick，弹出 Resulte File: Jobname.rst 对话框。使用鼠标挑选需要观看的阶数。然后依次选择 Utility Menu→Plot→Replot 刷新图形窗口，出现各阶模态振型图。

最后保存数据库。

7.4.3　实例 7.3　电机平台的计算结果分析

恢复实例 6.2 计算完成的数据库。

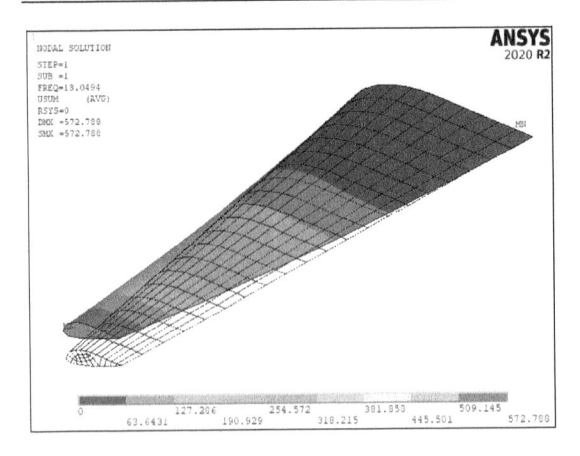

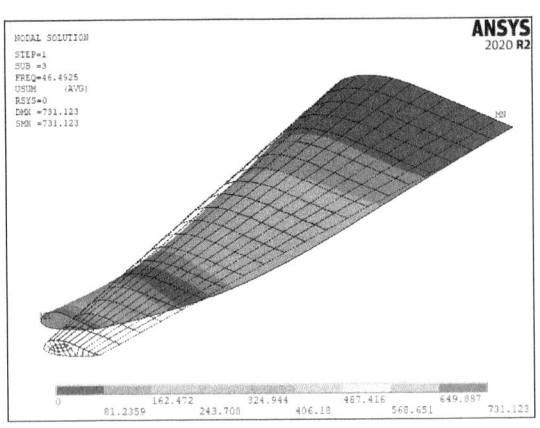

图 7-31 机翼第 1 阶和第 3 阶模态振型图

（1）提取结构特殊点（节点 1000）处的三向位移

依次选择 Main Menu→TimeHist Postpro→Define Variable，弹出 Defined Time-History Variale 对话框。单击 Add 按钮，弹出 Add Time-History Variable 对话框，接受默认选项 Nodal DOF result，单击 OK 按钮，弹出 Define Nodal Data 拾取对话框。

在图形窗口中取点 1000。单击 OK 按钮，弹出 Define Nodal Data 对话框。在 Name User-specified label 处输入"UX"；在右边滚动框中的"Translation UX"上单击依次使其高亮显示，单击 OK 按钮确认。

同理，分别选取 1000 号节点对应的 UY、UZ 位移变量。

（2）绘制 1000 号节点的三向位移-频率曲线

依次选择 Main Menu→TimeHist Postpro→Graph Variables，弹出 Graph Time-History Variables 对话框。在 1st Variable to graph 中输入"2"；在 2nd Variable 中输入"3"；在 3nd Variable 中输入"4"，如图 7-32 所示。单击"OK"按钮确认。图形窗口中将出现一个曲线图，如图 7-32（b）所示。

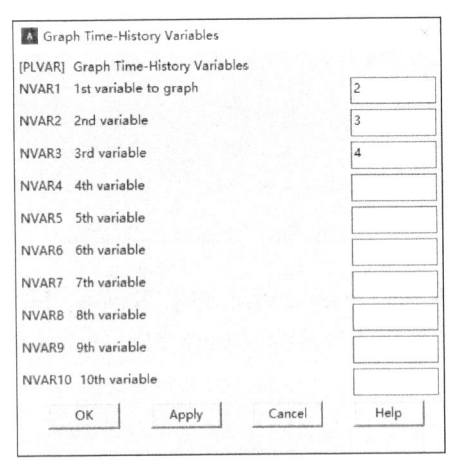

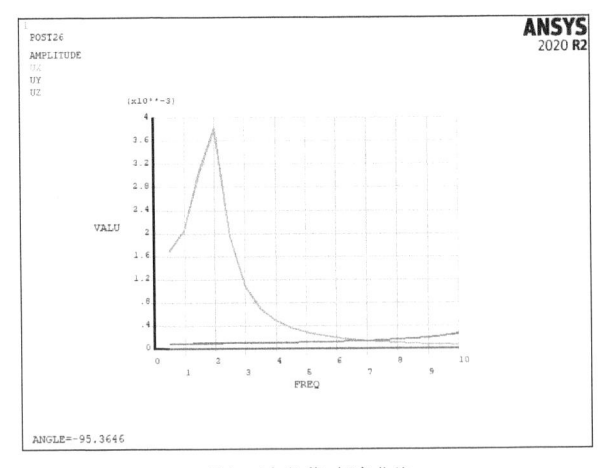

（a）绘制变量对话框　　（b）三向位移-频率曲线

图 7-32 查看节点位移随时间变化曲线

（3）确定临界频率和相角

临界频率是最大振幅时对应的频率，由图 7-32（b）可知。电动机在 2 Hz 处产生 X 方向的谐振。对比模态分析结果可知，可知简谐激励力 F_x 激发了工作平台的二阶模态振动。一阶和三阶模态没有被简谐激励力激发。由于位移与载荷不同步（如果有阻尼的话），需要确定出现最大振幅时的相位角。

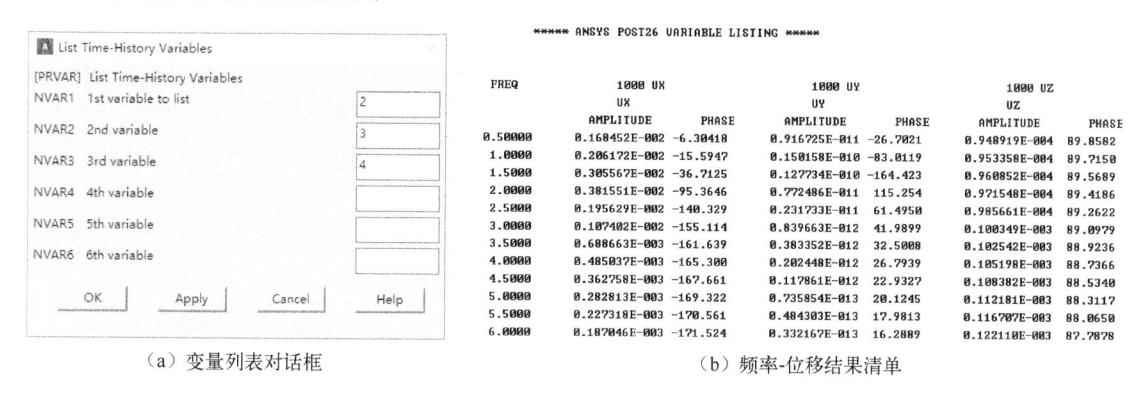

（a）变量列表对话框 （b）频率-位移结果清单

图 7-33 确定临界频率和相角

依次选择 Main Menu→TimeHist Postpro→List Variables，弹出 List Time-History Variables 对话框。在 1st Variable to list 处输入"2"；在 2nd Variable 处输入"3"；在 3nd Variable 处输入"4"，如图 7-33（a）所示。单击 OK 按钮确认。图形窗口中将出现频率—位移结果清单，如图 7-33（b）所示。最大振幅 0.003 8 出现在 FREQ=2.0 Hz，相位角为-95.364 6°时。

（4）查看整个模型在连接频率和相角时的位移和应力

重新回到 POST1，列出结果汇总表，确定临界频率的载荷步和子步序号。依次选择 Main Menu→General Postproc→Read Summray，列出结果汇总表如图 7-34 所示。由汇总表可知，LODSTEP1，SUBSTEP4 为 2 Hz 的结果；又分为 SET7 和 SET8，分别代表实部和虚部结果。

图 7-34 结果总表

使用 HRCPLX 命令（没有对应菜单）读入频率和相角的结果。

命令：HRCPLX,1,4,-95.3646

然后依次选择 Main Menu→General Postproc→Contour Plot→Nodal Solu，弹出 Contour Modal Solution Data 对话框，在对话框中依次选择 Nodal Solution→DOF Solution→Displacement vector sum，在 Undisplaced shape key 中选择"Deformed shaped with undeformed edge"。单击 OK 按钮，图形窗口出现位移图，如图 7-35 所示。

然后依次选择 Main Menu→General Postproc→Contour Plot→Nodal Solu，出现 Contour Modal Solution Data 对话框，在对话框中依次选择 Nodal Solution→DOF Solution→Stress→von Mises. 在 Undisplaced shape key 中选择"Deformed shaped with undeformed edge"。单击 OK 按钮图形窗口出现应力分布图，如图 7-36 所示。

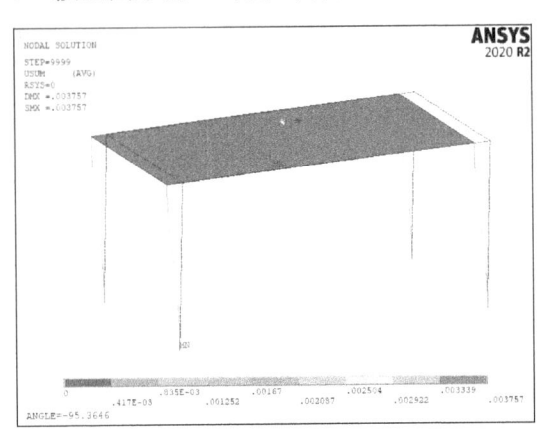

图 7-35 位移分布图 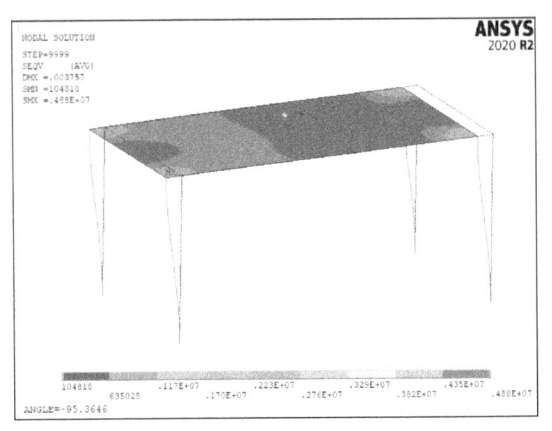　　　　图 7-36 应力分布图

7.5 检测练习

练习 7.1 回转类零件旋转分析与结果后处理

基本要求：

① 恢复练习 4.3 生成的有限元模型，施加约束和载荷并进行求解。

② 利用通用后处理器绘制等值图、切片图。

③ 熟悉路径的定义与使用。

思路点睛：

① 利用有限元模型的对称性，选择 1/4 为研究对象。施加刚体约束和对称面约束，施加旋转载荷，进行求解。

② 通过与实例 7.1 类似的操作实现后处理。

练习 7.2 板-梁结构的瞬态分析与结果后处理

基本要求：

① 恢复实例 6.3 生成的板-梁结构有限元模型，施加约束和载荷并进行求解。

② 利用 POST26 后处理器绘制板面中心处节点的位移时间历程曲线。

③ 生成板-梁结构受到动力载荷的动画。

思路点睛：

① 通过与实例 7.3 类似的操作实现后处理。

② 在分析结束后依次选择 Utility Menu→PlotCtrls→Animate→Over Results 可以生成动画。动画的视频文件以"文件名.AVI"格式保存在工作目录中。

练习题

1. ANSYS 提供的两种后处理器分别适合查看模型的什么计算结果？
2. 使用 POST1 后处理器，如何实现变形图、等值线图的绘制？
3. 使用 POST1 后处理器，路径的定义和使用过程是怎样的？
4. 使用 POST26 后处理器，如何实现自定义变量曲线的绘制？

第 8 章　典型实例与练习

8.1　车轮的分析

1．练习目的

创建实体的方法、工作平面的平移及旋转、建立局部坐标系、模型的映射、拷贝、布尔运算（相减、粘接、搭接）；用自由及映射网格对轮模型进行混合的网格划分；加载和求解，扩展结果及查看。

2．问题描述

车轮为沿轴向具有循环对称的特性，基本扇区为 45 度，旋转 8 份即可得到整个模型。如图 8-1 所示。材料特性：杨氏模量=2.1e5 MPa，密度=7.8e-6 kg/mm^3。载荷：对称面约束，Y 向约束，旋转角速度=5 rad/sec。

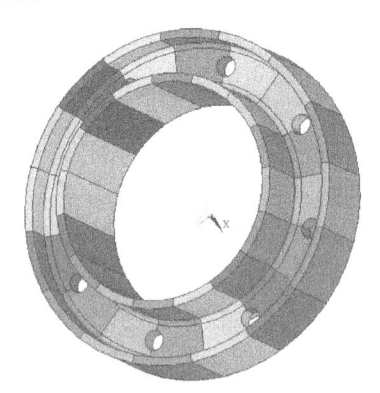

图 8-1　车轮建模的问题描述

8.1.1　有限元模型

1．建立切面模型

（1）建立三个矩形

依次选择 Main Menu → Preprocessor → Modeling → Create → Areas → Rectangle → By Dimensions，在弹出的对话框上依次输入 x1=130、x2=140、y1=0、y2=130，单击 Apply 按钮；再输入 x1=140、x2=190、y1=40、y2=60，单击 Apply 按钮；最后输入 x1=190、x2=200、y1=15、y2=95，单击 OK 按钮。如图 8-2（a）所示。

（2）将三个矩形加在一起

依次选择 Main Menu→Preprocessor→Modeling→Operate→Booleans→Add→Areas，单击 Pick All 按钮。

(3) 分别对图中所示进行倒角，倒角半径为 6

依次选择 Main Menu→Preprocessor→Modeling→Create→Lines→Line Fillet，拾取线 14 与 7，单击 Apply 按钮，输入圆角半径"6"，单击 Apply 按钮；拾取线 7 与 16，单击 Apply 按钮，输入圆角半径"6"，单击 Apply 按钮；拾取线 5 与 13，单击 Apply 按钮，输入圆角半径"6"，单击 Apply 按钮；拾取线 5 与 15，单击 Apply 按钮，输入圆角半径"6"，单击 OK 按钮。如图 8-2（b）所示。

(4) 打开关键点编号

依次选择 Utility Menu→PlotCtrls→Numbering，在打开的对话框上将关键点编号设为"ON"，并设置/NUM 为"Colors & Numbers"。

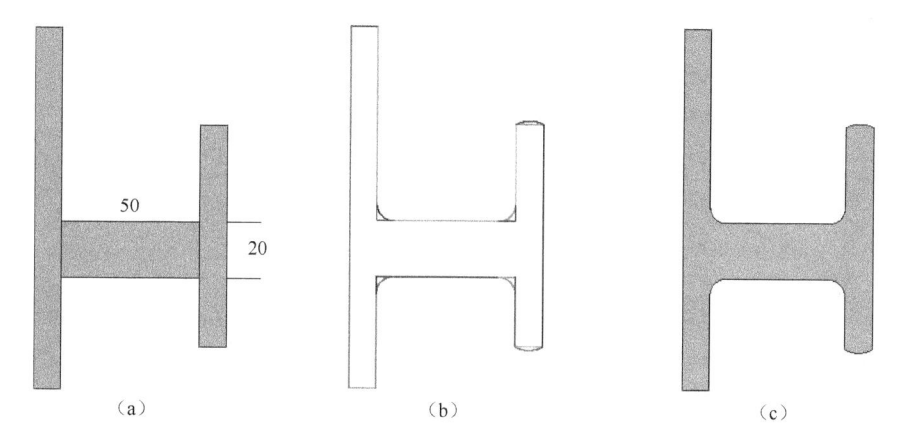

图 8-2 切面模型的建立

(5) 通过三点画圆弧

依次选择 Main Menu→Preprocessor→Create→Arcs→By End KPs & Rad，拾取 12 及 11 点，单击 Apply 按钮，再拾取 10 点，单击 Apply 按钮，输入圆弧半径"10"，单击 Apply 按钮；拾取 9 及 10 点，单击 Apply 按钮，再拾取 11 点，单击 Apply 按钮，输入圆弧半径"10"，单击 OK 按钮。

(6) 由线生成面

依次选择 Main Menu→Preprocessor→Modeling→Create→Areas→Arbitrary→By Lines，拾取新生成的线与原有线围成新的面。

(7) 将所有的面加在一起

依次选择 Main Menu→Preprocessor→Modeling→Operate→Booleans→Add→Areas，在拾取对话框中单击 Pick All 按钮。如图 8-2（c）所示。

2. 旋转产生部分体

(1) 定义两个关键点（用来定义旋转轴）

依次选择 Main Menu→Preprocessor→Create→Keypoints→In Active CS，在弹出的对话框的 NPT 中输入"100"，单击 Apply 按钮，在 NPT 中输入"200"，在 Y 中输入"200"，单击 OK 按钮。

(2) 面沿旋转轴旋转 22.5 度，形成部分实体

依次选择 Main Menu→Preprocessor→Operate→Extrude→Areas→About Axis，拾取面，

单击 Apply 按钮，再拾取上面定义的两个关键点 100 和 200，单击 OK 按钮，弹出如图 8-3 所示的"拉伸面"对话框，输入圆弧角度"22.5"，单击 OK 按钮，结果如图 8-4（a）所示。

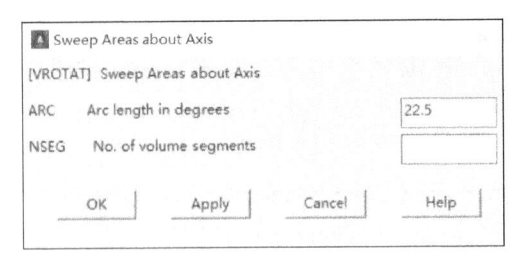

图 8-3　"拉伸面"对话框

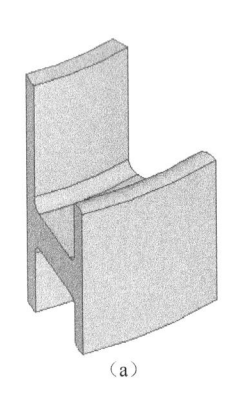

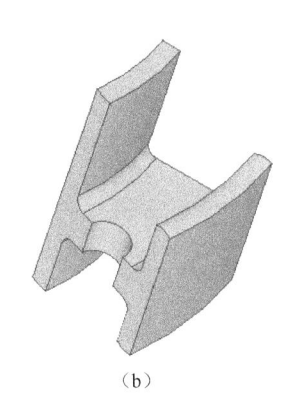

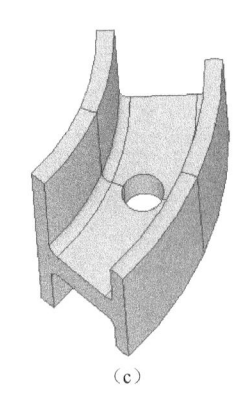

图 8-4　由面产生体

（3）将坐标平面进行平移并旋转

依次选择 Utility Menu→WorkPlane→Offset WP to→Keypoints，拾取关键点 14 和 16，单击 OK 按钮；依次选择 Utility Menu→WorkPlane→Offset WP by Increments，在"XY，YZ，ZX Angles"输入"0，-90，0"，单击 Apply 按钮。

（4）创建实心圆柱体

依次选择 Main Menu→Preprocessor→Create→Cylinder→By Dimensions，弹出对话框，在 RAD1 中输入"6.0"，Z1、Z2 坐标输入 5、-20，单击 OK 按钮。

（5）将圆柱体从轮体中减掉

依次选择 Main Menu→Preprocessor→Operate→Booleans→Subtract→Volumes，拾取轮体，单击 Apply 按钮，然后拾取圆柱体，单击 OK 按钮，如图 8-4（b）所示。

3．生成整个实体

（1）工作平面与总体笛卡儿坐标系一致

依次选择 Utility Menu→WorkPlane→Align WP With→Global Cartesian，此处将模型另存为 Wheel.db，然后保存现有数据库，在 Toolbar 上单击 SAVE_DB。

（2）将体沿 XY 坐标面映射

依次选择 Main Menu→Preprocessor→Reflect→Volumes，拾取体，在弹出的对话框上选择"X-Y plane"，单击 OK 按钮。如图 8-4（c）所示。

第 8 章 典型实例与练习

（3）旋转工作平面

依次选择 Utility Menu→WorkPlane→Offset WP by Increments，在浮动对话框的 "XY，YZ，ZX Angles" 中输入 "0，-90，0"，单击 Apply 按钮；在 "XY，YZ，ZX Angles" 中输入 "22.5，0，0"，单击 Apply 按钮。

（4）在工作平面原点定义一个局部柱坐标系

依次选择 Utility Menu→WorkPlane→Local Coordinate Systems→Create Local CS→At WP Origin，在弹出的对话框上设置 KCN 为 "11"，KCS 为 "Cylindrical 1"，如图 8-5 所示。

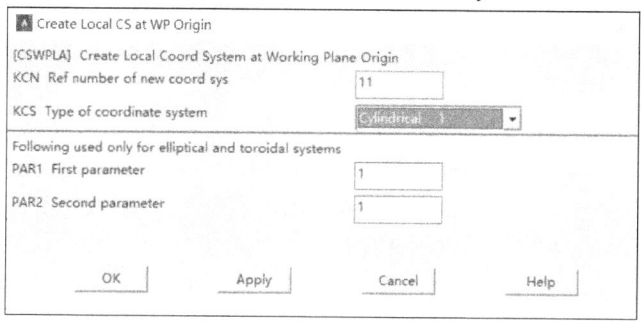

图 8-5 "定义局部坐标系" 对话框

（5）将体沿周向旋转 8 份形成整环

依次选择 Main Menu→Preprocessor→Modeling→Copy→Volumes，拾取 Pick All，在弹出的对话框中（如图 8-6 所示），设置 ITIME 为 "8"，设置 DY 为 "45"，单击 OK 按钮。

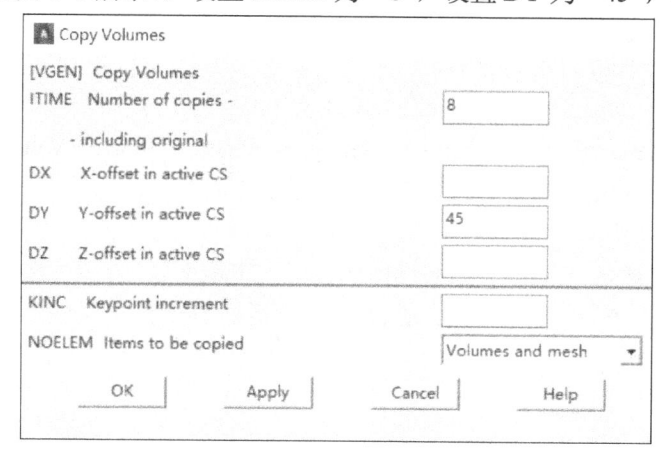

图 8-6 复制体对话框

给定名称另存数据库。

4．划分网格

恢复数据库，如图 8-7（a）所示。

（1）选择单元

依次选择 Main Menu→Preprocessor→Element Type→Add/Edit/Delete，在弹出的对话框中单击 Add 按钮，在左侧 Structural 中选择 "Solid"，然后从右侧选择 "Solid 185"，单击 OK 按钮。

（a） （b）

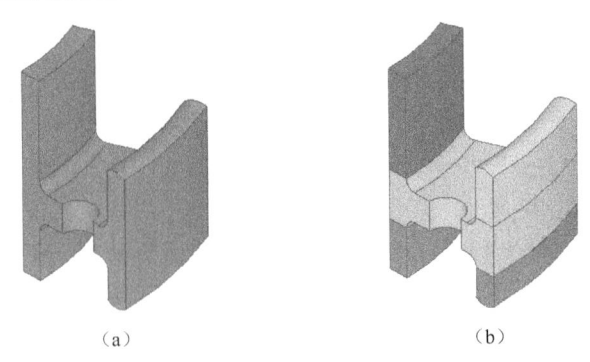

图 8-7 工作平面切分体

（2）定义材料

依次选择 Main Menu → Preprocessor → Material Props → Structural → Linear-Elastic-Isotropic，默认材料号 1，在"Young's Modulus EX"中输入"2.1e5"，设置泊松比为"0.3"，设置密度为"7.8e-6"，单击 OK 按钮。

（3）平移并旋转工作平面

依次选择 Utility Menu→WorkPlane→Offset WP to，将工作平面平移至 13 号关键点；然后依次选择 Utility Menu→WorkPlane→Offset WP by Increments，在打开的浮动对话框的"XY，YZ，ZX Angles"中输入"0，90，0"，单击 OK 按钮。

（4）用工作平面切分体

依次选择 Main Menu→Preprocessor→Modeling→Operate→Divide→Volu by WorkPlane，拾取要切分的体，单击 OK 按钮。

（5）平移工作平面并再次切分体

依次选择 Utility Menu→WorkPlane→Offset WP to，将工作平面平移至 18 号关键点；然后依次选择 Main Menu→Preprocessor→Modeling→Operate→Divide→Volu by WorkPlane，拾取要切分的体，单击 OK 按钮。如图 8-7（b）所示。

（6）设定整体单元尺寸

依次选择 Main Menu→Preprocessor→MeshTool，打开网格划分工具，选择"Size Controls"为"Global"，单击右侧"Set"按钮，在弹出的对话框中设置"SIZE"为"6"，单击 OK 按钮。

（7）指定单元属性

依次选择 Main Menu→Preprocessor→MeshTool，打开网格划分工具，单击 Element Attributes 右侧的 Set 按钮，在弹出的对话框中设置"TYPE"为"1"，"MAT"为"1"，单击 OK 按钮。

（8）映射网格划分

依次选择 Main Menu→Preprocessor→MeshTool，打开网格划分工具，指定 Mesh 为"Volumes"，在 Shape 中选择"Hex"和"Map"，单击 Mesh 按钮，拾取要划分网格的实体，单击 OK 按钮，结果如图 8-8（a）所示。

（9）设定整体单元尺寸

依次选择 Main Menu→Preprocessor→MeshTool，打开网格划分工具，选择 Size Controls

为"Global",单击右侧 Set 按钮,在打开的对话框中设置"SIZE"为"5",单击 OK 按钮。

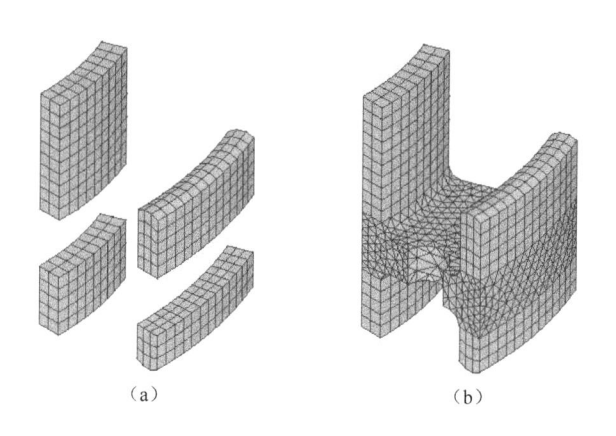

（a）　　　　　　　　　　（b）

图 8-8　网格的混合划分

（10）指定单元属性

依次选择 Main Menu→Preprocessor→MeshTool,打开网格划分工具,单击 Element Attributes 右侧的 Set 按钮,在打开的对话框中设置"TYPE"为"2","MAT"为"1",单击 OK 按钮。

（11）自由网格划分

依次选择 Main Menu→Preprocessor→MeshTool,打开网格划分工具,指定 Mesh 为"Volumes",在 Shape 中选择"Tet"和"Free",单击 Mesh 按钮,拾取要划分网格的实体,单击 OK 按钮,结果如图 8-8（b）所示。

（12）单元转换

依次选择 Main Menu→Preprocessor→Meshing→Modify Mesh→Change Tets,在弹出的对话框（如图 8-9 所示）内选择默认值,单击 OK 按钮。

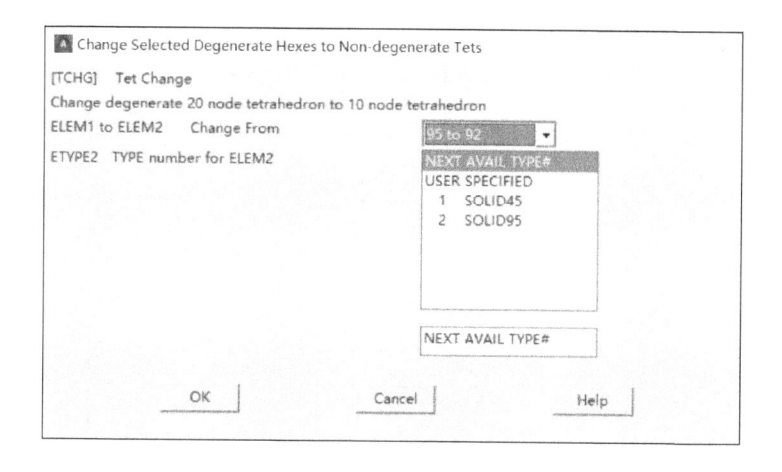

图 8-9　"单元转换"对话框

8.1.2 约束、载荷与求解

（1）约束对称面

依次选择 Main Menu→Solution→Loads→Apply→Structural→Displacement→Symmetry B.C.→On Areas，拾取所有对称面，如图 8-10 所示，单击 OK 按钮。

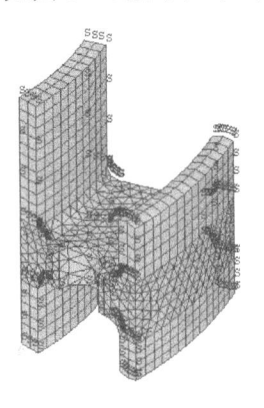

图 8-10 边界约束

（2）约束刚性位移

依次选择 Main Menu → Solution → Loads → Apply → Structural → Displacement → on Keypoints，拾取关键点 1，单击 OK 按钮。在打开的对话框上选择 UY 作为约束自由度，值为"0"，单击 OK 按钮。

（3）施加角速度

依次选择 Main Menu→Solution→Loads→Apply→Structural→Other→Angular Velocity，在弹出的对话框上设定 OMEGY 为"5"，单击 OK 按钮。

依次选择 Main Menu→Solution→Analysis Type→Sol'n Control，在弹出的对话框上的 Sol'n Options 选项卡上选择"Pre-Condition CG"求解器，如图 8-11 所示，单击 OK 按钮。

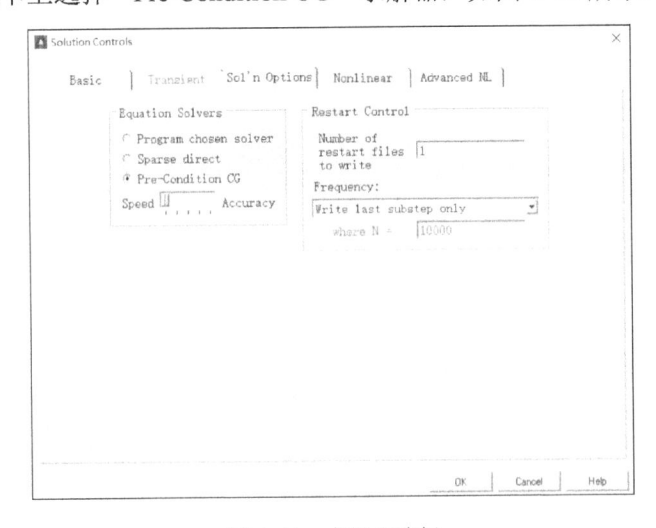

图 8-11 求解器选择

(4) 求解

依次选择 Main Menu→Solution→Solve→Current LS，浏览 status window 中出现的信息，然后关闭此窗口；单击 OK 按钮（开始求解，并关闭由于单元形状检查而出现的警告信息）；求解结束后，关闭信息窗口。

8.1.3 后处理查看结果

(1) 查看等效应力

依次选择 Main Menu→General Postproc→Plot Results，在弹出的对话框中选择要查看的结果，如图 8-12（a）所示。

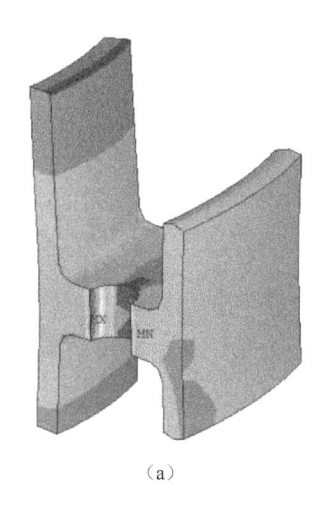

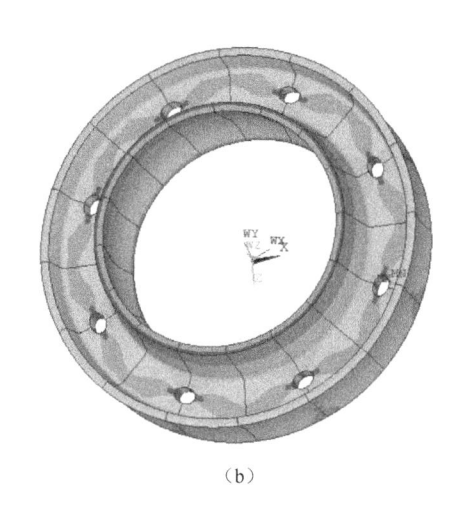

图 8-12 查看结果

(2) 工作平面与总体笛卡儿坐标系一致

依次选择 Utility Menu→WorkPlane→Align WP With→Global Cartesian。

(3) 旋转工作平面

依次选择 Utility Menu→WorkPlane→Offset WP by Increments，在浮动对话框上的 XY，YZ，ZX Angles 中输入"0，-90，0"，单击 Apply 按钮；在 XY，YZ，ZX Angles 输入"22.5，0，0"，单击 Apply 按钮。

(4) 在工作平面原点定义一个局部柱坐标系

依次选择 Utility Menu→WorkPlane→Local Coordinate Systems→Create Local CS→At WP Origin，在弹出的对话框上设置 KCN 为"11"，KCS 为"Cylindrical 1"。

(5) 沿局部坐标系 11 的 z 轴扩展结果

依次选择 Utility Menu→PlotCtrls→Style→Expansion→User-Specified Expansion，在弹出的对话框上（如图 8-13 所示）设置 NREPEAT 为"16"，TYPE 为"Local Polar"，PATTERN 为"Alternate Symm"，DY 为"22.5"，单击 OK 按钮。结果如图 8-12（b）所示。

图 8-13 扩展结果对话框

8.2 连杆的分析

1. 练习目的

熟悉从下向上建模的过程；对已建立的二维连杆面进行网格化，然后拉伸形成三维网格化的体；加载并求解后，练习查询和路径操作进行结果查看。

2. 问题描述

连杆为上下对称结构，先创建一半的几何形状，然后映射得到整体，图中关键点位置为样条拟合点，如图 8-14 所示。

材料特性：杨氏模量=2.1e5 MPa，密度=7.8e-6 kg/mm^3。

载荷：对称面，Z 向约束，面压力=100 MPa。

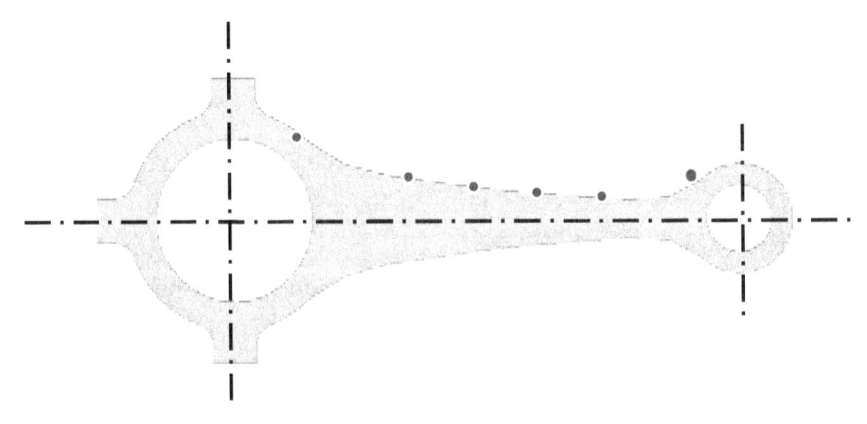

图 8-14 连杆模型

8.2.1 有限元模型

进入 ANSYS 工作目录，将"c-rod"作为工作文件名称。

1. 创建左右两个端面

（1）创建两个圆面

依次选择 Main Menu → Preprocessor → Modeling → Create → Areas → Circle → By Dimensions，在弹出的对话框上设定 RAD1=25、RAD2=35、THETA1=0、THETA2=180，单击 Apply 按钮；然后设置 THETA1=45，再单击 OK 按钮。

（2）创建两个矩形面

依次选择 Main Menu → Preprocessor → Modeling → Create → Areas → Rectangle → By Dimensions，在弹出的对话框上设定 X1=-8、X2=8、Y1=30、Y2=45，单击 Apply 按钮；然后再设置 X1=-45、X2=-30、Y1=0、Y2=8，单击 OK 按钮。

（3）偏移工作平面到给定位置

依次选择 Utility Menu → WorkPlane → Offset WP to → XYZ Locations，在窗口输入"165"，单击 OK 按钮。

（4）将激活的坐标系设置为工作平面坐标系

依次选择 Utility Menu → WorkPlane → Change Active CS to → Working Plane。

（5）创建另两个圆面

依次选择 Main Menu → Preprocessor → Modeling → Create → Areas → Circle → By Dimensions，在弹出的对话框上设定 RAD1=10、RAD2=20、THETA1=0、THETA2=180，然后单击 Apply 按钮；第二个圆设置 THETA2=135，然后单击 OK 按钮。

（6）对面组分别执行布尔运算

依次选择 Main Menu → Preprocessor → Modeling → Operate → Booleans → Overlap → Areas，首先选择左侧面组，单击 Apply 按钮；然后选择右侧面组，单击 OK 按钮。如图 8-15 所示。

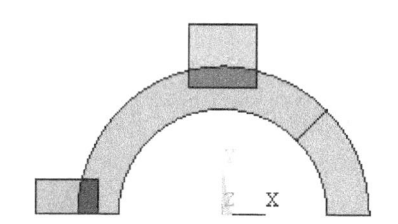

图 8-15 端面的创建

2. 由下自上生成连杆的中间部分

（1）将激活的坐标系设置为总体笛卡儿坐标系

依次选择 Utility Menu → WorkPlane → Change Active CS to → Global Cartesian。

（2）定义四个新的关键点

依次选择 Main Menu → Preprocessor → Modeling → Create → Keypoints → In Active CS，第一个关键点设置为 X=64、Y=13，单击 Apply 按钮；第二个关键点设置为 X=83、Y=10，单击

Apply 按钮；第三个关键点设置为 X=100，Y=8，单击 Apply 按钮；第四个关键点设置为 X=120，Y=7，单击 OK 按钮。

（3）将激活的坐标系设置为总体柱坐标系

依次选择 Utility Menu→WorkPlane→Change Active CS to→Global Cylindrical。

（4）通过一系列关键点创建多义线

依次选择 Main Menu→Preprocessor→Modeling→Create→Lines→Splines→With Options→Spline thru KPs，按顺序拾取关键点 5，30，31，32，33，21，然后单击 OK 按钮；在弹出的对话框（如图 8-16 所示）上设置 XV1=1，YV1=135，XV6=1，YV6=45，单击 OK 按钮。

图 8-16　由关键点产生多义线

（5）在关键点 1 和 18 之间创建直线

依次选择 Main Menu→Preprocessor→Modeling→Create→Lines→Lines→Straight Line，拾取如图的两个关键点，然后单击 OK 按钮。如图 8-17 所示。

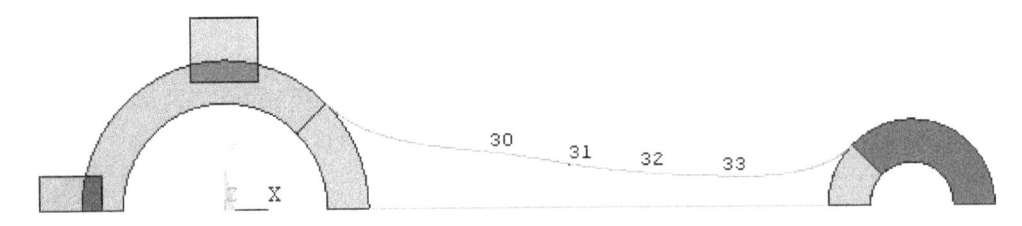

图 8-17　新生成的两条线段

（6）由前面定义的线 6，1，7，25 创建一个新的面

依次选择 Main Menu→Preprocessor→Modeling→Create→Areas→Arbitrary→By Lines，拾取四条线（6，1，7，25），然后单击 OK 按钮。结果如图 8-18 所示。

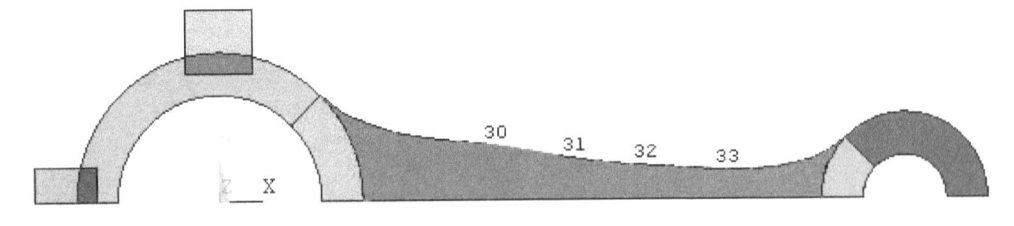

图 8-18　新产生的面

（7）创建倒角

依次选择 Main Menu→Preprocessor→Modeling→Create→Lines→Line Fillet，拾取线 36 和 40，然后单击 Apply 按钮，RAD=6，然后单击 Apply 按钮；拾取线 40 和 31，然后单击 Apply 按钮；拾取线 30 和 39，然后单击 OK 按钮。如图 8-19（a）所示。

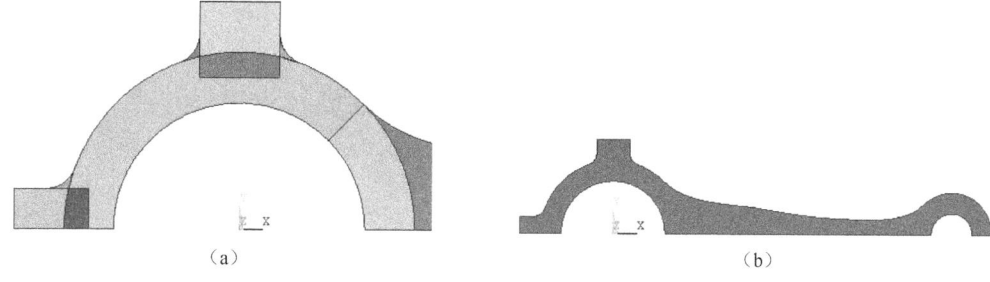

图 8-19 进行倒角并生成面

（8）由前面定义的三个倒角创建新的面

依次选择 Main Menu→Preprocessor→Modeling→Create→Areas→Arbitrary→By Lines，拾取线 12，10 及 13，单击 Apply 按钮；拾取线 17，15 及 19，单击 Apply 按钮；拾取线 23，21 及 24，单击 OK 按钮。结果如图 8-19（a）所示。

（9）将面加起来形成一个面

依次选择 Main Menu→Preprocessor→Modeling→Operate→Add→Areas，单击 Pick All 按钮，结果如图 8-19（b）所示。

3．划分网格

（1）选择单元

依次选择 Main Menu→Preprocessor→Element Type→Add/Edit/Delete，在弹出的对话框中选择 Add 按钮，在左侧 Not Solved 中选择 "Mesh Facet200"，单击 OK 按钮，然后单击 Option 按钮，设置 K1 为 "QUAD 8-NODE"，单击 OK 按钮，单击 CLOSE 按钮。

（2）定义材料

依次选择 Main Menu→Preprocessor→Material Props→Structural→Linear-Elastic-Isotropic，默认材料号 1，在 Young's Modulus EX 下输入 "2.1e5"，泊松比输入 "0.3"，密度输入 "7.8e-6"，单击 OK 按钮。

（3）设定整体单元尺寸

依次选择 Main Menu→Preprocessor→MeshTool，打开网格划分工具，选择 Size Controls 为 "Global"，单击右侧 Set 按钮，在打开的对话框中设置 "SIZE" 为 "5"，单击 OK 按钮。

（4）指定单元属性

依次选择 Main Menu→Preprocessor→MeshTool，打开网格划分工具，单击 Element Attributes 右侧的 Set 按钮，在打开的对话框中设置 "TYPE" 为 "1"，"MAT" 为 "1"，单击 OK 按钮。

（5）自由网格划分面

依次选择 Main Menu→Preprocessor→MeshTool，打开网格划分工具，指定 Mesh 为 "Areas"，在 Shape 中选择 "Quad" 和 "Free"，单击 Mesh 按钮，拾取要划分网格的面，单击 OK 按钮。结果如图 8-20（a）所示。

（6）添加三维块体单元

依次选择 Main Menu→Preprocessor→Element Type→Add/Edit/Delete，在弹出的对话框中选择 Add 按钮，在弹出对话框中添加 Solid95 单元。

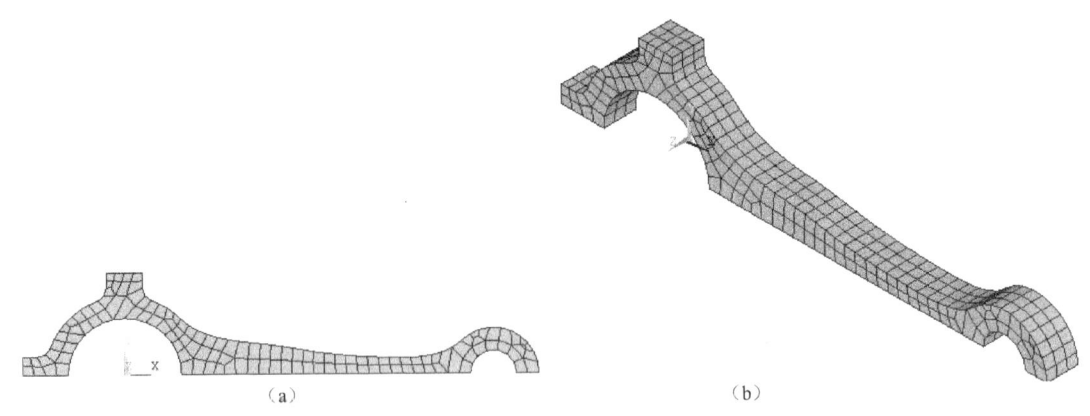

图 8-20 拉伸生成网格

（7）设置单元拉伸特性

依次选择 Main Menu→Preprocessor→Modeling→Operate→Extrude→Element Ext Opts，在弹出的对话框中设置 VAL1 为"3"，单击 OK 按钮。

（8）拉伸面网格

依次选择 Main Menu→Preprocessor→Modeling→Operate→Extrude→Areas→Along Normal，拾取要拉伸的网格面，单击 OK 按钮，在弹出的对话框上设置 DIST 为"15"，单击 OK 按钮。结果如图 8-20（b）所示。

8.2.2 约束、加载与求解

（1）约束对称面

依次选择 Main Menu→Solution→Loads→Apply→Structural→Displacement→Symmetry B.C.→On Areas，拾取所有对称面，单击 OK 按钮。

（2）约束刚性位移

依次选择 Main Menu→Solution→Loads→Apply→Structural→Displacement→on Keypoints，拾取关键点 43，单击 OK 按钮。在弹出的对话框上选择 UZ 作为约束自由度，值为"0"，单击 OK 按钮。

（3）施加均布压力

依次选择 Main Menu→Solution→Loads→Apply→Structural→Pressure→Areas，拾取小圆的左侧里面，单击 OK 按钮，在弹出的对话框上设定压力为"100"，单击 OK 按钮。

（4）求解

依次选择 Main Menu→Solution→Solve→Current LS，浏览 status window 中出现的信息，然后关闭此窗口；单击 OK 按钮（开始求解，并关闭由于单元形状检查而出现的警告信息）；求解结束后，关闭信息窗口。

8.2.3 查看结果

（1）查看等效应力

依次选择 Main Menu→General Postproc→Plot Results，在弹出的对话框内选择要查看的

结果，如图 8-21（a）所示。

（2）定义路径

依次选择 Main Menu→General Postproc→Path Operations→Define Path→By Nodes，拾取要定义的节点，单击 OK 按钮，在弹出的对话框中输入路径名称"P1"，其余默认，单击 OK 按钮。

（3）将结果映射到路径

依次选择 Main Menu→General Postproc→Path Operations→Map onto Path，在弹出的对话框上设置 Lab=P1-seqv，选择等效应力选项，单击 Apply 按钮；设置 Lab=P 1-sx，选择 X 向应力，单击 Apply 按钮；设置 Lab=P 1-sy，选择 Y 向应力，单击 Apply 按钮；设置 Lab=P 1-sz，选择 Z 向应力，单击 OK 按钮。

（4）绘制路径上的结果曲线

依次选择 Main Menu→General Postproc→Path Operations→Plot Path Item→On Graph，在弹出的对话框上选择 P1-seqv，单击 Apply 按钮；选择 P1-sx，单击 Apply 按钮；选择 P1-sy，单击 Apply 按钮；选择 P1-sz，单击 OK 按钮，结果如图 8-21（b）所示。

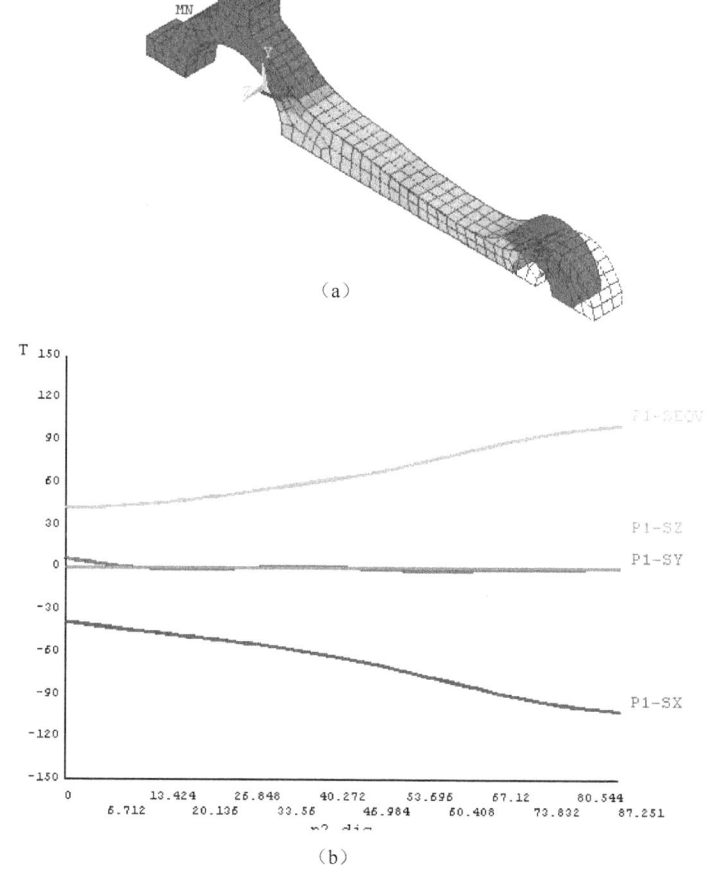

图 8-21 查看结果

（5）修改曲线图的坐标

依次选择 Utility Menu→PlotCtrl→Style→Graphs→Modify Axes，分别设置 X，Y 轴的轴

标"X-axis label","Y-axis label"和坐标轴取值范围"Specified rang"。

8.3 广告牌承受风载荷的模拟

1．练习目的

熟悉梁、壳、实体单元混合使用分析过程。相同问题不同建模和分析方法的应用与对比。

2．问题描述

梁单元截面形状为圆,与实体有 0.1 m 长度的连接。壳单元划分广告牌面,在块体内部有弯折(0.1 m 处),即嵌入到块体当中,如图 8-22 所示为连接广告牌牌面与腿部的实体部分截面形状。约束为两立柱的底部节点全部约束,风载全部加在壳单元的面上,材料均为钢材。

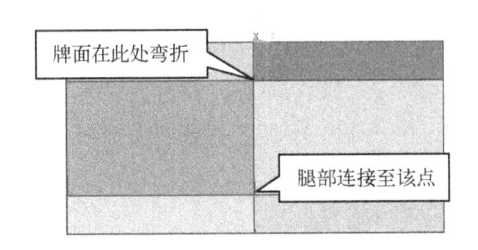

图 8-22　广告牌侧面断面形状

8.3.1　有限元模型的建立

1．定义单元类型

单元类型 1 为 SHELL181,单元类型 2 为 SOLID45,单元类型 3 为 BEAM88。

2．定义单元实常数

实常数 1 为壳单元的实常数,输入厚度为"0.02"(只需输入第一个值,即等厚度壳)。

3．定义梁单元的截面特性

依次选择 Main Menu→Preprocessor→Sections→Beam→Common Sectns,在弹出的对话框上定义 ID 号,"Sub-Type"截面形状为圆形,"Offset To"截面中心位置为默认(即形心位置),设置"R"为"0.2","N"为"8",如图 8-23 所示。

4．定义材料特性

杨氏模量 EX=2e11,泊松比 NUXY=0.3,密度 DENS=7.8e3。

5．建立几何模型

(1)创建矩形

相关尺寸为 x1=0,x2=4,y1=0,y2=3。

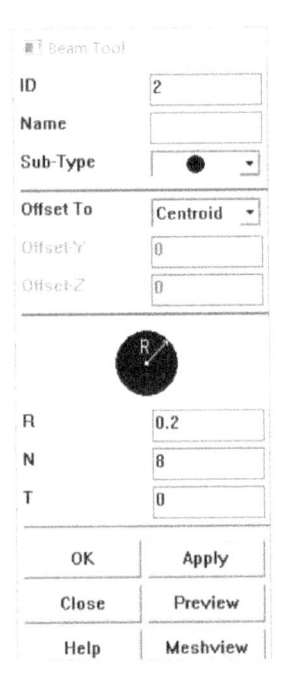

图 8-23　梁单元截面特性定义对话框

(2)创建块体

相关尺寸为 x1=0,x2=4,y1=-0.5,y2=0,z1=0,z2=0.5。

(3)创建块体

相关尺寸为 x1=0,x2=4,y1=-0.5,y2=0,z1=-0.5,z2=0。

(4)创建点

创建 3 个点,坐标分别为 x=0,y=-5,z=0;x=4,y=-5,z=0;x=5,y=-5,z=0。

(5)创建代表广告牌腿部的直线

首先合并关键点,然后由点连接产生直线,即广告牌的两条腿。

(6)用工作平面切分体

平移工作平面 0,-0.1,0;旋转工作平面 0,90,0;用工作平面切分所有体。平移工作平面 0,0,-0.3;用工作平面切分下半部的两个体;合并所有项目。

(7)分配单元属性

指定广告牌的腿(包括腿部及与块体相连的两条短线,共 4 条线)的材料,单元类型,并指定梁单元的方向;分别指定使用壳单元的面和实体单元的体。

6. 划分网格

指定所有线划分的尺寸为 0.1,分别划分线、面和实体,如图 8-24 所示。

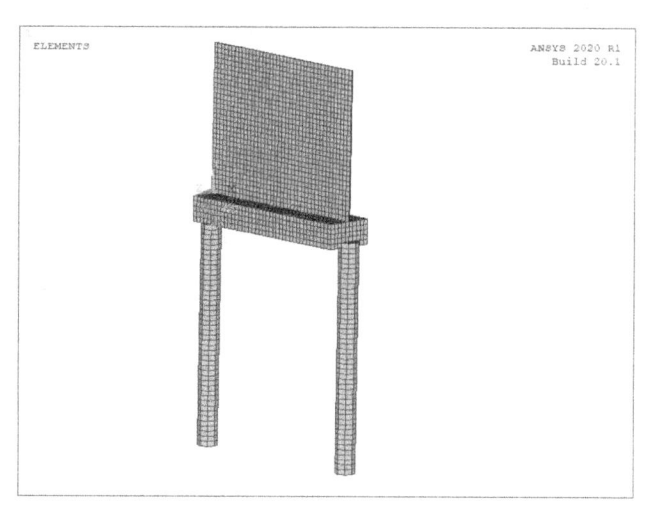

图 8-24 广告牌的网格模型

8.3.2 简化为静载的分析

1. 约束与风载的施加

依次选择 Main Menu→Solution→Define Loads→Apply→Structural→Displacement→on Keypoints,弹出"拾取关键点"对话框,拾取广告牌腿部下面的两个关键点,单击 OK 按钮,在打开的对话框上选择"All DOF",单击 OK 按钮,约束这两个关键点的所有自由度。

依次选择 Main Menu→Solution→Define Loads→Apply→Structural→Pressure→on Areas,弹出"拾取面"对话框,拾取代表广告牌的面,单击 OK 按钮,在 Apply PRES on areas as a 右侧的下拉列表框选择"Constant value";在 VALUE Load PRES value 右侧给定

数值"100",单击 OK 按钮。如图 8-25 所示为载荷施加面上的红色网状记号。

2．求解及等值图显示

依次选择 Utility Menu→Select→Everything,保存数据库。

依次选择 Main Menu→Solution→Solve→Current LS,浏览 status window 中出现的信息,然后关闭此窗口;单击 OK 按钮(开始求解,并关闭由于单元形状检查而出现的警告信息);求解结束后,关闭信息窗口。

依次选择 Main Menu→General Postproc→Plot Results→Contour Plot→Nodal Solu,选择观察等效应力,如图 8-26 所示。

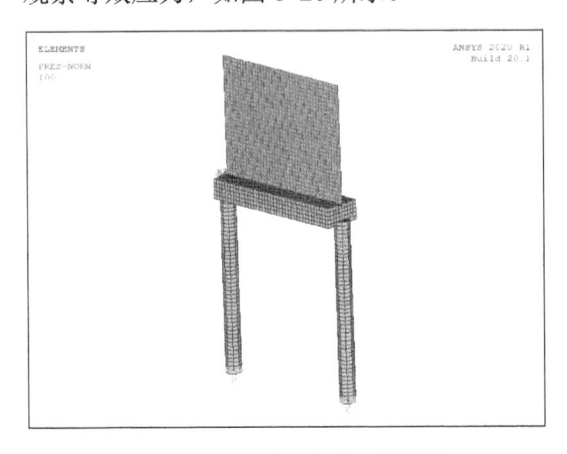

图 8-25　约束和加载后的模型 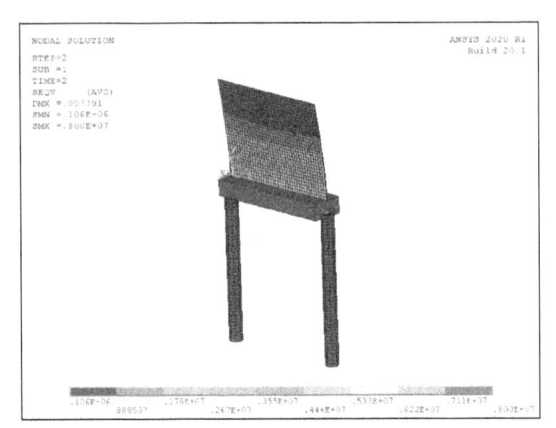　　　　　　图 8-26　等值图显示等效应力

3．矢量图显示结果

依次选择 Main Menu→General Postproc→Plot Results→Vector Plot→Predefined,打开如图 8-27 所示的 Vector Plot of Predefined Vectors(矢量显示预定义)对话框,设置与矢量显示相关的选项。在 Item　Vector item to be plotted 右侧选择"DOF solution"下的"Translation　U"。其余设置为默认值,单击 OK 按钮,如图 8-28 所示为矢量显示总位移。

图 8-27　"矢量显示预定义"对话框 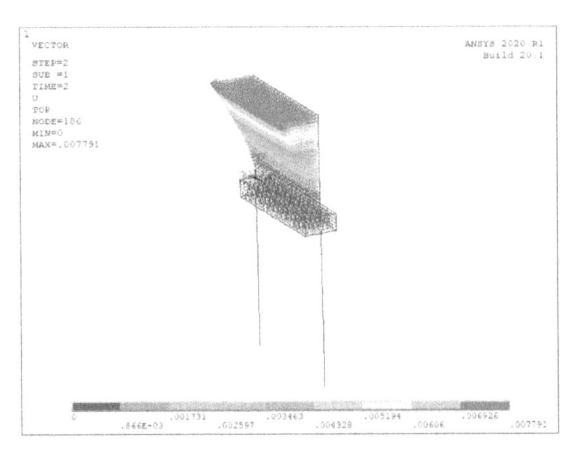　　　　图 8-28　矢量显示总位移

矢量方式显示结果，箭头的长度和方向分别表示结果项的大小和方法。

4. 定义路径显示结果

依次选择 Main Menu→General Postproc→Path Operations→Define Path→By Nodes，打开如图 8-29 所示的 By Nodes（通过节点定义路径）对话框。在 Name Define Path Name 右侧编辑框给定路径名称为"P1"，单击 OK 按钮，弹出"拾取节点"对话框，用鼠标在模型代表广告牌的壳单元下部点取 6 个节点，单击 OK 按钮，弹出路径状态显示窗口。

重复上述步骤定义第二条路径，在广告牌的中间部分由上到下点取 5 个节点，最后路径状态显示窗口如图 8-30 所示。

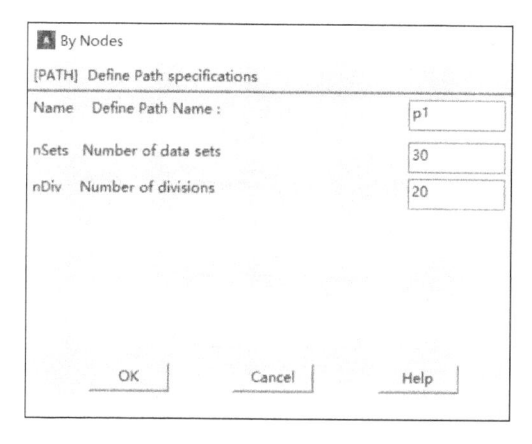

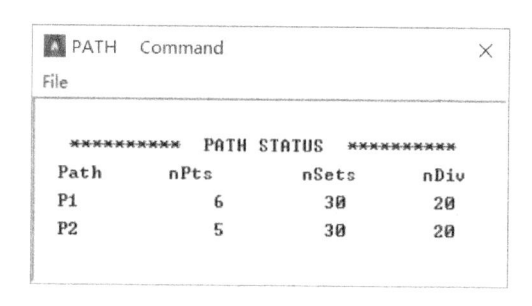

图 8-29 "通过节点定义路径"对话框　　图 8-30 已定义路径状态显示窗口

要点提示：路径的定义方法不只是通过节点定义可以实现，还可以通过工作平面（依次选择 Main Menu→General Postproc→Path Operations→Define Path→On Working Plane）和具体的位置点（依次选择 Main Menu→General Postproc→Path Operations→Define Path→By Location）来实现。Modify Paths 选项可以修改义定义路径的位置；Path Option 选项可以设置路径的一些参数。

依次选择 Main Menu→General Postproc→Path Operations→Plot Paths，在模型直接显示已定义的路径，如图 8-31 所示。

依次选择 Main Menu→General Postproc→Path Operations→Recall Paths，打开如图 8-32 所示的 Recall Path（激活路径）对话框，在 Name Recall Path by Name 右侧下拉列表框将显示所有已定义的路径名称，选择"P1"，即将路径 P1 设为当前路径，下面相关操作就都是针对路径 P1 的，单击 OK 按钮。

依次选择 Main Menu→General Postproc→Path Operations→Map onto Paths，打开如图 8-33 所示的 Map Results Items onto Path（结果映射到路径）对话框，在 Lab User label for item 右侧编辑框允许用户给定映射结果的名称，例如给定"P1-SX"；在下面的 Item, Comp Item to be mapped 右侧选择"Stress"中的"X-direction SX"，即将 X 向应力映射到路径上，名称为"P1-SX"，单击 Apply 按钮，可以继续进行结果的映射。

重复上述操作，给定"P1-SY"；在下面的 Item, Comp Item to be mapped 右侧选择"Stress"中的"Y-direction SY"，单击 Apply 按钮；给定"P1-SZ"；在下面的 Item, Comp

Item to be mapped 右侧选择"Stress"中的"Z-direction SZ",单击 Apply 按钮;给定"P1-SEQV";在下面的 Item,Comp Item to be mapped 右侧选择"Stress"中的"von Mises Stress",单击 OK 按钮。

图 8-31 直接在模型上显示路径

图 8-32 "激活路径"对话框

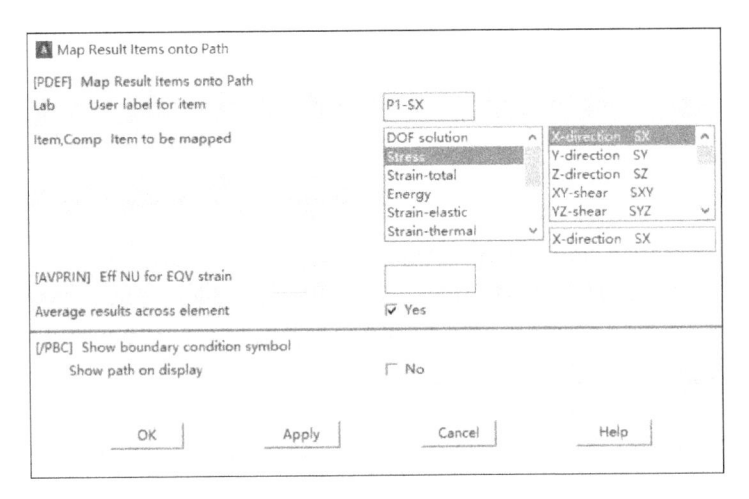

图 8-33 "结果映射到路径"对话框

依次选择 Main Menu→General Postproc→Path Operations→Plot Path Item→On Graph,打开如图 8-34 所示的 Plot of Path Items on Graph(绘制路径曲线图)对话框,在 Lab1-6 Path item to be graphed 右侧下拉列表框允许用户选择想绘制的结果,这里选择已映射的"P1-SX""P1-SY""P1-SZ""P1-SEQV",单击 OK 按钮。图形窗口显示如图 8-35 所示的曲线图,横坐标为路径的长度,总坐标为映射结果的单位,即应力的单位。

设置路径 P2 为当前路径,将总位移映射到路径。

依次选择 Main Menu→General Postproc→Path Operations→Plot Path Item→On Geometry,打开类似图 8-34 所示的绘制路径曲线图对话框,选择已映射的"P2-USUM",单击 OK 按钮。图形窗口直接在模型上显示路径映射结果,如图 8-36 所示。

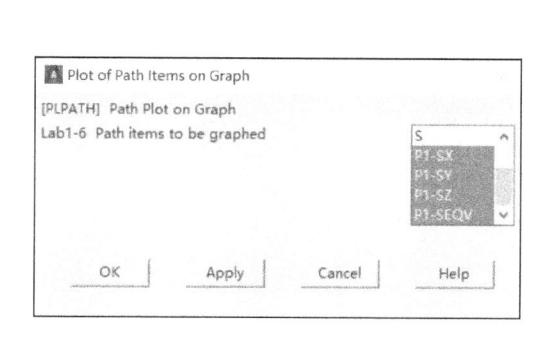

图 8-34 "绘制路径曲线图"对话框

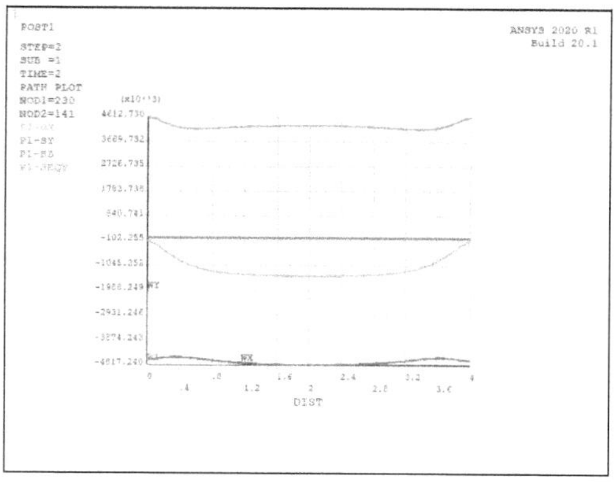

图 8-35 路径曲线图

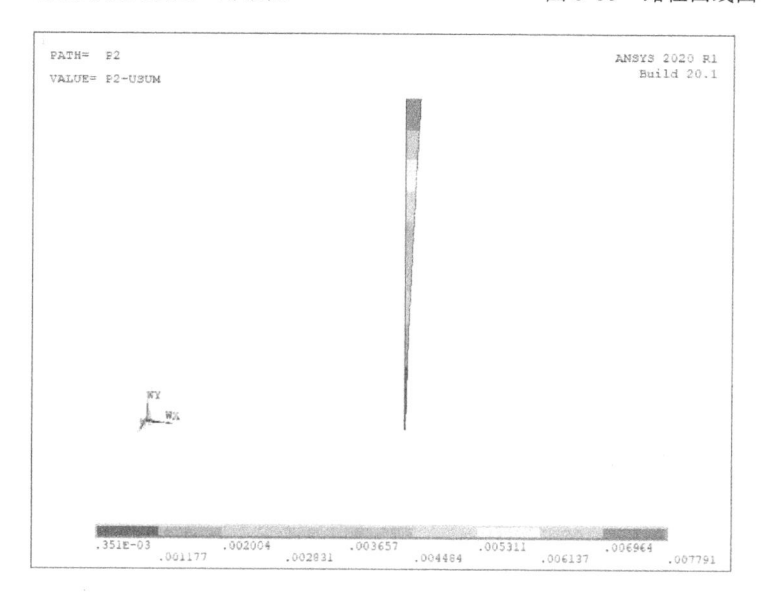

图 8-36 显示在模型上的路径映射结果

依次选择 Main Menu→General Postproc→Path Operations→Linearized，打开如图 8-37 所示的 Path Plot of Linearized Stresses（线性化应力）对话框，在 Stress item to be linearized 右侧下拉列表框选择"von Mises SEQV"，单击 OK 按钮。图形窗口绘制路径 P2 上等效应力线性化结果，如图 8-38 所示，即将映射到路径上的等效应力分解为膜应力、膜应力+弯曲应力等。

⚜ 要点提示：通过路径的定义和结果处理方法，可以实现结果的运算来进行进一步的分析，例如线性化处理就是其中之一。线性化处理适用于材料有弹塑性变形的壳单元，在这里只是作为实例进行练习。

依次选择 Main Menu→General Postproc→Path Operations→Archive Path→Store→Paths in file，打开如图 8-39 所示 Save Paths by Name or All（保存路径）对话框，在 Existing options 右侧下拉列表中选择"Save all paths"，单击 OK 按钮。弹出如图 8-40 所示的 Save All Paths（指定保存文件名）对话框，指定文件名称和保存路径，单击 OK 按钮。

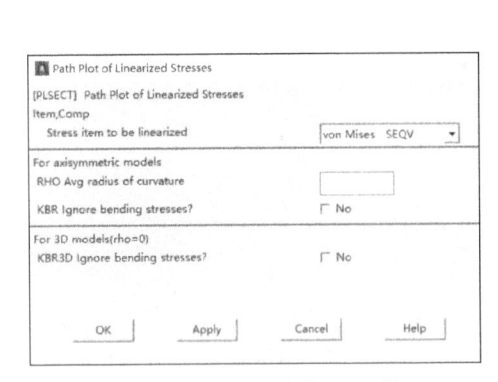

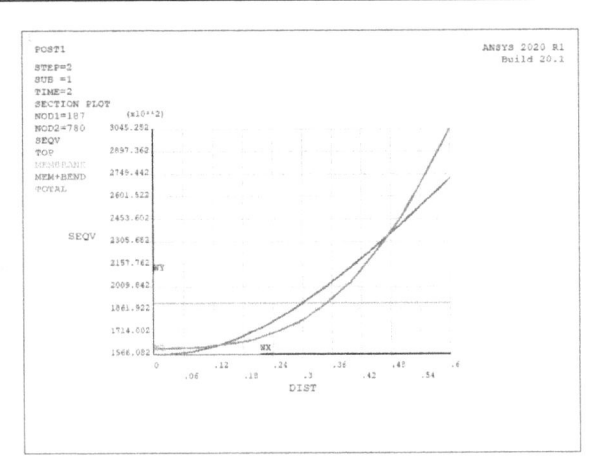

图 8-37 "线性化应力"对话框   图 8-38 沿路径线性化等效应力显示结果

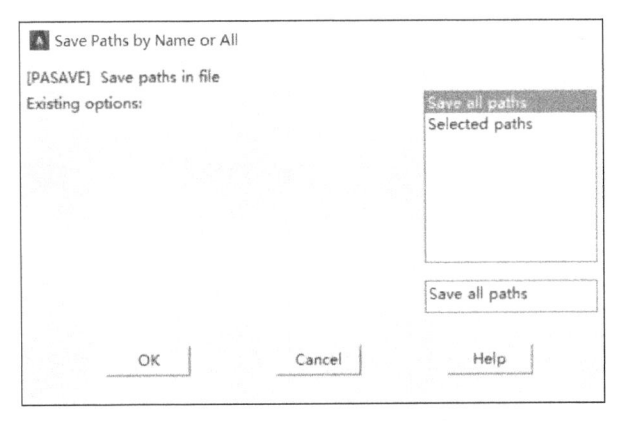

图 8-39 "保存路径"对话框

图 8-40 "指定保存文件名"对话框

如果不保存路径操作过程，退出后处理器相关操作就失去作用，再次进入后处理器将无法重新查看前面进行的分析和处理。

依次选择 Main Menu→General Postproc→Path Operations→Archive Path→Retrieve→Paths from file，打开如图 8-41 Resume Paths from File（恢复路径）所示对话框，指定已保存的路径文件名称和保存路径，单击 OK 按钮。

图 8-41 "恢复路径"对话框

❧ 要点提示：路径操作适用于二维和三维单元，是常用的、有效的分析处理计算结果方法之一。路径操作的一般步骤总结如下。

① 定义路径设置选项（初学者可以不设置）——Path Option。
② 定义路径名称和位置——Define Path。
③ 将要观察和比较的结果映射到路径上——Map onto Path。
④ 以曲线、图形、列表方式显示路径结果。
⑤ 执行路径的数学运算，进行结果的深入处理。
⑥ 保存路径的相关操作和处理后的数据。

8.3.3 考虑动载荷的分析

1．设定动力分析选项

依次选择 Main Menu→Solution→Analysis Type→New Analysis，弹出 New Analysis 对话框，选择 Transient，然后单击 OK 按钮，在接下来的界面选择完全法，单击 OK 按钮。

2．设定输出文件控制

依次选择 Main Menu→Preprocessor→Loads→Load Step Opts→Output Ctrls→DB/Solu printout，在弹出的对话框的 Item to be controlled 列表框中选择 All items，在 File write frequency 中选择 Every substep，单击 OK 按钮。

3．设定求解控制器

依次选择 Main Menu→Solution→Analysis Type→Sol'n Controls，打开如图 8-42 所示的对话框，将 Time at end of loadstep 选项值设为"50"，在 Automatic time stepping 下拉菜单中选择"Off"，勾选 Number of substeps，将 Number of substeps 的值设为"100"，此值大小直接影响绘制的结果曲线圆滑程度。

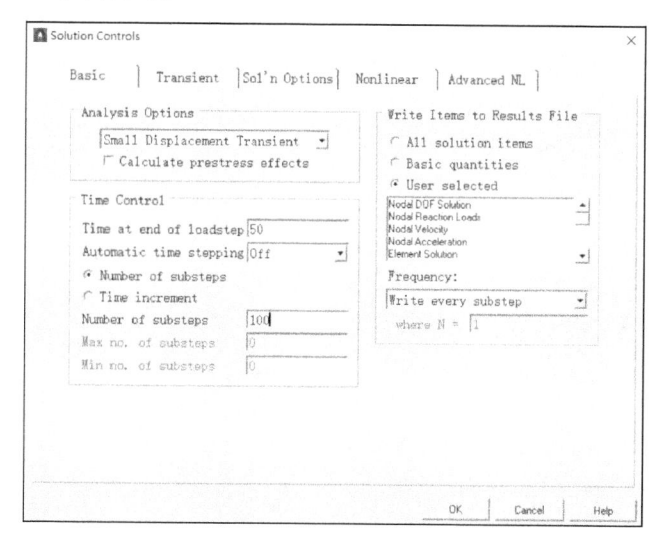

图 8-42 求解控制器

4．正弦载荷的定义与施加

依次选择 Main Menu → Preprocessor → Loads → Define Loads → Apply → Functions →

Define/Edit，打开如图 8-43 所示的 Function Editor（函数编辑器）对话框，输入所需施加的正弦函数，本例函数为 y=100*sin(x)，然后选择 File→Save 保存函数文件。

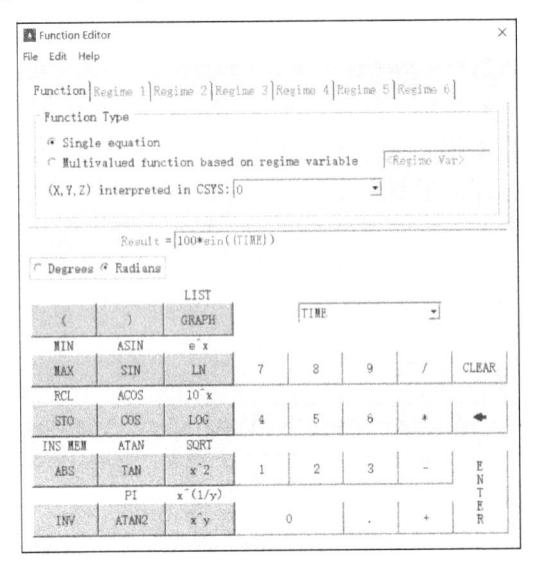

图 8-43　函数编辑器

依次选择 Main Menu→Preprocessor→Loads→Define Loads→Apply→Functions→Read File，读取上面保存的函数，弹出如图 8-44 所示的 Function Loader 对话框，对其进行命名。

依次选择 Main Menu→Preprocessor→Loads→Define Loads→Apply→Structural→Pressure→On Areas，拾取广告牌受风表面，弹出"均布力施加"对话框，在 Constant Value 下拉菜单中选择 Existing table，弹出如图 8-45 所示的对话框，选择前一步命名的正弦载荷，单击 OK 按钮。

图 8-44　函数读取 　　　　　　　　　　图 8-45　载荷施加

依次选择 Main Menu→Solution→Unabridged Menu。

依次选择 Main Menu→Solution→Load Step Opts→Time/Frequenc→Time→Time Step，弹出如图 8-46 所示的对话框，对时间和时间步进行设置，然后就可以进行求解了。

图 8-46　时间步设置选项

5. 查看结果

依次选择 Main Menu→General Postroc→Read Results→First Set，读取第一步。

依次选择 Main Menu→TimeHist Postpro，弹出如图 8-47 所示的对话框，单击界面左上角"绿色十字叉型"图标，弹出如图 8-48 所示的对话框，选择查看 Z-Compenent of displacement，单击 OK 按钮，拾取广告牌受风面上任意一节点，单击 OK 按钮，此时图 8-47 增加了一个节点数据，如图 8-49 所示，单击左上角"绿色抛物线型"图标即可完成对该节点 Z 向位移随时间变化曲线的绘制。

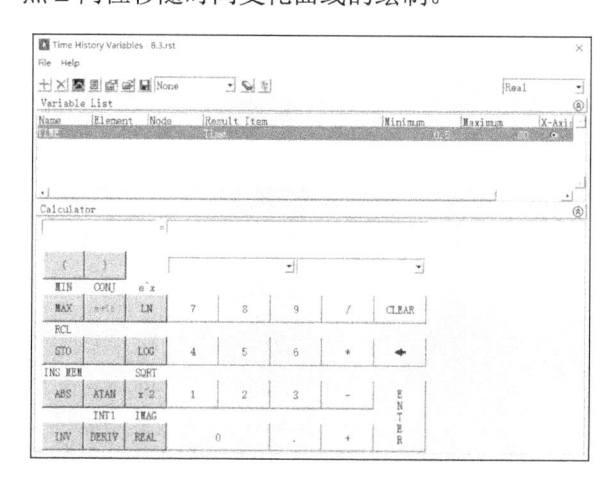

图 8-47　时间后处理器

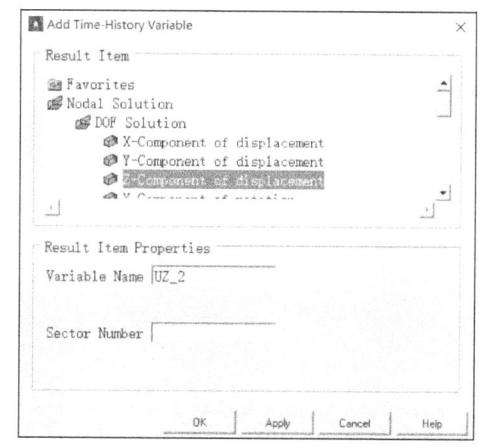

图 8-48　输出结果选项

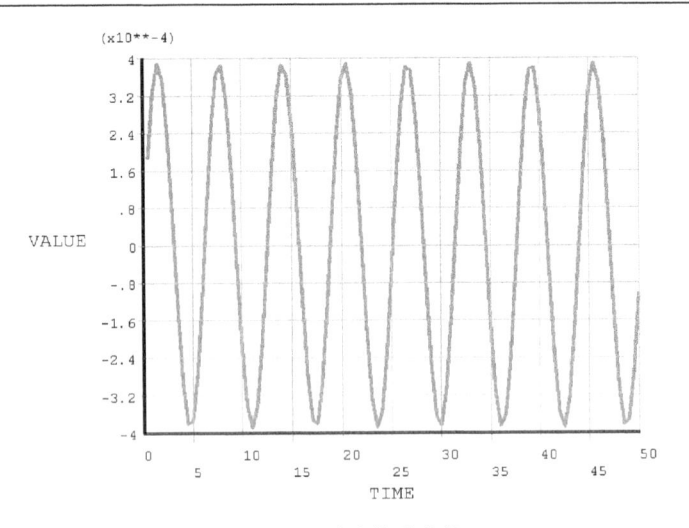

图 8-49 节点位移曲线

6. 不同参数对结果的影响

此例中，我们对广告牌受风面施加一个正弦载荷，其表达式为 $y=A\sin(\omega x+\varphi)$，其中 A 为振幅，周期 $T=2\pi/\omega$，频率 $f=1/T$，$\omega x+\varphi$ 是相位，φ 是初相。当 A 值越大时，即风力峰值越大时，广告牌的摆动就越剧烈，这是显而易见的，对广告牌随正弦载荷摆动影响最大是 ω 的取值，这里分别取表 8-1 中的数据来观察广告牌摆动最大位移值的变化。

表 8-1　ω 取不同值时对结果的影响

编号	1	2	3	4	5
$y=100*\sin(\omega x)$中 ω 取值	1	1.5	1.8	2.1	2.5
广告牌最大位移值	0.908e-4	0.133e-3	0.39e-3	0.365e-3	0.223e-3

从表中可以看出，在取值范围内，随着 ω 值的增加，广告牌受风载的最大位移值先增加后减小，其主要是由于越接近广告牌的某一阶固有频率值，广告牌越容易发生共振，广告牌的振动主要体现在正向侧摆和横向偏移，如图 8-50 和图 8-51 所示，当风载频率越接近某一阶固有频率时，该方向的振型越为明显，即该方向位移值越大。

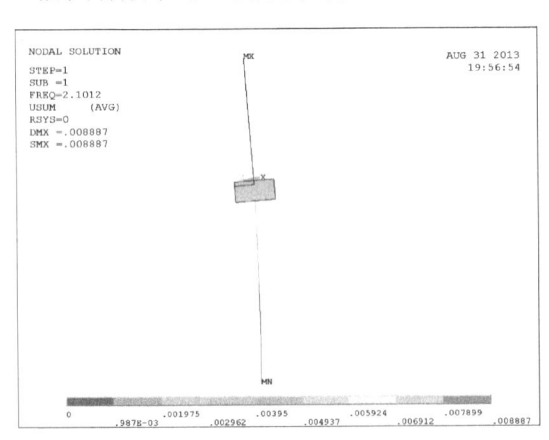

图 8-50　一阶振型（侧视图） 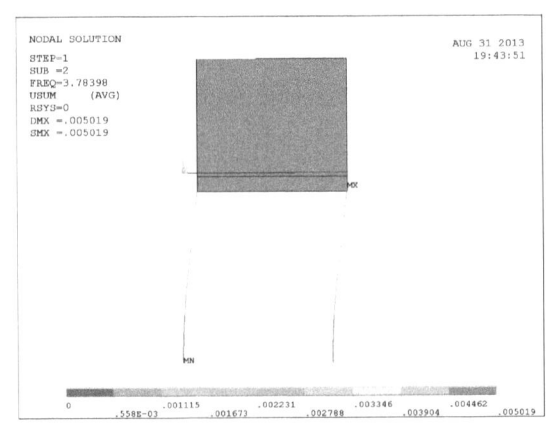　　　　图 8-51　二阶振型（正视图）

8.4 动载荷频率对结构承载的影响

1. 练习目的
了解动载荷频率与结构固有频率之间的关系。

2. 问题描述
假设梁的横截面在振动过程中始终保持平面，而且平面恒与梁的轴线垂直，在振动过程中，横截面的摆动忽略不计，梁的轴向位移忽略不计。如图 8-52 所示，为一等截面简支梁，其几何物理参数为：长 600 mm，截面宽 35.7 mm，截面高 15.2 mm，材料密度 7.8e-6 kg/m^3，材料弹性模量 210 GPa。

图 8-52 等截面简支梁

8.4.1 求解过程

1. 定义单元类型和材料
单元类型为 Beam188。

2. 建立有限元模型
（1）创建两个关键点
坐标分别为：关键点 1（0，0，0）、关键点 2（0，600，0）。
（2）由点创建线
选择两个关键点，创建一条直线。
（3）划分网格
将直线分为 100 份，划分网格。
（4）施加约束
拾取最左侧节点，对其施加 X、Y、Z 三向约束，拾取最右侧节点，对其施加 X、Z 向约束。
（5）求解模态
依次选择 Main Menu→Solution→Analysis Type→New Analysis，弹出如图 8-53 所示的对话框，选择 Modal 进行模态分析。

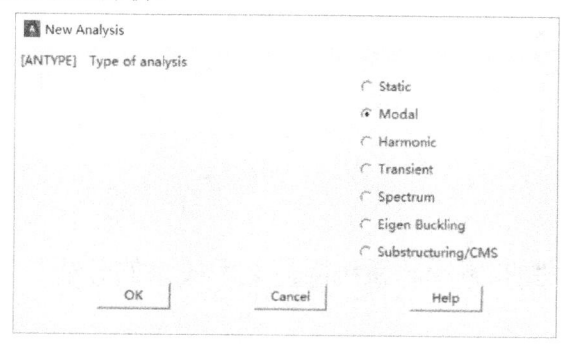

图 8-53 分析类型设置

依次选择 Main Menu→Solution→Analysis Type→Analysis Options，弹出如图 8-54 所示的对话框，在 No. of modes to extract 中输入"5"，在 No. of modes to expand 中输入"5"，然后进行求解。

图 8-54 模态求解设置

3. 查看结果

依次选择 Main Menu→General Postproc→Results Summary，弹出如图 8-55 所示的对话框，为该简支梁的五阶模态，其中第二阶模态为系统的一阶垂向（Y-Z 平面内）振动特性，其值为 99.24 Hz，通过理论计算可以求得该系统一阶振动频率解析解为 99.34 Hz，这与数值求解所得结果是吻合的。

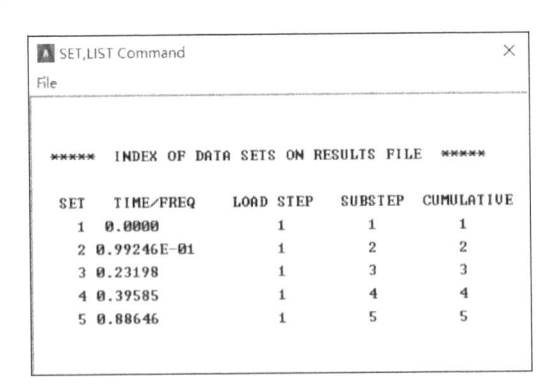

图 8-55 查看结果

8.4.2 干扰力频率、固有频率与系统阻尼之间关系的分析

干扰力频率记为 p，系统固有频率记为 ω，系统阻尼系数记为 n，放大系数记为 β，其

中干扰力频率 p 取值范围为 0～300，根据公式，分别取表 8-2 中数据，绘制曲线图，如图 8-56 所示。

表 8-2 系统阻尼 n 取值

编号	1	2	3	4	5	6
系统阻尼 n	0	7.5	10	15	20	25

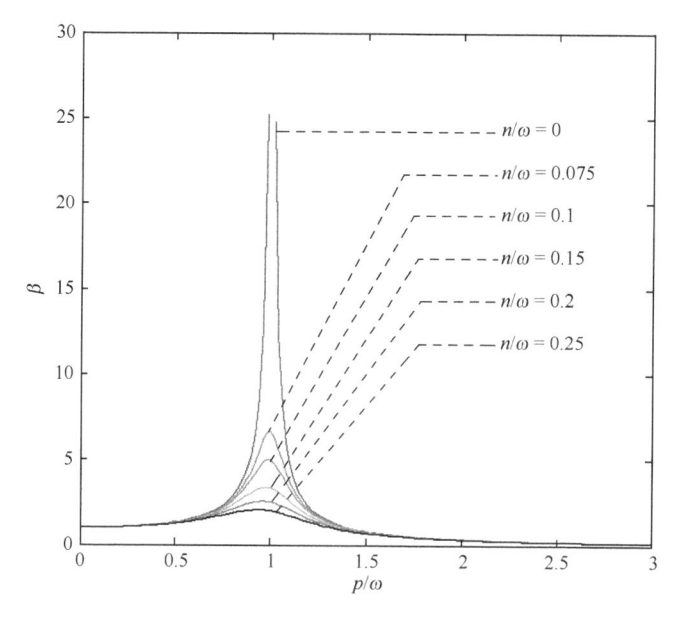

图 8-56 变量之间关系曲线

根据曲线关系，分以下 3 种情况。

① 当 p/ω 接近于 1，即干扰力频率 p 接近于系统的固有频率 ω 时，放大系数 β 的值最大，将引起很大的动应力，这就是共振。工程中应设法改变比值 p/ω，以避免共振。从图 8-56 可以看出，在 $0.75<p/\omega<1.25$ 范围内，增大阻尼系数 n，可以使 β 明显降低。所以如无法避开共振，则应加大阻尼以降低 β。

② 当 p/ω 远小于 1，即 β 远小于 ω 时，β 趋近于 1。若干扰力频率 p 已经给定，要减小比值 p/ω，只有加大弹性系统的固有频率 ω。

③ 在 p/ω 大于 1 的情况下，β 随 p/ω 的增加而减小，表明强迫振动的影响随 p/ω 的增加而减弱。当 p/ω 远大于 1 时，即 p 远大于 ω 时，β 趋近于零。这时只需考虑静载的作用情况，无需考虑干扰力的影响。

第 9 章 ANSYS 在焊接结构分析中的应用

本章主要介绍焊接结构热分析的基本知识，以及用 ANSYS 进行热分析的基本步骤，最后给出一个热分析的简单实例，对焊接过程的温度场、残余应力的仿真进行简单介绍。

焊接作为一种传统而复杂的连接方法，其涉及传热学、电磁学、材料冶金学、固体和流体力学等诸多学科。焊接研究内容主要包括：焊接热过程分析、焊接冶金分析、焊接应力应变分析、焊接结构完整性评定、焊接中氢扩散分析以及特种焊接过程分析。图 9-1 给出了其温度、相变与热应力三者之间的耦合效应，当为了获得焊接的机械效应，如残余应力和变形时，最简单的方法是只考虑热和机械环节。一般只有在研究微观组织方面，如微观组织对温度和变形的依赖性时，才考虑微观组织尺度的分析。因此本节主要对焊接温度场分析方法及焊接应力与变形的分析方法进行总结归纳。

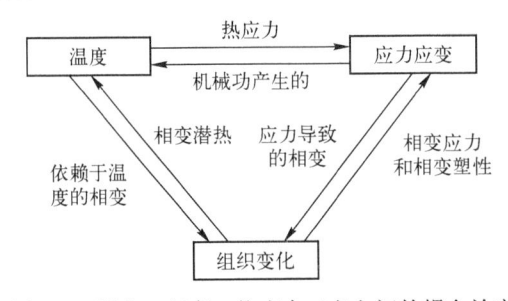

图 9-1 温度、相变、热应力三者之间的耦合效应

9.1 ANSYS 热分析使用的符号、单位、单元及仿真流程

焊接结构的分析主要涉及的问题有：热—结构耦合问题。这是结构分析中通常遇到的一类耦合分析问题。由于结构温度场的分布不均会引起结构的热应力，或者结构部件在高温环境中工作，材料受到温度的影响会发生性能的改变，这些都是进行结构分析时需要考虑的因素。为此，需要先进行相应的热分析，然后再进行结构分析。

表 9-1 给出了 ANSYS 热分析所使用的符号和单位。

表 9-1 ANSYS 热分析中使用的符号和单位

项　目	国 际 单 位	英 制 单 位	ANSYS 代号
长度	m	ft	
时间	s	s	
质量	kg	lbm	
温度	℃	℉	
力	N	lbf	

续表

项　目	国际单位	英制单位	ANSYS 代号
能量（热量）	J	BTU	
功率（热流）	W	BTU/sec	
热流密度	W/m^2	BTU/(sec·ft^2)	
生热速率	W/m^3	BTU/(sec·ft^3)	
导热系数	W/(m·k)	BTU/(sec·ft·℉)	KXX
对流系数	W/(m^2·k)	BTU/(sec·ft^2·℉)	HF
密度	kg/m	lbm/ft^3	DENS
比热	J/(kg·k)	BTU/(lbm·℉)	C
焓	J/m^3	BTU/ft^3	ENTH

表 9-2 给出了 ANSYS 热分析中常用的单元种类。

表 9-2　ANSYS 热分析中使用的符号和单位

单元类型	单元代号	单元特征
线性	LINK32	二维二节点热传导单元
	LINK33	三维二节点热传导单元
	LINK34	二节点热对流单元
	LINK31	二节点热辐射单元
二维实体	PLANE55	四节点四边形单元
	PLANE77	八节点四边形单元
	PLANE35	六节点三角形单元
	PLANE75	四节点轴对称单元
	PLANE78	八节点轴对称单元
三维实体	SOLID87	十节点四面体单元
	SOLID70	八节点六面体单元
	SOLID90	二十节点六面体单元
壳	SHELL57	四节点单元
点	MASS71	

9.2　间接法热应力分析

1. 练习目的

了解间接法热应力分析求解问题的方法。

2. 问题描述

热流体在带有冷却栅的管道里流动，如图 9-2 所示为轴对称截面。管道和冷却栅的材料均为不锈钢，导热系数 1.25，弹性模量 28e6，热膨胀系数 0.9，泊松比 0.3，管道内压力

1 000 Pa，管内流体温度 450℃，对流系数 1，外界流体温度 70，对流系数 0.25。求解温度及应力分布。

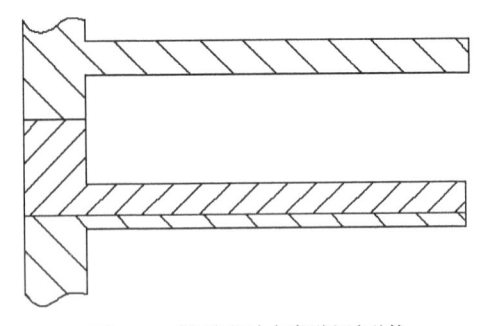

图 9-2 管道和冷却栅断面形状

3. 具体步骤

（1）给定文件名和标题

设定文件名为 pipe，标题为自定。

（2）定义热单元类型

单元类型 1 为 PLANE55，单击 Option 按钮，在弹出的对话框的 Element behavior 选项框中选择 Axisymmetric，指定单元选项为轴对称。

（3）定义热单元材料类型（导热系数）

定义导热系数为 1.25。

（4）建立有限元模型

① 创建关键点

创建 8 个关键点，坐标及编号如表 9-3 所示。

表 9-3 关键点坐标值

编号	1	2	3	4	5	6	7	8
X 坐标	5	6	12	12	6	6	5	5
Y 坐标	0	0	0	0.25	0.25	1	1	0.25

② 由点直接组成三个面：

面 1——1，2，5，8；面 2——2，3，4，5；面 3——8，5，6，7。

③ 划分网格：指定单元整体尺寸为 0.125，划分网格。

④ 施加管内对流边界条件：依次选择 Main Menu→Solution→Define loads→Apply→Thermal→Convection→On Nodes，在左侧边界节点（线 4、10）施加对流系数 1，流体温度 450。

⑤ 施加外界对流边界条件：依次选择 Main Menu→Solution→Define loads→Apply→Thermal→Convection→On Nodes，在右侧外界边界节点（线 6、7、8）施加对流系数 0.25，流体温度 70。

（5）热分析求解和温度分布显示

求解；求解后的温度分布如图 9-3 所示。

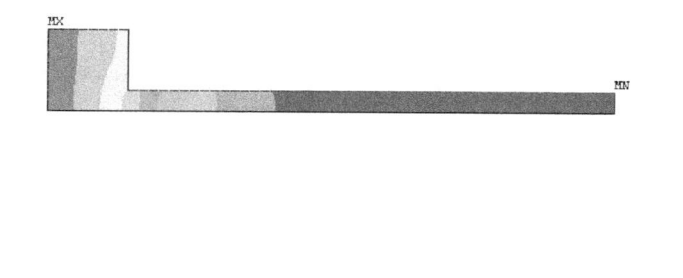

图 9-3 温度分布

（6）单元转换与设置

重新进入前处理，依次选择 Main Menu→Preprocessor→Element Type→Switch Elem Type，在打开的对话框上选择 Thermal to Structural，如图 9-4 所示，然后设定结构单元为轴对称。

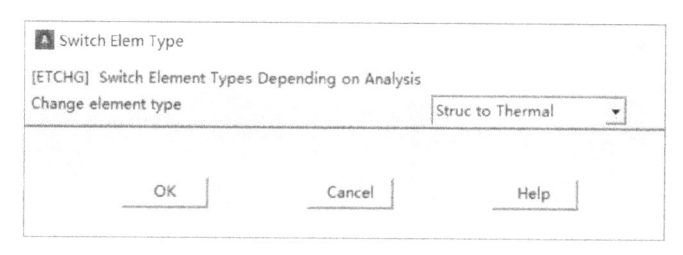

图 9-4 更换单元类型对话框

（7）定义材料

定义弹性模量 28e6，泊松比 0.3，热膨胀系数 0.9e-5。

（8）结构加载和求解

① 定义对称边界：定义上下边界（线 1、5、9）为 Y 轴对称。

② 施加管内壁压力：施加左侧（线 4、10）节点压力 1 000。

③ 设置参考温度：依次选择 Main Menu→Solution→Define Loads→Setting→Reference Temp，在弹出的对话框上输入"70"，如图 9-5 所示，单击 OK 按钮。

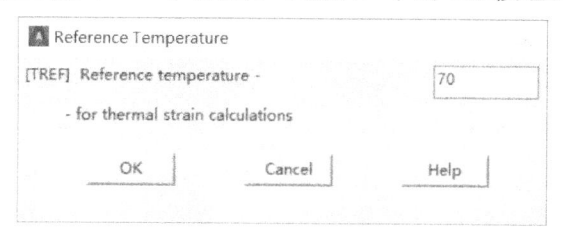

图 9-5 参考温度设定对话框

选择模型所有内容，依次选择 Utility Menu→Select→Everything。

④ 读入热分析结果：依次选择 Main Menu→Solution→Apply→Structural→Temperature→From ANSYS，在弹出的对话框上选择 pipe.rth，如图 9-6 所示，单击 OK 按钮。

图 9-6 "读入热分析结果"对话框

⑤ 求解并显示应力:求解后的应力结果如图 9-7 所示。

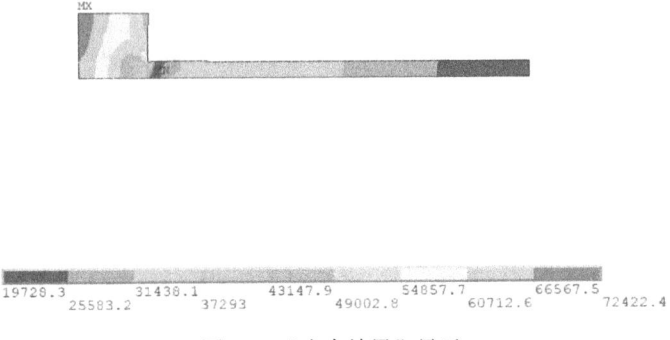

图 9-7 "应力结果"显示

9.3 焊接温度场分析的基本理论

在焊接过程中,被焊金属由于热的输入和传导经历加热、熔化(或达到热塑性状态)、凝固和连续冷却这四个阶段。焊接传热传质贯穿整个其整个过程,其中焊接温度场的分析是焊接过程分析的最重要部分。由于焊接热过程具有局部集中性、热源的运动性、过程的瞬时性及传热方式的复合性,故其求解是十分困难的,其求解方法主要有一定简化条件下的解析法和发展迅速的数值仿真方法。

解析法,是以数学分析为基础的求解导热问题的方法。常用的解析法有直接积分法、分离变量法、拉普拉斯变换法及热源法等。所求得的解为解析函数形式,可以求解得到所研究物体内各时刻各空间位置的精确理论温度值。焊接温度场的解析计算最早可追溯到 20 世纪 40 年代。Rosenthal 和 Rykalin 等人提出了焊接热过程计算的经典理论——Rosenthal-Rykalin 公式体系。之后有学者将上述公式转化为无因次形式,得到了部分简化解析式,包括:厚大焊件、薄板、细棒及大功率高速移动热源的焊接温度场的解析表达式。

数值仿真法,焊接中的数值仿真方法主要有:数值积分(近似分析解法)、蒙特卡洛法、差分法及应用最为广泛的有限元法。这四者均为满足一定定解条件下的近似解法,通过数值近似、统计估计、差商代替微商等方式求解焊接过程中非线性瞬态导热问题的控制方程。其中焊接有限元法通过在空间域内利用有限单元网格划分,在时间域内用有限差分网格划分,能够很好地模拟焊接过程的非线性瞬态导热过程。

关于焊接温度场有限元分析理论，三维笛卡儿坐标系下固体材料的非线性瞬态热传导的控制方程为：

$$C\rho \frac{\partial T}{\partial \tau} = \frac{\partial}{\partial x}\left(\lambda \frac{\partial T}{\partial x}\right) + \frac{\partial}{\partial y}\left(\lambda \frac{\partial T}{\partial y}\right) + \frac{\partial}{\partial z}\left(\lambda \frac{\partial T}{\partial z}\right) + \overline{Q} \tag{9-1}$$

式中，$Q(x,y,z)$为求解域V中的内热源强度；λ为导热系数；C为材料比热；ρ为材料密度；τ为传热时间；$T(x,y,z,\tau)$为温度场分布函数；λ、C、ρ均随温度变化。

焊接温度场计算通常用到以下三类边界条件。

已知焊接件边界温度的边界条件：

$$\lambda \frac{\partial T}{\partial x}n_x + \lambda \frac{\partial T}{\partial y}n_y + \lambda \frac{\partial T}{\partial z}n_z = T_s(x,y,z,\tau) \tag{9-2}$$

已知焊接件边界热流密度分布的边界条件：

$$\lambda \frac{\partial T}{\partial x}n_x + \lambda \frac{\partial T}{\partial y}n_y + \lambda \frac{\partial T}{\partial z}n_z = q_s(x,y,z,\tau) \tag{9-3}$$

已知焊接件边界与周围的热交换边界条件：

$$\lambda \frac{\partial T}{\partial x}n_x + \lambda \frac{\partial T}{\partial y}n_y + \lambda \frac{\partial T}{\partial z}n_z = \beta(T_\alpha - T_s) \tag{9-4}$$

式中，q_s是单位面积上的外部输入热源；β为表面换热系数；T_α为周围介质温度；T_s为已知边界上的温度，n_x、n_y、n_z为边界外法线的方向余弦值。

根据能量守恒原理，瞬态热传导用矩阵形式可表达为：

$$\boldsymbol{C\dot{T}} + \boldsymbol{KT} = \boldsymbol{Q} \tag{9-5}$$

式中，$\boldsymbol{K}$为传导矩阵，包含热系数、对流系数及辐射和形状系数；$\boldsymbol{C}$为比热矩阵，考虑系统内能的增加；$\boldsymbol{T}$为节点温度向量；$\boldsymbol{\dot{T}}$为温度对时间的导数；$\boldsymbol{Q}$为节点热流率向量，包括热生成。

因为焊接过程中材料热性能随温度变化，如$\boldsymbol{KT}$、$\boldsymbol{CT}$等，边界条件随温度变化，含有非线性单元，考虑辐射传热等原因会导致瞬态传热方程具有非线性，所以非线性热分析的热平衡方程为：

$$\boldsymbol{CT\dot{T}} + \boldsymbol{KTT} = \boldsymbol{QT} \tag{9-6}$$

关于焊接温度场有限元仿真方法，主要有以下3个步骤。

① 网格划分。在焊接过程中，焊缝和热影响区的温度梯度变化很大，所以该部分要采用加密的网格；而远离焊缝的区域，温度梯度变化相对较小，可以采用相对稀疏的网格。

② 载荷施加和求解。热分析的载荷主要有温度、对流、热流密度和生热率。对于焊接热源载荷，在有限元软件中可以用热流密度或生热率两种形式加载。对于表面堆焊问题（可忽略熔敷金属的填充），将热源以热流密度的形式施加更为合适，可以得到比较满意的结果；对于开坡口的焊缝或添角焊缝等，可将热源作为焊缝单元内部生热处理，故以生热率的形式施加载荷更为方便。两种加载形式均可运用生死单元技术，逐步将填充焊缝转化为生单元参与计算，以考虑金属的填充作用。

③ 温度场后处理。温度场准稳态是当热源移动时，热源周围的温度分布很快变为恒定

的。在后处理时,通过判断热源在不同时间时的过渡场,可判断是否为准稳态。如果是准稳态,则说明网格和载荷步划分得够细,达到计算的精度要求。如果不是准稳态,则需要修改网格和载荷步再重新计算。

9.4 焊接应力与变形分析理论

焊接残余应力与变形产生的根本原因是焊接和冷却过程中产生的塑性应变与相变应变。要想精确地了解整个焊接过程中应力、应变及变形的发生、发展的动态行为,仅靠实验研究是很难做到的,而求过程的理论解也几乎是不可能的,因为材料的物理力学参数也都是温度的函数,这是一个高度非线性问题,且存在温度、相变和热应力三者之间的耦合效应。故常用数值法进行焊接应力应变的分析,所涉及的基本理论主要有热弹塑性法和固有应变法两种。

热弹塑性的有限元理论。其研究和发展可追溯到 20 世纪 70 年代,日本上田幸雄等人以有限元为基础,提出了考虑材料力学性能与强度有关的热弹塑性分析理论,导出了分析焊接应力应变过程的表达式,从而使复杂的动态焊接应力应变过程的分析成为可能。随着后续的发展,热弹塑性有限元理论的主要内容可分为:

(1) 焊接热-力平衡;
(2) 热弹塑性应力-应变关系(包括弹性状态下应力-应变关系和塑性状态下应力-应变关系);
(3) 有限单元位移-应变矩阵;
(4) 基于径向返回算法的应力快速更新;
(5) 材料雅可比矩阵。

固有应变理论。焊接过程中产生的残余应力归咎于除弹性应变外的剩余应变(即固有应变),在焊接过程中共存"固有应力""固有形变""固有力"等因素,并且这三者的共同作用引起了材料的焊接残余应力。概括来说,固有应变是在外部载荷移除后,仍然存在于物体内部的剩余应变。如果将在外部载荷施加作用下的总应变 $\varepsilon_{总}$ 用弹性应变 ε_e、塑性应变 ε_p、热应变 ε_T、蠕变应变 ε_c 以及相应变 ε_θ 的总和来表示,即:

$$\varepsilon_{总} = \varepsilon_p + \varepsilon_e + \varepsilon_T + \varepsilon_c + \varepsilon_\theta \tag{9-7}$$

但是在焊接的过程中,由于母材被加热到熔点以上,材料的弹性性能已经消失,因此可以发现除去弹性应变以后的应变就可以成为固有应变 ε^*:

$$\varepsilon^* = \varepsilon_p + \varepsilon_T + \varepsilon_c + \varepsilon_\theta \tag{9-8}$$

基于固有应变有限元法进行焊接变形预测,需要将固有应变数值以适当形式施加到整体模型上。常用的加载方式有:等效载荷法和温度载荷法两种。加载的内容包括纵向应变和横向应变,它们分别会引起相应大小的纵向变形与横向变形,其中纵向变形包括纵向缩短及弯曲挠度;横向变形包括横向缩短及角变形。所以焊接变形可以认为是由焊缝及其附近的母材区域共同作用的结果。本质上来说,固有应变法的原理为将大量实验获得的各种情况下焊接残余应变组合成的固有应变数据库施加于整体结构上以便于后续结构的弹性有限元分析。实质为用经验解决实际问题。

9.5 焊接过程分析的几种有限元方法

1. 生死单元法

单元生死技术的含义是指在有限元分析过程中,通过参数控制某些单元在一定的时间内生和死。在单元生时,将单元刚度矩阵和载荷矩阵组集到总体刚度矩阵和载荷矩阵中去,在单元死时,不组集单元刚度矩阵和载荷矩阵。

假设模型中包含一直保持"生"和可能发生"死"的两种单元,分别记为 A 和 B,单元节点分为三类,一是只与"生"单元相联系的节点,二是同时与"生"单元和可能"死"单元都有联系的节点,即生死单元上的节点,三是只与可能"死"单元相联系的节点,三类节点分别记为 a、b 和 c,于是可得 A、B 两类单元的单元刚度矩阵 $[k]^A$ 和 $[k]^B$ 分别为:

$$\boldsymbol{k}^A = \begin{bmatrix} k_{aa}^A & k_{ab}^A \\ k_{ab}^A & k_{bb}^A \end{bmatrix}, \quad \boldsymbol{k}^B = \begin{bmatrix} k_{bb}^B & k_{bc}^B \\ k_{bc}^B & k_{cc}^B \end{bmatrix} \tag{9-9}$$

当 A、B 两类单元同时存在,系统求解的有限元方程为:

$$\begin{bmatrix} k_{ca}^A & k_{ab}^A & 0 \\ k_{ab}^A & k_{bb}^A + k_{bb}^B & k_{bc}^B \\ 0 & k_{bc}^B & k_{cc}^B \end{bmatrix} \begin{bmatrix} u_a \\ u_b \\ u_c \end{bmatrix} = \begin{bmatrix} F_a \\ F_b \\ F_c \end{bmatrix} \tag{9-10}$$

当需要 B 单元死时,采用单元生死技术,B 类单元的单元刚度矩阵和载荷矩阵不组集到总体刚度矩阵中去,于是得到系统求解的新的有限元方程为:

$$\begin{bmatrix} k_{aa}^A & k_{ab}^A & 0 \\ k_{ab}^A & k_{bb}^A & 0 \\ 0 & 0 & 0 \end{bmatrix} \begin{bmatrix} u_a^* \\ u_b^* \\ 0 \end{bmatrix} = \begin{bmatrix} F_a^* \\ F_b^* \\ 0 \end{bmatrix} \tag{9-11}$$

其中:u_a、u_b 和 u_c 分别为 B 单元死前 a、b 和 c 节点的位移,u_a^* 和 u_b^* 分别为 B 单元死后 a 和 b 节点的位移,F_a、F_b 和 F_c 分别为 B 单元死前 a、b 和 c 节点的总载荷,F_a^* 和 F_b^* 分别为 B 单元死后 a、b 节点的总载荷。在无外力作用下,由残余应力的自平衡条件,可知:

$$F_a + F_b + F_c = 0, \quad F_a^* + F_b^* = 0 \tag{9-12}$$

即死掉单元群对仍生存单元群的载荷 F_a 和 F_b 会带来变化,形成新的载荷 F_a^* 和 F_b^*,但它们仍处于自平衡状态。

生死单元法作为模拟金属焊接和熔覆过程中的熔化和凝固过程的方法,其在焊接温度场的仿真过程中,是指随着热源的移动,将焊料边界范围内探测到的填充单元逐一激活,参与热传导,以得到更为准确的温度场。其在应变场分析中,在焊接开始前把焊缝单元"杀死",并在每一步热应力计算时,将对应的温度场的计算结果进行选择,超过熔点熔化的单元令其"死掉",而低于熔点的单元和超过熔点未熔化的单元将其"激活",从而模拟焊接过程中焊缝熔化后的力学状态。

2. 自适应网格法

网格自适应方法结合了拉格朗日方法和欧拉方法这两种算法的特征,主要是用来使网格在整个分析过程中保持一种比较良好的状态，不出现巨大的扭曲与变形。它的主要原理是让网格脱离材料而流动，但与欧拉方法不同，例如比较明显的一点为：它的网格必须被一种材料充满，而且材料边界条件复杂。总的来说，网格自适应方法使得网格脱离材料独立流动，就可以改善网格状况，使得网格在整个分析过程中保持比较良好的状态，并且网格自适应方法不会改变网格的拓扑结构。

网格自适应方法是另一类焊接过程高效计算的方法，本质是通过将焊缝附近区域的网格采用细化的方式保证计算精度，将焊缝区域外的网格尺寸相对粗大以减少整体网格数目，提高整体计算效率。

关于焊接温度场及焊接应力变形仿真分析，各商业软件的二次开发思想是一致的，流程上会有所区别。此处介绍的计算流程为先温度场后应力场的间接求解顺序。图9-8给出了基于ANSYS焊接热—结构耦合的流程方法。

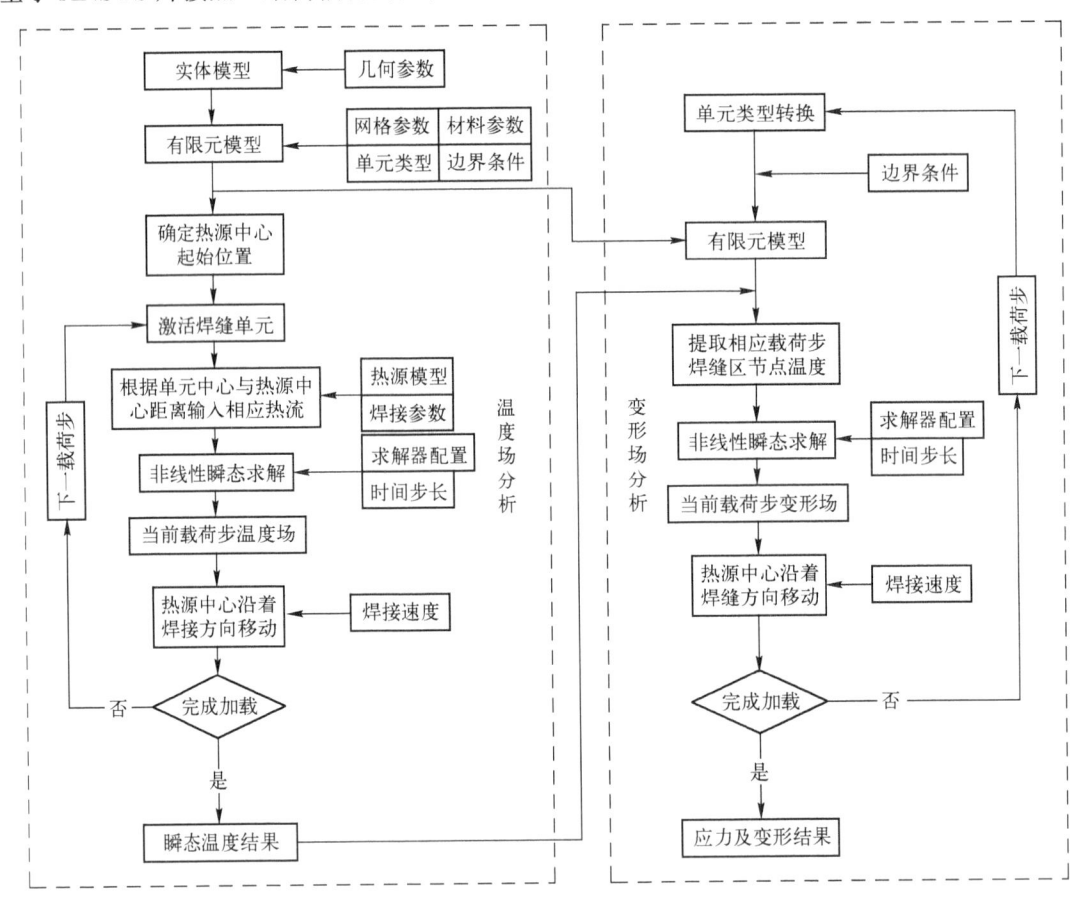

图 9-8　基于 ANSYS 焊接热机耦合的流程

9.6　平板堆焊温度场及应力场算例

1. 问题描述

本节参考初雅杰主编的《焊接有限元技术》的仿真实例，以平板堆焊为例，运用生死单元法进行平板焊接过程的温度场和应力场模拟。由于所取平板几何对称、边界对称、热源模型也关于焊缝对称(电弧在钢板中间沿直线运动),故为提高仿真效率,平板模型取其一半,如图 9-9 所示。本实例采用间接法计算薄板的残余热应力问题,使用 SOLID70 进行热计算,使用 SOLID85 进行应力计算。为了兼顾计算精度和计算效率,在靠近焊缝处采用加密网格,网格大小控制在 1.2 mm,在远离焊缝处采用较疏的网格。

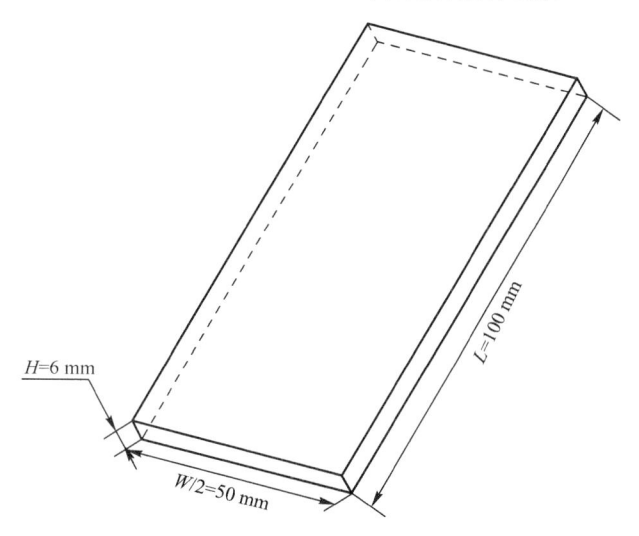

图 9-9 堆焊平板半模型简图

热源模型采用高斯热源,其焊接参数如下:电弧电压 U=15 V;焊接电流 I=160 A;焊接速度 v=10 m/s;焊接热效率 n=0.7;电弧有效加热半径 R=7×10^{-3} m。焊接材料为低碳钢,材料性能如表 9-4 所示,各参数的单位均为国际单位。热计算时,焊件的初始温度为 20℃,焊件的上下表面和周围的三个面为对流换热,其对流系数为 30W/(m^2·℃),焊件的对称面绝热。

应力计算时,在有限元计算中加载位移边界条件是为了防止计算中产生刚性位移,但所加的位移约束又不能严重阻碍焊接过程中应力的自由释放和自由变形。约束的形式因结构的不同而有所不同。本例为平板堆焊,求解应力场时约束为焊件底面的两边,一条约束 Y 方向,另一条约束 Z 方向,对于对称面则对其施加离面的位移约束。本实例的计算终止时间为 1 100 s,此时的平板已经冷却至室温,所以此时的热应力可认为是残余应力。

表 9-4 焊件材料参数

温度 T/℃	20	250	500	750	1 000	1 500	1 700	2 500
热导率 W/(m·℃)	50	47	40	27	30	35	45	50
密度 kg/m^3	7 820	7 700	7 610	7 550	7 490	7 350	7 300	7 090
比热容 J/(kg·℃)	460	480	530	675	670	660	780	820
泊松比	0.28	0.29	0.31	0.35	0.40	0.49	0.50	0.50
膨胀系数×10^{-5}m·℃	1.10	1.22	1.39	1.48	1.34	1.33	1.32	1.31
弹性模量×10^6 Pa	205 000	187 000	150 000	70 000	20 000	0.001 9	0.001 5	0.001 2
屈服应力×10^6 Pa	220	175	80	40	10	0.1		

2. 定义参数

依次选择 Utility Menu→File→Change Jobname，弹出对话框，在输入栏中输入"Welding Temp"，单击 OK 按钮。

依次选择 Utility Menu→Parameters→Scalar Parameters，弹出对话框，在 Selection 中输入 L=0.1，单击 Accept 按钮，完成对焊件长度参数的定义，按照此方法继续定义焊件的宽度 W=0.1，焊件的高度 H=0.006，焊接电压 U=20，焊接电流 I=160，焊接速度 V=0.01，焊接热效率 YITA=0.7，电弧有效加热半径 R=0.007，电弧热功率 Q=U*I*YITA，加热斑点中心最大热流密度 Qm=3/3.1415/R**2*Q，以及人为划分的焊缝道数 N=2*L/V、STEP=L/N、chf=0.012，定义完毕后单击 Close 按钮。

依次选择 Main Menu→Preprocessor→Element Type→Add/Edit/Delete，弹出对话框，单击 Add 按钮，首先在弹出对话框的左边选择"Thermal Solid"，然后在右边选择"Quad 4node55"单元，单击 Apply 按钮。继续在对话框左边选择"Thermal solid"，在右边选择"Brick 8node 70"，单击 OK 按钮。

依次选择 Main Menu→Preprocessor→Material Props→Material Models，在弹出的对话框中依次选择 Structural→Liner→Elastic→Isotropic，又弹出一个输入材料属性的对话框，连续单击 Add Temperature，一直增加到"T8"，然后根据表 9-4，于每一列分别输入"T1=20，EX=2.05E11，PRXY=0.28""T2=200，EX=1.87E11，PRXY=0.29""T3=500，EX=1.5E11，PRXY=0.31""T4=750，EX=7E10，PRXY=0.35""T5=1000，EX=2E10，PRXY=0.4""T6=1500，EX=1.9E3，PRXY=0.49""T7=1700，EX=1.5E3，PRXY=0.5""T8=2500，EX=1.2E3，PRXY=0.5"，单击 OK 按钮。同理，可以依据表 9-4 的数据设置材料的密度 DENS：依次选择 Structural→Density；材料的比热容 C：依次选择 Thermal→Specific Heat；材料的热膨胀系数 ALPX：依次选择 Structural→Thermal Expansion→Secant Coefficient→Isotropic；材料的热导率 KXX：依次选择 Thermal→Conductivity。

设置材料的应力应变关系为双线性等向强化：依次选择 Structural→Nonlinear→Inelastic→Rate Independent→Mises Plasticity→Bilinear，弹出一个输入材料属性的对话框，连续单击"Add Temperature"，一直增加到"T6"，然后根据材料表每一列分别输入"T1=20，Yield Stss=2.2E8，Tang Mod=0""T2=250，Yield Stss=1.75E8，Tang Mod=0""T3=500，Yield Stss=8E7，Tang Mod=0""T4=750，Yield Stss=4E7，Tang Mod=0""T5=1000，Yield Stss=1E7，Tang Mod=0""T6=1500，Yield Stss=1E-5，Tang Mod=0"，单击 OK 按钮。

3. 几何建模

依次选择 Main Menu→Preprocessor→Modeling→Create→Keypoints→In Active CS，在弹出的对话框中输入"NPT=1，X=0，Y=0，Z=0"，单击 Apply 按钮；继续输入"NPT=2，X=0，Y=L，Z=0"，单击 Apply 按钮；继续输入"NPT=3，X=-W/2*0.15，Y=L，Z=0"，单击 Apply 按钮；继续输入"NPT=4，X=-W/2*0.3，Y=L，Z=0"，单击 Apply 按钮；继续输入"NPT=5，X=-W/2*0.5，Y=L，Z=0"，单击 Apply 按钮；继续输入"NPT=6，X=-W/2，Y=L，Z=0"，单击 Apply 按钮；继续输入"NPT=7，X=-W/2，Y=0，Z=0"，单击 Apply 按钮；继续输入"NPT=8，X=-W/2*0.5，Y=0，Z=0"，单击 Apply 按钮；继续输入"NPT=9，X=-W/2*0.3，Y=0，Z=0"，单击 Apply 按钮；继续输入"NPT=10，X=-W/2*0.15，Y=0，Z=0"，单击 Apply 按钮；继续输入"NPT=11，X=0，Y=0，Z=H"，

单击 OK 按钮。

依次选择 Main Menu→Preprocessor→Modeling→Create→Areas→Arbitrary→Through KPs，弹出拾取对话框，用鼠标按顺序拾取关键点 1、2、3 和 10，单击 Apply 按钮，继续拾取关键点 10、3、4 和 9，单击 Apply 按钮；继续拾取关键点 9、4、5 和 8，单击 Apply 按钮，继续拾取关键点 8、5、6 和 7，单击 OK 按钮。当然也可用如下命令流更为方便地建立：

```
K,1,0,0,0
K,2,0,L,0
K,3,-W/2*0.15,L,0
K,4,-W/2*0.3,L,0
K,5,-W/2*0.5,L,0
K,6,-W/2,L,0
K,7,-W/2,0,0
K,8,-W/2*0.5,0,0
K,9,-W/2*0.3,0,0
K,10,-W/2*0.15,0,0
K,11,0,0,H
A,1,2,3,10
A,10,3,4,9
A,9,4,5,8
A,8,5,6,7
```

4．网格划分

依次选择 Main Menu→Preprocessor→Meshing→MeshTool，在网格划分工具面板"Size Controls"中选择"Global"的"Set"，弹出对话框，在 SIZE 选项中输入"0.001 2"，单击 OK 按钮。单击网格划分工具面板中的 Mesh 按钮，弹出拾取对话框，拾 A1 面，单击 OK 按钮。在网格划分工具面板"Size Controls"中选择"Global"的"Set"，弹出对话框，在"SIZE"选项中输入"0.002 5"，单击 OK 按钮。单击网格划分工具面板中的 Mesh 按钮，弹出拾取对话框，拾 A2 面，单击 OK 按钮。在网格划分工具面板"Size Controls"中选择"Global"的"Set"，弹出对话框，在"SIZE"选项中输入"0.005"，单击 OK 按钮。单击网格划分工具面板中的 Mesh 按钮，弹出拾取对话框，拾 A3 面，单击 OK 按钮。在网格划分工具面板"Size Controls"中选择"Global"的"Set"，弹出对话框，在"SIZE"选项中输入"0.006 5"，单击 OK 按钮。单击网格划分工具中的"Mesh"按钮，弹出拾取对话框，拾 A4 面，单击 OK 按钮。

由面网格拉伸成体网格：依次选择 Main Menu→Preprocessor→Modeling→Operate→Extrude→Elem Ext Opts。弹出单元拉伸设置对话框，设置单元类型号"Element type number"为 2 号 SOLID70，设置拉伸单元尺寸选项"Element sizing options for extrusion"中单元拉量"No.Elem divs"为"2"，单击 OK 按钮。进一步选取拉伸面，依次选择 Main Menu→Preprocessor→Modeling→Operate→Extrude→Areas→Along Normal，弹出拾取对话框，拾取面 A1，单击 OK 按钮，在弹出的对话框中输入"DIST=H"，单击 OK 按钮。类似地，拉伸面 A2、A3、A4，拉伸距离"DIST"均为 H。最后合并相同（或等价定义的）项，依次选择 Main Menu→Preprocessor→Numbering Ctrls→Merge Item，在弹出的对话框中

设置"Type of item to be merge""All",单击 OK 按钮。

5. 进行瞬态热分析

依次选择 Main Menu→Solution→Analysis Type→New Analysis,在弹出的对话框中选中"Transient",单击 OK 按钮,为进行瞬态热分析问题求解,保持弹出对话框的默认设置,默认设置为安全法,单击 OK 按钮。

6. 杀死焊缝处单元

对焊缝处采用生死单元,即在焊接的单元为激活的,待焊接的单元是杀死的,焊接过程就是一个逐渐激活单元的过程。依次选择 Utility Menu→Select→Entities,在弹出的对话框中选择"Volumes""By Num/Pick""OK",弹出拾取对话框,拾取体 V1、V2,单击 OK 按钮;依次选择 Utility Menu→Select→Everything Below→Selected Volumes;单击鼠标右键,在弹出的选项框中单击 Replot 以显示焊缝;依次选择 Utility Menu→Select→Com/Assembly→Create Component,弹出对话框,在部件名称"Component name"中输入"weld_elem",在"Component is made of"中选择"Elements",单击 Apply 按钮;弹出对话框,在部件名称"Component name"中输入"weld_node",在"Component is made of"中选择"Node",单击 OK 按钮关闭对话框。

杀死焊缝处的单元:依次选择 Main Menu→Solution→Load Step Opts→Other→Birth&Death→Kill Elements,选择焊缝处的所有单元,单击 OK 按钮。当然用也可以如下命令流代替此部分操作:

```
VSEL,S, , ,1
VSEL,A, , ,2
ESLV,S
CM,weld_elem,elem
ekill,all
esel,s,elem,,weld_elem
nsle,s
cm,weld_node,node
ALLSEL,ALL
```

7. 定义高斯热源

依次选择 Utility Menu→Parameters→Functions→Define/Edit,弹出定义函数面板,在面板的 Result 中输入"Qm*exp(-3*({X}^2+({Y}-V*{TIME})^2)/R^2)",保存函数并命名函数名为"gaosi"。注意:保存函数的路径不能有中文符号。选择函数编辑器面板"Function Editor"上的 File→Save,输入保存文件名为"gaosi",单击 save。选择函数编辑器面板的 File→Exit。

依次选择 Solution→Define Loads→Apply→Functions→Read File,弹出选择函数文件对话框,选择"gaosi.func",单击 open,弹出函数加载"Function Loader"对话框,在表格函数名"Table parameter name"中输入"gaosi",在常数数值"Constant Values"中输入"Qm=Qm""V=V""R=R",单击 OK 按钮。

8. 定义热边界条件

定义初始温度:依次选择 Main Menu→Solution→Define Loads→Settings→Uniform

Temp，弹出均匀温度设置对话框，输入"20"，单击 OK 按钮。

定义对流换热系数：依次选择 Main Menu→Solution→Define Loads→Apply→Thermal→Convection→On Areas，弹出拾取对话框，拾取除 A6、A5 和 A10 外的所有面，单击 OK 按钮，弹出在面上施加对流换热系数对话框，设置对流换热系数"Film coefficient"为"30"，外界空气温度"Bulk temperature"为"20"，单击 OK 按钮。

加载热源：依次选择 Main Menu→Solution→Define Loads→Apply→Thermal→Heat Flux→On Areas，弹出拾取对话框，拾取面 A5 和 A10，单击 OK 按钮，在弹出的对话框中设置施加热流密度方式"Apply HFLUX on areas as a"为表格"Existing table"，单击 OK 按钮，在弹出的对话框中选择"GAOSI"，单击 OK 按钮。

9．温度场求解

热分析过程中的载荷步主要分焊接和冷却两部分，由于焊接过程相对短暂，冷却过程相对漫长，故共分成四个载荷步：一个焊接载荷步，三个时间步长依次增加的冷却载荷步。焊接过程为 10 s，冷却过程约为 1 100 s。

对于焊接载荷步，由于每个子步均需要依次选择 Main Menu→Solution→Load Step Opts→Other→Birth&Death→Activate Elem→pick elements，来激活焊缝单元进行计算，十分不便，故通过如下命令流进行求解操作，并保存求解结果以作为应力场求解的载荷。

```
*DO,IM,0,N
    YY=IM*STEP
    T=(YY+STEP)/V !每步焊接时间，时间跟踪
    TIME,T
!激活当前焊接处单元
    wpcsys,-1,0
    nsel,s,node,,weld_node
    nsel,r,loc,y,YY,YY+chf
    cm,cur_node,node
    esln,s
    ealive,all
    nsel,s,node,,weld_node
    nsel,u,node,,cur_node
    cm,weld_node,node
    ALLSEL,ALL
!施加高斯热源
    SFA,5,1,HFLUX, %GAOSI%
    SFA,10,1,HFLUX, %GAOSI%
    OUTRES,ALL,ALL,
    AUTOTS,-1
    NSUBST,50,50,50
    KBC,0
    SOLVE
*ENDDO

TSRES,ERASE
TIME,20        !第一个冷却载荷步
```

```
AUTOTS,1
NSUBST,20,20,20
KBC,0
OUTRES,ALL,ALL
SOLVE

TSRES,ERASE
TIME,50        !第二个冷却载荷步
AUTOTS,1
NSUBST,30,30,30
KBC,0
OUTRES,ALL,ALL
SOLVE

TSRES,ERASE
TIME,1100   !第三个冷却载荷步
AUTOTS,1
NSUBST,105,105,105
KBC,0
OUTRES,ALL,ALL
SOLVE
SAVE
FINISH
```

10．进行瞬态结构分析

改变当前文件名，并生成新的 log 文件，依次选择 Utility Menu→File→Change Jobname，弹出对话框，在输入栏中输入"WeldingStress"，单击 OK 按钮。

由热分析转为结构分析：依次选择 Main Menu→Preprocessor→Element Type→Switch Elem Type，在弹出的对话框中设置"Thermal to Struc"，单击 OK 按钮。

设置分析为瞬态动力学：依次选择 Main Menu→Solution→Analysis Type→New Analysis，在弹出的对话框中选中"Transient"，含义为进行瞬态问题求解，单击 OK 按钮。在弹出的对话框中选择完全法"Full"，不勾选"LUMPM"，表示计算中使用协调一致质量矩阵，单击 OK 按钮。依次选择 Main Menu→Solution→Analysis Type→Analysis Options，弹出分析选项设置对话框，激活大变形分析"Large deform effects"，设置牛顿-拉斐森"Newton-Raphson option"为完全法"Full N-R"，设置完毕后，单击 OK 按钮。

11．定义力边界条件

设置参考温度：依次选择 Main Menu→Solution→Define Loads→Settings→Reference Temp，在弹出的对话框中输入"20"，单击 OK 按钮。

设置对称位移约束：依次选择 Main Menu→Solution→Define Loads→Apply→Structural→Displacement→Symmetry B.C.→On Areas，弹出拾取对话框，拾取对称面 A6，单击 OK 按钮。设置位移约束：依次选择 Main Menu→Solution→Define Loads→Apply→Structural→Displacement→On Lines，弹出拾取对话框，拾取线 L13、L10、L7 和 L4，单击 Apply 按钮，在弹出的对话框中选择"UY"，单击 Apply 按钮。继续拾取线 L1，单击 Apply 按钮，

在弹出的对话框中选择"UZ",单击 OK 按钮。

12. 应力场求解

不均匀的温度分布是导致焊件应变和变形的根本原因,将前面各时刻温度分布求解的结果,作为载荷加在焊件上以求解相应时刻下焊件的应力场分布。由于需要读入大量数据,通过 GUI 操作较为繁杂,故采用如下命令流进行替代:

```
*DO,I,1,50
LDREAD,TEMP,,,0.2*I, ,'WeldingTemp','rth',' '    !读入热分析的计算结果
OUTRES,ALL,ALL,
TIME,0.2*I
DELTIM,0.2,0.075,0.2,1
SOLVE
*ENDDO

*DO,I,1,20
LDREAD,TEMP,,,10+I*0.5, ,'WeldingTemp','rth',' '
OUTRES,ALL,ALL,
TIME,10+I*0.5
DELTIM,0.5,0.5,1,1
SOLVE
*ENDDO

*DO,I,1,30
LDREAD,TEMP,,,20+I, ,'WeldingTemp','rth',' '
OUTRES,ALL,ALL,
TIME,20+I
DELTIM,1,1,1,1
SOLVE
*ENDDO

*DO,I,1,105
LDREAD,TEMP,,,50+10*I, ,'WeldingTemp','rth',' '
OUTRES,ALL,ALL,
TIME,50+10*I
DELTIM,10,10,10,1
SOLVE
*ENDDO
SAVE
FINISH
```

13. 后处理

完成求解后,在 GUI 界面中可以查看图形结果。查看不同时刻温度场分布结果,需打开 WeldingTemp 文件,依次选择 Utility Menu→Open Mechanical APDL File 图标,在弹出的文件窗口中选择"WeldingTemp.db",单击"打开"按钮。

查看 2.4 s 时的温度场分布:依次选择 Main Menu→General Postproc→Read Results→By

Pick，在弹出的对话框中选择"Time"为"2.4"的结果，单击 Read 按钮。再依次选择 Main Menu→General Postproc→Plot Results→Contour Plot→Nodal Solu，弹出"节点求解数据"Contour Nodal Solution Date 对话框，选择 Nodal Solution→DOF Solution→Nodal Temperature，单击 OK 按钮，结果如图 9-10（a）所示；查看 1 000 s 时的温度场分布：依次选择 Main Menu→General Postproc→Read Results→By Time/Freq，弹出对话框，在选项"Value of time or freq"中输入"1 000"，单击 OK 按钮，结果如图 9-10（b）所示。

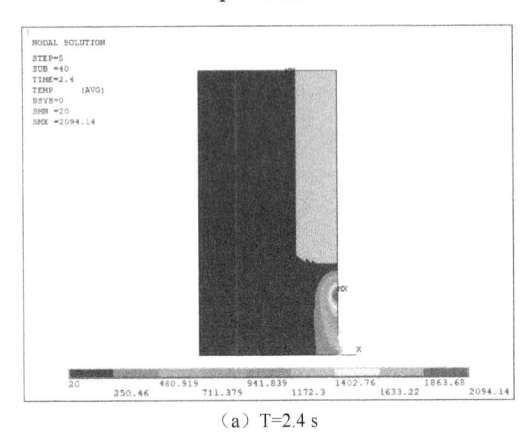

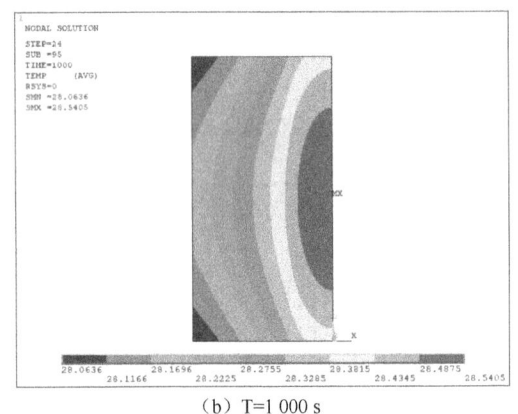

(a) T=2.4 s   (b) T=1 000 s

图 9-10 焊接温度场分布图

查看不同时刻焊缝方向（Y方向）的应力场分布结果，需打开 WeldingStress 文件，依次选择 Utility Menu→Open Mechanical APDL File 图标，在弹出的文件窗口中选择"WeldingStress.db"，单击"打开"按钮。查看 2.4 s 时的应力场分布：依次选择 Main Menu→General Postproc→Read Results→By Pick，在弹出的对话框中选择"Time"为"2.4"的结果，单击 Read 按钮。再依次选择 Main Menu→General Postproc→Plot Results→Contour Plot→Nodal Solu，弹出"节点求解数据"Contour Nodal Solution Date 对话框，选择 Nodal Solution→Stress→Y-Component of stress，单击 OK 按钮，结果如图 9-11（a）所示；查看 24 s 时的温度场分布：依次选择 Main Menu→General Postproc→Read Results→By Time/Freq，弹出对话框，在"Value of time or freq"中输入"24"，单击 OK 按钮，结果如图 9-11（b）所示。

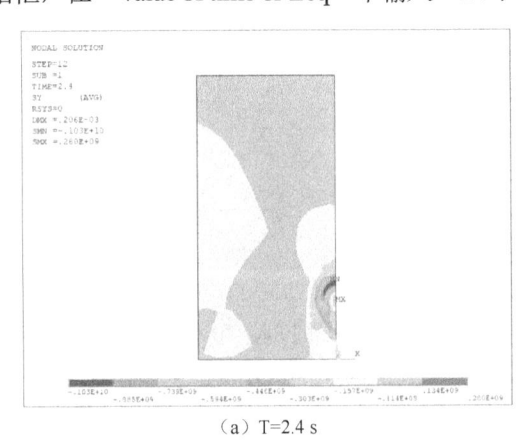

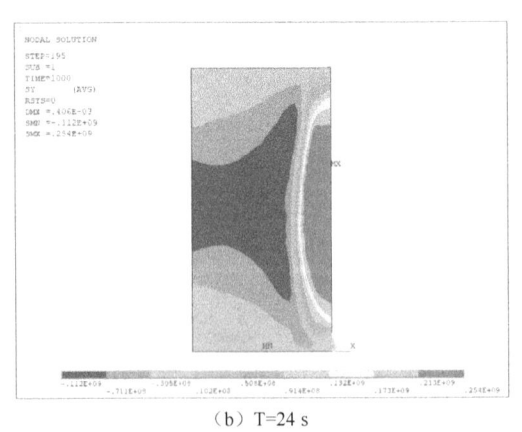

(a) T=2.4 s   (b) T=24 s

图 9-11 焊接焊缝方向应力场分布图

14. 命令流

```
/FILNAME,WeldingTemp,1
!******定义用户界面配色
/GRA,POWER
/GST,ON
/PLO,INFO,3
/COLOR,PBAK,OFE
/RGB,INDEX,100,100,100,0
/RGB,INDEX,80,80,80,13
/RGB,INDEX,60,60,60,14
/RGB,INDEX,0,0,0,15
/REPLOT
/PREP7
!******定义焊接参数
L=1E-1          !焊件的长度
W=1E-1          !焊件的宽度
H=6E-3          !焊件的高度

U=20            !焊接电压
I=160           !焊接电流
V=0.01          !焊接速度
YITA=0.7        !焊接热效率
R=0.007         !电弧有效加热半径
Q=U*I*YITA                !电弧热功率
Qm=3/3.1415/R**2*Q        !加热斑点中心最大热流密度

!******定义单元及材料属性
ET,1,PLANE55
ET,2,SOLID70

MPTEMP,,,,,,,,            !定义材料属性的温度表
MPTEMP,1,20
MPTEMP,2,200
MPTEMP,3,500
MPTEMP,4,750
MPTEMP,5,1000
MPTEMP,6,1500
MPTEMP,7,1700
MPTEMP,8,2500

MPDATA,KXX,1,,50          !定义材料的热导率
MPDATA,KXX,1,,47
MPDATA,KXX,1,,40
MPDATA,KXX,1,,27
MPDATA,KXX,1,,30
MPDATA,KXX,1,,35
```

```
MPDATA,KXX,1,,40
MPDATA,KXX,1,,55

MPDATA,DENS,1,,7820        !定义材料密度
MPDATA,DENS,1,,7700
MPDATA,DENS,1,,7610
MPDATA,DENS,1,,7550
MPDATA,DENS,1,,7490
MPDATA,DENS,1,,7350
MPDATA,DENS,1,,7300
MPDATA,DENS,1,,7090

MPDATA,C,1,,460            !定义材料比热容
MPDATA,C,1,,480
MPDATA,C,1,,530
MPDATA,C,1,,675
MPDATA,C,1,,670
MPDATA,C,1,,660
MPDATA,C,1,,780
MPDATA,C,1,,820

MPDATA,EX,1,,2.05E11       !定义材料弹性模量
MPDATA,EX,1,,1.87E11
MPDATA,EX,1,,1.5E11
MPDATA,EX,1,,0.7E11
MPDATA,EX,1,,0.2E11
MPDATA,EX,1,,0.19E2
MPDATA,EX,1,,0.18E2
MPDATA,EX,1,,0.12e2

MPDATA,PRXY,1,,0.28        !定义材料泊松比
MPDATA,PRXY,1,,0.29
MPDATA,PRXY,1,,0.31
MPDATA,PRXY,1,,0.35
MPDATA,PRXY,1,,0.4
MPDATA,PRXY,1,,0.45
MPDATA,PRXY,1,,0.48
MPDATA,PRXY,1,,0.5

UIMP,1,REFT,,,20           !定义常量材质属性
MPDATA,ALPX,1,,1.1e-5      !定义材料热膨胀系数
MPDATA,ALPX,1,,1.22e-5
MPDATA,ALPX,1,,1.39e-5
MPDATA,ALPX,1,,1.48e-5
MPDATA,ALPX,1,,1.34e-5
MPDATA,ALPX,1,,1.33e-5
MPDATA,ALPX,1,,1.32e-5
```

```
MPDATA,ALPX,1,,1.31e-5

TB,BISO,1,6,2,              !双线性各向同性材料强化
TBTEMP,20
TBDATA,,220e6,0,,,,         !定义材料屈服强度和切线模量
TBTEMP,250
TBDATA,,175e6,0,,,,
TBTEMP,500
TBDATA,,80e6,0,,,,
TBTEMP,750
TBDATA,,40E6,0,,,,
TBTEMP,1000
TBDATA,,10E6,0,,,,
TBTEMP,1500
TBDATA,,1E-5,0,,,,

!******建立模型
K,1,0,0,0
K,2,0,L,0
K,3,-W/2*0.15,L,0
K,4,-W/2*0.3,L,0
K,5,-W/2*0.5,L,0
K,6,-W/2,L,0
K,7,-W/2,0,0
K,8,-W/2*0.5,0,0
K,9,-W/2*0.3,0,0
K,10,-W/2*0.15,0,0
K,11,0,0,H

A,1,2,3,10
A,10,3,4,9
A,9,4,5,8
A,8,5,6,7

!******网格设定与划分
ESIZE,0.0012
AMESH,1
ESIZE,0.0025
AMESH,2
ESIZE,0.005
AMESH,3
ESIZE,0.0065
AMESH,4

TYPE,2
EXTOPT,ESIZE,2,0,           !从下往上拉生成体单元,2层
EXTOPT,ACLEAR,1             !删除体单元上附的面单元
```

```
EXTOPT,ATTR,1,0,0
REAL,_Z4
ESYS,0

VOFFST,1,H, ,
VOFFST,2,H, ,
VOFFST,3,H, ,
VOFFST,4,H, ,
EPLOT
NUMMRG,ALL, , ,LOW

!******进行瞬态热分析
/SOL
ANTYPE,4                    !瞬态分析
TRNOPT,FULL                 !使用完全的 NEWTON-RAPHSON 法
LNSRCH,1                    !激活线性搜索
LUMPM,0
TSRES,ERASE
TIMINT,0,struct
TIMINT,1,THERM
TIMINT,0,MAG

!******杀死焊缝处单元
VSEL,S, , ,1
VSEL,A, , ,2
ESLV,S
CM,weld_elem,ELEM
ekill,all
esel,s,elem,,weld_elem
nsle,s
cm,weld_node,node
ALLSEL,ALL

!******定义环境温度和对流换热边界条件
TUNIF,20,
SFA,15,1,CONV,30,20
SFA,20,1,CONV,30,20
SFA,9,1,CONV,30,20
SFA,14,1,CONV,30,20
SFA,19,1,CONV,30,20
SFA,24,1,CONV,30,20
SFA,23,1,CONV,30,20
SFA,7,1,CONV,30,20
SFA,12,1,CONV,30,20
SFA,17,1,CONV,30,20
SFA,22,1,CONV,30,20
SFA,1,1,CONV,30,20
```

```
SFA,2,1,CONV,30,20
SFA,3,1,CONV,30,20
SFA,4,1,CONV,30,20

!******定义高斯热源模型
*DEL,_FNCNAME
*DEL,_FNCMTID
*DEL,_FNC_C1
*DEL,_FNC_C2
*DEL,_FNC_C3
*DEL,_FNCCSYS
*SET,_FNCNAME,'GAOSI'
*DIM,_FNC_C1,,1
*DIM,_FNC_C2,,1
*DIM,_FNC_C3,,1
*SET,_FNC_C1(1),QM
*SET,_FNC_C2(1),V
*SET,_FNC_C3(1),R
*SET,_FNCCSYS,0
! /INPUT,HANJIE.func,,,1
*DIM,%_FNCNAME%,TABLE,6,19,1,,,,%_FNCCSYS%
! **设定加载方程开始：Qm*exp(-3*({X}^2+({Y}-V*{TIME})^2)/R^2)
*SET,%_FNCNAME%(0,0,1), 0.0, -999
*SET,%_FNCNAME%(2,0,1), 0.0
*SET,%_FNCNAME%(3,0,1), %_FNC_C1(1)%
*SET,%_FNCNAME%(4,0,1), %_FNC_C2(1)%
*SET,%_FNCNAME%(5,0,1), %_FNC_C3(1)%
*SET,%_FNCNAME%(6,0,1), 0.0
*SET,%_FNCNAME%(0,1,1), 1.0, -1, 0, 0, 0, 0, 0
*SET,%_FNCNAME%(0,2,1), 0.0, -2, 0, 1, 0, 0, -1
*SET,%_FNCNAME%(0,3,1),    0, -3, 0, 1, -1, 2, -2
*SET,%_FNCNAME%(0,4,1), 0.0, -1, 0, 3, 0, 0, -3
*SET,%_FNCNAME%(0,5,1), 0.0, -2, 0, 1, -3, 3, -1
*SET,%_FNCNAME%(0,6,1), 0.0, -1, 0, 2, 0, 0, 2
*SET,%_FNCNAME%(0,7,1), 0.0, -3, 0, 1, 2, 17, -1
*SET,%_FNCNAME%(0,8,1), 0.0, -1, 0, 1, 18, 3, 1
*SET,%_FNCNAME%(0,9,1), 0.0, -4, 0, 1, 3, 2, -1
*SET,%_FNCNAME%(0,10,1), 0.0, -1, 0, 2, 0, 0, -4
*SET,%_FNCNAME%(0,11,1), 0.0, -5, 0, 1, -4, 17, -1
*SET,%_FNCNAME%(0,12,1), 0.0, -1, 0, 1, -3, 1, -5
*SET,%_FNCNAME%(0,13,1), 0.0, -3, 0, 1, -2, 3, -1
*SET,%_FNCNAME%(0,14,1), 0.0, -1, 0, 2, 0, 0, 19
*SET,%_FNCNAME%(0,15,1), 0.0, -2, 0, 1, 19, 17, -1
*SET,%_FNCNAME%(0,16,1), 0.0, -1, 0, 1, -3, 4, -2
*SET,%_FNCNAME%(0,17,1), 0.0, -1, 7, 1, -1, 0, 0
*SET,%_FNCNAME%(0,18,1), 0.0, -2, 0, 1, 17, 3, -1
*SET,%_FNCNAME%(0,19,1), 0.0, 99, 0, 1, -2, 0, 0
```

!**设定加载方程结束：Qm*exp(-3*({X}^2+({Y}-V*{TIME})^2)/R^2)

!******温度场求解
STEP=0.005
chf=0.012
N=2*L/V
*DO,IM,0,N
    YY=IM*STEP
    T=(YY+STEP)/V
    TIME,T
    wpcsys,-1,0
    nsel,s,node,,weld_node
    nsel,r,loc,y,YY,YY+chf
    cm,cur_node,node
    esln,s
    ealive,all   !激活焊接处单元
    nsel,s,node,,weld_node
    nsel,u,node,,cur_node
    cm,weld_node,node
    ALLSEL,ALL
    SFA,5,1,HFLUX, %GAOSI%   !施加高斯热源
    SFA,10,1,HFLUX, %GAOSI%
    OUTRES,ALL,ALL,
    AUTOTS,-1
    NSUBST,50,50,50
    KBC,0
    SOLVE
*ENDDO

TSRES,ERASE
TIME,20
AUTOTS,1
NSUBST,20,20,20
KBC,0
OUTRES,ALL,ALL
SOLVE

TSRES,ERASE
TIME,50
AUTOTS,1
NSUBST,30,30,30
KBC,0
OUTRES,ALL,ALL
SOLVE

TSRES,ERASE
TIME,1100

```
AUTOTS,1
NSUBST,105,105,105
KBC,0
OUTRES,ALL,ALL
SOLVE

SAVE
FINISH

!******进入瞬态结构分析
/FILNAME,WeldingStress,1
/COM,   STRUCTURAL              !打开结构分析
/PREP7
ETCHG,TTS                       !单元类型转换
/SOL
ANTYPE,4
TRNOPT,FULL
LUMPM,0
TIMINT,1,STRUCT                 !瞬态结构分析
TIMINT,0,THERM                  !静态热分析
NLGEOM,1
NROPT,FULL, ,OFF
TREF,20,                        !热应力计算参考温度

!******定义力边界条件
DA,6,SYMM
DL,13, ,UY,
DL,10, ,UY,
DL,7, ,UY,
DL,4, ,UY,
DL,1, ,UZ,

!******应力场求解
*DO,I,1,50
LDREAD,TEMP,,,0.2*I, ,'WeldingTemp','rth',' '    !读入热分析的计算结果
OUTRES,ALL,ALL,
TIME,0.2*I
DELTIM,0.2,0.075,0.2,1
SOLVE
*ENDDO

*DO,I,1,20
LDREAD,TEMP,,,10+I*0.5, ,'WeldingTemp','rth',' '
OUTRES,ALL,ALL,
TIME,10+I*0.5
DELTIM,0.5,0.5,1,1
SOLVE
```

```
*ENDDO

*DO,I,1,30
LDREAD,TEMP,,,20+I, ,'WeldingTemp','rth',' '
OUTRES,ALL,ALL,
TIME,20+I
DELTIM,1,1,1,1
SOLVE
*ENDDO

*DO,I,1,105
LDREAD,TEMP,,,50+10*I, ,'WeldingTemp','rth',' '
OUTRES,ALL,ALL,
TIME,50+10*I
DELTIM,10,10,10,1
SOLVE
*ENDDO
SAVE
FINISH
```

第 10 章　子模型与子结构方法

本章介绍 ANSYS 在机械工程分析中一个非常实用的高级分析技术——子模型（submodeling）与子结构方法。主要从两者的基本概念和基本应用步骤两方面进行概述。

10.1 ANSYS 子模型方法

目前，大型工程结构的有限元模型大多通过单一宏观大尺度单元建成，如：桥梁结构有限元分析中常见的"鱼骨梁"模型。该类模型无法准确反映结构局部细节部位的真实受力情况，而局部细节部位往往构造复杂、易损伤。因此，局部细节部位处的应力响应情况需重点关注。根据实际结构得到的精细化建模分析，单元与节点数量剧增，建模工作量大，受计算机性能的限制无法完成计算。而子模型方法是平衡大型结构计算量与准确获取局部关键细节应力响应的有效途径之一，是得到模型部分区域更加精确解的有限单元技术，本节主要介绍 ANSYS 中子模型方法的基本概念及以带孔方板实例演示整体模型分析与子模型方法的区别。

10.1.1 子模型简介

子模型是一种用于在模型特定区域获得更精确结果的有限元技术。一般地，整体结构有限元模型网格可能过于粗糙，如应力集中等特别关注的区域，过疏的网格不能得到满意的结果，而远离此处的区域网格密度却足以满足计算需求。若要在一个特定区域获得更精确的仿真结果，一般可采用两种办法：①使用更细化的网格对整个模型重新划分，可见整体模型自由度数显著增加，计算成本提高；②使用子模型方法对关注区域进行分析。

子模型方法是在全局模型分析结果的基础上对局部区域进行二次分析，不需要细化网格或重新分析整体模型响应，只需截取局部关注区域模型并细化其网格从而提高分析精度，即采用粗网格模型得到局部关注区域周围的结果，采用局部区域网格细化得到局部分析结果。该方法基于圣维南原理，即如果实际分布载荷被等效载荷代替后，应力和应变只在载荷施加的位置附近有改变。这说明只有在载荷集中位置才有应力集中效应，如果子模型的位置远离应力集中位置，则子模型内就可以得到较精确的结果。

在 ANSYS 中，子模型方法不限于结构（应力）分析，也适用于电磁分析和热分析，前者一般以粗糙模型切割边界的电磁力作为输入，而后者则以温度为子模型的边界条件。除了求得模型某部分的精确解以外，子模型方法还有以下 3 个优点：

　　◇ 减少甚至取消了有限元实体模型中所需的复杂的传递区域；
　　◇ 使用户可以在所关注的区域就不同的设计（如不同的圆角半径）进行分析；
　　◇ 帮助用户证明网格划分是否足够细。

使用时应注意 ANSYS 子模型方法有以下限制：只对体单元和壳单元有效；子模型的原

理要求切割边界应远离应力集中区域,用户必须验证是否满足这个要求。

10.1.2 子模型分析步骤

子模型的分析过程并不复杂,主要包括如表 10-1 所示的 5 个步骤。

表 10-1 子模型的分析步骤及注意事项

主要步骤	具体内容
步骤1:生成并分析较粗糙的模型	先对整体进行建模并分析。为便于区分这个原始模型,将其称为粗糙模型。这并不表示模型的网格划分必须是粗糙的,而是说模型的网格划分相对子模型是较粗糙的。分析类型可以是静态或瞬态的,其具体操作与其他分析的步骤相同
步骤2:生成子模型	子模型是完全依靠第 1 步的粗糙模型的,因此在初始分析后的第 1 步就是在初始状态清除数据库(也可以退出并重新进入 ANSYS)。同时,应记住使用另外的文件名以防止粗糙模型文件被覆盖。除此之外,要确保子模型使用的单元类型及单元实参(如壳厚)和材料特性与粗糙模型一致;子模型的位置(相对全局坐标原点)应与粗糙模型的相应部分相同
步骤3:提供切割边界插值	用户定义切割边界的节点,ANSYS 程序用粗糙模型结果插值方法计算这些点上的自由度数值(位移等)。对于子模型切割边界上的所有节点,程序用粗糙模型网格中相应的单元确定自由度数值,然后这些数值用单元形状功能插值到切割边界上
步骤4:分析子模型	用户指定分析类型和分析选项,加入插值的 DOF 数值(和温度数值),施加其他的载荷和边界条件,指定载荷步选项,并对子模型求解。值得注意的是,需要将粗糙模型上所有其他载荷和边界条件复制到子模型上,如对称边界条件,面力,惯性载荷(如重量),集中力等
步骤5:验证切割边界和应力集中区域的距离是否足够	此步骤为验证子模型切割边界是否远离应力集中部分。可以通过比较切割边界上的结果(应力,磁通密度等)与粗糙模型相应位置的结果是否一致来验证。如果结果符合得很好,证明切割边界的选取是正确的。如果不符合,就要重新定义距所关注区域更远一些的切割边界重新生成和计算子模型。常用的有效方法是使用云图和路径显示

子模型分析的数据流向(无温度插值)如图 10-1 所示。

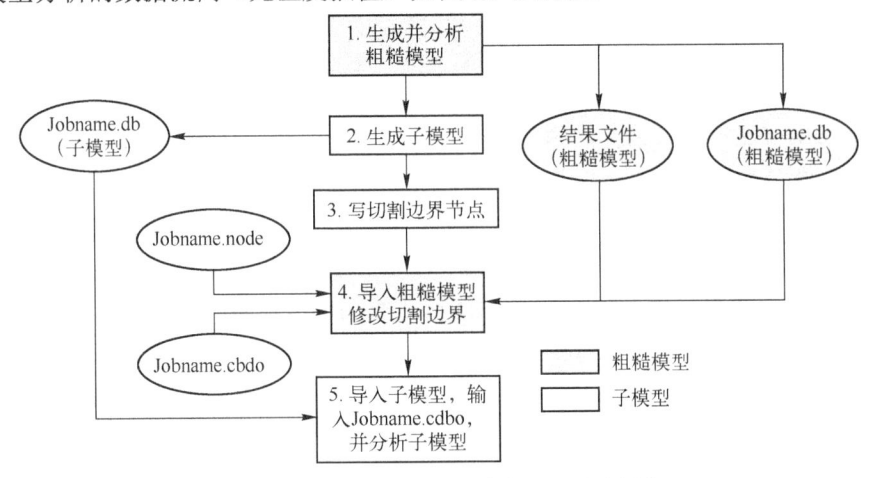

图 10-1 子模型分析的数据流向(无温度插值)

10.1.3 带孔方板算例

本节以带孔方板为例,先按照前述的方法建立实体、有限元模型进行计算,获得孔边变形和受力状态;在此基础上,切出带孔部分作为子模型进行二次分析;对比整体模型和子模型的计算结果。

1. 整体模型分析

通过 ANSYS Mechanical APDL Product Launcher 启动 ANSYS 经典界面,单击 Clear &

Start New 清理内存，开始新分析。

单击 Change Jobname，弹出对话框，在 Enter new jobname 处输入工作名称，创建名称为 COARSEMODEL 的工作文件，单击 OK 按钮，创建成功。

进入前处理器，依次选择 Main Menu→Preprocessor→Modeling→Create→Volumes→Block→By Dimensions，以整体坐标系为原点，创建一个长为 300、宽为 100、高为 10 的立方体，在弹出的 Create Block by Dimensions 对话框中分别输入 X 坐标范围 "X1,X2 X-coordinates" 为 "-150～150"，Y 坐标范围 "Y1,Y2 Y-coordinates" 为 "-50～50"，Z 坐标范围 "Z1,Z2 Z-coordinates" 为 "0～10"，单击 OK 按钮，创建实体。

依次单击 Main Menu→Preprocessor→Modeling→Create→Volumes→Cylinder→Solid Cylinder，在弹出的 Solid Cylinder 对话框中，依次输入 "WP X" 为 "0"，"WP Y" 为 "0"，"Radius" 为 "5"，"Depth" 为 "10"，单击 OK 按钮，创建圆柱实体。

依次选择 Main Menu→Preprocessor→Modeling→Operate→Booleans→Subtract→Volumes，对创建的 2 个实体进行布尔操作，在弹出的 Subtract Volumes 对话框中输入编号 "1" 的长方实体，单击 OK 按钮，以此作为被减对象，在第二次弹出的 Subtract Volumes 对话框中输入编号 "2" 的圆柱实体，单击 OK 按钮，以此作为减除对象，创建中心带圆孔的长方形板模型。

定义分析所用单元类型，在弹出的 Element Type 对话框中，单击 ADD 按钮，进入单元类型库 Library of Element Types，依次选择 Solid，Brick 8 node 185，单击 OK 按钮。

定义分析所用材料模型，在弹出的 Define Material Model Behavior 对话框中，选择 Structural，Linear，Elastic，Isotropic，在对话框 Linear Isotropic Properties for Material Number 1 中分别定义弹性模量 EX 为 210，泊松比 PRXY 为 0.3。

定义网格类型、材料属性，依次选择 Main Menu→Preprocessor→Meshing→Mesh Attributes→Default Attribs，弹出 Meshing Attributes 对话框，在 Element type number 处选择定义的单元类型 "1 SOLID185"，在 Material number 处选择 "1"，其余使用默认属性即可，单击 OK 按钮确定。

对建立的实体模型进行网格划分，依次选择 Main Menu→Preprocessor→Meshing→Size Cntrls→ManualSize→Global→Size，在弹出的 MeshTool 对话框中，选择 Size Control→Global→Set，在弹出的 Global Element Sizes 对话框中输入 Element edge length 为 "3"，单击 OK 按钮。

在网格划分工具中，选择 Shape→Hex/Wedge→Sweep，在下拉菜单中选择 Auto Src/Trg，单击 Sweep，用鼠标点选建立的实体模型，对其进行网格划分。

对建立的有限元模型定义边界条件，依次选择 Main Menu→Preprocessor→Loads→Define Loads→Apply→Structural→Displacement→On Areas，用鼠标拾取实体模型左侧面，弹出 Apply U,ROT on Areas 对话框，在 DOFs to be constrained 中选择 All DOF，约束全部自由度，单击 OK 按钮，完成约束条件的定义。

定义模型载荷条件，依次选择 Main Menu→Preprocessor→Loads→Define Loads→Apply→Structural→Pressure→On Areas，选择实体模型右侧端面，在弹出的 Apply PRES on areas 对话框中，分别选择 Apply PRES on areas as a 为 Constant value，在 Load PRES value 中输入数字 "-0.002"，定义水平向右的均布载荷，单击 OK 按钮确定。

依次选择 Utility Menu→Select→Everything，选择所有。

对模型进行求解，依次选择 Main Menu→Solution→Solve→Current LS，求解完毕，弹出提示 Solution is done!。

查看分析结果，依次选择 Main Menu→General Postproc→Read Results→By Pick，在弹出的对话框 Results File: COARSEMODEL.rst 中选择 Set 为"1"的载荷步，单击 Read 读取计算结果。

通过通用后处理器查看仿真云图，依次选择 Main Menu→General Postproc→Plot Results→Contour Plot→Nodal Solu，在弹出的 Contour Nodal Solution Data 对话框中选择 Nodal Solution→Stress→von Mises stress，单击 OK 按钮确定，显示整体模型的等效应力云图，查看圆孔周围的应力分布，如图 10-2 所示。

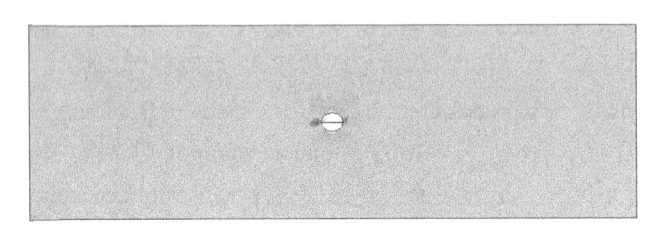

图 10-2　带孔板 Von Mises 应力云图

2. 局部位置的子模型分析

本节以圆孔周围区域，建立局部分析子模型。

在操作界面中，单击 Clear & Start New，清理整体分析所占的内存，开始子模型分析。

单击 Change Jobname，弹出对话框，在 Enter new jobname 处输入工作名称，创建名称为 SUBMODEL 的工作文件，单击 OK 按钮，创建成功。

进入前处理器，以此选择 Main Menu→Preprocessor→Modeling→Create→Volumes→Block→By Dimensions，以整体坐标系为原点，创建一个长为 50、宽为 50、高为 10 的立方体，在弹出的 Create Block by Dimensions 对话框中分别输入 X 坐标范围"X1,X2 X-coordinates"为"-25～25"，Y 坐标范围"Y1,Y2 Y-coordinates"为"-25～25"，Z 坐标范围"Z1,Z2 Z-coordinates"为"0～10"，单击 OK 按钮，创建实体。

依次单击 Main Menu→Preprocessor→Modeling→Create→Volumes→Cylinder→Solid Cylinder，在弹出的 Solid Cylinder 对话框中，依次输入"WP X"为"0"，"WP Y"为"0"，"Radius"为"5"，"Depth"为"10"，单击 OK 按钮，创建圆柱实体。

依次选择 Main Menu→Preprocessor→Modeling→Operate→Booleans→Subtract→Volumes，对创建的 2 个实体进行布尔操作，在弹出的 Subtract Volumes 对话框中输入编号"1"的子模型长方体，单击 OK 按钮，以此作为被减对象；在第二次弹出的 Subtract Volumes 对话框中输入编号"2"的圆柱实体，单击 OK 按钮，以此作为减除对象，创建中心带圆孔的子模型正方形板模型。

由于子模型为从整体模型中切割出来的局部分析对象，两者具有相同单元类型、材料模型及参数，因此，按照整体模型创建实体单元及材料模型。对建立的实体子模型进行网格划分，依次选择 Main Menu→Preprocessor→Meshing→Size Cntrls→ManualSize→Global→Size，在弹出的 MeshTool 对话框中，单击 Size Control→Global→Set，在弹出的 Global Element Sizes 对话框中设置 Element edge length 为"1"，单击 OK 按钮确定。同样地，用

第 10 章 子模型与子结构方法

Sweep 方式进行网格划分。

建立子模型切割边界节点集，依次选择 Utility Menu→Select→Entities，在下拉菜单中选择 Areas、By Num/Pick，并勾选 From Full，使用鼠标点选 4 个切割边界平面。如通过面的编号进行选择，可选择第一个面后，再次选择 Utility Menu→Select→Entities，勾选 Also Select，通过编号依次选择另外 3 个边界面。

选择出 4 个切割边界面后，依次选择 Utility Menu→Select→Entities，在下拉菜单中选择 Nodes、Attached to、Areas, all、From Full，单击 OK 按钮确认。由此可选择出附属于切割平面上的所有节点，如图 10-3 所示。

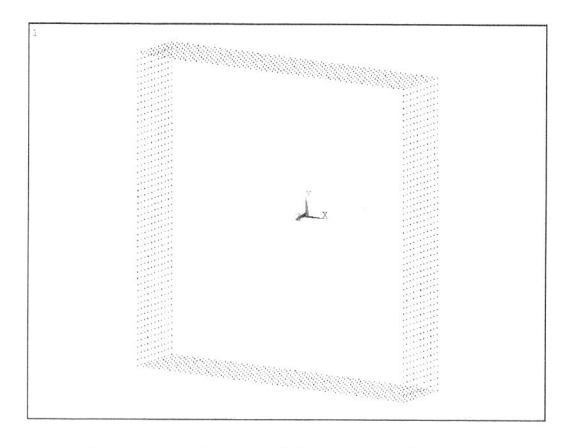

依次选择 Main Menu→Preprocessor→Modeling→Create→Nodes→Write Node File，如图 10-4 所示。弹出对话框，在 Write Nodes to File 中输入保存的文件名称 SUBMODEL-CUTBOUNDARY，将上述显示的节点导出，生成子模型分析必需的节点文件，如图 10-5 所示。

命令格式：NWRITE, Fname, Ext, --, KAPPND

图 10-3 子模型切割边界上的附属节点

菜单操作：Main Menu→Preprocessor→Modeling→Create→Nodes→Write Node File

图 10-4 写入节点文件 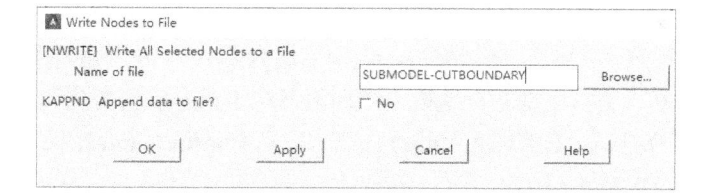　　　　图 10-5 节点文件命名

依次选择 Utility Menu→Select→Everything。

依次选择 Utility Menu→File→Save as Jobname.db，将建立的子模型有限元模型信息，另存为"SUBMODEL"文件。

依次选择 Utility Menu→File→Resume from……，从整体模型 COARSEMODEL.db 文件所在的文件夹中选择该文件，恢复整体模型。

依次选择 Main Menu→General Postproc→Data & File Opts，如图 10-6 所示。弹出 Data and File Options 对话框，在 Data to be read 处选择"All items"，在 Results file to be read 处选择".\COARSEMODEL.rst"，如图 10-7 所示。从整体模型文件所在的文件夹中选择结果文件，恢复整体模型分析数据。

命令格式：FILE, Fname, Ext, --

菜单操作：Main Menu→General Postproc→Data & File Opts

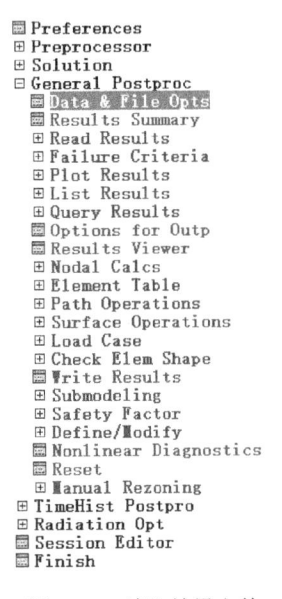

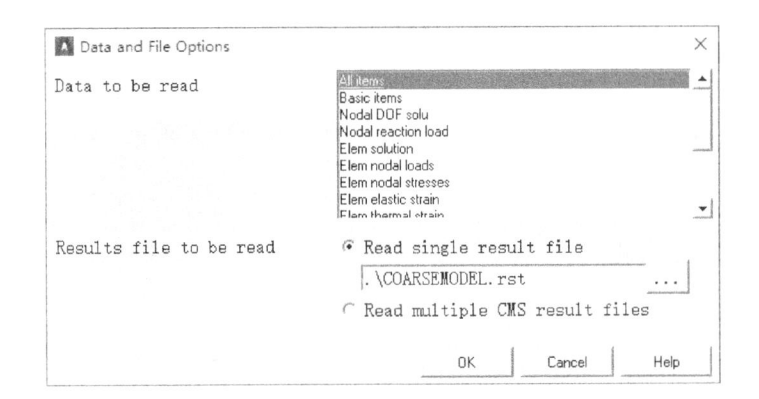

图 10-6　读取结果文件　　　　图 10-7　选择要读取的.rst 结果文件

依次选择 Main Menu→General Postproc→Read Results→By Pick，从后处理器中选择整体模型静力分析载荷步，此例中载荷步为"1"，单击 OK 按钮，确认选择。

依次选择 Main Menu → General Postproc → Submodeling → Interpolate DOF，弹出 Interpolate DOF Data to Submodel Cut-Boundary Nodes 对话框，在 Fname1 File containing nodes- 处输入导出后缀为.NODE 的子模型切割边界节点文件，名称为 SUBMODEL-CUTBOUNDARY，如图 10-8 所示。在 Fname2 File to which DOF data-中输入文件名称 SUBMODEL-DOF，在下拉菜单 KSHS Type of submodeling 中选择 Solid-to-solid 类型，如图 10-9 所示。单击 OK 按钮，创建后缀为.CBDO 的子模型切割边界插值文件。通过此步操作，可基于整体模型分析结果，由插值算法生成子模型切割边界节点上的位移自由度。

命令格式：CBDOF, Fname1, Ext1, --, Fname2, Ext2, --, KPOS, Clab, KSHS, TOLOUT, TOLHGT, TOLTHK

菜单操作：Main Menu→General Postproc→Submodeling→Interpolate DOF

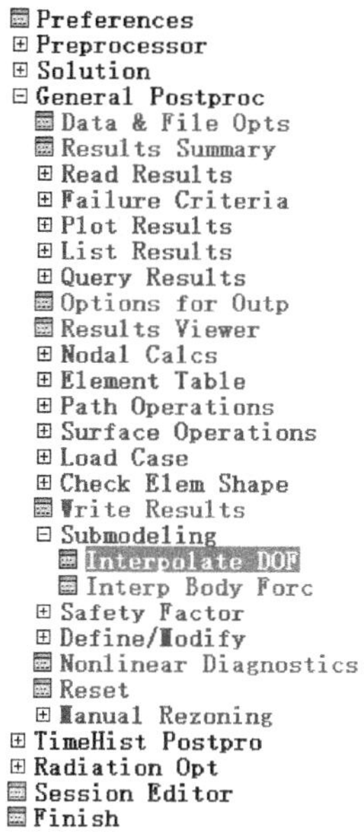

图 10-8 子模型边界插值 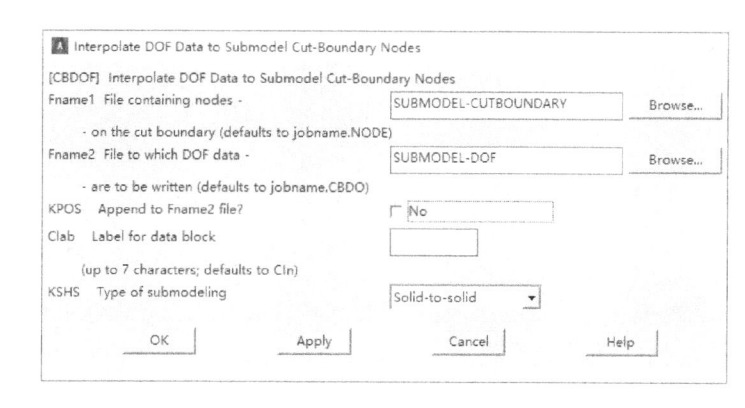　　图 10-9 分别选择切割边界节点文件及要保存的插值文件

完成上述操作后，结束该阶段分析。并开始对划分好的子模型进行分析。具体操作如下。

依次选择 Utility Menu→File→Resume from……，在弹出的 Resume Database 对话框中，选择子模型文件 SUBMODEL.db，恢复子模型。

依次选择 Utility Menu→File→Read Input from，如图 10-10 所示，在弹出的 Read File 对话框中，选择插值后的子模型切割边界自由度文件 SUBMODEL-DOF，如图 10-11 所示，单击 OK 按钮，读取边界文件，最终，施加边界后的子模型如图 10-12 所示。

命令格式：/INPUT, Fname, Ext, Dir, LINE, LOG

菜单操作：Utility Menu→File→Read Input from

图 10-10 读取插值后节点自由度 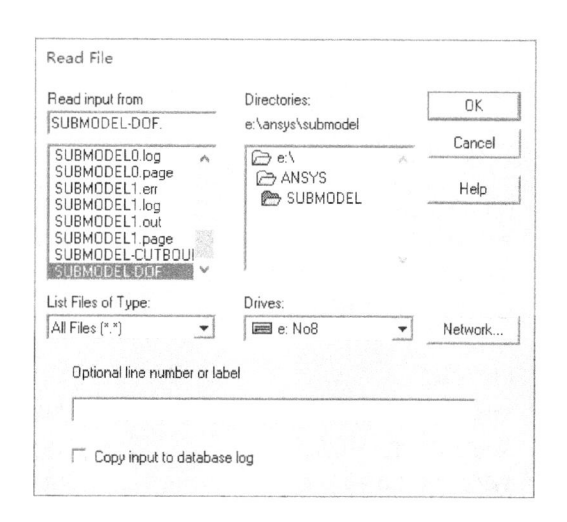　　图 10-11 选择待读取的文件

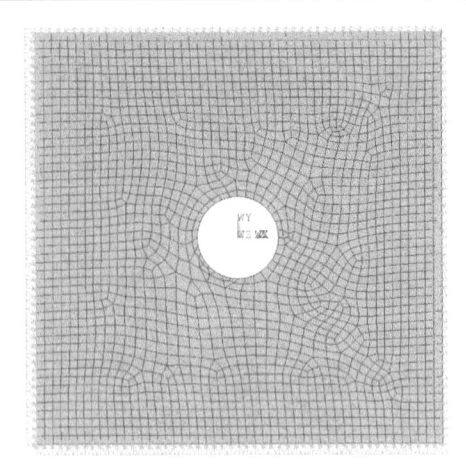

图 10-12　在切割边界节点上施加插值后的位移边界

求解施加边界后的子模型：Main Menu→Solution→Solve→Current LS。

从后处理器中选择载荷步文件：Main Menu→General Postproc→Read Results→By Pick。

依次选择"Main Menu→General Postproc→Plot Results→Contour Plot→Nodal Solu"，显示子模型应力云图。子模型应力云图结果如图 10-13 所示，与之对比的整体模型应力云图结果如图 10-14 所示。

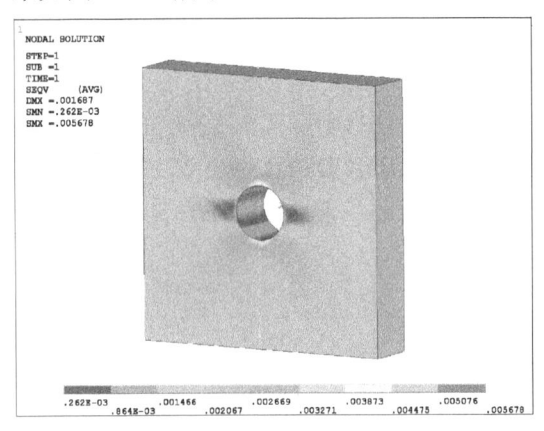

图 10-13　局部子模型 Von Mises 应力云图 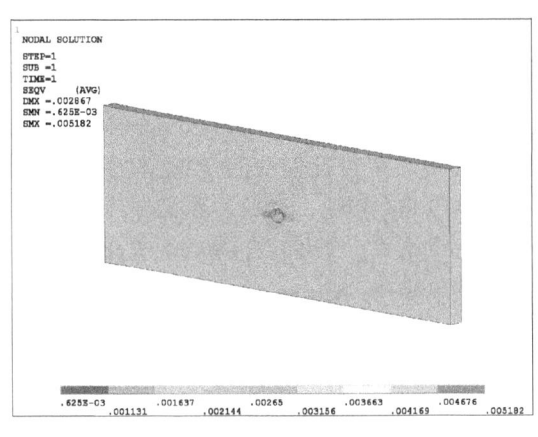　　图 10-14　整体模型 Von Mises 应力云图对比

子模型分析 APDL 命令流如下：

```
/CLEAR                          !清理
/FILNAME,SUBMODEL,0             !创建名称为 SUBMODEL 的工作文件
/PREP7                          !进入前处理器
BLOCK,-25,25,-25,25,0,10,       !创建一个长为50，宽为50，高为10的立方体
ET,1,SOLID185                   !定义编号为1的实体单元类型为SOLID185
MPTEMP,1,0                      !定义编号为1的材料
MPDATA,EX,1,,210                !材料弹性模量定义为210
MPDATA,PRXY,1,,0.3              !材料泊松比定义为0.3
WPCSYS,-1,0                     !激活工作平面
WPSTYLE,,,,,,,,,1               !将工作平面对齐到全局坐标系
CYL4,0,0,5, , , ,10             !创建一个半径为5，高度为10的圆柱
```

VSBV,1,2	!布尔操作减法
TYPE,1	!赋予全局编号为 1 的单元类型
MAT,1	!赋予全局编号为 1 的材料模型及参数
ESIZE,1,0,	!赋予全局网格尺寸为 1
VSWEEP,3	!对编号为 3 的体进行 SWEEP 网格划分
ASEL,S, , ,3	!依次选择编号为 3、4、5、6 的面
ASEL,A, , ,4	
ASEL,A, , ,5	
ASEL,A, , ,6	
NSLA,S,1	!选择从属于 4 个面的节点
NWRITE,'SUBMODEL-CUTBOUNDARY',' ',' ',0	!将切割边界节点信息导出
/PREP7	!进入前处理器
RESUME,'COARSEMODEL','db'	!读入原始粗糙网格模型文件 COARSEMODEL
/POST1	!进入后处理器
FILE,'COARSEMODEL','rst','.'	!读取结果文件
set,1	!选择载荷步
CBDOF,'SUBMODEL-CUTBOUNDARY',' ',' ','SUBMODEL-DOF',' ',' ',0, ,0	!边界节点插值
FINISH	!结束
/PREP7	!进入前处理器
RESUME,'SUBMODEL','db'	!恢复子模型文件
/INPUT,'SUBMODEL-DOF'	!读入插值后的切割边界节点自由度
/SOL	!进入求解器
SOLVE	!求解
FINISH	!结束
/POST1	!进入后处理器
set,1	!选择载荷步
PLNSOL, S,EQV, 0,1.0	!显示等效应力云图

10.2 壳-实体单元的子模型应用

以板壳理论基本假设为条件的壳单元每个节点有 3 向平动和 3 向转动共 6 个自由度，通过中法线假设、是否考虑厚度方向拉伸等条件求解；实体单元每个节点通常仅有 3 向平动自由度，直接计算节点位移和积分点应力等。可见，壳单元忽略了结构的厚度，在其适用条件下以节点的位移和转动近似模拟实体结构的变形，这也是壳单元不能完全体现实体结构承载状态的原因。

对于子模型问题，如果以整体壳单元传递至局部实体单元时，如图 10-15 所示，以刚体变换为基本原理时，则以壳单元边界节点为基准，将子模型节点直接映射到整体模型边界，通过基准点的平移和转动建立变换矩阵

$$M = D(d_1,d_2,d_3) \cdot R(\theta_1,\theta_2,\theta_3) \tag{10-1}$$

式中，$D(d_1,d_2,d_3)$ 为平移变换矩阵，$R(\theta_1,\theta_2,\theta_3)$ 为转动变换矩阵。矩阵 M 可以通过插值的方法实现获得，同时不考虑拉伸和弯曲时壳单元厚度方向的变形。

以 ANSYS 的壳单元向实体单元转换的子模型方法为例，其利用克里金插值法实现转换矩阵的计算。该方法的基本描述为：已知控制点 $x_1,x_2,\cdots,x_n$ 上的物理量为

$k(\boldsymbol{x}_1),\ k(\boldsymbol{x}_2),\cdots,k(\boldsymbol{x}_n)$，则该区域内任意一点的物理量 $k(\boldsymbol{x}_0)$ 可由式（10-2）线性组合插值获得

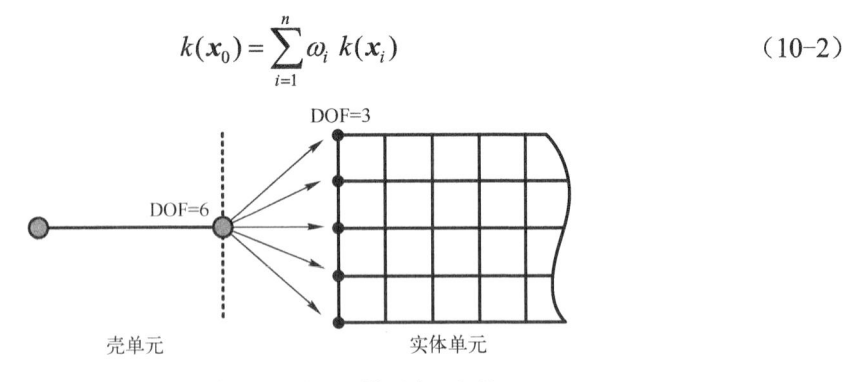

$$k(\boldsymbol{x}_0) = \sum_{i=1}^{n} \omega_i\, k(\boldsymbol{x}_i) \tag{10-2}$$

图 10-15 壳-实体单元子模型边界插值

式中，ω_i 为控制点附近节点的加权系数。若满足变异函数基本假设，则克里金插值可写成如下形式：

$$\begin{cases} \sum_{i=1}^{n} \omega_i \zeta(x_i, x_j) + \varpi = \zeta(x_i, x_0),\ i=1,2,\cdots,n \\ \sum_{i=1}^{n} \omega_i = 1 \end{cases} \tag{10-3}$$

式中，ϖ 为拉格朗日常数，$\zeta(x_i, x_j)$ 为控制点 x_i 和 x_j 间的变异函数值。将式（10-3）代入式（10-2）则可求插值点 $\boldsymbol{x}_0$ 对应的物理量 $k(\boldsymbol{x}_0)$。可见，克里金插值法基本形式为线性加权。

同时，ANSYS 中的算法仅适用于以经典 SHELL63 为代表的 Kirchhoff-Love 薄板壳单元，不支持考虑横向剪切的、如 Reissner-Mindlin 假设的中厚板壳单元（SHELL181）。因此，基于刚体变换的壳-实体子模型边界条件传递方法，对中厚板结构或者分析带有裂纹、孔洞、应力集中位置等局部薄弱结构时会出现明显的误差累积。

由上可知，壳-实体单元边界传递的实质是维度差异问题，由插值实现数据转换的核心也是如何从插值方法上保证低维度、有欠缺数据转换成高维度上数据的精度。首先，通过单元初始厚度 T 及法向量，可以计算任一个单元中面节点对应上、下面的点坐标，定义为虚拟节点；其次，在切割边界壳单元几何信息基础上，建立改进的壳-实体单元边界位移关系并实现数据传递；最后，整体模型和子模型分别独立求解，构造的虚拟节点不直接参与壳单元的基本方程计算，仅用于辅助边界插值。

10.2.1 基于虚拟节点的子模型边界传递

壳单元向实体单元进行边界位移传递时，式（10-1）插值过程可表述为

$$\boldsymbol{u}_{\text{sub}} = f(\boldsymbol{\xi}_g,\ \boldsymbol{\xi}_{\text{sub}},\ \boldsymbol{u}_{\xi_g}) \tag{10-4}$$

式中，$\boldsymbol{\xi}_g$ 和 $\boldsymbol{u}_{\xi_g}$ 分别为整体壳单元模型切割边界处的节点坐标及节点平动和转动位移 $(d_1, d_2, d_3, \theta_1, \theta_2, \theta_3)_g$，$\boldsymbol{\xi}_{\text{sub}}$ 和 $\boldsymbol{u}_{\text{sub}}$ 分别为需要插值获得的子模型实体单元边界节点坐标及平动位移 $(d_1^{\text{sub}}, d_2^{\text{sub}}, d_3^{\text{sub}})_s$。这里，相关变量及参数不包括壳单元厚度变化的因素。

如图 10-16 所示，N_i 为壳单元节点编号，P^+、P^0、P^- 分别为壳单元的上、中、下 3 个面，N_{Vi}^+ 和 N_{Vi}^- 分别对应 N_i 上、下面的虚拟节点编号。

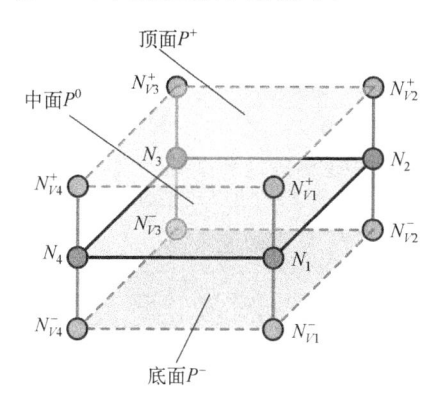

图 10-16 切割边界壳单元虚拟节点的定义

考虑薄板壳单元的直法线和厚板的直线变形条件，假设变形前壳单元 3 个面满足平行条件 $P^+ // P^0 // P^-$。已知 4 节点单元节点 N_i 的笛卡儿坐标为 $\boldsymbol{\xi}_i = (x_{\xi_i}, y_{\xi_i}, z_{\xi_i})$，$i = 1, 2, 3, 4$，壳单元初始厚度为 T。

当中面 P^0 所在平面方程为

$$A_0 x + B_0 y + C_0 z + D_0 = 0 \tag{10-5}$$

式中，A_0、B_0、C_0、D_0 为待定系数，将已知的 4 个节点坐标 ξ_i 代入式（10-5）联立方程即可求得。

同时，中面 P^0 的单位法向量为

$$\boldsymbol{w} = \left(\frac{A_0}{\sqrt{A_0^2 + B_0^2 + C_0^2}}, \frac{B_0}{\sqrt{A_0^2 + B_0^2 + C_0^2}}, \frac{C_0}{\sqrt{A_0^2 + B_0^2 + C_0^2}} \right) \tag{10-6}$$

则与节点 ξ_i 对应的上、下两面虚拟节点初始坐标为

$$\boldsymbol{\xi}_{Vi} = \left(x_{\xi_i} \pm \frac{0.5 T A_0}{\sqrt{A_0^2 + B_0^2 + C_0^2}}, y_{\xi_i} \pm \frac{0.5 T B_0}{\sqrt{A_0^2 + B_0^2 + C_0^2}}, z_{\xi_i} \pm \frac{0.5 T C_0}{\sqrt{A_0^2 + B_0^2 + C_0^2}} \right) \tag{10-7}$$

如图 10-17 所示，若考虑单元厚度变化，当 P_t^0 为单元变形后的中面，以 P_t^+、P_t^- 表示此时的上、下面，$N_{t,Vi}^+$、$N_{t,Vi}^-$ 为相对应的虚拟节点编号；若不考虑单元厚度变化，以 P'^+ 和 P'^- 表示上、下平面，$N_{Vi}'^+$、$N_{Vi}'^-$ 为相对应的虚拟节点编号。虚拟节点的法向量不因厚度变化而改变，仍与单元节点法向量相同，且节点旋转后三者仍保持共线。未考虑厚度变化时的虚拟节点可由初始厚度 T 求得，考虑厚度变化时的虚拟节点坐标则为未知量。因此，以单元体积 $\overline{V}$ 不变为假设条件，由几何关系求厚度变化时的虚拟节点坐标。

假设壳单元变形后仍有平行条件 $P_t^+ // P_t^0 // P_t^-$ 成立，在节点坐标系下，随节点发生旋转后的虚拟节点坐标可由下式表达

$$\boldsymbol{\xi}_{Vi}^{\theta} = [\boldsymbol{R}(\theta_2) \boldsymbol{R}(\theta_1) \boldsymbol{R}(\theta_3)(\boldsymbol{\xi}_{Vi} - \boldsymbol{\xi}_i)] + \boldsymbol{\xi}_{t,i} \tag{10-8}$$

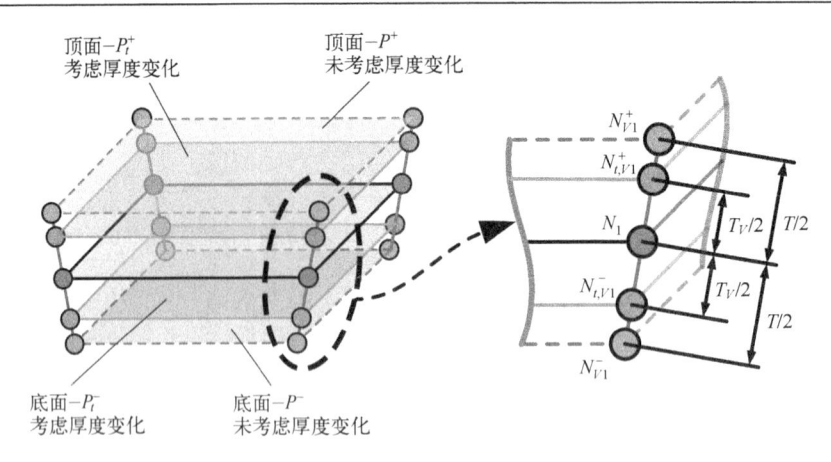

图 10-17 壳单元的变形（考虑/未考虑厚度变化）

式中，ξ_{Vi} 为虚拟节点初始坐标；ξ_i 和 $\xi_{t,i}$ 分别为单元变形前后的节点坐标；ξ_{Vi}^{θ} 为单元变形后，但未考虑厚度变化时的虚拟节点坐标；θ_1、θ_2、θ_3 分别为绕当前坐标轴的旋转角度；$\boldsymbol{R}$ 为旋转位移矩阵，对于每个旋转位移可分别记为

$$\boldsymbol{R}(\theta_1) = \begin{bmatrix} 1 & 0 & 0 \\ 0 & \cos(\theta_1) & \sin(\theta_1) \\ 0 & -\sin(\theta_1) & \cos(\theta_1) \end{bmatrix} \tag{10-9}$$

$$\boldsymbol{R}(\theta_2) = \begin{bmatrix} \cos(\theta_2) & 0 & -\sin(\theta_2) \\ 0 & 1 & 0 \\ \sin(\theta_2) & 0 & \cos(\theta_2) \end{bmatrix} \tag{10-10}$$

$$\boldsymbol{R}(\theta_3) = \begin{bmatrix} \cos(\theta_3) & \sin(\theta_3) & 0 \\ -\sin(\theta_3) & \cos(\theta_3) & 0 \\ 0 & 0 & 1 \end{bmatrix} \tag{10-11}$$

式中，$\boldsymbol{R}$ 为以欧拉角表征的旋转位移矩阵。在节点坐标系下，式（10-8）中虚拟节点坐标左乘式（10-11）表示当前坐标系绕 Z 轴旋转、交换 X-Y 平面，得到坐标系 1；第二次左乘式（10-9）表示坐标系 1 绕 X 轴旋转、交换 Y-Z 平面，得到坐标系 2；第三次左乘式（10-10）表示坐标系 2 绕 Y 轴旋转、交换 X-Z 平面。

当考虑壳单元厚度的变化时，设变形后的壳单元厚度为未知量 T_V，此时的虚拟节点坐标为未知量 $\xi_{t,Vi}^{\theta}$，与未考虑厚度变化的虚拟节点 ξ_{Vi}^{θ} 和单元变形后的节点 $\xi_{t,i}$ 共线。单元变形后，中面 P_t^0 所在平面方程为

$$A_t x + B_t y + C_t z + D_t = 0 \tag{10-12}$$

式中，代入节点坐标 $\xi_{t,i}$，求得 A_t、B_t、C_t、D_t。根据平面距离公式可得上、下两面 P_t^+ 和 P_t^- 含未知量 T_V 的表达式

$$A_t x + B_t y + C_t z + (D_t \pm 0.5 T_V \sqrt{A_t^2 + B_t^2 + C_t^2}) = 0 \tag{10-13}$$

使用笛卡儿公式对已知节点方向向量所在直线 $N_{Vi}^+ N_{Vi}^-$ 方程进行整理得

$$\frac{(x-x_{\xi_{t,i}})}{l_x} = \frac{(y-y_{\xi_{t,i}})}{l_y} = \frac{(z-z_{\xi_{t,i}})}{l_z} = h \tag{10-14}$$

式中，$(x_{\xi_{t,i}}, y_{\xi_{t,i}}, z_{\xi_{t,i}})$ 为壳单元节点坐标；v 为直线 $N_{Vi}^+ N_{Vi}^-$ 方向向量，由 (l_x, l_y, l_z) 确定；根据已知的节点坐标 $\boldsymbol{\xi}_{t,i}$ 和虚拟节点 $\boldsymbol{\xi}_{Vi}^\theta$ 求得

$$\boldsymbol{v} = \boldsymbol{\xi}_{Vi}^\theta - \boldsymbol{\xi}_{t,i} \tag{10-15}$$

由空间直线的参数方程（10-14）与式（10-13）联立，可得 h 的表达式

$$h = -\frac{A_t x_{\xi_{t,i}} + B_t y_{\xi_{t,i}} + C_t z_{\xi_{t,i}} + D_t \pm 0.5 T_V \sqrt{A_t^2 + B_t^2 + C_t^2}}{A_t l_x + B_t l_y + C_t l_z} \tag{10-16}$$

将式（10-16）代入式（10-15），可得考虑厚度变化时的虚拟节点坐标为

$$\boldsymbol{\xi}_{t,Vi}^\theta = (l_x h + x_{\xi_{t,i}}, l_y h + y_{\xi_{t,i}}, l_z h + z_{\xi_{t,i}}) \tag{10-17}$$

引入壳单元中的不变量体积 $\overline{V}$ 为约束条件，将虚拟节点坐标参数表达式（10-17），代入如下六面体体积求解公式

$$\begin{aligned}\overline{V} = \frac{1}{12} \{ & (\boldsymbol{N}_{t,V3}^- \boldsymbol{N}_{t,V1}^+ + \boldsymbol{N}_{t,V3}^- \boldsymbol{N}_{t,V2}^+) \cdot [\boldsymbol{N}_{t,V4}^+ \boldsymbol{N}_{t,V2}^+ \times \boldsymbol{N}_{t,V1}^+ \boldsymbol{N}_{t,V3}^+] + \\ & (\boldsymbol{N}_{t,V3}^- \boldsymbol{N}_{t,V1}^+ + \boldsymbol{N}_{t,V3}^- \boldsymbol{N}_{t,V1}^-) \cdot [\boldsymbol{N}_{t,V2}^+ \boldsymbol{N}_{t,V1}^- \times \boldsymbol{N}_{t,V1}^+ \boldsymbol{N}_{t,V2}^-] + \\ & (\boldsymbol{N}_{t,V3}^- \boldsymbol{N}_{t,V1}^+ + \boldsymbol{N}_{t,V3}^- \boldsymbol{N}_{t,V4}^+) \cdot [\boldsymbol{N}_{t,V1}^+ \boldsymbol{N}_{t,V4}^- \times \boldsymbol{N}_{t,V1}^+ \boldsymbol{N}_{t,V4}^+] + \\ & \boldsymbol{N}_{t,V3}^- \boldsymbol{N}_{t,V2}^- \cdot [\boldsymbol{N}_{t,V4}^- \boldsymbol{N}_{t,V2}^- \times \boldsymbol{N}_{t,V3}^- \boldsymbol{N}_{t,V1}^-] + \\ & \boldsymbol{N}_{t,V3}^- \boldsymbol{N}_{t,V4}^- \cdot [\boldsymbol{N}_{t,V3}^+ \boldsymbol{N}_{t,V4}^- \times \boldsymbol{N}_{t,V3}^- \boldsymbol{N}_{t,V4}^+] + \\ & \boldsymbol{N}_{t,V3}^- \boldsymbol{N}_{t,V3}^+ \cdot [\boldsymbol{N}_{t,V2}^- \boldsymbol{N}_{t,V3}^+ \times \boldsymbol{N}_{t,V3}^- \boldsymbol{N}_{t,V2}^+] \} \end{aligned} \tag{10-18}$$

根据式（10-18），由已知量 $\overline{V}$ 求得厚度 T_V，代入式（10-17）即可获得考虑厚度变化时的虚拟节点坐标 $\boldsymbol{\xi}_{t,Vi}^\theta$，与式（10-7）联立可计算虚拟节点的3向平动位移

$$\boldsymbol{u}_{\xi_{t,Vi}} = \boldsymbol{\xi}_{t,Vi}^\theta - \boldsymbol{\xi}_{Vi} \tag{10-19}$$

10.2.2 基于径向基函数的边界插值

虚拟节点方法建立了壳单元节点的平动、转动位移与实体单元节点的3向平动位移的关系。当用插值方法实现上述关系的传递时，边界条件插值可表示为

$$\boldsymbol{u}_{\text{sub}} = f(\boldsymbol{\xi}_{Ng}, \boldsymbol{\xi}_{Vg}, \boldsymbol{\xi}_{\text{sub}}, \boldsymbol{u}_{\xi_{Ng}}^d, \boldsymbol{u}_{\xi_{Vg}}) \tag{10-20}$$

式中，$\boldsymbol{\xi}_{Ng}$ 和 $\boldsymbol{\xi}_{Vg}$ 分别为切割界面上壳单元节点和虚拟节点坐标；$\boldsymbol{u}_{\xi_{Ng}}^d$ 和 $\boldsymbol{u}_{\xi_{Vg}}$ 分别为壳单元节点和虚拟节点的3向平动位移；$\boldsymbol{\xi}_{\text{sub}}$ 为切割界面上实体单元节点坐标。

当以壳单元离散的整体模型建立并实现求解时，壳单元节点 $\boldsymbol{\xi}_{Ng}$ 是已知信息，每个单元的虚拟节点坐标 $\boldsymbol{\xi}_{Vg}$ 可由式（10-7）求得，则切割界面上壳单元控制点为实际节点和虚拟节点组成，其坐标为 $\boldsymbol{\xi}_g$，与之对应的位移 $\boldsymbol{u}_g$ 由式（10-19）求解可得。局部结构以实体单元建

模时，切割界面的壳单元节点和虚拟节点 $\boldsymbol{\xi}_g$ 作为控制点，$\boldsymbol{u}_g$ 为待传递的物理量，通过径向基函数作为空间节点的插值函数 $f(\cdot)$，将壳单元切割边界的位移条件传递到实体单元边界。

因此，以径向基函数的传递矩阵 $\boldsymbol{U}$ 建立三维空间 3 个方向上传递的位移表达式为

$$\begin{bmatrix} \boldsymbol{u}_{\mathrm{sub}}^x \\ \boldsymbol{u}_{\mathrm{sub}}^y \\ \boldsymbol{u}_{\mathrm{sub}}^z \end{bmatrix} = \begin{bmatrix} \boldsymbol{U} & & \\ & \boldsymbol{U} & \\ & & \boldsymbol{U} \end{bmatrix} \begin{bmatrix} \boldsymbol{u}_g^x \\ \boldsymbol{u}_g^y \\ \boldsymbol{u}_g^z \end{bmatrix} \quad (10-21)$$

式中，$\boldsymbol{u}_{\mathrm{sub}}^x$，$\boldsymbol{u}_{\mathrm{sub}}^y$，$\boldsymbol{u}_{\mathrm{sub}}^z$ 为实体单元子模型界面节点的 3 向平动位移；$\boldsymbol{u}_g^x$，$\boldsymbol{u}_g^y$，$\boldsymbol{u}_g^z$ 为整体壳单元模型切割面节点和虚拟节点的 3 向平动位移；$\boldsymbol{U}$ 为包含权重系数的径向基传递矩阵。

$$\boldsymbol{U} = \begin{pmatrix} 1 & x_{g_1} & y_{g_1} & z_{g_1} & \varphi_{g_1 s_1} & \varphi_{g_1 s_2} & \cdots & \varphi_{g_1 s_{N_s}} \\ 1 & x_{g_2} & y_{g_2} & z_{g_2} & \varphi_{g_2 s_1} & \varphi_{g_2 s_2} & \cdots & \varphi_{g_2 s_{N_s}} \\ \vdots & \vdots & \vdots & \vdots & \vdots & \vdots & \ddots & \vdots \\ 1 & x_{g_{N_g}} & y_{g_{N_g}} & z_{g_{N_g}} & \varphi_{g_{N_g} s_1} & \varphi_{g_{N_g} s_2} & \cdots & \varphi_{g_{N_g} s_{N_s}} \\ 0 & 0 & 0 & 0 & 1 & 1 & \cdots & 1 \\ 0 & 0 & 0 & 0 & x_{s_1} & x_{s_2} & \cdots & x_{s_{N_s}} \\ 0 & 0 & 0 & 0 & y_{s_1} & y_{s_2} & \cdots & y_{s_{N_s}} \\ 0 & 0 & 0 & 0 & z_{s_1} & z_{s_2} & \cdots & z_{s_{N_s}} \\ 1 & x_{s_1} & y_{s_1} & z_{s_1} & \varphi_{s_1 s_1} & \varphi_{s_1 s_2} & \cdots & \varphi_{s_1 s_{N_s}} \\ 1 & x_{s_2} & y_{s_2} & z_{s_2} & \varphi_{s_2 s_1} & \varphi_{s_2 s_2} & \cdots & \varphi_{s_2 s_{N_s}} \\ \vdots & \vdots & \vdots & \vdots & \vdots & \vdots & \ddots & \vdots \\ 1 & x_{s_{N_s}} & y_{s_{N_s}} & z_{s_{N_s}} & \varphi_{s_{N_s} s_1} & \varphi_{s_{N_s} s_2} & \cdots & \varphi_{s_{N_s} s_{N_s}} \end{pmatrix} \quad (10-22)$$

式中，$x_{g_{N_g}}, y_{g_{N_g}}, z_{g_{N_g}}$ 为界面上 N_g 个壳单元节点与虚拟节点空间坐标；$x_{s_{N_s}}, y_{s_{N_s}}, z_{s_{N_s}}$ 为界面上 N_s 个实体单元节点的空间坐标；$\varphi(\|\cdot\|)$ 为各点间的欧几里得距离。

对于传递矩阵 $\boldsymbol{U}$ 的求解，第 3 章中的径向基函数成立条件及核函数同样适用。但是，壳-实体子模型插值边界上的控制点和插值点呈带状分布，数据点相对稀疏，壳单元模型网格尺寸大于实体单元子模型。讨论核函数及其形状参数的对插值影响并做出优选时，上述数据点的分布特性有利于计算效率和精度的控制。

10.2.3 算例分析与讨论

一般地，结构典型受力状态可以为拉、压、弯、剪四种情况，其中，拉、压可以理解为外载荷的正负作用，剪切可以理解为拉、压外载荷同时作用在相同位置造成结构"相错"而受剪力。因此，以带孔方板为例（几何尺寸及载荷见表 10-2）设计三种载荷方式：平面拉伸体现面内的变形，弯曲体现厚度方向的变形而受到的剪力，平面剪切以面内变形为主，但受到方向相反载荷的作用，产生面内剪力，如图 10-18 所示。

表 10-2 带孔方板几何模型尺寸

载荷方式	边长 l/mm	厚度 t/mm	孔径 d/mm	载荷 Q/(kN/m^2)
平面拉伸（一侧固支）	200	5	40	均布 5×10^4
弯曲（一侧固支）	200	5	40	均布 4×10^2
平面剪切（一侧固支）	200	5	40	梯度 5×10^4

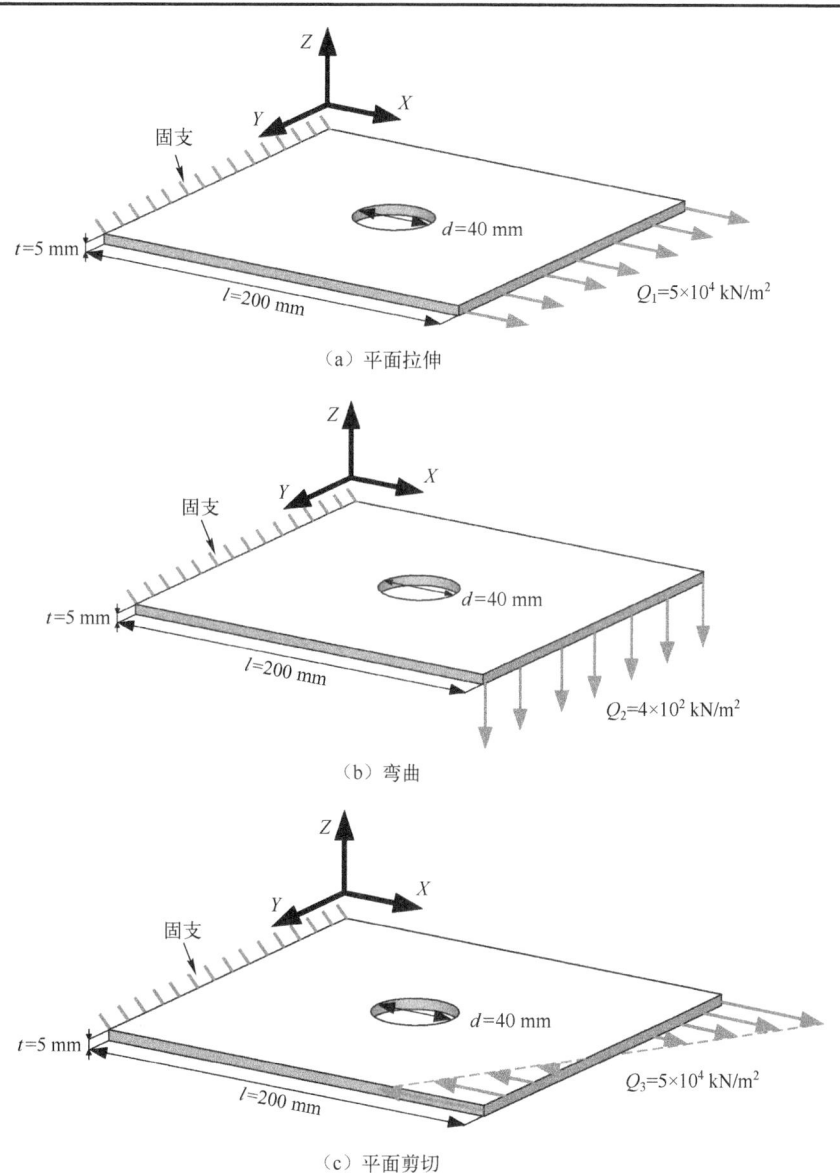

(a) 平面拉伸

(b) 弯曲

(c) 平面剪切

图 10-18 带孔方板的载荷方式

由上述设计的计算条件建立有限元模型，在 ANSYS 环境下，使用壳单元（SHELL63）离散带孔方板，建立整体求解模型；以孔径及周边为关注的、产生高应力的局部区域，使用实体单元（SOLID185）建立子模型。选择线弹性材料模型，相应材料参数见表 10-3。结构固支端使用节点全约束条件，载荷端分别施加沿 X 轴正方向的均布载荷，其值为 5×10^4 kN/m^2；

沿 Z 轴负方向的均布载荷,其值为 $4×10^2$ kN/m^2;以及沿 X 轴方向呈中心对称分布、方向相反的梯度载荷,端点最大值为 $5×10^4$ kN/m^2。

表 10-3 挤压铝型材 6005A-T6 材料参数

弹性模量 E /GPa	密度 ρ /(g/cm^3)	泊松比 μ	屈服强度 σ_y /MPa
70	2.7	0.3	225

如图 10-19（a）所示,整体壳单元模型的单元尺寸为 10 mm,围绕孔径切割边界为 120 mm 的正方形局部区域作为建立子模型的目标结构,将整体壳单元模型与子模型的单元尺寸比值定义为网格密度比 γ。相应地,如图 10-19（b）所示,比之壳单元初始模型,建立对比模型Ⅰ,其单元尺寸为 5 mm,则 $\gamma=2$,以实体单元建立相同网格密度比的子模型Ⅰ;同样,分别建立 $\gamma=5$ 和 $\gamma=10$ 的对比模型、子模型Ⅱ和Ⅲ,如图 10-19（c）和图 10-19（d）所示。模型的具体信息参见表 10-3。

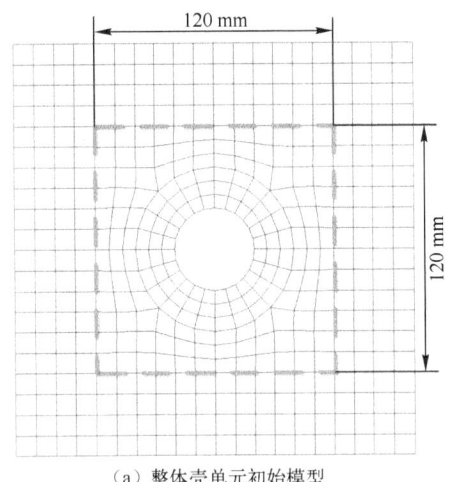

（a）整体壳单元初始模型

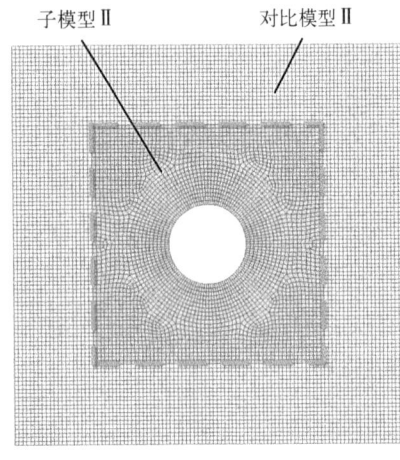

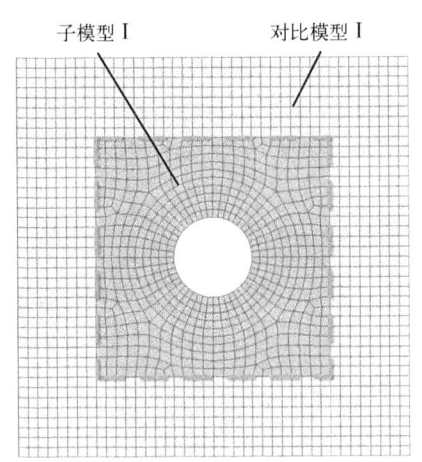

（b）对比模型Ⅰ与子模型Ⅰ,$\gamma=2$

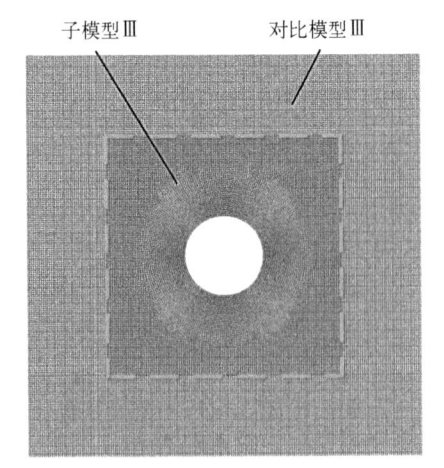

（c）对比模型Ⅱ与子模型Ⅱ,$\gamma=5$

（d）对比模型Ⅲ与子模型Ⅲ,$\gamma=10$

图 10-19 不同网格密度的有限元模型

子模型方法的优势在于"复原"整体模型中简化的部分,进而更加真实地体现结构的承载情况,而壳-实体单元的子模型方法即是将壳单元不能体现的实体应力状态还原。上述带孔方板整体壳单元模型求解之后的应力集中点在圆孔的边缘,而实际的方板有厚度,应力最大值应该在圆孔边缘的上表面,实体单元子模型的计算显示了这个现象。如图 10-20 所示,三种加载方式下子模型圆孔处的应力集中位置点为 M_A、M_B 和 M_C,其中,平面剪切工况中的高应力区主要分布在圆孔上下两侧,圆孔处的应力集中水平显著降低。定义子模型与对比模型局部关注位置等效应力的相对误差计算公式为

$$\mathrm{RE} = \left| \frac{\sigma_d - \sigma_d^*}{\sigma_d^*} \right| \times 100\% \qquad (10\text{-}23)$$

式中,σ_d 和 σ_d^* 分别为子模型和对比模型圆孔处的最大等效应力。

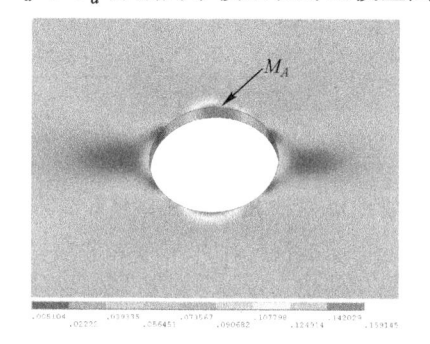

(a) 平面拉伸-最大应力点 M_A

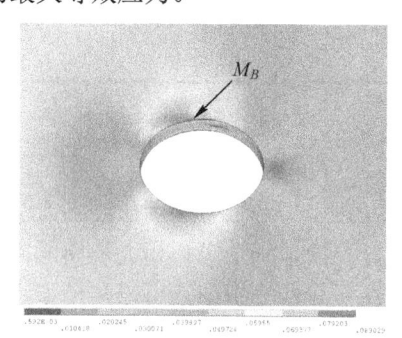

(b) 弯曲-最大应力点 M_B

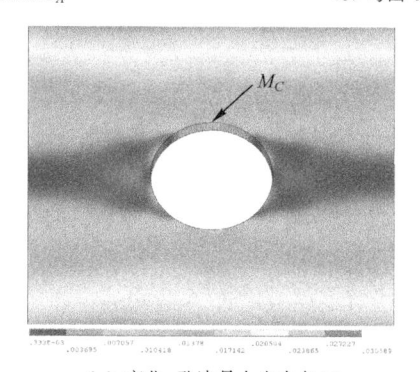

(c) 弯曲-孔边最大应力点 M_C

图 10-20 两种载荷方式圆孔处等效应力云图(GPa)

计算结果如表 10-4 所示。对比 ANSYS 计算结果,可见三种载荷方式下,通过选择上述核函数及形状参数的选择,改进壳-实体单元子模型传递方法相比传统方法的计算精度平均提升 10%~30%;对于带孔方板的弯曲变形,局部关注位置的计算精度提升最高约为 90%。

表 10-4 不同模型点 M_A、M_B、M_C 等效应力相对误差计算结果

名次	加载方式	相对误差/%		
		$\gamma = 2$	$\gamma = 5$	$\gamma = 10$
多重二次曲面	平面拉伸	1.80%,a=0.2	2.97%,a=0.9	3.36%,a=0.9
	弯曲	3.96%,a=0.1	5.42%,a=0.05	6.16%,a=0.05
	平面剪切	2.61%,a=0.5	3.59%,a=0.9	4.51%,a=0.9

续表

名次	加载方式	相对误差/% $\gamma=2$	$\gamma=5$	$\gamma=10$
薄板张力样条	平面拉伸	1.74%, a=0.09	2.90%, a=0.06	3.29%, a=0.09
	弯曲	1.27%, a=0.05	2.84%, a=0.01	0.08%, a=0.01
	平面剪切	1.86%, a=0.09	2.02%, a=0.09	2.55%, a=0.09
高斯函数	平面拉伸	1.64%, a=0.08	2.88%, a=0.09	3.26%, a=0.09
	弯曲	1.36%, a=0.01	2.82%, a=0.1	0.03%, a=0.07
	平面剪切	1.93%, a=0.09	2.91%, a=0.09	3.48%, a=0.1
ANSYS	平面拉伸	2.34%	3.58%	4.52%
	弯曲	2.35%	3.86%	4.87%
	平面剪切	2.56%	3.72%	4.76%

10.3 ANSYS 子结构方法

在 ANSYS 平台上，使用子结构方法的目的主要是提高计算效率，并且允许在有限的计算机设备资源的基础上求解超大规模的问题。比如进行非线性分析和带有大量重复几何结构的分析。在非线性分析中，可以将模型线性部分作为子结构，这部分的单元矩阵就不用在非线性迭代过程中重复计算；而在有重复几何结构的模型中（如有四条腿的桌子），可以对重复的部分（桌子腿）生成超单元，然后将它拷贝到不同的位置，这样做可以节省大量的计算时间和计算机资源。

子结构方法不仅应用在传统机械结构校核设计中，而且在温度场仿真、混凝土强度验证、结构拓扑轻量化方面均有应用。具体地，广汽研究院的张焰将子结构法使用在汽车车架的降噪分析上，求解效率提升高达 94%；大连交通大学的高月华将子结构法应用到动车车厢支架的结构优化设计中，成功为动车车架减重 25%；同济大学张惊宙使用子结构法评估了钢梁-混凝土板复合结构的抗倒塌性能，大大提高了仿真效率；西安建筑科技大学李芸分别用有限元直接法和子结构法对高层双塔连体结构进行有限元分析，发现子结构法运行时间缩短 50%，储存占用减少超 75%；华中科技大学的肖人彬结合子结构自由度缩减与反求理论，针对周期性结构的设计提出了结构的宏微观协同设计方法，成功地对悬臂梁结构进行了拓扑优化。

10.3.1 子结构方法的基本原理

当下子结构方法的基本理论已经日渐完善，而且已经广泛运用于各类结构的分析设计中，但是对运用的具体操作介绍还是很少，刚接触者想了解这一方法仍然十分困难。为了能够较好地解决这个问题，本节将简单介绍子结构方法的一些基本理论。

本质上，子结构方法就是把若干个独立单元用刚度矩阵粘接为一个整体单元的方法。在线弹性结构静力学分析中，结构的刚度、形变及载荷满足如下关系：

$$\boldsymbol{K}*\boldsymbol{D}=\boldsymbol{F} \tag{10-24}$$

其中，$\boldsymbol{K}$ 为有限元模型的刚度矩阵；$\boldsymbol{D}$ 为有限元模型中待求的自由度列向量；$\boldsymbol{F}$ 为对有限元模型施加的载荷向量。现将自由度向量 D 划分为两部分：主自由度（master DOF）D_m、从自由度（slave DOF）D_s，刚度矩阵 K 也做相应的划分。则上式变为

$$\begin{bmatrix} K_\mathrm{mm} & K_\mathrm{ms} \\ K_\mathrm{sm} & K_\mathrm{ss} \end{bmatrix} \begin{bmatrix} D_\mathrm{m} \\ D_\mathrm{s} \end{bmatrix} = \begin{bmatrix} F_\mathrm{m} \\ F_\mathrm{s} \end{bmatrix} \quad (10\text{-}25)$$

展开得

$$\begin{cases} K_\mathrm{mm} D_\mathrm{m} + K_\mathrm{ms} D_\mathrm{s} = F_\mathrm{m} \\ K_\mathrm{sm} D_\mathrm{m} + K_\mathrm{ss} D_\mathrm{s} = F_\mathrm{s} \end{cases} \quad (10\text{-}26)$$

进一步整理得

$$(K_\mathrm{mm} - K_\mathrm{ms} K_\mathrm{ss}^{-1} K_\mathrm{sm}) D_\mathrm{m} = F_\mathrm{m} - K_\mathrm{ms} K_\mathrm{ss}^{-1} F_\mathrm{s} \quad (10\text{-}27)$$

令：$K' = K_\mathrm{mm} - K_\mathrm{ms} K_\mathrm{ss}^{-1} K_\mathrm{sm}$，$F' = F_\mathrm{m} - K_\mathrm{ms} K_\mathrm{ss}^{-1} F_\mathrm{s}$，则可将上式化简为

$$K' * D_\mathrm{m} = F' \quad (10\text{-}28)$$

可以很清楚地看出，简化后求解的工作量已经远远小于原本的求解工程量。由此理论就可以将一个复杂的大型结构拆散成一个个规模较小且简单的子结构，然后再利用静凝聚理论将每个子结构进行组合后再分析，将分析结果扩展，从而得到所求的最终结果。类似地，在有关温度分布的有限元计算方面，在模型离散后，也可以将每一个单元的热传导矩阵总装形成一个整体刚度矩阵，相应地整体热载荷矩阵、整体温度矩阵也会随之产生。因此，有关子结构法在温度分布仿真中的应用便同机械应力分布的理论完全一致，相关公式便不再赘述。

10.3.2 子结构方法的基本过程

子结构就是将一群各类单元用矩阵凝聚为一个单元，这个矩阵单元（MATRIX50）称为超单元。根据 ANSYS 帮助文件，围绕这个超单元可以将子结构技术基本过程分为：生成超单元（Generation Pass）、使用超单元（Use Pass）和扩展超单元（Expansion Pass）三个部分。图 10-21 示出了整个子结构分析的数据流向和所用的文件。

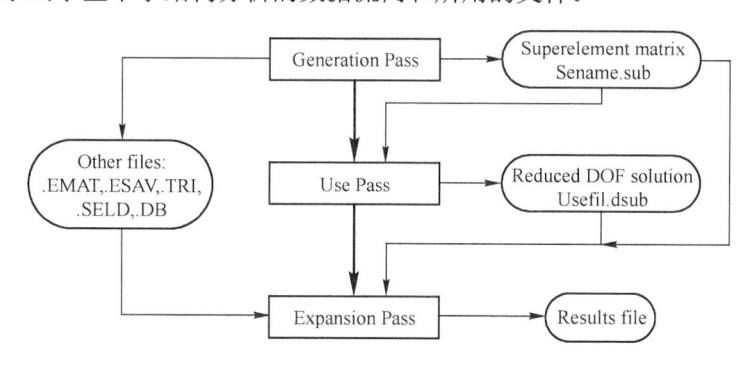

图 10-21 典型子结构分析中的数据流

1. 生成超单元

生成超单元就是将由单元组成的有限元子结构，通过定义主自由度凝聚成超单元，同时生成对应的超单元文件。其中，主自由度主要作用是：定义超单元与相邻单元的边界、提

取结构的动力学特性。通过此种方式可减少接触单元迭代计算时间从而达到显著提升计算效率的效果。具体步骤如下：

① 定义子结构分析选项，命名超单元矩阵文件（SEOPT）；
② 定义主自由度；
③ 保存数据库，此步保存的数据文件将在第三步扩展超单元中调取使用；
④ 求解生成超单元矩阵文件。

特别地，在子结构分析过程中，主自由度在以下四种情况下需要定义。

第一，作为各单元间的边界。将整体结构划分成小的部分，再把小部分进行整合形成整体结构。在这个过程中，需要通过把各小部分边界处节点定义主自由度的方式，将划分的小部分作为独立的结构进行分析。

第二，若需要进行动力分析，则在生成部分定义的主自由度将决定各子结构的动力特性。

第三，如果结构存在外部载荷或者外部约束，则在使用部分需要通过在所对应节点处定义主自由度的方式，才能将载荷或者约束施加到结构上。

第四，在大位移情况下或者在使用 SETRAN 命令时，需要定义主自由度并且所有主自由度的节点都要定义 6 个方向的自由度，即：UX，UY，UZ，ROTX，ROTY，ROTZ。

2. 使用超单元

使用超单元就是将超单元与主体结构相连进行分析的部分。整个模型可以是一个超单元，也可以是超单元与非超单元相连的模型。使用部分的计算只是超单元的凝聚（自由度计算仅限于主自由度）和非超单元（主单元）的全部计算。具体步骤如下：

① 清除数据库，打开或创建主结构模型；
② 定义超单元类型，读入生成部分超单元文件；
③ 固结子结构边界自由度，包括超单元与超单元和超单元与非超单元；
④ 进入求解器，定义分析类型（可以使任何线性分析类型），施加边界条件；
⑤ 求解。

对于子结构单元——MATRIX50，也称为超单元或子结构单元，能够把由多个常规单元组成的有限元模型预先装配成一个"大"的单元。超单元形成后会将所有文件信息保存在相应的文件中，在后续分析阶段可以直接调用，调取方法与常规单元相同。在该部分，可输出任意指定超单元中每个主自由度的节点位移和节点力。

特别地，关于读入超单元矩阵及固结节点有以下三种可能。

第一，如果结构模型全部为需要形成超单元的子结构，或者是结构模型有需要生成超单元的子结构和不需要生成超单元的普通有限元模型，但交界处的节点编号与主自由度节点编号一致，那么可以直接使用命令 SE 读入超单元。

第二，如果结构模型中有不需要生成超单元的普通有限元模型，并且交界处的节点编号与主自由度节点的编号不一致，但是节点编号存在一定的偏移量，则要通过节点偏移生成新的超单元矩阵，然后再用命令 SE 读入。

第三，如果结构模型中有不需要生成超单元的普通有限元模型，并且交界处节点编号与主自由度节点编号无任何关系，那么生成部分的主自由度的节点编号会因为与使用部分节点编号冲突而发生模型覆盖。因此，可以通过节点耦合 CPINTF 来实现节点固结。

3. 扩展超单元

扩展超单元就是得到从凝聚计算的结果之后开始计算整个超单元内部所有的自由度。具体步骤如下：

① 清除数据库，打开生成超单元部分所创建的模型；
② 读取需扩展部分文件；
③ 进入求解器；
④ 定义扩展；
⑤ 求解。

在子结构分析中，由于划分的子结构可以看作相互独立的部分，因此，需要对每个子结构分别进行生成和扩展，然后在扩展部分将结果进行整合。

概括来说，上述子结构分析的主要步骤以及注意事项可归纳于表 10-5。

表 10-5 子结构分析的主要步骤及注意事项

名 称	主 要 步 骤	注 意 事 项
生成超单元	① 建立子结构有限元模型 ② 施加边界条件	① 定义生成部分文件名 ② 子结构模型选取 ③ 主自由度选取及定义
使用超单元	① 清除数据库文件 ② 建立整体有限元模型 ③ 定义超单元 ④ 施加边界条件（位移、荷载） ⑤ 自由度固结 ⑥ 定义分析类型和分析选项	① 为避免覆盖需清除数据库 ② 自由度固结方式
扩展超单元	① 恢复数据库 ② 扩展子结构结果	① 切换到生成部分文件 ② 超单元扩展选项设置

10.3.3 子结构方法算例

图 10-22 为带孔方板的具体尺寸，一端固定，另外一端承受 2 MPa 拉伸压力。首先生成原始整体模型 Sub_all.db，即按照整个结构进行分析，以便后面与扩展超单元的分析结果进行比较（相关命令流见本小节末）。

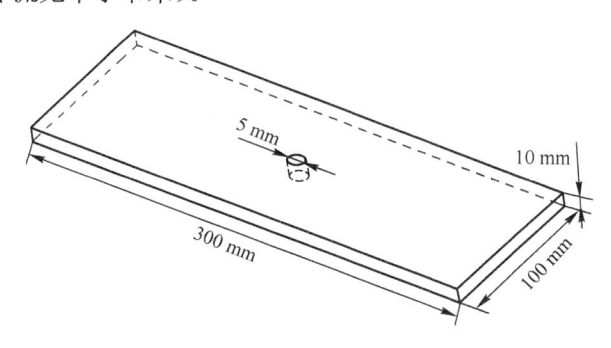

图 10-22 带孔方板简图

1. 生成超单元

如图 10-23 所示，选择中间带孔方板部分作为超单元，周围其他部分作为非超单元（主单元）。按照 ANSYS 使用超单元的要求，超单元与非超单元部分的界面节点必须一致

（重合），且最好分别的节点编号也相同，否则需要分别对各节点对建立耦合方程，操作比较麻烦。

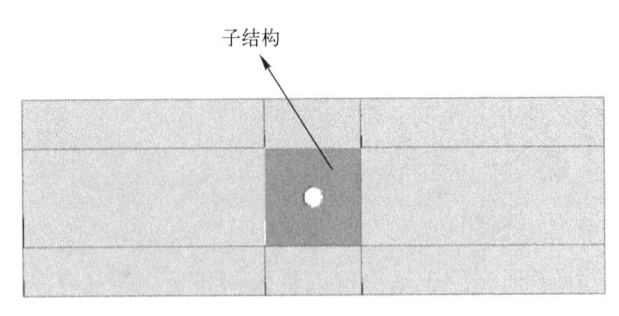

图 10-23 超单元与主单元结构划分

对于本例，为方便读者学习，先建立整个模型，然后再划分超单元和非超单元。即：将上述已划分网格的模型分别保留并另存为 Sub_super.db（超单元部分）和 Sub_main.db（主单元部分）两个文件，然后分别处理。具体地，对于 Sub_super.db 模型，只需自整体模型 Sub_all.db 中删除主单元部分的模型，结果就是超单元所需的模型。类似地，可建立主单元 Sub_main.db 模型。

建模过程不再赘述，直接进行对子结构 Sub_super.db 创建超单元矩阵的操作，具体操作步骤如下。

依次选择 Main Menu→Solution→Analysis Type→New Analysis，在弹出的对话框中选中 Substructuring/CMS，单击 OK 按钮，此操作表示子结构或部件模态综合求解模式。

依次选择 Main Menu→Solution→Analysis Type→Analysis Options，在弹出的对话框中选中 Substructuring，单击 OK 按钮。弹出 Substructuring Analysis 对话框，在 Sename 输入框内输入超单元矩阵文件名"Sub_super"；要求生成的矩阵 SEMATR 选项框中选择刚度矩阵；要求输出到 output 窗口的项目 SEPR 选项框中选择载荷矢量和矩阵；最后，单击 OK 按钮，完成子结构选项的设置。设置完成后的界面如图 10-24 所示。

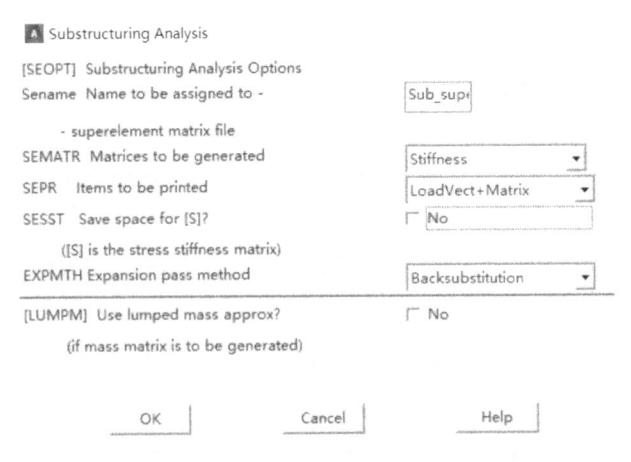

图 10-24 子结构选项设置

依次选择 Main Menu→Solution→Master DOFs→User Selected→Define，弹出拾取对话

框，框选出超单元与主单元相接的节点，单击 OK 按钮，再在弹出的主自由度定义窗口中选择 ALL DOF，完成主自由度的定义，如图 10-25 所示。

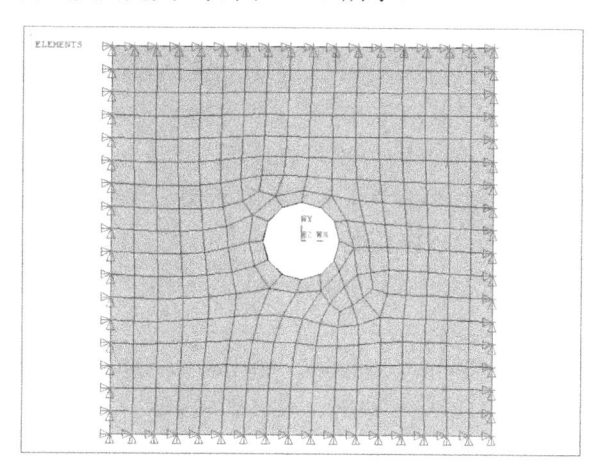

图 10-25 定义主子自由度

依次选择 Main Menu→Solution→Solve→Current LS，在弹出的对话框中单击 OK 按钮，进行求解。完成求解后，将生成超单元文件 Sub_supe.sub，依次选择 Toolbar→SAVE_DB，保存求解文件。

2. 使用超单元

打开主结构模型 Sub_main.db，依次选择 Toolbar→RESUM_DB，如图 10-26 所示。

在对主结构（非超单元）建模时，必须确保其界面节点与超单元模型的界面节点精确匹配。对于本例，由于非超单元模型与超单元模型都是由同一个整体模型部分删除而来的，故其界面节点的位置和编号均完全相同。

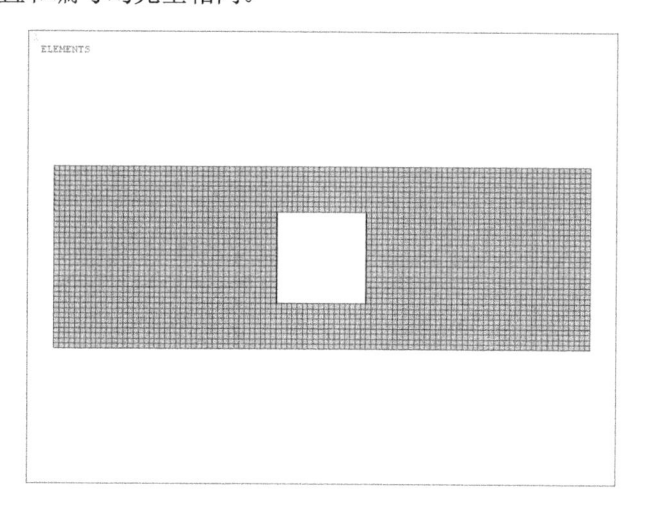

图 10-26 主结构有限元模型

依次选择 Main Menu→Preprocessor→Element Type→Add/Edit/Delete，在弹出的对话框中单击 Add 按钮，然后再在弹出对话框的左边选择 Superelement，在右边选择 Superelement 55 单元，单击 OK 按钮。

依次选择 Main Menu→Preprocessor→Modeling→Create→Elements→Elem Attributes，在弹出的对话框中，在 TYPE 选项框内选择"2 MATRIX50"，单击 OK 按钮，完成单元属性的赋予。

依次选择 Main Menu→Preprocessor→Modeling→Create→Elements→Superelements→From.SUB File，在弹出的对话框中，在 SE 输入框内输入超单元矩阵文件名"Sub_super"，单击 OK 按钮，完成超单元矩阵的读入。读入成功后，超单元会以外框的形式显示。

施加与原始整体模型相同的边界条件。设置位移约束：依次选择 Main Menu→Solution→Define Loads→Apply→Structural→Displacement→On Areas，弹出拾取对话框，拾取面 A24、A42 和 A1，单击 Apply 按钮，选择 All DOF，单击 OK 按钮，完成约束的施加。

设置载荷：依次选择 Main Menu→Solution→Define Loads→Apply→Structural→Pressure→On Areas，在弹出的对话框中，拾取面 A30、A39 和 A34，单击 Apply 按钮，在弹出的对话框中，选择 Constant value，在 VALUE 框内输入"-0.002"，单击 OK 按钮，完成载荷的施加。

依次选择 Main Menu→Solution→Solve→Current LS，在弹出的对话框中，单击 OK 按钮，进行求解。

完成求解后，在 GUI 界面中可以查看图形结果。查看位移矢量和云图：依次选择 Main Menu→General Postproc→Read Results→By Pick，在弹出的对话框中，单击 Read 按钮。再依次选择 Main Menu→General Postproc→Plot Results→Contour Plot→Nodal Solu，弹出节点求解数据 Contour Nodal Solution Date 对话框，选择 Nodal Solution→DOF Solution→Displacement vector sum，单击 OK 按钮，结果如图 10-27（a）所示。

查看等效应力云图：依次选择 Main Menu→General Postproc→Read Results→By Pick，在弹出的对话框中，单击 Read 按钮。再依次选择 Main Menu→General Postproc→Plot Results→Contour Plot→Nodal Solu，弹出节点求解数据 Contour Nodal Solution Date 对话框，选择 Nodal Solution→Stress→von Mises stress，单击 OK 按钮，结果如图 10-27（b）所示。

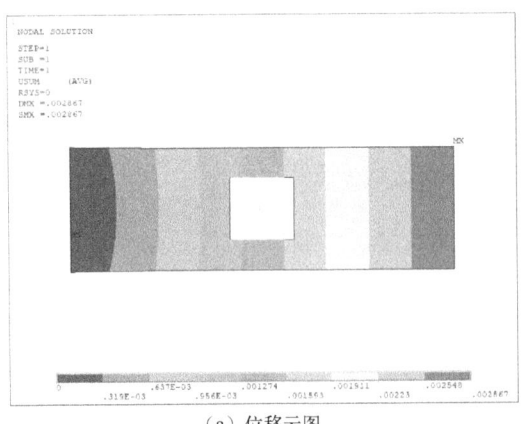

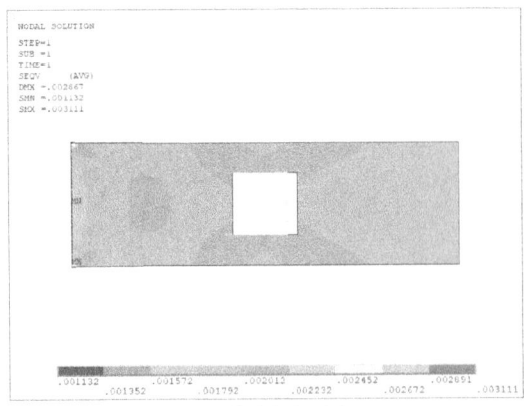

（a）位移云图　　　　　　　　　　（b）等效应力云图

图 10-27　使用超单元部分计算结果

3. 扩展超单元

打开生成超单元部分创建的子结构模型 Sub_super.db，依次选择 Toolbar→RESUM_DB。生成部分产生的.EMAT、.ESAV、.SUB、.TRI、.DB 和.SEID 文件，以及使用部分生成的.DSUB 文件都可以用于此扩展超单元阶段，可以将结果扩展到超单元内部。

依次选择 Main Menu→Solution→Analysis Type→ExpansionPass，在弹出的 Expansion Pass 对话框中将 EXPASS 设置为 On，单击 OK 按钮。

依次选择 Main Menu→Solution→Load Step Opts→ExpansionPass→Single Expand→Expand Superelement，在弹出的对话框中，在 SEEXP 输入框内分别输入超单元文件的.sub 的文件名"Sub_super"和使用该超单元的主结构在求解时生成的.dsub 文件名"Sub_main"，单击 OK 按钮。图 10-28 为设置完成后的窗口。

图 10-28 扩展超单元选项设置

由于扩展超单元部分不会自动生成.rst 的结果文件，查看扩展结果时，需手动生成，依次选择 Utility Menu→File→File Options…，弹出对话框，在/ASSIGN 选项卡内选择"Struct res RST"，输入文件名 Sub_super.rst，单击 OK 按钮，完成结果文件的创建；依次选择 Main Menu→Solution→Load Step Opts→ExpansionPass→Single Expand→Range of Solu's，弹出对话框，在 NUMEXP 中输入 ALL，单击 OK 按钮，完成求解设置。

依次选择 Main Menu→Solution→Solve→Current LS，在弹出的选项框中单击 OK 按钮，进行求解。

查看位移矢量和云图：依次选择 Main Menu→General Postproc→Read Results→By Pick，在弹出的对话框中单击 Read 按钮。再依次选择 Main Menu→General Postproc→Plot Results→Contour Plot→Nodal Solu，弹出节点求解数据 Contour Nodal Solution Date 对话框，依次选择 Nodal Solution→DOF Solution→Displacement vector sum，单击 OK 按钮，结果如图 10-29（a）所示。

查看等效应力云图：依次选择 Main Menu→General Postproc→Read Results→By Pick，在弹出的对话框中单击 Read 按钮。再依次选择 Main Menu→General Postproc→Plot Results→Contour Plot→Nodal Solu，弹出节点求解数据 Contour Nodal Solution Date 对话框，选择 Nodal Solution→Stress→von Mises stress，单击 OK 按钮，结果如图 10-29（b）所示。

4. 结果分析

重新打开原始整体模型 Sub_all.db，依次选择 Toolbar→RESUM_DB。

依次选择 Utility Menu→Select→Entities…，在弹出的对话框中分别选择 Volumes、By Num/Pick，单击 OK 按钮；弹出拾取对话框，拾取体 V10，单击 OK 按钮；依次选择 Utility Menu→Select→Everything Below→Selected Volumes；在图形窗口单击鼠标右键，在弹出的

菜单中选择 Replot 以显示子结构。

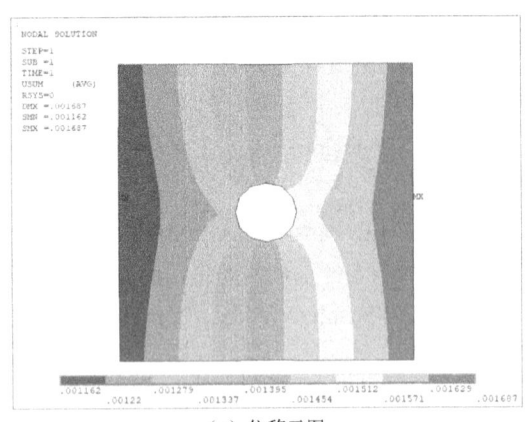

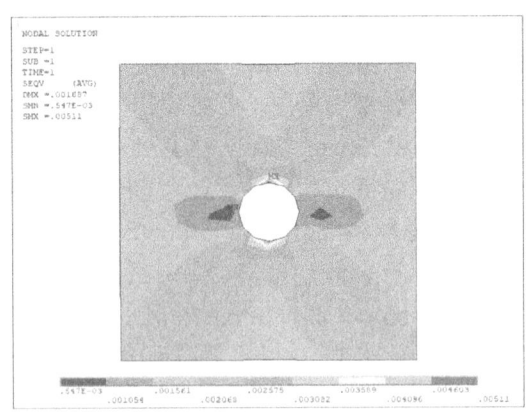

(a) 位移云图　　　　　　　　　　　(b) 等效应力云图

图 10-29　扩展超单元部分计算结果

查看位移矢量和云图：依次选择 Main Menu→General Postproc→Read Results→By Pick，在弹出的对话框中单击 Read 按钮。再依次选择 Main Menu→General Postproc→Plot Results→Contour Plot→Nodal Solu，弹出节点求解数据 Contour Nodal Solution Date 对话框，选择 Nodal Solution→DOF Solution→Displacement vector sum，单击 OK 按钮，结果如图 10-10（a）所示。

查看等效应力云图：依次选择 Main Menu→General Postproc→Read Results→By Pick，在弹出的对话框中单击 Read 按钮。再依次选择 Main Menu→General Postproc→Plot Results→Contour Plot→Nodal Solu，弹出节点求解数据 Contour Nodal Solution Date 对话框，选择 Nodal Solution→Stress→von Mises stress，单击 OK 按钮，结果如图 10-30（b）所示。

对比图 10-29 可以看到，扩展超单元结果与原始整体模型中子结构区域计算结果完全一致。

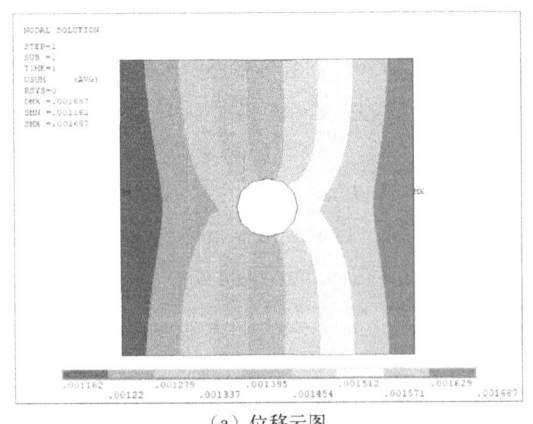

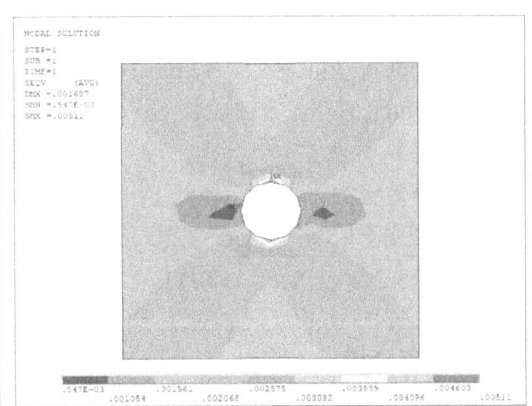

(a) 位移云图　　　　　　　　　　　(b) 等效应力云图

图 10-30　原始整体模型子结构区域计算结果

5. 命令流

```
/CLEAR,NOSTART
/FILNAME,Sub_all,1
/PREP7
!**************计算完整模型**************
!单位制 kg-mm-ms-GPa
BLOCK,-150,150,-50,50,0,10,    !长为300，宽为100，高为10的长方体
ET,1,SOLID185
MPTEMP,1,0
MPDATA,EX,1,,210               !弹性模量
MPDATA,PRXY,1,,0.3             !泊松比
WPCSYS,-1,0
WPSTYLE,,,,,,,,1
CYL4,0,0,5, , , ,10            !创建一个圆心位于工作平面，半径为5，高度为10的圆柱
VSBV,1,2                       !布尔操作减法
wpro,,,-90.000000
wpof,,,25
VSBW,3
wpof,,,-50
VSBW,2
wpof,,25
wpro,,90.000000,
VSBW,1
VSBW,3
VSBW,4
wpof,,,50
VSBW,1
VSBW,2
VSBW,7
WPCSYS,-1,0
TYPE,1
MAT,1
ESIZE,3,0,
VMESH,1,9,1                    !对主结构进行 MAP 网格划分
VSWEEP,10                      !对子结构进行 SWEEP 网格划分
/SOL
DA,1,ALL,
DA,24,ALL,
DA,42,ALL,
SFA,30,1,PRES,-0.002
SFA,34,1,PRES,-0.002
SFA,39,1,PRES,-0.002
ALLSEL
SOLVE
```

```
FINISH
SAVE


!***************生成超单元***************
/CLEAR,NOSTART
/FILNAME,Sub_super,1
/PREP7
BLOCK,-150,150,-50,50,0,10,
ET,1,SOLID185
MPTEMP,1,0
MPDATA,EX,1,,210
MPDATA,PRXY,1,,0.3
WPCSYS,-1,0
WPSTYLE,,,,,,,,1
CYL4,0,0,5, , , ,10
VSBV,1,2
wpro,,,-90.000000
wpof,,,25
VSBW,3
wpof,,,-50
VSBW,2
wpof,,25
wpro,,90.000000,
VSBW,1
VSBW,3
VSBW,4
wpof,,,50
VSBW,1
VSBW,2
VSBW,7
WPCSYS,-1,0
TYPE,1
MAT,1
ESIZE,3,0,
VMESH,1,9,1
VSWEEP,10

VSEL,S,VOLU,,1,9,1          !按体的标号选择体1~9（s表示选择）
ESLV,S                      !选择之前所选体内的所有单元
VCLEAR,all                  !删去非超单元，只保留超单元
ALLSEL,all
/REPLOT,RESIZE

/SOL
```

```
ANTYPE,SUBST
SEOPT,Sub_super,1,1,0,0        !生成超单元.sub 文件，文件名为 Sub_super
LUMPM,0
NSEL,S,LOC,Y,-25               !选择与非超单元部分交界处的节点建立主自由度
NSEL,A,LOC,Y,25
NSEL,A,LOC,X,-25
NSEL,A,LOC,X,25
M,ALL,ALL !建立主自由度
ALLSEL,ALL
SAVE
SOLVE
FINISH
!***************使用超单元***************
/CLEAR,NOSTART
/FILNAME,Sub_main,1
/PREP7
BLOCK,-150,150,-50,50,0,10,
ET,1,SOLID185
MPTEMP,1,0
MPDATA,EX,1,,210
MPDATA,PRXY,1,,0.3
WPCSYS,-1,0
WPSTYLE,,,,,,,,1
CYL4,0,0,5, , , ,10
VSBV,1,2
wpro,,,-90.000000
wpof,,,25
VSBW,3
wpof,,,-50
VSBW,2
wpof,,25
wpro,,90.000000,
VSBW,1
VSBW,3
VSBW,4
wpof,,,50
VSBW,1
VSBW,2
VSBW,7
WPCSYS,-1,0
TYPE,1
MAT,1
ESIZE,3,0,
VMESH,1,9,1
VSWEEP,10
```

```
        VSEL,S,VOLU,,10              !按体的标号选择体 10
        ESLV,S                       !选择之前所选体内的所有单元
        VCLEAR,all                   !删去超单元,只保留非超单元
        ALLSEL,all
        /REPLOT,RESIZE

        ET,2,MATRIX50                !读入超单元矩阵
        TYPE,2
        SE,Sub_super, , ,0.0001,
        /SOL
        DA,1,ALL,                    !原始结构所受的载荷下求解
        DA,24,ALL,
        DA,42,ALL,
        SFA,30,1,PRES,-0.002
        SFA,34,1,PRES,-0.002
        SFA,39,1,PRES,-0.002
        ALLSEL
        SOLVE
        SAVE
        FINISH

        !**************扩展超单元**************
        /CLEAR,NOSTART
        /FILNAME,Sub_super           !更改文件名以读入超单元模型
        RESUME
        /ASSIGN,RST,Sub_super,RST    !生成扩展超单元的数据
        /SOL
        EXPASS,1
        SEEXP,Sub_super,Sub_main,,ON
        NUMEXP,ALL
        SOLVE
        /POST1
        SET,LAST                     !读取最后一个结果数据集合
        PLNSOL, S,EQV, 0,1.0         !显示等效应力云图
        FINISH
        SAVE
```

10.3.4 组件模态综合法及算例

本节将简单介绍组件模态综合法(component mode synthesis, CMS)。组件模态综合法是结构动力学中常用的一种子结构耦合分析形式,它允许从其组件推导出整个装配体的响应。首先,建立各部件的动力学行为;然后,通过加强组件接口的平衡性和兼容性,得到完整系统模型的动态特性。

与传统子结构分析方法一样,组件模态综合法可将单个大问题分解为几个降阶问题以

节省时间和计算资源，但组件模态综合法比传统子结构分析能更准确地进行模态、谐波和瞬态分析。组件模态综合法的典型应用包括对大型复杂结构（如飞机或核反应堆）的模态分析，其中各个团队独立设计各自的结构组件。对于组件模态综合法，对单个构件的设计更改只影响该构件，因此，仅需对修改后的子结构进行额外的计算。

与传统子结构分析方法一样，组件模态综合法也支持如下四种子结构应用方法：
① 自下而上子结构法；
② 自上而下子结构法；
③ 嵌套子结构；
④ 预应力子结构。

对于组件模态综合法，有以下三种分析选项可供选择：
① 固定－界面（CMSOPT, FIX），在 CMS 超单元生成过程中，界面节点受到约束；
② 自由－界面（CMSOPT, Free），在 CMS 超单元生成过程中，界面节点保持自由；
③ 残余－柔性自由－界面（CMSOPT, RFFB），其中界面节点在 CMS 超单元生成过程中保持自由。

对于大多数分析而言，固定－界面方式更可取。当分析需要在光谱的中高端计算更精确的特征值时，自由－界面方式和残差－柔性自由－界面方式非常有效。

与传统子结构分析方法相同，组件模态综合法的基本过程分为：生成超单元（Generation Pass）、使用超单元（Use Pass）及扩展超单元（Expansion Pass）三个部分。图 10-13 给出了整个组件模态综合法的数据流向和所用的文件。

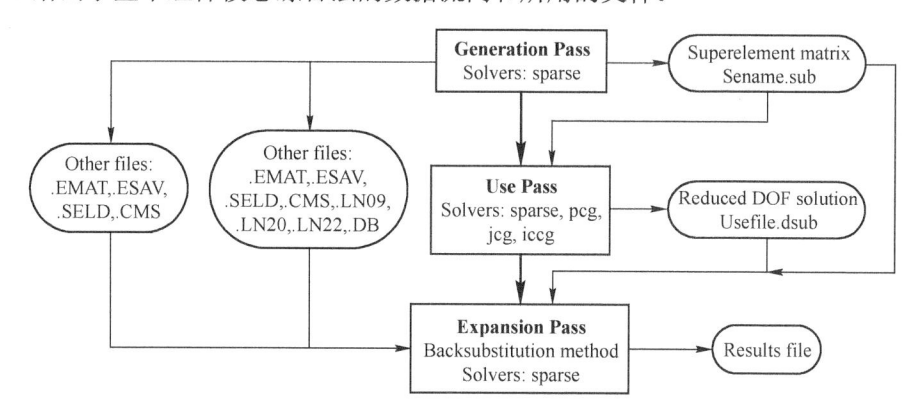

图 10-31 组件模态综合法中的求解器和数据流

1. 音叉振动问题描述

一个无约束的不锈钢音叉，将音叉分成三个 CMS 超单元后，确定整个模型的振动特性（固有频率和模态振型）。提取前 10 个特征频率并展开第四个模态振型（第一非刚体模态）。

2. 有限元模型

不锈钢音叉的材料参数如表 10-6 所示。

表 10-6 不锈钢音叉的材料参数

弹性模量 E/Pa	泊松比 v	密度 ρ/(kg/m^3)
190×10^9	0.3	7.7×10^3

音叉的几何尺寸、超单元及界面关系如图 10-32 所示。建模过程及求解见命令流部分。关于算例的分析，建议读者自行练习。

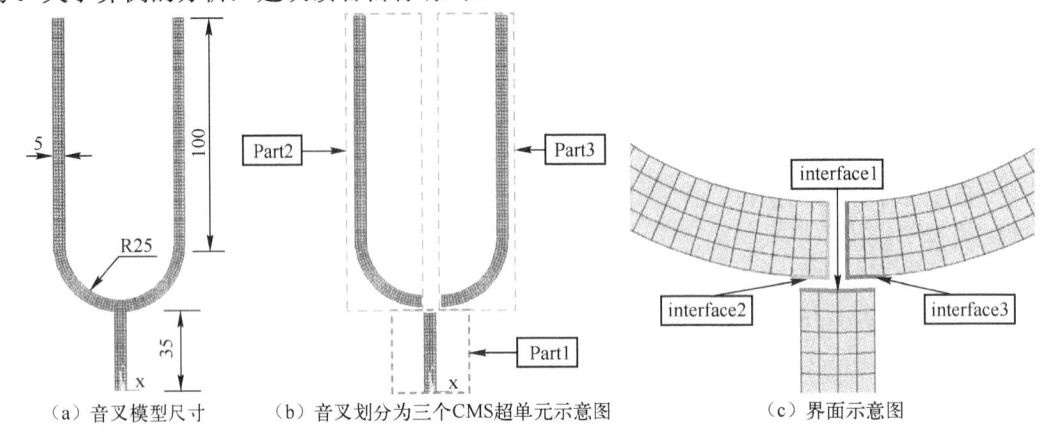

（a）音叉模型尺寸　　（b）音叉划分为三个CMS超单元示意图　　（c）界面示意图

图 10-32　组件模态综合法中的模型

3. 音叉振动分析命令流

```
/batch,list
/title, 2D Tuning Fork

! STEP #1-建模
/clear
/filnam,full
/units,si
blen=0.035
radi=0.025
tlen=0.1
tthk=0.005
/plopts,minm,0
/plopts,date,0
/pnum,real,1
/number,1
/prep7
k,1,-tthk/2
k,2,tthk/2
k,3,-tthk/2,blen
k,4,tthk/2,blen
local,11,1,,blen+tthk+radi
k,5,radi+tthk,-180
k,6,radi,-180
kgen,2,3,4,1,-tthk
k,9,radi
k,10,radi+tthk
a,5,6,7,3
a,3,7,8,4
a,4,8,9,10

csys,0
a,1,2,4,3
k,11,-radi-tthk,blen+tthk+radi+tlen
k,12,-radi,blen+tthk+radi+tlen
k,13,radi,blen+tthk+radi+tlen
k,14,radi+tthk,blen+tthk+radi+tlen
a,5,6,12,11
a,9,10,14,13
mshkey,1
esize,tthk/3.5
et,1,plane182,,,3
r,1,tthk
amesh,all
mp,ex,1,190e9
mp,dens,1,7.7e3
mp,nuxy,1,0.3
nsel,s,,,38
nsel,a,,,174,176
nsel,a,,,170
cm,interface1,node
nsel,s,,,175
nsel,a,,,168
nsel,a,,,180,182
nsel,a,,,38,176,138
cm,interface2,node
nsel,s,,,175
nsel,a,,,168
nsel,a,,,180,182
nsel,a,,,170,174,4
```

```
cm,interface3,node
esel,s,,,273,372
cm,part1,elem
esel,s,,,373,652
esel,a,,,1,129
esel,a,,,130
esel,a,,,133,134
esel,a,,,137,138
esel,a,,,141,142
cm,part2,elem
cmsel,s,part1
cmsel,a,part2
esel,inve
cm,part3,elem
allsel,all
save
finish

! STEP #2-生成超单元
! 生成超单元-Part1
/filnam,part1
/solu
antype,substr
seopt,part1,2
cmsopt,fix,10
cmsel,s,part1
cmsel,s,interface1
m,all,all
nsle
solve
finish
save
! 生成超单元-Part2
/filnam,part2
/solu
antype,substr
seopt,part2,2
cmsopt,fix,10
cmsel,s,part2
cmsel,s,interface2
m,all,all
nsle
solve
finish
save
! 生成超单元-Part3
/filnam,part3
```

```
/solu
antype,substr
seopt,part3,2
cmsopt,fix,10
cmsel,s,part3
cmsel,s,interface3
m,all,all
nsle
solve
finish
save

! STEP #3-使用超单元
/filnam,use
/prep7
et,1,matrix50
type,1
se,part1
se,part2
se,part3
finish
/solu
antype,modal
modopt,lanb,10
mxpand,10
solve
finish

! STEP #4-扩展超单元
! 扩展超单元-Part1
/clear,nostart
/filnam,part1
resume
/solu
expass,on
seexp,part1,use
expsol,1,4
solve
finish
! 扩展超单元-Part2
/clear,nostart
/filnam,part2
resume
/solu
expass,on
seexp,part2,use
expsol,1,4
```

```
solve
finish
！扩展超单元-Part3
/clear,nostart
/filnam,part3
resume
/solu
expass,on
seexp,part3,use
expsol,1,4
solve
finish

！STEP #5-后处理
/clear,nostart
/post1
cmsfile,add,part1,rst
cmsfile,add,part2,rst
cmsfile,add,part3,rst
set,first
plnsol,u,x
```

第 11 章　ANSYS-MATLAB 联合仿真及优化初步

本章主要介绍 ANSYS-MATLAB 联合仿真及简单优化的方法。

11.1　联合仿真软件简介

MATLAB 的全称是 Matrix Laboratory，意思是矩阵工厂（矩阵实验室），是美国 MathWorks 公司出品的商业数学软件。软件主要面向科学计算、可视化、交互式编程的高科技计算环境，它通过把非线性面板动态系统的运算、科学数值可视化、模型与仿真等整合到一种容易应用的视窗环境中，应用于数据挖掘、无线通信、深度学习、图像处理和计算机视觉、信号处理、机器人与控制系统等应用领域，具有十分强劲且效率极高的计算能力，主要用于工程科学中的矩阵数学运算。它为科学研究、工程设计及许多需要高效数值计算的科学领域提供全面的解决方案，并在很大程度上摆脱了传统非交互编程语言（如 C、FORTRAN）的编辑模式。MATLAB 软件中有很多函数供用户使用和选择，这些函数的调用和操作都是通过 MATLAB 自己的语言实现的。

在数学技术应用类型的软件中，其在数值计算方面十分前列。行矩阵运算、绘制函数和数据、实现算法、创建用户界面、连接其他编程语言的程序等。MATLAB 中数据的基本单位是矩阵，在 MATLAB 中的指令表达式与许多数学和工程问题的表达形式很相似，因此，在 MATLAB 中解决问题比在 C、FORTRAN 等语言中做同样的事情要简单得多，而且 MATLAB 还吸收了 Maple 等软件的优点，并在新版本中增加了对 C、FORTRAN、C++、Java 的支持。

11.2　结构优化设计简介

11.2.1　结构优化设计思想

结构优化设计（optimal structure design）是指在给定的约束条件下，根据一定的目标（如重量最轻、成本最低、刚度最高等）找到最佳的设计方案，以前称为最佳设计或结构最优设计。与"结构分析"区别，优化设计也被称为"结构综合"；如果目标是使结构重量最小化，则称为最小重量设计。为了区别于传统的结构设计概念，提出了结构优化设计的说法。大多数传统的结构设计方法都依赖于设计师的经验。然后，从安全性、稳定性、强度、刚度等方面对设计方案进行计算，确定方案是否满足安全使用要求。设计者还将计算和比较几种备选方案，并为每种结构布局、材料选择或尺寸轮廓等数据做出最佳选择。设计者的个人经历对设计方案有很大影响，例如他是否有过设计经验或参考过类似的设计案例，然后能否将实际情况应用到设计中会对设计结果产生很大的影响。接下来，执行计算以确定计算值是否正确，设计是否符合要求，其稳定性、强度和刚度是否达到极限值，从而判断设计方案能否安全使用。结构优化设计可以简单地解释如下：根据设计者的要求，将所有涉及的变量形成一组计算量，并用数学方法选择一个既满足要求又能够在一些方面得到最优结果的解决方案。因此，结构优化设计不仅是可行的，而且是可能的最佳解决方案，优化设计是基于实际需求，使实际工程中结构的一些性能指标可以达到相对最优。

11.2.2 结构优化设计的数学模型

结构优化设计的内容主要包括以下方面：一是选择实际问题来建立数学模型，之后的一系列分析都用模型来完成；二是根据设计的要求，选择合理有效的分析方法；三是根据数学模型和优化方法编制相应的优化分析程序。结构优化设计中数学模型的有三大要素：设计变量、约束条件、目标函数。

以一项工程结构为例，如果结构存在 n 个设计变量，它的数学模型可以表示为：

$$\begin{cases} \text{find} & X = \{x_1, x_2, \cdots, x_n\} \\ \text{st.} & a_i \leqslant x_i \leqslant b_i \\ & g_i(X) = 0 \\ & h_i(X) \leqslant 0 \\ \text{min} & F(X) \end{cases}$$

式中，x_i 为第 i 个设计变量，a_i、b_i 分别为设计变量上下限，g_i 为等式约束函数，h_i 为不等式约束函数，$F(X)$ 为目标函数。

应用上述方法来寻求最优设计方案，主要工作可以分为以下几个阶段。

① 确定设计变量：寻找合适的能准确表达结构设计模型的变量，这是优化设计最后所求的物理量结果。设计变量有连续性和离散性两种。

② 确定约束条件：约束条件一般有边界约束条件、等式约束条件、不等式约束条件。结构优化设计中把约束分为几何约束和性态约束。几何约束用来控制设计变量的变化范围，一般都以简单的显式来表示。性态约束是指对一些力学或者物理指标的控制，如应力约束、变形约束、屈服强度约束等，这类约束一般是通过结构分析才能得到的，通常不能写成显式。

③ 确定目标函数：在结构优化设计中，可行方案有很多组，为了选择其中最优的方案引入了目标函数的概念。目标函数代表工程结构一个至关重要的特性或者设计要求里非常重要的指标，因此针对不同的实际问题有不同类型的目标函数。

11.2.3 优化问题解法

结构优化问题有很多类型，其中大部分属于有约束非线性规划问题，对于这些问题的求解方法也有很多种，这些方法有各自的优势，但是还没有一个通用且高效求解的方法。

（1）最优准则法

最优准则法地基本思想是：优化前设定设计方案必须满足的准则，根据准则建立达到优化设计的迭代计算公式。最优准则法原理简单易懂，指标实现容易实现，虽然得到的解一般来说是近似的最优解，但是在工程设计问题中广受欢迎。在工程实际优化中，设定的准则一般是某些指标要求，比如说强度、刚度、能量等指标在一定的范围内。最优准则法中常见的有满应力设计、齿行法、满位移设计等。

（2）数学规划法

数学规划法依托数学问题理论基础，将优化问题转化为求极值的问题，在设计空间中选择初始点，按照数学规划中的优化方法，确定适当的方向和步长，并在此方向上寻找一设计点，使得该点的目标函数值要比初始点的目标函数值有所下降，然后以该设计点为新的初始点，重复迭代，直至获得满足精度要求的最优点。数学规划法数学理论上严谨，优化结果不受具体问题的限制，可信度较高。常见的数学规划法有序列线性规划法、序列二次规划法等。

（3）启发式算法

这些算法都有一个共同特征——都是受自然规律启发，模拟自然过程并将之研究抽象为算法。这类算法比较"新颖"，比如遗传算法、模拟退火算法、禁忌搜索、人工神经网络、群智能算法等。

MATLAB 函数库中有许多关于优化的函数，本章选择其中的 GA（genetic algorithm）遗传算法在联合仿真的基础上对算例进行初步优化。GA 算法的基本流程如图 11-1 所示：

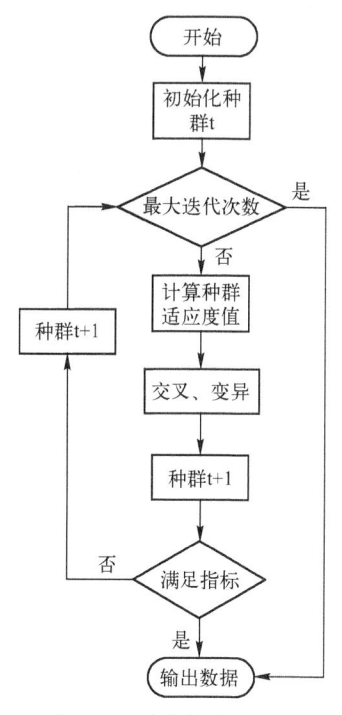

图 11-1 遗传算法流程图

11.3 五杆桁架联合仿真及初步优化

要实现结构仿真数据与优化求解数据之间的交流、通信和共享，使两种大型计算软件协同工作，完成结构的优化设计，有一个前提就是 ANSYS 和 MATLAB 之间要有一个数据共享平台或者相互之间应设置有数据接口实现数据互通。只有 MATLAB 及时接收到 ANSYS 仿真得到的数据并将其应用于寻优过程中，联合仿真和结构优化才有意义。

11.3.1 问题描述

从古代木构建筑，到钢结构"鸟巢"；从大到跨度为数百米的场馆，到小到周期性桁架微结构非匀质材料的基胞；从外太空飞行器的大型可展天线，到地面上跨越江河的桥梁，桁架结构随处可见。桁架结构在工程领域中有着广泛的应用。大型空间结构，如建筑中覆盖几万平方米的大型网架，均要求一次性设计成功，不容许有任何疏漏；另外，此类结构的用钢量巨大，甚至数以万吨计，如"鸟巢"用钢量达 4.2 万吨。鉴于此，一方面要研究桁架结构分析方法，分析其承载能力、抗震性能等，使其更加安全可靠；另一方面要研究桁架结构的优化设计方法，寻找高可靠性与低消耗之间的最佳契合点，使其结构更加合理，也使有限的资源物尽其用。本节参考刘东亮《桁架结构的分析与优化》中十杆平面桁架问题进行有限元法的优化设计。

本节简化了该文献中的算例模型，将十杆桁架结构简化为五杆桁架结构如图 11-2 所示，此桁架结构有 4 个节点，5 个杆件，每一个杆件给定一个设计变量，共 5 个设计变量，变量编号如图所示，材料弹性模量 E=10e7 psi，密度 $\rho = 0.1$ lb/in^2，全部许用应力均为 ±25 000 psi，考虑单工况，$P_1 = 150$ K, $P_2 = 50$ K，计算在应力约束不超过材料许用应力的情况下，优化桁架自重。各杆件截面积初始设计均为 10 in^2。

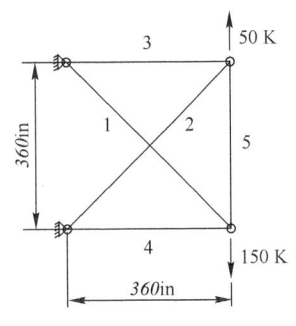

图 11-2 桁架加载示意图

11.3.2 ANSYS 有限元建模

（1）几何模型

依次选择 Main Menu→Preprocessor→Modeling→Create→Keypoints→In Active CS，在弹出的对话框中输入"NPT=1，X=0，Y=0，Z=0"，单击 Apply 按钮；继续输入"NPT=2，X=360，Y=0，Z=0"，单击 Apply 按钮；继续输入"NPT=3，X=360，Y=360，Z=0"，单击 Apply 按钮；继续输入"NPT=4，X=0，Y=360，Z=0"，单击 Apply 按钮；继续输入"NPT=5，X=180，Y=180，Z=0"，单击 OK 按钮。

依次选择 Main Menu→Preprocessor→Modeling→Create→Lines→Lines→Straight Line，弹出拾取对话框，按顺序拾取关键点 4 和 2、2 和 1、1 和 3、3 和 5、5 和 2、1 和 5、5 和 4，单击 OK 按钮。当然也可用命令流更为方便地建立，但需要注意的是，需要进入前处理界面（选择 Main Menu→Preprocessor）才可以使用前处理相关的命令流（进入前处理界面命令流为：/PREP7），建立几何模型命令流如下：

```
K,1,360,360,0,
K,2,360,0,0,
K,3,0,360,0,
K,4,0,0,0,
```

K,5,180,180,0
LSTR,4,2
LSTR,2,1
LSTR,1,3
LSTR,3,5
LSTR,5,2
LSTR,1,5
LSTR,5,4

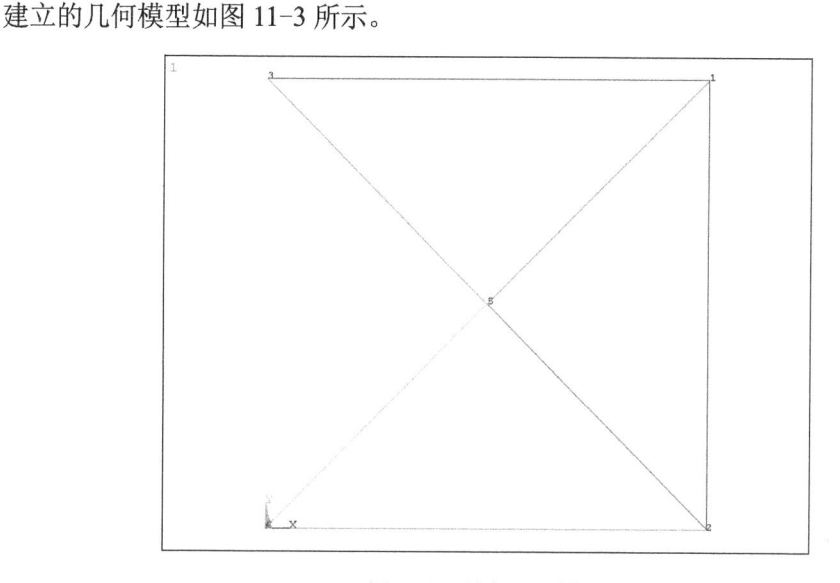

建立的几何模型如图 11-3 所示。

图 11-3 桁架几何模型

（2）材料参数及单元类型

依次选择 Main Menu→Preprocessor→Material Props→Material Models，弹出对话框，依次选择 Structural→Liner→Elastic→Isotropic，弹出输入材料属性的对话框，分别输入"EX=1E7，PRXY=0.3"。同理，可以设置材料的密度 DENS，依次选择 Structural→Density，输入"DENS=0.1"，单击 OK 按钮。

依次选择 Main Menu→Preprocessor→Element Type→Add/Edit/Delete，弹出对话框，单击 Add 按钮，首先在弹出对话框的左边选择"BEAM"，然后在右边选择"2 node 188"单元，单击 OK 按钮。之后设置单元截面属性，原文中未给出截面形状，这里选择矩形梁，依次选择 Main Menu→Preprocessor→Sections→Beam→Common Sections，弹出截面属性设置对话框，初始值默认为"ID=1"，在"Sub-Type"中选择截面形状为矩形，输入边长分别为"B=10"、"H=10"，单击 Apply 按钮，修改为"ID=2"，重复上述操作，之后依次修改"ID"为 3、4、5，并重复输入矩形截面边长。

（3）网格划分

依次选择 Main Menu→Preprocessor→Meshing→Mesh Attributes→Default Attribs，在网格属性面板中输入"SECNUM=1"，单击 OK 按钮。之后选择 Meshing→Mesh→Lines，在拾取对话框出现后选择 3、5 连线和 5、2 连线，单击 OK 按钮。之后返回选择 Mesh Attributes→

Default Attribs,修改"SECNUM=2",重复上述过程,选择 Meshing→Mesh→Lines,在拾取对话框出现后选择 1、5 连线和 5、4 连线,单击 OK 按钮;重复上述过程,将"SECNUM=3""SECNUM=4""SECNUM=5"赋给 3、1 连线的网格、4、2 连线的网格、1、2 连线的网格。通常网格划分后会自动 Replot,此时如果没有设置会默认显示网格而看不见关键点编号及连线,可以依次选择 Utility Menu→PlotCtrls→Numbering,在弹出的设置对话框中勾选 Keypoint numbers,单击 OK 按钮,之后依次选择 Utility Menu→Plot→Lines 即可重新显示线段及关键点信息,虚线表示已划分单元的线,实线表示未划分单元的线。

网格划分完成后通过选择 Utility Menu→Plot→Element 显示单元,如图 11-4 所示。

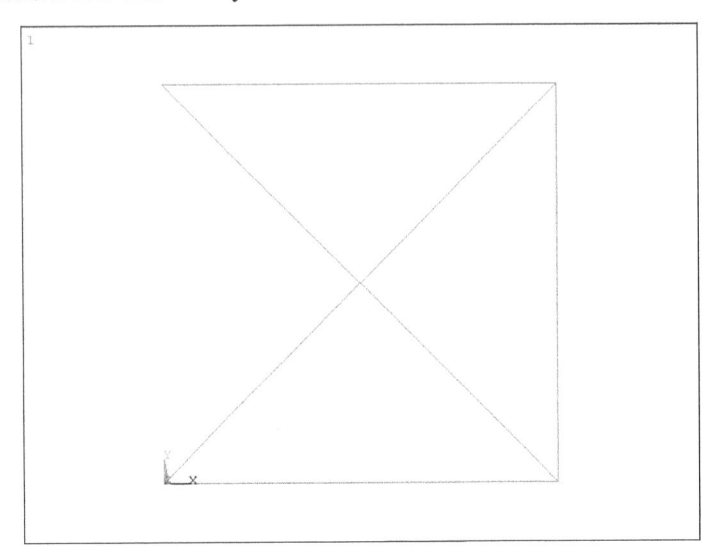

图 11-4 显示单元划分结果

(4)加载、求解和输出

首先依照上述示意图加载约束,依次选择 Main Menu→Preprocessor→Loads→Define Loads→Apply→Structural→Displacement→On Keypoints,拾取 3、4 点,单击拾取对话框中 OK 按钮,在弹出的"约束加载"对话框中的 DOFs to be constrained 中选择全约束"ALL DOF",单击 OK 按钮;之后加载集中力,在同一页面,选择 Structural→Force/Moment→On Keypoints,拾取点 1,单击 Apply 按钮,在"集中力加载"对话框中的 Direction of force/mom 中选择"FY",输入"VALUE=50000",单击 Apply 按钮,之后拾取点 2,单击 OK 按钮,在集中力加载对话框中的 Direction of force/mom 中选择"FY",输入"VALUE=-150000",单击 OK 按钮,完成加载。

加载完成后,通过选择 Utility Menu→Plot→Element 可以看到加载的约束及集中力,如图 11-5 所示。

依次选择 Main Menu→Solution→Solve→Current LS 进行求解,在求解完成后通过下面命令流输出结构应力最大值,并输出为.txt 文件:

```
/POST1
INRES,ALL
SET,FIRST
ALLSEL
```

```
*GET,SercStress,SECR,,S,EQV,MAX！提取应力最大值
*create,sl,mac
*cfopen,max_von,txt
*vwrite,SercStress !写入 txt 文件
(4F25.10)
*cfclose
*end
sl
```

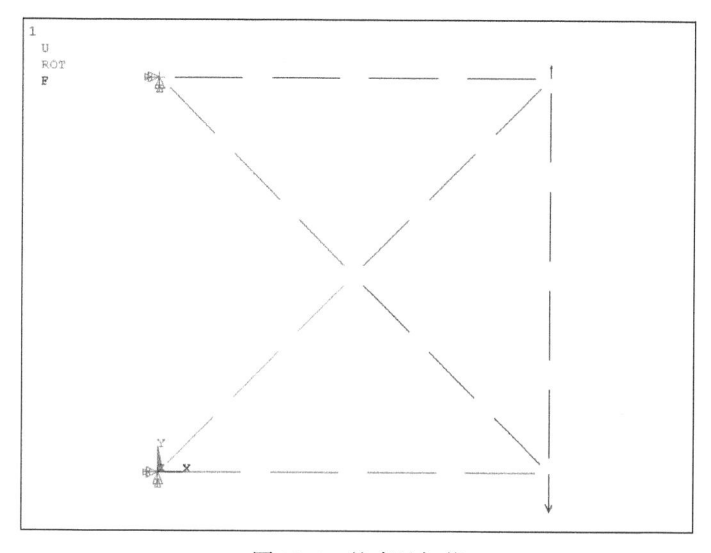

图 11-5 约束及加载

依次选择 Main Menu→General Postproc→Plot Results→Contour Plot→Nodal Solu，弹出"节点求解数据"（Contour Nodal Solution Date）对话框，选择 Nodal Solution→Stress→von Mises stress，单击 OK 按钮，但梁单元通常无法直接显示应力结果，需要打开完整截面形状的显示才可以观测，未打开前结果如图 11-6（a）所示，依次选择 Utility Menu→PlotCtrls→Style→Size and Shape，在弹出的对话框中勾选 Disply of element，单击 OK 按钮，就可以看到原模型应力结果如图 11-6（b）所示。

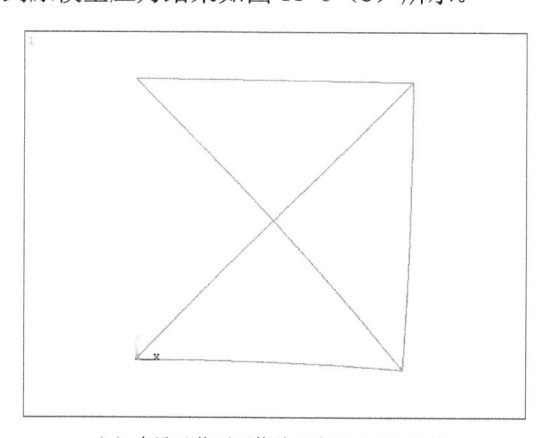

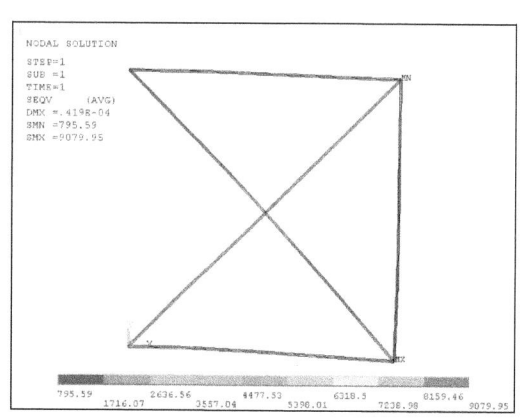

（a）未显示截面形状前没有应力分布状态　　（b）显示截面形状的应力分布云图

图 11-6 原模型桁架结构应力分布

退出 ANSYS，单击 Save everything，此时上述所有操作形成的命令流文件会保存在.log 文件中，后续优化需要有限元建模及求解的完整命令流，通过这种方法得到命令流相对于自己写比较方便，如果想要了解每一步命令流在 GUI 界面对应的操作，可以选择 Utility Menu→File→List→Log File，查看在 GUI 界面操作的命令流，第一次打开通常是空的，会报错，将错误窗口关闭即可，之后的操作都会以命令流形式保存在其中。

11.3.3　MATLAB 联合仿真及优化方法

ANSYS APDL 界面支持以命令流的形式进行建模及计算，这为联合仿真及优化提供了便利，并且 ANSYS APDL 支持以批处理（Batch）模式打开，所以可以通过 MATLAB 在后台调用，这使两者的联合仿真有了可能，本节建立的 ANSYS-MATLAB 联合仿真流程如图 11-7（注意本节所有的脚本文件、命令流的文本文件、ANSYS 运行过程文件都应建立和保存在同一文件夹下并保证路径没有中文，否则容易报错）。

利用 MATLAB 自带的 GA 优化函数，其调用形式为：

[x_best,fval] = ga(@fun, nvars, A, b, Aeq, beq, lb, ub, @confuneq, options)

fun 为适应值函数及优化目标，nvars 为变量个数，A，b 为线性不等式约束，Aeq, beq 则为线性等式约束，lb 和 ub 是变量的上下限，confuneq 为非线性约束，options 可以设置优化相关参数及属性（没有的设置为空集）。

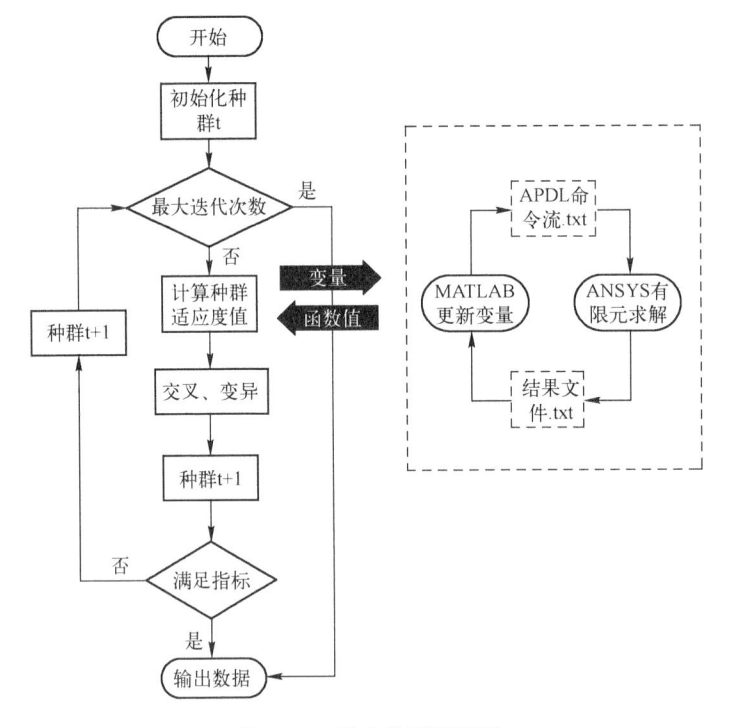

图 11-7　联合仿真流程图

优化目标为在应力不超过材料许用应力的情况下减少桁架质量，以矩形截面边长为变量，质量为目标，应力大小为约束建立数学模型为：

$$\begin{cases} \text{find} & X = \{x_1, x_2, x_3, x_4, x_5\} \\ \text{st.} & 0.1 \leqslant x_i \leqslant 5 \\ & \text{von} \leqslant 25\,000 \\ \text{min} & m(X) \end{cases}$$

式中，x_i 为建立的正方形梁截面边长，von 为有限元分析桁架模型最大应力值，$m(X)$ 为桁架结构总质量。

(1) 主函数

根据数学模型在主函数中调用 GA 函数，首先在 MATLAB 中建立脚本.m 文件，命名为 main.m，输入代码如下：

```
A=[];
b=[];
Aeq=[];
beq=[];
lb=[0.1;0.1;0.1;0.1;0.1];
ub=[5;5;5;5;5];
nvars=5;
options=gaoptimset('CrossoverFraction',0.7,'Generations',10,'PopulationSize',30,'PlotFcns',@gaplotbestf);
%设置交叉概率为 0.7，迭代 10 次，种群大小 30，绘制最优点
[x_best,fval] = ga(@fun, nvars, A, b, Aeq, beq, lb, ub, @confuneq, options)
```

(2) 目标函数

因为本节的目标函数为质量，五杆桁架质量计算十分方便，即截面积乘以长度再乘以密度，因此可以直接建立。在同一文件夹下建立新的脚本.m 文件，命名为 fun.m，建立质量函数代码如下：

```
function m=fun(x)
m=0.1*(x(1)*x(1)+x(2)*x(2)+x(3)*x(3)+x(4)*x(4)+x(5)*x(5))*360;
end
```

(3) 约束函数

本节的目标函数需要调用 ANSYS 进行仿真计算，即本节的联合仿真部分。首先在同一文件夹下建立新的.m 文件，命名为 confuneq.m，因为 GA 函数调用时非线性约束不论有无都需要给出等式约束和不等式约束两种约束，因此需要返回两个值，建立函数和返回部分代码如下：

```
function [VON,ceq]=confuneq(x)%x：截面边长
VON=[max_von-25000];%材料许用应力为 25 000 psi，不等式约束需要写成≤0 的形式
ceq=[];
end
```

本书的联合仿真选择处理文本文件.txt 格式的命令流在 ANSYS 和 MATLAB 之间传输数据，首先在 ANSYS 建模的同一文件夹下找到"truss0.log"文件，将该文件复制至刚刚建立的主函数同一文件夹下，重命名该文件为"truss.txt"，在 MATLAB 中读入有限元建模及计算的完整命令流文件即"truss.txt"，找到需要修改的数据，将优化算法得到的边长数据输入

命令流文件中形成新的命令流，该流程代码及各部分作用注释如下：

```
filename=strcat('truss.txt');
fid = fopen(filename,'r+');% 需要读取的文件，"fopen"打开文件
i=0;
while ~feof(fid) % 这个循环的作用是从头读到底
    tline = fgetl(fid); % 读取一行
    i = i+1;
    originaltline{i,1} = tline;    % 把每一行的内容储存到"originaltline"这个 cell 里
end
fclose(fid); % "fclose"关闭读取
r1=sprintfc('%g',x(1));%更换边长数据
r2=sprintfc('%g',x(2));
r3=sprintfc('%g',x(3));
r4=sprintfc('%g',x(4));
r5=sprintfc('%g',x(5));
r1_use=strcat('SECDATA,',r1,',',r1,',0,0,0,0,0,0,0,0,0     ');%在命令流中更新边长数据
r2_use=strcat('SECDATA,',r2,',',r2,',0,0,0,0,0,0,0,0,0     ');
r3_use=strcat('SECDATA,',r3,',',r3,',0,0,0,0,0,0,0,0,0     ');
r4_use=strcat('SECDATA,',r4,',',r4,',0,0,0,0,0,0,0,0,0     ');
r5_use=strcat('SECDATA,',r5,',',r5,',0,0,0,0,0,0,0,0,0     ');
location=find(strcmp(originaltline,'SECTYPE,       1, BEAM, RECT, , 0       ')) ; %寻找需要修改的边长数据在命令流中的位置（需要注意的是调用 find 函数时需要输入整行字符串，空格也作为搜索依据，不能省略）
originaltline{location+2}=r1_use{1,1};
originaltline{location+5}=r2_use{1,1};
originaltline{location+8}=r3_use{1,1};
originaltline{location+11}=r4_use{1,1};
originaltline{location+14}=r5_use{1,1};
fileId1=fopen(filename,'w');%以写入权限的方式打开文件
[m,n]=size(originaltline);
for i=1:m
    fprintf(fileId1,'%s\n',originaltline{i});%每行的字符写入后利用\n 回车
end
fclose(fileId1);%关闭文件
```

经过上述读写过程，产生新的命令流，此时利用 MATLAB 调用 ANSYS 对新的模型进行有限元分析并输出新的应力数据，循环该过程，调用 ANSYS 及读取新应力数据部分代码及注释如下（代码中路径部分需要读者根据自己计算机中 ANSYS 安装路径和脚本文件所在路径进行修改，需注意输出路径和脚本文件所在路径以及命令流的文本文件所在路径应保持一致）：

```
% matlab 调用 ANSYS 进行分析
% ansys 版本中的可执行文件,path 中有空格要加：""
ansys_path=strcat('"C:\Program Files\ANSYS Inc\v201\ansys\bin\winx64\ANSYS201.exe"');
% jobname，不需要后缀
jobname=strcat('mat2anssl');
```

% 是命令流文件，也就是用 ANSYS 写的 apdl 语言，MATLAB 调用时，它将以批处理方式运
行，需要后缀
skriptFileName=strcat('D:\Ansys-Working\11ANSYS2MATLAB\answithmat\',filename);
% 输出文件所在位置，输出文件保存了程序运行的相关信息，需要后缀
outFilename=strcat('testoutxc.txt');
outputFilename=strcat('D:\Ansys-Working\11ANSYS2MATLAB\answithmat\',outFilename);
% 最终总的调用字符串，其中：32 代表空格的字符串 ASCII 码
sys_char=strcat('SET KMP_STACKSIZE=2048k &',32,ansys_path,32,...
    '-b -p ane3fl -i',32,skriptFileName,32,...
    '-j',32,jobname,32,...
    '-o',32,outputFilename);
% 调用 ANSYS
ans1=system(sys_char);
outname = strcat('max_von.txt');
max_von = load(outname);   % 将文件名为 data.txt 的数据读取到数组 a 中

11.3.4 优化结果

在主函数中单击运行按钮，根据计算机性能，大致需要经过 1~2 小时的运行时间，GA 函数的优化效率较低，MATLAB 中有许多其他优化函数，读者可以自己进行尝试。经过上述优化，MATLAB 反馈结果如图 11-8 所示。

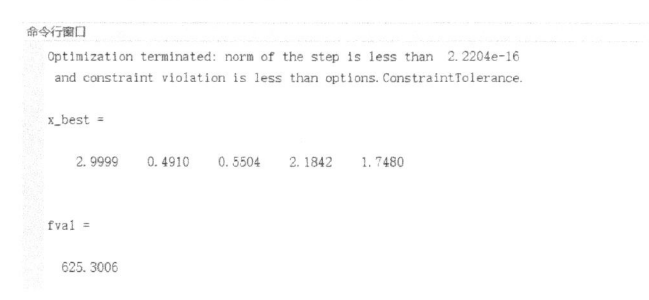

图 11-8　MATLAB 返回优化结果

原模型与优化模型的对比见表 11-1。

表 11-1　原模型与优化模型参数对比表

	杆 1 截面边长/in	杆 2 截面边长/in	杆 3 截面边长/in	杆 4 截面边长/in	杆 5 截面边长/in	质量/lbs	应力/psi
原模型	3.162 3	3.162 3	3.162 3	3.162 3	3.162 3	1 800	907 9.95
优化模型	2.999 9	0.491	0.550 4	2.184 2	1.748	625.300 6	209 32.2

可以在 ANSYS 中检验得到数据的应力分布，在有了完整命令文件后，可以不再通过 GUI 界面一步步操作得到结果。而是直接在 Utility Menu 命令流输入窗口进行操作，如图 11-9 所示。

图 11-9　命令流输入窗口

打开"truss.txt"文件，在命令流中修改边长数据并将完整命令流复制并输入命令流输入窗口，修改部分命令流为：

```
SECTYPE,    1, BEAM, RECT, , 0
SECOFFSET, CENT
SECDATA,2.9999,2.9999,0,0,0,0,0,0,0,0,0,0
SECTYPE,    2, BEAM, RECT, , 0
SECOFFSET, CENT
SECDATA,0.491,0.491,0,0,0,0,0,0,0,0,0,0
SECTYPE,    3, BEAM, RECT, , 0
SECOFFSET, CENT
SECDATA,0.5504,0.5504,0,0,0,0,0,0,0,0,0,0
SECTYPE,    4, BEAM, RECT, , 0
SECOFFSET, CENT
SECDATA,2.1842,2.1842,0,0,0,0,0,0,0,0,0,0
SECTYPE,    5, BEAM, RECT, , 0
SECOFFSET, CENT
SECDATA,1.748,1.748,0,0,0,0,0,0,0,0,0,0
```

输入命令流，待 ANSYS 计算完成，弹出"Solution is done!"提示信息之后，依次选择 Main Menu→General Postproc→Plot Results→Contour Plot→Nodal Solu，弹出 Contour Nodal Solution Date（节点求解数据）对话框，选择 Nodal Solution→Stress→von Mises stress，单击 OK 按钮，依次选择 Utility Menu→PlotCtrls→Style→Size and Shape，在弹出的对话框中勾选"Disply of element"，单击 OK 按钮，就可以看到应力结果，如图 11-10 所示。

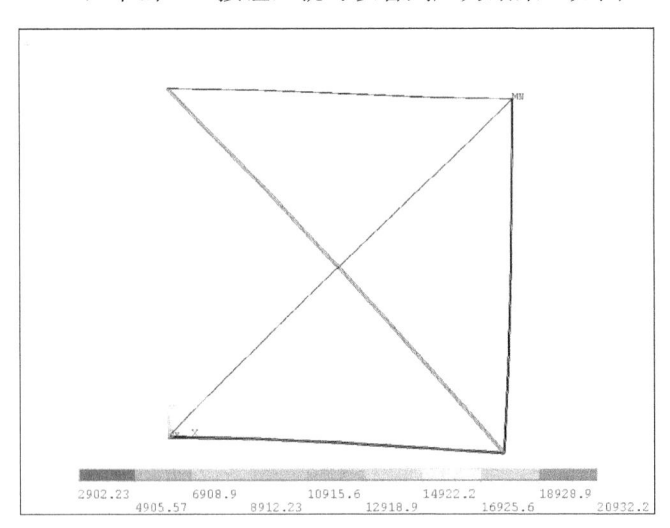

图 11-10　优化后桁架结构应力分布

11.3.5　命令流

1. 原始模型完整命令流

```
/PREP7
K,1,720,360,0,
K,2,720,0,0,
K,1,360,360,0,
```

```
K,2,360,0,0,
K,3,0,360,0,
K,4,0,0,0,
K,5,180,180,0
LSTR,       4,      2
LSTR,       2,      1
LSTR,       1,      3
LSTR,       3,      5
LSTR,       5,      2
LSTR,       1,      5
LSTR,       5,      4
!*
MPTEMP,,,,,,,,
MPTEMP,1,0
MPDATA,EX,1,,2.1e11
MPDATA,PRXY,1,,0.3
MPTEMP,,,,,,,,
MPTEMP,1,0
MPDATA,DENS,1,,0.1
!*
ET,1,BEAM188
!*
SECTYPE,   1, BEAM, RECT, , 0
SECOFFSET, CENT
SECDATA,3.16228,3.16228,0,0,0,0,0,0,0,0,0,0
SECTYPE,   2, BEAM, RECT, , 0
SECOFFSET, CENT
SECDATA,3.16228,3.16228,0,0,0,0,0,0,0,0,0,0
SECTYPE,   3, BEAM, RECT, , 0
SECOFFSET, CENT
SECDATA,3.16228,3.16228,0,0,0,0,0,0,0,0,0,0
SECTYPE,   4, BEAM, RECT, , 0
SECOFFSET, CENT
SECDATA,3.16228,3.16228,0,0,0,0,0,0,0,0,0,0
SECTYPE,   5, BEAM, RECT, , 0
SECOFFSET, CENT
SECDATA,3.16228,3.16228,0,0,0,0,0,0,0,0,0,0
TYPE,   1
MAT,        1
REAL,
ESYS,       0
SECNUM,     1
!*
FLST,2,2,4,ORDE,2
FITEM,2,4
FITEM,2,-5
LMESH,P51X
TYPE,   1
MAT,        1
REAL,
ESYS,       0
SECNUM,     2
!*
FLST,2,2,4,ORDE,2
FITEM,2,6
FITEM,2,-7
LMESH,P51X
TYPE,   1
MAT,        1
REAL,
ESYS,       0
SECNUM,     3
!*
LMESH,      3
!*
TYPE,   1
MAT,        1
REAL,
ESYS,       0
SECNUM,     4
!*
LMESH,      1
TYPE,   1
MAT,        1
REAL,
ESYS,       0
SECNUM,     5
!*
LMESH,      2
FLST,2,2,3,ORDE,2
FITEM,2,3
FITEM,2,-4
!*
/GO
DK,P51X, , , ,0,ALL, , , , , ,
FLST,2,1,3,ORDE,1
FITEM,2,1
!*
/GO
FK,P51X,FY,50000
FLST,2,1,3,ORDE,1
FITEM,2,2
!*
/GO
```

```
FK,P51X,FY,-150000                    ALLSEL
FINISH                                *GET,SercStress,SECR,,S,EQV,MAX
/SOL                                  *create,sl,mac
/STATUS,SOLU                          *cfopen,max_von,txt
SOLVE                                 *vwrite,SercStress
FINISH                                (4F25.10)
/POST1                                *cfclose
INRES,ALL                             *end
SET,FIRST                             sl
```

2. MATLAB 程序

（1）主程序：

```
clc
clear all
tic
A=[];
b=[];
Aeq=[];
beq=[];
lb=[0.1;0.1;0.1;0.1;0.1];
ub=[5;5;5;5;5];
nvars=5;
options = gaoptimset('CrossoverFraction', 0.7, 'Generations', 10, 'PopulationSize', 30,'PlotFcns', @gaplotbestf);
[x_best,fval] = ga(@fun, nvars, A, b, Aeq, beq, lb, ub, @confuneq, options)
Toc
```

（2）目标函数程序

```
function m=fun(x)
m=0.1*(x(1)*x(1)+x(2)*x(2)+x(3)*x(3)+x(4)*x(4)+x(5)*x(5))*360;
end
```

（3）非线性约束程序

```
function [VON,ceq]=confuneq(x)%x：截面边长
%修改 txt 文件以便迭代输入并计算
filename=strcat('truss.txt');
fid = fopen(filename,'r+');% 需要读取的文件， "fopen"打开文件
i=0;
while ~feof(fid) % 这个循环的作用是从头读到底
    tline = fgetl(fid); % 读取一行
    i = i+1;
    originaltline{i,1} = tline;   % 把每一行的内容储存到"originaltline"这个 cell 里
end
fclose(fid); % "fclose"关闭读取
r1=sprintfc('%g',x(1));
r2=sprintfc('%g',x(2));
r3=sprintfc('%g',x(3));
```

```
r4=sprintfc('%g',x(4));
r5=sprintfc('%g',x(5));
r1_use=strcat('SECDATA,',r1,',',r1,',0,0,0,0,0,0,0,0,0,0       ');
r2_use=strcat('SECDATA,',r2,',',r2,',0,0,0,0,0,0,0,0,0,0       ');
r3_use=strcat('SECDATA,',r3,',',r3,',0,0,0,0,0,0,0,0,0,0       ');
r4_use=strcat('SECDATA,',r4,',',r4,',0,0,0,0,0,0,0,0,0,0       ');
r5_use=strcat('SECDATA,',r5,',',r5,',0,0,0,0,0,0,0,0,0,0       ');
location=find(strcmp(originaltline,'SECTYPE,       1, BEAM, RECT, , 0       ')) ;
originaltline{location+2}=r1_use{1,1};
originaltline{location+5}=r2_use{1,1};
originaltline{location+8}=r3_use{1,1};
originaltline{location+11}=r4_use{1,1};
originaltline{location+14}=r5_use{1,1};
fileId1=fopen(filename,'w');%以写入权限的方式打开文件
[m,n]=size(originaltline);
for i=1:m
    fprintf(fileId1,'%s\n',originaltline{i});%每行的字符写入后利用\n 回车
end
fclose(fileId1);%关闭文件
%--------------------------------------------------------------------------------
% matlab 调用 ANSYS 进行分析
% ansys 版本中的可执行文件,path 中有空格要加："" 
ansys_path=strcat('"C:\Program Files\ANSYS Inc\v201\ansys\bin\winx64\ANSYS201.exe"');
% jobname，不需要后缀
jobname=strcat('mat2anssl');
% 是命令流文件,也就是用 ansys 写的 apdl 语言,matlab 调用时,他将以批处理方式运行,需要后缀
skriptFileName=strcat('D:\Ansys-Working\11ANSYS2MATLAB\answithmat\',filename);
% 输出文件所在位置,输出文件保存了程序运行的相关信息,需要后缀
outFilename=strcat('testoutxc.txt');
outputFilename=strcat('D:\Ansys-Working\11ANSYS2MATLAB\answithmat\',outFilename);
% 最终总的调用字符串,其中: 32 代表空格的字符串 ASCII 码
sys_char=strcat('SET KMP_STACKSIZE=2048k &',32,ansys_path,32,...
    '-b -p ane3fl -i',32,skriptFileName,32,...
    '-j',32,jobname,32,...
    '-o',32,outputFilename);
% 调用 ANSYS
ans1=system(sys_char);
outname = strcat('max_von.txt');
max_von = load(outname);   % 将文件名为 data.txt 的数据读取到数组 a 中
VON=[max_von-25000];
ceq=[];
end
```

11.4 车体侧墙型材联合仿真及多目标优化

除了梁单元以及 MATLAB 中的遗传函数优化算法，还有其他一些具有实常数的单元和

MATLAB 中其他一些算法做联合仿真优化都是十分方便的，上一节介绍了梁单元的桁架结构的边长参数初步优化设计，下面给出壳单元的型材结构的厚度参数优化设计。

11.4.1 问题描述

以高速列车的车体结构为例，车体侧墙截面为沿纵向拉伸的挤压型材，由内外两层及中部肋板组成，从车体中部截取含单周期肋板型材结构作为局部代表性分析模型（如图 11-11 所示），其材料、尺寸等与原始模型保持一致。

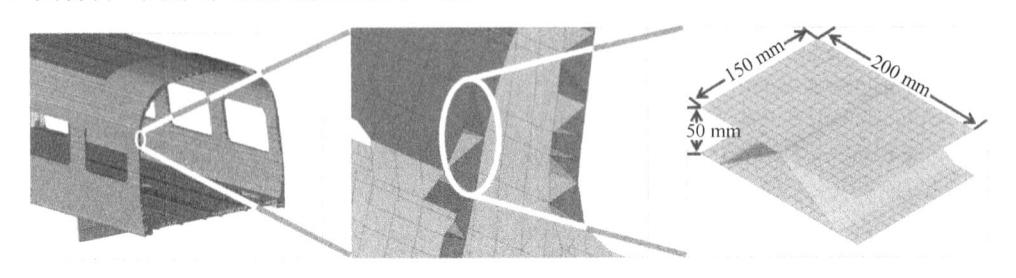

图 11-11　型材模型的选取

该型材模型由 4 块板材组成，长、宽、厚度分别为 200 mm、150 mm、50 mm，根据几何分布特点，将其分为 4 个组别，板材初始厚度均为 2.5 mm。型材有限元模型由 SHELL181 壳单元进行网格离散，材料弹性模量 E=69 GPa，泊松比为 0.33，密度 $\rho = 2.7\,\text{g/cm}^3$，全部许用应力均为 250 MPa。

型材结构四目标优化检算模型的加载方式及边界条件如图 11-12 所示。其中，结构两侧边缘处节点施加全约束，在中线两侧加载共 F=2 400 N 的垂向力。

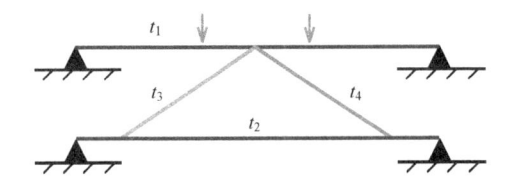

图 11-12　代表性型材结构边界条件加载

将型材模型每个板的厚度，即分别为上方板厚度 t_1、下方板厚度 t_2 以及中间左右肋板厚度 t_3、t_4（见图 11-12）作为 4 个决策变量，初始厚度均为 2.5 mm。在保证结构的承载能力的前提下尽量减少型材重量，以此为目的进行优化设计。

11.4.2 ANSYS 有限元建模

（1）几何模型

依次选择 Main Menu→Preprocessor→Modeling→Create→Keypoints→In Active CS，在弹出的对话框中输入"NPT=1，X=0，Y=0，Z=0"，单击 Apply 按钮，按上述步骤依次输入关键点数据，见表 11-2。

表 11-2 关键点的建立

NPT	X	Y	Z
1	0	0	0
2	25	0	0
3	175	0	0
4	200	0	0
5	0	0	150
6	25	0	150
7	175	0	150
8	200	0	150
9	0	50	0
10	100	50	0
11	200	50	0
12	0	50	150
13	100	50	150
14	200	50	150

依次选择 Main Menu→Preprocessor→Modeling→Create→Lines→Lines→Straight Line，弹出拾取对话框，按顺序拾取关键点 1 和 2、2 和 3、3 和 4、5 和 6、6 和 7、7 和 8、9 和 10、10 和 11、12 和 13、13 和 14、10 和 2、10 和 3、13 和 6、13 和 7、9 和 12、10 和 13、11 和 14、1 和 5、2 和 6、3 和 7、4 和 8，单击 OK 按钮。

依次选择 Utility Menu→PlotCtrls→Numbering→LINE Line numbers，勾选 LINE Line numbers 后，单击 OK 按钮，显示线条编号。

依次选择 Main Menu→Preprocessor→Modeling→Create→Areas→Arbitrary→By Lines，弹出拾取对话框，按顺序拾取线 L7、L16、L9、L18，单击 Apply 按钮，重复上述步骤，依次按表 11-3 拾取建立平面。

表 11-3 面的建立

平面	拾取线条
1	L1、L18、L4、L19
2	L2、L19、L5、L20
3	L3、L20、L6、L21
4	L11、L19、L13、L16
5	L12、L16、L14、L20
6	L7、L15、L9、L16
7	L8、L16、L10、L17

当然也可用命令流更为方便地建立，但需要注意的是，需要进入前处理界面（选择 Main Menu→Preprocessor）才可以使用前处理相关的命令流（进入前处理界面命令流为：/PREP7），建立几何模型命令流如下：

```
K,1,0,0,0,
K,2,25,0,0,
K,3,175,0,0,
K,4,200,0,0,
K,5,0,0,150
K,6,25,0,150,
K,7,175,0,150,
K,8,200,0,150,
K,9,0,50,0,
K,10,100,50,0
K,11,200,50,0,
K,12,0,50,150,
K,13,100,50,150,
K,14,200,50,150,
LSTR,1,2
LSTR,2,3
LSTR,3,4
LSTR,5,6
LSTR,6,7
LSTR,7,8
LSTR,9,10
LSTR,10,11
LSTR,12,13
LSTR,13,14
LSTR,10,2
LSTR,10,3
LSTR,13,6
LSTR,13,7
LSTR,9,12
LSTR,10,13
LSTR,11,14
LSTR,1,5
LSTR,2,6
LSTR,3,7
LSTR,4,8
FLST,2,4,4
FITEM,2,1
FITEM,2,18
FITEM,2,4
FITEM,2,19
AL,P51X
FLST,2,4,4
FITEM,2,2
FITEM,2,19
FITEM,2,5
FITEM,2,20
AL,P51X
FLST,2,4,4
FITEM,2,3
FITEM,2,20
FITEM,2,6
FITEM,2,21
AL,P51X
FLST,2,4,4
FITEM,2,11
FITEM,2,19
FITEM,2,13
FITEM,2,16
AL,P51X
FLST,2,4,4
FITEM,2,12
FITEM,2,16
FITEM,2,14
FITEM,2,20
AL,P51X
FLST,2,4,4
FITEM,2,7
FITEM,2,15
FITEM,2,9
FITEM,2,16
AL,P51X
FLST,2,4,4
FITEM,2,8
FITEM,2,16
FITEM,2,10
FITEM,2,17
AL,P51X
```

建立的几何模型如图 11-13 所示。

（2）材料参数及单元类型

依次选择 Main Menu→Preprocessor→Material Props→Material Models，弹出对话框，选择 Structural→Liner→Elastic→Isotropic，又弹出一个输入材料属性的对话框，分别输入"EX=69000，PRXY=0.3"。同理，可以设置材料的密度 DENS：选择 Structural→Density，输

入"DENS=2.7e-9",单击 OK 按钮。

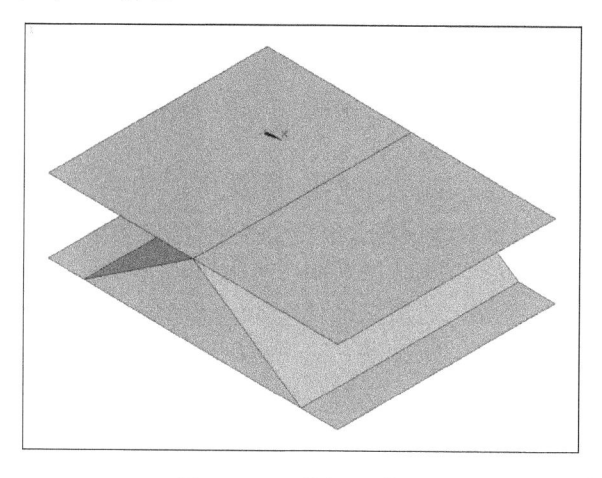

图 11-13 型材几何模型

依次选择 Main Menu→Preprocessor→Element Type→Add/Edit/Delete,弹出对话框,单击 Add 按钮,首先在弹出对话框的左边选择"SHELL",然后在右边选择"3D 4node 181"单元,单击 OK 按钮。之后设置壳单元厚度属性,依次选择 Main Menu→Preprocessor→Sections→Shell→Lay-up→Add/Edit,弹出壳单元属性设置对话框,初始值默认为"ID=1",在 Thickness 中输入厚度为"2.5",在 Section 中选择"Save",之后在 Section 中选择"New",修改值为"ID=2",重复上述操作,之后依次修改 ID 为 3、4 并重复输入壳单元厚度,设置完成后,单击 OK 按钮。

也可以用如下命令流设置:

```
MPTEMP,,,,,,,,
MPTEMP,1,0
MPDATA,EX,1,,69000
MPDATA,PRXY,1,,0.3
MPTEMP,,,,,,,,
MPTEMP,1,0
MPDATA,DENS,1,,2.7e-9
ET,1,SHELL181
sect,1,shell,,
secdata, 2.5,1,0.0,3
secoffset,MID
seccontrol,,,,,,,
sect,2,shell,,
secdata, 2.5,1,0.0,3
secoffset,MID
seccontrol,,,,,,,
sect,3,shell,,
secdata, 2.5,1,0.0,3
secoffset,MID
seccontrol,,,,,,,
```

```
sect,4,shell,,
secdata, 2.5,1,0.0,3
secoffset,MID
seccontrol,,,, , , ,
```

(3) 网格划分

通常默认设置下并不显示面的编号，需要依次选择 Utility Menu→PlotCtrls→Numbering，在弹出的设置对话框中勾选"Area numbers"，单击 OK 按钮，依次选择 Main Menu→Preprocessor→Meshing→Mesh Attributes→Default Attribs，在网格属性面板中输入"SECNUM=1"，单击 OK 按钮。之后选择 Meshing→Mesh→Areas→Free，弹出拾取对话框，选择 A1、A2 和 A3 面，单击 OK 按钮；之后返回选择 Mesh Attributes→Default Attribs，修改"SECNUM=2"，重复上述过程，选择 Meshing→Mesh→Areas→Free，弹出拾取对话框，选择 A4，单击 OK 按钮；重复上述过程，将"SECNUM=3""SECNUM=4"赋给 A5 面的网格和 A6、A7 面的网格。通常网格划分后会自动 Replot，此时如果没有设置会默认显示网格而看不见面的编号，之后依次选择 Utility Menu→Plot→Areas 即可重新显示面信息。

网格划分完成后，选择 Utility Menu→Plot→Element 显示单元，如图 11-14 所示。

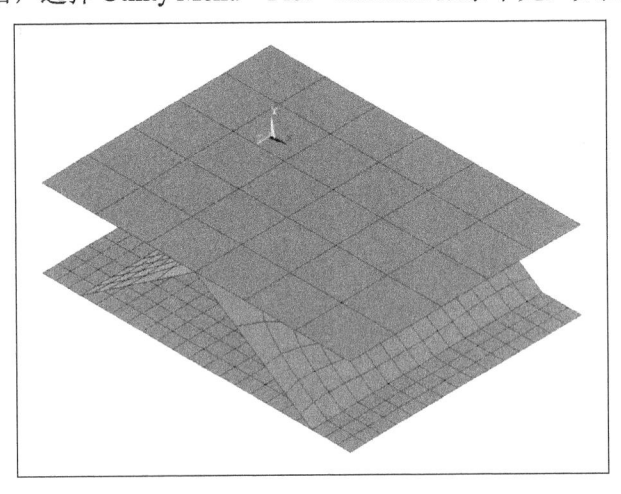

图 11-14　显示单元划分结果

(4) 加载、求解和输出

首先依照上述示意图加载约束，依次选择 Main Menu→Preprocessor→Loads→Define Loads→Apply→Structural→Displacement→On Lines，弹出拾取对话框，拾取 L15、L17、L18、L21，单击 OK 按钮，弹出约束加载对话框，在 DOFs to be constrained 中选择全约束"ALL DOF"，单击 OK 按钮；之后加载集中力，通常在默认设置下不显示节点编号，需要依次选择 Utility Menu→PlotCtrls→Numbering，在弹出的设置对话框中勾选"Node numbers"，单击 OK 按钮，在同一页面，选择 Structural→Force/Moment→On Nodes，拾取节点 549、561、562、563、564、552、566、575、576、577、578、573，单击 Apply 按钮，在集中力加载对话框中的 Direction of force/mom 中选择"FY"，输入"VALUE=-200"，完成加载。

加载完成后，依次选择 Utility Menu→Plot→Element，可以看到加载的约束及集中力如

图 11-15 所示。

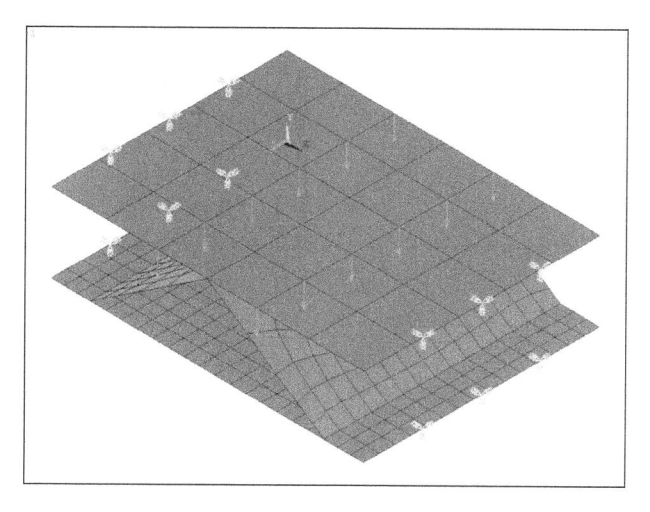

图 11-15　约束及加载

依次选择 Main Menu→Solution→Solve→Current LS，进行求解，在求解完成后通过下面命令流输出结构应力最大值，并输出为.txt 文件：

```
/POST1
INRES,ALL
SET,FIRST
ALLSEL
nsort,s,eqv,0,0,all
*get,max_von,sort,0,max
*create,xc,mac
*cfopen,max_von,txt
*vwrite, max_von
(4F25.10)
*cfclose
*end
xc
```

依次选择 Main Menu→General Postproc→Plot Results→Contour Plot→Nodal Solu，弹出 Contour Nodal Solution Date（节点求解数据）对话框，选择 Nodal Solution→Stress→von Mises stress，单击 OK 按钮，可以看到原模型应力结果如图 11-16 所示。如果不能显示，说明未读取计算结果，需要先依次选择 Main Menu→General Postproc→Read Results→Last Set，之后重复上述步骤即可。

退出 ANSYS，单击"Save everything"，此时上述所有操作形成的命令流文件会保存在.log 文件中，后续优化需要有限元建模及求解的完整命令流，通过这种方法得到命令流相对于自己写更方便，如果想要了解每一步命令流在 GUI 界面对应的操作，可以选择 Utility Menu→File→List→Log File，查看在 GUI 界面操作的命令流，第一次打开通常是空的会报错，将错误窗口关闭即可，之后的操作都会以命令流形式保存在其中。

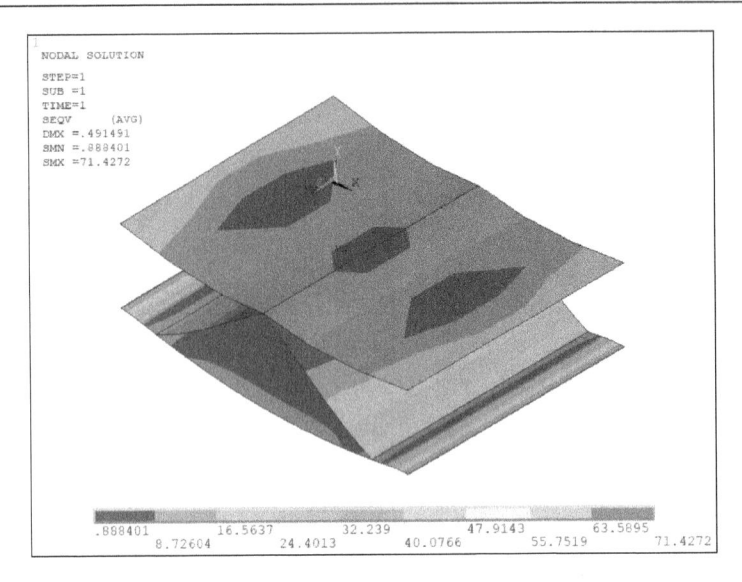

图 11-16　原模型型材结构应力分布

11.4.3　MATLAB 联合仿真及优化方法

ANSYS APDL 界面支持以命令流的形式进行建模及计算，这为联合仿真及优化提供了便利，并且 ANSYS APDL 支持以批处理（Batch）模式打开，所以可以通过 MATLAB 在后台调用，这使两者的联合仿真有了可能，本章建立的 ANSYS-MATLAB 联合仿真流程如下（注意本章节所有的脚本文件、命令流的文本文件、ANSYS 运行过程文件都应建立和保存在同一文件夹下并保证路径没有中文，否则容易报错）：

本章利用 MATLAB 自带的另一个梯度优化函数 fmincon，其调用形式为：[x_best,fval]=fmincon(@fun,x0,A,b,Aeq,beq,lb,ub,@confuneq)，fun 为适应值函数及优化目标，x0 为寻优的初始点，A，b 为线性不等式约束，Aeq, beq 则为线性等式约束，lb 和 ub 是变量的上下限，confuneq 为非线性约束。

本章优化目标为在应力不超过材料许用应力的情况下减少型材质量，以型材不同位置板厚度为变量，质量为目标，应力大小为约束建立数学模型为：

$$\begin{cases} \text{find} & X = \{x_1, x_2, x_3, x_4\} \\ \text{st.} & 0.1 \leqslant x_i \leqslant 5 \\ & \text{von} \leqslant 250 \\ \text{min} & m(X) \end{cases}$$

式中 x_i 为建立的型材板厚度，von 为有限元分析型材模型最大应力值，$m(X)$ 为型材结构总质量。

（1）主函数

根据数学模型在主函数中调用 fmincon 函数，首先在 MATLAB 中建立脚本.m 文件，命名为 main.m，输入代码如下：

```
A=[];
```

```
b=[];
Aeq=[];
beq=[];
lb=[0.1;0.1;0.1;0.1];
ub=[5;5;5;5];
x0=[2.5 2.5 2.5 2.5]; %初始点
[x_best,fval] = fmincon(@fun,x0,A,b,Aeq,beq,lb,ub,@confuneq);
```

（2）目标函数

因为本章的目标函数为质量，计算十分方便，即面积乘以厚度再乘以密度，因此可以直接建立。在同一文件夹下建立新的脚本.m 文件，命名为 fun.m，建立质量函数代码如下：

```
function m=fun(x)
    m=2.7*((30000*t(1)+13500*t(2)+13500*t(3)+30000*t(4)))*(10^-6);
end
```

（3）约束函数

本章的目标函数需要调用 ANSYS 进行仿真计算，即本章的联合仿真部分。首先在同一文件夹下建立新的.m 文件，命名为 confuneq.m，因为函数调用时非线性约束不论有无都需要给出等式约束和不等式约束两种约束，因此需要返回两个值，建立函数和返回部分代码如下：

```
function [VON,ceq]=confuneq(x)%x：型材板厚
    VON=[max_von-250];%材料许用应力为 250 Mpa，不等式约束需要写成≤0 的形式
    ceq=[];
end
```

本书的联合仿真选择处理文本文件.txt 格式的命令流在 ANSYS 和 MATLAB 之间传输数据，首先在 ANSYS 建模的同一文件夹下找到"truss2_0.log"文件（需要注意，在上文操作过程中不能有 error 存在，如果保存的.log 文件中有 error 会导致在 batch 模型下停止运行），将该文件复制至刚刚建立的主函数同一文件夹下，重命名该文件为"truss2.txt"，在 MATLAB 中读入有限元建模及计算的完整命令流文件即"truss2.txt"，找到需要修改的数据，将优化算法得到的边长数据输入命令流文件中形成新的命令流，该流程代码及各部分作用注释如下：

```
filename=strcat('truss2.txt');
fid = fopen(filename,'r+');% 需要读取的文件, "fopen"打开文件
i=0;
while ~feof(fid) %  这个循环的作用是从头读到底
    tline = fgetl(fid); % 读取一行
    i = i+1;
    originaltline{i,1} = tline;   % 把每一行的内容储存到"originaltline"这个 cell 里
end
fclose(fid); % "fclose"关闭读取
r1=sprintfc('%g',x(1));%更换边长数据
r2=sprintfc('%g',x(2));
r3=sprintfc('%g',x(3));
```

```
r4=sprintfc('%g',x(4));
secdata, 2.5,1,0.0,3
r1_use=strcat(' secdata,',r1,',',1,0.0,3');%在命令流中更新厚度数据
r2_use=strcat(' secdata,',r2,',',1,0.0,3');
r3_use=strcat(' secdata,',r3,',',1,0.0,3');
r4_use=strcat(' secdata,',r4,',',1,0.0,3');
location=find(strcmp(originaltline,' sect,1,shell,,    ')) ; %寻找需要修改的厚度数据在命令流中的位置
（需要注意的是调用 find 函数时需要输入整行字符串，空格也作为搜索依据，不能省略）
originaltline{location+1}=r1_use{1,1};
originaltline{location+5}=r2_use{1,1};
originaltline{location+9}=r3_use{1,1};
originaltline{location+13}=r4_use{1,1};
fileId1=fopen(filename,'w');%以写入权限的方式打开文件
[m,n]=size(originaltline);
for i=1:m
    fprintf(fileId1,'%s\n',originaltline{i});%每行的字符写入后利用\n 回车
end
fclose(fileId1);%关闭文件
```

经过上述读写过程，产生新的命令流，此时利用 MATLAB 调用 ANSYS 对新的模型进行有限元分析并输出新的应力数据，循环该过程，调用 ANSYS 及读取新应力数据部分代码及注释如下：

```
% matlab 调用 ANSYS 进行分析
% ansys 版本中的可执行文件,path 中有空格要加："" 
ansys_path=strcat('"C:\Program Files\ANSYS Inc\v201\ansys\bin\winx64\ANSYS201.exe"');
% jobname，不需要后缀
jobname=strcat('mat2anss2');
% 是命令流文件，也就是用 ANSYS 写的 apdl 语言，MATLAB 调用时，他将以批处理方式运行，需要后缀
skriptFileName=strcat('D:\Ansys-Working\11ANSYS2MATLAB\answithmat\',filename);
% 输出文件所在位置，输出文件保存了程序运行的相关信息，需要后缀
outFilename=strcat('testoutxc2.txt');
outputFilename=strcat('D:\Ansys-Working\11ANSYS2MATLAB\answithmat\',outFilename);
% 最终总的调用字符串,其中：32 代表空格的字符串 ASCII 码
sys_char=strcat('SET KMP_STACKSIZE=2048k &',32,ansys_path,32,...
    '-b -p ane3fl -i',32,skriptFileName,32,...
    '-j',32,jobname,32,...
    '-o',32,outputFilename);
% 调用 ANSYS
ans1=system(sys_char);
outname = strcat('max_von.txt');
max_von = load(outname);   % 将文件名为 data.txt 的数据读取到数组 a 中
```

11.4.4 优化结果

在主函数中单击运行，相对于非梯度的遗传算法，梯度优化的计算量更小，但更容易

陷入局部最优，该问题比较简单，选择梯度优化方法可以减少优化时间，根据计算机性能，大致需要经过 30~60 min 的运行时间，经过上述优化，MATLAB 反馈结果如图 11-17 所示。

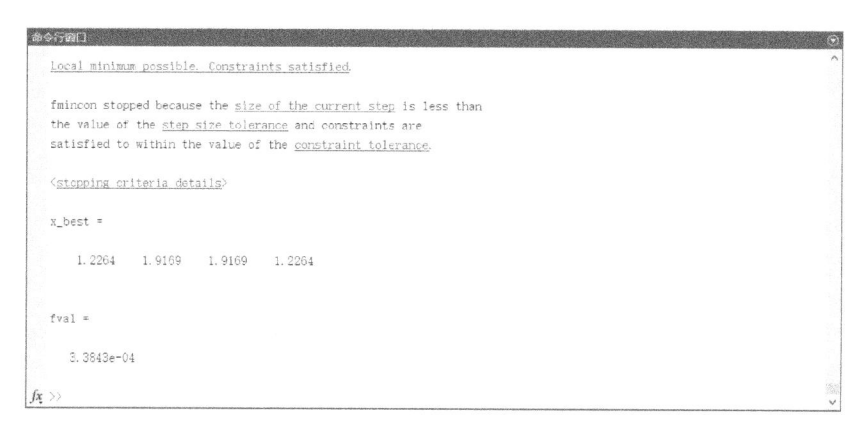

图 11-17　MATLAB 返回优化结果

原模型与优化模型的对比见表 11-4。

表 11-4　型材原模型与优化模型参数对比表

	板 1 厚度/mm	板 2 厚度/mm	板 3 厚度/mm	板 4 厚度/mm	质量/kg	应力/MPa
原模型	2.5	2.5	2.5	2.5	0.587 25	71.427 2
优化模型	1.226 4	1.916 9	1.916 9	1.226 4	0.338 43	232.916

可以在 ANSYS 中检验得到数据的应力分布，在有了完整命令文件后可以不再通过 GUI 界面一步步操作得到结果，而是直接在 Utility Menu 命令流输入窗口操作。

打开"truss2.txt"文件，在命令流中修改边长数据，将完整命令流复制并输入上图窗口，修改部分命令流为：

```
sect,1,shell,,
secdata,1.22644,1,0.0,3
secoffset,MID
seccontrol,,,, , , ,
sect,2,shell,,
secdata,1.91692,1,0.0,3
secoffset,MID
seccontrol,,,, , , ,
sect,3,shell,,
secdata,1.91692,1,0.0,3
secoffset,MID
seccontrol,,,, , , ,
sect,4,shell,,
secdata,1.22644,1,0.0,3
secoffset,MID
seccontrol,,,, , , ,
```

输入命令流，待 ANSYS 计算完成，弹出"Solution is done！"提示信息之后，依次选择 Main Menu→General Postproc→Plot Results→Contour Plot→Nodal Solu，弹出 Contour Nodal Solution Date（节点求解数据）对话框，选择 Nodal Solution→Stress→von Mises stress，单击 OK 按钮，依次选择 Utility Menu→PlotCtrls→Style→Size and Shape，在弹出的对话框中勾选"Disply of element"，单击 OK 按钮，就可以看到应力结果如图 11-18 所示。

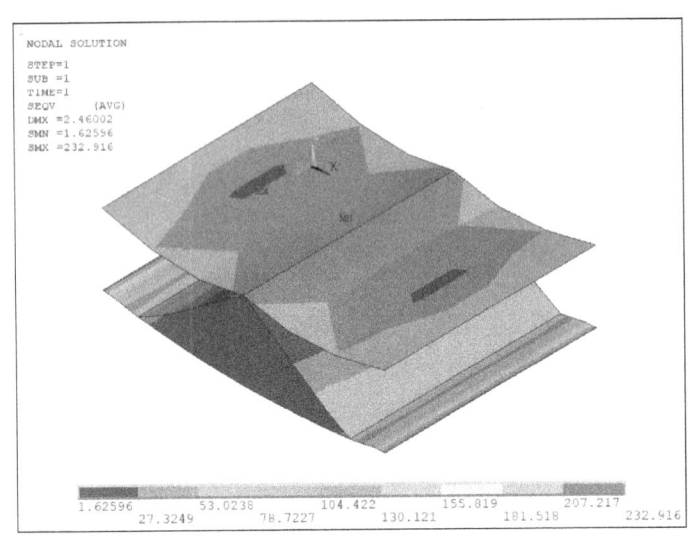

图 11-18　优化后型材结构应力分布

11.4.5　命令流

1. 原始模型完整命令流

```
/BATCH
/COM,ANSYS RELEASE 2020 R1
BUILD 20.1    UP20191203    15:55:24
/input,menust,tmp,"
/GRA,POWER
/GST,ON
/PLO,INFO,3
/GRO,CURL,ON
/CPLANE,1
/REPLOT,RESIZE
WPSTYLE,,,,,,,0
/PREP7
K,1,0,0,0,
K,2,25,0,0,
K,3,175,0,0,
K,4,200,0,0,
K,5,0,0,150
K,6,25,0,150,
K,7,175,0,150,
K,8,200,0,150,
K,9,0,50,0,
K,10,100,50,0
K,11,200,50,0,
K,12,0,50,150,
K,13,100,50,150,
K,14,200,50,150,
LSTR,1,2
LSTR,2,3
LSTR,3,4
LSTR,5,6
LSTR,6,7
LSTR,7,8
LSTR,9,10
LSTR,10,11
LSTR,12,13
LSTR,13,14
LSTR,10,2
LSTR,10,3
```

```
LSTR,13,6
LSTR,13,7
LSTR,9,12
LSTR,10,13
LSTR,11,14
LSTR,1,5
LSTR,2,6
LSTR,3,7
LSTR,4,8
FLST,2,4,4
FITEM,2,1
FITEM,2,18
FITEM,2,4
FITEM,2,19
AL,P51X
FLST,2,4,4
FITEM,2,2
FITEM,2,19
FITEM,2,5
FITEM,2,20
AL,P51X
FLST,2,4,4
FITEM,2,3
FITEM,2,20
FITEM,2,6
FITEM,2,21
AL,P51X
FLST,2,4,4
FITEM,2,11
FITEM,2,19
FITEM,2,13
FITEM,2,16
AL,P51X
FLST,2,4,4
FITEM,2,12
FITEM,2,16
FITEM,2,14
FITEM,2,20
AL,P51X
FLST,2,4,4
FITEM,2,7
FITEM,2,15
FITEM,2,9
FITEM,2,16
AL,P51X
FLST,2,4,4
FITEM,2,8
FITEM,2,16
FITEM,2,10
FITEM,2,17
AL,P51X
MPTEMP,,,,,,,,
MPTEMP,1,0
MPDATA,EX,1,,69000
MPDATA,PRXY,1,,0.3
MPTEMP,,,,,,,,
MPTEMP,1,0
MPDATA,DENS,1,,2.7e-9
ET,1,SHELL181
sect,1,shell,,
secdata,1.22644,1,0.0,3
secoffset,MID
seccontrol,,,,,,,
sect,2,shell,,
secdata,1.91692,1,0.0,3
secoffset,MID
seccontrol,,,,,,,
sect,3,shell,,
secdata,1.91692,1,0.0,3
secoffset,MID
seccontrol,,,,,,,
sect,4,shell,,
secdata,1.22644,1,0.0,3
secoffset,MID
seccontrol,,,,,,,
/VIEW,1,1,1,1
/ANG,1
/REP,FAST
APLOT
TYPE,   1
MAT,    1
REAL,
ESYS,   0
SECNUM, 1
!*
MSHKEY,0
FLST,5,3,5,ORDE,2
FITEM,5,1
FITEM,5,-3
CM,_Y,AREA
ASEL, , , ,P51X
CM,_Y1,AREA
CHKMSH,'AREA'
CMSEL,S,_Y
```

```
!*
AMESH,_Y1
!*
CMDELE,_Y
CMDELE,_Y1
CMDELE,_Y2
!*
APLOT
TYPE,   1
MAT,    1
REAL,
ESYS,   0
SECNUM, 2
!*
MSHKEY,0
CM,_Y,AREA
ASEL, , , ,   4
CM,_Y1,AREA
CHKMSH,'AREA'
CMSEL,S,_Y
!*
AMESH,_Y1
!*
CMDELE,_Y
CMDELE,_Y1
CMDELE,_Y2
!*
TYPE,   1
MAT,    1
REAL,
ESYS,   0
SECNUM, 3
!*
MSHKEY,0
CM,_Y,AREA
ASEL, , , ,   5
CM,_Y1,AREA
CHKMSH,'AREA'
CMSEL,S,_Y
!*
AMESH,_Y1
!*
CMDELE,_Y
CMDELE,_Y1
CMDELE,_Y2
!*
TYPE,   1
MAT,    1
REAL,
ESYS,   0
SECNUM, 4
!*
MSHKEY,0
FLST,5,2,5,ORDE,2
FITEM,5,6
FITEM,5,-7
CM,_Y,AREA
ASEL, , , ,P51X
CM,_Y1,AREA
CHKMSH,'AREA'
CMSEL,S,_Y
!*
AMESH,_Y1
!*
CMDELE,_Y
CMDELE,_Y1
CMDELE,_Y2
!*
FLST,2,4,4,ORDE,4
FITEM,2,15
FITEM,2,17
FITEM,2,-18
FITEM,2,21
!*
/GO
DL,P51X, ,ALL,
FLST,2,12,1,ORDE,8
FITEM,2,549
FITEM,2,552
FITEM,2,561
FITEM,2,-564
FITEM,2,566
FITEM,2,573
FITEM,2,575
FITEM,2,-578
!*
/GO
F,P51X,FY,-200
FINISH
/SOL
/STATUS,SOLU
SOLVE
FINISH
/POST1
```

```
INRES,ALL                        *vwrite, max_von
SET,FIRST                        (4F25.10)
ALLSEL                           *cfclose
nsort,s,eqv,0,0,all              *end
*get,max_von,sort,0,max          xc
*create,xc,mac                   FINISH
*cfopen,max_von,txt              ! /EXIT,ALL
```

2. MATLAB 程序

（1）主程序

```
tic
clc
clear all
A=[];
b=[];
Aeq=[];
beq=[];
lb=[0.1;0.1;0.1;0.1];
ub=[5;5;5;5];
x0=[2.5 2.5 2.5 2.5];
[x_best,fval] = fmincon(@fun,x0,A,b,Aeq,beq,lb,ub,@confuneq)
toc
```

（2）目标函数程序

```
function m=fun(x)
m=2.7*((30000*x(1)+13500*x(2)+13500*x(3)+30000*x(4)))*(10^-6);
end
```

（3）非线性约束程序

```
function [VON,ceq]=confuneq(x)%x：型材板厚
filename=strcat('truss2.txt');
fid = fopen(filename,'r+');% 需要读取的文件, "fopen"打开文件
i=0;
while ~feof(fid) % 这个循环的作用是从头读到底
    tline = fgetl(fid); % 读取一行
    i = i+1;
    originaltline{i,1} = tline;   % 把每一行的内容储存到"originaltline"这个 cell 里
end
fclose(fid); % "fclose"关闭读取
r1=sprintfc('%g',x(1));%更换厚度数据
r2=sprintfc('%g',x(2));
r3=sprintfc('%g',x(3));
r4=sprintfc('%g',x(4));
r1_use=strcat(' secdata,',r1,',1,0.0,3');%在命令流中更新厚度数据
r2_use=strcat(' secdata,',r2,',1,0.0,3');
```

```matlab
    r3_use=strcat(' secdata,',r3,',1,0.0,3');
    r4_use=strcat(' secdata,',r4,',1,0.0,3');
    location=find(strcmp(originaltline,'sect,1,shell,,   '))  ;%寻找需要修改的厚度数据在命令流中的位置
（需要注意的是调用 find 函数时需要输入整行字符串，空格也作为搜索依据，不能省略）
    originaltline{location+1}=r1_use{1,1};
    originaltline{location+5}=r2_use{1,1};
    originaltline{location+9}=r3_use{1,1};
    originaltline{location+13}=r4_use{1,1};
    fileId1=fopen(filename,'w');%以写入权限的方式打开文件
    [m,n]=size(originaltline);
    for i=1:m
        fprintf(fileId1,'%s\n',originaltline{i});%每行的字符写入后利用\n 回车
    end
    fclose(fileId1);%关闭文件
    % matlab 调用 ANSYS 进行分析
    % ansys 版本中的可执行文件,path 中有空格要加：""
    ansys_path=strcat('"C:\Program Files\ANSYS Inc\v201\ansys\bin\winx64\ANSYS201.exe"');
    % jobname，不需要后缀
    jobname=strcat('mat2anss2');
    % 是命令流文件，也就是用 ANSYS 写的 apdl 语言，MATLAB 调用时，将以批处理方式运行，需要后缀
    skriptFileName=strcat('D:\Ansys-Working\11ANSYS2MATLAB\answithmat\',filename);
    % 输出文件所在位置，输出文件保存了程序运行的相关信息，需要后缀
    outFilename=strcat('testoutxc2.txt');
    outputFilename=strcat('D:\Ansys-Working\11ANSYS2MATLAB\answithmat\',outFilename);
    % 最终总的调用字符串,其中：32 代表空格的字符串 ASCII 码
    sys_char=strcat('SET KMP_STACKSIZE=2048k &',32,ansys_path,32,...
        '-b -p ane3fl -i',32,skriptFileName,32,...
        '-j',32,jobname,32,...
        '-o',32,outputFilename);
    % 调用 ANSYS
    ans1=system(sys_char);
    outname = strcat('max_von.txt');
    max_von = load(outname);   % 将文件名为 data.txt 的数据读取到数组 a 中
    VON=[max_von-250];
    ceq=[];
    end
```